“十三五”国家重点图书出版规划项目

炼油装置技术手册丛书

加氢裂化装置技术手册

别东生　编著

中国石化出版社

内 容 提 要

本书从实际应用的角度出发，重点介绍了近二十年来国外加氢裂化过程的新进展。内容主要包括：加氢裂化过程的发展和在炼油厂的作用和地位；加氢裂化过程特点和类型；加氢裂化过程催化剂；加氢裂化过程化学反应和操作变数；工业加氢裂化过程；加氢裂化装置的改造；有加氢裂化过程的组合加工过程；加氢裂化过程主要设备；加氢裂化过程的技术经济性；加氢裂化过程设备的腐蚀/损伤和材料选择。

本书是一本有关石油炼制和加氢裂化过程方面的专业性比较强的技术手册，内容新颖，涉及面宽，可以作为从事石油炼制行业的工程技术人员、操作人员、专业教师和学生在学习、研究和吸收国外先进技术过程中的参考资料。

图书在版编目(CIP)数据

加氢裂化装置技术手册/ 别东生编著．—北京：中国石化出版社，2019.1
(炼油装置技术手册丛书)
ISBN 978-7-5114-5189-7

Ⅰ.①加… Ⅱ.①别… Ⅲ.①石油炼制-加氢裂化-生产设备-技术手册 Ⅳ.①TE624.4-62

中国版本图书馆 CIP 数据核字(2019)第 025025 号

中国石化出版社出版发行
地址:北京市朝阳区吉市口路 9 号
邮编:100020　电话:(010)59964500
发行部电话:(010)59964526
http://www.sinopec-press.com
E-mail:press@sinopec.com
北京科信印刷有限公司印刷
全国各地新华书店经销
*
787×1092 毫米 16 开本 26.25 印张 612 千字
2019 年 2 月第 1 版　2019 年 2 月第 1 次印刷
定价:180.00 元

前　言

加氢裂化过程的发展和进步是在原料市场重质化/劣质化和成品油市场轻质化和优质化条件下进行的。

自从加氢裂化装置工业化以来，经过60多年的发展，已经发展成一个大家族。工业加氢裂化过程发展到今天，已经成为石油炼制业的核心装置。它的核心位置主要体现在下列几方面：

● 技术上成熟，主要体现在：所用催化剂和催化剂系统的性能更全面；过程的操作灵活性和安全性更高；设备材料的腐蚀损伤机理更明了，防护技术更有效，材料选择技术和设备制造技术更进步等。

● 催化剂和催化剂系统种类齐全，可供选择的范围比较宽，有的催化剂供应商可以根据用户的要求(如，原料性质、装置处理能力、产品要求和装置运转周期等)定制或优化专用催化剂或催化剂系统。

● 能处理所有类型的石油系原料，如石脑油、中馏分油、VGO、LCO、CGO、DAO、AR、VR、沥青、合成原油，如果条件合适，甚至可以处理煤粉。

● 如果所选用的催化剂或催化剂系统和操作条件合适：能生产各种优质产品，如ULSG、低芳烃喷气燃料、高十六烷值ULSD和高VI润滑油基础油；能为其他过程提供优质原料，如高芳潜重整石脑油，用作FCC、润滑油生产和蒸汽裂解等过程的低硫和低芳烃尾油。

● 改变操作条件、更换催化剂或调整过程流程，能够灵活地处理各类原料和改变产品分布。

● 能很好地同其他过程(如蒸馏、FCC、SDA、焦化、减黏、加氢裂化、择形裂化、择形异构化、润滑油生产、蒸汽裂解和气化等过程)联合组成组合加工过程，能把AR、VR和沥青等劣质原料，经济地转化成各种优质产品，如低硫、低凝点和高十六烷值柴油和高VI润滑油基础油。

● 可以用少量投资，把其他临氢加工过程，如加氢处理或加氢精制装置，改造成加氢裂化装置。

● 尽管一次投资比较多，由于它的综合效益高，会很快得到补偿，这一点是明确的。

● 大型综合性和复杂型炼油厂是不能没有加氢裂化装置的。

由于有关加氢裂化技术的进步和发展比较快，与此相关的文献和资料很多。受篇幅所限，针对《加氢裂化装置技术手册》的特点，在编写过程中，在内容取舍上，采取下列几个原则：

● 在论述某一过程时，尽量采用来自工业装置的技术数据。

● 在描述某项技术时，尽量采用国外相关过程的技术数据，因为在加氢裂化领域，国外技术依然有很多值得我们学习的地方。

● 在介绍国外加氢裂化过程时，尽量采用美国、欧洲和日本近20年已经工业化的技术或数据。

● 在催化剂研制和应用方面(尽管非常重要)，相关的国外文献(如近几年公布的专利说明书)非常多，尽管涉及的内容有些很新颖，并有一定前瞻性，但是由于多数都还没有工业化，受篇幅所限，在编写过程中，没有包括这方面的内容。

● 尽量选取有代表性的大炼制公司的已经工业化的技术数据。

● 在选取具体实例、内容和数据时，尽量选取有关新装置、老装置改造和已经工业化的组合加工技术。

● 在收集催化剂方面的数据和内容时，更侧重于催化剂和催化剂系统的应用技术。

● 由于油品市场对优质中馏分油和尾油需求的持续增长，对MPHC和MHC技术，特别是国外MHC过程有比较详细的介绍和描述。

● 鉴于加氢裂化过程的操作条件和操作环境的苛刻性和对设备材料的严格要求，比较详细地介绍了过程对材料的腐蚀损伤机理和相关设备的选材原则。

● 书中的每一条目尽量做到简单明了，以便增大信息量。如需详细内容，请按参考文献查找原文。

作为本书的编著者，我衷心希望这本书能给你——还战斗在炼油生产第一线的年轻的战友们一些许帮助和启发。受业务水平和能力所限，文章中出现的错误和不足肯定会给您带来困扰，敬请谅解。

别东生

目　　录

第一章　绪　　论

已经有 140 年发展历史的石油炼制工业，自从 20 世纪 90 年代以来，面临下列几方面的压力和挑战[1~5]：

- 原油质量劣质化，如原油越来越重，污染物含量越来越多，越来越难处理。
- 世界原油市场上存在大量的、价格比较低的劣质原油或机会原油。而有些原油对于某些炼油厂来说是难以接受的，原因是这些炼油厂的装置配置太过简单，不能经济地处理这些劣质的机会原油。
- 环保法规对炼油厂的排放要求越来越严厉，要求炼油厂必须持续减少排放。
- 石油产品规格标准对产品的质量要求越来越高，要求炼油厂必须生产更多清洁的或者对环境友好的燃料，如 ULSG(超低硫汽油)和 ULSD(超低硫柴油)等。
- 必须采用更先进的技术和操作模式，建设更多的新装置或改造现有的老装置，才能把更多的劣质油，如 VR(减压渣油)，转化成价值更高的产品。

到 2030 年，全世界的汽车将由目前的 9 亿辆上升到 21 亿辆，在该过程中，虽然会有一些新的替代能源出现，但是主导运输业的依然是以石油为基础的汽油、喷气燃料和柴油，这种趋势是确定无疑的[6]。

图 1-1 为世界油品对运输燃料的需求。从图 1-1 可以看出：市场对汽油的需求量持续平稳；对中馏分油(煤油和柴油)的需求量还将稳步上升；对燃料油(主要是 VR)的需求将进一步下降。图 1-2 为 2015 年前 VR 产量和市场对渣油型燃料油需求量的关系，从图 1-2 中的趋势看出，这两种产品的供求关系是不平衡的[2]。

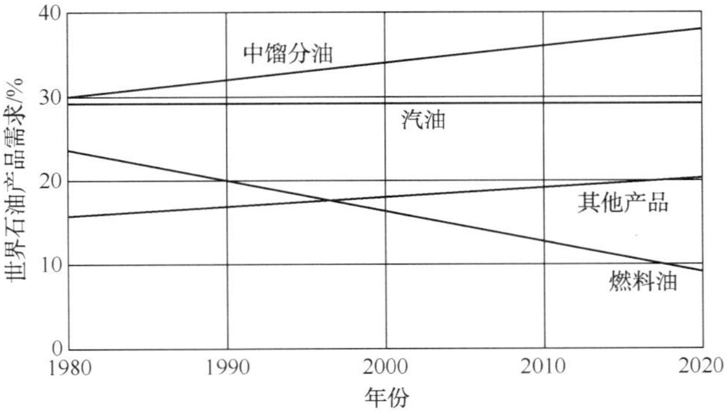

图 1-1　世界对运输燃料的需求趋势[2]

面对上述挑战或压力，对于炼油厂来说没有更多的选择，只能依靠技术进步或技术创新来适应市场的变化和需求。那么什么样的炼油厂才能满足上述要求呢?

对于一座现代化炼油厂来说，不管是处于设计阶段还是处于运行过程中，必须确保：

- 有满足当地市场需求的经济规模，能处理更多的重质或劣质原料。
- 采用更多、更先进的技术，具有更高的炼制效率。

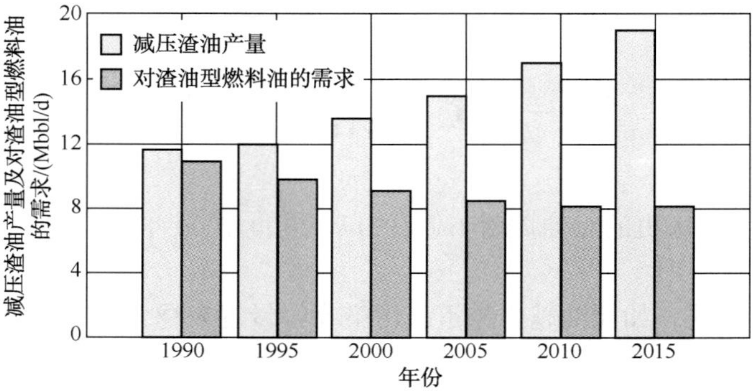

图 1-2　用作渣油燃料的减压塔底油的供求趋势[2]

注：1Mbbl/d = 15.9×10^4m^3/d，下同

- 能根据市场和季节变化，灵活地调整产品分布和质量。
- 操作安全性和可靠性得到进一步提升。
- 能把排放降到最低水平，能满足国家或地区对环境的要求。

在世界范围内，炼油厂虽然各种各样，但是可以大致分成三个类型：常规炼油厂、经过改造的炼油厂和先进炼油厂。

常规炼油厂：如图 1-3 所示，其特点是：

- 流程和装置配置比较简单。
- 只能处理质量比较好的原料，如低硫轻质原油(如 North Sea Ekofisc 和 Arab Light 原油)；
- 商品率比较低；
- 对市场的应变能力差，几乎没有操作灵活性。

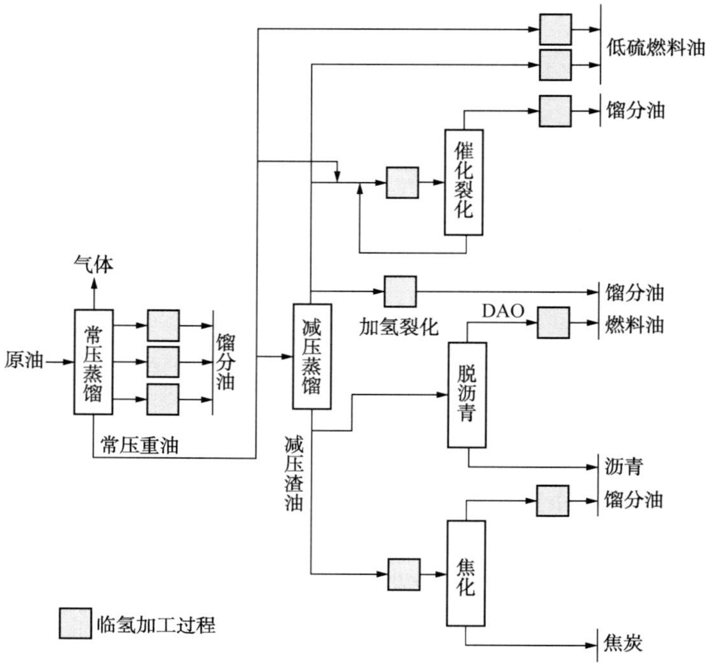

图 1-3　常规炼油厂示意流程[2]

在该流程中，虽然配置了一套加氢裂化装置，但是如果要生产低温流动性比较好的中馏分油，该装置必须采用多床层催化剂系统，如前床层采用的加氢裂化催化剂不仅要有比较强的裂化功能，还需要有加氢异构化功能。为了确保产品的稳定性，还需要在反应器的后面设加氢精制催化剂床层，如果必要，还需要：

- 采用更多的新技术(如改变流程或在反应器中安装内部构件)和采用更先进的催化剂或催化剂系统，以便改善临氢加工过程的操作性能，提高 H_2和催化剂的利用效率。
- 调整操作条件，以便进一步提高装置处理能力，把更多的劣质重馏分油转化成汽油、优质中馏分油或尾油。
- 这类炼油厂虽然会消耗更多的氢气和催化剂，使操作费用明显增加，但是这些费用可以通过生产更多的高附加值产品，如优质柴油，得到补偿。

先进炼油厂：装置配置如图 1-4 所示，能处理劣质超重原料。

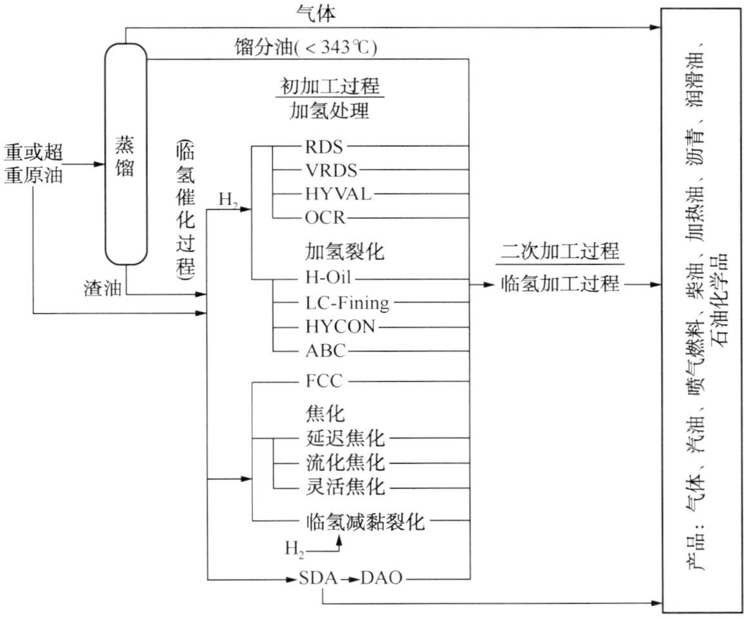

图 1-4 能改质重或超重质原料的先进炼油厂[2]

这类炼油厂，也称复杂型炼油厂，其特点是[2,7]：

- 不仅规模大，而且加工手段齐全，大量采用先进的催化临氢加工技术，如加氢处理、加氢裂化和加氢精制等技术，流程复杂，使炼油厂具有更高的操作灵活性。
- 老装置改造多采用更先进的技术(如新一代催化剂、更合理的组合加工过程、更先进的反应器内部构件)，使老装置的操作更安全，开工周期更长。
- 不仅能够处理质量更差的原料，如超重原料或机会原油，还能够生产更多高附加值产品。
- 几乎所有中间产品都采用临氢后处理技术，使炼油厂能够为适应市场变化，能选择性地生产更多的优质馏分油。
- 有的厂还利用气化技术，把难处理的焦炭或沥青转化成更有价值的产品，如复杂型炼油厂急需的氢气，多余的燃料气可用于发电和发生蒸汽。

图 1-5 为某现代化复杂型炼油厂装置配置方框图。从图 1-5 可以看出，对一个复杂型炼油厂来说，加氢裂化装置是炼制流程中必须的，最重要的核心装置之一。

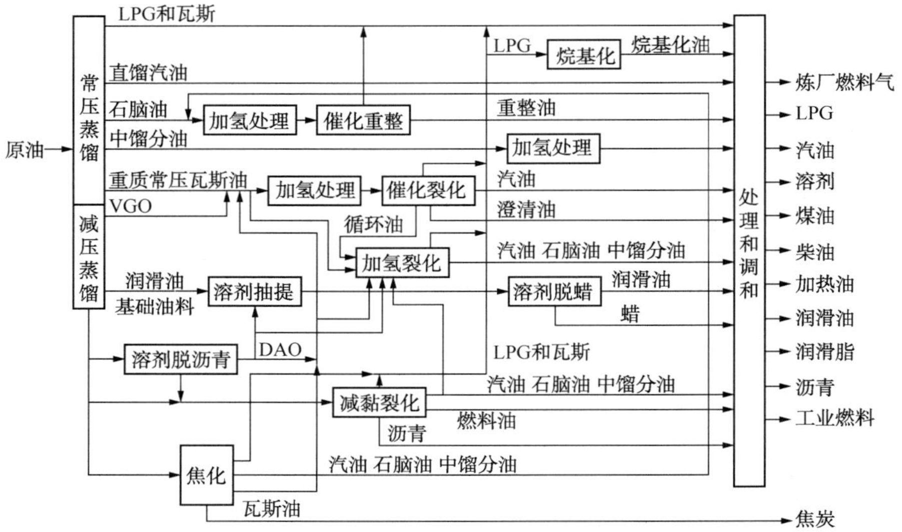

图 1-5 现代化炼油厂的装置配置方框图

近 20 年来，世界各国或地区相继公布了一些更严厉的，同石油产品质量或规格有关的法规和标准，以欧洲为例[3]：

- EU(欧盟)指令性要求，柴油(包括路用柴油和非路用柴油)硫含量 2005 年时为 50μg/g，2009 年实现低于 10μg/g。
- 欧洲的非船用重质燃料油硫含量规格已经是 1%。2005~2010 年，非出海用的船用燃料油硫含量要降到 1%~1.5%(质)。对非船用和非出海用的重质燃料油的更严格限制，意味着多数高硫燃料油将退出市场，高硫燃料油只能用于出口或用于海船。
- 欧洲的炼油厂必须进一步降低厂区总排放，使有些硫含量比较高的 VR 不能用作炼油厂燃料，多余的 VR 必须转化成符合 EU 硫含量规格的，比较轻的高价值产品。如何经济地处理这些渣油，对任何炼油厂来说都是严峻挑战。

欧美两地区，对石油产品的需求明显不同，欧洲需要更多的柴油，北美需要更多的汽油，因此两地的炼油厂在加氢裂化过程的应用上有明显区别。欧洲的加氢裂化过程主要用于多产柴油，而北美的加氢裂化过程主要用于多产汽油。由于柴油发动机技术的进步，北美近几年对柴油的需求量也在增加[5]。

实际上，上述这些条款，不仅适用于欧洲的炼油厂，也是世界上其他国家或地区努力的方向。

尽管目前世界仍处于经济不景气当中，但是 2020 年前世界对柴油的需求趋势依然是持续地缓慢增长。预计 2020 年世界对柴油的需求量将达到 4.48Mm³/d，而 2009 年时需求量为 3.86Mm³/d。2008 年，世界对柴油和汽油之间的需求量差，约为 0.41Mm³/d，2020 年预计为 0.79Mm³/d[8]。

柴油市场有两个，路用柴油和非路用柴油。非路用柴油涉及水上用的柴油，如加热、机车和拖拉机用柴油，这类柴油预计年增长率为0.4%。路用柴油，包括用于LDVs(轻负荷柴油车)、HGVs(重负荷柴油车)和公交车柴油，到2020年预计会年增长1.8%。

到2020年之前，非路用柴油用量占柴油总量的比例，总的趋势是下降的，到2020年下降到40%，而1990年时，这个比例是58%。

路用柴油用量占柴油总量的比例总的趋势是上升的，到2020年接近60%，而1990年时，这个比例刚超过40%。在1990~2020年，世界范围内轻负荷柴油车、重负荷柴油车和公交车用柴油用量变化比较大，分别为：从74%下降到71%；从13%上升到19%；从13%下降到10%。这意味着，高质量柴油需求量增速比较快。

预计亚太地区和EU-25地区对中馏分油，特别是柴油的需求增长速度最快，从2008~2020年的12年中，将分别增长0.11Mm^3/d和0.17Mm^3/d。而在世界范围内，路用汽油/柴油比将下降，将从2000年的1.9下降到2020年的1.3。欧洲将继续这种趋势，汽/柴比将跌落到0.4，而北美仍将维持它们的以汽油为主的市场定位。

对产品的质量要求将更加严格，如路用ULSD柴油必须是低硫(低于10μg/g)和高十六烷值(低芳烃)的。制定这些规格的目的是控制发动机的NO_x和排放，因为这些排放物对环境的影响非常大。今后十几年之内，所有柴油都将实现“零硫”要求。

上述这些因素，特别是市场对高质量中馏分油的需求增加和对燃料油的需求下降，以及它们之间的价格差的进一步拉大，都将刺激VGO(减压瓦斯油)和渣油加氢裂化过程快速发展。

第一节 加氢裂化过程的发展和在炼油厂的作用和地位

加氢裂化过程属临氢加工过程之一。临氢加工过程是现代化炼油厂不能缺少的和应用最多的石油炼制过程。这类过程，除了加氢裂化过程之外，还包括加氢处理[HDM(加氢脱金属)、HDS(加氢脱硫)、HDN(加氢脱氮)和HDO(加氢脱氧)]、加氢饱和、加氢精制、催化脱蜡、加氢异构化、加氢转化和临氢减黏等过程。

现代加氢裂化过程几乎能够处理或加工任何石油馏分，除了能在催化剂存在下把大分子进料裂化成小分子产物(沸点比进料低，占进料的10%以上)之外，通过调整操作条件和催化剂系统，还能脱掉进料中的其他一些不纯物，如金属、硫、氮和高碳化合物等。如果采用结构适当的择形催化剂或催化剂系统，该过程不仅能裂化大分子烃，还能使长链脂肪烃异构化。这类反应不仅能够维持石脑油产品辛烷值，还能改善中馏分油和尾油的低温流动性和黏温性等特殊性能，如尾油的BMCI和VI(黏度指数)。

一、加氢裂化过程的发展

工业加氢裂化过程是一个有近60年历史的烃转化过程。现代加氢裂化过程最早源于(1915年在德国)煤的液化，最初阶段可以回溯到20世纪20年代。当人们认识到催化裂化汽油质量已经不能满足使用要求时，为加氢裂化技术的发展创造了条件。加氢裂化过程简要发展历程如下[4,7,9~11]：

- 加氢裂化过程的应用是由I. G. Farben Industrie于1927年完成的，目的是生产更多的汽油和喷气燃料；

• 二次世界大战期间，德国利用煤液化技术开发出包括加氢裂化技术在内的古典三段加氢技术；

• 20 世纪 30 年代早期，Esso Research and Engineering Co. 把加氢裂化技术带到美国，用于改质石油和产品；

• 1939 年，英国 Imperial Chemical Industries 开发出用于加氢裂化装置的第二段催化剂，用于生产航空汽油；

• 20 世纪 50 年代中，美国出现馏分油固定床加氢裂化技术；

• 1959 年，美国 Chevron 推出 Isocracking 技术，并在 Richmond 炼油厂进行了工业试验；

• 第一套工业装置于 1960 年在 Chevron 的 Richmond CA 炼油厂开工。UOP(环球石油产品公司)推出 Lomax 加氢裂化技术；

• 20 世纪 60 年代初，使用低活性无定形催化剂的加氢裂化过程主要用于转化 AGO(常压瓦斯油)、CGO(焦化瓦斯油)和 LCO(轻循环油)，生产汽油，如 1962 年，Chevron 建成第一套两段工业 Isocracking 装置，主要用于生产石脑油；

• 随后，Unocal 推出 Unicracking 技术，接着美国 Gulf、荷英 Shell、法国 IFP(法国石油研究院)、德国 BASF(德国巴斯夫公司)和英国 BP(英国石油公司)也推出了各自的加氢裂化技术；

• 1964 年，Unocal 研发的分子筛催化剂在 Unicracking 两段装置上工业应用；

• 20 世纪 60 年代中，使用分子筛催化剂，两段流程(第一段加氢裂化，第二段比较小)，经济性明显提高；

• 20 世纪 60 年代后期~70 年代中期，开始采用一段流程。加氢裂化技术发展迅速，主要体现在：设计方法的进步；催化剂技术趋于成熟；出现即能生产石脑油，又能大量生产中馏分油的单段串联流程，过程灵活性提高；新建装置多以最大量生产中馏分油为主；

• 20 世纪 70 年代，多数加氢裂化装置用于生产汽油馏分[USA(美国)]和中馏分油(欧洲)。Mobil 公司用 ZSM-5 择形沸石开发出 MDDW(Mobil 馏分油脱蜡技术)、Mobil 润滑油脱蜡技术(MLDW)；

• 1976 年，临氢加工过程催化剂器外再生技术工业化；

• 20 世纪 70 年代末，开始把过剩的 VGO HDS 能力，改造成缓和加氢裂化过程，最大量地生产中馏分油；

• 20 世纪 70~80 年代，性质比较特殊的加氢裂化尾油的利用引起重视，采用一次通过流程和部分转化流程，生产用作 FCC(流化催化裂化)、蒸汽裂解和润滑油厂原料的尾油；

• 1982 年 MHC(缓和加氢裂化)技术开始应用；

• 1983 年，Mobil 的中压加氢裂化过程工业化；

• 1986 年，UOP 开发出低成本 MHC 过程；

• 1990 年，Mobil 用改性 ZSM-5 开发出双功能贵金属催化剂和贵金属合成沸石，并先后推出 MIDW(Mobil 的异构脱蜡过程)和能够生产润滑油基础油的 MSDW(ExxonMobil 的选择性脱蜡过程)；

- 90 年代，以最大量生产中馏分油为目的的加氢裂化过程发展迅速，其中新建装置加工能力的 90%是用来生产中馏分油；
- 1993 年，Chevron 采用中孔分子筛 SAPO-11 为载体的贵金属催化剂，推出 Chevron 的择形异构化技术，生产高 VI 润滑油；
- 进入 21 世纪，一些老技术得到了进一步改进和发展，如新一代催化剂或催化剂系统开发技术、老装置改造技术、同加氢裂化过程有关的组合加工技术、上流式沸腾床、膨胀床、悬浮床技术、反应器内部构件技术、加氢裂化设备选材技术等。

实际上，使用加氢裂化技术的第一批工厂包括处理褐煤的德国的 Leuna 厂。加氢活性很高的硫化钨是早期加氢裂化过程使用的催化剂之一，用于过程的第一段。该过程的反应压力比较高（20～30MPa）。使用这类催化剂的加氢裂化过程，几乎能完全把硫、氮和氧含量都比较高的煤、芳烃原料和重质馏分油转化成石蜡烃和异构烷烃。

比较老的氢解型加氢裂化过程是二次大战期间和战后在欧洲完成的，该过程使用的催化剂是 WS_2 和 MoS。这些过程能够连续运转，需要比较高的反应温度和操作压力，操作压力有时超过 21MPa。

在二次世界大战期间，两段加氢裂化过程在德国、英国和美国都有一定规模的应用，所处理的原料包括煤焦油和石油系瓦斯油。在美国，New Jersey 的 Standard Oil 公司经营了一个位于 Baton Rouge 的工厂，用 Venezuelan 煤油和轻瓦斯油馏分生产汽油。装置的反应温度约为 400℃，反应压力在 20.0～30.0MPa 之间。

战后，虽然加氢裂化技术有较快发展，但一直到 20 世纪 50 年代结束时，其经济性仍不确定。催化剂的改进和发展使该过程能在比较低的压力（即 6.9～15.2MPa）条件下操作，其结果是导致设备壁厚下降。壁厚下降和机械加工工程的进步，使反应器的设计和热传递更容易。这些进步因素，再加上能从蒸汽重整过程得到成本比较低的氢气，使该过程在炼油厂的应用进入一个新阶段。新一代加氢裂化过程的第一套装置建在美国，以转化多余的燃料油为目的，生产汽油[7]。

20 世纪 50 年代出现的高性能和高压缩比发动机，导致生产高辛烷值汽油的催化裂化技术迅速发展。催化裂化过程在生产大量汽油的同时，还产生大量难处理的循环油。这些油料很难在催化裂化装置中转化成汽油和更轻的产品。50 年代后期，使用煤油的航空发动机和柴油发动机的发展，需要大量优质中馏分油（航空煤油和柴油），而加氢裂化技术能够把大量催化裂化过程副产的难处理油或其他重质油转化成航空发动机和柴油发动机使用的优质煤油和柴油[10]。

实际上，加氢裂化技术的快速发展是在 20 世纪 60 年代以后。早期的加氢裂化过程使用无定形硅铝催化剂。60 年代，由于开发出以分子筛为基础的新型加氢裂化催化剂，使加氢裂化过程得到迅速发展。这个时期的工业加氢裂化催化剂中，使用频率最高的是分子筛。

催化剂的改进使加氢裂化装置能在比较低的压力下操作。市场对高辛烷值无铅汽油和优质中馏分油的大量需求，促进了加氢裂化技术的发展。加氢裂化技术的进步主要体现在能够处理劣质原料，生产高质量产品。也就是说，加氢裂化过程能够使炼油厂用质量比较差的原料，生产出氢含量高、碳含量低、分子结构合理的优质产品[12]。

总之，加氢裂化过程给炼油厂提供了处理更多劣质原料和调整产品分布的灵活性。加氢裂化过程的操作强度比加氢处理要苛刻得多，因为该过程主要目的是把原料转化成低相对分子质量产品，而不仅仅是为了脱除原料中的杂原子和金属[7]。

自从工业加氢裂化过程问世以来，至今已经有近60年的历史。近60年的发展使加氢裂化技术成为现代石油炼制过程的核心装置之一。特别是世界进入清洁燃料时代以来，加氢裂化过程在炼油厂的地位和重要性显得更加突出。

二、加氢裂化过程在炼油厂的作用和地位

加氢裂化过程能把各种原料转化成一系列优质产品，是现代大型炼油厂的核心装置之一。

从20世纪90年代起加氢裂化技术又进入一个快速发展期。促进加氢裂化技术快速发展和更广泛应用的主要原因是：原油的重质化和劣质化，而加氢裂化过程能满足重质和劣质原料油深加工的需要；各国或地区的环保法规愈加严厉，对炼油厂排放的限制更加严格；发动机技术的进步，要求炼油厂必须提供更多优质馏分油[如，重整石脑油料、润滑油(基础油)料、FCC料和蒸汽裂解料]。

长期以来，相当一部分炼油厂，特别是以生产汽油为主要目的的炼油厂，都是把FCC装置作为核心装置。但是随着市场对清洁燃料的需求越来越强劲，FCC装置在炼油厂的核心地位已经动摇，主要原因是：

- 催化裂化过程催化剂对原料性质，如硫含量，有一定限制，如果原料中的硫含量高，那么除了有高硫烟气排放问题外，在催化裂化过程转化的产品中，硫含量也不会低。
- 由常规FCC装置生产出来几种产品，在质量上都存在问题，已经满足不了市场对清洁燃料的需求，如石脑油中的不理想组分(如，烯烃、芳烃或硫)含量太高，已经不是一种好的汽油调和料。
- 副产大量难处理的LCO、重循环油和澄清油，这些数量比较多的劣质油料，如果不经过进一步处理或利用，将严重影响炼油厂的经济性。

从目前的技术水平看，FCC装置必须同加氢裂化过程结合，在加氢裂化过程的帮助下，才能发挥多产汽油馏分的核心作用。FCC过程的优势已经不是能够经济地和大量地生产高辛烷值汽油，而是能比较经济地大量地把劣质VGO和渣油转化成还需要进一步加工的石脑油、LCO、重循环油和澄清油。

加氢裂化过程发展快和在炼油厂的重要性越来越大的主要原因是[2,9,12~18]：

- 技术成熟，采用不同的技术(如，催化剂技术)、反应模式(如固定床，还是流化床)或流程(如一次通过，还是循环)，就能够处理不同的原料，包括金属、硫、氮、芳烃含量多的重质或劣质原料。也就是说加氢裂化过程对原料有比较强的适应能力。
- 能够适应新环保法规和新发动机技术的需要，生产对环境友好的和市场需要的产品，如优质石脑油、中馏分油和尾油。
- 调整操作条件和更换催化剂，就可以灵活地改变生产方案，使柴/汽比更合理。
- 采用择形催化剂技术，可以改变原料的分子结构，维持石脑油辛烷值，生产低倾点柴油和高VI润滑油基础油。
- 氢气来源和价格，对于复杂型炼油厂来说，已经不是问题。
- 由于催化剂技术的进步、操作压力的降低和氢气资源比较充足(如重整氢和气化过程合成氢)，使装置的投资和操作费用进一步降低，使过程操作更安全，更容易控制。

• 能与其他过程联合组成组合加工过程，如同 FCC、焦化、溶剂脱沥青、蒸汽裂解、润滑油厂和气化等装置联合，明显提高炼油厂的综合经济效益。

• 材料冶炼技术和设备制造技术的进步，使加氢裂化过程的运转更安全、更可靠。

加氢裂化过程是 21 世纪前 10 年炼油厂二次加工能力增长最快的(见图 1-6)。由于加氢裂化技术的快速进步和对市场的适应能力，已经确立了它在炼油厂中的核心地位。

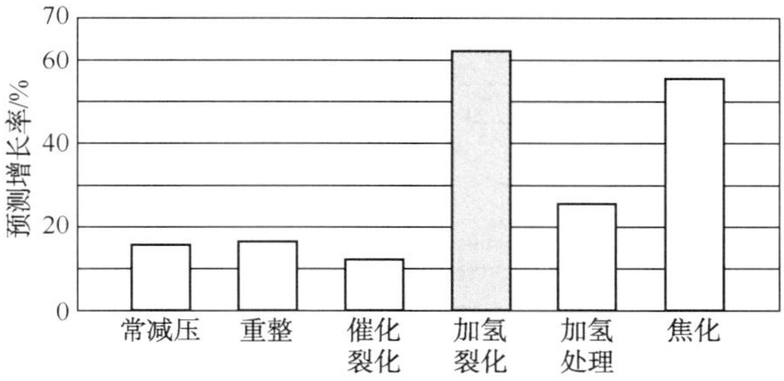

图 1-6 2005 年对加氢裂化过程加工能力的预测[9]

从目前的技术水平看，不管是简单或复杂型炼油厂，不管是以生产汽油为主的还是以生产中馏分油为主的炼油厂，如果想要在比较经济的前提下生产更多清洁燃料(如 ULSG 和 ULSD)，并维持合理的汽/柴比，在炼制流程中必须配置有一定规模的加氢裂化装置。

针对质量越来越差的原料和越来越严厉的环境要求，仅以单一的某个过程或简单组合过程，已经难以经济地大量生产能满足市场需求的高质量产品。现代化大型复杂型炼油厂是不能没有加氢裂化装置的，而且该装置一定是炼油厂总加工流程中的核心装置。

大量实践证明，在可供选择的许多组合加工过程中，加氢裂化过程是不可缺的。采用以加氢裂化过程为核心的组合加工过程或技术，是炼油厂能够经济并灵活地应对原油和油品市场变化的最佳选择。

(一)用加氢裂化技术能多产优质中馏分油

图 1-7 为以加氢裂化装置为核心装置的炼油厂装置配置。其配置主要是同生产中馏分油有关的装置。

从图 1-7 可知，加氢裂化装置能为该炼油厂带来下列好处：

• 能把各种难处理的原料，如 FCC 循环油、DAO(脱沥青油)、CGO、AR、VR，转化成高价值产品，改善炼油厂对原料变化的适应性。

• 能大量生产中馏分油调和料。

• 能为生产优质汽油提供各种原料，如异丁烷、低硫石脑油。

• 能为 FCC 装置、润滑油厂和石油化工厂提供高质量尾油。

• 可以比较灵活地、大幅度地调整产品分布或柴/汽比，可以比较好地适应油品市场的变化。

• 能大幅度地提高炼油厂的经济性。

由此可以得出：加氢裂化装置是最大量地生产优质中馏分油的炼油厂不可或缺的核心装置。它不仅能处理各种劣质原料，为汽油生产装置提供优质原料，还能为 FCC、润滑油厂和石油化工厂提供优质尾油。

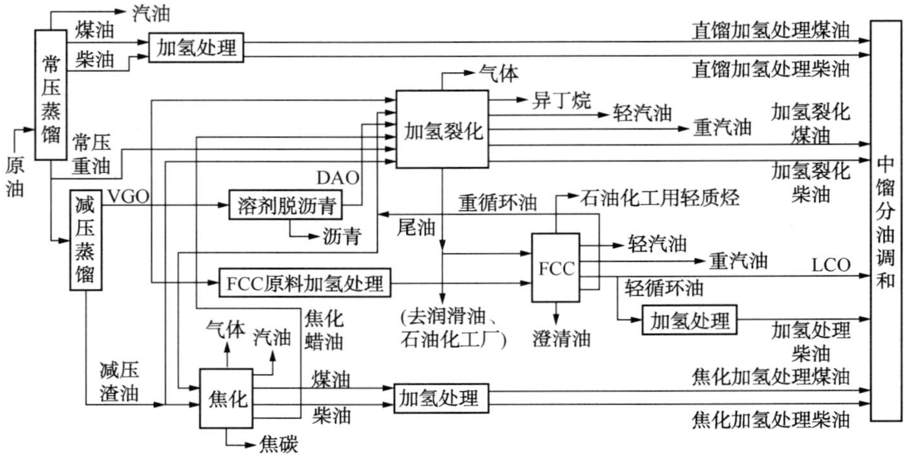

图 1-7 能大量生产中馏分油的炼油厂装置配置

(二)加氢裂化过程能同其他汽油生产装置组合在一起最大量地生产优质汽油

采用加氢裂化和其他过程联合的组合加工过程，是提高炼油厂经济效益的最有效途径之一。在现代化炼油厂中，如果需要比较经济地最大量地生产优质汽油，如 ULSG，采用有加氢裂化装置的组合加工过程是比较合理的。图 1-8 为复杂型炼油厂最大量生产汽油时的装置配置。

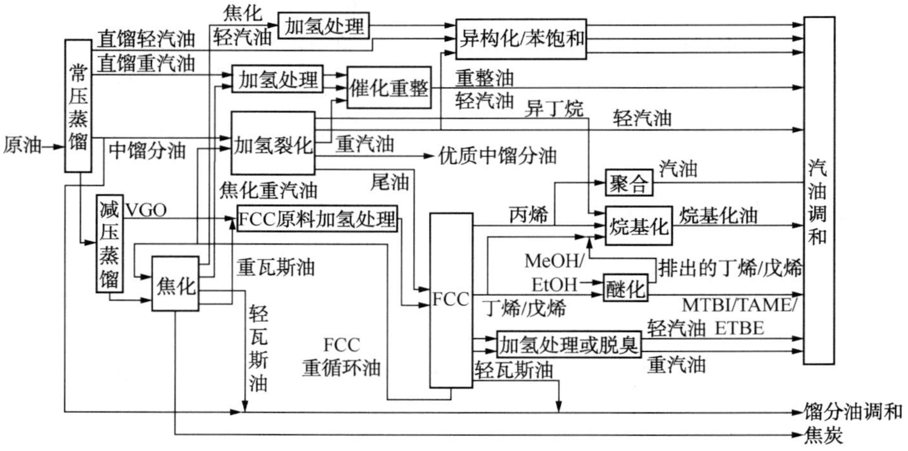

图 1-8 炼油厂最大量生产汽油时的装置配置

由图 1-8 可知，加氢裂化装置在多产汽油条件下，能为炼油厂带来下列好处(或作用)：

- 为烷基化装置提供更多的异丁烷。
- 为汽油调和装置提供低硫汽油调和料。
- 为异构化装置提供优质轻汽油原料。
- 为催化重整装置提供优质重石脑油。
- 同时生产优质中馏分油。
- 为 FCC 装置提供大量优质原料(尾油)。

- 把大量难处理的 FCC 副产品，如循环油，转化成更有价值的产品。
- 比较灵活地调整产品分布或柴/汽比。
- 大幅度改善炼油厂的经济性。

由此可以得出这样结论：FCC 装置在加氢裂化装置的配合下，除了能比较经济地实现优质汽油产量的最大化之外，还能够大大降低烟气排放[15]。改善 FCC 排放，对炼油厂来说是非常重要的。

(三)用加氢裂化技术能把更多更重的劣质原料转化成高附加值产品

加氢裂化过程的另一个比较大的优势是能把比较重的劣质原料，如 FCC 循环油、CGO、DAO、AR、VR 等，转化成高附加值产品。该过程虽然需要比较高的操作费用，但是它的特点，如液体产品收率高、产品质量好、和产品分布可调，是其他转化方法不能代替的，这足以补偿由操作费用高引起的经济损失。

以处理 VGO 的加氢裂化过程为例，该过程有能力把更多的 VGO 或类似馏分转化成更轻的产品，有能力平衡 VGO 过剩和市场对轻重馏分油的需求。如果炼油厂处于下列几种情况下，就可以考虑用加氢裂化过程来转化过剩的 VGO：

- 没有 VGO 裂化能力的炼油厂。
- 虽然有 VGO 转化能力，但是还有多余的 VGO 可利用。
- 渣油转化能力增加后，产生更多沸点范围相当于 VGO(如 CGO)的炼油厂。
- 在上述几类 VGO 转化装置中，虽然有其中的一类，但是增加第二类转化装置，如加氢裂化装置，能进一步提高炼油厂的效益。

有时，在选择 VGO 或渣油转化过程时，面临的是选择加氢裂化装置，还是选择 FCC 装置。尽管人们对这两个过程已经比较了解，但实际上这两个过程某些功能是独有的，是不能代替的，是互补的，可比性很低。因此必须对许多特殊案例经过仔细研究之后，才能做出正确选择。其中影响选择的重要因素有[15]：

- 要求主要产品收率最大化：如果要多产中馏分油，必须选择加氢裂化过程。
- 改变产品分布的灵活性：如果需要按季节调整产品分布，选择加氢裂化过程更合理。
- 对产品质量的要求：如果需要多产高质量产品，如 ULSD，必须配置加氢裂化过程。
- 新装置在现有流程中的合理性和成本效益：应尽量多选择一些案例，作对比分析。

(四)加氢裂化过程能大幅度地改善炼油厂操作灵活性

加氢裂化过程能大幅度地提高炼油厂的操作灵活性，主要指下列几个方面[7]：

- 能采用不同的催化剂系统或反应器类型，处理不同的原料，如用细粉状催化剂和沸腾床反应器就能够处理或转化金属含量比较高的 VR。
- 能根据市场需要，通过改变催化剂或调整操作条件，就能够调整产品分布和产品质量。
- 改变反应器的设计或过程段数也能够影响过程的操作灵活性。

第二节 加氢裂化过程的特点和类型

现代加氢裂化过程是一个大家族，类型比较多。由于该过程操作条件比较苛刻，一次投资和操作费用都比较高，在选择时必须先对各类过程进行评估。在选型过程中，首先应当考虑的因素包括：原料的性质和数量、产品的分布和规格、过程的段数(单段还是两段)和针对主要产品的操作灵活性。

一、典型加氢裂化过程

加氢裂化过程虽然类型多样，但流程类似。主要区别在于：过程的段数、催化剂系统的性能和状态、反应器的结构形式、内部构件性能和气液分离方式。

典型加氢裂化过程包括下列几个系统：

- 原料的净化系统：能把原料中的颗粒状污染物除掉。
- 原料和氢气加热系统：能把原料和氢气的温度和压力提高到所需要的水平。
- 加氢裂化系统：实现原料的转化，包括 HDM、HDS、HDN、HDO 和 HC 反应。
- 换热系统：用于反应器流出物/原料换热，提高热利用效率。
- 反应器流出物分离系统：分离循环瓦斯和降低产品温度和压力。
- 循环瓦斯-胺洗系统：净化循环氢。
- 产品分馏系统：把分离器流出物分成系列目的产品，如石脑油、煤油、柴油和尾油。

典型的馏分油型加氢裂化过程流程见图 1-9 和图 1-10。这两张图的区别在于后者更强调过程的局部(如进料段和分离段)描述。

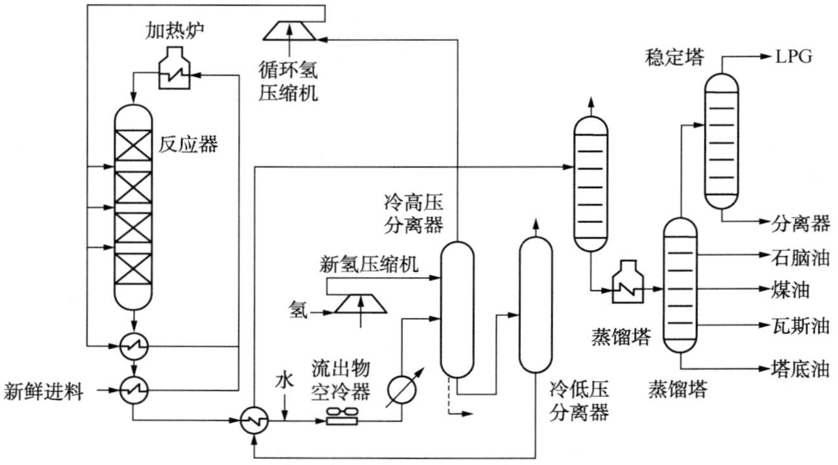

图 1-9　典型加氢裂化过程[19]

同其他临氢过程一样，加氢裂化过程也采用温度和压力都比较高的氢气，并在催化剂的存在下，完成原料的转化。

原料经换热和在加热炉中加热，把温度和压力提高到所需要的水平。操作温度通常在 370~400℃，装置的操作压力通常在 10.3~20.7MPa[20]。混氢方式多采用炉前混氢，新氢通常用作催化剂床层急冷介质，直接送入反应器。

随原料一起进入反应器的氢气，在催化剂的作用下同原料中硫化物和氮化物等污染物反应生成 H_2S 和 NH_3，大分子烃裂化成相对分子质量比较小的烃。

加氢裂化过程通常使用一种或多种催化剂，使用的催化剂种类和数量取决于原料性质和对目的产品的质量要求和分布。

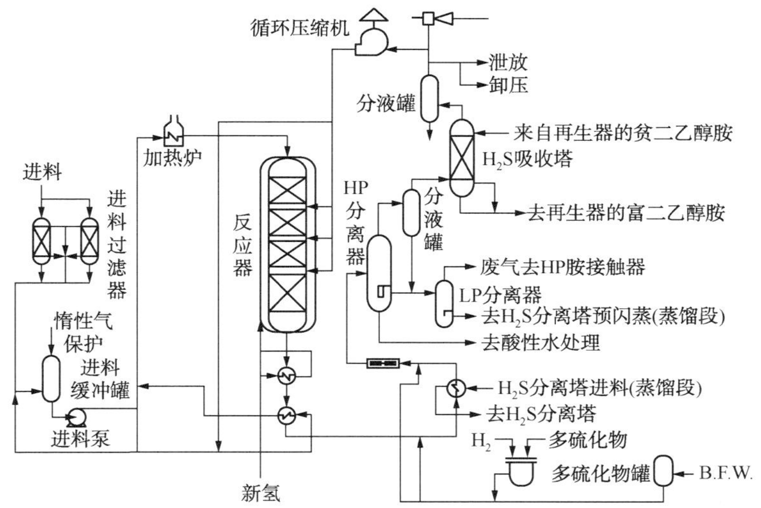

图 1-10 典型的馏分油加氢裂化装置流程[14]

反应器流出物中除了有大量氢和烃混合物之外，还含有 H_2S 和 NH_3 等污染物，有时还可能有少量 HCl 和 H_2O。反应器流出物经换热后，在反应器流出物分离系统分出其中的轻质烃(1~4 个碳)、氢气和污染物(如硫化氢和氨)。在分离出来的两个碳的烃中含硫化氢和氨。这些氨和硫化氢可以用水洗的方法除去。由分离系统出来的烃混合物送产品分馏塔，分馏成目的产品。

由分离系统分离出来的气体中的 H_2S，如果不加处理直接返回氢气循环系统会影响系统氢分压和危害催化剂功能。因此，在有些例子中，这些气体在循环返回到反应器进料段之前，先在胺吸收塔中除掉其中的 H_2S。

在处理劣质原料的加氢裂化装置中，为了防止在系统中产生堵塞管路的 NH_4HS 和 NH_4Cl 盐垢，通常在 REAC 或壳-管式换热器上游注水。如果是操作条件比较缓和的加氢裂化装置，由于处理的原料是比较干净的石脑油，通常不会产生盐沉积，可以不注水。如果装置运转过程中产生的盐数量比较少，也可采用间断注水[19]。在那些采用注水措施的装置中，经过水洗的流出物送入分离器，分成气体、液烃和酸性水。酸性水中含有一些盐类化合物，如 NH_4HS 和 NH_4Cl。

装置所用的新氢主要有三个来源：制氢装置(类似于甲烷蒸气重整)、催化重整装置(副产氢气，纯度比较低)和煤或渣油气化装置(合成氢)。氢气的来源和生产方法对加氢裂化装置影响比较大，主要是因为，氢气中的氯化物会引起设备结垢和腐蚀。催化重整装置生产的氢气可能含氯。如果这种含氯氢气在进入加氢裂化装置之前没有被除掉，可能会在系统中产生氯化氢，影响装置操作。

氯化物的另外来源是原料中的有机氯化物和无机氯化物。有机氯化物，如溶剂和清洗剂，如果在加氢裂化装置上游的某些加工装置中没有分解就会进入加氢裂化装置中。进入加氢裂化装置中的这些有机氯化物会在反应器中分解，生成 HCl。无机氯化物或盐通过反应器时可能是稳定的，但是这些盐的分解产物不可能都是安定的，可能产生严重的设备腐蚀问题[19]。

加氢裂化过程的典型操作条件为：

- LHSV（液时空速）0.5~2.0。
- 流通量 850~1700Nm^3/m^3。
- 氢气压力 H_{2pp}10.4~13.8MPa。
- SOR（运转开始）温度范围 357~385℃。

加氢裂化过程的操作条件可以适度调节，调节幅度取决于下列几个因素：

- 原料性质，如含污染物的多少。
- 装置的运转周期，涉及催化剂的活性和抗污染能力。
- 产品分布。
- 产品质量。

典型的单段加氢裂化过程操作条件见表 1-1。一次通过流程、两段流程和一段部分循环流程的进料性质、产品收率和产品质量见表 1-2 和表 1-3。必须强调的是，目的产品收率的高低取决于催化剂性能、操作条件和采用的流程模式，变化范围比较大。

表 1-1　单段加氢裂化装置操作条件[21]

项　目	数　据
催化剂平均温度/°C	413.0
LHSV/h^{-1}	1.72
反应器入口压力/MPa	17.7
反应器压力降/MPa	0.34
入口氢分压/MPa	13.6
化学氢耗/(m^3/m^3)	204.7
反应器入口的新氢+循环氢(SOR)/(m^3/m^3)	891.0
新氢纯度/%(体)	95
HP(高压)分离器温度/°C	60.0
HP 分离器压力/MPa	16.4
循环压缩机吸入端压力/MPa	16.3
循环压缩机出口压力/MPa	18.55

表 1-2　加氢裂化装置原料(VGO)和产品性质[21]

项　目	原　料	轻石脑油	重石脑油	煤　油	柴　油
单段操作					
API(美国石油学会)	22.6	80	53	38	34
苯胺点/℃	78.9		41.1	51.1	80.0
ASTM(美国材料学会)/℃	D-1160	D-86	D-86	D-86	D-86
IBP(初馏点)	310.0	43.3	101.7	176.7	226.7
50%	449.0	57.2	126.7	229.4	321.1
FBP(终馏点)	543.0	90.6	162.8	287.8	385.0

续表

项 目	原 料	轻石脑油	重石脑油	煤 油	柴 油
组成/%(体)					
烷烃	16	76	30	20	26
环烷烃	22	20	54	55	49
芳烃	62	4	16	25	25
硫/(μg/g)	25000		<10	<10	10
硫醇/(μg/g)			<5	<5	
氮/(μg/g)	970		1	1	5
烟点/mm				15	
冰点/℃				-45.6	
倾点/℃				-62.2	-6.7
浊点/℃				-48.3	15.6
柴油指数				47	60
辛烷值(净)		76	61		
100℃黏度/(mm^2/s)	59			2	9
单段循环					
API 度	20.9	80	56	42.2	38
苯胺点/℃	79.4		51.1	64.4	89.4
ASTM/℃	D-116	D-86	D-86	D-86	D-86
IBP	393.0	43.3	90.6	165.6	251.7
50%	468.5	57.2	121.1	215.6	315.6
FBP	557.0	90.6	160.0	287.8	374.0
组成/%(体)					
烷烃		77	45	38	48
环烷烃		21	47	45	43
芳烃		2	8	17	9
硫/(μg/g)	31000	<5	10	6	8
氮/(μg/g)	1050		1	2	1.5
烟点/mm				22	
十六烷值					68
冰点/℃				-45.6	
倾点/℃	32			-48	-26
柴油指数					73.2
辛烷值(净)		80	54		
两段操作					
API 度	37	81	56	43	40

续表

项　目	原　料	轻石脑油	重石脑油	煤　油	柴　油
苯胺点/℃	87. 8		52. 2	63. 9	76. 1
ASTM/℃	D-1160	D-86	D-86	D-86	D-86
IBP	237. 8	46. 1	98. 0	173. 9	190. 6
50%	321. 1	57. 2	123. 9	230. 0	282. 2
FBP	382. 0	90. 6	162. 8	287. 8	371. 0
组成/%(体)					
烷烃	42	83	43	35	39
环烷烃	42	14	49	50	46
芳烃	16	2	8	15	15
硫/(μg/g)	6	<5	<5	<5	<5
硫醇/(μg/g)		<5	<5	<5	<5
氮/(μg/g)	3			<1	2
烟点/mm				20	
冰点/℃				-47. 8	
倾点/℃	-12. 2			-56. 7	-26. 1
浊点/℃	-9. 4			-53. 9	-23. 3
柴油指数	70			63	68
辛烷值(净)		75	54		
黏度(100℃)/(mm^2/s)	8			2	4

表 1-3　馏分油加氢裂化流程的进料和产品收率(份数)[21]

项　目	一次通过	部分循环	两　段
进料			
VGO 进料	1. 0000	1. 0000	1. 0000
氢	0. 0225	0. 0293	0. 0345
总进料	1. 0225	1. 0293	1. 0345
产品			
瓦斯	0. 0166	0. 0257	0. 0391
HP 瓦斯	0. 0070	0. 0069	0. 0127
酸性气	0. 0216	0. 0243	0. 0221
裂化石脑油	0. 0969	0. 1637	0. 2132
煤油	0. 1372	0. 1861	0. 2635
柴油	0. 2961	0. 3955	0. 4365
重柴油(一次通过流程)	0. 4471		
重柴油(部分循环流程)		0. 2271	
两段排放油			0. 0473
产品总计	1. 0225	1. 0293	1. 0345

二、加氢裂化过程特点

加氢裂化过程是一种多用途石油炼制过程，同其他炼制过程比，主要有下列特点[12,14,20~23]：

- 能把各种原料，如直馏石脑油、煤油、柴油、AGO、VGO、LCO、CGO、DAO 和渣油等，转化成相对分子质量比较小的优质产品，如 LPG、石脑油、煤油、柴油、润滑油基础油、FCC 装置和蒸汽裂解装置原料。
- 能够生产对辛烷值感受性比较好的石脑油，丁烷馏分中含有比较多的异丁烷。
- 采用适当的催化剂，能生产优质(如低硫、低温性能和燃烧性能好的)中馏分油和高 VI 润滑油基础油。
- 处理劣质原料(如渣油)时，通常需要对原料进行过滤和预处理，如加工的原料(如渣油)含金属比较多时，需要在主催化剂上游，增加脱金属催化剂，目的是保护下游的价格比较贵的主催化剂。
- 过程通常使用双功能(裂化功能和加氢功能)催化剂，双功能催化剂的裂化功能由多孔固体酸性载体承担，如果使用的是无定形载体，其成分由硅-铝、硅-氧化镁、硅-氧化锆、硅-氧化钛组成；如果使用的是结晶形的，其裂化功能主要由各种改性分子筛承担。加氢功能由 2~3 种金属(Ni、Co、Mo、W、Pd 和 Pt 等)组合承担，其中 Co-Mo、Ni-Mo、Ni-W 应用比较多，价格也比较便宜。
- 催化剂或催化剂系统的选择主要取决于原料性质、目的产品的质量和分布以及装置的运转周期。
- 多数情况下，过程使用的不是单一催化剂，是由几种不同类型和不同规格组成的两种或多种催化剂组合而成的催化剂系统。在反应器尾部床层中也可以装填少量(约 10%)脱硫和脱氮催化剂。
- 处理劣质原料时，有时会采用比较特殊的反应器，如有的反应器在其内外壳体之间设能够通过热新氢(经过净化的)的环形空间，以便更好地维持反应器温度。
- 通过改变操作条件能够比较灵活地调整产品分布。
- 过程中发生的化学反应分成两类：脱硫和脱氮，聚芳烃和单环芳烃的加氢，这些反应由催化剂的加氢功能支持；加氢脱烷基、加氢脱环、加氢裂化和加氢异构化反应由催化剂的酸性(载体)功能支持，原料的氮含量影响载体功能。
- 反应器中的催化剂通常被分成几个床层，床层之间打入急冷氢，以便限制由过程放热反应引起的温升。
- 多数情况下，会在反应器入口和催化剂床层之间安装内部构件，目的是改善流体分布和控制催化剂床层温度。
- 由于装置的操作是在高温高压条件下完成的，设备制造需要更多优质合金，因此建设费比较高，与相同规模的 FCC 装置相当；由于反应过程需要消耗大量氢气，操作费用比较高。

三、加氢裂化过程类型

同其他石油炼制过程比，加氢裂化过程类型比较多。经过几十年发展起来的加氢裂化过程，没有固定的分类方法，大致可以按下列几种方法分类：

- 按反应段数分：一段加氢裂化过程、两段加氢裂化过程。
- 按操作压力高低分：高压加氢裂化过程、中压加氢裂化过程和缓和加氢裂化过程。
- 按反应器内催化剂状态分：固定床加氢裂化过程、移动床加氢裂化过程和流化床(沸腾床、膨胀床和悬浮床)加氢裂化过程。

在有的文献中，还有的按：过程所加工的原料类型分，如轻质馏分油型加氢裂化过程和重质油[包括 VGO、AR(常压渣油、常压重油)和 VR 等]型加氢裂化过程；按主要产品类型分，如多产 LPG(液化石油气)的加氢裂化过程、多产石脑油的加氢裂化过程、多产中馏分油的加氢裂化过程和多产尾油的加氢裂化过程。

其中应用比较多的是前三种分类方法，既按反应段数分类、按操作压力高低分类和按反应器内催化剂状态分类。

在加氢裂化过程选型或设计过程中，选用哪种类型的流程主要取决于：原料性质、催化剂性能、产品的分布和质量。这些因素也是影响装置投资和操作费用的主要因素。

(一)按反应段数分类

在加氢裂化过程中，采用哪种流程，是一段还是两段，尾油是循环还是不循环，循环是部分循环还是全循环，主要取决于原料性质(如，沥青和金属含量)、催化剂的性能、对转化率、产品分布和产品质量的要求[12,14,21]。表 1-4 为加氢裂化过程段数的发展概要。

表 1-4　加氢裂化过程流程发展概要[10]

时　间	过程流程	理　　由
20 世纪 60 年代早期	独立的加氢处理	低活性无定形催化剂
60 年代中期	两段加氢裂化	先进的分子筛 HC 催化剂 比较经济的流程 第一段加氢裂化，第二段比较小
60 年代末期	单段	有效的设计，单程新鲜进料加工能力限制在 5500m^3/d 左右
70 年代和 80 年代	一次通过，部分转化	改质 FCC 未转化油或生产蒸汽裂解料和润滑油进料

如果过程加工的原料比较重，可以采用装有多层催化剂的反应器或多段流程。例如，当目标产品是润滑油基础油时，固定床反应器的系统配置完全不同。在这种情况下，催化脱蜡反应器是总的 VGO 和 DAO 临氢加工过程的一部分，接下来还需要一个步骤是缓和条件下的加氢精制。脱蜡和加氢精制过程使用的催化剂配方，不同于常规临氢加工过程使用的催化剂配方[2]。

1. 单段加氢裂化过程

常规单段加氢裂化过程有三种流程：单段一次通过、单段部分循环或单段全循环流程。单段加氢裂化过程有下列特点[9]：

- 采用一台反应器，所有化学反应，如 HDM、HDS、HDN、HDO、HDAr(加氢脱芳烃)、烯烃饱和加氢裂化，都在一个反应器中进行。
- 催化剂有比较强的抗硫、氮和氧能力。
- 对原料性质有一定限制，例如氮含量不宜过高，馏分不宜过重。

- 反应温度比较高，装置运转周期比较短。
- 流程简单，投资比较低。

(1) 单段一次通过流程

SSOT(单段一次通过加氢裂化流程)最大特点是尾油不循环，类似于两段过程中的第一段。如果原料中污染物含量比较少，可以采用一个反应器，如果原料中污染物含量比较多，可以采用多床层催化剂系统或多个反应器串联。前面床层或反应器的催化剂多采用 HDM、HDS 和 HDN 活性比较高的原料预处理型催化剂。图 1-11 为该过程示意流程。

同其他有循环加氢裂化过程比，单段一次通过加氢裂化流程有下列特点[9~10,15]：

- 可以用各种轻质馏分油，最大量地生产汽油；用 HVGO(重减压瓦斯油)，最大量地生产中馏分油；也有用更重的馏分油生产中馏分油和尾油的例子。

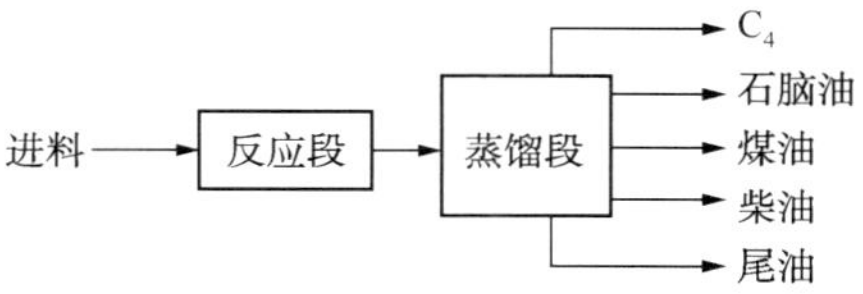

图 1-11 一次通过加氢裂化过程流程

- 通常原料不需要完全转化，更侧重于重质馏分油的高强度精制，尾油可以用作润滑油厂、催化裂化装置、低硫调和装置或者蒸汽裂解装置的原料。
- 操作条件比较缓和，相对分子质量降低有限，转化率通常控制在 50%~60%。
- 在总转化率比较高的条件下操作，会有更多的原料转化成石脑油。
- 如果要提高转化率，必须提高操作温度和延长反应时间，代价是缩短装置运转周期。如果需要延长运转周期，必须增加催化剂体积或更换更优良的催化剂。
- 使用加氢功能和裂化功能都比较强的双功能催化剂，催化剂对馏分油有比较高的选择性。由加氢反应产生的氮化物和氨，对催化剂的酸性中心有干扰。
- 如果目的产品是尾油，尾油数量约占进料的 60%~70%(体)，有时高达 90%(体)，硫、氮等杂质含量都比较低，是 FCC 装置、蒸汽裂解装置和润滑油厂的好原料。
- 改变产品分布(如，柴/汽比)的灵活性比较低。
- 反应器部分的设计同加氢处理装置类似。
- 流程比较简单，投资相对比较低。

转化率的高低，对高沸点产品选择性的影响比较大。提高一次通过转化率，会降低选择性。也就是说，如果转化率提得太高，目的产品的收率会下降，轻馏分和气体产量增加。对石脑油、喷气燃料和柴油收率的影响，有循环操作的加氢裂化过程，要比单程操作的过程要大得多。

同有循环操作的加氢裂化过程比，虽然单程一次通过加氢裂化过程产品中的芳烃含量比较高，但是其产品质量依然远远优于由催化裂化过程生产的产品和直馏产品。如果提高转化率和氢分压，可以改善中馏分油质量。

(2) 单段部分循环流程

OTPC[单程部分循环(或转化)过程]，可以由瓦斯油加氢处理装置或 AR HDS 装置改造而成，改造费用比较低。该过程，通过部分转化操作，能把 HVGO 转化成高质量汽油、喷气燃料和柴油，是目前比较有吸引力的重质油转化过程，图 1-12 为单段部分循环加氢裂化过程流程。该流程同上述一次通过流程的区别主要是部分尾油被循环到反应段，尾油产量明显下降。

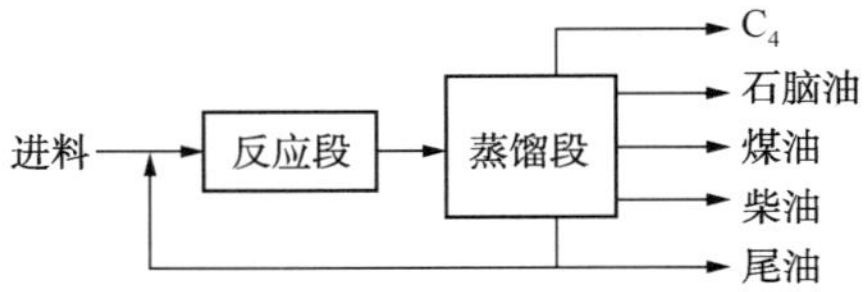

图 1-12　单段部分循环加氢裂化过程流程

在单段部分循环加氢裂化过程中，如果所处理的原料污染物含量比较多，会设置两个反应器，第一个反应器实际上是一个加氢预处理反应器，第二个反应器为裂化反应器。分馏塔出来的尾油的一部分循环到第二反应器入口，进一步裂化。在有的文献中把该流程称作单段串联部分循环流程，示意流程如图 1-13 所示。

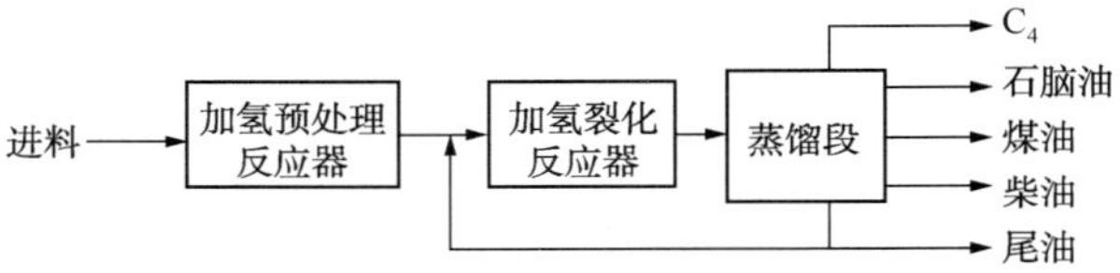

图 1-13　单段串联部分循环加氢裂化流程

单段部分循环加氢裂化过程的特点如下[15]：

- 能处理的原料比较广泛，如能把 HVGO 中的一部分转化成高质量的汽油、喷气燃料和柴油，能够处理的原料和主要产品见表 1-5。

表 1-5 单程部分转化加氢裂化过程的原料和产品

能处理的原料	能生产的产品
直流瓦斯油、VGO、FCC 裂化油和澄清油、焦化瓦斯油、热裂化馏分油、溶剂脱沥青油、直流石脑油、裂化石脑油	LPG、汽油、重整料、喷气燃料、柴油、炉用油、溶剂和稀释剂、润滑油、石油化学原料

- 同全循环加氢裂化过程比，由于原料不需要全部转化，操作条件(反应温度和氢分压)比较缓和，装置操作费用和建设投资都比较低。
- 在原料一定条件下，所需要的氢分压明显低于全循环加氢裂化过程所需要的氢分压。原料的终馏点越高，所需要的氢分压越高，否则装置性能就会下降。采用活性比较高的催化剂和比较低的空速，能抵消或缓解由降低氢分压引起的副作用，如催化剂失活速率升高。
- 降低操作压力节省的投资和操作费用，远高于由增加催化剂需求量和采用更大反应器增加的投资。
- 操作压力和氢分压不仅影响催化剂循环周期，也影响产品性质，如喷气燃料的烟点和柴油十六烷值。
- 提高转化率能增产石脑油、喷气燃料和柴油。
- 转化率对高沸点产品的选择性影响比较大，转化率增加，选择性下降。如果转化率过高，目的产品收率下降，轻质烃和气体产量增加。
- 同全循环操作比，虽然中馏分油质量(燃烧性能)，由于芳烃含量比较高，比较差，但是比催化裂化和直馏产品要好得多。
- 中馏分油的质量改善程度取决于过程转化率和氢分压，提高转化率和氢分压有利于改善中馏分油的质量。

● 尾油是高质量的，低硫和低氮，是优质 FCC 或蒸汽裂解原料，也可以用来生产高 VI 润滑油基础油。尾油质量是转化率和操作强度的函数。

（3）单段全循环流程

SSREC（UOP 单段循环加氢裂化过程）流程主要特点是[15]：

● 流程类似于两段过程的第二段。

● 能够处理中东 VGO，生产低倾点柴油；处理 LGO（轻瓦斯油），生产优质喷气燃料。

● 有些工业装置能处理 Middle East 含蜡 VGO，生产低倾点柴油。

● 不生产尾油，蒸馏塔底油全部循环回到反应器入口，能把原料全部转化成轻质产品，转化率接近 100%。

● 能最大量地生产石脑油、喷气燃料或者柴油。产品方案取决于蒸馏段的循环切割点。

● 如果装置设计能力为 1590～2385m^3/d，这类装置所需要的投资，要比复杂的两段装置低得多。

图 1-14 为该过程流程。该流程的成本效应比较高，主要取决于催化剂的选择性和操作条件。

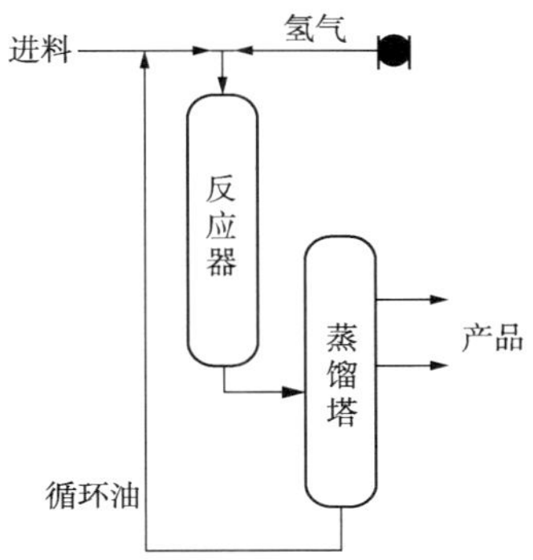

图 1-14　单段全循环加氢裂化过程[10]

在单段全循环加氢裂过程中，反应段有时设两个反应器，第一个反应器使用铝载体-硫化钼-硫化镍催化剂，主要用于进料的脱硫、脱氮、脱芳烃，也发生部分裂化反应。反应器的操作温度是 300～425℃，氢分压为 8.3～17.3MPa。第二个反应器装的是加氢裂化催化剂，在同样的氢分压下操作，主要用于裂化。如果使用无定形催化剂，操作温度为 300～450℃。如果使用含分子筛的催化剂，操作温度为 440℃。

单段全循环加氢裂化操作过程中的氢分压控制是很重要的。通常，氢分压控制在 8.3～15.9MPa，高低取决于所加工的原料类型。装置的设计压力可以调整，调整幅度部分地取决于所需要的催化剂循环周期。调整压力是为了在原料裂化之前，对原料中的大相对分子质量芳烃和环烷烃先加氢。产品的某些性质，如喷气燃料芳烃含量、烟点和柴油十六烷值，都取决于氢的吸收。一般情况下，进料的终馏点越高，需要的氢分压越高。

2. 两段加氢裂化过程

两段加氢裂化过程应用比较早，在 USA 的应用比较多，主要原因是：技术成熟；能处理更重和污染物含量比较多的原料；能最大量地生产运输用燃料，如石脑油；可以通过改变操作条件灵活地调整产品分布和产品性质，对市场有一定适应能力。

两段加氢裂化装置由两个反应段和产品分馏段组成。选择催化剂的主要依据是原料性质、产品性质和产品分布。通常，第一段催化剂主要是用来脱污染物（如，金属、硫、氮）。进入第二段的物料比较干净，这对延长第二段催化剂的操作周期是十分有利的。第二段催化剂主要用于进料的选择性加氢裂化。两个反应段的流程类似。下面列出的是典型的 Chvron 两段加氢裂化装置的特点：

● 反应器进料加热炉是以多年的安全操作为依据设计的，两相操作。

● 进料/流出物高压换热器的设计有独到之处，采用 Chvron 专门开发的无泄漏端面密封技术。

● 由进料加热炉出来的物流(部分蒸发)，由反应器顶部进入反应器。

● 催化剂分层装填，层间催化剂温度通过层间急冷设施控制，对反应混合物实施急冷温控的目的是确保物流通过催化剂时有比较均匀的温度分布。

● 经过脱氧和脱气的冷液(如，水)，在空冷器之前，注入第一段反应器流出物中，脱掉其中的氨和硫化氢，防止固体硫化氢铵在系统中沉积。

● 加氢裂化冷却设施的材料选择对于设备的正确设计来说是相当重要的，应慎重对待。

● 由分离器分出来的酸性水通常要送 Chvron WWT 过程，回收氨，经过净化的酸性水可以在加氢裂化装置中循环使用。

● 由高压分离器分离出来的富氢瓦斯用循环压缩机送反应器进料段。有时，这些循环瓦斯需要在胺处理系统进行胺洗，净化氢气。采用这个方法提高氢气纯度，能够改善催化剂性能，降低结构材料成本。

● 蒸馏段有两个功能：把加氢裂化产品分馏成目的产品；用汽提方法除掉其中的 H_2S。蒸馏塔底油循环到第二段。

● 蒸馏塔底油切割点是可以改变的，其高低取决于对目的产品的需求。切割点可以根据需要(如，汽油最大化或改善柴油质量)，在 160~382℃ 调整。如果把切割点控制在 260~288℃，就可以多产高烟点和低冰点喷气燃料。

为了能够适应不同的需求，两段加氢裂化过程有几个变型。

(1) 两段全循环加氢裂化过程

两段全循环加氢裂化过程应用广泛，在大处理量装置上应用较多。在讨论加氢裂化工艺流程或设计方案时，通常有两种选择：是选择单段流程还是选择两段流程。虽然影响方案选择的因素有许多，但是最主要的因素有两个：一是原料性质，希望能够多处理一些质量更差的原料；二是过程的操作灵活性，也就是说，希望产品分布能够随市场的变化进行调节。同单段加氢裂化过程比，两段加氢裂化过程兼具这两方面的优势。图 1-15 为该过程的示意流程。

在两段加氢裂化过程中，第一段反应器出来的流出物经冷却后进入高压分离器，分出气体。由低压分离器出来的烃，经换热升温进分馏塔。蒸馏塔底油循环到第二段反应器，反应器流出物同第一段反应器流出物混合，经分离和分馏，分成各种产品。

开发两段过程的初衷是用直馏瓦斯油大量生产汽油。第一段实际上是原料净化段，用来脱硫、脱氮和脱金属等。脱硫过程，看起来似乎是，先脱非沥青质硫，然后再脱沥青成分中含有的比较难处理的硫。对于加氢裂化过程来说，采用逐渐少用的再循环技术能使脱硫效果和目的产品产量最大化。如果这类加氢裂化过程有足够高的操作强度，就能够实现这类原料的有效转化。在有些实际案例中，沸点达到 340℃ 的产品也能调入目的产品中。

两段全循环加氢裂化过程的特点包括[9~10,15,20]：

● 采用两台反应器。

● 第一段反应器进行原料加氢预处理，功能包括：HDM、HDS、HDN、烯烃和部分芳烃加氢饱和、部分转化。

● 第一段反应器流出物经气液分离后，液体部分进蒸馏塔分馏。

● 蒸馏塔底油全部进第二段反应器加氢裂化。

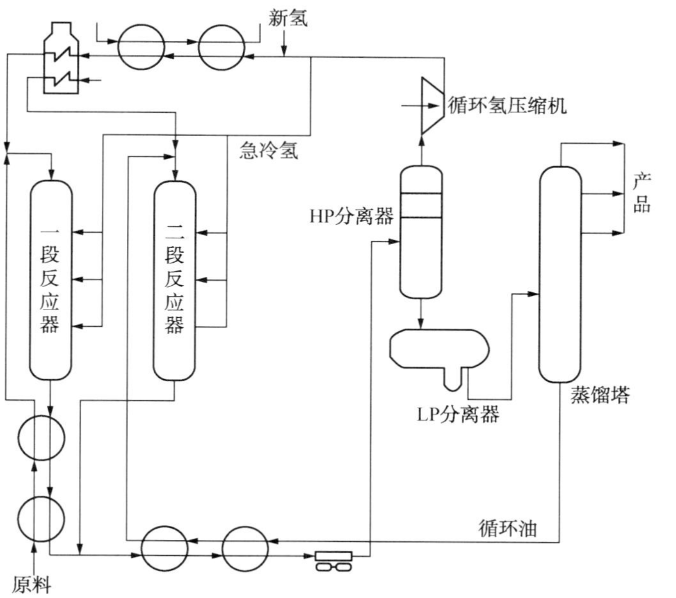

图 1-15　两段全循环加氢裂化过程示意流程[15]

- 第二段反应器流出物经气液分离后，液体部分同第一段反应器流出物分离出来的液体部分一起进同一个蒸馏塔，分离成各种产品。
- 蒸馏塔底油全部循环回裂化反应段，不出尾油。
- 裂化段处理的进料比较干净，可以使用抗污染性能比较差的催化剂，如贵金属催化剂或非贵金属硫化物加氢裂化催化剂。
- 两段分离系统和循环氢系统独立。
- 新氢压缩机和蒸馏系统两段公用。
- 能处理劣质原料。
- 生产灵活性大。
- 装置运转周期比较长。
- 流程复杂，投资和操作费用高。
- 多用于生产润滑油的加氢处理、加氢异构降凝、加氢补充精制组合加工过程和柴油深度加氢脱芳烃过程。

两段全循环加氢裂化过程变型比较多，是一类操作灵活性比较大的流程。

（2）两段部分循环加氢裂化过程

两段部分循环加氢裂化过程示意流程见图 1-16，其特点如下：

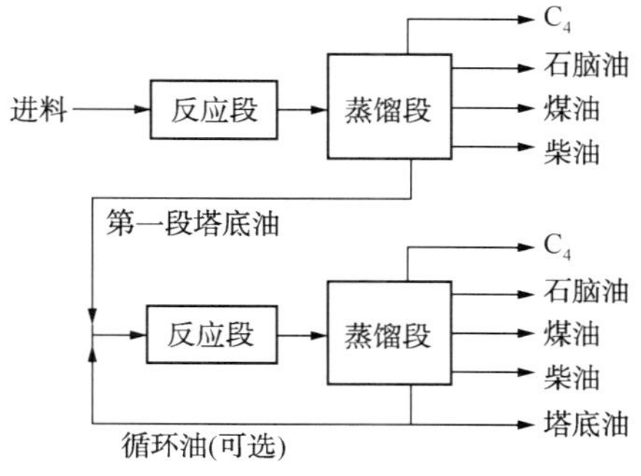

图 1-16　两段部分循环加氢裂化过程流程[14]

- 第二段蒸馏塔底油分成两部分，一部分作为尾油产品出装置，另一部分作为第二段加氢裂化反应器进料。
- 由于进入第二段反应器的蒸馏塔底油经

过净化(脱硫和脱氮)，这不仅能延长第二段催化剂运转周期和提高转化率，产品质量也好，如硫醇含量低、烟点高和倾点低。

- 在重瓦斯油中含有一些沸点比较高的难裂化芳烃分子，这些分子在循环操作中有浓缩的趋势。芳烃的高度浓缩会增加催化剂的污染速率。而两段流程中的第一段实际上是一次通过操作，不存在循环操作，因此也就不存在芳烃浓缩。
- 轻质瓦斯产量低，氢耗低。
- 通过调整操作条件，可以比较灵活地改变产品分布。
- 同单段流程比，虽然两段流程的投资比较高，但是，总体来说是经济的。

(3) 两段串联过程

在常规两段加氢裂化过程中，经过预热的原料在第一段反应器进行 HDN、HDS 和有限的加氢裂化反应。由于这些反应都属于放热反应，反应器中的催化剂通常被分成几个床层，催化剂温度通过导入催化剂床层之间的急冷氢控制。第一段反应器流出物经过分离和蒸馏，分出部分产品。低氮和无氨的蒸馏塔底油送入第二段反应器。在该段发生的反应主要是加氢裂化反应。第二段使用的催化剂通常是酸性比较强(加氢活性相对比较弱)的催化剂。

如果把上述常规两段加氢裂化过程中的第一段的气/液分离和脱氨这一步骤省掉，即为两段串联加氢裂化流程。在该流程中，含有大量循环瓦斯的第一段反应器流出物直接进第二反应器入口。同使用无定形催化剂的两段过程比较，该过程的第二段反应器装有以结晶硅-铝为基础的分子筛催化剂。如两段过程那样，未转化的蒸馏塔底油循环回反应段。

两段和两段串联加氢裂化过程都是比较灵活的加氢裂化过程。这两种过程都可以只生产石脑油和更轻的产品，也可以只生产瓦斯油和更轻的产品。如果都采用多产石脑油的生产模式，两种流程的产率很接近。如果采用的是多产中馏分油的生产模式，两段过程更具优势，因为第一反应器流出物中的一部分已经从系统分离出来。如果是两段串联操作流程，这部分流出物就会在第二段反应器被部分地裂化成更轻的产品。

在有的流程中，在反应器流出物进空冷器之前，先脱掉其中的氨和硫化氢，这样做的目的是防止或减少固体硫化氢铵在系统中大量沉积。

离开反应器的反应器流出物在高压分离器中分成富氢循环瓦斯、酸性水和烃。酸性水通常会被送到另一个装置中回收和提纯其中的氨，经过净化的水在装置中循环使用。富烃液体在低压分离器经降压，把其中的轻质烃闪蒸出去之后，进入蒸馏段。由高压分离器出来的富氢瓦斯通过循环压缩机循环回反应器进料端。如果加工的是酸性(硫含量高的)进料，第一段循环瓦斯需要胺洗净化，这样做的目的是保护催化剂。

蒸馏段由硫化氢汽提塔和分馏塔组成。分馏塔能把进料分馏成几个馏分。分馏塔底油循环返回到第二段反应器。循环馏分切割点不是固定的，可以根据需要调整，调整幅度取决于对目的产品的要求。如果是为芳烃装置最大量地生产石脑油，切割点可以低到 160℃；如果是最大量地生产低倾点柴油，切割点可以高到 380℃；如果把切割点控制在这两点之间，260~285℃，可以多产高烟点和低倾点喷气燃料[15]。

(4) 加氢处理段独立的两段加氢裂化流程

加氢处理段独立的两段加氢裂化流程是两段加氢裂化过程的一个变形，其主要特征是两段都有独立的氢气循环系统，流程见图 1-17。由于氢气循环系统是分开的，第二段反应是在几乎没有硫化氢和氨的条件下进行的，使操作环境更清洁，更安全，这更有利于第二段催化剂性能的发挥。

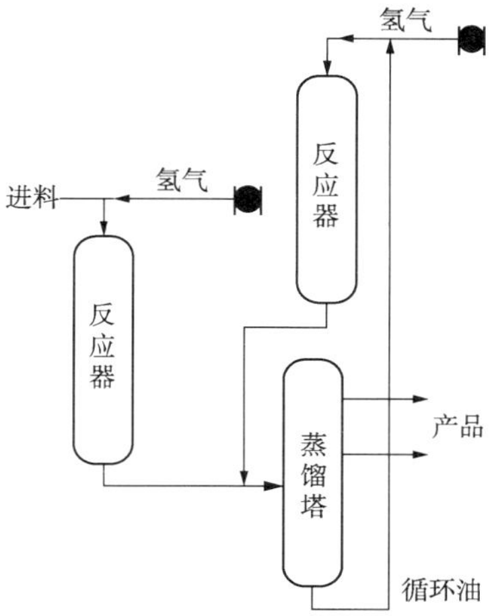

图 1-17 加氢处理段独立的两段加氢裂化流程[10]

(二) 按操作压力高低分类

按操作压力高低分，加氢裂化过程分为高压加氢裂化、MPHC(中压加氢裂化)和 MHC。过程的主要区别除了操作压力之外，在转化率、产品分布和产品质量上差别也比较明显。常规高压加氢裂化和 MHC 的比较见表 1-6。

实际上没有明确的压力分界限。有的文献以操作压力 10.0MPa 为界限，当操作压力超过 10.0MPa 时，称高压加氢裂化；当操作压力低于 10.0MPa 时，称中压加氢裂化和缓和加氢裂化。

表 1-6 常规高压加氢裂化和 MHC 的比较[4]

项 目	常规高压加氢裂化	MHC
原料	从石脑油到沥青	VGO，页岩油
反应器类型	固定床，沸腾床	固定床，沸腾床
催化剂类型	高酸性	比较低的酸性
操作温度/℃	350~450	320~450
操作压力/MPa	10.0~25.0	5.0~10.0
LHSV/h^{-1}	1.0~1.7	0.5~1.5
H/油比/(Nm^3/m^3)	1000~2000	300~700
转化率	60~100	25~50
产品质量	产品质量高，归因于操作压力比较高	产品质量稍差，归因于操作压力比较低
操作费用	高	低
最初投资	很高	比较低，如果是用加氢处理和加氢脱硫装置改造，几乎不需要增加投资

UOP 把操作压力为 5.5~8.3MPa 的加氢裂化过程称 MHC 过程，把操作压力为 9.7~10.3MPa 加氢裂化过程称 MPHC[12]。

MPHC 装置的操作压力比较高，所需费用是 MHC 装置的 1.5~1.8 倍，能够生产 35%~40%的、十六烷值为 45~50 的全馏分柴油调和料。这类装置也能够生产约 10%的烟点为 15~20

的煤油。MHC 常用于：FCC 原料改质，降低硫含量和氮含量，同时增产中馏分油（如柴油）；也能够把直馏瓦斯油转化成更轻的产品，其中柴油十六烷指数在 30~40，收率达到 30%。

MHC 和 MPHC 装置能为炼油厂提供多产高质量中馏分油的灵活性，这些装置的投资和操作费用仅占全转化操作的高压加氢裂化装置的 50%~80%。MHC 过程发展比较快，其中最主要的推动力是市场对高质量中馏分油的需求持续增长和对重质燃料油的需求下降。

1. 高压加氢裂化过程

高压加氢裂化过程，由于多采用全转化模式，也称全转化加氢裂化过程。该过程，由于操作压力通常在 12.4~17.3MPa，转化率高。如果以 VGO 为原料，其转化率在 70%~100%。该过程在美国应用比较多，主要用于生产轻馏分油，如汽油。

同 MHC 过程比，高压加氢裂化过程的优势是轻质油收率高，操作灵活性大。通过调整操作条件就能灵活地改变产品分布。操作灵活性对复杂型炼油厂来说是非常重要的，因为它能体现炼油厂对市场变化的应变能力。

高压加氢裂化过程优势明显，主要缺点是操作条件苛刻，除了对设备材质和强度要求比较高之外，氢耗也高，因此装置的一次投资和操作成本都比较高。

高压加氢裂化过程多采用两段流程，除了胺吸收装置（用于从循环氢中脱掉硫化氢，保护催化剂）之外，同其他常规加氢裂化过程类似。

当处理劣质原料时，高压加氢裂化过程的操作压力都比较高，通常在 13.8MPa 以上。有的操作压力接近 20.7MPa，体积空速比较低，在 0.2~0.5h^{-1}。低空速和高操作压力限制了每组反应器的进料率，通常在 4760~6360M^3/d。一般情况下，每组反应器都设一台保护反应器，用于脱掉进料中的金属，降低操作过程中的积炭潜力。保护反应器后面通常有 3~4 台反应器。保护反应器中的催化剂是大孔径（15~20nm）并载有少量加氢金属（如 Co 和 Mo）的硅-铝催化剂。其他反应器中装填的是为特定原料和转化率定制的主催化剂，催化剂孔径、颗粒大小和所载的金属和类型（Co-Mo 或 Ni-Mo）都控制在一定范围内。典型的催化剂孔径在 8~10nm[12]。

典型高压加氢裂化过程见表 1-7。

表 1-7　典型高压加氢裂化过程[24]

项　目	过程模式	特　点
单段过程	单剂一次通过流程；单剂全循环流程；两剂流程	单反应器；单催化剂+少量保护剂；生产轻质馏分油、中馏分油和尾油
单段串联过程	多产中馏分油的一次通过流程；多产中馏分油的全循环流程；多产化工原料的全循环流程；多产重整原料的全循环流程；能灵活生产化工原料和中馏分油的全循环流程；多产润滑油料的减压部分尾油循环流程；多产润滑油料的常压部分尾油循环流程；多产润滑油料的反序流程	加氢精制反应器和加氢裂化反应器串联；生产化工原料、中馏分油和尾油
两段过程	多产中馏分油的尾油全循环流程；多产中馏分油的尾油部分循环流程；多产化工原料的中馏分油全循环流程；裂化和精制各自独立的多产润滑油料流程；加氢裂化、催化脱蜡/加氢精制各自独立的多产润滑油料流程；加氢裂化、异构脱蜡/加氢精制各自独立的多产润滑油料流程	加氢精制和加氢裂化系统各自独立；循环油单独进加氢裂化系统；生产化工原料和中馏分油

2. 中压加氢裂化

中压加氢裂化过程的操作压力比常规加氢裂化过程低，操作压力≤10MPa，转化率>40%，如 Mobil 的中压加氢裂化过程(MPHC)的操作压力是 7.0~10.5MPa，操作温度为 343~427℃，转化率超过 40%。

MPHC 过程的主要工业应用包括[24]：

- 柴油改质：采用单段一次通过流程或单段串联一次通过流程，通过改变分子结构，提高十六烷值。典型过程有：FRIPP(抚顺石油化工研究院)的 MHUG(中压加氢改质)和 RICH(RIPP 的柴油改质，高硫高氮柴油降凝)过程，FRIPP 的 MPHUG 和 MCI(柴油改质过程，高硫高氮柴油降凝)过程，Mobil、AKZO 和 Kellogg 联合开发的 MAK-LCO(LCO 加氢裂化)过程，Criteron 和 Lummus 联合推出的 SynShift 加氢裂化过程。
- 柴油加氢处理：在比较低的氢分压和温度条件下，采用单剂一次通过流程，生产低凝点柴油、优质润滑油基础油、蒸汽裂解和白油料。典型过程有 RIPP 的 MHT(柴油加氢处理)过程。
- 低硫低氮柴油降凝：也称催化脱蜡或异构脱蜡过程，用单剂一次通过流程，生产低凝点柴油。典型过程有：Shell 的 SDD(低硫低氮柴油降凝)过程和 FRIPP 的 HDW(低硫低氮柴油降凝)过程。
- 中硫中氮柴油降凝：采用加氢精制-催化脱蜡或异构脱蜡双剂单段串联一次通过流程，生产低凝点柴油。UOP、Akzo Nobel、ExxonMobil、Kellogg Brown & Root 和 FRIPP 等公司都有自己的专利技术。
- 高硫高氮柴油降凝：采用加氢精制-催化脱蜡或异构脱蜡两段流程，生产低凝点柴油。ExxonMobil、Shell、UOP 等公司都有自己的专利技术。如果还需要提高十六烷值，则应采用组合加工过程，如 RIPP 的 RICH 过程，FRIPP 的 MCI 过程。
- 润滑油改质：在中等氢分压和比较低的温度条件下，采用加氢处理-加氢精制串联一次通过流程，能大幅度提高润滑油基础油料的 VI(黏度指数)。典型过程有 RIPP 的 RLT(润滑油改质)过程。
- 含蜡润滑油加氢脱蜡：通过蜡分子裂解或异构化反应，改善其低温性能。典型过程有：ExxonMobil 的 MLDW、MSDW 和 MWI(蜡异构化过程)过程，Lyondell 的 CDW(润滑油择形脱蜡)过程，Chevron 的 IDW(润滑油择形/异构脱蜡)过程，Shell 的 XHVI(润滑油择形脱蜡)过程。

以上提到的相关技术，实际上都属于择形加氢裂化技术。Mobil、Akzo 和 Kellogg 联合开发出的 MAK-MPHC(择形加氢裂化)过程、FRIPP 和 RIPP 于 20 世纪 80 年代和 90 年代开发的 MPHC 技术都是中压加氢裂化过程[9]。

FRIPP 的 MPHC 过程于 1987 年在荆门工业化，采用一段串联流程，用 3822/3824 催化剂，处理干点为 420~460℃、氮含量为 390~420μg/g 的南阳重柴油。在其产品中：石脑油收率为 6.5%，辛烷值为 73.4；重石脑油收率在 11.9%~24.3%，芳潜含量在 34.4%~36.7%；喷气燃料收率在 16.7%~29.3%，冰点在-53~-58℃，烟点在在 30~31mm；柴油收率为 24.7%，凝点为-2℃，十六烷值为 66，硫、氮含量小于 1.0μg/g；尾油收率为 19.1%，硫、氮含量小于 1.0μg/g，BMCI(美国矿物局相关指数)值为 3.2。

RIPP 开发的 RMC(中压加氢裂化)过程使用 RT 系列分子筛 MPHC 催化剂，表 1-8 为 RMC 过程同 MAK-MPHC 过程中试数据的比较。

表 1-8　RMC 过程同 MAK-MPHC 过程中试数据比较[9]

项　　目	RMC	MAK-MPHC
原料性质		
馏程(ASTM D1160)/℃	379~508(90%)	383~540(90%)
20℃密度/(g/cm^3)	0.9235	0.9121
S/%	3.10	2.25
N/(μg/g)	898	800
操作条件		
氢分压，MPa	8.0	8.2
360℃单程转化率/%(体)	65	64
产品分布/%(体)		
石脑油	24.5	21.0
煤油	29.2	29.5
柴油	18.9	20.7
尾油	35.4	35.7
产品性质		
煤油		
20℃密度/(g/cm^3)	0.8206	0.8347
S/(μg/g)	5.5	10
芳烃含量/%(体)	29	28
烟点/mm	17.0	15.5
冰点/℃	<-50	-50
柴油		
20℃密度/(g/cm^3)	0.8389	0.8578
S/(μg/g)	8.3	<100
十六烷值	50.5	51.0

中压加氢改质(MHUG)过程是利用 MPHC 和 MHC 技术改质 FCC 柴油的加氢裂化过程，其特点为[9]：

- 流程同 MPHC 没有类似，主要区别是 MHUG 处理的是 FCC 柴油。
- 中压操作，主要化学反应是 HDS、部分芳烃加氢饱和和开环裂解。
- 主要生产高芳潜石脑油和十六烷值得到明显提高的柴油。

3. 缓和加氢裂化过程

缓和加氢裂(MHC)过程是 20 世纪 70 年代发展起来的加氢裂化过程。早期的 MCH 装置通常是由闲置的 VGO HDS 装置和中压 VGO HDS 装置改造而成。目前，一些规模比较大的炼制公司和科研机构(如 UOP、IFP、Chevron、Shell、Mobil、Akzo、Lummus、Linde、FRIPP 等)都有自己的专有 MHC 技术。

MHC 过程的定义是：在操作条件比常规加氢裂化过程缓和的条件下能把比较重的原料转化成较轻产品的一次通过加氢裂化过程。MHC 过程近些年来发展迅速，其原因是市场对高质量中馏分油的需求持续增高。这种趋势在欧洲和亚洲市场尤为突出。

MHC 过程流程同典型加氢裂化过程没有太大的区别。MHC 过程同 FCC 过程比，有两个优势：对中馏分油有更高的选择性，多产更多的中馏分；能生产可以直接调入馏分油中的高质量中馏分油，如瓦斯油馏分的十六烷值在40~56，重瓦斯油和尾油低硫低黏度，是优良的燃料油调和组分[4]。

常规加氢裂化过程需要很高的操作压力，通常为10.0~25.0MPa，而MHC过程的操作压力要低得多，氢分压通常在3.5~7.0MPa，反应温度在390~400℃，转化率在20%~40%。由于MHC操作条件比较缓和，氢耗比较低。MHC过程采用的操作条件同VGO加氢处理过程采用的操作条件类似。MHC过程被认为是，用劣质重馏分油生产优质中馏分油的最佳炼制过程。表1-9为MHC过程同加氢脱硫和常规加氢裂化过程的比较。

表1-9 MHC过程同加氢脱硫和常规加氢裂化过程的比较[14]

项 目	VGO加氢脱硫	MHC	常规加氢裂化
反应温度/℃	330~390	360~420	370~470
LHSV/h^{-1}	0.25~2.0	0.4~1.5	0.6~2.0
氢分压/MPa	3.5~9.0	3.5~10.0	10.0~20.0
反应器入口循环氢量/(Nm^3/kL)	200~500	200~700	800~2000
化学氢耗/(Nm^3/kL)	45~80	70~100	270~360

MHC过程和常规加氢裂化过程使用的催化剂不同。MHC催化剂的酸性比高压加氢裂化催化剂的酸性略低，原因是MHC过程的转化率要低得多。该过程使用的催化剂通常是硅铝基催化剂或者是同常规铝基加氢处理催化剂一样的催化剂，这类催化剂对中馏分油的选择性比较好。同常规加氢裂化过程比，MHC过程的主要特点如下[4,14,21,22]：

- 流程同常规加氢裂化装置类似，多采用一段一次通过或部分转化流程。
- 操作条件缓和，裂化深度低，转化率低，氢耗低，装置投资和操作费用低，装置投资回收期比较短。
- 多数情况下处理VGO，有时混炼其他馏分，也能处理质量比较差的重质原料。
- 操作比较灵活，能比较容易地调整产品分布。
- 产品中，轻质烃产量少，能大量生产中馏分油(特别是柴油)和尾油，尾油(BMCI接近40)是优质FCC原料；BMCI值比较低时，可以用来生产润滑油基础油和用作蒸汽裂解原料。
- 操作压力低，可以比较容易地用闲置的临氢加工过程改造。即使不更换专用催化剂，用原来的加氢脱硫催化剂，只要适当提高反应温度，也能达到MHC的目的。
- 为了便于控制温度，反应器中的催化剂床层之间设层间急冷设施。
- 原料单程转化率比较低，通常在30%~40%内。
- 采用能够明显地改善催化剂操作性能的反应器内部构件。
- 如果需要，流程中可以设低压分离器。
- 空冷器前注水，防止析出铵盐。
- 能同其他过程组成组合加工过程。例如，由于所需要的氢分压，同加氢处理过程类似，在有些炼油厂中，把使用分子筛催化剂的MHC装置放在FCC装置前，这样即可使VGO轻质化，也可以实现FCC原料的脱硫和脱氮。

图1-18为典型MHC过程流程。该装置的典型操作条件和产品收率见表1-10和表1-11。

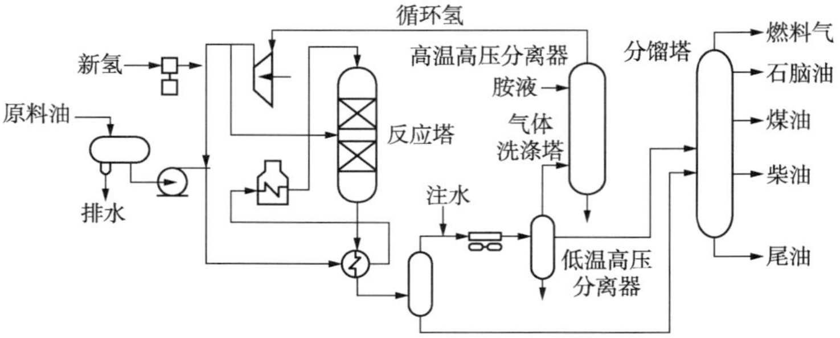

图 1-18　典型 MHC 过程流程[14]

表 1-10　典型馏分油缓和加氢裂化过程操作条件[14]

项　目	数　据	项　目	数　据
催化剂平均温度/℃	413.0	新氢纯度/%(体)	92
LHSV/h^{-1}	1.4	HP 分离器温度/℃	60.0
反应器入口压力/MPa	7.1	HP 分离器压力/MPa	5.78
反应器压力降/MPa	0.26	循环压缩机吸入端压力/MPa	5.6
入口氢分压/MPa	5.1	循环压缩机出口压力/MPa	7.3
化学氢耗/(m^3/m^3)	63.7	贫 DEA 温度/℃	65.6
反应器入口的新氢+循环氢(SOR)/(m^3/m^3)	492.3		

表 1-11　馏分油缓和加氢裂化过程产品收率[14]

项　目	质量分数	项　目	质量分数
进料		裂化石脑油	0.0134
VGO	1.0000	煤油	0.0110
H_2	0.0061	柴油	0.3117
总进料	1.0061	重柴油	0.6509
产品		总计	1.0061
瓦斯	0.0191		

(三)按催化剂的在线状态分

近 20 年来，加氢裂化技术的进步和发展主要集中在两方面：新一代催化剂或催化剂系统的研制和应用；反应器中，物流流动模式，也就是催化剂在线状态的改进。

按催化剂的在线状态分，加氢裂化过程可以分成三个类型：固定床、移动床和流化床加氢裂化过程。流化床加氢裂化过程在有的文献中又分别称作沸腾床、膨胀床(鼓泡床)和悬浮床(油浆床或油浆相)加氢裂化过程。

大量的工业技术实践表明，如果处理的原料质量差，如比较重，并含有比较多的污染物(硫、氮和金属)，不宜采用固定床加氢裂化过程，如果采用催化剂能够在线再生的移动床加氢裂化过程或者上流式流化床加氢裂化过程可以在一定程度上缓解处理劣质原料带来的一些问题。

1. 固定床加氢裂化过程

固定床加氢裂化过程是应用最多和技术最成熟的加氢裂化过程。在众多加氢裂化过程中，除了有限的几个专利技术[如OCR(在线催化剂更换)、VCC(BP的热加氢裂化/加氢组合加工过程)、H-Oil、LC-Fining]采用移动床或流化床加氢裂化技术之外，其余的加氢裂化过程采用的都是固定床技术。

固定床加氢裂化过程，由于处理的是相对比较干净的原料，如VGO等，在有的文献中也被称为馏分油加氢裂化过程，典型的固定床加氢裂化过程流程见图1-19。

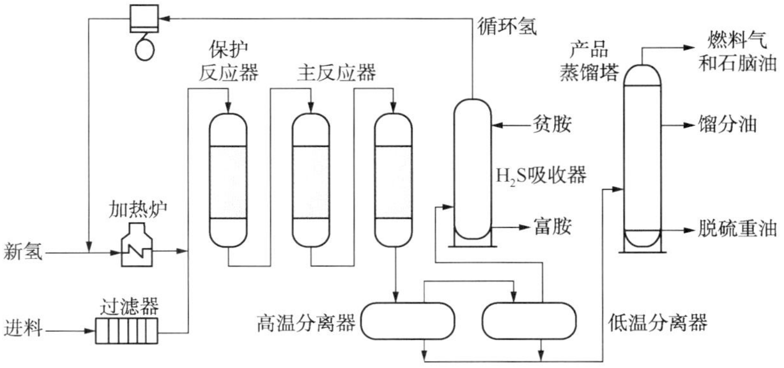

图1-19 典型的固定床过程流程[12]

固定床加氢裂化过程应用多的主要原因是：应用时间久；技术成熟，主要表现在催化剂的制造和应用技术上的成熟；反应器内部构件的应用。固定床加氢裂化过程的特点是：

- 虽然原则流程类似，但是可供选择的变型比较多，如有一段、两段、部分循环、全循环和串联流程等。
- 能处理的原料各种各样，主要包括：VGO、比直馏VGO轻的各种馏分油；质量比较好的直馏AR。
- 如果催化剂或催化剂系统合适，也可以掺炼或处理质量比较差的原料，如CGO、FCC LCO和DAO。
- 主要产品包括：LPG、轻重石脑油、灯油或喷气燃料、柴油和高质量尾油。
- 改变操作条件(温度、压力、空速等)和催化剂，可以灵活地调节产品分布和产品质量。
- 采用先进反应器内部构件，可以改善催化剂性能和延长催化剂运转周期。
- 自动化程度高，安全操作经验丰富。

固定床反应器加氢裂化过程也存在一些难以克服的缺陷，特别当处理劣质原料时，主要体现在下列几方面：

- 流程比较复杂：当处理的原料质量太差时，需要在系统中增设原料过滤设施和保护反应器，需要更大的反应器，装填更多的催化剂。
- 催化剂床层容易堵塞：造成床层压降波动或上升，缩短装置运转周期，影响空速或产品质量，严重时会导致装置停工。
- 反应流体在催化剂床层上分布不均匀：容易形成偏流和沟流，降低催化剂使用效率。为此，需要在反应器催化剂床层之间安装内部构件，对流体进行再分布或再平衡。这实际上占据了反应器部分空间，减少了催化剂装填数量。
- 催化剂活性降低速度太快：达到一定程度时，装置需要停工再生。如果经过再生之后，催化剂的活性依然达不到要求，就要更换新催化剂。

- 催化剂床层温度不容易控制，易发生局部过热和热斑，如果严重，会损伤催化剂或反应器，因此需要复杂的温控技术，如注入急冷氢。
- 装置建设投资和操作费用都比较高。

2. 移动床加氢裂化过程

Shell 的 HYCON 移动床加氢裂化过程于 1989 年在 Shell 的 Pernis 炼油厂工业应用(装置规模 1.46Mt/a)，主要用于处理渣油，生产优质 FCC 原料。该过程主要特点是[14]：

- 使用 bunker-flow 移动床反应器，采用在线催化剂连续更换技术，可确保装置主催化剂的运转周期。
- 能处理金属含量约为 300μg/g 的直馏高硫 VR(SR)。
- 能从 VR 中得到 40%的 VGO 馏分：S 小于 0.4%(质)，CCR(康氏残炭)小于 5%(质)，V 小于 4%。
- 缺点是：过程复杂，投资和操作费用高，过程复杂和费用高低程度取决于原料性质和对产品的质量要求。

3. 流化床加氢裂化过程

在上流式加氢裂化过程中，比较引人注目的是采用催化剂流化技术的加氢裂化过程，如流化床加氢裂化过程。

(1) 沸腾床或膨胀床加氢裂化过程

开发沸腾床或膨胀床加氢裂化过程的目的是处理劣质重质原料。图 1-20 为采用沸腾床技术的 LC-fining 过程示意流程。该过程的主要特点为[14,21~23,25]：

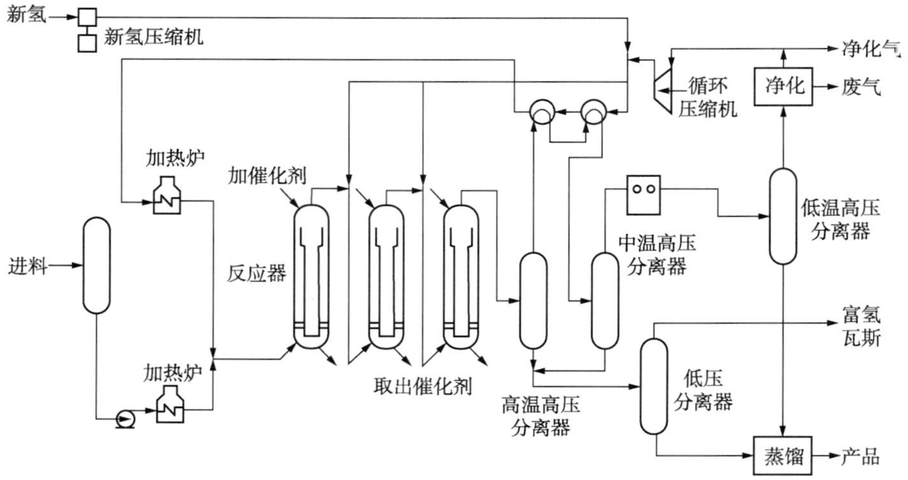

图 1-20　LC-fining 过程示意流程[12]

- 能处理劣质原料，如 AR 和 VR，转化率高达 90%。
- 采用上流式沸腾床反应器，返混式操作，不存在偏流和沟流现象，反应效率高。
- 催化剂补充和卸出容易。
- 催化剂粒度小，用量少，分散容易，活性稳定。

• 床层温度稳定，不需要急冷氢，过程可以在比较高的温度下进行。

• 压力稳定，不存在压降问题。

• 反应器结构简单，不需要固定床反应器那么复杂的内部构件。

• 在反应器上部设气液界面控制设施，用内配管抽出澄清油，循环油配管位于反应器内部。

• 可以根据市场需求，调整产品分布，如多产汽油，多产中馏分油或多产尾油。

• 可以同其他装置(如焦化装置、脱沥青装置、FCC 装置、加氢处理等装置)联合形成组合加工过程，处理劣质油，为其他装置生产高质量原料。

• 缺点是：产品脱硫率比较低，需要进一步处理；存在废催化剂处理问题。

同 LC-fining 过程类似的还有 H-Oil 过程和反应器更简单的 T-STAR 过程。

(2) 悬浮床加氢裂化过程

悬浮床加氢裂化过程是为改质劣质原料发展起来的加氢裂化过程。该过程 2003 年工业化，已经建成了一个中等规模的示范装置。从公布的数据看，该过程有其独到之处。表 1-12 为悬浮床加氢裂化过程使用的上流式悬浮床反应器同固定床和沸腾床反应器的比较。

表 1-12 悬浮床反应器同固定床和沸腾床反应器的比较[14]

项目	反应器		
	固定床	沸腾床	悬浮床
采用该技术的公司和过程	Chevron Exxon Shell IFP UOP	H-Oil LC-Fining T-STAR	VCC CANMEN HDH Microcat-RC
反应器内的催化剂容积/%(体)	~60	~40	~1
催化剂尺寸/mm	1.5×3	0.8×3	0.002
催化剂粒子数/(个/cm^3)	~120	~250	~2.4×10^3
催化剂粒子间距/mm	—	~1.6	~0.008

悬浮床加氢裂化过程有下列特点[14,18,22]：

• 使用非常规催化剂，由于催化剂的粒径非常小，用量少，能很好地分散在油中。

• 整个反应过程不存在偏流和沟流现象。

• 失活的催化剂可就地再生。

• 能处理质量很差的原料，如 Ural VR、Athabasca 沥青、Basrah VR 和 $PV=1.1$ 的 VB(减黏)焦油。

• 原料转化率超过 98%。

• 产品体积收率比较高。

• 即使过程转化率高于 90%，也不会产生污泥。

• 存在产品质量不足和废催化剂处理问题。

根据反应特点，该过程的化学反应类型实际上处于热裂化和加氢裂化之间，因此有的文献把它称作“加氢热裂化过程”。

第二章　加氢裂化过程原料和产品

用加氢裂化过程，采用适当的的催化剂或催化剂系统，能把各种原料转化成目的产品。对于炼油厂来说，为了提高经济效益，总是希望它们的加氢裂化装置能够处理更多的劣质原料和得到更多的高质量产品。实际上，不管采用哪种类型的加氢裂化过程，只要它的催化剂或催化剂系统、操作条件和产品目标确定后，对所处理的原料性质是有一定限制的，也就是说，如果原料质量超出一定限度，而其他条件不作适当调整，是生产不出质量合格的产品的。

第一节　衡量加氢裂化原料和产品质量的重要指标

衡量加氢裂化原料和产品质量的主要项目有几十项。其中的一些项目直接关系到装置的选型、流程的确定、设备的选材、催化剂的选择、操作条件的确定、装置的运转周期、产品的分布和产品性质。

原料性质和产品质量，特别是其中的原料污染物含量，对装置操作，如催化剂寿命等，影响非常大。在过程操作过程中，对某些项目，如金属、硫、氮、氧、氯、烟点、冰点、倾点等，必须严格监测，有的还需要实时监控，因为它们不仅关系到产品质量和装置的经济性，还影响整个过程的安全长周期稳定运行。

一、馏程

原料的馏程（如，实沸点蒸馏、干点或终馏点）能反映石油馏分的组分分布、污染物类型和含量。在许多原料限制指标中，馏程是一个重要控制项目。如果在加氢裂化过程中，原料干点或终馏点增高，就意味着[9,24]：

- 原料质量变差，污染物含量增加，不管加工的是哪种原料（VGO、LCO、DAO、CGO、AR 还是 VR），随着原料干点的提高，原料的相对分子质量和黏度会增大，金属、S、N、O、残炭和沥青含量上升。
- 必须提高操作强度或者需要更多的催化剂来维持原来的转化率和产品质量，其结果是缩短催化剂运转周期，增加氢耗，如果所处理的原料沥青含量太高，还会导致产品发黑。
- 原料黏度增大，在催化剂颗粒间的传质扩散速度下降，会导致反应速度减慢；在换热设备中的流动性能变慢，会引起设备堵塞和传热效率下降。
- 原料的残炭值增高，PAH（聚芳烃，稠环芳烃，多环芳烃）含量增加，在某些条件下，它们会缩合成焦炭，加快催化剂失活速率。
- 原料分子增大，如果过程用的是硅-铝无定形催化剂，反应速率增加；如果过程用的是分子筛催化剂，反应速率下降，原因是分子筛催化剂孔比较小，限制了大分子反应物的扩散。

加氢裂化原料干点的变化对装置操作的影响是明显的，如某装置处理的直馏 VGO 干点由538℃提高到565℃时，裂化反应器出口氢分压需要提高约20%。如果该装置处理的是干点相同(也是538℃)的二次加工装置出来的进料，裂化反应器出口氢分压比处理直馏VGO时高25%。如果操作压力不变，只能处理干点为507℃的二次加工装置出来的进料。

如果加氢裂化原料油干点升高，要想维持产品质量不变，必须调整操作条件，如氢分压，或催化剂体积。图2-1和图2-2分别为加氢裂化过程原料干点同氢分压和精制段催化剂体积的关系。

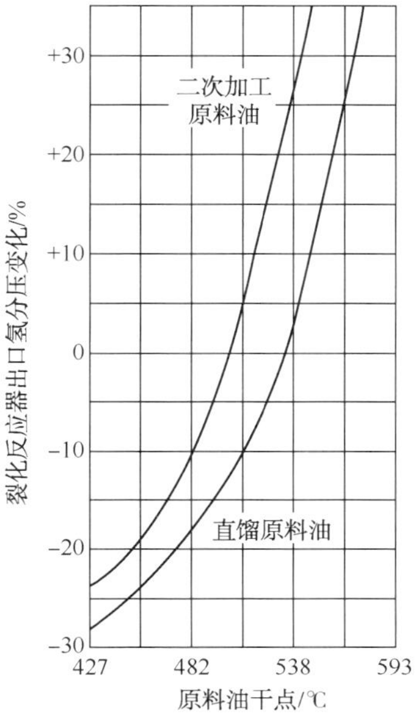

图2-1 加氢裂化过程原料干点同氢分压的关系[9]

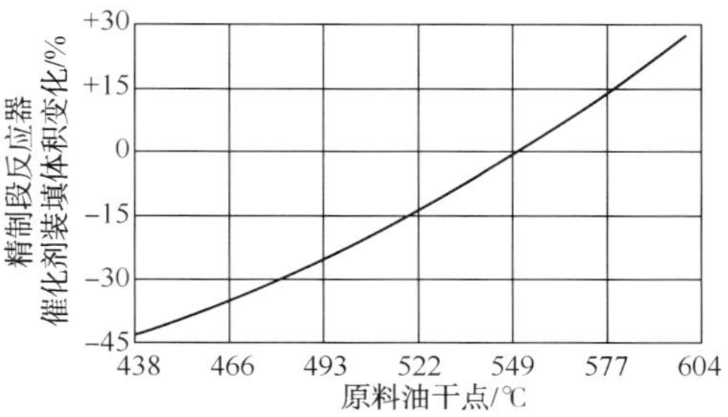

图2-2 加氢裂化过程原料干点同精制段催化剂体积的关系[9]

例如，在馏分油加氢裂化原料中，>350℃馏分含量对产品分布有影响：随着原料中>350℃馏分含量的增加，产品中的柴油收率增加。

柴油产品的馏程对发动机性能影响比较大，特别是中速和高速发动机。一方面，如果燃料太容易挥发，会导致燃料系统出现气塞，或者液滴向汽缸的渗透性变差，降低发动机功率和效率。另一方面，如果燃料的挥发性太低，也会造成发动机功率和效率下降。例如，燃料的10%(体)点太高，发动机启动困难。50%点低的燃料会降低颗粒排放和气味。如果90%点太高，由于比较重的分子燃烧困难，粒状烟灰和SOF(可溶性有机馏分)排放物数量增加，未燃烃排放物增加。

HVGO是典型的加氢裂化原料，沸点范围超过370℃。提高沸点范围，会明显降低原料质量，就意味着硫和氮等污染物含量增加，这将加快催化剂失活速率，导致催化剂中毒，缩短催化剂寿命。如果为了确保产品分布和产品质量，需要调整操作强度，如提高反应温度，其结果就是缩短装置运转时间[10]。

二、相对密度

相对密度是单位体积所含物质在真空中的质量，表达式为：

$$d = m_{真空}/V$$

式中 d——密度，g/cm^3；

$m_{真空}$——质量，g；

V——体积，cm^3。

密度有几种表示方法，我国采用在标准温度20℃下测得的密度为标准密度，用 d_{20} 表示。

油品的密度大小会影响(把同样质量的燃料送入汽缸中的)喷射时间。喷入时间越长，峰值温度越低。在发动机负荷和速度比较高时，较长的喷油间隔时间会导致部分燃料的不完全燃烧，产生更多的未燃烃和CO。

加氢裂化原料的相对密度在0.85～1.0。烃分子碳数相同时，芳烃的密度最大，烷烃的密度最小，环烷烃介于二者之间，碳数越多，密度越大。几种加氢裂化原料和产品的密度见表2-1。

表2-1　几种加氢裂化原料和产品的密度　　g/cm^3

项　目	大庆VGO+CGO	伊朗VGO	沙特VGO
原料	0.8607	0.9012	0.9133
132～282℃喷气燃料	0.7853	0.8001	0.8018
282～350℃柴油	0.8034	0.8186	0.8238

三、API度

API度是美国石油学会定义液体石油密度的一种方法，其表达式为：API度=(141.5/$d_{15.6}$)-131.5。API度同相对密度一样，它的高低能一定程度地反应加氢裂化原料的硫含量、CCR、黏度和氮含量。API度愈大，相对密度愈小。

典型的加氢裂化原料的API度在10～34.5。

四、浊点、冷滤堵塞点、倾点和凝点

浊点、冷滤堵塞点、倾点和凝点都是用来衡量石油或石油产品中蜡凝固倾向的检测项目，不能反映油的蜡含量。

不管是浊点、冷滤堵塞点、倾点，还是凝点，都是在温度得到严格控制条件下完成的。例如，随着温度的下降，析出雾状蜡时的温度为浊点，油完全停止流动时的温度称倾点。析出的雾状蜡会堵塞未经加热的管道和过滤器。

柴油的浊点和倾点是反映柴油低温性能的重要指标。油品中的石蜡烃含量越多，燃料的浊点越高。该温度的测量，在不同的国家采用不同的测量方法。例如，美国用浊点表示燃料的低温流动性。有些国家用倾点表示燃料的低温泵送性。我国用凝点表示燃料的低温性能。

通常，倾点比浊点低4～5℃，比凝点高1～3℃。

加氢裂化过程(特别是择形裂化和择形异构化过程)生产的柴油和润滑油基础油馏分是低温性能比较好的，是大规模生产优质柴油和润滑油基础油馏分的重要石油炼制过程。

烃的分子结构对烃的凝点影响比较大，其高低同分子的碳数、支链的位置、数量和长短有关。带支链的异构烷烃的低温流动性要比碳数相同的正构烷烃低得多。表 2-2 为一种同碳数同分异构体的凝点的差别。

表 2-2　同碳数同分异构体的凝点[9]

烃名称	凝点/℃	烃名称	凝点/℃
n-C_{20}	37	11n-p-C_{25}	19
2-甲基-C_{19}	18	11i-p-C_{25}	-40
5-甲基-C_{19}	-7		

五、烟点

烟点表示煤油馏分(如航空煤油或喷气燃料)的无烟火焰高度，反应煤油馏分的燃烧性能。煤油馏分的燃烧性能取决于它的芳烃含量。在有的产品标准中用辉光值和萘系烃含量代之。煤油馏分的燃烧性同相对密度和苯胺点有关，可以用它们估算。煤油产品标准中，要求烟点不小于 25mm。

六、冰点

冰点用来衡量煤油和喷气燃料的低温性能。有的产品用浊点或结晶点代之。加氢裂化过程生产的煤油馏分通常低温性能比较好，是大规模生产优质煤油馏分的主要石油炼制装置。煤油馏分的冰点，根据需求的不同，通常控制在-30～-60℃。

七、十六烷值

十六烷值是衡量柴油在发动机中的燃烧性能的尺度。十六烷值可以通过一些关联式或图表计算或查得。该值同烃结构，如芳烃含量有关。图 2-3 为各类烃的十六烷值大小和范围。

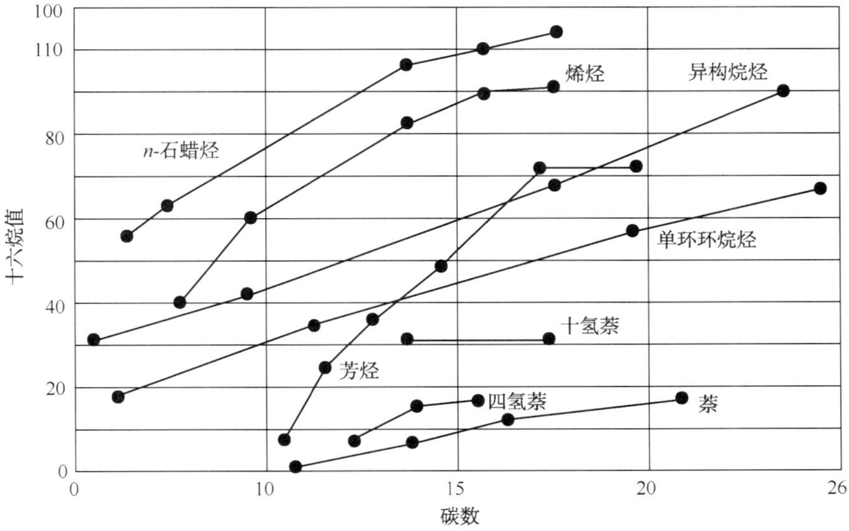

图 2-3　各类烃的十六烷值

同其他炼制过程(如 FCC、焦化、原油蒸馏)生产的柴油馏分比，加氢裂化柴油馏分的十六烷值是比较高的，加氢裂化过程能够提高柴油十六烷值和燃烧性能。

八、硫含量

硫是加氢裂化原料和产品中的主要污染物，含量高低取决于原料来源，是其沸点范围的函数。沸点范围越高，硫含量越多。如果原料中的有机硫化物含量高或者产品需要更低的硫含量，就意味着需要更高的操作强度。

几乎所有原油都含硫和硫化物，差别在于含量、硫化物的类型和分布。硫在馏分油中的分布是不均匀的，通常是原油的硫含量高，馏分油的硫含量也高；馏分油的沸点越高，硫含量越高。大量的数据显示[23]：

- 汽油馏分中的硫约占原油硫含量的 0.8%以下；
- 煤油馏分中的硫约占原油硫含量的 5.2%以下；
- 柴油馏分中的硫约占原油硫含量的 6.0%~15.5%；
- 蜡油馏分中的硫约占原油硫含量的 13.5%~44.5%；
- 渣油馏分中的硫约占原油硫含量的 43.6%~76.0%。

表 2-3 为几种典型含硫或高硫原油的硫分布。

表 2-3　几种典型含硫或高硫原油的硫分布

原油名称	原油 S/%	汽油		煤油		柴油		蜡油		渣油	
		S/%	占原油中S的分数/%	S/%	占原油中S的分数/%	S/%	占原油中S的分数/%	S/%	占原油中S的分数/%	S/%	占原油中S的分数/%
胜利	1.00	0.008	0.02	0.012	0.05	0.343	6.0	0.68	17.9	1.54	76.0
伊朗轻	1.35	0.06	0.6	0.17	2.1	1.18	15.5	1.62	16.9	3.0	65.4
伊朗重	1.78	0.09	0.7	0.32	3.1	1.44	9.4	1.87	13.5	3.51	73.9
阿曼	1.16	0.03	0.3	0.108	1.4	0.48	8.7	1.10	20.1	2.55	69.5
伊拉克轻	1.95	0.018	0.2	0.407	4.4	1.12	7.6	2.42	38.2	4.56	49.6
卡塔尔	1.42	0.046	0.8	0.31	3.7	1.24	10.3	2.09	33.8	3.09	51.4
沙特轻	1.75	0.036	0.4	0.43	3.9	1.221	7.6	2.48	44.5	4.10	43.6
沙特中	2.48	0.034	0.3	0.63	3.6	1.51	6.2	3.01	36.6	5.51	53.3
沙特重	2.83	0.033	0.2	0.54	2.4	1.48	4.9	2.85	32.1	6.00	60.4
科威特	2.52	0.057	0.4	0.81	4.3	1.93	8.1	3.27	41.5	5.24	45.7

硫是原油中比较重要的杂元素，随着原油产地不同，硫含量有明显差别，通常在 0.1%~5%，主要是以 RSH(硫醇)、RSSR′(二硫化物)、RSR′(硫醚)、杂环硫化物(如噻吩、苯并噻吩、二苯并噻吩、萘苯并噻吩及其衍生物)的形式存在的。表 2-4 为原油和馏分油中的硫化物类型。

表 2-4　原油和馏份油中的硫化物类型[20]

类　型	结构式	原　油	直馏产品	裂化产品
元素硫	S	有	有	有
硫化氢	H_2S	有	有	有
硫醇				
直链的	RSH	有	有	有
芳环的	RSH	有	有	有
环烷环的	RSH	没有	没有	没有
硫化物				
直链的	R-S-R	有	有	有
芳环的	R-S-R	没有	没有	没有
环状的	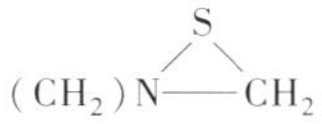	有	有	可能有
二硫化物				
直链的	R-S-S-H	有	有	没有
芳环的	R-S-S-H	?	没有	有
噻吩和同系物	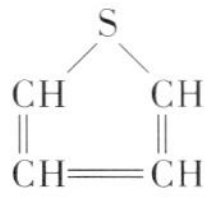	有	有	有
聚硫化物	$R-S_N-S-R$	?	有	有

各类硫化物在馏分油中的分布明显不同。一般情况下，馏分油越重，硫含量越多。例如，硫醇由于沸点比较低，主要分布在300℃以下的轻馏分中，沸点超过300℃的馏分(如VGO)几乎不含硫醇；VGO中的硫化物以噻吩硫为主，约占硫含量的66.3%~69.2%；CGO中的硫化物以噻吩硫为主，超过硫化物含量的80%。

九、氮含量

石油中的氮，多以有机氮化物和杂环化合物的形式存在。有时也会有极少量的脂肪胺和腈类化合物存在，它们是杂环氮化物加氢脱氮反应的中间产物，这些中间产物会被迅速加氢脱氮。同硫化物一样，加氢裂化原料中的氮化物含量是随沸点范围的升高而增加。

单、双环氮化物主要集中在轻馏分中，稠环氮化物主要集中在重馏分中。

杂环氮化物分两类：碱性氮化物(占总氮量的1/3)，如六元环吡啶、喹啉及其衍生物；非碱性氮化物，如六元环吡咯及其衍生物。通常，原油沸点越高，密度越大，残炭值越大，氮含量越高。

对于加氢裂化过程来说，原料和产品中的氮都是污染物，它们的存在会产生如下副作用[9,10,24]：

- 对催化剂的活性影响比较大，降低催化剂活性。
- 是加氢、加氢裂化、异构化、氢解反应的强抑制剂，特别是其中的碱性氮化物能中和催化剂的酸性，对催化剂的裂解活性有抑制作用。

- 有些碱性氮化物会吸附在催化剂的酸性中心，导致催化剂中毒，降低活性。
- 有些中间产物会吸附在加氢活性中心，导致催化剂中毒，影响其加氢性能。
- 如果造成催化剂的裂化活性和加氢活性不匹配，会导致积炭反应速率上升。
- 产品中的氮，影响产品稳定性，如光安定性、储存安定性和抗氧化性能。

为了实现加氢裂化装置的长周期运转，通常，在加氢裂化反应器或催化剂之前设加氢预处理反应器或加氢预处理催化剂床层，把进裂化段之前的原料氮含量控制在 10μg/g 以下。如果加氢裂化段处理的是低氮原料，可以在比较低的反应温度下操作。

原料油氮含量直接关系到所需催化剂体积。原料油氮含量对精制段反应器催化剂装填体积的影响见图 2-4。

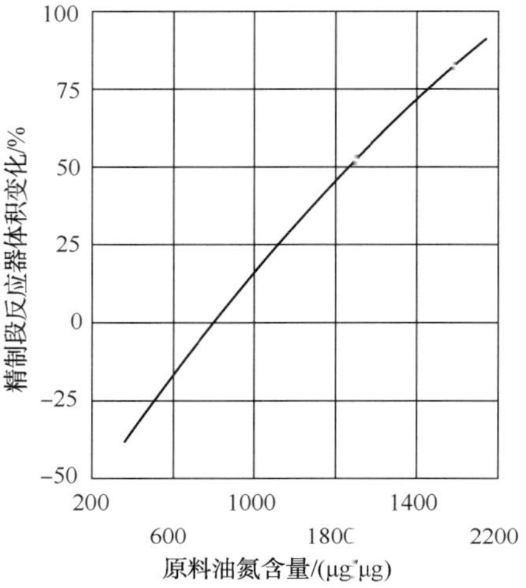

图 2-4　加氢裂化过程原料油氮含量对精制段催化剂体积的影响[9]

在加氢裂化过程中，原料中的氮化物转化成氨。氨有如下副作用[12,24]：

- 如果这些氨聚集在循环氢中，随着氨浓度的增加，不仅影响过程转化率，还会同烃争夺活性催化剂空间，降低加氢裂化催化剂的表观活性。
- 如果处理的原料氮含量增加，为了保持单程转化率，必须相应地提高过程的操作强度(反应温度和氢分压)。例如，当原料油氮含量增加到设计值的120%时，必须把裂化反应器温度提高 2℃，才能维持单程转化率不变。

在有的文献中提到，虽然氨对加氢裂化反应有很强的抑制作用，但是提高反应温度可以加快催化剂活性恢复速率。

反应气体中如果不含氨，会降低催化剂对中馏分油(C_{11}~C_{24})的选择性，C_{11}~C_{24}产率只有 7%；如果气体中氨含量相当于原料氮含量为 2000μg/g 时，C_{11}~C_{24}产率高达 35%。也就是说，气体中的氨含量高到一定程度，能抑制小分子裂化，提高催化剂对中馏分油的选择性。

经过加氢裂化的柴油产品中，如果含有太多的氮，会影响其稳定性，如颜色问题。例如，用 H-Oil 法渣油加氢裂化装置生产的柴油，由于过程的脱氮程度不够，达不到规格要求，造成产品稳定性(颜色)差。为了查明原因，对该过程的三种柴油进行了比较研究。表 2-5 为这 3 个柴油样品的性质。研究结果显示，产品的不稳定性是由于这些油中含有比较多的氮和烯烃引起的。

表 2-5　用于稳定性研究的渣油加氢裂化柴油性质[26]

样　品	A	B	C
密度/(kg/m³)	0.853	0.868	0.875
蒸馏 T90/℃	T	T+35	T+54
芳烃/%	37.2	37.5	37.9

续表

样　品	A	B	C
硫/(μg/g)	700	1100	1830
氮/(μg/g)	1300	1850	1800
十六烷指数	46.5	45.1	43.5

为了解决这个问题，需要对其加氢处理，把它们的氮含量降到100μg/g以下，才能把颜色(ASTM D—1500)控制在1以下，图2-5为经加氢处理过的柴油氧化后颜色和氮含量之间的关系。

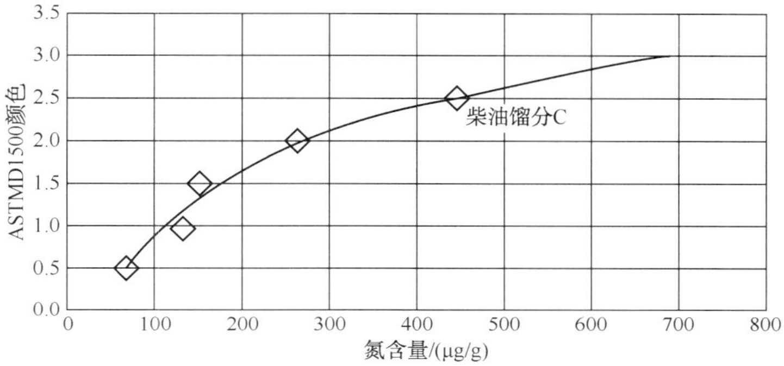

图2-5　经加氢处理过的柴油氧化后颜色和氮含量之间的关系[26]

要把柴油氮含量降到100μg/g以下，意味着要把HDN率控制在92%~95%之间。三个柴油样品中的氮化物类型表明，在终馏点比较高的柴油(B和C样品)中，含有更多的苯并吖啶。柴油馏分加氢处理过程的操作条件，影响苯并吖啶含量。

十、金属含量

加氢裂化原料中的金属是影响装置操作和产品性质的污染物。加氢裂化原料中含有多种金属(如，V、Ni和Na、As和碱土金属氧化物)，虽然数量不多，但对装置操作影响很大。

在固定床加氢裂化反应器中，原料中的金属，如V、Ni和Na，会导致催化剂中毒或失活，缩短催化剂寿命。为此，需要在主反应器之前，设保护反应器，以便除掉其中的一部分金属污染物，延长主催化剂寿命。保护反应器中的催化剂也会中毒，但是这种催化剂的活性组分通常是由Co和Mo金属构成，同加氢裂化催化剂比，这种催化剂的价格要便宜得多[10]。

原料中的As和碱土金属氧化物，会沉积在催化剂孔隙中，降低催化剂活性。原料携带的铁是最容易引起催化剂失活的一种污染物。它可以同重质烃分子结合，也能够以颗粒的形式悬浮在流体中。不管是哪种情况，都能使催化剂失活，堵塞催化剂空隙，使催化剂床层压降升高。通常，这类堵塞物是以壳的形式覆盖在顶部催化剂床层的上面[14]。

引起催化剂中毒的重金属通常都集中在比较重的沥青中，因此把渣油中的沥青除掉就能够有效地解决或缓解重金属对加氢裂化催化剂的威胁。丙烷脱沥青过程具有这种功能[10]。

原油或馏分中存在的金属有两种形式：一是水溶性无机盐，如钾、钠、钙、镁氧化物和硫酸盐；二是油溶性的金属有机化合物。水溶性无机盐在原油脱盐过程中就应当被除去。而油溶性的金属有机化合物，如有机酸盐或胶体悬浮物(主要是环烷酸铁、镍和钒的卟啉化合物)的脱出需要采取一些相应的方法，如过滤或加氢处理[9]。

十一、氢含量

氢含量能反应烃类化合物的饱和程度。加氢裂化原料中不饱和化合物(如烯烃和芳烃)数量影响反应过程中释放的热量和装置总氢耗。这类原料主要产自 FCCU 和焦化装置，例如 LCG 和 CGO。一般情况下，如果加氢裂化原料的沸点范围一定，API 度低(密度大)的原料或产品含不饱和化合物数量比较多，也意味着在加氢裂化过程中释放的热量和氢耗高。如果原料中含有大量不饱和化合物，而装置又没有处理这类原料的设计，就会出现热平衡问题[10]。

十二、族组成和芳烃含量

族组成是衡量加氢裂化原料化学性质的尺度。馏程范围一样的原料，族组成不同，经过加氢裂化之后的产品收率和产品质量不同。

原料中的芳烃在加氢裂化过程中会在催化剂上形成积炭，影响积炭的因素有：操作条件、芳烃结构、催化剂的物性(如颗粒大小和孔径)、催化剂酸性强度[24]。

对于柴油来说，降低芳烃含量会全面降低规定的排放物。也有的研究结果表明，降低多环芳烃含量，只能降低未燃烃、NO_x和颗粒排放物。

加氢裂化产品质量(如，燃烧性能和低温性能)同化学成分(烃类型)的关系十分密切。表 2-6 为加氢裂化主要产品质量度量值高低和基础化学成分之间的关系。

表 2-6　影响产品质量的基础化学成分[10]

产品质量度量值	对基础化学成分的要求	产品质量度量值	对基础化学成分的要求
高烟点	降低芳烃浓度	低 CFPP	降低 n-烷烃浓度
低倾点	降低 n-烷烃浓度		提高 i/n 烷烃比
低冰点	降低 n-烷烃浓度	高辛烷值	提高芳烃浓度
低浊点	降低 n-烷烃浓度		提高环烷烃浓度

十三、特性因数

特性因数 K 是表示加氢裂化原料石蜡烃含量多少的指标，K 值有两种表示形式，UOP K 值和 Watson K 值。两种 K 值的计算结果很接近，UOP $K=(1.8T_{CA})^{1/3}/d_{15.6}$

式中　T_{CA}——立方平均沸点；

$d_{15.6}$——国际标准相对密度。

原料的 K 值高，石蜡烃含量高；K 值低，石蜡烃含量低。烷烃 K 值最大，超过 12，烷烃中轻质烃最大，C_5以上的烷烃在 12～13。芳烃的 K 值最小，在 9.5～10.8，芳香度越高，K 值越小；环烷烃的 K 值介于芳烃和石蜡烃之间，随环上烷基的增长而增大。

K 值高的加氢裂化原料裂化性能比较好，更适合生产 FCCU、蒸汽裂解装置和润滑油厂的高质量尾油。生产的柴油虽然燃烧性能好，十六烷值高，但倾点高，低温流动性差。

原料油性质对产品性质的影响很大。图 2-6 为在全循环操作，以生产石脑油为目的加氢裂化过程中，原料油特性因数 K 对石脑油芳烃潜含量的影响。

图 2-7 和图 2-8 分别为采用多产中馏分油的催化剂、在全循环操作的加氢裂化过程中、原料油特性因数 K 对喷气燃料收率和烟点的影响。

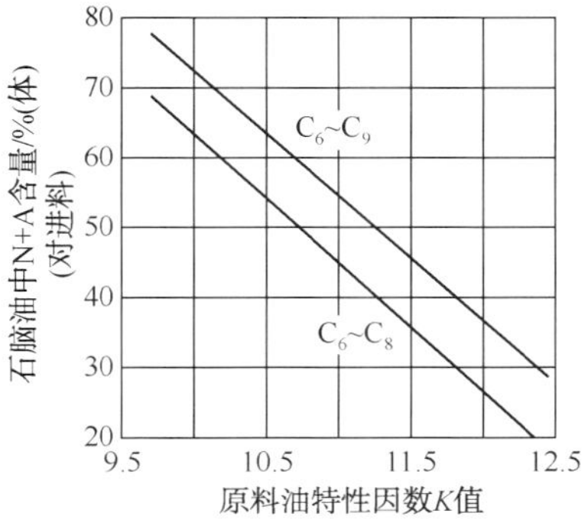

图 2-6　加氢裂化过程原料油特性因数 K 同石脑油芳烃潜含量的关系[9]

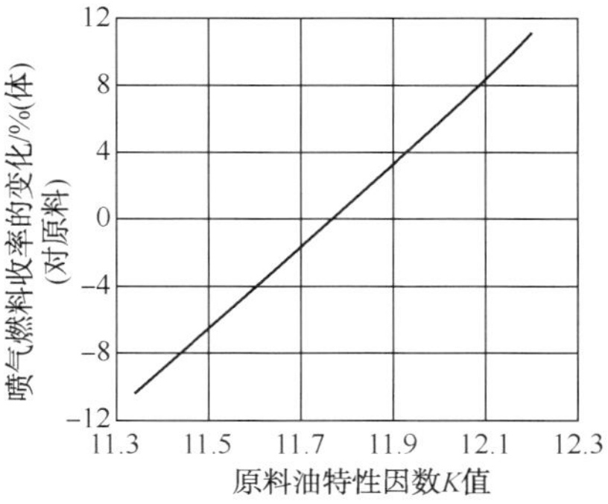

图 2-7　加氢裂化过程原料油特性因数 K 同喷气燃料收率的关系[9]

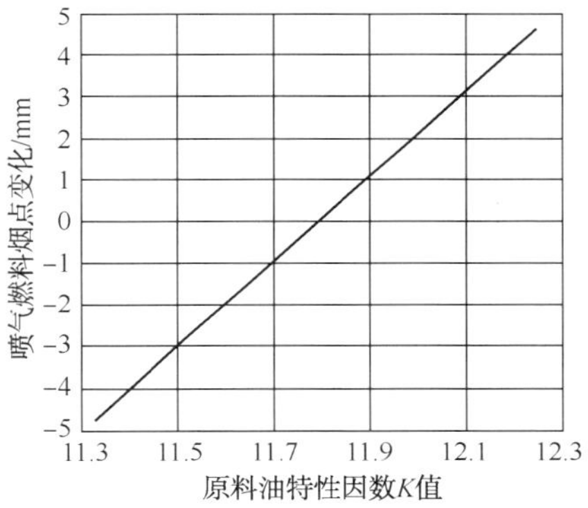

图 2-8　加氢裂化过程原料油特性因数 K 对喷气燃料烟点的影响[9]

十四、*BMCI*

BMCI 也称芳烃关联指数：正已烷的值为 0，苯的 *BMCI* 为 100。一种产品或馏分的 *BMCI* 的高低能概略地反映加氢裂化原料和产品中的烷烃、环烷烃和芳香烃的多少，*BMCI* 值越大，芳烃含量越多。其计算式为[9]：

$$BMCI=473.7\times d^{15.6}-456.8+(48640/T)$$

$$T=273+(t_{10\%}+t_{30\%}+t_{50\%}+t_{70\%}+t_{90\%})/5$$

式中　T——石油馏分的体积平均沸点，K；

t——油品的馏出温度，℃。

通常，烷烃 BMCI 值在 0~12，环烷烃在 24~52，单环芳烃在 55~100。也就是说，加氢裂化原料的 BMCI 值越大，芳香度越高；BMCI 值越小，氢含量越多。

加氢裂化尾油需要控制这个项目，因为它关系到尾油进一步加工时的裂解性能、黏温性能和低温性能。

十五、*VI*

VI(黏度指数)是表示油品表征黏-温性能的指标。润滑油的 *VI* 同温度和黏度有关，计算方法需要用专门的计算式和图表。

加氢裂化尾油通常含有比较多的烷烃和异构烷烃，这类烃有比较高的 *VI*。如果采用的是择形异构化技术，不仅产品 *VI* 高，目的产品收率也高。

十六、芳烃潜含量

重石脑油芳烃潜含量指的是重石脑油中环烷烃全部转化为芳烃时所能得到的芳烃量。加氢裂化重石脑油产品可以用作催化重整装置的原料，如果它的芳烃潜含量高，就意味着重整油里的芳烃含量高。芳烃含量高的重整油辛烷值高，可用于调和汽油。

芳烃潜含量可以通过一些计算公式算得。

十七、残炭

残炭是指石油系原料或产品，在一定条件下，经蒸发和热解后形成的炭质残留物，主要反应油品中多环芳烃、胶质、沥青质等容易缩合的物质的多少。

重质油加氢裂化过程处理的原料，如质量比较差的 VGO、AR 或 VR，残炭值都比较高。原料来源不同，残炭值不同。表 2-7 为几种 Arabian 重/渣油的残炭值。从表 2-7 可以看出，即使是同一地区产的原油，轻重不同，残炭值也有明显差别。

表 2-7　几种 Arabian 重/渣油的残炭值　　%(质)

项目	轻质 Arabian 原油	中质 Arabian 原油	重质 Arabian 原油
AR	4.5	10.0	13.2
VR	19	22.8	24.4

不管哪种类型的加氢裂化过程对原料的残炭值都需要严格控制，因为残炭值超过一定程度会给装置操作造成许多麻烦，如加快催化剂失活速率，缩短装置运转周期。

十八、其他指标

氧化物和氯化物是能够威胁加氢裂化过程安全操作的污染物。

(一)氧含量

石油产品氧含量，可以用元素分析仪在规定条件下测得。

石油中含氧量不高，通常在 1%以下，主要是以羧酸(如脂肪酸和环烷酸)和酚的形式存在，也可能含酮、醚和酯，但数量极少。

加氢裂化原料中的氧或氧化物对催化剂没有直接影响，但它们经加氢后产生的水蒸气对含分子筛的裂化催化剂的活性和稳定性有不利影响，会促进催化剂的失活和增加进料换热器污染速率。有机氧化物的氧在加氢过程中很容易脱掉，但需要消耗一些氢气。馏分油中的环烷酸必须除去，因为环烷酸的转化不仅耗氢，还可能腐蚀设备，产生的环烷酸铁会沉积在催化剂床层的顶部，提升压降，影响装置运转周期。

(二)氯含量

氯含量测定方法有几个，通常要按原料的轻重选择不同的测定方法。

氯化物在加氢裂化原料中含量比较少，以有机和无机氯化物的形式存在。这些氯化物会同脱氮反应生成的氨结合，在反应器流出物换热器和管道中产生腐蚀性极强的沉积物。

加氢裂化过程中出现的氯有两种形式：烃卤代物；无机氯化物。这些氯化物有两个来源：原料带入；重整氢含氯。

馏分油中的有机氯化物对设备不会产生腐蚀，但在加氢条件下产生的 HCl 在系统冷凝区(有水存在)会同系统中的 H_2S 形成危害极大的腐蚀性很强的 $HCl-H_2S-H_2O$ 体系。

HCl 还能与 NH_3 和 Fe 反应生成白色 NH_4Cl 和绿色 $FeCl_2$。在一定条件下这些物质会从系统中析出堵塞设备和管道，导致系统压降升高，影响装置正常运转。

加氢裂化装置对原料的氯含量有限制，通常应≤2μg/g[9]。

第二节　加氢裂化过程原料

加氢裂化过程已经成为大型复杂型炼油厂不可缺的最重要的炼制过程。加氢裂化过程除了技术成熟和操作灵活之外，还有一点是其他炼制过程所不及的，即能处理各种类型的原料，不仅能把石脑油、柴油和 VGO 转化成 LPG、石脑油、中馏分油和尾油，也能够把质量更差或更重的原料，如 DAO、CGO、FCC 循环油、AR、VR、煤焦油和沥青，转化成高附加值产品，有的加氢裂化过程甚至可以掺炼煤粉。

加氢裂化过程是在 20 世纪 20 年代德国褐煤高压加氢基础上发展起来的。60 年代的加氢裂化过程主要是处理 LVGO(轻减压瓦斯油)、LCO、AGO，生产 LPG 和石脑油；同时期，处理渣油的 H-Oil 装置工业实验装置建成；70 年代的加氢裂化装置主要是处理 LCO 和 VGO，有的装置也处理 CGO；80 年代以来有的装置开始处理 DAO。

对于任何炼油厂来说，都希望它的各个炼油装置所处理的原料，在质量和数量上，都能保持稳定，这样才能得到所期望的经济效益。

不管怎么说，原料质量对加氢裂化过程的影响是非常大的，加氢裂化过程的操作对原料质量的变化非常敏感。这也是为什么在装置操作过程中工厂工程师对原料质量的监控非常严格的原因。

原料质量(如馏程范围、硫、氮和金属含量)的微小波动，都会导致操作条件(如温度和压力)、转化率、产品分布和产品质量的变化。任何加氢裂化装置对操作参数的波动程度都是有限制的，如果超过一定限度有可能引起催化剂失活，缩短装置运转周期，严重时会导致装置停工[10,14]。

一、加氢裂化原料的分类

有的文献把加氢裂化过程能够处理的原料，分成三个类型：轻质原料、中/重原料和重/超重质原料。

(一)轻质原料

加氢裂化过程能够处理的轻质原料包括：常压馏分油、焦化蜡油、VGO。

原料来源是影响原料性质的重要因素，有些原料，如焦化蜡油和 FCC 循环油，含有大量烯烃和芳烃；有的原料含有比较多的污染物，如硫、氮和金属。不管是烯烃和芳烃，还是硫、氮和金属对催化剂的选择、装置的操作、产品的分布和质量都有比较大的影响。例如，有的产品对 *n*-烷烃有限制，因为这类烃影响产品的低温流动性。有的产品需要限制芳烃含量，因为它影响燃料的燃烧性能。

FT(Fischer-Tropsh)-合成油虽然不含金属，但是含有少量硫、氮和氧，可用作加氢裂化过程的轻质原料[2]。

处理轻质原料的加氢裂化过程多采用固定床反应器。

(二)中/重质原料

加氢裂化过程能处理的中/重质原料被定义为：V+Ni 含量低于 100μg/g，康氏残炭低于 10%的原料。例如，属于此类的原料有：Arab Light 和 North Sea Ekofisc 原油 AR(340℃$^+$)的金属(V+Ni)含量分别是 49μg/g 和 12μg/g；V+Ni 含量为 33μg/g 的 North Sea Ekofisc 原油 VR(比较罕见)；某些 DAO。

采用中等强度的操作条件(如，用两个或更多固定床反应器)，就可以处理这些原料[2]。

(三)重/超重质原料

用渣油加氢裂化过程能够改质重/超重质原料。这类油有几个特点：相对分子质量大、终馏点高、比密度大、C/H_2比高、CCR 高，污染物(硫、氮、金属和沥青质)含量多。实际上，看一种原料属于那一类，主要是看它的金属和沥青含量。如果原料的金属含量在 100μg/g 和 200μg/g 之间，为重质原料，金属含量在 200μg/g 和 300μg/g 之间或更高，即为超重质原料，有的文献把这类原料也称作劣质油，例如委内瑞拉原油、由阿拉伯高硫原油提炼出来的渣油、VB 渣油、SDA 过程的沥青油、加拿大油砂沥青、页岩油和煤焦油等。相对于质量比较好的直馏 VGO 来讲，有些质量差的馏分，如 DAO、HCGO(重质焦化瓦斯油)或 FCC 重循环油，也被称作劣质油[2,18]。

实际上，更应当强调的是原料性质与催化剂类型和反应器系统的匹配。金属含量超过 300μg/g 的超重原料，虽然也可以用加氢裂化过程处理，但是对催化剂的要求比较高，需要消耗更多的氢气，需要特殊的加工流程和反应器。在处理这类原料的加氢裂化过程中，在加氢裂化前，通常先对原料进行预处理(如用溶剂脱沥青过程，脱掉其中的沥青)，这样更能发挥加氢裂化过程的潜力。如果需要，产品还需要适当地精制。否则，就应当采用脱炭技术，如用延迟焦化过程，先对渣油进行初加工，得到的 CGO 再进加氢裂化装置进一步处理，这样会更经济[2]。

二、加氢裂化过程能够处理的原料

加氢裂化过程的优势之一是具有能处理各种质量不同原料的灵活性。各种加氢裂化过程的区别在于，它能够根据原料质量，采用不同的催化剂或催化剂系统、操作条件和流程模式，达到不同的产品分布和质量标准。

实际上，按轻重把加氢裂化原料分成三个类型并不是很科学，比如：从馏程上看属于比较重的原料，由于污染物含量少，也可以在轻质油加氢裂化装置处理；有的质量比较好的 AR 也可以用作 VGO 加氢裂化原料；有的渣油沸腾床加氢裂化过程甚至可以掺炼煤粉。

原料的轻重或者终馏点的高低对加氢裂化过程的影响非常大，这应归结于它的组成和污染物含量(如金属、硫、氮和 CCR 等)上。污染物种类和含量，关系整个处理过程的经济性。因为有些污染物含量不仅影响过程类型的选择、操作强度和产品质量，还涉及催化剂或催化剂系统的选择和装置运转周期。

未来的炼油厂将面临更多的劣质原油，如委内瑞拉原油和加拿大合成原油。用劣质原油生产出来的劣质重馏分油，如 HCGO、DAO 和深拔重瓦斯油(Deep Cut HVGO)等，虽然通过加氢裂化等过程能够把它们转化成中馏分油，但是难度要比常规加氢裂化过程大得多。

(一)直馏轻质馏分油

常压蒸馏装置主要生产四种直馏馏分油：石脑油馏分、煤油馏分、柴油馏分和 AR。煤油馏分和柴油馏分合在一起也称中馏分油。AR 经减压蒸馏分成两个产品：VGO 和 VR，也称直馏减压馏分油。

由常减压蒸馏装置生产的这几种直馏产品都可以用作加氢裂化原料。这些馏分的特点是不含烯烃，污染物含量取决于原油来源。用加氢裂化技术处理这几种原料比较容易，技术上成熟。

1. 石脑油馏分

石脑油分成两种：轻石脑油的馏程范围是 C_5～87.8℃；重石脑油可以用作催化重整原料。这两种馏分油都可以用作加氢裂化原料，生产 LPG 和化学品。表 2-8 为三种 Arabian 原油和轻/重质石脑油馏分的性质。

表 2-8　三种 Arabian 原油轻、重石脑油馏分的性质[10]

项　目	轻质 Arabian 原油	中质 Arabian 原油	重质 Arabian 原油
原油			
API 度	38.8	30.7	28.2
S/%(质)	1.1	2.51	2.84
轻石脑油			
馏程/℃	20～100	20～100	20～100
API 度	77.4	78.4	80.1
S/%(质)	0.056	0.007	0.0028
脂肪烃/%(体)	87.4	89.7	89.6
环烷烃/%(体)	18.7	8.8	9.5
芳香烃/%(体)	1.9	1.5	0.9
净 RON(研究法辛烷值)	54.7	48.2	58.7
重石脑油			
馏程/℃	100～150	100～150	100～150
API 度	58.8	59.6	60.6
S/%(质)	0.057	0.019	0.018
脂肪烃/%(体)	66.3	67.8	70.3
环烷烃/%(体)	20.0	20.8	21.4
芳香烃/%(体)	13.7	11.4	8.3

2. 煤油馏分

煤油馏分是常压蒸馏塔侧一线产品，馏程在182~249℃之间。直馏煤油通常含有约75%的饱和烃和约25%单环芳烃[14]。如果需要，该馏分的一部分可以切入重石脑油，也可以切入柴油馏分中。如果质量合适可以直接调入喷气燃料中。

该馏分可以用作加氢裂化原料，如果催化剂性能合适，可以用来生产LPG、汽油调和组分和化工原料。

表2-9为三种Arabian原油煤油馏分的性质。这些馏分油都可以用作加氢裂化过程原料。

表2-9　三种Arabian原油煤油馏分的性质[10]

项　目	轻质Arabian原油	中质Arabian原油	重质Arabian原油
原油			
API度	38.8	30.7	28.2
S/%(质)	1.1	2.51	2.84
煤油			
馏程/℃	150~235	150~235	150~235
API度	48.0	48.9	48.3
S/%(质)	0.092	0.12	0.19
脂肪烃/%(体)	58.9	59.9	58.0
环烷烃/%(体)	20.5	21.9	23.7
芳香烃/%(体)	20.6	18.2	18.3
冰点/℃	-55	-58	-65
烟点/mm	26	23	26

3. 柴油馏分

柴油馏分是常压蒸馏塔侧二线(轻柴油)和侧三线(重柴油)产品，也称常压瓦斯油，经加氢脱硫后可用作柴油调和料。直馏柴油馏分中的芳烃含量比灯油多得多，两环以上的芳烃有时超过30%[14]。

该馏分用作加氢裂化原料，可以最大量地生产汽油调和组分和喷气燃料，采用择形异构化过程，可以生产低倾点柴油。

表2-10为三种Arabian原油柴油馏分的性质。这些馏分油都可以用作加氢裂化过程原料。

表2-10　三种Arabian原油柴油馏分的性质[10]

项　目	轻质Arabian原油	中质Arabian原油	重质Arabian原油
原油			
API度	38.8	30.7	28.2
S/%(质)	1.1	2.51	2.84
轻瓦斯油			
馏程/℃	235~343	235~343	235~343
API度	37.3	37.2	35.8
S/%(质)	0.81	1.09	1.38
倾点/℃	-12	-18	-15

(二)直馏 VGO

AR 经减压蒸馏装置分成直馏 VGO 和 VR，这两种产品都可以用作加氢裂化原料。VGO 也可以分成几个产品，用于生产润滑油基础油。直馏 VGO 的相对分子质量比柴油大，烃类构成同柴油类似，约 60%的烷烃和 40%的芳烃。

VGO 是从减压蒸馏装置分离出来的馏分，如果与渣油的分离效果不好，渣油中的沥青和金属就会混入其中，这类污染物不需要太多就会导致催化剂中毒。VGO 是加氢裂化过程应用比较早和比较多的原料，同 FCC 装置处理的 VGO 没有什么不同。通常，FCC 装置对 VGO 有些限制，比如硫含量，而加氢裂化过程对 VGO 硫含量的限制要宽泛得多。

VGO 也称蜡油。该馏分的多少和性质取决于原油产地和常减压装置的操作条件。表 2-11 为几种国产原油 VGO 的性质。表 2-12 为几种进口原油 VGO 性质。

表 2-11 几种国产原油 VGO 性质[9]

项　目	大庆	胜利	孤岛	辽河
馏程(ASTM D1160)/℃	271~533	346~526	372~552	249~508
S/%	0.072	0.59	1.10	0.20
N/(μg/g)	540	1400	2389	2200
残炭/%	0.04	0.05	0.22	0.20
V+Ni/(μg/g)	0.06	0.06	0.22	0.88
环烷烃/%	34.6	43.1	42.4	48.0
芳烃/%	13.2	34.8	42.5	34.6
胶质/%	0.2	3.8	3.4	9.9

表 2-12 几种进口原油 VGO 性质[9]

项　目	沙特	伊朗	科威特	俄罗斯
馏程(ASTM D1160)/℃	317~531	299~553	334~511	350~530
S/%	2.20	1.60	2.70	0.98
N/(μg/g)	790	1500	1000	1200
残炭/%	0.08	0.14	—	—
环烷烃/%	27.1	32.8	28.4	32.6
芳烃/%	51.0	42.7	52.6	44.5
胶质/%	2.0	3.3	1.4	6.9

处理沥青基原油的炼油厂会产生比较多的劣质 VGO，而用 FCCU 处理这类 VGO 比较困难。加氢裂化过程能比较经济地处理这类 VGO，把它们转化成硫含量非常低的优质石脑油、中馏分油和尾油[16]。

用加氢裂化过程处理上述这些原料，把它们转化成高质量馏分油，多采用技术上很成熟，操作条件不是太苛刻，可供选择的催化剂或催化剂系统也很多的固定床反应器技术。

AKZO Chemie 用各种加氢裂化原料(包括各种类型的 VGO，见表 2-13)，在它们的 MHC 装置上做了一系列实验，从实验结果(见表 2-14)可以看出，VGO 性质和催化剂类型对 MHC 转化率的影响同样重要。

表 2-13　MHC 过程原料性质①

原料类型	API 度（50℃）	S/%（质）	N/（μg/g）	馏程/（ASTM D1160）/℃			
				10%	50%	80%	90%
VGO-1	20.2	3.03	882	400	452	501	523
VGO-2	23.2	1.96	873	392	434	481	503
VGO-3	20.2	2.10	2001	381	463	515	534②
VGO-4	21.1	1.10	2386	353	401	441	458
CGO	19.2	3.52	1892	272	414	525	562
Kuwait AR	15，8	3.99	3800	360	507		

① 来源：AKZO Chemie；

② 转化率为 85%时的 EBP。

表 2-14　原料对总转化率的影响①②　　%

原　料	用常规催化剂得到的转化率	同基础案例比，转化率的增加	
		KF-1002	F-1011，KF-742 做第一段催化剂
VGO-1	36.1	6.9	5.5
VGO-2	33.5	6.8	5.3
VGO-3	34.2	3.7	1.4
VGO-4	30.0	3.0	0.5

① 来源：AKZO Chemie；

② 第一个塔的转化率见基础案例，常规 HDS 催化剂。第二和第三个塔使用两个新一代催化剂系统，转化率提高。用常规 HDS 催化剂测得的转化率一定程度上取决于所用的原料。对于新一代 MHC 催化剂来说，特别是 KF-1011，区别在于明显不同操作强度。如果处理重质原料，用 KF-1002 好于 KF-1011。

在另外一些 AKZO Chemie 研究方案中，过程使用的原料是 VGO 同 CGO 或者 VGO 同 AR 的混合料。尽管调入这些物料之后，过程转化率下降，但是下降幅度还是可以接受的。对于这些混合料来说，新一代 MHC 催化剂的性能更好。而且，适当降低空速有利于进一步提高新一代催化剂转化率。如果采用多床层操作模式，第一段催化剂的选择是重要的。如果处理的原料是 VGO/CGO 和 VGO/渣油调合料，高活性 HDS 和高活性 HDN 催化剂对整个 MHC 过程的正常运行非常关键。

关于加氢裂化原料的另一个需要注意的问题是其中的污染物（特别是金属、沥青和 CCR）含量，这些污染物对催化剂的稳定性和循环周期影响很大。为此，有些公司对原料做了限制，UOP 的限制是：

- Ni+V，<2μg/g。
- 沥青（C_7不溶物），<500μg/g。
- CCR，<2%（质）。

表 2-15 为该过程能够加工的原料性质。

表 2-15　MHC 过程能够加工的原料性质

项　目	典型范围	
	SR(直馏)VGO	直馏裂化馏分油，减黏裂化或 CGO
API 度	22	17~14
沸点范围/℃	343~566	149~594
氢含量/%(质)	12	>10.5
硫/%(质)	2	0.1~4.0
氮含量/(μg/g)(质)	800	200~5000
溴价/(gBr_2/100g)	3	1~30
CCR/%(质)	0.3	0.1~1.5
沥青/(μg/g)	100	<500
金属/(μg/g)	1	<2

用作加氢裂化原料的 VGO 中的金属和沥青含量，只要减压塔操作适当，比较容易控制，而残炭、API 度、氢含量、硫和氮含量都取决于原油的类型和来源，而且对转化后的产品质量影响也比较大。一般情况下，同芳烃含量高的原料比，如果所处理的原料中石蜡烃含量高，生产的产品中会含有比较多的石蜡烃，产品质量比较好，同时氢耗量也比较低。

Chevron 认为，对于 Isocracker 过程来说，同其他原料比，处理沸点范围在 371~566℃的重质原料时，中馏分油产品收率比较低。操作强度是影响产品收率的重要原因之一。提高 LHSV、温度和压力的联合作用会使操作强度更苛刻，在这样的苛刻条件下，不仅能转化原料中的最重分子，产品中的 C_1~C_4轻质烃和石脑油产率也会上升。相反，如果处理的原料沸点范围是 371~510℃，同沸点范围是 371~538℃的原料比，中馏分油产率稍高。通常，炼油厂都希望它们处理的原料是最重的，但不希望含金属和沥青。预料未来渣油和运输用燃料之间的价格差越来越大，能尽量多加工一些重质 VGO，即使中馏分油收率略低，对炼油厂来说，也是经济的。无定形催化剂尤其适于这类高强度操作。

(三)直馏 AR

直馏 AR 也称常压塔底油、常压重油或常压渣油。根据 AR 切割点的不同，又分成轻重两种 AR。

在原油直馏产品中占比例最大的产品是 AR。在多数中东原油中，如果加工的是轻质原油，AR 约占 40%，如果加工的是重质原油，AR 约占 50%。表 2-16 为三种 Arabian 原油 AR 的性质。这些馏分油都可以用作加氢裂化过程原料。

表 2-16　三种 Arabian 原油 AR 的性质[10]

项　目	轻质 Arabian 原油	中质 Arabian 原油	重质 Arabian 原油
原油			
API 度	38.8	30.7	28.2
S/%(质)	1.1	2.51	2.84

续表

项　目	轻质 Arabian 原油	中质 Arabian 原油	重质 Arabian 原油
AR			
馏程/℃	343^+	343^+	343^+
API 度	21.7	14.4	12.3
S/%(质)	2.04	4.12	4.35
倾点/℃	24	13	13
残炭/%(质)	4.5	10.0	13.2

AR 产量的多少已经成为炼油厂选择原油和操作条件的重要因素。有的炼油厂把 AR 用于调和燃料油。多数炼油厂是把 AR 送减压蒸馏装置分成减压馏分油(或 VGO)和 VR，然后再进一步加工成石脑油、中馏分油或润滑油料。有些炼油厂是把 AR 送焦化装置、FCCU(流化催化裂化装置)和加氢裂化装置，进一步加工。

尽管初馏点为 343℃的 AR，同其原油比，氢/碳比明显下降，硫、氮和金属含量都大幅度增加，但是数十年的炼制经验证实[12]：用加氢裂化过程对其进行改质并不困难，同热加工过程比，不仅液体馏分收率高和产品质量好，而且通过改变操作条件就可以灵活地调整产品分布。

加氢裂化所需要的高压设备、催化剂和 H_2 会增加投资，但是可以通过增加液体产品收率和提高产品质量得到补偿[2,10]。

(四)直馏 VR

直馏 VR 是原油中最重的馏分。由于其沸点范围不太受限制，相对分子质量分布比较广。渣油性质随产地和馏程范围的不同差异很大。

近年来，随着原油的劣质化和重质化，原油中的 566℃以上馏分比例持续增加。劣质原油经蒸馏分离出来的大量劣质 VR 不可能都调入燃料油中。劣质 VR 的出路有几条：

- 送减黏裂化，生产用于调和燃料油的减黏裂化油：意义不大。
- 送焦化，把部分 VR 转化成馏分油：主要产品质量太差，副产大量劣质石油焦。
- 进溶剂脱沥青，生产 DAO：DAO 还需进一步加工，副产大量沥青油。
- 进气化装置，生产大量氢气和燃料气：流程复杂，投资大。
- 用作加氢裂化原料，液体产品收率增加，能生产大量优质馏分油。

对比几条 VR 加工路线，加氢裂化技术的优势是确定的。

对于渣油改质和加氢裂化过程来说，首先面对的是其中的金属。因为有些金属对催化剂危害非常大，严重影响催化剂的使用寿命。H-Oil 法渣油加氢裂化过程是比较典型的渣油加氢裂化过程。该过程以沙特>566℃渣油(硫含量 5.3)为原料，其脱硫率能达到 93.6%。生成的汽油、轻柴油、重柴油、蜡油和渣油硫含量分别为 0.02%、0.05%、0.12%、0.19%和 0.87%。

初馏点是 566℃的 VR 是一种含数千种烃的大分子有机化合物的混合物，成分非常复杂，是所有直馏馏分油中最难加工的。直馏 VR 同其原来的原油比，硫、氮、残炭和金属含量都大幅度增加，氢/碳比明显下降[12]。

表 2-17 为三种 Arabian 原油 VR 的性质。表 2-18 为另外几种渣油的性质。这些馏分都可以用作加氢裂化过程原料。

表 2-17 三种 Arabian 原油 VR 的性质[10]

项 目	轻质 Arabian 原油	中质 Arabian 原油	重质 Arabian 原油
原油			
API 度	38.8	30.7	28.2
S/%(质)	1.1	2.51	2.84
VR			
馏程/℃	565^+	565^+	565^+
API 度	11.5	3.8	4.0
S/%(质)	3.0	5.85	5.6
倾点/℃	27	49	49
残炭/%(质)	19	22.8	24.4
V/(μg/g)	12	249	171
Ni/(μg/g)	7	55	53
Fe/(μg/g)	36	79	28

表 2-18 几种典型含硫或高硫原油的渣油性质

原油名称	AR				VR			
	API 度	S/%(质)	Ni+V/(μg/g)	CCR/%(质)	API 度	S/%(质)	Ni+V/(μg/g)	CCR/%(质)
中国								
胜利	18.7	1.23	19	8.6	11.7	1.66	28	16.4
中南美								
Maya	8.3	4.82	494	17.4	-0.1	5.98	835	29.6
Ismas	13.9	2.96	53	8.2	4.0	4.09	143	21.1

碳/氢比高和残炭值高的劣质 VR，在加氢裂化过程中的炭化潜力高。炭化潜力高的 VR 会导致催化剂迅速失活，增加催化剂成本，而 VR 中的镍和钒在加氢裂化过程中能促进炭化反应和轻质烃转化反应。因此，有的炼油厂采用一些更经济的办法，把 VR 先用非临氢催化加工过程(如延迟焦化或者溶剂抽提过程)预处理，再进加氢裂化装置进一步处理[12]。

如果原油在常压蒸馏段处理得不好，脱盐效果差，就会有一些没有脱掉的有机盐和悬浮的固体污染物进入 VR 中。因此，VR 在进加氢裂化装置之前应先过滤，除掉其中大于 2.5nm 的固体，然后同循环氢混合，加热到反应温度，进入保护反应器顶部。进料中的悬浮固体会沉积在保护反应器的顶部，多数金属会沉积在催化剂上。经过保护反应器之后，进料的残炭会明显降低，而进入后面反应器中的进料，其金属含量和生焦倾向也会明显下降。

(五)来自二次加工过程的馏分油

CGO、FCC 循环油和 DAO 都是二次加工装置产品。这些产品作为加氢裂化原料，成分复杂，污染物含量比较多，加工难度比较大，多采用掺炼的方法加工。

1. 裂化料

用作加氢裂化原料的裂化料主要包括催化裂化循环油和 CGO。这些裂化料的主要特点是[10]：硫、氮和颗粒等污染物含量高；烯烃、芳烃和 PNA(聚核芳烃，多环芳烃)母体数量大。典型的以裂化料(CGO 和 FCC 油)为原料的加氢裂化产品分布见表 2-19。

表 2-19　以裂化料为原料的加氢裂化产品分布[12] %(体)

项　目	多产石脑油	多产喷气燃料	多产柴油
丁烷	17	8	5
C_5~82℃	32	15	9
82~193℃	81	24	20
喷气燃料或柴油	-	74	84
总计	130	121	118

对于加氢裂化过程来说，裂化料不是好原料，例如，用 MHC 过程处理裂化料时，由于原料中烯烃含量高，在烯烃饱和反应过程中，会放出大量热量，如果不小心控制，会给操作造成麻烦，表 2-20 为可能出现的一些问题和处理方法。

表 2-20　加氢裂化反应器中产生失控反应或偏差的某些原因

原　因	注释和处理
催化剂床层温度失控	温度能达到 538℃。停工，全开反应器催化剂床层急冷。不等于必须更换催化剂。
进料泵失效 循环压缩机失效 装置电力出现故障	切断火源，装置泄压，重新启动
注水量下降或系统失效 进料加热炉失控 急冷系统操作失灵	原料氮含量高，导致氨量上升，催化剂失活
对于可利用的氢气量来说，进料量太多	如果压力下降，循环和急冷能力下降，会着火

(1) CGO

CGO 是 VR 经焦化过程处理后得到比较重的馏分油。同相应的 VGO 比，硫、氮和碱氮含量都比较高。这种原料，对于加氢裂化过程来说，有一定难度。表 2-21 为几种国产原油 CGO 性质。

表 2-21　几种国产原油 CGO 性质[9]

项　目	大庆	胜利	孤岛	辽河
馏程(ASTM D1160)/℃	241~543	241~535	246~550	252~535
S/%	0.13	0.82	1.03	0.31
N/(μg/g)	2240	6460	5657	4900
残炭/%	0.07	0.13	0.11	0.2
V+Ni/(μg/g)	0.06	0.51	<0.01	0.31
环烷烃/%	34.9	15	27.5	-
芳烃/%	23.6	55.7	44.3	36.1
胶质/%	3.6	8.3	6.9	7.0

CGO 的质量主要取决于原料来源。如果 VR 来自沥青基原油，那么由焦化过程生产的 CGO 质量很差，高硫、高芳烃、高溴价。这类原料不能直接进 FCC 装置，可以用操作强度比较高的加氢裂化过程处理。

（2）FCC 循环油

如果 FCC 原料不进行加氢脱硫预处理，LCO 中不仅硫和氮含量高，还含大量影响柴油稳定性的烯烃和少量二烯烃及影响燃烧性能的芳烃。

由于 LCO 含有大量二环芳烃，十六烷值极低。当 FCC 是在最大量汽油操作模式下运转时，LCO 的十六值只有 20 左右。因此这类 LCO 必须经加氢改质之后才能用作成品油的调和组分。FCC LCO 和 FCC HCO（重循环油）都出自 FCC 装置，特点是富含芳烃，可以用作加氢裂化过程原料。表 2-22 为几种 LCO 和 HCO 性质。

表 2-22　几种 LCO 和 HCO 性质[9]

项　目	大庆 LCO	胜利 LCO	辽河 LCO	镇海 HCO
馏程（ASTM D1160）/℃	195～351	167～321	181～347	291～499
S/%	0. 1167	0. 554	0. 205	1. 060
N/（μg/g）	897	1262	1264	1380
残炭/%	—	—	—	0. 65
凝固点/℃	-1	-32	-8	3
十六烷值	37. 1	—	12. 5	—
BMCI	41. 7	-66. 79	116. 9	—

FCC 循环油虽然可以用作加氢裂化过程原料，但实际上，处理 100%FCC 循环油的加氢裂化过程，并不多见。原因是：FCC 循环油，从馏程范围上看，虽然属于柴油馏分，但是由于含有大量烯烃、芳烃和 PNA 母体，及其他污染物，如硫和氮等，随着这些物质的增加，不仅使加氢裂化操作环境越来越差，还会严重影响产品质量。在工业应用实例中，多采用掺炼的方法，处理 LCO。用常规轻质油加氢裂化过程处理 LCO 有困难，处理 LCO 需要更苛刻的操作条件和更匹配的催化剂或催化剂系统[2,12]。

（3）裂化料中的烯烃、轻质芳烃和重质聚核芳烃

直馏馏分油基本上不含烯烃。来自环烷-芳香基原油的直馏馏分油含有部分芳烃。不管用什么样的原油，哪怕是石蜡基原油，生产的裂化蜡油中都含有大量烯烃、芳烃和聚核芳烃。

加氢裂化过程中出现的重质聚核芳烃（沥青）除了裂化料带来的，还有一些是加氢裂化过程产生的，但量很少。如果这些组分在加氢裂化原料中的含量超过一定限度，或多或少都会给操作或产品质量带来麻烦。实际上，这些烃化物不是理想的加氢裂化组分。

加氢裂化原料中的芳烃数量和结构取决于原料来源。表 2-23 为几种瓦斯油的芳烃分布。

表 2-23　几种瓦斯油的芳烃分布（%）[9]

芳烃	AGO	LCO	AGO/LCO（7/3）	FE-LCO①	FE-LCO②
总芳烃	26. 0	70. 2	40. 6	74. 0	41. 6
单环	16. 8	11. 2	12. 6	29. 0	0. 1
双环	8. 8	49. 5	24. 3	45. 8	32. 0
三环	0. 4	9. 5	3. 7	0	8. 7
多环	0	0. 8	0	0	0. 8

① LCO 中<290℃馏分；

② LCO 中>290℃馏分。

原料中的不饱和化合物(如烯烃和芳烃)的含量，同原料的API度有关。如果进料的沸点范围一定，API度越低，表明其中的不饱和化合物越多。如果装置设计不适合加工这类进料，会产生下列问题[10,14,16]：

- 芳烃会在加氢裂化催化剂上形成积炭，提高催化剂失活速率，影响装置运转周期。
- 超大相对分子质量的重质多核芳烃(即沥青质)会同催化剂结合，导致催化剂永久失活，影响催化剂寿命。
- 会明显降低反应速率。
- 会消耗更多的氢气，增加操作费用。
- 会明显增加放热量，严重时，会发生热平衡问题。
- 中馏分油产品中，芳烃含量高，燃烧性能下降。
- 尾油产品的加工性能和黏温性能变差。
- 重质聚核芳烃会集聚在蒸馏塔底油中，在有循环流程中，它们会浓缩在换热器和设备表面，污染和堵塞设备，严重的会导致装置停工。

实际操作过程中，通常采用两个方法来控制或降低重质聚核芳烃浓度[12]：一是降低原料终馏点；二是减少裂化料掺炼量。如果用这两个方法还不奏效，可以考滤更换更合适的催化剂或催化剂系统。

导致催化剂积炭或中毒的原因，除了原料性质外，还有：操作条件、芳烃结构、催化剂的物性(如孔径)和催化剂酸性强度。

2. DAO

用作加氢裂化原料的DAO，通常是劣质VR经溶剂脱沥青后得到的脱沥青油。DAO的性质取决于原油性质、VR馏程范围和溶剂脱沥青装置操作条件。表2-24为几种原油的DAO性质。

表2-24　几种原油的DAO性质[9]

项　目	沙特轻DAO	伊朗DAO
馏程(ASTM D1160)/℃		
IBP~63%	430~642	
IBP~48%		336~624
S/%	28900	40700
N/(μg/g)	1820	1885
残炭/%	6.0	7.1
金属/(μg/g)		
V	2.6	10.0
Ni	0.8	4.0
凝固点/℃	13	28

(六)其他劣质油

用作加氢裂化原料的其他劣质油还包括：从油砂提炼出来的沥青油、由油页岩提炼出来的页岩油、由煤液化过程得到的煤焦油和溶剂脱沥青过程得到的沥青油。

虽然，自2008年以来，世界经济进入衰退期，石油产品需求趋缓，一些炼油厂转向处理加工费用比较低的低硫轻质原油，但这种局面是暂时的，不会长期持续。从总的趋势看，轻质低硫原油会越来越少，价格会越来越高，炼油厂需要面对的还是更多、更重、杂质含量更高的劣质原油，以便使经济效益最大化[27]。

处理劣质合成原油需要采用非常规加氢裂化过程，如上流式沸腾床加氢裂化过程。如果用常规固定床加氢裂化过程处理这类原料，需要配置一套庞大的原料预处理系统，使加工流程变得十分复杂。

第三节　加氢裂化产品

加氢裂化过程的产品分布和产品质量主要取决于所用的原料性质(如馏程范围和污染物含量)、催化剂性能(组成和表观结构)和操作条件。有一点是肯定的，即加氢裂化主产品的相对分子质量总是小于原料的相对分子质量。表 2-25 为加氢裂化过程能够处理的原料和相应的产品。

表 2-25　加氢裂化的原料和产品

使用过程	进料	产品
轻质油加氢裂化过程	石脑油	LPG
	煤油	石脑油
	直馏柴油	石脑油或喷气燃料
	常压瓦斯油	石脑油、喷气燃料或柴油
	质量比较好的 VGO	石脑油、喷气燃料、柴油、润滑油基础油、FCCU 原料、蒸汽裂解装置原料
VGO 加氢裂化过程	VGO	石脑油、喷气燃料、柴油、润滑油基础油、FCCU 原料、蒸汽裂解装置原料
	FCC 循环油	石脑油或馏分油
	DAO	石脑油或馏分油
	焦化轻重 GO	石脑油或馏分油
	质量比较好的 AR	石脑油、喷气燃料、柴油、润滑油基础油、FCCU 原料、蒸汽裂解装置原料
重质油加氢裂化过程	AR	各种馏分油
	VR	各种馏分油

同其他炼制过程(如常压蒸馏、焦化、FCC 和加氢处理等过程)比，加氢裂化产品的特点如下[9,12]：

- 由于催化剂有比较强的 HDM、HDS 和 HDN 活性，产品中的污染物(如硫、氮、氧和金属等)含量低。
- 由于过程中的加氢饱和反应，产品饱和度高，如果加氢饱和条件合适，可以做到基本上不含烯烃和芳烃。
- 气体：包括 H_2S 和 NH_3、C_1～C_4低分子烃，产量低。
- 轻、重石脑油：如果选择的催化剂和操作条件合适，其中的 5～6 个碳的馏分，研究法辛烷值在 99～100，重石脑油可以作催化重整原料，用于生产高辛烷值汽油。
- 中馏分油：包括喷气燃料和柴油，采用缓和加氢裂化技术能多产优质中馏分油，如果采用择形异构化技术，产品的凝固点低，芳烃含量低，燃烧性能好。

- 尾油：由于脂肪烃含量高，污染物含量低，是优质 FCCU、润滑油厂和蒸汽裂解厂原料。
- VR 加氢裂化过程生产的产品（如石脑油和中馏分油），由于质量达不到要求，通常需要进一步处理，经过改质的 VR 可以进焦化装置，用来生产优质石油焦，也可以送馏分油加氢裂化装置进一步改质。

一、H_2S 和 NH_3 气体

加氢裂化过程副产 H_2S 和 NH_3 气体，这两种气体，包括它们的反应产品 NH_4HS 和 NH_4Cl，都属于反应过程中产生的污染物。这些副产品，在适当条件下，会给操作造成许多麻烦，如抑制催化剂活性，腐蚀或堵塞管道和设备等。

这些副产品可以通过一些方法把它们从系统中清除掉，或者回收，转化成有用的产品，再利用。

二、低分子烃

加氢裂化过程副产 C_1 ~ C_4 低分子饱和烃。如果采用的催化剂和操作条件合适，可以把这些低分子饱和烃收率控制在很低水平。其中，C_1 ~ C_2 低分子烃数量不多，主要是可以用作 LPG 的 C_3 ~ C_4 低分子烃。在 C_4 馏分中，异构的比较多，可以用作石油化工原料，生产价值更高的产品，如高辛烷值汽油调和组分。

三、石脑油

石脑油是加氢裂化过程主要产品之一，根据沸点范围可以分成两个馏分，轻石脑油和重石脑油。

轻石脑油指的是 C_5 ~ 82℃馏分，异构烷烃含量比较高，辛烷值比重石脑油高，可以用作汽油调和组分，也可以用作水蒸气转化制氢和蒸汽裂解制乙烯的原料。轻石脑油收率同催化剂类型、催化剂选择性和过程的操作强度有关，少则百分之几，多则百分之几十。

重石脑油的馏程比轻石脑油的馏程高，馏程范围，可以根据需要略有不同。该馏分的特点是：硫和氮含量低，环烷烃含量高，是优质催化重整原料[7]。该馏分的芳潜含量主要取决于原料性质和操作强度。单程转化率越高，芳潜含量越低。产品收率主要取决于过程操作强度。

同催化重整和催化裂化石脑油比，加氢裂化石脑油的辛烷值比较低，可以用作汽油调和组分。把加氢裂化石脑油用作汽油调和组分，不是取它的辛烷值有多高，而是看重它的低芳烃、低硫、低氮和高饱和度，这是其他加工过程生产的汽油调和组分不能比的。

如果采用择型异构化技术，可以生产异构烷烃含量比较高的石脑油馏分。这类石脑油馏分有比较高的辛烷值。

四、中馏分油

中馏分油包括两个产品：喷气燃料（煤油）和柴油。

（一）喷气燃料

加氢裂化喷气燃料指的是130～230℃馏分。130～177℃馏分也可以用作宽馏分重整过程的原料。不管是130～230℃馏分还是130～177℃馏分都是优质喷气燃料调和组分。

喷气燃料的质量控制指标有很多项目，在加氢裂化过程实际操作过程中的主要控制项目是冰点和烟点。

尽管加氢裂化过程对原料的适应性比较强，但是如果是生产喷气燃料，除了要选择适当的催化剂和操作条件之外，还必须对原料进行优化。例如，用含Y型分子筛的催化剂生产喷气燃料，有可能出现产品密度同冰点的矛盾。解决的办法是：优化原料配方，掺炼其他类型的原料。喷气燃料的烟点同加氢裂化过程的操作模式有关，如全循环操作生产的喷气燃料烟点比较高。如果采用的是单程一次通过流程，其烟点主要受控于单程转化率，提高单程转化率能提高喷气燃料的烟点。

（二）柴油

加氢裂化柴油馏分馏程受制于它同喷气燃料和尾油的切割点，馏程范围通常有三种：232～350℃馏分、260～350℃、282～350℃馏分。为了能多产柴油馏分，有的厂家已经把柴油切割点提高到365℃、373℃或385℃。

加氢裂化柴油的特点是：芳烃含量低，十六烷值高，燃烧性能好；硫、氮和金属含量低，稳定性好，是生产清洁柴油的主要调和组分。如果采用择形异构化技术，还可以生产低温流动性很好的低倾点柴油。

欧洲和亚洲的柴油需求量依然在稳步增长。目前，柴油质量的发展趋势是低硫（或零硫）和高十六烷值。当产品规格严格到一定程度时，仅采用加氢脱硫和脱芳烃是不够的，还要引入加氢裂化技术。缓和加氢裂化技术即可以降低柴油硫含量和芳烃含量，又能够改善柴油密度、十六烷值和蒸馏性质[14]。

用加氢裂化技术生产优质柴油有两个优势：能使柴油产量最大化；能把低价值劣质原料（如，CGO、FCC馏分油和DAO）转化成优质柴油。

五、尾油

采用单程一次通过或部分转化流程的加氢裂化过程都能生产尾油，尾油收率和性质主要取决于原料性质、催化剂性能、操作强度、循环量和循环切割点的高低。

加氢裂化尾油的特点是：多含链烷烃，BMCI低、烃饱和度高、硫和氮含量低。加氢裂化尾油可用作FCCU、蒸汽裂解装置和润滑油厂原料。

加氢裂化过程RCP（循环油切割点）是一个比较重要的操作变数，它的高低涉及产品分布和操作强度。循环油切割点、产品方案和催化剂的选择原则见表2-26。

表2-26　加氢裂化过程循环油切割点、产品方案和催化剂的选择原则[9]

产品方案	循环油切割点/℃	催化剂类型
最大量石脑油	177	轻质油型
石脑油/喷气燃料	260或280	轻质油型
中馏分油	343/350/371/383/385	中馏分油型

第三章　加氢裂化过程催化剂

经过50多年，特别是近20年的发展，加氢裂化过程已经发展成一个大的序列，已经成为炼油厂的核心装置之一。加氢裂化过程技术含量高，除了它的操作条件苛刻、设备材料要求高、需要先进的自动控制系统和复杂的反应模式之外，还包括使用的催化剂和催化剂系统。加氢裂化过程在炼油厂的核心地位主要体现在催化剂和催化剂系统的应用上。在加氢裂化过程的设计阶段，一项非常重要的工作，就是催化剂或催化剂系统的设计和选择。催化剂或催化剂系统的性能，关系到整个过程的成败和经济性。

第一节　加氢裂化过程用的催化剂

由于加氢裂化过程所处理的原料越来越重、质量越来越差和对产品质量的要求越来越高，使用单一加氢裂化催化剂的加氢裂化装置已经不多见。现代加氢裂化过程通常使用的是由几种性能不同催化剂组成的催化剂系统。一套好的和完整的加氢裂化催化剂系统，能够帮助加氢裂化过程实现下列目标：

- 提高装置处理量，能处理更多高终馏点劣质原料。
- 提高目的产品质量。
- 能使装置在比较高的转化率条件下运行。
- 使产品分布更合理，生产更多目的产品。
- 优化氢耗，降低操作成本。
- 使装置运转周期更长。

组成加氢裂化过程催化剂系统的几种催化剂，可以分成几个床层，放在一个反应器里，也可以分别放在几个反应器中。

在加氢裂化过程使用的催化剂系统中，除了主催化剂，加氢裂化催化剂之外，通常还包括：预处理催化剂，如HDM、HDS和HDN催化剂，如果对产品质量要求高，在反应系统的后部，还要配置适量的后处理催化剂或加氢精制催化剂。如果需要改善产品的某些性质，如低温流动性和黏温性，还会增加择形脱蜡或择形异构化催化剂。因此，在描述加氢裂化催化剂或催化剂系统时，必须涉及这些催化剂，因为它们也是加氢裂化过程催化剂系统不可缺的一部分。

加氢裂化技术发展比较快，除了反应器技术、操作模式、流程设计等方面之外，最重要的还是催化剂技术的进步和发展。虽然加氢裂化过程使用的催化剂系统是一个大家族，但是依然属于临氢加工催化剂范畴，是其中的一部分。也就是说，加氢裂化催化剂理论是临氢加工催化剂理论的一部分。

一、临氢加工过程催化剂的组成

典型的工业DHC（馏分油加氢裂化）催化剂有两个功能：由催化剂金属组分提供的加氢

功能和由催化剂载体(酸性中心)提供的裂化功能。这些功能不仅加氢裂化催化剂有，其他临氢加工过程用的催化剂(如 HDS 和 HDN 催化剂等)也有这些特性，只是强度和程度不同而已[15]。

临氢加工过程催化剂的结构和作用机理相当复杂。在临氢加工过程使用的催化剂中，由含 Mo(W)或者含 Co(Ni)成分做促进剂的催化剂已经在临氢加工过程使用了数十年。$\gamma-Al_2O_3$的优良特性，使其成为公认的也是应用最多的载体。随着催化剂技术的发展，还逐步引入了另外一些载体，如 Si-Al、分子筛 TiO_2等。

在临氢加工过程催化剂中，使用高酸性载体的目的是提高 HCR 和 HIS 反应速率。催化剂中的金属硫化物包括 $Mo(W)S_2$。载体上的 $Mo(W)S_2$分布，可能是单层的，也可能是族团式的，这取决于催化剂制造过程中加载活性金属采用的方法、硫化过程采用的操作条件和载体性质等[2]。

(一)临氢加工过程催化剂的载体

催化剂的载体是加氢裂化催化剂的基础组分，有裂化功能，按结晶类型，可以分成三类[8,10,14]：

- 非晶型无定形载体：无定形催化剂，如氧化铝、硅铝和硅镁等，裂化活性低，需要比较高的反应温度和反应压力才能维持它的活性稳定性。氧化铝本身酸性不强，但是可以作分散金属的载体组分和黏结剂。无定形 Si-Al 的酸性比较强，并可以在一定范围内调节，是催化剂中主导裂化功能的主要活性成分。

在加氢裂化装置中仍然使用无定形催化剂，是为了改善催化剂的操作灵活性，比如改变操作条件就可以改变产品分布。无定形加氢裂化催化剂具有比较高的裂化活性和比较好的选择性，能脱掉最难处理的有机氮化物。这些催化剂对中馏分油有定向选择性，得到的 UCO(加氢裂化未转化油，加氢裂化尾油，尾油)的性质比较好，可以用于制造高 VI 润滑油。

- 结晶型分子筛载体：主要是改性 Y 型分子筛、丝光沸石、β 沸石、ZSM-5 和 $SAPO_4$分子筛等。这类载体可以单独使用，也可以以 Y-分子筛为主，添加其他沸石复合使用。由于它们在结构上有大量微孔，比表面积大，酸性通常比无定形 Si-Al 高，有更高的裂化活性。经过改性的 Y-分子筛，酸性调节范围比较大，用它可以制造出性能不同的裂化型催化剂。使用新一代以分子筛为载体的加氢裂化催化剂，即使处理的是劣质原料，也有非常高的活性和选择性。在整个循环周期，都能把产品质量(柴油十六烷值或煤油烟点)维持在比较好的水平上，不会发生引人注目的变化。

- 混合型载体：如 Si-Al 和氧化铝载体；Si-Al 和氧化铝载体中加少量分子筛；以分子筛为主加少量氧化铝。

临氢加工过程催化剂的载体对催化剂的活性和选择性来说非常重要。许多材料都可以用作临氢加工过程催化剂的载体。目前应用最普遍的载体有两种：$\gamma-Al_2O_3$和分子筛。

实际上，不管采用哪种载体，只要它的酸性合适，就能够用来处理各种原料，可以把大烃分子转化成轻质馏分。通常，如果过程处理的是 VGO、HGO(重瓦斯油)和 DAO，在设计催化剂时，就应当把载体酸度作为目标参数；如果处理的是渣油，就应当强调载体孔隙度。当然这不是绝对的。

用各种原料，对各种载体(如 $\gamma-Al_2O_3$、碳、$SiO_2-Al_2O_3$、分子筛 ZrO_2和各种混合氧化物)的研究结果表明，把 TiO 作为载体，不管是单独使用，还是同 Al_2O_3和 SiO_2组合使用，都取得比较好的结果。用少量碱金属(如，Na 和 Li)和碱土金属(如，Ca 和 Mg)能够改善用 γ-Al_2O_3制造的催化剂性能，这类催化剂可以用来处理重质原料[2]。

各种催化剂之间的活性差异是由载体变化引起的。提高催化剂活性主要有两个途径：一是改变载体特性；二是选择适宜的活性金属。如，碳载体活性明显低于应用频率最高的 γ-Al_2O_3载体的活性。FeMo/Al_2O_3催化剂的酸性高于 γ-Al_2O_3载体催化剂的酸性。

载体或催化剂酸性的控制已经成为实现馏分油高水平转化(如裂化、深度或超深度 HDS)的关键。同相应的以 γ-Al_2O_3为载体的催化剂比，载在碳载体上的 CoMo 催化剂具有高得多的活性。以 γ-Al_2O_3为载体的催化剂，对由馏分油中碱氮引起的毒化作用更敏感。

载体的相互作用对于活性相(如 Co—Mo—S 和 Ni—Mo—S)分散和形态来说是关键因素。研究结果显示，摩尔离子和载体之间的强烈作用会生成低活性的Ⅰ型 Co—Mo—S 结构，这类结构的催化剂不能完全硫化，并且含有一些 Mo—O—Al 键。载体相互作用比较弱，会形成Ⅱ型 Co—Mo—S 相[2]。

1. 催化剂的酸性功能

在加氢裂化催化剂中，分子筛和无定形二氧化硅-铝都能提供裂化功能。虽然这两类催化剂在分子化学层面都是类似的，但是分子筛的晶型结构具有更高的活性，而无定形材料具有可控的选择性[15]。

用于加氢裂化过程的无定形硅-铝固体氧化物载体是酸性的，除了提供裂化功能之外，还用作加氢金属组分的载体。无定形硅-铝催化剂通常用于多产馏分油的加氢裂化过程。在分子筛含量少的加氢裂化催化剂中，无定形硅铝也起主催化剂的作用，在分子筛含量多的加氢裂化催化剂中，主要用作金属载体，用作黏结剂。

由于混有金属氧化物的无定形载体是酸性的，氧化物结构中的阳离子之间的电荷不同。用于加氢裂化的无定形硅铝的特点是：大孔，允许体积大的原料分子进入酸性中心；中等活性，容易取得馏分油选择性所需要的金属-酸性平衡。图 3-1 为 Si-Al 酸性中心。尽管加氢裂化可以用 Bronsted 或 Lewis 中心说进行解释，但是 Bronsted 酸性更可信，原因是 Lewis 酸性中心对积炭有催化作用。

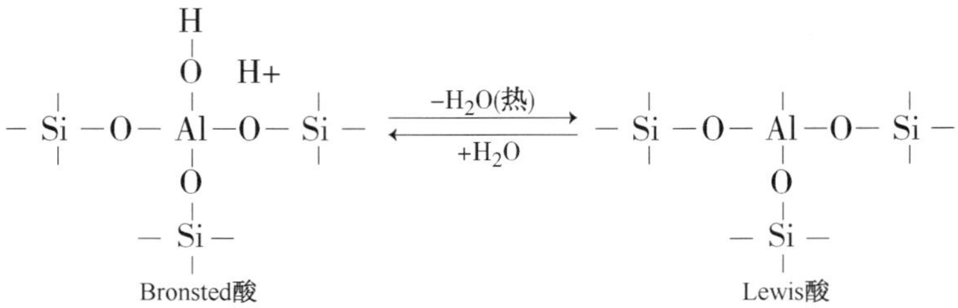

图 3-1　硅-铝酸性中心[10]

2. γ-Al_2O_3

γ-Al_2O_3是临氢加工催化剂制备时应用频率最多的载体。γ-Al_2O_3的表观性质(如表面积、孔体积和孔大小)和机械性质(如强度)，对于催化剂制备来说非常重要。催化剂性能主要取决于催化剂制备过程中的制备方法和操作条件。

如果所制备的催化剂是用于处理轻质原料时，催化剂中的 γ-Al_2O_3应当具有比较高的表面积和多孔性，并且应当是中孔隙度的。如果处理的原料比较重，应当使用微孔的，低表面积的[2]。

3. 分子筛

分子筛是由 Al_2O_3 和 SiO_2 四面体晶体组成的结晶形硅铝酸盐。这些晶体形成带阴电荷的多微孔骨架结构，这些骨架结构由大离子和水分子占据，大离子和水分子可以自由移动、允许离子交换和可逆脱水。可移动的阳离子，不是骨架的一部分，而是分子筛的一部分，易被交换。如果可移动的阳离子用 NH_4^+ 交换，接着用锻烧的方法脱掉 NH_3，就形成了 Bronsted 酸性中心。

最早开发的加氢裂化过程是用来生产汽油和喷气燃料。过程的发展和催化剂的进步使加氢裂化还能够生产炉用油和催化裂化原料。在工业加氢裂化催化剂中，应用较多的分子筛通常需要部分脱铝、减少钠含量或者提高二氧化硅含量。

分子筛主要由硅、铝和氧组成，并汇集另外一些有特色的元素。这些分子筛都是高度多孔的结晶体，具有含水(因此在高温时会形成气泡)的网状显微通道。通过加热，同其他处理方法结合，就能把水除掉，而不会改变它的结晶结构。

在加氢裂化过程中使用的分子筛，Y 型分子筛是合成的。Y 型分子筛是在氢气或稀土中形成。也使用其他类型的分子筛和它们的混合物，它们通常是植入高表面积的起黏合剂作用的无定形基体中。金属组分位于分子筛内侧和无定形基体上[7]。

Y 型分子筛的结构与在自然界中发现的分子筛八面沸石完全相同。Y 型分子筛有：相当大的自由孔，可以控制反应物进入酸性中心；三维孔结构，允许反应物扩散进入，而对出来的产品干扰很小。Bronsted 和 Lewis 酸在分子筛中都可能存在。酸性中心的数量和强度可以改变。这些中心非常均匀，但是每一种分子筛的活性中心类型不只一种。有一些因素会影响分子筛中的酸性中心的数量和强度，如占据离子交换中心的阳离子类型和骨架的硅-铝比。有许多方法(包括热处理和热液处理)可以使 Y 型分子筛脱铝。脱铝会降低酸性中心总数量，因为每个质子都同骨架铝有关联。脱铝也可以提高酸性中心对某一点的强度。中度脱铝能使分子筛的总酸性达到最高值，分子筛的总酸性表示酸性中心的数量和每个酸性中心的强度。分子筛酸性中心浓度和强度会影响最终加氢裂化催化剂的性质。加氢裂化分子筛的最重要特点是它的高活性[10]。

分子筛，特别是 Y 型分子筛，活性比较高，多用来制造能多产馏分油和石脑油的催化剂。其他一些酸性载体成分，如用酸处理过的白土、柱形白土、层状硅酸盐、酸性金属磷酸盐和其他固体酸，以前用过，现在的加氢裂化催化剂已经不用了。

典型的自然产生的分子筛包括方沸石[analcite，也称 analcime，$Na(AlSi_2O_6)$]和八面沸石[faujasite，$NaCa(AlO_2)_2(SiO_2)\cdot H_2O$]，合成的 X 型分子筛和 Y 型分子筛在结构上是类似的。

天然分子筛是在水热作用(例如，用热水作用于火山灰或火山岩浆)下形成的。把铝酸盐和硅酸盐混合溶解，并维持在温度 100℃或者更高温度条件下，经过一定时间，产生凝胶，这些凝胶可以用来制造合成分子筛。如果温度低于 100℃，会形成 A 型分子筛，多数分子筛的合成，都需要在水热作用条件(典型条件是在 150℃条件下，维持适当压力)下完成。

产生的分子筛类型取决于溶液的组成，水化氢氧化碱金属溶液有利于形成铝含量比较高的分子筛，而有机分子(如胺或乙醇)的存在有利于形成高硅分子筛，如 silicalite 或

ZSM-5[15]。

分子筛在许多加氢裂化催化剂中提供裂化功能，如同它们在 FCC 催化剂中起的作用一样。分子筛是一些结晶型硅铝酸盐，今天在几乎所有的工业催化剂中，所用的分子筛都是八面沸石。在有些催化剂中也使用五硅环分子筛(包括 silicalite 或 ZSM-5)，它们能选择性地裂化长链脂肪烃。在催化剂中分子筛含量通常在 25%~50%之间，余下的是加氢组分和 Al_2O_3和 SiO_2黏结剂。准确的配方和制法是商业秘密，受到严密保护。

当分子筛催化剂同无定形催化剂结合用于加氢裂化过程时，其性能明显改善，如较高的活性、耐氨性和汽油选择性[10]。

(二)临氢加工过程催化剂的活性金属

临氢加工过程催化剂按所载的金属类型的不同可以分成两类：

- 贵金属类：有 Pt 和 Pd 两种。同非贵金属催化剂不同，这类催化剂是在还原状态下才有比较高的活性。其活性金属对 H_2S 相当敏感，易引起中毒，因此不宜处理硫含量比较高的原料。由于它们要求循环氢中的 H_2S 含量很低，通常用在两段流程的后段。
- 非贵金属类：常用的金属有 W、Mo、Ni 和 Co 等。每一种催化剂中至少含两种金属，有 Mo-Ni、Mo - Co、W-Ni、W-Mo-Ni 和 Mo-Co-Ni 五种。这类催化剂中的金属活性相，以硫化态存在，在使用过程中需要系统维持一定的 H_2S 分压，否则金属硫化物将被还原，导致催化剂加氢活性下降。

某些金属(金属氧化物、金属硫化物或者它们的混合物)可以为催化剂提供金属功能。对这些活性金属化合物的要求是：必须能使氢气活化，能促进催化脱氢和加氢反应。

加氢裂化催化剂中最常用的金属是 Mo-W 和 Co-Ni 的硫化物。这些金属硫化物组合在一起，使它们具有耐硫性，同 Pd 或 Pt 比，它们的活性比较缓和。Mo-W 和 Co-Ni 的硫化物组合在一起应用时，特点明显，这些特征对于加氢裂化来说是重要的。尽管 Co-Ni 硫化物有一定的加氢活性，但是它们的活性比 Mo-W 硫化物低得多，可以用作促进剂。Co-Ni 金属促进剂同 Mo-W 硫化物组合在一起的相互作用能明显提高催化剂的活性[10]。

Mo-W 和 Co-Ni 金属通常是在催化剂制造厂先制成氧化物，需要时再硫化。

在加氢裂化过程中，重要反应之一是聚环芳烃的部分加氢，接下来饱和环的开裂，形成取代的单环芳烃。侧链可能会断开，生成异构烷。应当避免催化剂有过高的加氢活性，因为过高的加氢活性会把单环芳烃加氢成环烷烃，重复加氢会导致石脑油馏分辛烷值下降，会增加催化重整过程的操作难度。当用加氢裂化过程生产喷气燃料时，会使用加氢活性比较高的催化剂，因为同生产石脑油比，喷气燃料需要更高的饱和度[7]。

二、临氢加工过程催化剂的加氢活性和裂化活性的匹配影响产品分布

加氢裂化催化剂的加氢活性和裂解活性的匹配，对产品分布有比较大的影响。如果加氢活性超过裂解活性，一次裂化产生的烯烃和正碳离子，在加氢裂化高氢分压条件下会被迅速加氢，形成饱和烃。如果加氢活性很低，一次裂化产生的正碳离子和烯烃多，未能及时饱和，就会发生更多的二次反应。如果加氢活性很强，酸性很弱，烷烃的加氢裂化反应是通过金属活性中心上的氢解反应机理进行，而不是正碳离子机理，产品中 C_1、C_2和正构烷烃多，几乎没有异构。也就是说，不同加氢功能和裂化功能的匹配不仅影响产品分布，还会影响反应机理。

加氢反应能阻止烯烃吸附在催化剂上和接下来的脱氢反应。脱氢反应会导致形成焦炭，影响催化剂活性和寿命。实际上，在加氢裂化过程中，生成焦炭的机率并不高，原因是随着氢分压的升高，二次反应和形成积炭母体的反应受到抑制[7]。

Chevron 认为，在开发新一代脱蜡催化剂过程时，必须重视催化剂加氢活性和裂化活性之间的适当平衡。提高加氢性能，会导致异构化性能下降，影响产品的倾点下降幅度。酸性功能过高，会提高裂化功能，会降低目的产品收率。进料中的硫和氮含量高低对这类催化剂的影响比较大，氮对催化剂的酸性有害，硫能引起催化剂上的金属加氢组分中毒[28]。

三、临氢加工过程催化剂表观性质对催化剂性能的影响

影响临氢加工过程催化剂性能的因素主要包括：所处理的原料性质、操作条件、催化剂的化学组成和催化剂物理性质。催化剂物理性质或表观性质，如大小、形状、比表面积、孔隙度和机械强度等性质的影响也不容小觑。

使用固定床反应器时，必须控制反应速率和催化剂床层横断面压降之间的平衡。随着催化剂颗粒度的减小，如果反应速率提高，催化剂床层压降增加[11]。

用固定床反应器处理渣油时，预处理段的脱硫催化剂需要专门设计，该催化剂通常是一种孔结构得到控制的，脱硫能力比较高和生焦趋势比较低的钴-钼-铝催化剂[15]。

催化剂的化学组成固然很重要，但是如果催化剂的表观性质不合适，就不能充分发挥催化剂的化学性能。催化剂的可利用性同催化剂的粒度、形状和孔结构有关。优化催化剂表观性质，对于某些催化剂来说是非常重要的。

对于比较轻的原料，如 AGO、VGO 和 HGO 来说，催化剂颗粒的孔隙度、大小和形状的影响已经很明显，如果处理的是含沥青和含金属比较多的原料，催化剂表观性质的设计和选择尤为重要。

加工轻质原料时，催化剂表面积是表明催化剂匹配性是否合理的重要参数。具有高表面积和孔体积的催化剂更适用于 HDS，因为这类催化剂能更有效地分布孔中的活性金属。如果用这类催化剂处理重质原料，催化剂孔的孔口会被逐渐堵塞，失去孔的作用，导致催化剂失活。

（一）催化剂的孔体积、孔大小的分布和平均孔径对催化剂性能的影响

除了催化剂的化学性质之外，其物理结构也非常重要，它能影响催化剂的加氢和裂化能力，特别是在处理重质原料时，尤其如此[15]。

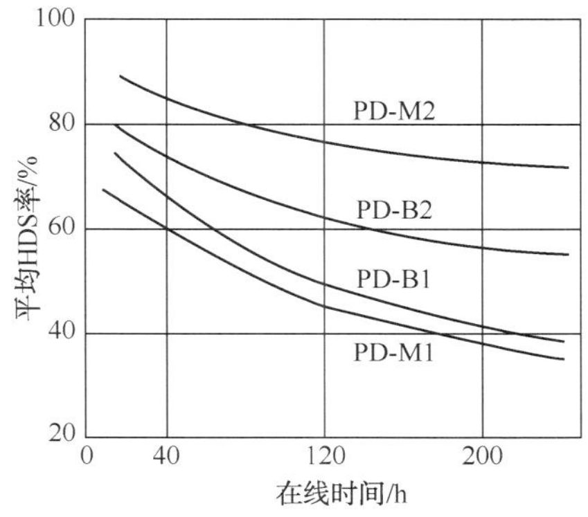

图 3-2　催化剂 HDS 率与在线时间的关系[2]

当处理重质原料时，催化剂的孔体积、孔大小的分布和平均孔径，比催化剂的表面积要重要得多。表面积小和孔体积大的催化剂，由于活性中心浓度低，其活性也低。这类催化剂的特点是：不容易堵塞；金属储存能力高；有比较高的抗失活能力；更适合 HDM 和 HDAs（加氢脱沥青）。

催化剂活性同催化剂表观性质之间的关系比较复杂。图 3-2 为催化剂在线时间与催化剂 HDS 率之间的关系，表 3-1 为绘制图 3-2 所用的催化

剂的性质。从这些图表可以看出，催化剂性质对 HDS 率的影响是比较大的。图 3-2 是采用滴流床反应器，操作条件为 713K 和 12MPa 条件下，处理金属含量约为 120μg/g 的 Kuwait VR 得到的。PD-M2 催化剂的活性最高，中孔隙度、表面积和孔体积的组合是最佳的，能使催化剂性能达到比较高的水平。这说明，如果处理的原料不是重质原料，显示不出大孔径催化剂的优势。

表 3-1 绘制图 3-2 所用的催化剂性质[2]

性质	催化剂类型			
	PD-M1	PD-M2	PD-B1	PD-B2
MoO_3/%(质)	13.2	11.9	11.6	13.2
NiO/%(质)	4.0	2.8	2.5	4.0
比表面积/(m^2/g)	85	228	136	312
孔体积/(mL/g)	0.60	0.53	0.73	0.76
中孔分布/%				
3~10nm	4	35	7	55
10~25nm	11	60.5	34	3
25~50nm	27	1.5	19	3
大孔分布/%				
50~100nm	15	0	6	5
100~300nm	43	0	16	21
>300nm	0	0	18	2

在高温条件下，反应速率远远高于扩散速率，这样在催化剂颗粒内会产生浓度梯度。因此，催化剂孔隙性的选择是非常重要的。当原料被加氢裂化成 LPG 和汽油时，催化剂孔的扩散影响不明显。高表面积(大约 300m^2/g)和低-中孔(孔径为 12D 的结晶酸性组分或者孔径为≥50D 的无定形材料)的催化剂都能使用。如果反应涉及的是高相对分子质量原料，孔扩散的影响比较大，孔径大于 80D 的催化剂才能实现烃的有效转化[15]。

特别是用加氢裂化过程处理重质油时，通过严格控制催化剂孔的大小和孔的几何形状，使其同进料分子大小相匹配，能在一定程度上减缓引起二次裂化。这些催化剂的性质也必须同发挥催化剂功能所处的环境(循环瓦斯的组成和反应器压力)相匹配[16]。

采用一些专用技术或方法，如能够调整分子筛活性和稳定性的后催化剂处理技术，能够确保合成分子筛微孔性能的规律性和一致性。比较大的孔，对于提高扩散路径来说是很重要的，能使反应物比较好地接近活性中心，在还没有产生不希望的二次反应之前就能离开。根据加氢裂化催化剂的发展趋势，可以推断出催化剂的空隙率对产品分布的影响。也就是说，控制催化剂的空隙率，可以影响加氢裂化过程的产品分布。

UOP 认为：利用催化剂中的无定形组分的独特孔结构，能够处理更重的和比较难处理的原料[16]。

任何临氢加工过程催化剂都有一个活性最高的最佳表面积和孔隙度组合。针对不同的原料，采用适合这种原料的催化剂最佳表面积和孔隙度组合，就能充分发挥催化剂效能。图

3-3 为催化剂 TOS（催化剂在线时间）与孔隙度和表面积损失率之间的关系，由于原料（Kuwait AR 和 Boscan）性质不同，影响程度不同。在几种沸点范围不同的瓦斯油 HDS 过程中，得到的结论是，催化剂表面积和孔大小分布的优化组合是决定性的。图 3-4 为催化剂运转时间与催化剂（$CoMo/Al_2O_3$）HDS 活性之间的关系。在这种情况下，如果处理的是 HGO，可以长期维持稳定的催化剂性能，如果处理的是 AR，催化剂就会连续性失活。处理 AR 时发生的催化剂失活是由催化剂积炭和金属沉积引起的。

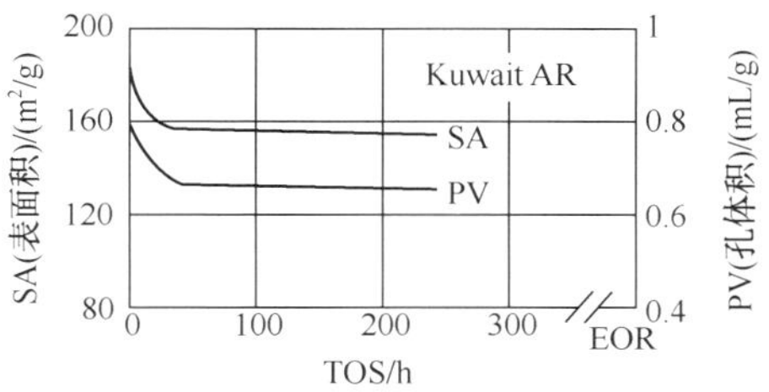

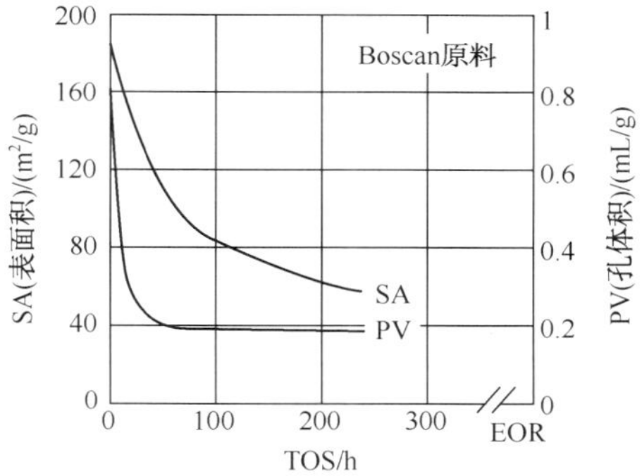

图 3-3 催化剂 TOS（催化剂在线时间）与孔隙度和表面积损失率之间的关系[2]

处理金属含量比较高的原料，特别是那些源自重质原油的原料，需要孔大小和孔体积分布适宜的催化剂。含 V 和含 N 卟啉分子的分子直径，对于微孔催化剂来说太大，大得超过催化剂孔的直径。小孔径催化剂会限制金属颗粒向催化剂孔道内部的扩散速度，多数金属只能沉积在催化剂颗粒外表面。也就是说，催化剂的金属容量随催化剂孔径的加大而增加（见图 3-5），催化剂活性随催化剂孔径的加大而下降。在催化剂孔半径一定条件下，金属容量突然下降，而活性的下降并不突然。

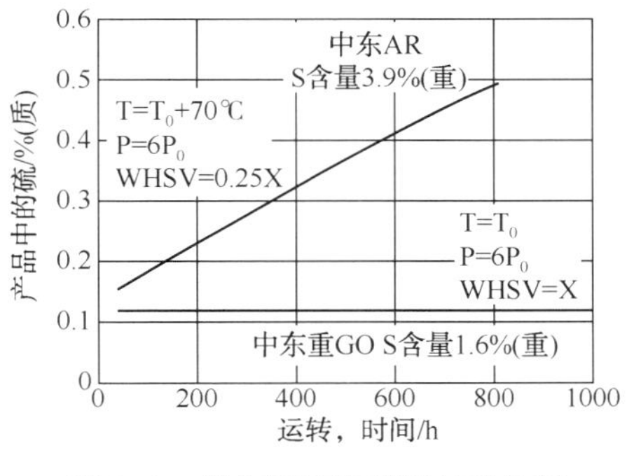

图 3-4 催化剂运转时间与催化剂（$CoMo/Al_2O_3$）HDS 活性之间的关系[2]

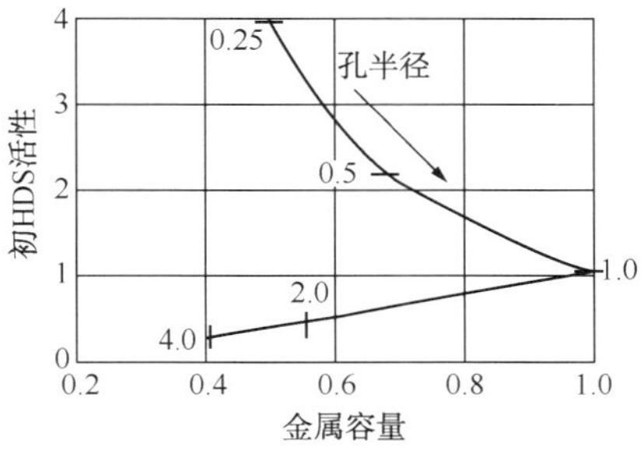

图 3-5 催化剂金属容量与 HDS 活性的关系[2]

（二）催化剂颗粒的大小和形状对催化剂性能的影响

为了提高催化剂利用效率和催化剂对反应器的适应能力，开发了各种形状和大小的催化剂颗粒。图 3-6 为各种催化剂颗粒的典型形状。在固定床反应器条件下，选择颗粒大小和形状经过优化的催化剂，能够降低压降上升速度。图 3-7 为催化剂颗粒形状和相对体积活性，对反应器压降的影响。如果废催化剂采用现场再生，催化剂颗粒形状同催化剂装填方法同样重要。

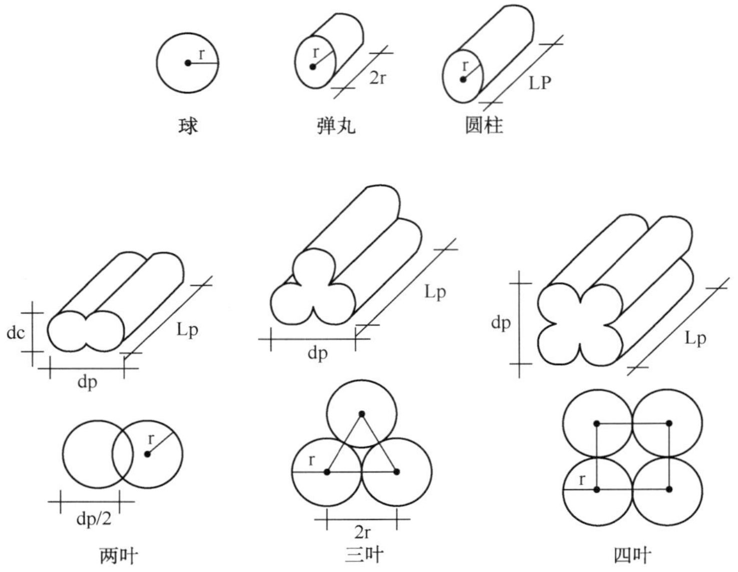

图 3-6　催化剂颗粒的典型形状[2]

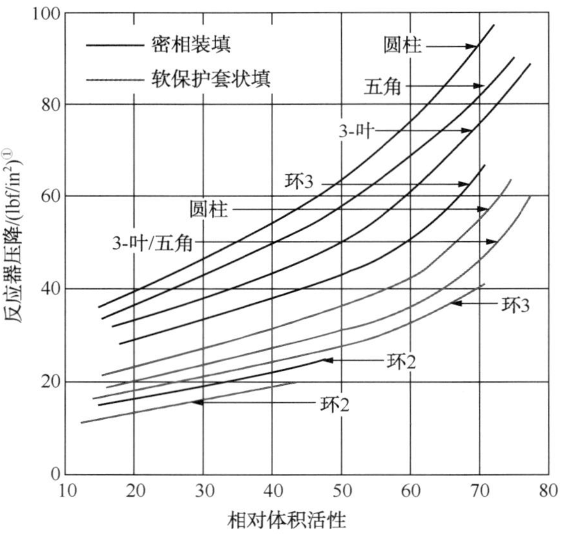

图 3-7　催化剂颗粒形状和相对体积活性对反应器压降的影响[2]

① 11bf/in² = 6. 895kPa，下同

把单位反应器体积的催化剂床层空间和活性优化结合在一起，使其具有合适的压降，能够确保固定床反应器的性能稳定发挥。催化剂的形状和大小能够影响催化剂活性的发挥，其影响程度见表 3-2。在操作固定床反应器时，对其压降有一定限制，不能超过某限定值。其高低除了取决于所处理的原料类型，也取决于催化剂颗粒的大小、形状和强度。

表 3-2　催化剂颗粒形状和大小对催化剂(HDS)活性的影响[2]

形状	大小/mm	V_P/S_P/mm	活性
圆柱	0.83D_o×3.7 长	0.189	9.7
圆柱	1.2D_o×5.0 长	0.268	7.9
圆柱	1.55D_o×5.0 长	0.345	5.7
环	1.62D_o×0.64D_i×4.8 长	0.233	8.7
椭圆	1.9D_o×1.0D_i×5.0 长	0.262	8.4
3-叶	1.0D_o×5.0 长	0.295	8.2
压碎	0.25~0.45	0.04	14.0

注：D_o 为外径；D_i 为内径。

如果处理的是轻质原料，可以选择微粒状催化剂，采用密相装填法，使催化剂的单位反应器体积活性最大化。

如果处理的原料中含有比较多的沥青和金属，可以采用小颗粒催化剂，以便把催化剂利用率提高到所期望的水平。对催化剂颗粒进行优化，可以使固定床反应器催化剂床层空间利用率最大化。例如，采用环状和叶状催化剂颗粒(空隙率在 10%~30%)和软管保护套装填法可以实现这个目标。

加氢脱硫催化剂由浸在多孔铝基载体上的金属组成。催化剂的几乎全部表面积都与铝基的孔的大小和结构有关，通常在 200~300m^2/g。金属以薄层形式分散在孔内铝基表面。这类催化剂的一个重要特点是重量轻，表面积巨大[11]。

Co、Mo 和 Ni 是制造脱硫催化剂最常用的金属。Co/Mo 和 Ni/Mo 催化剂是处理各种石油馏分(从石脑油到渣油)最常用的催化剂。

Co/Mo 和 Ni/Mo 催化剂能促进脱金属和脱硫反应。在脱硫率一定条件下，V 金属沉积率是铝基载体孔结构和载体上金属类型的函数。大孔催化剂载体优先脱金属，脱硫率低(见图 3-8)。小孔催化剂载体优先脱硫，脱金属率低。图 3-9 为 Co/Mo 催化剂脱硫率和脱 Ni 率之间的关系。

(三)流化床反应器对催化剂颗粒度的要求

流化床反应器(沸腾床、膨胀床和悬浮床)使用粉状催化剂，对催化剂的粒度都有一定要求。如果加氢裂化过程使用的催化剂颗粒是 0.8mm(1/32in)大小，只利用新鲜原料的进料流速不能使其完全流化，必须通过有足够循环流速的液体产品，才能使催化剂床层流化。

如果把催化剂颗粒作成大小为 50~200μm 的粉状，不用循环液体产品，就能够使催化剂床层膨胀。也就是说，只依靠瓦斯和新鲜原料的速度就能够使粉状催化剂床层处于流化状态。

同采用大颗粒催化剂系统比，采用粉状催化剂系统，除了能节省膨胀床循环泵需要的操作费用之外，还有另外几个特点[11]：

- 催化剂颗粒的平均扩散距离缩短。
- 催化剂外表面上的孔，相对数量更多。

● 催化剂上的外孔孔腔，不容易被 V 金属堵塞。

● 鉴于粉状催化剂有比较短的扩散距离和堵塞的机率比较低，在过程条件(即，压力、温度、反应器体积和催化剂使用)一定情况下，脱硫率更高。

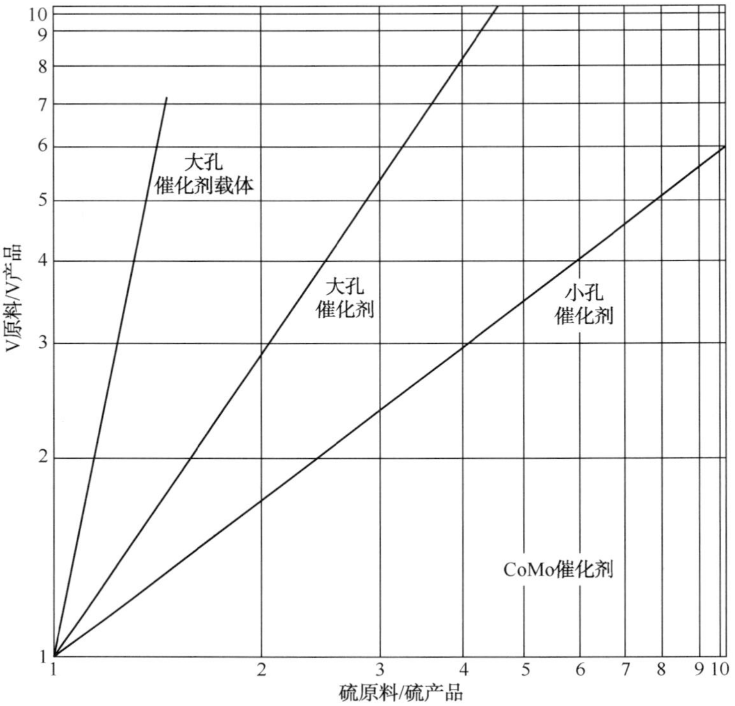

图 3-8　不同催化剂脱硫率和脱 V 率之间的关系[11]

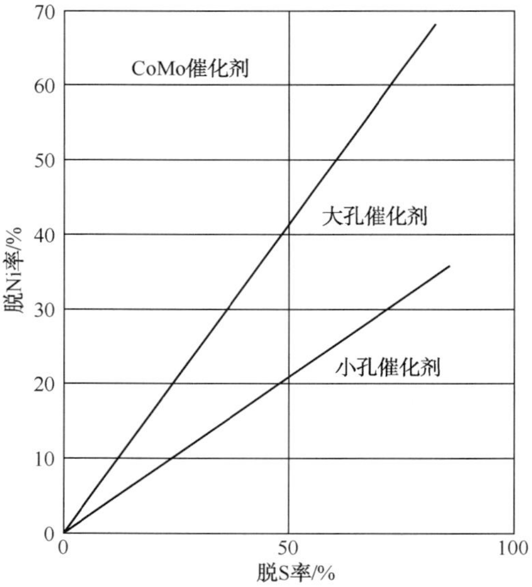

图 3-9　Co/Mo 催化剂脱 S 率和脱 Ni 率之间的关系[11]

采用细粉状催化剂的不足之处是对反应器尺寸、配置和新鲜原料进料率有限制。催化剂粒度在 1/32 英寸和粉状之间的中等粒度的催化剂，目前正处于研究阶段。

(四)催化剂颗粒机械性质的影响

如果催化剂没有足够的机械强度，反应器床层中的催化剂就不能充分发挥所期望的催化性能。在固定床反应器中，由于液体流的摩擦和冲击，会形成细粉状催化剂颗粒，如此不仅会消耗催化剂，还会影响反应器中的液体和气体的流动模式，导致催化剂床层压降升高。如果催化剂床层产生偏流和沟流，会降低反应效率，最终导致操作无法进行。尽管这个问题不是由催化剂失活引起的，但是同催化剂机械强度不够和容易细粉化有关。

如果过程采用的是催化剂颗粒连续移动的沸腾床反应器，强度不够的催化剂颗粒间的摩擦和破碎，造成的催化剂消耗要比固定床反应器多得多。

为了提高沸腾床催化剂活性相的利用率，催化剂颗粒的典型直径为 1mm 或更小。催化剂颗粒如果没有足够的强度，颗粒破损和细粉化是不可避免的。在沸腾床反应器中，催化剂和物料需要充分的混合，需要定时补加新鲜催化剂颗粒，同时需要排出废催化剂。一部分活性并不低的细粉催化剂会随物料排出，而没有被完全利用。

沸腾床反应器废催化剂性质见表 3-3。以这些数据为基础，估算出轻度污染的催化剂约占混合物的 30%(质)。这些催化剂，可以采用筛选机，通过糙度技术，从混合物中分离出来。尤为重要是颗粒度分布，对于新鲜催化剂来说，主要由 3.0~6.0mm 颗粒组成。对于重度污染的催化剂来说，大约 70%以上被破碎成小于 3.0mm 的颗粒。在这些轻度和重度污染催化剂之间，其表面积、孔体积和侧压强度有明显差别。细粉状颗粒能够随液流一起被带出反应器。这表明，每单位催化剂载荷会损失一些活性。轻度污染的催化剂颗粒过早地被排出是造成催化剂活性损失的另一个原因。这些现象是物理的也是化学的，在催化剂失活过程中发生的这些现象在性质上是不同的。然而最终结果是造成催化剂的活性损失，因此在催化剂设计过程中和装置操作过程中应当受到关注。

表 3-3 沸腾床反应器废催化剂的性质[2]

催化剂污染程度	废催化剂混和物	轻度污染	重度污染
V,%(质)	10.6	4.4	13.8
Ni,%(质)	4.0	3.5	5.2
C,%(质)	16.2	15.8	16.3
表面积/(m^2/g)	68	122	55
堆积密度/(kg/L)	1.09	0.97	1.21
侧压强度/(kg/mm)	8.8	0.95	0.54
孔体积/(mL/g)	0.17	0.21	0.11
颗粒度分布/%(质)			
<1.5mm	25.2	14.4	40.0
1.5~3.5mm	42.3	23.5	37.0
3.5~6.0mm	32.5	61.3	23.0
>6.0mm	0	0.8	0

四、加氢裂化过程保护段的保护催化剂和加氢预处理催化剂

随着原料的重质/劣质化，一套加氢裂化之中不会只使用一种催化剂，而是使用由几种催化剂组成的催化剂系统。如果加氢裂化过程处理的是金属、硫和氮含量比较多的劣质原料，为了保护价格比较贵的主催化剂和延长装置运转周期，通常在主催化剂床层或主反应段前面增设保护/预处理催化剂床层或反应器。

（一）加氢裂化保护和预处理反应器中的污染物分布

在质量比较差的加氢裂化原料中，含有大量污染物，如金属、硫和氮等。这些污染物，特别是金属，在操作过程中，对催化剂危害很大，随着装置运转时间的延长，会引起催化剂中毒，造成催化剂永久性失活。

图 3-10 为 HC-PT 反应器中的杂质(或污染物)分布。图 3-10 表明：进料带入或反应过程中生成的污染物在反应器各床层中的分布是不同的：随着催化剂床层离反应器顶部越来越远，催化剂上沉积的污染物越来越少，特别是 Si、Ni、V 和 Fe 等杂质的减少趋势明显；随着催化剂床层反应温度的升高，催化剂表面上的积炭会越来越多。

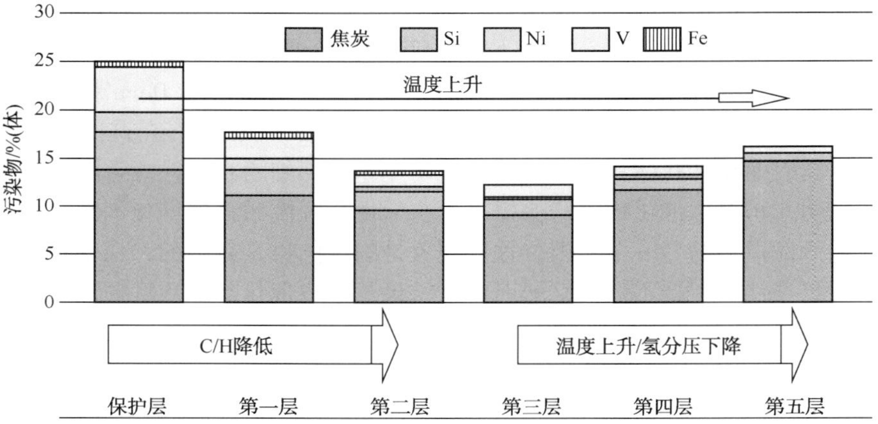

图 3-10　HC-PT 反应器中的杂质(或污染物)分布[27]

加氢裂化过程采用加氢预处理催化剂，是因为这类催化剂要比加氢裂化催化剂便宜得多，并且对温度的变化更稳定。因此，由这类催化剂构成的催化剂床层更适合放热量高的脱硫和脱氮反应。为了使加氢裂化催化剂处理能力和转化能力最大化和尽量减少催化剂体积，优化保护/预处理催化剂和裂化催化剂的配比是非常重要的。对于 MHC 过程来说，保护/预处理催化剂的数量占催化剂总装填量的 40%～60%比较合适。这两类催化剂的比例高低取决于许多因素，其中影响比较大的因素是原料性质和加工过程的目的。同使用单一加氢裂化催化剂比，双催化剂配置能降低装置建设投资、过程操作费用和提高过程操作灵活性，例如，能够处理不同类型的原料和满足不同的产品质量要求[4]。

实践证明，多种催化剂混用，能够优化催化剂性能。同单床层催化剂系统比较，由常规加氢处理和分子筛基催化剂组成的多层结构的加氢裂化反应器，能使加氢裂化装置活性和催化剂稳定性得到明显改善。

把加氢预处理催化剂放在加氢裂化催化剂之前，主要是用于脱有机氮化物，因为氮化物会引起酸性加氢裂化催化剂中毒。先除掉氮化物能最大限度地维持加氢裂化催化剂活性。

(二)加氢裂化过程保护和预处理催化剂

多数加氢裂化催化剂对金属(如 V 和 Ni)都比较敏感，因此，如果 VGO 的金属含量太高，可以采取一些方法降低它的金属含量，工业上比较常用的有两种方法：一是掺炼金属含量低的 VGO 或者馏分油；二是在加氢裂化催化剂之前对原料进行预处理，先脱掉其中的金属。这两种方法，也适用于其他质量指标的调整，如硫、氮和残炭等。

加氢裂化过程保护和预处理催化剂都位于主加氢裂化催化剂的前面，其特点是，活性低，粒径大。图 3-11 为能够处理劣质 VGO 的加氢裂化过程预处理段保护床层和预处理催化剂床层的功能和特点。

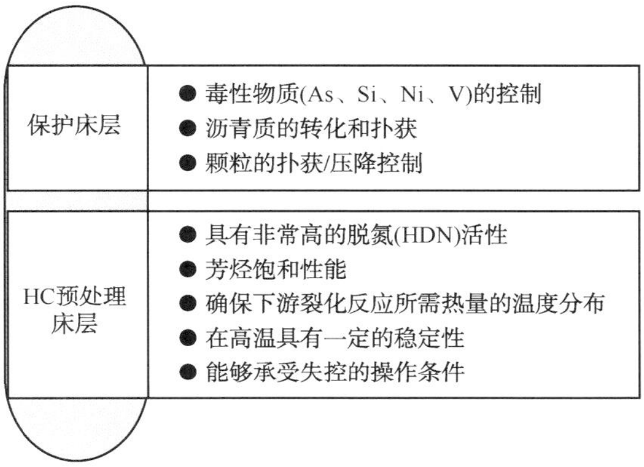

图 3-11　加氢裂化装置中的 CH-PT 催化剂的功能和特点[27]

1. 加氢脱金属催化剂

对保护床层或保护反应器中的保护催化剂，有两个要求[27]：

• 根据原料性质的不同，保护催化剂颗粒应具有一定大小、强度和孔隙度，能扑获或容纳更多的污染物，如 As、Si、Ni、V 和颗粒状物质等，控制压降上升速率，延长主催化剂使用时间。

• 能转化和捕获部分沥青质。在渣油改质过程中使用的，通常是由几种不同催化剂组合在一起的催化剂系统，每种催化剂都有不同的功能和用途。加氢脱金属催化剂主要功能是 HDM，特别是 Ni 和 V。这类催化剂具有经过优化的载体孔结构和活性，能使沉积的金属均匀分布，滞留金属的能力比较高。

如果原料中的金属含量太高，可以配置轮换式保护反应器，保护下游催化剂和延长装置循环周期，例如，Hyvahl 过程，就是在常规脱金属和加氢脱硫反应器之前，配置两个轮换式保护反应器，操作过程中，可以根据情况部分或全部更换保护反应器中的脱金属催化剂[15]。

2. 加氢脱氮/脱硫催化剂

位于加氢脱金属催化剂下游的加氢预处理催化剂有下列功能[27]：

• 保护下游的主催化剂，使其能够达到预期的运转周期和实现操作温度的平衡。

• 脱氮活性高的加氢预处理催化剂，能降低裂化段进料的氮含量，以便维持或提高加氢裂化催化剂的转化能力和对产品的选择性。

• 脱硫活性高的加氢预处理催化剂，除了能够对原料进行脱硫之外，还能降低积炭母体生成量。

- 具有一定的芳烃和烯烃饱能力。
- 加氢处理反应产生的热量，能够确保下游裂化反应所需的热量和反应温度。
- 在高温条件下，有一定的稳定性，有一定的抗操作失控能力。

同加氢脱硫比，加氢脱氮比较难，例如，有的催化剂，当脱硫率为75%～80%时，脱氮率只有25%～30%[15]。

渣油脱硫要比馏分油(包括VGO)脱硫困难得多，原因是其中含有更多的不纯物，而且相对分子质量大而复杂。渣油脱硫过程中，最难的是沥青质脱硫，沥青质很容易形成焦炭。实际操作过程中，应当尽量避免这些大分子的缩合反应，通过选用合适的催化剂，使用足够高的氢分压和确保富氢瓦斯同油分子密切接触能部分达到这个目的。

在加氢裂化过程预处理段，除了要进行脱金属、脱氮和脱硫之外，还应当把进料中的水分含量降到25μg/g以下，因为在加氢裂化所需要的温度条件下，进料中的蒸汽会导致催化剂晶体结构倒塌和散开的稀土原子结块。让进料先通过硅胶或分子筛干燥器，能够脱掉其中的水分。也有例外，有的加氢裂化过程，如Unicraching和GOFining过程，能够容忍原料中含有400～500μg/g的水分，只需要脱掉进料中的自由水就可以了[12]。

五、加氢裂化催化剂

加氢裂化催化剂的优化设计方法同加氢预处理催化剂类似。同加氢预处理催化剂比，加氢裂化催化剂有更多的裂化活性中心。这些裂化活性中心能选择性地降低进料的相对分子质量，把比较重的馏分转化成比较轻的目的产品。在催化剂准备过程中，为了能够得到满足或超过规格标准的低硫、低氮和低芳烃产品，加氢裂化催化剂必须有适当的或经过平衡的裂化活性中心和加氢活性中心密度。

加氢裂化催化剂性能，对于加氢裂化过程的重要性是不言而喻的。一种好的加氢裂化催化剂应满足下列要求[7,10,14,22,23]：

- 对于特定的原料具有合适的初活性或反应性(运转开始时得到目的产品所需的温度)。
- 对于目的产品具有较好的选择性(生产目的产品的能力)。
- 在预期的运转周期中，具有较强的稳定性(维持转化率所需的温升速率)。
- 能维持稳定的产品质量(度量生产目的产品能力所使用的规格，如倾点、烟点、硫含量或十六烷值等)。
- 具有较高的机械强度：包括催化剂在运输、装填和使用过程中的机械强度。
- 具有良好的流体分配和传质、传热性能。

对于加氢裂化过程来说，在目前原料质量越来越差和市场对产品要求越来越高的情况下，首先应当认识到：有许多方法或措施可以帮助我们适应这些变化，但是其中最关键和首选技术还是开发新一代催化剂或者选择更合适的催化剂，应特别注重的四个方面是：催化剂的活性、选择性、对原料的适应性(抗毒能力)和对市场要求的应变能力(改变产品分布)[27]。

多数加氢裂化催化剂是由硅-铝酸性载体和少量稀土金属组成。加氢裂化催化剂能为加氢裂化过程提供两种功能，即裂化功能和加氢功能。酸性硅-铝载体由无定形氧化物或者结晶分子筛或者它们的混合物组成，是酸性的，其表面有能够促进裂化的活性中心，提供裂化功能。

载体-稀土金属构成加氢活性中心，能使催化裂化、脱杂原子和降低积炭速率的活性更高，也能通过脱氢生成活性烯烃中间体，再进一步裂化。

加氢裂化催化剂的作用，在酸性中心和加氢活性中心之间的快速分子转移是重要的，这样可以避免不希望有的二次反应。在裂化(酸性)活性中心附近，有加氢活性中心能使分子转移快速进行[10]。

加氢裂化催化剂的活性和选择性取决于催化剂的组成(如裂化活性中心和加氢活性中心的比例)和制造(或结晶)方法。而加氢裂化催化剂的裂化功能和加氢功能之间的比例是可以通过一些方法调整的。也就是说，调整催化剂的裂化功能和加氢功能就能改变催化剂的活性和选择性。

加氢裂化催化剂中最常使用的金属是贵金属(钯、铂)或非贵金属(也称“碱金属”)硫化物。这些金属属于ⅥA族(钼、钨)和ⅧA族(钴、镍)。采用哪些稀土金属，加入多少，如何加，取决于加氢裂化过程的要求和催化剂制造商。

加氢裂化催化剂中的硫化钯和Ⅵ族硫化物(镍-钼或镍-钨)都能提供加氢功能。这些活性组分能够促进原料中的芳烃和裂化过程中产生的烯烃的饱和。这些组分还可以保护催化剂免于由积炭引起的中毒。分子筛，Y型八面沸石，是同氢气进行离子交换取代钠制造的，在催化剂中的含量在20%~50%[15]。在脱蜡催化剂中可能含有五硅环沸石(ZSM-5)。

白土可用作催化剂，多用于处理重质原料，也有人尝试用于重质原油的脱金属和改质。反应机理研究结果表明，这类催化剂具有一定的脱金属活性，它能转化原油中的最重物质。

六、缓和加氢裂化催化剂

缓和加氢裂化过程是近些年来发展最快的加氢裂化过程。早期的MHC过程都是用旧的或闲置的加氢处理或加氢脱硫装置改造而成，只是改变一下操作条件，催化剂还是原来的催化剂，因此效果并不是最好的。实际上，同常规加氢裂化过程一样，催化剂的选择/优化对MHC来说同样重要，特别是对产品分布的影响非常明显。催化剂的变化对MHC过程的好处主要表现在下列几方面[4,15]：

- 在操作温度不变条件下，改变缓和加氢裂化过程催化剂，可以使它的选择性从65%提高到90%(体)。
- 能多产中馏分油和用作FCC、润滑油基础油和蒸汽裂解料的优质尾油。
- 采用灵活性催化剂，可以根据市场和季节变化，调节操作条件，就可以改变产品分布，多产石脑油或多产中馏分油。

VGO MHC最常用的催化剂是以氧化铝、硅酸铝和分子筛为载体的Ni、Mo、W氧化物。虽然铂和钯是两种比较好用的MHC催化剂的贵金属组分，但是它们对某些不纯物(硫、氮、氧和金属)含量高的原料敏感，能引起贵金属催化剂中毒。有的MHC过程也使用NiW/SiO_2-Al_2O_3催化剂。使用分子筛基Ni-W催化剂能够改善MHC过程加氢脱芳烃能力。同其他催化剂比，Ni-W催化剂有比较好的加氢脱芳烃活性，并且MHC催化剂中含分子筛能明显降低操作温度。

有研究人员，以沸点超过538℃的重质原料，筛选高转化率和沉积物少的MHC催化剂时，发现：含碱性氧化物(碱金属和碱土金属)的氧化铝催化剂不仅能提高重质油转化率，而且同氧化铝基催化剂上的沉积物数量是一样的。

经过对以分子筛为基础的多床层催化剂反应系统和以铝为基础的单床层催化剂反应系统比较，得到的结论是：同单床层铝基催化剂比，多床层催化剂系统（铝基加氢裂化催化剂，位于分子筛基 MHC 催化剂的上面）显示出高得多的表观活化能和低得多的表观反应级数。通过选择恰当的分子筛底层催化剂，多床层催化剂系统即可以多产石脑油，又可以多产中馏分油；经优化的分子筛基多层催化剂系统和操作条件，在产品选择性和质量稳定条件下，转化率能达到70%。

实际上，工业 MHC 装置多采用单段过程，而不大采用两段或多段过程。同两段过程比，单段过程可以节省段间分离所需要的投资。进一步讲，在单段过程中，可以在 MHC 催化剂中使用非贵金属活性组分，这种催化剂要比贵金属催化剂便宜得多。

由于 MHC 的操作压力比常规加氢裂化过程低得多，加氢脱芳烃程度低。例如，用 MHC 过程处理劣质原料（FCC LCO）生产优质柴油或者生产 FCC 原料进时，需要更强的加氢脱芳烃能力，因为柴油十六烷值和煤油烟点都取决于产品的芳烃饱和度。

从热力学角度看，高压和低温更有利于芳环饱和成环烷烃。特别是从反应动力学的观点看，有环烷取代的单环芳烃的饱和反应几乎不会在缓和压力条件下发生。因此，在 MHC 过程条件下，采用比较特殊的能够提高加氢饱和能力的催化剂，才能克服芳烃加氢饱和热力学和反应动力学方面的不足。有些装置使用分子筛基 Ni-W 催化剂，就是为了提高过程的加氢芳烃饱和能力。

缓和加氢裂化过程同常规加氢裂化过程的另一个区别是，原料中的污染物对缓和加氢裂化过程中的化学反应有比较强的抑制作用。

由于多数 MHC 装置是由 VGO HDS 装置改造而成，虽然通过提高操作温度，可以提高催化剂的裂化活性，但是提高反应温度会产生更多焦炭，加快催化剂减活速度。催化剂的减活速度加快会影响 VGO 转化率和催化剂寿命之间的平衡。工业上，解决/缓解这个问题有几个方法：优化工艺条件；采用高稳定性单催化剂，或者采用包括较高活性催化剂在内的多段催化剂系统；选用更合适的以分子筛或无定型硅/铝基材料为基础的 MHC 过程专用的催化剂系统。

七、加氢精制催化剂

加氢裂化过程用的产品后处理加氢精制催化剂，有时采用贵金属催化剂。这类加入铂或者铂和钯的催化剂，也用在深度加氢脱硫过程的后段。这类催化剂在单环芳烃加氢方面具有优良的性能，而且随着炼油厂寻求用加氢裂化处理更多重质原料，使这类催化剂近年来变得越来越重要。

钴-钼、镍-钼和贵金属催化剂都可以用于深度脱硫和烃饱和，可以用来生产硫含量为50μg/g 或更低的 ULSD[15]。

八、择形裂化和择形异构脱蜡催化剂

加氢裂化过程的另两个重要工业应用是：用择形裂化技术生产低倾点中馏分油和润滑油基础油料；用择形异构脱蜡技术生产高 VI 润滑油基础油料。

用加氢裂化技术生产低凝点柴油和润滑油基础油的一个好处是对原料油质量的依赖程度比较低。即使采用环烷基或芳香基原料，只要条件合适，也能通过加氢裂化过程生产出优质低凝点柴油和高 VI 润滑油基础油。

有些物料虽然从馏程看属于中馏分油或润滑油馏分，比如常规加氢裂化过程生产的中馏分油或润滑油馏分，但是由于它们 n-烷烃含量高，低温流动性和黏温性差，不能直接调入产品中，还必须经过脱蜡或异构化过程进一步处理，才能达到成品油的规格要求[2]。

改善中馏分油和润滑油低温性能和黏温性能是石油炼制业的重要任务之一。特别是在常规润滑油制造过程中，蜡(n-烷烃)是用物理方法，如溶剂脱蜡，从原料中分离出来，费时，费力，操作费用高，目的产品收率低，副产品数量大、价值低。

择形裂化和择形异构脱蜡过程能在氢气和催化剂存在下，把 n-烷烃或者 n-烷烃含量高的原料(如加氢裂化馏分油、各种高蜡油、含油蜡、微晶蜡或 Fischer-Tropsch 蜡等)，选择性地裂化或异构化成倾点低或黏温性能好的烃[29]。

择形裂化和择形异构脱蜡过程能把大分子 n-烷烃转化成高价值产品，主要依赖的是过程使用的，有正构烷烃裂化和异构化功能的催化剂或催化剂系统。

(一)择形裂化催化剂

工业上使用的择形裂化催化剂有两类：非贵金属催化剂和贵金属催化剂。其中，常用的沸石包括：丝光沸石、ZSM 中孔沸石及 SSZ 或 Beta 沸石。丝光沸石选择性差，工业应用不多。ZSM-5 合成沸石被广泛地用于柴油和润滑油脱蜡是由于它不仅稳定性好，而且它的孔道直径对高凝点直链烷烃有比较好的选择性和抗积炭能力。

选择性加氢裂化过程能把柴油中的长链石蜡烃裂化成小分子石蜡烃，虽然能达到降低倾点的目的，但是会降低目的产品收率[10]。

ZSM-5 择形裂化催化剂是通过合成沸石+黏结剂混合挤条→干燥→焙烧→载体→负载活性金属→干燥→焙烧等几个步骤合成的。如果在这些步骤中引进专有技术，可对催化剂进行改性，使其具有特异性能。表 3-4 为一些择形裂化催化剂的组成和特点。

表 3-4　一些择形裂化催化剂的组成和特点

公司或机构	催化剂名称	催化剂组成	特　点
Mobil	MLDW-1	Ni-(ZSM-5)-Al_2O_3	1981 年澳大利亚 Adelaide 工业应用；需要频繁地用高温氢气恢复活性；运转周期低到 2 周以下时，必须用氧/空气再生
	MLDW-2	Ni-(ZSM-5)-SiO_2	1992 年 USA Paulsboro 工业应用；经过改性的 ZSM-5 扩散性和抗毒性提高，运转周期提高 3 倍，再生和装置停工次数减少
	MLDW-3	硅改 H-(ZSM-5)-Al_2O_3	1993 年用于澳大利亚 Adelaide；活性和抗氧化性提高，运转周期再提高 1 倍；在 USA Paulsboro 使用了 1000 天，还不用再生
	MLDW-4	硅改性 H-(ZSM-5)-SiO_2	1996 年用于澳大利亚 Adelaide 和法国 Gravenchen；两次活化之间的时间超过 1 年

续表

公司或机构	催化剂名称	催化剂组成	特　点
ERIPP	FDW-1	含 NiO1.5%~2.0%	1988 年在齐鲁石化公司工业化；用于生产低凝点柴油和润滑油基础油
	FDW-3	含 NiO1.5%~2.0%	2005 年用于齐鲁石化公司；活性提高；用在单段过程；生产低凝点柴油和润滑油基础油
RIPP	RDW-1	含 NiO1.2%~1.6%	1995 年在克拉玛依石化公司，用于生产润滑油基础油
南京炼油厂	NDZ-1	含 NiO1.0%~1.5%	1986 年用于齐鲁石化公司，生产低凝点柴油

（二）择形异构脱蜡催化剂

在择形异构脱蜡过程中，原料首先通过装有异构化催化剂的第一反应器，原料中的 *n*-烷烃发生异构化反应，反应器流出物倾点降低。该段使用的催化剂由酸性组分和加氢组分组成。酸性组分由中等孔径的 SAPO（硅-铝磷酸盐）分子筛组成。加氢组分由金属铂或者/和钯组成，应用比较多的金属组分是铂。经过煅烧的中等孔径（0.53~65nm）分子筛之所以应用比较多，主要是它的效率比较高，中等孔径的分子筛通常只允许阻力比较小的有动态直径（0.53~0.6nm）的分子进入。虽然也可以使用 SAPO-31 和 SAPO-41，但应用不多。

第一反应器流出物进第二反应器，第二反应器装的是由硅铝分子筛和铂或/和钯金属组成的催化剂。ZSM-5、ZSM-11、ZSM-12 和 ZSM-23 分子筛的孔径大小只允许直链 *n*-烷烃通过，而不允许单一支链和有少量支链的 *n*-烷烃通过，拒绝有高度分支的烃，如环烷烃和芳烃。在该反应器或催化剂床层中，含蜡烷烃通过缓和加氢裂化反应，得到无蜡产品[29]。

择形异构化过程采用两种催化剂，也是双功能催化剂，主要由两部分组成：分子筛载体和金属。载体是中等酸性、有异构化功能和中等孔径的铝硅分子筛（脱蜡催化剂）和硅-铝-磷酸盐分子筛（异构化催化剂），金属多采用贵金属。这两种催化剂可以分层装在同一个反应器中使用，也可以分开装在两个反应器中。如果两种催化剂放在同一个反应器中，那么异构化催化剂应放在脱蜡催化剂的上面。由脱蜡反应器出来的反应流出物送加氢精制装置，进一步提高润滑油的稳定性。用于加氢精制的催化剂是常规 CoMo 或贵金属（如铂或钯）/铝基催化剂。

分子筛是一种比较理想的择形催化剂组分，它能选择性地把长链石蜡烃异构化成支链烃，能把产品收率和十六烷值损失降到最低。两段（脱硫+异构化）选择性异构化过程使用含贵金属的催化剂，投资比较高[10]。

应用比较广泛的载体是有特定孔径和走向的择形分子筛，该分子筛具有 10 元环和 12 元环的椭圆形直通道。从一些公布的数据看出[9]：

- 丝光沸石有异构活性，裂化活性强。
- ZSM-5 酸性次之，除了有椭圆形直通道之外，还有尺寸接近的 Z 形通道，不利于正构烷烃的扩散和裂解。
- β 沸石酸性比较强，有 12 元环通道，有一定的异构化能力。
- SAPO-11（由 Si、P、Al 组成）和 ZSM-22 酸性弱，有椭圆形直通道，对多支链异构体有明显限制，是比较好的长链正构烷烃异构化分子筛。

以往的择形异构化催化剂的金属组分基本上都是贵金属，近年来，为了降低成本，有些公司或机构，如 Mobil，开始研发用于生产低凝点柴油的加氢处理-择形异构化一段串联流程的非贵金属催化剂。

实际上，柴油异构化和润滑油异构化的机理是一样的，所用的催化剂没有本质区别，可以通用。表 3-5 为一些工业择形异构化催化剂的特点和应用。

表 3-5　择形异构化催化剂的特点和应用

公司或机构	催化剂名称	催化剂组成特点	应用
Chevron-Mobil	MSDW-1	中孔，强金属性能，选择性超过 ZSM-5	1997 年工业应用，处理加氢裂化馏分油，生产低凝点高 VI 润滑油，采用原料预处理技术，可以处理减压蜡油
	MSDW-2	第二代择形异构化催化剂，酸性和活性经过优化，选择性优于 MSDW-1，产品收率和 VI 更高	用于润滑油馏分择形异构脱蜡
	MWI-1	Pt/β 沸石+Pt/ZSM-23	蜡膏异构化
	MWI-2		纯净蜡膏加氢异构化
	MIDW	ZSM-5 的改进型	用于多产低凝点柴油
	MIDW-2	第二代柴油择形异构化催化剂	用于生产低凝点柴油
Chevron	ICR 418	第三代择形异构化催化剂	用于多产高 VI 润滑油
	ICR 422	经过改进的第三代择形异构化催化剂，活性比较高	用于多产高 VI 润滑油
	ICR 424	经过改进的第三代择形异构化催化剂，活性非常高	用于多产高 VI 润滑油
Shell		Ni-W/F-A_2O_3	用于蜡择形异构化
FRIPP	FIW-1	Ⅷ族贵金属/Si-Al 分子筛 LKZ	石蜡或润滑油馏分择形异构化，用于生产高 VI 基础油和白油

表 3-6 为 Mobil 公司加氢处理-择形异构化(HT-MIDW)过程使用的两种催化剂的组成和性质。表 3-7 为 HT-MIDW 过程操作条件和结果。

表 3-6　HT-MIDW 过程使用的两种催化剂的组成和性质[9]

项　目	HT 催化剂	MIDW 催化剂
组成/%		
β 沸石	—	50
Al_2O_3	100	50
Pt	—	0.6
NiO	20.5	—
MoO_3	5.0	—

续表

项　目	HT 催化剂	MIDW 催化剂
性质		
形状	条	条
堆密度/(g/mL)	0.83	0.54
比表面积/(m^2/g)	160	335
孔容/(mL/g)	0.44	0.75

表 3-7　HT-MIDW 过程操作条件和结果[9]

项　目	试验 A	试验 B	试验 D
HT/MIDW 催化剂(体)	1/2	1/2	1/2
段间气体分离	无	无	有
操作条件			
氢分压/MPa	2.8	2.8	2.8
总体积空速/h^{-1}	0.67	0.67	0.57
温度/℃	389	355	351
HT	396	401	397
MIDW	393	386	382
氢耗/(Nm^3/kL)	56.7	17.8	12.5
产品(166℃$^+$)			
收率/%	96	97	95
20℃密度/(g/cm^3)	0.8612	0.8667	0.8667
倾点/℃	-7	-7	-70
硫/(μg/g)	100	400	100
氮/(μg/g)	80	100	70

择形异构化过程采用的后精制催化剂通常是一种贵金属(钯、铂)催化剂。其中，钯的活性比较高，抗硫性能比较差；铂抗硫性能高，加氢活性差，需要比较高的加氢温度，产品安定性比较差；铂-钯双金属催化剂兼顾两者的特点，可以缓和操作强度。

九、临氢加工过程催化剂的选择

对于炼油厂来说，如果具备下列几个条件，就可以选择加氢裂化过程：

- 有充足的、可供处理的原料，如劣质馏分油(LCO、CGO、DAO)、VGO、AR 和 VR。
- 产品有持续增长的需求，如 ULSG、ULSD、优质 FCC 原料、高 VI 润滑油基础油和蒸汽裂解料。
- 有足够的、价格和纯度合适的氢气。
- 有足够的、可投入的资金。

接下来需要根据原料性质、产品市场容量和产品规格，确定加氢裂化装置的规模、操作模式和段数，如是多产石脑油、中馏分油，还是多产尾油；是单段还是两段；是一次通过，部分循环，还是全循环。最后，是根据上述要求选择适当的催化剂或催化剂系统。

加氢裂化催化剂的筛选，对于具体的加氢裂化装置来说是决定性的。可供选择的工业加氢裂化催化剂种类繁多，选择的主要依据是：原料性质和产品规格。不管怎么说，一套成功的加氢裂化装置，必须配备一套合适的催化剂系统。

一种好的或者是适用的加氢裂化催化剂，必须有与原料性质、产品分布和产品质量目标相匹配的裂化功能和加氢功能，以便优化催化剂的活性和选择性。衡量加氢裂化催化剂性能有四个标准[10]：

- 初活性：运转开始时，得到目的产品所需要的温度。
- 稳定性：最小转化率时，所需要的温度增加速率。
- 产品选择性：表示催化剂达到所需产品分布的能力。
- 产品质量：表示过程生产的产品达到规格(如硫和氮含量、倾点、烟点、十六烷值、VI 和 BMCI 等)要求的能力。

加氢裂化过程使用的催化剂或催化剂系统，几乎都是专利技术，互相之间在性能和价格上差别很大，在优化/选择过程中，必须掌握下列几个原则：

- 对原料性质(如，金属、硫、氮、胶质、沥青含量)有比较清楚地了解，是选择催化剂的基础，因为这些数据涉及所需催化剂的活性和抗中毒、抗污染能力，直接关系到产品的质量和装置的运转周期。
- 能处理更多类型的进料，特别是比较重的或质量比较差的原料，以便提高装置的经济性。
- 如果原料的金属含量和残碳值高，宜选用流化床加氢裂化过程，该过程使用粉末状催化剂；也可以选多段固定床加氢裂化过程，前段是原料预处理段，应选用大直径、大孔径、金属容量大、抗污染能力强和加氢活性高的催化剂。
- 产品方案(如，是多产石脑油，中馏分油，还是尾油)，也是选择催化剂的基础条件之一，这涉及催化剂的选择性和灵活性。
- 如果处理的原料比较轻和干净，以多产石脑油为目的，宜选用活性比较高的分子筛为主要成分的催化剂。
- 如果处理的原料质量适中，以多产中馏分油目的，宜选用加氢活性比较强，裂化活性适中，可以选择无定形硅/铝和分子筛混合型催化剂。
- 如果处理的是柴油或重柴油馏分，以生产低凝点柴油为目的，宜选用择形异构脱蜡催化剂。
- 如果处理的是 HVGO、VGO 或 DAO，以生产高 VI 润滑油和裂解料为目的，宜采用加氢裂化-择形裂化或择形异构脱蜡过程和相应的催化剂。
- 如果处理的是比较干净的 VGO，希望能按季节或市场变化，或多产石脑油，或多产中馏分油，宜选用无定形硅铝载体和结晶型载体按一定比例搭配的灵活性催化剂，这类催化剂可以通过改变反应温度和尾油循环方式，灵活地调节产品分布。
- 产品后处理用的精制型催化剂，多含有贵金属，价格贵，易中毒，对硫敏感，只在产品有特殊要求(低氮、低芳烃)时选用。
- 如果对产品没有特殊要求，应尽量选价格便宜的非贵金属催化剂，这类催化剂使用前必须先预硫化，反应系统要维持一定硫化氢分压，以免活性金属还原。

● 如果主要产品是尾油，宜选用中压或缓和加氢裂化过程，该过程使用的催化剂，不要求有太高的裂化活性。

● 如果选用世界著名的加氢裂化过程成套专利技术或专门的加氢裂化催化剂制造厂商生产的催化剂或催化剂系统，你只要按它们的要求提供一些基础数据(如，原料性质、产品方案、产品质量标准、装置处理能力和投资规模等)，他们就会提供包括催化剂选择在内的成套技术方案。

● 无定形硅铝载体酸性弱、酸性中心数目少，孔径大，不易产生过度裂解和二次裂解，更适合多产中馏分油。

● 结晶型载体酸性中心数目多，孔径小，裂解活性高，更适于生产比较轻的产品，如石脑油。

● 如果你是炼油厂一方，不管是谁来帮你选择催化剂，你必须具备相应的专业知识，例如，原料性质、产品分布、产品质量与催化剂的关系，以及某些著名催化剂品牌的生产厂家、价格和特点。

十、对新一代催化剂的要求和开发策略

根据加氢裂化过程的发展趋势和数十年的操作经验，对新一代催化剂的研发和设计提出下列要求[6,15]：

● 应当有好的综合性能，例如，活性更高和稳定性更好，使用这类催化剂：可以采用比较缓和的操作条件；有利于延长催化剂的运转周期；能提高装置加工能力；处理更多的劣质原料。

● 对产品要有一定的选择性：有利于生产更多的目的产品和提高产品性质，例如，能根据目标提高产品十六烷值，改善产品冷流动性和提高VI。

● 优化氢气利用：能够在烃分子结构的需要部位，选择性地加氢，改善产品质量。

● 能够控制反应路径/反应步骤的顺序和发挥分子转移反应的特点：能在主要产品生成之后，停止二次裂化反应，能够处理重质/劣质油。

● 开发更有效的无机氧化物(如作为载体的无定形氧化铝、氧化硅-氧化铝或结晶氧化硅-氧化铝)，为一些专用催化剂匹配相适应的裂化活性。

● 优化催化剂贵金属载入量和改进能使金属高度分散的浸渍方法。

● 提高抗积炭和抗中毒能力，降低失活速率，维持或延长使用寿命。

● 改进结构和强度，减少新鲜催化剂用量和需要再生的废催化剂量。

● 如果是流化床用的细粉状催化剂，应当更关注它们的加氢裂化活性、脱硫活性、机械强度和失活速率。

有几十年开发加氢裂化催化剂经历的CLG(Chevron Lummus Golabl)，在开发加氢裂化催化剂过程中，总结出如下几条策略：

● 集成从催化剂用户得到的催化剂运行过程中的问题。

● 选择更合适的催化剂制备材料和优化催化剂配方、合成步骤和制备工艺，降低催化剂成本。

● 注重提高催化剂选择性，生产更多高附加值产品。

● 注重提高催化剂的活性和抗中毒(特别是抗氮)能力，使其能在比较长的运转周期中，处理更多劣质原料。

● 增强催化剂的表征能力，例如改进或优化催化剂物理特性(形状、粒度、孔径分布、比表面积和机械强度等)，提高催化剂的稳定性(如金属容量，耐热、耐压和耐磨等特性)。

● 改进/提高催化剂制造/筛选设施的效率。

第二节　临氢加工过程催化剂的制备

影响加氢裂化催化剂性能的因素有许多，其中最重要的是：催化剂配方，既活性组分的选择和比例，它决定催化剂的催化活性和选择性；催化剂制造工艺，决定催化剂的微结构、形状和强度，影响催化剂活性和选择性的发挥。

尽管业内人士都知道催化剂配方、制备程序同催化剂使用性能之间有密切关系，但是由于催化剂或催化剂系统的复杂性，它们之间如何关联和关联程度，还依然有许多不太清楚的地方。

加氢裂化催化剂制造技术各种各样，核心技术通常是商业秘密。有一条是所有催化剂制造商都在追求的，既用最小的制造成本，使催化剂的性能最强。同其他临氢催化剂的制造过程类似，典型的加氢裂化催化剂制备方法主要包括：沉淀、过滤(倾析、离心过滤)、洗涤、干燥、成型、煅烧和浸渍等几个步骤[10]。

除了上述几个步骤之外，有时会根据需要，另外增加或省略一些步骤，如揉捏或破碎、研磨和筛分等。当金属组分母体同载体一起沉淀或组合破碎时，可以省略浸渍步骤。下面描述的是加氢裂化催化剂制备过程中的几个常规步骤。

一、催化剂的沉淀

催化剂材料经溶解或悬浮混合，会产生沉淀，沉淀可以是结晶形的也可以是无定形的。湿固体料经捏合或破碎后，通常会形成黏结，随后变干。材料经破碎或捏合后，需要热处理，目的是通过热扩散和固态化反应使组分之间的接触更紧密和更均匀。沉淀和破碎常用于催化剂载体的制备，金属组分随后用浸渍方式加上去。

催化剂载体决定催化剂的机械性质，如抗磨损性能、硬度、抗压强度，通常具有比较高的表面积和适当的孔径。沉淀过程和沉淀熟化条件，及随后的干燥、成型和锻烧条件会影响催化剂载体的孔径大小和分布等物理性质。

二、催化剂的成型

催化剂的成型决定催化剂颗粒的形状和大小。催化剂或催化剂载体经过成形之后，通常有几种形状，如球形、圆柱形压条、或其他形式(如三叶或四叶)的压条。球形载体催化剂是用“滴油”法制得的，凭借液体向上浇入第二种不能混溶的液体中后沉淀而成。用图 3-12 所示制造过程可以得到圆珠形催化剂。

通常，由于制作费用上的原因，多数催化剂都做成另外一些形状，而无定形硅铝催化剂多半制成球形。

挤压膏状材料使其通过带孔模具就能得到压条。膏状物中通常含有胶黏剂。类似意大利面条的压条经干燥后，切成短件。典型的压条长径比在 2~4。压条然后还要干燥或锻烧。适合挤压的膏状物含水量是非常重要的，因为它决定催化剂的密度、孔径分布和机械强度。膏状物的含水量应尽量降低，因为含水太多，可能导致压条难以成形。图 3-13 为挤条形催化剂载体的制备方法。

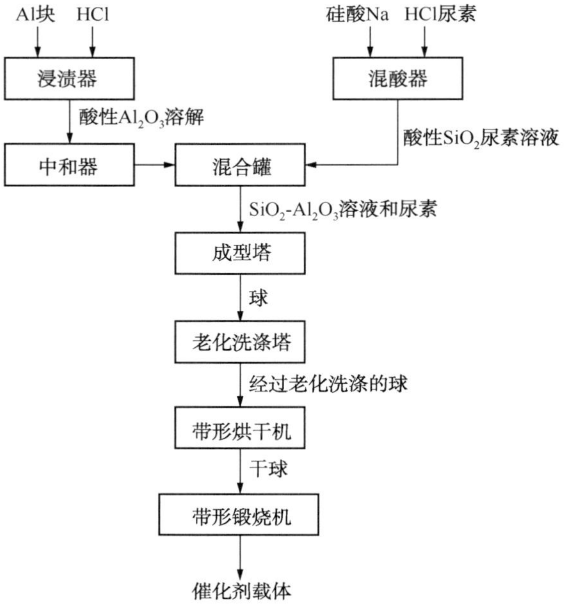

图 3-12　球形催化剂载体的制备过程[10]

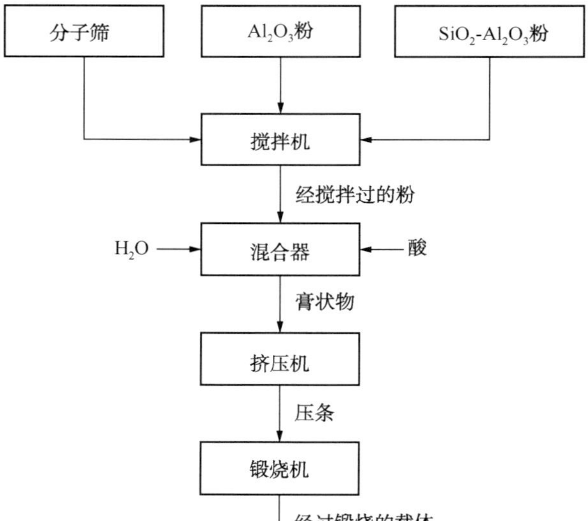

图 3-13　挤条形催化剂载体的制备过程[10]

催化剂压条形状可以改变，最简单的形式是原圆柱形的，工业上也有其他形状的压条，如三叶、扭曲三叶或四叶压条。同简单的圆柱形压条比，横截面为多叶形的催化剂具有更高的表面/体积比。如果用于固定床反应器，这些经过整形的催化剂可以减少扩散阻力，使催化剂床层更有通透性，这可以降低催化剂床层压降。

三、催化剂的干燥和煅烧

成型的催化剂浸渍前后需要进行热处理。用所有组分(包括金属组分)沉淀或组合研磨方法制得的催化剂，应先成型干燥，再煅烧。催化剂或载体的热处理是为了除掉其中的水分和挥发性物质。干燥和煅烧条件，对产品的物理和催化性质来说非常重要，影响催化剂的表面积、孔径分布、稳定性、耐磨性、抗碎强度和催化活性。

四、催化剂的浸渍

催化剂浸渍的目的是把金属组分加入预先制备好的催化剂载体上。有几种浸渍方法可以用于催化剂的制造：沉浸(浸泡)法；初始湿润法；扩散法浸渍。第一个方法，是比较常用的，煅烧后的载体浸泡在含有金属化合物的过量溶液中。这种溶液会充满载体空隙，并吸附在载体表面。用沥干的方法除掉过量的溶液。用滚落或喷雾活化载体法对初湿润的载体浸渍，活化载体带有一定体积的溶液，溶液中含有适宜浓度的金属组分，等于或稍低于微孔体积。浸渍后的载体需要干燥或煅烧。由于金属氧化物在该过程中生成，煅烧这一步也被称为氧化过程。在扩散浸渍过程中，载体用水或酸性溶液浸透，浸入含金属化合物的水溶液中。金属化合物接着通过水相扩散进入载体微孔中。图3-14为催化剂浸渍过程。

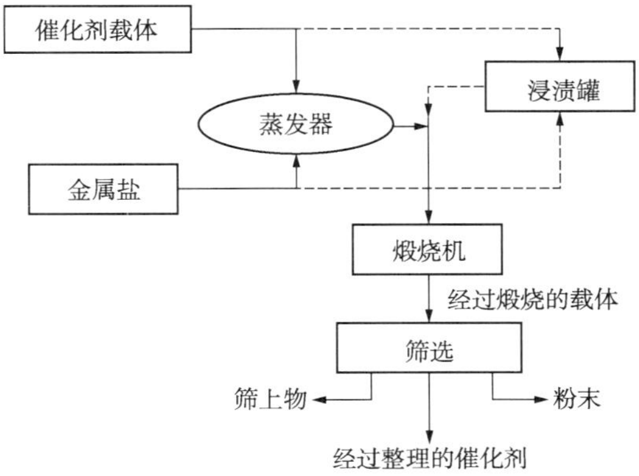

图3-14　催化剂修整(浸渍)过程实例[10]

第三节　加氢裂化催化剂的装填、活化、中毒/失活

加氢裂化催化剂的应用过程，通常分几个阶段：催化剂的装填、活化、中毒/失活、再生/复原和最终成为废催化剂。在这几个阶段中，催化剂的装填和活化直接关系到催化剂的使用效率，中毒/失活速率太快会缩短运转周期，可再生次数和效率影响催化剂的操作成本。

一、加氢裂化催化剂的装填

催化剂装填采用什么方法对加氢裂化过程来说是很重要的，催化剂装填得好与坏，除了影响反应器催化剂床层压降之外，还关系到催化剂性能的发挥。也就是说，采用正确的催化剂装填方法，不仅能延长催化剂运转周期，而且能节省装置操作费用。

目前，工业上比较常用的固定床加氢裂化催化剂装填方法是：软保护套装填，也称短袜式装填；密相装填。

(一)软保护套装填法

软保护套装填法的特点是[2,10]：

- 先把催化剂倾泻到位于反应器顶部的料斗里，然后把料斗中的催化剂颗粒，通过一条软帆布保护套，送入反应器中。
- 同密相装填法装填的催化剂比，由于催化剂颗粒的朝向不理想，使催化剂床层有比较高的空隙度，反应器体积利用率比较低。
- 容易造成液体流动分布不均匀，如偏流和沟流。

软保护套装填法产生上述缺点的原因是：在催化剂装填过程中，有许多催化剂颗粒会在很短的时间内，同时到达催化剂床层装填表面的静止位置，会随机发生一些“架桥”现象，导致在催化剂颗粒之间形成大的空隙。如果有外力施加在“架桥”的催化剂上，“架桥”催化剂颗粒就会倒塌，影响气/液分布，降低催化剂使用效率。实际操作证实，如果催化剂装填速度不是太快，可以减少“架桥”的形成，这对操作是有利的。

(二)密相装填法

催化剂密相装填技术是20世纪70年代中期出现的，目前除了对加氢裂化反应器的压降有限制的装置之外，世界上绝大多数催化剂采用的都是密相装填技术。密相装填的特点是[2,10]：

- 采用专用机械设施。
- 催化剂床层压降比较高。
- 催化剂颗粒按水平朝向均匀而有规律地分布，使物料细流流经反应器，气/液分布均匀。
- 可以提高反应器体积利用率，装填更多的催化剂，使过程反应速率最大化。
- 使用圆柱状催化剂时，其朝向尤其重要，如果朝向是水平方向的，几乎不会发生偏流/沟流现象。
- 催化剂的相对体积活性增加，运转初期温度下降。
- 密相装填法的缺点是运转初期的压降比较高。
- 如果废催化剂再生采用就地再生，会发生更多需要处理的问题。

二、加氢裂化催化剂的活化

商品加氢裂化催化剂在使用前都要进行活化，使其具有催化活性。加氢裂化催化剂活化过程也称催化剂的硫化或预硫化。催化剂的活化可以在催化剂制造厂进行，既异地(或器外)活化，也可以在加氢裂化装置的反应器中进行，既就地活化。

催化剂制造完成后，绝大多数催化剂上的金属是以氧化物的形式存在。贵金属催化剂的活化是通过产品催化剂的氢气还原实现的，其中金属也是以氧化物的形式存在。还原之前需要用空气锻烧，同避免水存在一样，也是为了防止金属烧结。在还原期间形成的水会被清除掉。氢气还原活化贵金属催化剂的温度在300~400℃。

非贵金属(碱金属)催化剂的活化是通过把没有催化剂活性的金属氧化物转化成有活性的金属硫化物实现的。这类活化过程通常在炼油厂就地进行。选择就地活化是为了加快装置启动速度，降低操作费用。

在气相或者液相条件下都可以完成催化剂现场活化。气相活化过程是，通过向系统中注入容易分解出 H_2S 的化学品DMDS(二甲基二硫化物)或DMS(二甲基硫化物)，完成的。用 H_2S 进行催化剂活化，直到几年前还在普遍使用，目前已经很少使用，是因为该方法涉及环境和安全问题。用或不用标准原料都能完成液相活化。用含硫量为几千到两万 μg/g 的瓦斯油也可以完成催化剂的活化。

工业上常用的活化过程是在强化剂(通常是DMDS或DMS)存在条件下的液相活化，同气相或没有强化剂的液相活化过程比，这种方法节省活化时间。液相活化的另一个特点是，所有催化剂颗粒从一开始就被湿润，很少出现沟流现象。

现场活化在温度为230~315℃条件下进行。有些催化剂制造商建议，在操作压力条件下实施活化操作，而另外一些催化剂制造商更希望，在比正常操作压力低的条件下，进行活化。在高活性(含分子筛比较多)催化剂活化过程中，需要注氨，注氨是为了防止催化剂过早失活。

如果催化剂活化是在异地进行，可以把硫化物加载在催化剂上。这种活化方法是在氢气存在条件下，在一定温度下进行。活化过程可以在气相中完成，也可以在液相中完成。异地活化所需要的时间要比现场活化少，但是活化费用比较高。这也是多数炼油厂喜欢现场活化的原因。

异地活化法多种多样，比较典型的方法有：

• FURECAT公司的SULFICAT法：适于各种临氢加工过程催化剂的活化，是工业应用比较多的方法。

• CRI公司的actiCAT法：根据催化剂的金属含量，用硫和烃进行优化活化；可靠性好；持硫性能好；能缓慢放热。

• TRICAT公司的Xpress法：使用膨胀床反应器活化技术；活化过的催化剂再经纯化处理。

• FRIPP法：非贵金属催化剂活化技术；简单易行；催化剂活化度高；硫有效利用率高；放热效应低。

三、加氢裂化催化剂的失活

催化剂活性是衡量催化剂在特定条件下转化进料相对速率的尺度。在实践操作过程中，它指的是得到一个固定转化率所需要的温度。催化剂失活指的是，随着加氢裂化装置运转时间的延长，催化剂把进料转化成目的产品的能力逐渐损失，活性会越来越低。

引起催化剂失活的主要原因是[2,10,11]：

• 中毒：可以转化的催化剂中毒，如不纯物的化学吸附；永久性的催化剂中毒，如金属沉积。

- 积炭：影响因素比较多，如原料性质、操作条件和氢分压。
- 老化：如结构发生变化；加氢组分的结块；载体的烧结；经过反复再生的催化剂。

在馏分油加氢裂化过程中，催化剂的失活机理非常复杂，如果所处理的重质原料中含有比较多的胶质、沥青和金属，使其失活机理更加复杂。在这种情况下，重组分的物理沉积(污染)是造成积炭的主要因素，特别是催化剂同原料早期接触过程中。重质原料的胶质稳定性影响物理沉积的程度。这意味着，对于含沥青的原料来说，相比操作参数(如，氢分压、温度和催化剂类型)，原料的物理和化学性质显得更重要。因为重质原料中的多数 V 和 Ni 同沥青分子有关联，所以在研究催化剂失活机理时，除了关注其中的金属之外，同时还应当关注其中的胶质和沥青。

(一)由金属引起的永久性的催化剂中毒

由金属沉积引起的催化剂中毒是不可逆的。催化剂上沉积的金属有两个来源：

- 原料中本来就有的一些金属，如，Pb、Fe、As、P、Na、Ca、Mg 等，或者含 Ni 和含 V 的有机金属化合物。
- 上游加工过程产品(CGO)用作加氢裂化原料，带入的：如为了减少焦炭塔泡沫，使用的硅化物。

Ni 和 V 等金属会沉积在催化剂孔的进口或者表面，生成“外皮”层，这种“外皮”层会使催化剂孔口变狭窄，直至堵死。通向催化剂内部的反应通路被堵塞，使物料很难或不能进入催化剂孔道中，既降低催化剂的容垢(容金属)能力，也降低了催化剂表面积。这些金属沉积物，既能损伤酸性活性中心，也能损伤金属活性中心。

加氢裂化原料中的金属有机化合物会在处理过程中分解，分解生成的金属会留在催化剂上，使催化剂中毒。这类能引起催化剂中毒的金属用常规氧化法是除不掉的，也就是说，这类催化剂中毒是不能再生的。因此，必须严格控制原料中的金属含量，特别是那些存在于 VGO 原料中的金属(如镍、钒和砷)和由上游加工过程产品或污染物(如铅、钠、硅和亚磷酸化合物)带入的一些金属。溶解在油中的环烷酸铁会导致催化剂中毒。硫化铁是一种腐蚀性物质，一般情况下不会引起催化剂中毒，常常被忽略。

催化剂的抗金属能力难以量化，在某种程度上取决于所用的催化剂类型和操作强度，例如，操作强度越高，抗金属能力越低，原因是对催化剂活性的任何损害，都会影响催化剂的转化能力。建议原料中金属总量应尽可能低，一般不要超过 2μg/g(质)[10]。

加氢裂化反应器第一个催化剂床层入口处的催化剂最容易发生 V 和 Ni 中毒。随着床层前部的催化剂中毒，由化学反应引起的温升会移向下面的催化剂床层，催化剂活性下降。这就是为什么在运转过程中需要提高反应温度的原因。

催化剂再生时，需要打开反应器，第一催化剂床层入口处的催化剂，由于金属含量高，可以取出，更换新催化剂。催化剂经数次再生后，会损失一些活性，因此，经过一系列再生之后的催化剂，必须全部更换。处理金属含量高的原料(如渣油)时，宁愿全部更换新催化剂，而不是再生。这是因为催化剂上的金属污染物，在现有的再生技术条件下，不可能脱掉。有报告称，催化剂上积聚的重金属会干扰碳和硫的燃烧。这些金属会把二硫化物催化成硫酸盐，造成催化剂永久中毒[11]。

(二)由积炭引起的催化剂失活

由积炭引起的催化剂失活是最常见或是最容易发生的。

积炭是裂化反应的副产品。焦炭沉积在催化剂上是一种时间-温度现象，催化剂暴露的时间越长或/和温度越高，催化剂的失活越严重。催化剂随着相对分子质量高和氢/碳比低的化合物的吸附，开始积炭。积炭过程随氢含量的损失进行，一直到结成非常硬的焦炭为止。这些焦炭能覆盖活性中心，屏蔽或堵塞通向活性中心的通道或孔隙，导致催化剂失活。

但是，焦炭不是导致催化剂永久失活的毒性物质，这类失活不是永久性失活。失去的活性，可以通过一些方法，得到完全或部分复原。

在某些情况下，提高温度就能够补偿失活作用引起的损失。但是，提高温度会提高积炭速率。一氧化碳是一种对催化剂有毒性作用的物质之一，该物质能够优先吸附在活性中心，减少加氢反应。另一个能引起催化剂中毒的物质是 H_2S，中等以上浓度的 H_2S 就能够持续地降低脱硫速率。在这种情况下，把 H_2S 从循环氢中除掉，就能解决这个问题。

1. 原料中沥青和胶质含量-催化剂积炭量的关系

催化剂上的积炭量受原料中沥青和胶质含量支配(见图 3-15)。图 3-15 为在反应温度 400℃和氢分压为 8.5MPa 条件下取得的，试验过程所用的催化剂是 NiMo/Al_2O_3催化剂涉及的原料都是 DAO，分别来自 Gagang AR、Saudi light VR 和 Saudi medium VR。由图 3-15 看出，胶质和沥青来源影响催化剂积炭量。在研究重质原料中沥青含量与 HDS、HDM 和 CCR 转化率之间的关系时发现，转化率随沥青含量的增加而下降，但是当原料中的沥青接近 20%时，转化率趋于稳定。这些研究结果可以用于所有重质原料，因为沥青的化学结构是另一个影响积炭的参数。对于沥青含量类似，而化学结构不同的重质原料来说，积炭的倾向性随沥青芳香性的提高而增加。

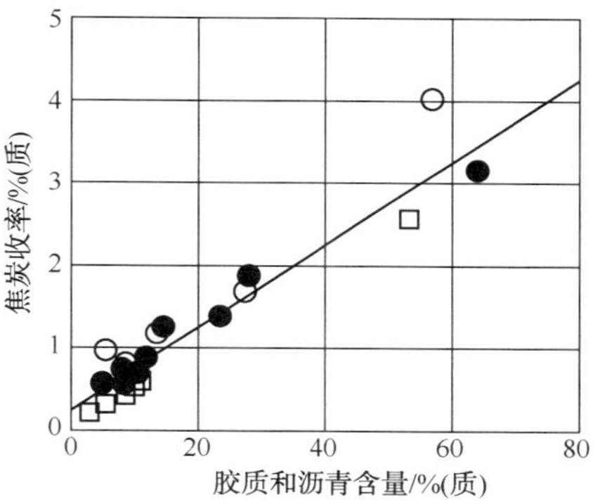

图 3-15　催化剂积炭量是馏分中胶质和沥青含量的函数[2]

□ Dagang AR；● Saudi medium VR；○ Saudi light VR

2. 操作条件对催化剂上积炭速率的影响

温度和氢分压对积炭的影响相当复杂。有一个案例是，用经过部分脱金属的 Arabian AR 为原料，原料的 HDM 采用的是典型 HDM 催化剂[γ-Al_2O_3载体上载有 4.2%(质)的 MoO_3]。实验系统由两个串联的滴流床反应器组成。临近的反应器装载的是由 Ni/CoMo/Al_2O_3配制的 HDS 催化剂。在 380℃时，焦炭相当均匀地分布在第一 HDS 反应器顶部和第二 HDS 反应器底部之间。410℃时，积炭量以同样的趋势渐渐增多。在 380℃时，把氢分压从 8.0MPa 提高到 14.0MPa，催化剂上的积炭量由大约 20%降到 14%。这表明，优化反应温度和氢分压能够降低催化剂上的积炭量[2]。

实际上，固定床反应器中的生焦量，从进口向出口呈增加趋势，而金属沉积量的趋势是相反的。H_2S/H_2比，以相同的趋势增加。

在经过精心设计的加氢裂化系统中，催化剂的加氢功能会促使氢加到沉积的焦油上，能够降低催化剂表面上生焦母体物质的浓度，减慢积炭速度。

（1）操作温度对催化剂上积炭速率的影响

积炭会使催化剂活性逐渐降低，会大大缩短装置运转周期。实际操作过程中，为了维持转化率，必须以一定速率提高催化剂床层平均温度，当到达催化剂的允许操作温度上限时必须再生。

在实际操作中，提高温度可以弥补催化剂活性衰减。图 3-16 为催化剂活性衰减同运转时间和操作温度的关系。

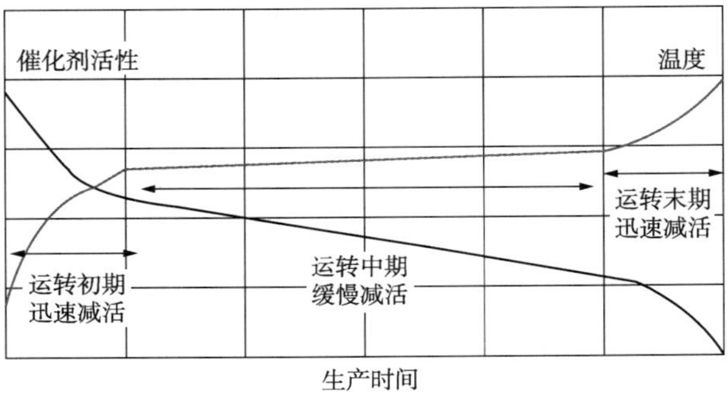

图 3-16　催化剂活性衰减同运转时间和操作温度的关系[2]

温度是影响催化剂失活速率的重要参数，其高低能够影响催化剂的积炭速率。如果临氢加工处理的原料是馏分油，如 VGO，积炭随温度的升高呈线性增加。如图 3-17 所示，催化剂上的积炭速率，随温度的提高，迅速上升到最高值，然后突然下降。积炭速率的突然下降是由于流动模式的变化引起的，主要是液体系统逐渐变成气体系统所致。

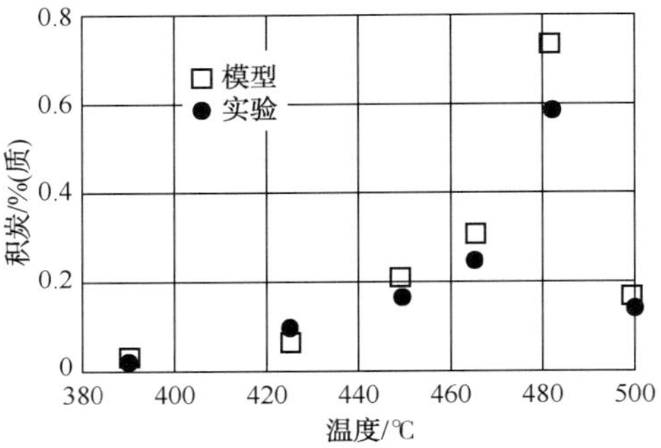

图 3-17　操作温度对积炭的影响（VGO，3MPa，$CoMo/Al_2O_3$）[2]

图 3-18 为渣油临氢加工过程中催化剂上的积炭趋势。在约 375℃之前，催化剂上的积炭速率的增加是由于原料中的重组分转化慢引起的，如此就延长了它们在催化剂表面上的时间。这也为它们转化成焦炭创造了机会。胶质转化比沥青快是另一个增加积炭速率的原因。在这种情况下，原料的兼容性下降使沥青更容易沉淀。超过 375℃时，焦炭母体转化成比较轻的产品，使它们聚合成焦炭的反应受到抑制。显然，当超过 440℃时，热作用促进了积炭的形成。在其他一些研究中，尽管温度范围存在差异，但是这种趋势是确定的。由于渣油来源不同，氢分压和所用的催化剂等方面的差异，实验结果出现不同的温度范围也是正常的。

通过对产品的分析，也能够确定温度对于控制积炭的重要性，图 3-19 的几条曲线证明了这一点。制作该图所用的原料是 Kuwait 原油 AR（$NiMo/Al_2O_3$，12MPa）。从图 3-19 看出，产品中的沥青和胶质含量是随操作温度的升高而下降，这也说明随着温度的升高，温度对催化剂上的积炭的影响已经不那么重要了。这归因于沥青向轻质产品的转化率提高。其结果是提高了 HDM 速率。

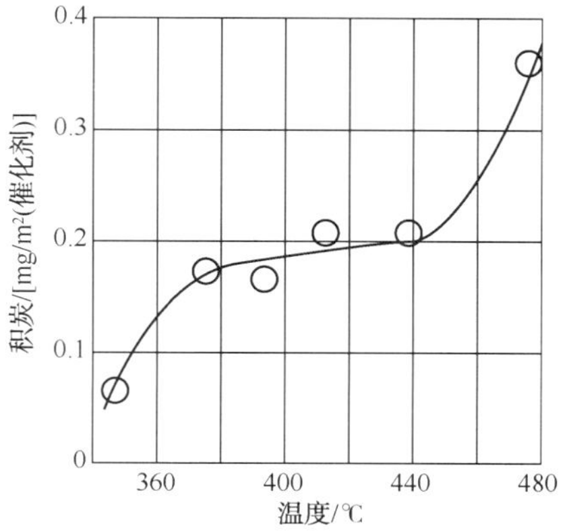

图 3-18　温度对催化剂积炭的影响[2]

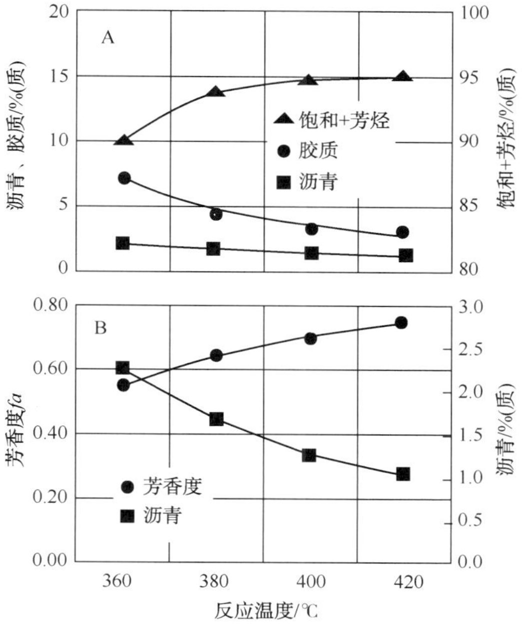

图 3-19　温度对产品沥青和胶质含量的影响[2]

(2) 氢分压对催化剂上积炭速率的影响

在温度一样条件下，氢分压是控制催化剂积炭的关键参数。提高氢分压能够降低催化剂积炭量，相比之下更有利于金属沉积。例如，某案例中，临氢加工 AR，由于把氢分压从 2MPa 提高到 15MPa，积炭量由约 10%降到 4%(见图 3-20，NiMo/Al_2O_3，663K)。也就是说，氢分压对催化剂上焦炭的 H/C 比的影响是明确的。图 3-21 为氢分压对焦炭的稳态水平的影响。

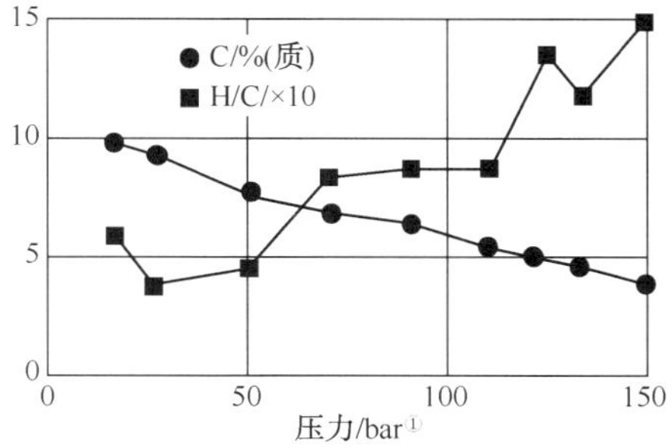

图 3-20　氢分压对 H/C 比和催化剂上积炭量的影响[2]

① 1bar=10^5Pa，下同

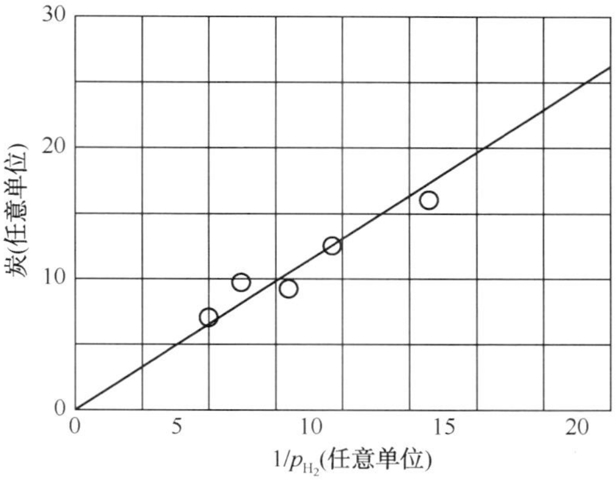

图 3-21　氢分压(1/氢分压)对催化剂上积炭的影响[2]

如果处理的是 Athabasca 沥青，在形成焦炭的初期阶段，大沥青分子的作用是主要的。如此，即使在低进料/催化剂比的条件下，也会有大量沥青形成焦炭。

例如，在一个中型装置中，用 AR 在低氢分压条件下，对较前阶段中催化剂表面上生成的积炭进行了研究。研究结果表明，在此后阶段的运行过程中，在同样温度条件下，提高氢分压，既不能除掉焦炭，也不能恢复催化剂活性。因此，用氢分压控制催化剂积炭应该在运转的初期阶段开始。在这种情况下，尤其要注意催化剂 HDS 活性的损失。由此可以确认，催化剂预硫化是影响催化剂初期积炭的重要因素。

在缺乏氢气条件下，高度芳烃化或者难处理的环状物料或者含有不同比例的能高度缩合的芳烃结构(如萘和菲)会裂化，转化成渣油或焦炭[7]。

(3) 碱氮对催化剂积炭的影响

在加氢裂化原料中，碱性氮化物对催化剂的影响比较大，原因是催化剂对碱性氮化合物的敏感性以及它们的生焦倾向。烃，尤其是芳烃，在强酸存在条件下能够反应生成焦炭[15]。这种焦炭的主要成分是复杂的和氢含量比较低的聚核芳烃。

对于常压馏分来说，氮化物和积炭的毒化作用是造成催化剂失活的主要原因。碱氮几乎每种石油馏分中都有，它会优先吸附在催化剂的活性中心，使氢的活化过程放慢，进而影响催化剂活性。总的趋势是，在操作过程中，氮积聚在积炭里，随着运行时间的延长越积越多，这类积炭比较难处理。碱氮对催化剂活性总损失率的影响程度的增加顺序是，渣油/VGO/HGO/常压馏分油。

原料中的氮化物会逐渐转化成经过加氢的含氮中间体。这类中间体的碱性大于原本存在于原料中的氮化物的碱性。这表明，在含氮中间体全部转化成烃之前，随着生产时间的延长对催化剂的毒化作用程度上升。含氮中间体能增加下游反应器的积炭量。

不把氮化物的毒化作用降到最低就不能实现深度或超深度 HDS。VGO 和 HGO 中的氮化物的毒性作用是有差别的。氮化物的毒性是随馏分沸点范围的下降而升高。实际上，在固定床反应器的进出口之间，在大多数氮化物转化成烃之前，氮化物的抑制作用是最大的。同样，在多段系统中，氮化物的抑制作用从第一段开始增加，到下游反应器达到最高值。

以 Russian 原油的馏分油 HDS 为例，在 360℃ 和 7MPa 条件下，连续固定床反应器中进行 HDS 操作，如果先把其中的氮化物除掉，那么 HDS 转化率明显提高。同样，用硅-铝吸收法把氮化物从原料除掉之后，催化剂的脱硫活性至少提高 60%[2]。氮化物的毒性作用随温度的升高而下降，原因是升温能降低催化剂活性中心对氮化物的吸附作用。

有一个有关催化剂应用的例子，该例子采用单固定床反应器，在 360~400℃ 和 8MPa 条件下，临氢处理 VGO，经过 12 个月的在线操作之后，在催化剂的不同深度发现有不同数量的焦炭沉积。积炭数量随床层深度的增加而增加。石墨性质的焦炭向床层终端方向逐渐增加。反应器入口处的积炭主要是无定形结构的，催化剂床层出口处的积炭是石墨结构的。从反应器入口到出口温度逐渐增加(源于放热反应速率的提高)是造成积炭结构不同的主要原因。几乎可以肯定，氮化物毒性作用速率的增加是重要原因。同原料中所含的含氮杂环化合物比较，在靠近固定床前面的类似的反应物会形成有较高活性的含氮中间体，其结果是降低活化表面氢的有效性。

(4) H_2S/H_2 比对氮积炭的影响

氮的毒化作用随原料中的氮化物相对分子质量的下降而增加。而系统中的 H_2S/H_2 比，能够影响氮化物转化成烃产品的转化率。实际操作过程中，存在一个有利于某些化学反应的最佳 H_2S/H_2 比，例如在该最佳比例条件下，能够使一些转化反应(如，HDS 和 HDN)的转化率最大化。这使催化剂的失活机理更加复杂。最佳 H_2S/H_2 比应当是随生产时间的延长连续变化的，催化剂的失活速率也是变化的。H_2S/H_2 比有时是根据原料调整，有时是根据催化剂调整。在固定床反应器里，H_2S/H_2 比在反应器的进出口之间调节。如果过程采用的是多床层或多段催化剂系统，会使情况更复杂。

催化剂系统需要优化组合，除了要根据需求，每一段需要不同的催化剂之外，还需要对段间 H_2S/H_2 比进行控制。把两个反应器之间的一部分气体排出，并补充新氢，可以确保最佳 H_2S/H_2 比，能在一定程度上达到控制 H_2S 浓度的目的。有一个方案是，在气体流出物进入下一个反应器之前，把多余的 H_2S 从气体流出物中除掉。

临氢加工过程中，必须维持一定的氢分压，用以确保最佳 H_2S/H_2 比。H_2S/H_2 比对于临氢加工操作过程中控制催化剂积炭来说是重要的，也是清楚的。

(5) 在线时间对催化剂上焦炭组成的影响

图 3-22 为催化剂上焦炭的 H/C 比，随在线时间的延长而下降，而焦炭的氮含量呈增加趋势。如图所示，临氢加工经过稀释的中国重质原油 VR 过程中，聚集在催化剂积炭中的碳和氮增加，而氢随在线时间的延长下降。这种变化的最终结果是，催化剂上的结构类似石墨的焦炭数量增加。该试验是在一个高压釜中在 683K 和 8MPa 条件下完成的。

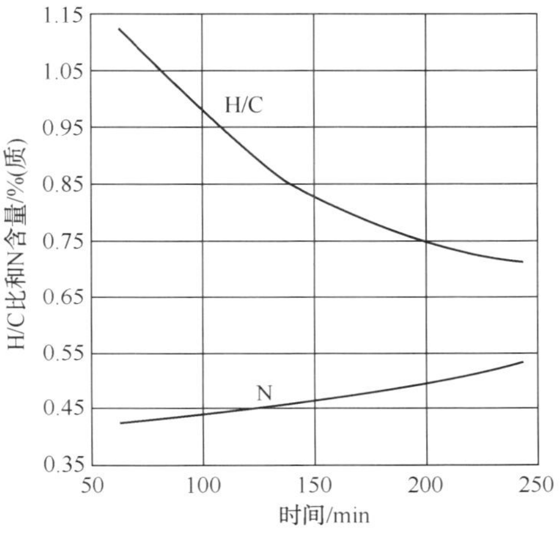

图 3-22　焦炭的 H/C 比和焦炭的氮含量同在线时间的关系[2]

(三)催化剂积炭失活和金属失活的的关联性

对于含沥青和金属的原料来说，由积炭和金属引起的催化剂失活同时发生。如果使用的是 HDM 催化剂，有报告称：催化剂失活率的 50%以上是由积炭引起的，但是大多数文献认为：金属是导致催化剂失活的主要原因。实际上，这些观点都过于简单，特别是对于固定床反应器来说，更是如此。显然，如果处理的是金属含量比较高的原料，金属沉积物会使催化剂床层前面的催化剂失活。然后，按朝向催化剂床层出口方向，金属对催化剂的失活影响程度越来越小，而积炭的影响会越来越大。在整个床层都会失活的同时，金属失活前区将逐渐向出口方向移动。

根据以上论述，可以引申出：积炭和金属对催化剂失活的相对应响程度，是随运转时间的延长，而变化的。在催化剂同重质原料早期接触过程中，对催化剂失活的影响程度，积炭是主要的。据此可以认为，金属对催化剂总活性损失率的影响程度相对比较小。总的趋势是，积炭达到稳定状态的同时，金属的影响程度几乎随运转时间的延长呈线性关系[见图 3-23，ARDS(常压渣油加氢脱硫)过程，Mo/Al_2O_3催化剂]。

对于在一个固定床层中有几层不同催化剂或者几个串联在一起的固定床反应器分别装有不同催化剂的分级系统来说，如果从第一到第三反应器分别装 HDM、HDM/HDS 和 HDS 催化剂，金属对催化剂失活的影响程度是按排列顺序递减的，而焦炭的影响是递增的。

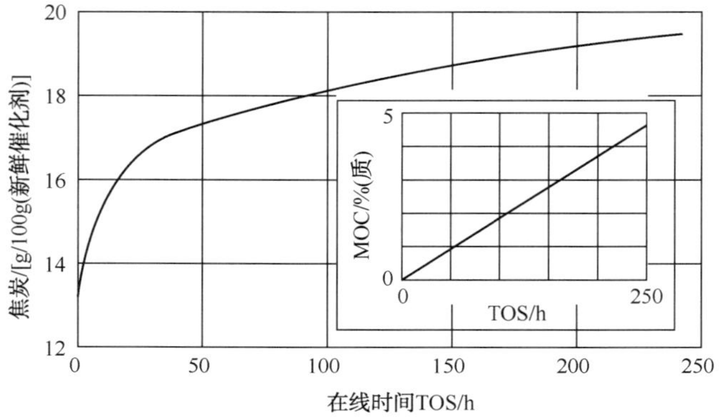

图 3-23　催化剂上的焦炭和金属沉积量与在线时间的关系[2]

图 3-24 为操作温度和 H_2 分压，同催化剂表面积、积炭和 V 沉积速率的关系。V 沉积量随温度的升高而增加。很明显，重质原料临氢加工过程中的催化剂失活同处理轻质原料过程中的催化剂失活有明显不同。

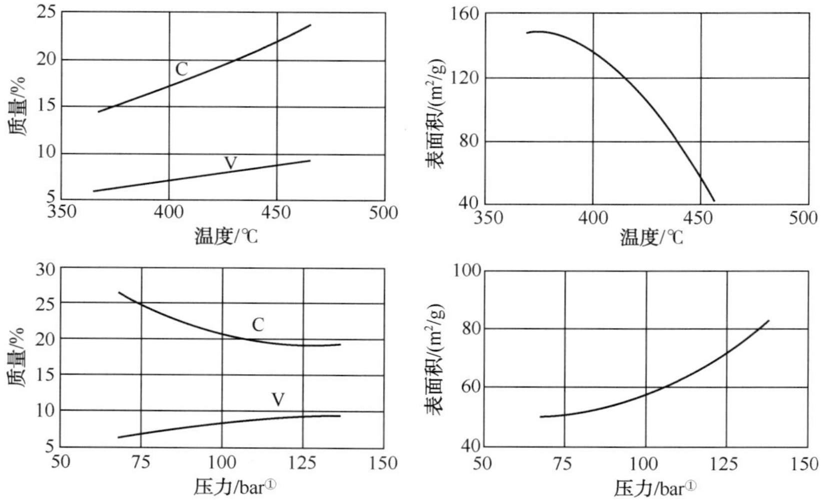

图 3-24　温度和 H_2 分压同催化剂表面积、积炭和钒沉积速率的关系[2]

① 1bar = 10^5 Pa

在渣油临氢改质过程中，通常使用多反应器系统。以 ARDS 过程为例，用该过程处理 Kuwait 原油 AR 时，在其四个反应器中，催化剂上的金属和焦炭积累程度见图 3-25。如预料的那样，从反应器-1 向反应器-4，金属沉积量是递减的，失活率下降，而积炭量的趋势相反。催化剂的孔体积和表面积显示出同积炭量类似的趋势(见图 3-26)。从这些图示的数据可以看出，催化剂上的积炭量对催化剂的孔体积和表面积的不利影响比金属大。根据氧化再生后的催化剂表面积恢复率数据，证实：由反应器-1 和反应器-2 取出的催化剂的表面积恢复率相当低，这表明：由金属引起的催化剂失活是永久性失活。由反应器-3 和反应器-4 取出的催化剂表面积恢复率要高得多，导致这些催化剂失活的主要原因是积炭。

图 3-27 为临氢加工含金属和沥青比较多的原料，各反应段催化剂上的金属沉积率对催化剂活性的影响，该过程采用的是三段沸腾床反应器技术，所用的原料比较重，金属（V+Ni）含量约 400μg/g。曲线上的每一段末尾点，取自在线操作 110 天之后。从曲线可以看出，第三段的催化剂失活主要是由积炭引起的。而对于第一段催化剂来说，金属沉积和分散受限制是催化剂失活的主要原因，其中由分散引起的催化剂失活所占的份额，随在线时间的延长而增加。在影响催化剂活性的诸多因素中，最主要的是原料性质。第三段显示的催化剂失活模式接近 VGO 临氢加工过程中出现的模式。因此，对于多段临氢加工过程来说，应当根据需要，使用不同类型的催化剂。

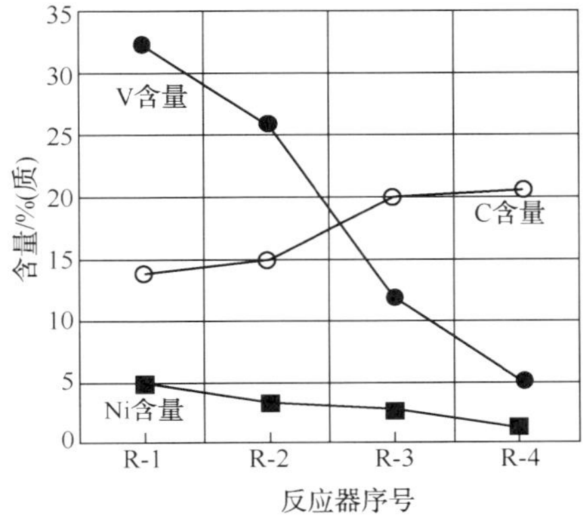

图 3-25　ARDS 过程中废催化剂中的 V、Ni 和 C 含量[2]

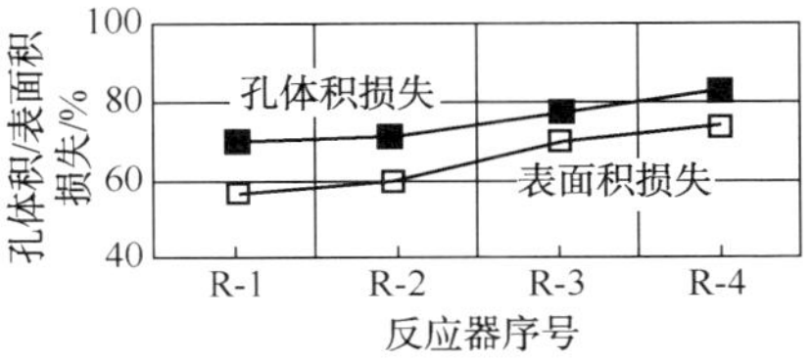

图 3-26　ARDS 过程中废催化剂中的孔体积和表面积损失[2]

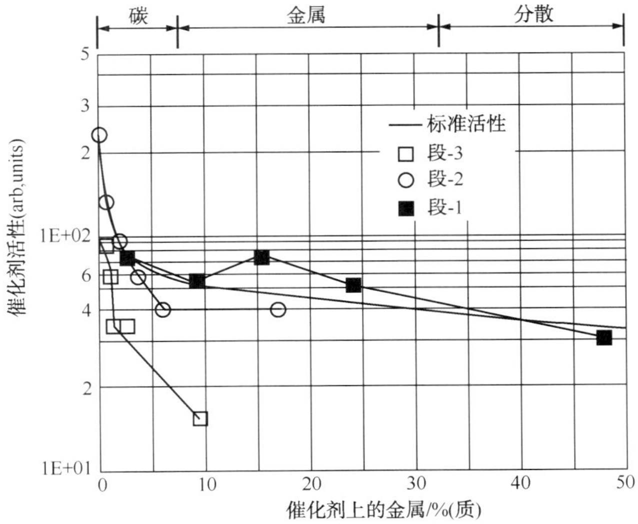

图 3-27　临氢加工过程催化剂失活和催化剂上金属沉积率之间的关系[2]

图 3-28 为在两个串联在一起的滴流床反应器中，催化剂上的金属和焦炭沉积量同反应器长度的关系。该临氢加工过程采用的是金属（V+Ni）含量为 27μg/g 和沥青含量低于 1%

(质)的 DAO。脱沥青过程常用的原料是从普通原油得到的 VR。表 3-8 为这次试验所用的 A 催化剂和 D 催化剂的性质。装在篮子中的催化剂放在两个反应器的中轴线上，反应器是工业装置的一部分。在第一个反应器中，这些装有催化剂的篮子放在催化剂床层的上部和中部，而在第二个反应器中，篮子放在催化剂床层的中部和底部。运转该工业装置的主要目的是为后面的 FCC 装置生产原料，系统是在总压力约 10MPa 的条件下运行的。为了补偿由失活引起的损失，需要分别提高两个反应器的开工和停工之间的温度，第一个反应器由 330℃ 提高到 355℃，第二个反应器由 373℃ 提高到 385℃。运行 241 天之后，对催化剂进行了评估。

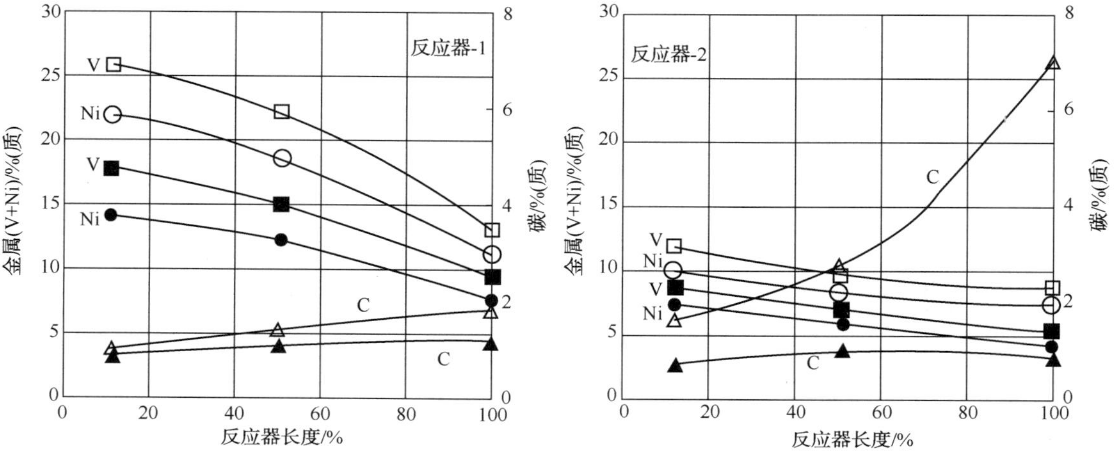

图 3-28　催化剂上的金属和焦炭沉积量同反应器长度的关系[2]

○□A 催化剂；●■D 催化剂

表 3-8　A 催化剂和 D 催化剂的性质[2]

项　目	A 催化剂	D 催化剂
Mo/%(质)	8.1	8.0
Ni/%(质)	2.3	2.0
颗粒尺寸/mm	1.0	2.1
表面积/(m^2/g)	320	146
平均孔径/nm	126	233
孔尺寸范围(nm)的表面积/(m^2/g)		
0~1nm	32	4
6~10nm	80	9
10nm	208	133

评估结果是：对于 A 催化剂来说，朝向第二反应器的尾端积炭量明显增加，相比之下 D 催化剂的变化比较小。这说明，在 A 催化剂情况下，由碱氮引起的催化剂中毒是催化剂失活的主要原因。A 催化剂显示出比 D 催化剂大的金属存储能力，而 D 催化剂有比较大的平

均孔径。A 催化剂同 D 催化剂比，其催化剂的利用率更高。而且，A 催化剂的表面积，在 6～10nm 孔径范围内，是 D 催化剂的 9 倍。

（四）由催化剂结构变化引起的失活

如果催化剂长时间暴露在比较高的操作温度下，可能发生催化剂的重结晶和晶体变形。催化剂的重结晶和晶体变形，会引起催化剂的孔隙度发生变化，导致催化剂活性下降。

由于催化活性中心由 CUS（未饱和中心）组成，从长时间在线操作考虑，必须维持 CUS 在过程中的稳定性。合适的 H_2S/H_2 比，能够确保 CUS 尺寸处于所要求的状态，CUS 由硫空位和邻近的 SH 基团组成。空位数量随 H_2S/H_2 比的提高增加。另外，在低 H_2S/H_2 比条件下，可能会发生过度还原。在反应过程中，活性相的硫损失主要是由于临氢加工催化剂最初失活引起的。这种情况，有利于 N-碱吸收和焦炭沉积，不利于氢活化[2]。

研究结果表明，在临氢加工装置高温操作过程中，由 MoS_2 烧结和促进剂（Ni-硫化物或 Co-硫化物）离析引起的催化剂失活相当普遍。

用 CVD（化学蒸气沉积物）技术，对 Co-Mo-S 结构热稳定性的研究结果显示，处理温度为 350℃时，Co-Mo-S 结构是稳定的，400℃时，稍显不稳定，而超过 500℃时，Co-Mo-S 结构发生引人注目的破坏。

最近，有人采用各种技术，如 XPS（X-射线光电分光镜）、TEM、能量分色 X-射线、密度功能学说和催化测量技术，对处于工作状态的 Co-Mo-S 和 Ni-Mo-S 相的稳定性进行了研究。其结论是：在反应（高温和高还原）条件下，部分 Co 和 Ni 会失掉稳定性，从 Co-Mo-S 和 Ni-Mo-S 结晶的边缘离析出来。

在操作过程中，由于重质原料中的金属沉积作用，会逐渐改变催化剂上的原来活化相的化学组成。沉积的 V 和 Ni 对催化剂活性的影响是相当复杂的。而且，催化剂失活模型是随在线时间和金属沉积量的变化而变化的。例如，这些沉积物对 HDM 反应是有益的，会使催化剂活性逐步提高，当金属沉积量在 15%～20%时，最大化。然后，随着金属沉积量的增加，HDM 活性开始下降。几乎可以肯定，活性下降是由催化剂孔尺寸分布改变引起的，催化剂孔径分布的改变，影响反应分子分散进入催化剂孔中。可以说，活化的 HDM 催化剂的孔隙度的重要性同其化学组成的重要性是一样的。

（五）再生催化剂中的砷对催化剂活性的影响

加氢裂化催化剂中的砷，不仅影响环境安全性，还能直接攻击加氢处理催化剂中金属硫化物的加氢活性中心，减少活性中心数量，使催化剂中毒失活。

催化剂中的砷来自加氢裂化原料。许多原油里含砷，轻馏分中的砷浓度比较高。图 3-29 为再生过的催化剂中的砷含量对催化剂活性的影响。砷对 HDS 的影响比对 HDN 的影响大。对催化剂失活速率的影响程度，取决于催化剂组成和结构。图中的这些曲线是通过对许多再生催化剂样品的分析/评价得到的。经过再生处理的催化剂通常有比较好的物理性质，污染物的含量也比较低。

（六）催化剂的结块和烧结影响催化剂的活性

催化剂加氢组分的结块和催化剂载体的烧结都会引起催化剂失活，而且这种活性损失是不可逆的。催化剂结块是由催化剂活化条件差引起的，这里所指的比较差的活化条件是长时间地处于高水分压和高温条件下。再生能够使催化剂恢复到接近原来的水平。

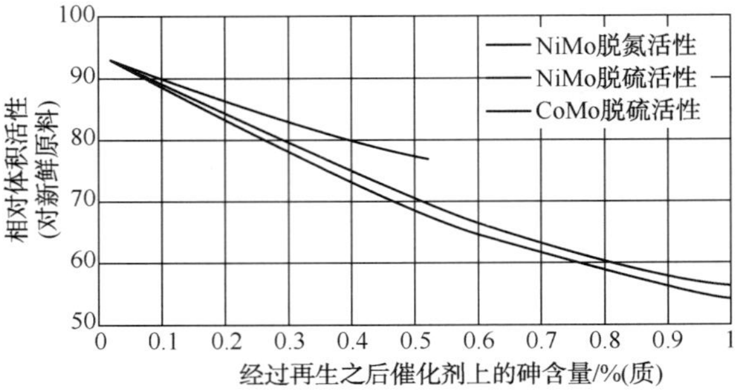

图 3-29　再生催化剂中的砷对催化剂的相对体积活性的影响[2]

催化剂载体的烧结也是由高温(特别是同高水分压接触时)引起的。在这种情况下，由于催化剂载体微孔崩溃或微孔直径的加大，会损失催化剂载体材料表面积[10]。

四、减缓催化剂失活速率的措施/方法

随着过程的运行，加氢裂化预处理催化剂失活是必然的，重要的是要知道导致失活的原因和如何降低失活速率。

导致催化剂失活的途径有两个：由金属引起的催化剂中毒；催化剂活性中心被无机金属杂质(或污染物)和积炭覆盖和孔道被堵塞。

如果是由砷引起的催化剂中毒失活，应当选用金属容量高的保护催化剂，扑获更多的砷，保护下游的催化剂。

活性中心被积炭覆盖，导致反应器中催化剂逐渐失活是最常见的。在活性中心周围形成积炭是一种渐进过程，积炭是不断地一层一层积累，使催化剂孔道逐渐缩小，最终会阻断物料同催化剂的接触。积炭同烃的缩合反应和脱氢反应有关，而这些反应同操作条件有关，可以通过调整操作强度，影响这些反应[27]：

- 处理 C/H 比低的原料，如直馏 VGO。
- 降低操作温度。
- 提高氢分压。

如果催化剂失活是由催化剂孔道被堵塞引起的，可以采用容垢能力大的大孔径催化剂，这样可以延缓污染物堵塞催化剂孔道的时间，提高运转周期。

如果固定床临氢加工过程处理的是渣油，需要设专门的预处理段。渣油必须先经过两段静电脱盐，这样就不会发生沉积盐堵塞第一个催化剂床层。渣油中的 V 和 Ni 含量应当限制在一定水平，否则随着金属的沉积会堵塞催化剂床层[11]。

在固定床反应器操作过程中，随新鲜原料进入反应器的污染物会被过滤并添满催化剂床层中催化剂颗粒之间的空间。在床层中形成污染物结构。这种污染物结构会导致反应物通过催化剂床层时，形成沟流，降低脱硫或加氢裂化效率。随着流动模式变得扭曲或受到限制，整个催化剂床层的压降会上升。如果压降上升到一定程度，会损伤反应器内部构件。因此，当催化剂床层压降达到一定程度时，装置就应当停工。此时，必须撇掉床层上部已经中毒的废催化剂，装填新催化剂。

在有的反应系统中，在第一段配备气体净化设施，脱掉气体中的氨和 H_2S。这种配置能够控制系统 H_2S/H_2 比，这对于提高 HDN 活性来说是非常重要的。

在 VGO 临氢加工过程中，催化剂上的积炭明显与催化剂组成/结构有关。如图 3-30 所示，向 Al_2O_3 中补加少量 Mo，就会明显降低焦炭生成量。积炭量随 Mo 加入量的提高（即催化剂的活性增加）而下降。用这种方式形成的焦炭叫“化学反应焦炭”，同临氢加工反应有关。通过有关 $CoMo/Al_2O_3$ 和 Mo/Al_2O_3 的研究，进一步证实了催化剂结构对焦炭形成的影响。$CoMo/Al_2O_3$ 催化剂上的积炭分布比较均匀，失活程度比较大，是因为被积炭覆盖的面积大，两者的覆盖率分别是 90% 和 50%。Mo/Al_2O_3 催化剂上的积炭是岛状的。

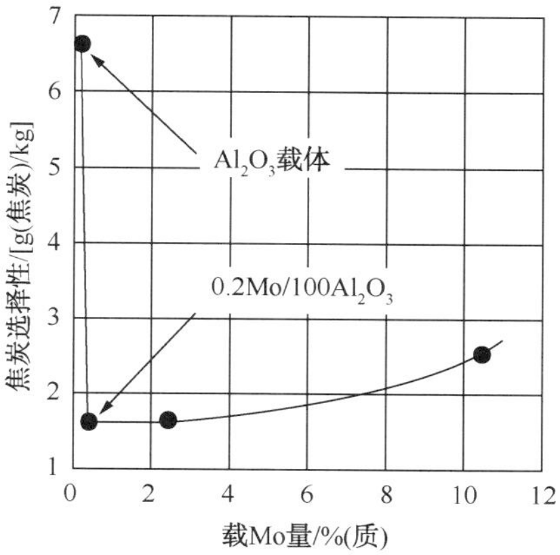

图 3-30　载 Mo 量对焦炭选择性的影响（VGO，3MPa）[2]

第四节　临氢加工过程催化剂再生、复原和利用

随着临氢加工过程的发展和大量工业应用，产生了大量废催化剂。导致这类废催化剂数量大增的原因如下：

- 处理能力迅速增加。
- 采用高强度操作，导致催化剂的在线时间缩短。
- 原料的重质/劣质化。

工业临氢加工过程产生的“废”催化剂，由于来源和“废”的程度不同，组成和性质差别很大，需要用不同的方法处理。如果催化剂失活主要是由积炭引起的，可以用器内或器外法再生，再生后的催化剂，可以继续使用；如果废催化剂上不仅覆盖大量积炭，还沉积大量金属，可以用催化剂活性复原技术处理，使其活性恢复，继续使用；有的废催化剂，经处理后，虽然不能在原装置使用，但是可以用作其他装置的催化剂；如果废催化剂上含有大量贵金属，可以送专门的工厂回收贵金属。

一、临氢加工过程废催化剂再生

在石油系原料临氢加工期间产生的多数废催化剂都需要用专门的技术进行再生处理后，再利用。

废催化剂的再生可以在反应器内进行，也可以在反应器外进行（既器外再生）。对于 VGO 加氢裂化过程来说，当产品硫含量上升到常规 VGO 加氢脱硫过程脱硫产品硫含量时，就可以确定该加氢裂化装置使用的催化剂已经到达运转末期，可以进行再生处理[15]。

（一）临氢加工过程废催化剂的再生

临氢加工过程废催化剂的“再生”过程，实际上就是催化剂的脱炭过程。最常用的能够恢复这类废催化剂活性的方法是，用燃烧的方法，除掉催化剂表面上的积炭。

以恢复废催化剂活性为目的的再生方法有多种，但应用最广泛的方法是：氧化再生脱炭法。该方法使用的氧化剂是经过稀释的空气或者空气同蒸汽的混合物。也可以使用其他氧化剂。氧化再生技术已经工业应用几十年，技术上成熟。

在用稀氧或空气流(以往还混合一定数量的蒸汽)燃烧进行催化剂再生过程中，催化剂上的积炭转化成 CO_2 和 H_2O。如果氧气不足，也可能产生 CO。除了贵金属催化剂之外，加氢裂化催化剂含硫，金属以硫化物的形式存在。在催化剂再生过程中，硫以 SO_2 的形式排出。通常，同 CO_2 排放温度比，氧化硫的排放开始温度比较低。

由积炭和其他沉积物聚集引起催化剂活性降低是最常见的。从催化剂活性降低开始到催化剂需要再生(不能继续使用)止，通常需要 2~4 年时间(既催化剂运转时间)[12]。当催化剂活性降低到一定程度时，就需要再生，通常经过几次再生之后的催化剂就需要更换。

临氢加工过程废催化剂的再生，除了要烧掉沉积在催化剂表面上的焦炭，尽可能地恢复催化剂原来的活性之外。还要恢复催化剂的表面积和孔隙度。

实际上，并不是所有废催化剂都可以再生，金属(V+Ni)污染物含量不超过 5%的废催化剂，适合再生。再生过的催化剂，其活性至少要恢复到原来活性的 80%，否则，是没有吸引力的。如果待再生的废催化剂来自常压馏分油和比较轻的原料临氢加工过程，使其活性恢复到上述水平并不困难。

也有人试图把蒸汽和 CO_2 作为氧化剂。通过使用 H_2 的还原再生技术，虽然也可以实现催化剂脱炭，但是该方法还没有达到工业规模。有人试图，用各种溶剂，通过抽提的方法，从催化剂表面上脱掉沉积物，但是，潜力有限。有文献介绍，催化剂经钙化之后能够得到所要求的机械强度，通过用螯合剂进行后钙化处理，能够提高活性金属的分散性。该方法也可以用于催化剂的再生。

(二)临氢加工过程废催化剂的器外再生

临氢加工过程催化剂器外再生技术的工业应用始于 1976 年，80 年代发展比较快。20 世纪 80 年代之前，多数临氢加工过程废催化剂再生是采用经过蒸汽或氮气稀释的空气在反应器内再生。80 年代之后，器外再生逐渐取代器内再生。目前，绝大多数的废催化剂再生，采用的都是器外再生。欧美炼油厂器外再生催化剂数量占待再生催化剂总量的 90%以上。1996 年后建的临氢加工装置基本上都使用器外再生技术，该技术的特点如下[2,9,10,15]：

- 再生过程脱离临氢加工系统，不会对炼油厂环境造成污染，不会因为烧焦，伤害反应器系统和相关设施。
- 方便检查和修理复杂和昂贵的反应器内部构件。
- 可以立即更换新催化剂或已经再生过的备份催化剂，缩短反应器停工时间。
- 用专业操作人员和专业化过程，使再生过程更专业化，可以把催化剂活性和选择性恢复 95%以上，催化剂的活性和选择性恢复程度，严重影响临氢加工过程的经济性。
- 专业化操作，使操作温度更容易控制，不易发生局部过热，不会发生由于温度失控对催化剂结构和反应器内部构件造成损伤。
- 为催化剂粒度和密度分级提供了机会。

● 可以清除操作过程中产生的粉末，这些粉末如果不清除干净，会增加催化剂床层压降，压降增加会缩短装置运转时间。

目前，应用比较多的有三种废催化剂再生方法：

● 美国 CRI 的流化床-传送带法：应用比较多，该方法+下面的 Eurecat 法，占世界再生总量的 85%。该法采用一条能够移动的，有气孔的带状再生器，待再生催化剂在不锈钢带上移动，通过静止的隧道式加热炉，完成再生。

● 欧洲 Eurecat 的旋转百叶窗炉法：该方法使用连续缓慢旋转的排烟窗烧焦再生器，该烧焦再生器(rotolouver)是一个圆柱形的桶体，能在水平轴上缓慢旋转，用一组重叠的百叶把圆桶形再生器围起来，待再生催化剂缓慢通过旋转排烟窗，同热的空气逆流换热，空气量是经过计算的。

● 美国 Tricat 的流化床法：该过程采用流化床技术对废催化剂再生。

在有些废催化剂再生过程中，在废催化剂再生之前，先脱油。这样即可以回收一部分烃，又可以尽可能地脱掉废催化剂上面沉积的一部分硫，脱硫的目的是为了避免再生过程中生成硫酸盐沉积在催化剂上。再生过程中产生的硫酸盐会留在催化剂上，影响催化剂使用性能。

在废催化剂氧化再生过程中，温度对积炭的控制非常重要，不仅关系到催化剂性能的恢复程度，还影响硫含量。

多数在用的废催化剂再生法都包括积炭氧化燃烧这一步骤。为了确保烧焦过程的安全性，再生过程的前阶段，通常使用经过稀释的空气，作氧化介质。再生过程的尾段(即，多数焦炭成分被除掉后)可以用空气完成。图 3-31 为废催化剂再生温度同脱炭率和脱硫率之间的关系。从图中的曲线可以看出，如果再生过程控制得好，沉积在催化剂上的碳几乎可以完全被烧掉。

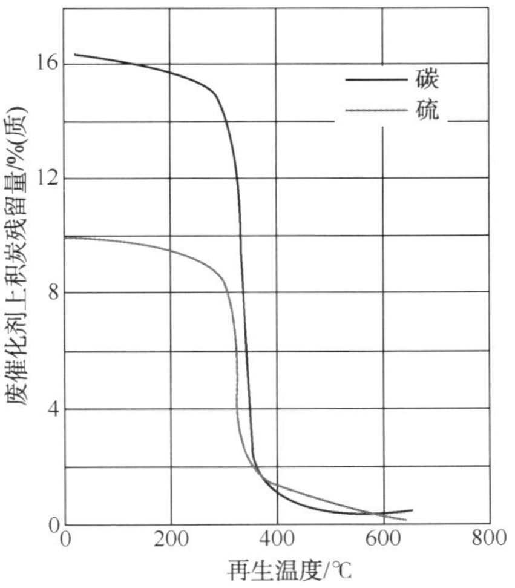

图 3-31　在废催化剂再生过程中再生温度同脱炭率和脱硫率之间的关系[2]

用空气进行废催化剂氧化再生是比较合理的，但需要小心监测再生温度。为此，再生器必须配备冷却系统。如果再生温度过高，可能会损伤催化剂结构。

各种再生方法的经济性比较，由于缺乏这方面的数据，难以评估。但是有一点必须考虑，就是废催化剂器外再生公司的位置。如果炼油厂的临氢加工过程规模比较大，就应当考虑建设一座废催化剂处理厂。

二、临氢加工过程废催化剂的复原

多数情况下，超重原料临氢改质过程产生的废催化剂表面既沉积焦炭，也沉积大量来自原料的金属。如果催化剂上沉积的金属太多，就不适合单用再生技术处理，这类废催化剂可以采用再生和复原组合技术处理，催化剂的活性可以恢复到所期望的水平。

以恢复活性为目标的催化剂脱金属过程不叫“再生”，而称作“复原”。

必须强调的是，催化剂“复原”的主要目的是从废催化剂中脱掉导致催化剂失活的金属和焦炭两种污染物，恢复催化剂活性。这类过程不同于催化剂“再生”，再生只能烧掉废催化剂上沉积的焦炭。

多数催化剂复原过程是，以金属污染物的选择性沥滤技术为基础，把废催化剂中的金属污染物分出来，使催化剂活性得到恢复。同时，所有工作都是为了确保活性金属的沥滤，也就是说尽量减少活性金属被沥滤出来。也有其他非沥滤法废催化剂复原过程，但受关注的程度有限。

图 3-32 描述的是由 KISR(Kuwait 科学研究院)开发的废催化剂复原过程示意流程。已经建立了各种废临氢加工催化剂的数据库，其主要用途是方便废催化剂复原操作。

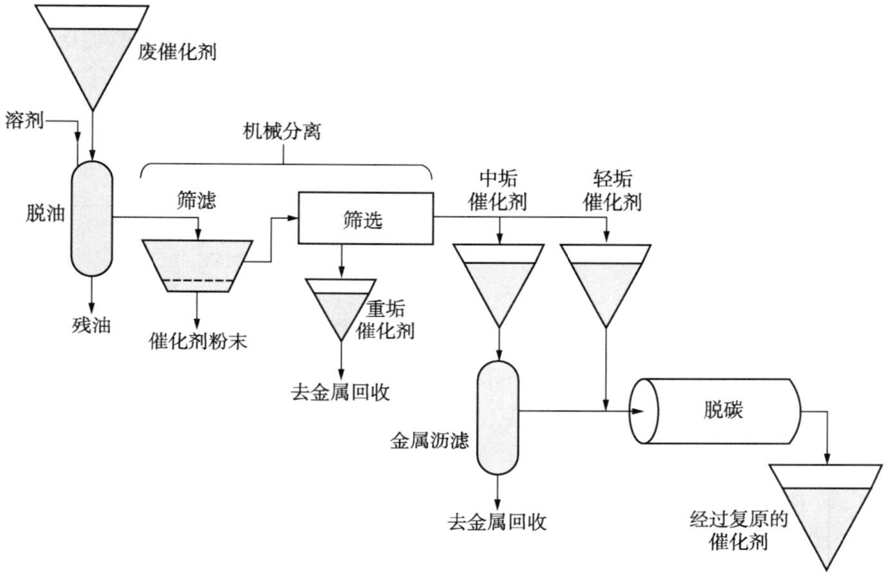

图 3-32　KISR 废催化剂复原过程示意流程[2]

图 3-32 所示的一些步骤也可以用于废催化剂处理，如开始的脱油段和颗粒的机械分离段。有三个复原方案可供选择，简述如下：

- 方案 1：废催化剂在第一段，经煤油洗涤脱油。然后，无油废催化剂通过机械分离，分出废催化剂粉末(<5mm 的颗粒)，以及轻污、中污和重污三部分废催化剂。中污、重污两部分经化学处理-沥滤脱掉金属。经过沥滤的催化剂同轻污催化剂混合后，通过燃烧脱掉催化剂上的碳，得到复原催化剂。
- 方案 2：废催化剂经脱油，并分离成三类之后(如方案 1)，重污部分送金属回收公司，而中污部分进沥滤段。经过沥滤的催化剂和轻污催化剂经脱炭后，得到复原催化剂。
- 方案 3：如方案 1 和方案 2 那样，进行脱油和分类。重污和中污部分送金属回收装置，而轻污废催化剂在接近氧化再生条件下脱炭。

多数情况下，处理超重原料的加氢裂化(临氢改质)过程产生的废催化剂是不能直接再生的。据有的文献报告，这类废催化剂，如果采用再生和复原组合技术，仍可以使其活性恢复到所期望的水平。

三、流化床加氢裂化过程废催化剂的处理和利用

临氢加工过程废催化剂的进一步利用是改善过程经济性的重要一环。图 3-33 为沸腾床加氢转化过程的废催化剂处理系统示意流程，该系统由三部分组成：新鲜催化剂的预处理系统；向反应器中补加催化剂和从反应器中排出催化剂的相关设施；废催化剂处理系统。

新鲜催化剂如同油浆那样，从高压容器出来，进入第一个反应器。平衡催化剂从第一反应器排出，如同油浆那样输送到第二反应器。由第一和第二反应器排出的废催化剂进转输容器。然后，经洗涤、冷却，输送到废催化剂储存罐。由沸腾床反应器排出的废催化剂能否进一步利用，取决于失活的程度，特别是金属(如 V 和 Ni)沉积量。

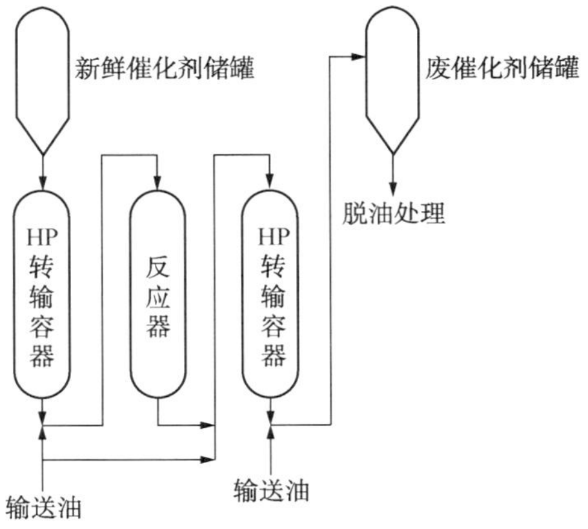

图 3-33　沸腾床加氢转化过程催化剂预处理系统和废催化剂处理系统[2]

有一个处理重质原料的改质过程，使用废催化剂。该过程采用两段流程。粉状废催化剂具有抑制生焦和脱金属的活性，用在第一段。第一段流出物直接进第二段，在加氢裂化条件下操作。

经过粉碎处理的废临氢加工催化剂，在 VR 悬浮床反应器加氢裂化过程中，显示出比较高的活性。原因是这种粉末状催化剂，几乎能完全避免在加氢裂化过程中处理劣质重原料时碰到的物料分布问题。在悬浮床加氢裂化过程中，经过破碎的废催化剂粉末中的金属(如 Ni、Co、Mo 和 Fe)能在反应器内迅速转化成相应的硫化物。其结果是能够提高催化剂颗粒表面上的氢活化速率。产生的活化氢，会在焦炭母体转化成焦炭之前，把焦炭母体转化成挥发性产品。即使重度失活的，经过破碎的催化剂(不用脱炭)也能成功地用在悬浮床反应器中，该废催化剂中，含有 9.6%(质)的 V、6.0%(质)的 Ni 和 12.9%(质)的碳。尽管这些废催化剂受到严重污染，在改质 VR 过程中依然表现出相当高的活性。还有一个利用废催化剂的方案，是把从废临氢加工催化剂复原过程提取出来的载荷金属，同重质原料油混合成油浆，用作过程的催化剂。

第五节　加氢裂化过程商品催化剂

加氢裂化过程商品催化剂指的是已经用于工业装置的商品催化剂或催化剂系统。工业加氢裂化催化剂或催化剂系统主要有三个来源：拥有加氢裂化专利过程的石油炼制公司，通常这类公司都有自己的或合作的催化剂研究开发机构；专用催化剂/化学品生产厂或公司；规模比较大的石油炼制或石油化学品研究院/所。

在加氢裂化装置中通常使用两类催化剂：预处理催化剂和裂化催化剂。目前，比较大的加氢裂化预处理催化剂供应商有：UOP、Axens/Procatalyse(同 IFP 合作)、Advanced Refining Technology(与 Chevron 合作)、Aczo Nobel、Criterion 和 Haldor Topsoe。比较大的加氢裂化催化剂供应商有：Chevron、UOP、Axens/Procatalyse(同 IFP 合作)、Akzo Nobel 和 Criterion/Zeolyst[10,14,22,23]。

一、CLG 加氢裂化催化剂

CLG 是 Chevron Lummus Golabl LLG 的简称。Chevron 是开发和应用无定形催化剂比较早的公司之一。使用非贵金属无定形催化剂的 Isocracking 过程有单段和两段操作模式，主要用于最大量生产中馏分油。Chevron 在催化剂的研究方面已经有 40 多年的历史，于 20 世纪 70 年代开始研发分子筛催化剂。1985 年兼并 Gulf，使其催化剂更加多样化。

(一)CLG 加氢裂化过程的加氢预处理催化剂

图 3-34 为 CLG 开发的 VGO 加氢裂化过程加氢预处理催化剂 ICRD179 的脱氮活性同其他几种催化剂的比较。

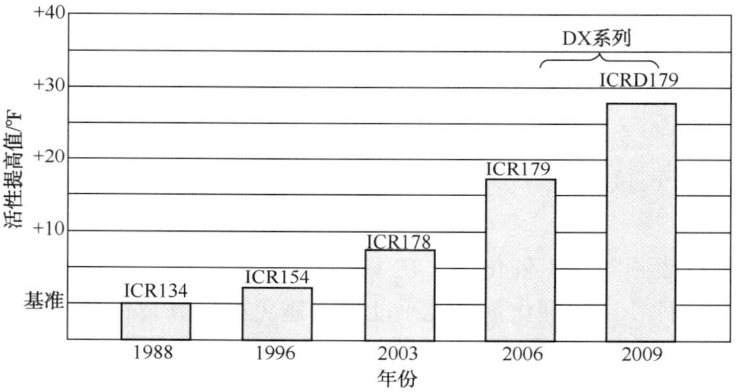

图 3-34　CLG VGO 加氢裂化过程加氢预处理催化剂 ICRD179 的脱氮活性[6]

由图 3-34 可以看出，CLG 的 VGO 加氢预处理催化剂，在 20 多年时间里，脱氮活性提高了近 16.9℃。据 CLG 报告，ICR134I、CR154 到 ICR178 的活性提高是通过优化载体和活性中心密度完成的；而从 ICR178 到 ICR179 再到 ICRD179 的活性，提高的幅度更大，超过 5.56℃，是通过制备技术和增加活性更高的Ⅱ类活性中心密度实现的。

近几年开发出的 ICR512 和 ICR173 催化剂，分别是用来处理重质原料的加氢处理催化剂和高活性渣油脱硫催化剂。这两种催化剂的特点主要体现在，能处理的原料更宽泛，产品的质量更高[30]。

(二)CLG 加氢裂化催化剂

催化剂的选择性对于任何加氢裂化催化剂来说都是非常重要的。图 3-35 为 CLG 开发的非贵金属 ISOCRACKING 催化剂的概况和催化剂活性同选择性之间的关系。如果是一种选择性比较高的催化剂，就意味着它能够生产更多的目的产品。如果是一种活性比较高的催化剂，就意味着它有比较长的运转周期，或者有比较高的处理能力或能处理质量比较差的进料。图中的 ICR177、ICR180、ICR160*、ICR183 和 ICR240 五种催化剂已经投放市场。

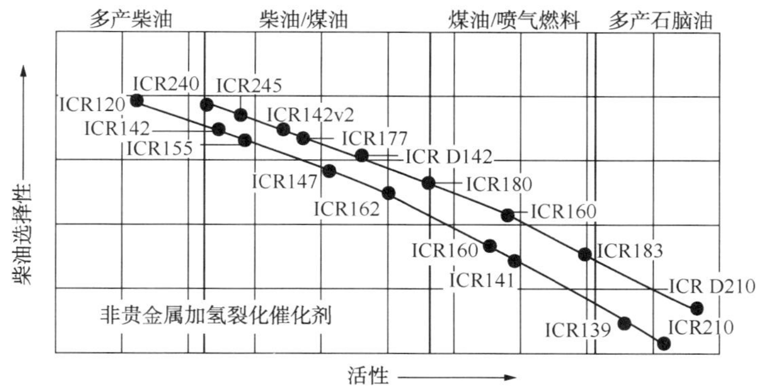

图 3-35　CLG 开发的非贵金属 ISOCRACKING 催化剂[6]

图 3-36 为催化剂分子筛含量同相对裂化率之间的关系。图 3-37 为催化剂经低分子筛改性前后相对裂化率的变化。

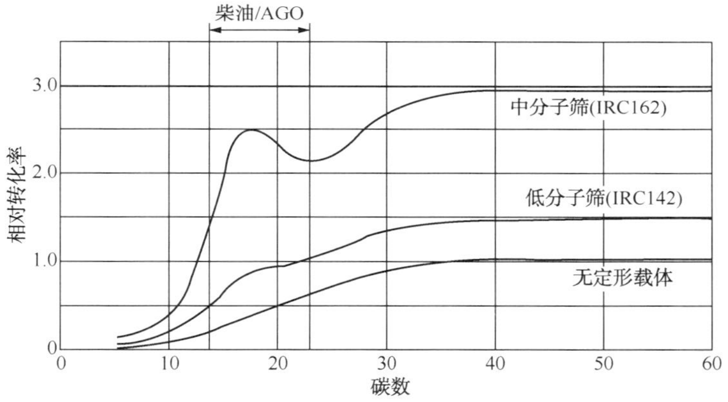

图 3-36　分子筛含量同中馏分油相对裂化率之间的关系[6]

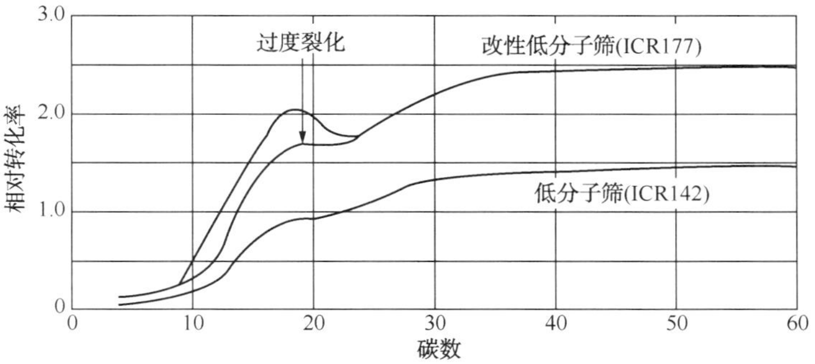

图 3-37　催化剂低分子筛改性前后中馏分油相对裂化率的变化[6]

表 3-9 为 Chevron 以往开发的系列加氢裂化催化剂。近几年 Chevron 又开发出了 ICR214 和 ICR188 两个加氢裂化催化剂，ICR214 用于最大量生产石脑油，ICR188 用于最大量生产柴油。这些催化剂的主要特点是：能处理的原料更宽泛，生产的产品质量更高。

表 3-9　Chevron 以往开发的系列加氢裂化催化剂及特点[30]

催化剂名称	用途和特点
ICR106	非贵金属/无定形 Si-Al 催化剂，兼有比较高的中馏分油的选择性和比较强的加氢性能，用于生产优质中馏分油和润滑油基础油
ICR120	非贵金属催化剂，用于生产优质柴油、煤油/喷气燃料
ICR126	加有分子筛的无定形非贵金属催化剂，对中馏分油的选择性略有下降，活性提高，有比较高的操作灵活性，用于生产优质柴油、煤油/喷气燃料；反应温度比 ICR-106 低 23.9℃
ICR136	非贵金属催化剂，用于生产优质石脑油、煤油/喷气燃料
ICR139	非贵金属催化剂，用于生产优质石脑油、煤油/喷气燃料
ICR141	非贵金属催化剂，用于生产优质石脑油、煤油/喷气燃料
ICR141S	非贵金属催化剂，用于加氢处理和低转化率加氢裂化
ICR142	加有改性分子筛的非贵金属催化剂，同 ICR-106 比，对中馏分油的选择性接近，而活性提高，用于生产优质中馏分油和润滑油基础油；反应温度比 ICR-106 低 8.3℃
ICR147	非贵金属催化剂，用于生产煤油/喷气燃料
ICR150	非贵金属催化剂，用于生产高质量中馏分油和润滑油基础油；反应温度比 ICR-106 低 15.7℃
ICR155	加有分子筛的酸性无定形 Ni-W/Si-Al 催化剂，有比较高的活性和稳定性，可以处理 HVGO 和 DAO，生产优质润滑油基础油（VI 和黏度高，可作异构脱蜡原料，生产 API Ⅱ、Ⅲ基础油）
ICR209	贵金属催化剂，用于生产优质石脑油和润滑油基础油
ICR210	贵金属催化剂，用于生产高质量石脑油、煤油/喷气燃料
ICR220	贵金属催化剂，用于最大量生产中馏分油

CLG 有几十套中型和微反装置，长期致力于加氢催化剂技术和临氢技术的开发和应用。

ISOCRACKING 和 ABB Lummus Global Amoco LC-Fining 是 Chevron 公司的两种典型的加氢裂化过程。Chevron ISOCRACKING 过程使用 Ni-W 、Ni-Mo、Ni-W 分子筛催化剂，能处理从石脑油到脱沥青渣油的各种馏分。该过程有两种流程，一段一次通过流程和两段流程。Chevron ABB Lummus Global Amoco LC-Fining 使用 Co-Mo/铝催化剂，能处理渣油、煤液化油，反应压力 10.0~20.0MPa，反应温度 430~470℃[14]。

下面列出的是该公司的几种加氢裂化过程使用的催化剂和特点。

1. ICR177

多年来，ICR142 催化剂广泛地应用于最大量生产高黏度指数加氢裂化尾油和最大量生产中馏分油。随着原料的劣质化和操作强度的提高，ICR142 的活性已经满足不了要求。Chevron 新开发的 ICR177 能够取代 ICR142 在特定条件下最大量地生产高黏度指数加氢裂化尾油和最大量生产中馏分油。从一些公布的图表可以看出，ICR177 催化剂有下列特点：

- 随着转化率的提高，柴油收率明显增加。
- 活性比 ICR142 高 5.56℃。
- 气体产率没有增加。

2. ICR180

ICR180 的活性高于 ICR142，但是对中馏分油的选择性比 ICR142 差，是 2003 年首次工业应用的中馏分油型加氢裂化催化剂，主要用于 SSOT 和 SSREC 过程，也可以用于 TSR（两段循环）过程的第一段和第二段。Chevron 开发 ICR180 的目的是：改善 ICR162 对中馏分油的选择性，使其接近 ICE142 的水平；活性高于 ICR162。

从一些公布的图表可以看出，换代产品 ICR180，同 ICR162 比，有下列特点：

- 已经工业应用，催化剂配方在 ICR162 的基础上稍有调整。
- 目标是最大量生产中馏分油，柴油产率增加 2%以上，而煤油没有增加。
- 在低转化率时，对石脑油的选择性差别不大，而在高转化率时，对石脑油的选择性明显下降，下降率达 2%。
- 活性高 5.56℃，气体产率稍有下降。

3. ICR160* 和 ICR160

ICR160 是一种 ICR141 的换代催化剂，于 2002 年工业化，是针对劣质原料和最大量生产煤油和喷气燃料开发的，ICR160 即可以用于 SSOT 和 SSREC 过程，也可以用于 TSR 过程的第一段和第二段。同 ICR141 比，ICR160 的活性略低，对柴油的选择性比较高，石脑油和气体产率下降明显。

ICR160* 是在 ICR160 基础上，为了进一步提高选择性和活性，而开发的。从一些公布的资料和数据看，同 ICR160 比，ICR160* 有下列特点[6]：

- 对催化剂配方进行了微调。
- 活性类似。
- 柴油收率增加 1%~3%，煤油收率没有变化，气体收率稍有下降。

4. ICR183

ICR183 催化剂是在 ICR160 基础上，为处理劣质原料和最大量生产喷气燃料和石脑油而开发的，2008 年工业化。其活性和选择性都明显优于 ICR160。ICR183 有比较强的抗有机氮能力，不仅可以用于 SSOT 和 SSREC 过程，也可以用于 TSR 过程的第一段和第二段。同 ICR160 比，其特点为：

- 裂化活性中心密度更高，使催化剂有比较强的抗有机毒物能力。
- 由于活性提高（16.7℃），柴油收率下降 2%，煤油收率没变化，重石脑油收率增加 1.5%，轻石脑油收率增加 1%~2.5%，气体产率没有增加。

5. 老装置更换 ICR240 后的好处

CLG 设计的两段加氢裂化过程流程（见图 3-38）使用 ICR240 催化剂。该流程的特点是：

- 第一段上部床层为进料加氢预处理催化剂，中部床层为加氢裂化催化剂，转化率为 40%~60%。
- 第一段和第二段反应器流出物一起去蒸馏系统。
- 蒸馏塔底油进第二段反应器，进行部分或全转化。
- 第二段反应器采用新开发的 ICR240 分子筛催化剂，取代以往用的 ICR120 无定形催化剂
- 由于进入第二段反应器的进料比较“干净”，反应速度明显加快，反应器尺寸比较小，

反应器床层温度比较低，产品质量高。

- 第二段裂化催化剂酸性适度，能抑制高附加值产品的过度裂化。

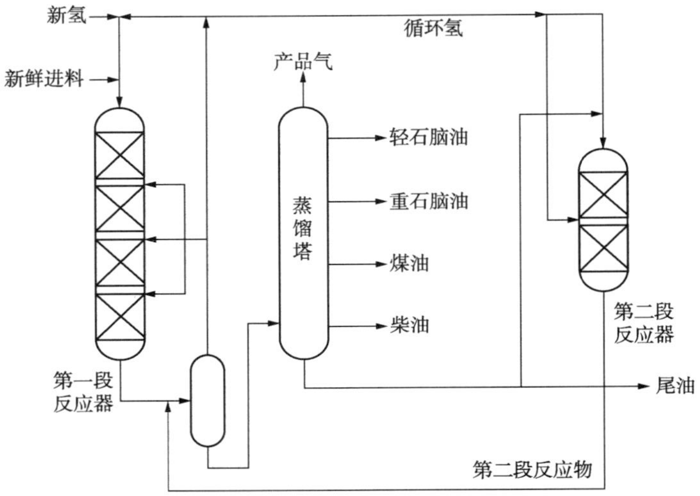

图 3-38　CLG 设计的两段加氢裂化过程流程[6]

装置更换 ICR240 催化剂后，有下列好处：

- 选择性明显提高，工业应用效果超过预期。
- 产品分布可调范围比较大，对操作有利。
- 消除了轻质烃回收方面的瓶颈。
- 装置处理能力明显提高，可以达到设计能力的 115%。
- 装置目前的瓶颈是中间馏分油的回收能力。
- 由于装置性能的改善，使全厂加工能力提高几个百分点。

二、UOP/Unocal 加氢裂化催化剂

创建于 1914 年的 UOP 是大型石油炼制和石油化工公司，主要业务是有关石油炼制和石油化工技术的开发和转让。加氢裂化过程和加氢裂化催化剂的研究和开发是该公司在炼油技术方面的主要任务之一，有 60 多年的经验。1995 年 UOP 兼并加州 Unocal（联合）公司（加氢处理、加氢裂化工艺和催化剂部）之后，使其在加氢裂化和加氢裂化催化剂技术方面实力大增，使其成为这方面的主要专利技术供应商。UOP 在我国北京设有办事机构，机构名称为：UOP Processes International Inc.（UOP 过程国际公司）。UOP 的加氢裂化专利技术名称为 HC Unibon 和 Unicracking。UOP 除了有专门的催化剂科研机构外，还下设十个独资生产厂和三个合资生产厂，其中阿拉巴马州莫比尔生产厂和路易斯安那州施里夫波特生产厂生产加氢裂化催化剂。

UOP 能够按原料的质量和用户对产品分布和质量的要求，提供所需要的催化剂系统。其中的灵活性生产模式，可以随市场和季节的变化，切换或调整。UOP 在加氢裂化方面的优势是：有自己的研发能力；加氢裂化催化剂系列比较齐全；有匹配加氢裂化过程用的加氢精制（或处理）催化剂。UOP 在开发新一代 Unicracking 催化剂时，比较注重：改善装置的操

作性；对产品的选择性；对产品质量目标的影响。

图 3-39 为 UOP 开发的各种 Unicracking 催化剂的工业化时间，其中的 8 种催化剂已经工业化。其中有些催化剂可以用来处理重质原料，如 DAO 和重质高氮原料。

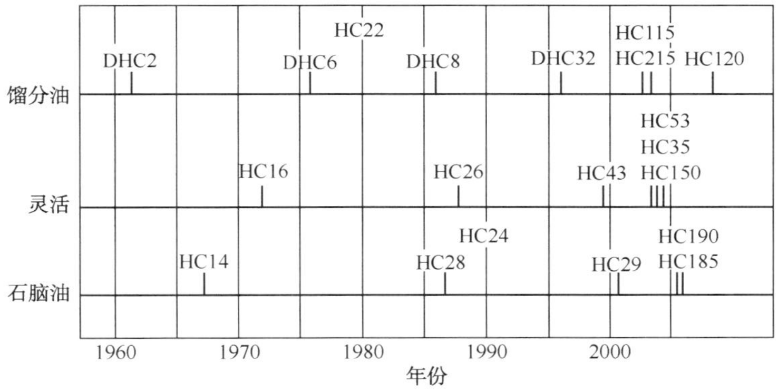

图 3-39　各种 UOP Unicracking 催化剂的工业化进程[16]

下面列出的是 UOP 最近几年工业化的几种新的加氢裂化催化剂：

- HC-110：载体中含有新的改性分子筛；最大量地生产中馏分油（收率比 DHC-8 高 1.7%~2%）；反应活性比 DHC-8 低 6~8℃。
- HC-170：载体中含分子筛；同 HC-24 比，重石脑油产量提高 1.0%~1.5%，总液收增加。
- HC-175 和 HC-185：用于大量生产石脑油。
- DHC-32：载体中含分子筛；对中馏分油的选择性略低于 DHC-8，活性比较高。
- HC-140 和 HC-150：能提高装置的操作生产灵活性。
- HC-140LT：用于灵活地生产石脑油和馏分油。
- HC-205LT：用于第二段，能使柴油产量最大化。
- HC-120 和 HC-215：用于生产馏分油。
- HC-120LT：用于生产冷流动性比较好的馏分油。
- HC-183LT：有比较高的活性，能够灵活地在石脑油和柴油两个方案之间调整。

表 3-10 为 UOP 的几种新一代 Unicracking 催化剂的销售和应用情况，使用这些催化剂能改善装置对氢气管理、产品收率和催化剂活性方面的要求。

表 3-10　UOP 的几种新一代 Unicracking 催化剂性能[31]

催化剂	DHC-8	HC-120	HC-215	HC-43LT	HC-140	HC-150	HC-24	HC-175	HC-185
活性	Base	+++	++	Base	-	+	Base	Base	+
馏分油收率/%	Base	+	+++	Base	+	Base	Base	Base	+
氢耗	Base	-	Base	Base	-	-	Base	--	-
煤油烟点	Base	Base	Base	Base	-	-	Base	Base	Base
柴油十六烷值	Base	Base	Base	Base	Base	Base	Base	Base	Base

续表

冷流动性	Base	++	++	Base	++	++	Base	Base	++
稳定性	Base	++	++	Base	+	+	Base	Base	+

+比基础的好；-比基础的差。

UOP 认为，它们的新一代加氢裂化催化剂适用于所有希望提高装置加工能力和改进产品质量的炼油厂。表 3-11 为 UOP 的几种新一代 Unicracking 催化剂的销售和应用情况。

表 3-11 UOP 的几种新一代 Unicracking 催化剂的销售和应用情况[31]

项　目	销售批次	应用批次	开始时间
HC-215	16 *	14	3/2003
HC-120	4	2	5/2007
HC-150	11 *	10	3/2004
HC-140	正在工业化		
HC-185	4 *	3	2/2007
HC-175	1	09 年 4 季度开始	6/2009

* 包括重复定单。

UOP 的加氢裂化催化剂是成系列的，其中的：HC-185LT 或 HC-175LT 可以用于多产柴油和多产石脑油的灵活切换操作方式；如果考虑方案的灵活性和高柴油收率，可以使用 HC-150；如果需要柴油收率最大化，应首先考虑 HC-120LT；如果是经过改造的两段加氢裂化过程，第一段可用 HC-120LT，第二段可以用新开发的 HC-205LT 柴油型催化剂。

下面列出的是 UOP2010 年前开发的几种 Unicracking™过程使用的催化剂和相关技术[5]：

(1) HC-175LT 石脑油型 Unicracking™催化剂

HC-175LT 催化剂的特点如下：

- 能选择性地对柴油加氢，主要反应是加氢精制，能把氢保留在柴油中。
- 石脑油的芳烃饱和最小，能维持比较高的芳烃含量和辛烷值。
- 氢耗比较低。
- 同 HC-24L 比，柴油收率高 1%~2%(体)。
- 2009 年四季度在北美某炼油厂首先应用。

(2) HC-185LT Unicracking™催化剂

HC-185LT 催化剂的特点如下：

- 酸性强，选择性好。
- 以芳烃饱和为代价，能促进烷烃的不对称断裂和异构化，能改善柴油低温流动性。
- 和同类催化剂比，氢耗降低 10%~20%。
- 能根据市场需求，在两个方案(多产石脑油方案和多产柴油方案)之间灵活切换。
- 在正常转化率(30%~50%，柴油和更轻产品)时，柴油收率比 HC-24L 的柴油收率高 2%~3%。
- 馏分油的低温流动性明显改善(见表 3-12)。
- 用于北美的四个加氢裂化装置。

表 3-12　两种 UOP Unicracking™催化剂的全馏分油产品低温性质比较[5]

项　目	HC-24L	HC-185LT
浊点/℃	-8	-14
倾点/℃	-9	-24
CFPP/℃	-7	-15

(3) HC-150LT Unicracking™催化剂

HC-150LT 催化剂的特点如下：

- 酸性强、选择性高，适用于增产柴油。
- 同 HC-43LT 比，产品选择性一样时，活性高 5.56℃，氢耗低 10%~15%。
- 在正常转化率(30%~50%，柴油和更轻产品)时，同 HC-24L 比，柴油收率高 8%~9%。
- 第一个应用在欧洲，更换 HC-150LT 催化剂后柴油收率明显提高，效果见表 3-13。
- 预处理催化剂换代后，在维持循环周期的条件下，可以加工更差的原料和提高处理能力。

表 3-13　欧洲某装置用 HC-150LT 更换 HC-24L 之后的效果[5]

项　目	原设计	更换催化剂后
进料速率/(m^3/d)	4770	5565
原料	HVGO、减黏 HVGO	HVGO、减黏 HVGO、润滑油抽提油
HPS 压力/MPa	9.9	9.9
催化剂		
预处理	Ⅰ型	Ⅱ型
加氢裂化	HC-24L	HC-150LT
转化率/%(质)	65	65
馏分油收率/%(质)	33	40
催化剂寿命	基础	基础

(4) HC-120LT Unicracking™催化剂

HC-120LT 催化剂的特点如下：

- 活性同 DHC-32LT 接近，对馏分油选择性高 2%，能多产柴油和少产石脑油。
- 倾向于烷烃的不对称裂化，产品中的异构烷/正构烷比高(见表 3-14)，柴油浊点比 DHC-32LT 柴油低 6.12℃。
- 2009 年 5 月在北美某加氢裂化装置上首先应用，增产航煤和柴油的能力比预期的好。

表 3-14　重柴油综合 GC(气体色谱法)分析数据[5]

组成/%(质)	DHC-32LT	HC-120LT
正构烷	17.6	15.3
异构烷	55.2	73.1
环烷烃	18.2	5.5
芳烃	9.0	6.1

(5) CatTrap^{R}材料

CatTrap^{R}材料的特点如下：

- UOP 和 Crystaphase Products 合作开发的专用技术。
- 铝含量比较高的硅铝圆片，有极高的内孔隙率(85%)，装入反应器后的内外孔隙率之和超过 90%，能提高反应器体积利用率。
- 位于反应器催化剂的顶层，用于除去进料中的杂质和污染物，改善进反应器的物料分布，缓解催化剂床层压降问题，延长反应器操作周期。
- 同以前应用的系统比，占反应器的空间小。
- 到 2010 年，在 100 个炼油厂的 620 套加氢裂化装置上应用。

(6) UF-75 Unicracking™脱砷催化剂

UF-75 Unicracking™脱砷催化剂的特点如下：

- 用于反应器催化剂床层上部，脱除进料中的砷，砷会引起下游催化剂中毒，失活。
- 早期应用表明，进料中的砷会沉积在该催化剂上(含量大于 8%)，第一床层的预处理催化剂温升稳定，没有超出规定值。
- 从 2005 年开始到 2010 年，已经在 12 套装置上应用。

(7) 由 Albemarle(UOP 的合作伙伴)提供的加氢裂化预处理催化剂

Albemarle 加氢裂化预处理催化剂的特点如下：

- KF860：孔径大、分布均匀，性能比较稳定；可以处理比较差的进料，能减轻下游催化剂由积炭和金属杂质引起的失活，延长催化剂寿命。
- KF868：稳定性同 KF860 接近，活性更高，HDS 活性几乎提高了一倍，主要针对 VGO 或比较差的进料开发的加氢裂化过程预处理催化剂；可以增产柴油；也可以同选择性更强的催化剂配合使用。
- NEBULA：由 ExxonMobil 公司发明的一种新材料，加氢脱氮(HDN)和脱芳烃(HDA)活性高，活性几乎是常规用于处理瓦斯油的临氢加工 CoMo/Al_2O_3催化剂的 4 倍；CoMo STARS/NEBULA 催化剂的常态化 ΔWABT(常态化 WABT-基础 WABT)比 CoMo STARS 催化剂低近 27K；自 2001 年起已经有 40 项应用；经同 Albemarle 和 UOP 合作进一步提高了活性，能够提高柴油收率和改善柴油质量。

三、IFP Hydrocracking 催化剂

IFP Hydrocracking 加氢裂化过程除了使用 IFP 公司自己开发的催化剂之外，还使用其他公司或同其他公司联合研制的催化剂。2001 年兼并 Axens 之后，开始使用 Axens 催化剂。

(一) IFP Hydrocracking 催化剂的特点

IFP Hydrocracking 过程使用的加氢裂化催化剂分为两类：用于生产中馏分油的无定形 Si-Al 加氢裂化催化剂；活性比较高的分子筛催化剂，其特点如下[14,22]：

- 无定形催化剂主要用于脱硫、脱氮、芳烃加氢。分子筛催化剂除了用于芳烃开环之外，还能够促进脱烷基、异构化和裂化等反应。通过优化操作条件，能够调整两类催化剂的裂化和加氢性能，灵活地适应原料、目的产品分布和性质的要求。
- HYC642 和 652 分子筛催化剂是经过改进的 USY(超稳 Y 分子筛)，同以往的分子筛比，由于酸性点得到调整和 0.5~2nm 的孔径分布广泛，使裂化反应得到抑制，使其对中馏

分油的选择性基本上达到无定形催化剂的水平。

• 分子筛催化剂同无定形催化剂比，由于裂化活性高，反应温度低 30~40℃，在裂化率高的操作条件下和处理重质原料时，同无定形催化剂比，有更好的安定性和比较长的使用寿命。

• 如果系统氢分压控制在 8.1~10.1MPa 范围内，有利于维持装置的经济性。

表 3-15 为几种常用的 IFP Hydrocracking 预处理催化剂。

表 3-15　几种常用的 IFP Hydrocracking 预处理催化剂

型　号	用　途	组　分
HRK 558	加氢裂化预处理催化剂，高 HDN 活性	Ni-Mo-Al_2O_3TL
HRK 658	加氢裂化预处理催化剂，高 HDN 活性	Ni-Mo-Al_2O_3TL
HDK 766	中馏分油和润滑油加氢处理催化剂	金属-专利载体 TL
HDK 776	中馏分油和润滑油加氢处理催化剂	金属-专利载体 TL
HDK 786	中馏分油和润滑油加氢处理催化剂	金属-专利载体 TL
HYC 642	中馏分油和润滑油加氢处理催化剂	金属-分子筛 C
HYC 652	中馏分油和润滑油加氢处理催化剂	金属-分子筛 CC
HYK 732	中馏分油和润滑油加氢处理催化剂	金属-分子筛 CTL
HYK 742	中馏分油和润滑油加氢处理催化剂	金属-分子筛 CTL
HYK 752	中馏分油和润滑油加氢处理催化剂	金属-分子筛 CTL
HYK 762	中馏分油和润滑油加氢处理催化剂	金属-分子筛 CTL
HTS 358	沸腾床(H-Oil DC®)VGO HDS 和 HDN	(H-Oil DC®)，专利 C、T

(二)IFP Hydrocracking 使用的 Akzo 和 Criterion 加氢裂化催化剂

有的 IFP Hydrocracking 过程使用 Akzo 加氢裂化催化。表 3-16 为几种 Akzo 催化剂性质。图 3-40 为 Akzo Nobel 加氢裂化催化剂性质。表 3-17 为 Criterion 催化剂性能。

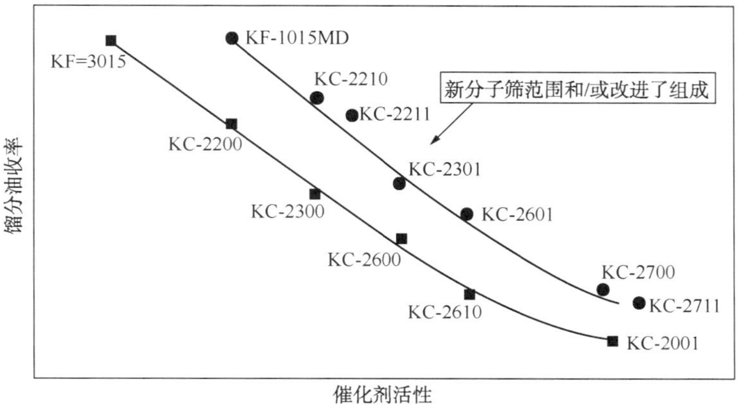

图 3-40　Akzo Nobel 加氢裂化催化剂性质[14]

表 3-16　Akzo 加氢裂化催化剂性质[14]

催化剂	相对活性	相对中馏分油的选择性
KC-2300	+++	+++++
KC-2600	++++	++++
KC-2602	++++	++++
KC-2610	+++++	+++
KC-2710	+++++	+++
KC-2001	+++++	++

表 3-17　Criterion 加氢裂化催化剂性能[14]

催化剂编号	催化剂特点
Z-603	活性稳定性好，最大量地生产中馏分油，收率同无定形催化剂一样
Z-673	加氢脱氮活性强，能处理比较重的原料，中馏分油选择性高
Z-713	能处理比较重的原料，最大量地生产中馏分油、喷气燃料和柴油
Z-723	芳烃饱和能力强，专门用于处理重质原料油生产中馏分油
Z-753	可生产优质石脑油，氢耗低
Z-803	活性高，芳烃饱和能力强，操作灵活性大
Z-863	活性高，抗氮能力强

(三) IFP Hydrocracking 使用的 Axens 催化剂

Axens 是 IFP Energies nouvelles 集团公司的子公司，该公司是 2001 通过同 IFP Energies nouvelles 技术和专利服务部合并成立的。

Axens 是一个能为石油炼制业提供催化剂和技术服务的国际供应商。加氢裂化技术和加氢裂化催化剂的研究和开发是其中的一部分。

IFP Hydrocracking 过程使用的 Axens 催化剂大致分成三类：缓和加氢裂化催化剂；高转化率加氢裂化催化剂；沸腾床(H-OilDCR)加氢裂化催化剂 HTS 358。

1. IFP Axens 缓和加氢裂化催化剂

IFP Axens 缓和加氢裂化过程使用的几种催化剂：

- HF 858：含 Ni-Co-Mo 金属组分的三叶压条保护催化剂；加氢脱金属(金属、杂质和盐)活性高；用于常压或减压渣油 HDM 和 HDAs，有比较长的运转周期。
- HMC 868：用于重馏分油的(AR 或 VR、DAO 或重 VGO)加氢预处理；脱金属率和沥青转化率高，能降低康氏残碳；能在苛刻度比较高的操作条件下工作，金属容量比较高，有比较高的脱沥青、HDM 和 HDS 活性；如果同 HT 438 组合，有更高的脱硫速率；球形，直径有两种，1.4~2.8 mm 或 4~6.3 mm；以氧化物的形式交货，可通过注入硫化剂的方式进行硫化。
- HR 526：是一种用 ACE™(先进催化剂工程)技术开发的高活性催化剂；三叶压条，活性高；用于 VGO 脱硫，生产 ULSD；可以用作 SRGO 加氢处理装置的替换催化剂；加氢活性比较低。

• HR 568：三叶形 Co-Mo-Ni-Al_2O_3催化剂；用于从柴油到 VGO 的超深度 HDS 和 HDN；由于 HDS 活性高，即使不用消耗多少氢气，也能够处理最难脱硫的硫化物；具有处理多种原料的灵活性，有利于改善炼油厂的赢利性。

• HDK 776：三叶压条无定形加氢裂化催化剂；用于 VGO、LCO、CGO 或 DAO 的加氢预处理和加氢裂化；有比较长的运转周期，最大量生产柴油；能同 HRK 558 组合使用，HRK 558 用于第一段，实现高 HDN 率，提高基础油 VI；可以同 HRK 558、HYK 和 HYC 系列催化剂组合使用，应对多种需求；用于中馏分油和润滑油生产。

• HR 538：新一代三叶形高活性 Ni-Mo-Al_2O_3型 VGO HDS 和 HDN 催化剂；脱硫、脱氮和芳烃饱和活性高；能够处理热转化和催化转化过程生产的馏分；能够预处理 FCC 原料；是用 ACE™技术开发的催化剂；同 Ni-Mo 或 Co-Mo 催化剂组合使用，可以应对一些特殊需要；以氧化物的形式供应，硫化可以通过注入硫化物现场完成；直径 1.2mm、1.6mm 和 2.5mm。

• HR 548：Ni-Mo-Al_2O_3，三叶形；具有非常高的脱硫和脱氮活性；用于柴油和 VGO 的 HDS 和 HDN；能处理质量中等到比较差的难处理原料，如高沸点、高氮和裂化原料；可以用于提高十六烷值和密度。

• HR 504：用 ACE™技术开发的三叶压条形，Co-Mo-Ni 催化剂；能降低催化剂装填费用；维持 VGO 脱硫率和改善 FCC 进料质量；活性、稳定性和一段烧焦的再生性同 HR 500 系列催化剂相同；有比较高的 HDS、HDN 和 PNA 饱和活性。

• HR 544：三叶压条形 Ni-Co-Mo 催化剂；用于馏分油深度加氢精制；用 ACE™技术专门设计的新一代催化剂，能处理 VGO、HCGO、DAO；由于 HDS 活性高，可以用来预处理 FCC 进料和生产低硫产品；由于稳定性好，能够延长装置操作周期；可以用便宜的常规一段烧焦法再生；以氧化物的形式供应，硫化可以通过注入硫化物现场完成；商品直径是 1.2mm、1.6mm 和 2.5mm。

• HR 454：新一代三叶压条形 Ni-Co-Mo 渣油脱金属保护催化剂；可以同 Axens 脱金属催化剂(HMC 868、HF 402、HF 858 和 HM 848)组合使用，使脱金属性能最大化和沥青的深度转化，把产品中的硫、CCR 和氮降到最低。

• HT 438：HDS 活性超过常规中馏分油 HDS 催化剂，经过改进后，活性比常规催化剂提高了近 15℃。

2. IFP Axens 高转化率加氢裂化催化剂

IFP 高转化率加氢裂化过程使用的几种催化剂如下：

• HF 858：同上。

• HMC 868：同上。

• HRK 558：三叶压条，Ni-Mo-Al_2O_3催化剂；采用 ACE™技术设计；脱氮性能经过优化，用于加氢裂化原料预处理；对操作条件的变化不敏感，改变操作条件，可以调整产品分布。

• HYC 642：包括 HYC 652，都属于 HYC 分子筛加氢裂化催化剂系列；圆柱压条形 Ni-Mo 分子筛；能加工预处理过的 VGO，用于中馏分油和润滑油生产；活性高，稳定性好，对中馏分油的选择性好，操作周期长，能完全再生；同无定形加氢裂化催化剂组合，能在比较低的温度下，得到相同的转化率；放在 HR 和 HRK 系列催化剂(脱氮)之后，能达到优化操作的目的。

● HYK 732：包括 HYK 742、HYK 752 和 HYK 762，同属于 HYK 700 加氢裂化催化剂系列；三叶压条形 Ni-Mo 分子筛加氢裂化催化剂；用于加工预处理过的 VGO；由于选择性、操作稳定性和再生性好，加氢活性高，装置运转周期更长；用 ACE™技术研制；转化率同无定型催化剂，但操作温度低得多；由于活性高，在转化率相同条件下，能提供更好的对中馏分油的选择性；如果前面配置 HRK 558 和/或者 HDK 776 预处理催化剂，能生产高 VI 产品；用于中馏分油和润滑油的生产。

● HYK 742、HYK 752、HYK 762 和 HDK 776：同 732。

● Impulse HRK 1448：Impulse™是一组性能比较全面的三叶压条形 Ni-Mo 加氢裂化预处理催化剂；能提高装置操作灵活性，即使加工质量比较差的原料，也有比较长的循环周期；由于催化剂中的助催化剂、分散相和载体性质都经过改进，使金属(Mo(Ni)/Co)活性中心的活性最大化，催化剂活性高；在稳定性不变条件下，HDN 活性更高，HDN 活性达到 155%。

3. IFP Axens 沸腾床($H-Oil_{DC}{}^{R}$)加氢裂化催化剂 HTS 358

催化剂 HTS 358 是 IFP H-OIL 过程使用的 Co(Ni)-Mo/铝、硅-铝催化剂，用于处理重裂化油、沥青，反应压力 10.1~20.2MPa，反应温度 430~470℃。

Axens $H-Oil_{DC}$过程由于采用沸腾床反应器，使用特殊设计的 HTS 358 专用催化剂，该催化剂能处理质量比较差的原料。该过程可以替代 VGO 加氢处理和缓和加氢裂化，也可以用于 FCCU 进料的预处理。

HTS 358 有两种类型，HTS 358 C 和 HTS 358 T，圆柱形压条，是专门为 Axens $H-Oil_{DC}$过程设计的，主要用于 VGO 的 HDS 和 HDN，有比较高的 HDS 和 HDN 活性，和比较高的康氏残炭转化能力。

四、Shell Hydrocracking 过程催化剂

Shell Hydrocracking 过程[14]：使用 GroupⅧ+GroupⅥ/硅-铝分子筛催化剂；处理常压和减压瓦斯油、裂化油；加工流程有一段式、两段式和直列式。

Shell 公司有专门的团队为其研究和开发用于加氢裂化过程的催化剂和催化剂系统。

(一)Shell DPRC 加氢裂化过程使用的催化剂和催化剂系统

DPRC 加氢裂化过程以前使用的催化剂寿命取决于加氢处理催化剂寿命。为了延长装置操作周期和维持脱氮能力，在装置运行的后期必须加工更轻的进料和降低处理能力。为了解决这些问题和提高装置经济性，Shell 公司专门为该装置开发了新一代加氢裂化催化剂系统。

1. SHELL DPRC 加氢裂化装置使用的加氢预处理催化剂系统

延长加氢处理催化剂使用寿命的一个方法是把芳烃饱和反应生成物及时移出，破坏芳烃饱和反应平衡，使反应朝更高转化率方向发展。为此，优化了加氢处理催化剂系统，该系统的操作温度虽然已经接近反应器允许使用温度的极限，但仍能保持比较高的脱氮活性。

DPRC 加氢裂化过程采用多床层加氢处理催化剂系统。系统包括两部分：比较先进的氧化铝加氢处理催化剂；ASA(复合无定形硅铝)和分子筛加氢裂化催化剂(Z-503、Z-513 和 Z-2513)，特点见表 3-18。

表 3-18　SHELL DPRC 加氢裂化装置预处理催化剂特点[32]

技　术	催化剂名称	特　点
CENTINEL	DN-3300	适合杂质比较少的 VGO；HDN 效果好；EOR(运转末期)温度>410℃；高芳烃饱和
	DN-3310	适合 VGO；HDS 效果比较好；EOR 温度<410℃；达到 ULSD 规格要求；高芳烃饱和
ASCENT	DN-3551	重 VGO，杂质含量比较高；氢耗比较低；HDS 效果超过 HDN 效果；在温度>400℃时，也非常稳定；满足 HDS；达到 ULSD 规格要求；改善高温稳定性
CENTERA	DN-3620	加工 LCO 和 LCO/VGO 料时的 HDS 和 HDN 效果都好 延长循环周期；达到 ULSD 规格要求；高芳烃饱和
Zeolyst ASA	Z-503、 Z-513/Z-2513	底部堆装；上升的温度曲线图；温度>350℃ Z-513 用于提高转化率；改善稳定性；在 EOR 时有比较高的 HDN 效果

复合形 ASA-分子筛加氢裂化催化剂，同常规催化剂比，随着酸性的增高，显示出一定的抗氮能力。

Shell DPRC 炼油厂于 2007 年在它的加氢裂化过程使用了多床层催化剂系统，使预处理催化剂床层操作温度范围最大化。

每套加氢裂化过程都应当有一套适合该过程的多床层催化剂系统。Shell 和它的团队为 DPRC 选择了由 DN-3300 和 ASA Z-503 复合的加氢裂化过程预处理催化剂。同以往的催化剂系统比较，该催化剂系统，在进料质量和速率稳定的前提下，循环后期的床层操作温度高 7℃。这说明，该催化剂系统不仅能延长催化剂使用寿命，还能在比较高的进料速率下运行，能加工质量更差的进料。

2. SHELL DPRC 加氢裂化过程用的加氢裂化催化剂

DPRC 加氢裂化过程，在 2007 年运转周期中，采用的是能够多产柴油和石脑油的多床层加氢裂化催化剂系统。该系统是由两种催化剂(Z-863/Z-803)组成的复合催化剂系统。

Z-803 有独特的活性、选择性和操作灵活性。同以往使用的 Z-753 比较，在转化率一定条件下，有更高的重石脑油和馏分油选择性，而过程的氢耗没有增加。由于该催化剂产气量少，可以提高装置进料速率。表 3-19 为以美国 2008 年汽油和柴油价格为基础(价差达 104.9 美元/m^3)，DPRC 加氢裂化过程使用多床层催化剂系统的效果。该过程增产的柴油可以给炼油厂增加数千万美元的利润。

表 3-19　DPRC 加氢裂化过程使用多床层催化剂系统的效果[32]

项　目	之前的循环	2007 年循环
裂化催化剂	Z-863/Z-753	Z-863/Z-803
产气量/%(体)	基础	-20
轻石脑油/%(体)	基础	+1.6
重石脑油/%(体)	基础	+0.2

续表

项　目	之前的循环	2007 年循环
柴油/%(体)	基础	+1.8
未转化油/%(体)	基础	基础
进料速率/(m^3/d)	基础	+656
柴油/(m^3/d)	基础	+452
氢耗	基础	基础

(二)Shell 公司用于生产高质量柴油的裂化和异构脱蜡催化剂

优质柴油(如 ULSD)除了低硫、高十六烷值和馏程/密度合适之外，还应当有比较好的低温流动性。

在改善柴油低温流动性的常用方法中，除了调和法之外，应用前景比较好的是采用择形裂化或异构化过程。

Shell 中馏分油催化脱蜡过程使用有选择性裂化或异构化功能的催化剂，改善柴油的低温流动性，如倾点、浊点和 CFPP(冷滤堵塞点)。用催化脱蜡技术改善柴油低温性能的好处有如下几方面：

- 能满足产品对冷流动性的要求。
- 能避免使用昂贵的低温流动性改进剂。
- 减少煤油掺入量。
- 能把比较重的进料转化成目的产品。
- 能处理石蜡基原料。
- 目的产品收率高。

Shell 公司在这方面的独到技术是有自己的专用催化剂。Shell 和标准催化剂公司开发的选择性裂化催化剂 SDD-800 和异构化催化剂 SDD-821 都已经工业应用。

1. 有选择性裂化功能的 SDD-800 催化剂

SDD-800 催化剂用于中馏分油单段脱蜡过程。该过程的反应器催化剂床层分布见图 3-41，用该催化剂系统可选择性地转化进料中的蜡分子，其特点如下：

- 有抵抗 H_2S 和 NH_3 的能力。
- HT 催化剂有比较强的脱硫和脱氮性能，能延长催化剂运转周期。
- 柴油收率略有降低，副产少量石脑油和干气。
- 脱蜡程度可以通过脱蜡床层急冷氢控制，如夏季对柴油冷流动性要求不高，就可以通过急冷氢中断裂化功能。
- 同常规降凝催化剂比，当产品浊点相同

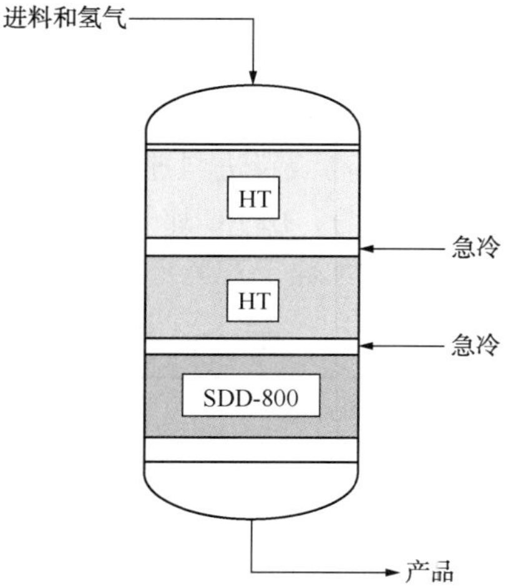

图 3-41　Shell 中馏分油单段脱蜡过程的催化剂系统[33]

时，柴油收率高 5%～10%。

2. SDD-800 降凝催化剂的工业应用(老装置改造)

位于北美的一家炼油厂，为了改善柴油的冷流动性和脱硫要求，对其原来的双反应器加氢脱硫/脱蜡装置进行了改造。老装置存在的问题是：脱蜡催化剂快速失活；由于反应温度过高，柴油收率下降。

装置改造目标：生产硫含量低于 300μg/g 的柴油；在冬季运转模式下，柴油浊点降低 14.0℃以上。改造后的装置特点：

- 只留下一个反应器，用于 HDS 和脱蜡。
- HDS 选用冬夏都能用的，脱硫和脱氮活性比较高的 CENTINEL DN-3110(Ni-Mo，Ⅱ类活性中心)催化剂。
- DN-3110 有保护下游 SDD-800 催化剂的功能。

冬季运转模式下的运行结果见表 3-20。

表 3-20　SDD-800 催化剂冬季运转模式下的运行结果[33]

项　目	设计原料	初期试验数据	未期试验数据
原料进料量的变化	基础	基础+12%	基础+10%
HDS 床层温度/℃	基础	基础+5.56	基础+22.8
DWX 床层温度/℃	基础	基础+3.39	基础+21.12
产品			
硫含量/(μg/g)	< 300	≤100	< 100
浊点变化值/℃	13.9	15.01	18.9
氢耗/(Nm^3/kL)	255	240	NA

由于 SDD-800 催化剂的良好脱蜡活性，在第二运转周期末再生后直接装入反应器，并采用性能更好的 CENTINEL DN-3330 预处理催化剂。同时，又增加了一个新反应器，以便在确保脱蜡效果的前题下，达到深度脱硫生产 ULSD 的目的。装置 2009 年时已经连续运转了 3 年。

3. Shell-Criterion/Zeolyst 裂化催化剂 Z-3723

裂化催化剂 Z-3723 是 Shell-Criterion/Zeolyst 公司 2006 年公布的新一代裂化催化剂。同其他催化剂比较，该催化剂属于灵活性催化剂，其特点是[35]：

- 有比较强的芳烃饱和性能。
- 有比较高的加氢脱硫活性，能提高中馏分油质量。
- 有比较高的中馏分油选择性，能提高中馏分油收率。
- 有一定的异构化能力。
- 能明显减少炼油厂的硫排放。

五、Albemarle 公司的加氢裂化预处理催化剂的工业应用

总部设在美国的 Albemarle 公司是一个化学品生产商，在几大洲都有分公司或办事机构

(包括中国)。炼油厂用催化剂是它的主要产品之一。该公司能生产多种加氢处理催化剂，

其中的 Albemarle KF860 STARS 和 Albemarle KF868 STARS 是 Albemarle 公司结合 STAX 技术(模型)新开发的加氢预处理催化剂系统。

Albemarle KF860STARS 和 Albemarle KF868 STARS 这两种加氢裂化过程加氢预处理催化剂可以使催化剂的 HDN 活性、抗积炭能力和加氢性能更加平衡。这两种催化剂的组合应用效果如下[27,35]：

- 加工重质裂化料时，依然有比较高的活性。
- 同单独使用 KF-860 比，如果控制 HC-PT 装置出口氮含量不变，STAX Nebula 催化剂的活性优势为 5~10℃。
- 在给定的氢耗条件下，能达到最好的加氢脱硫效果。
- 在达到脱硫目标和柴油收率的同时，能尽量延长催化剂运转周期。
- 在氢气受限制情况下，能使柴油十六烷值最大化。
- 在反应器中的位置如果合适，能使性能最大化。
- 取得同样效果，可以节省更多的催化剂。

(一) Albemarle KF860 STARS 催化剂

KF 860 STARS 是 Albemarle 公司用 STARS 技术开发的，具有超高活性，性能比 KF848 更好的 Ni-Mo 加氢预处理催化剂。该催化剂的Ⅱ型活性中心接近 100%。由于催化剂的微孔结构容易通过，更适用于重质原料的深度脱氮和脱芳烃。该催化剂通常用于加氢裂化装置的加氢预处理和 VGO 的 MHC[36]。

KF 860 STARS 催化剂的特点如下[27]：

- 受生焦环境影响比较小，有比较高的抗积炭能力。
- 载体孔径分布中等，最小孔径范围超过 KF848 的平均孔径。采用新技术，使比表面积和活性损失最小。
- 脱氮能力同 KF848 相同。
- 对进料的选择有更高的灵活性，更适合加工重质进料。
- 在比较苛刻的操作条件下，有比较好的恢复和适应能力。
- 工业实验表明，KF860 使用 3 个月后，积炭率仍比较低，活性更稳定；200 天后失活速率仍很低。

(二) Albemarle KF868 STARS 催化剂

KF 868 STARS 是 Albemarle 公司使用 STARS 技术在 KF860 的基础上新开发的一种超高活性 Ni-Mo 加氢预处理催化剂，更适合用于生产 ULSD 和 HC-PT。由于该催化剂微孔结构的开放性，更适合用于处理馏分油和 VGO 进料[36]。

KF868 催化剂的特点如下[27]：

- 载体特性同 KF860 接近，含有新的能提高脱氮能力的酸性组分。
- 新载体密度比较低，在反应器体积一样的情况下，能填加更多催化剂。
- RVA(相对体积活性)比较高，VWA(相对质量活性)更高(见图 3-42)。

六、其他公司开发的几种加氢裂化催化剂

下面列出的是另几家公司推出的几种值得关注的新一代加氢裂化催化剂[2]：

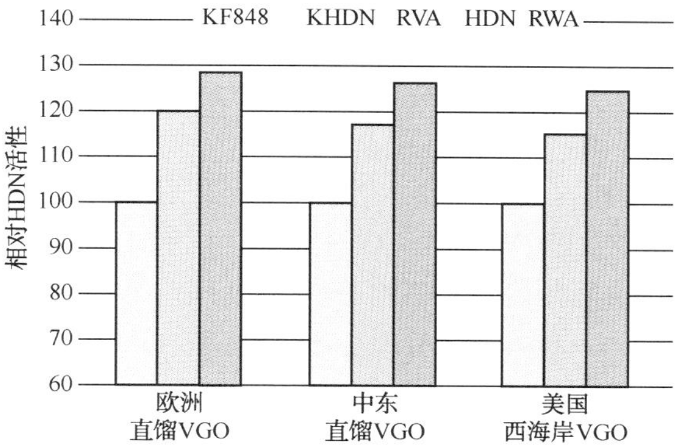

图 3-42　KF868 催化剂的 HDN 活性[27]

● Topsoe 等新开发了一种用于研究高活性临氢加工催化剂的专利技术，BRIM 新催化剂制备技术，该技术能优化 HYD(加氢)边缘活性中心，能提高用于直接脱硫的Ⅱ型活性中心。最早用 BRIM 技术开发的两个催化剂是用于 FCC 原料预处理的 Topsoe TK558NRIM(CoMo)和 TK559NRIM(NiMo)催化剂。新开发的催化剂还包括用于生产 ULSD 和加氢裂化原料预处理的高性能 TK576NRIM(CoMo)、TK575NRIM(NiMo)和 TK605NRIM 催化剂。

● Haldor Topsoe 的 TK-573、TK-574、TK-911、TK-915 催化剂：HDS 活性明显提高，能改善产品密度和减少产品中的芳烃含量。

● Kuwait Catalyst Company 也推出两个新催化剂，HOP-414 和 HOP-467，组合在一起用于柴油加氢处理，生产低硫产品。

● ART 开发了 ART(AMART)低硫化催化剂系统，该系统的活性比以往的加氢处理催化剂高得多。

上述这些催化剂生产公司都出售用于渣油临氢加工过程的高性能 HDM、HDM/HDS 和 HDN 催化剂。设计的这些催化剂有下列特点：

● 装在前面的催化剂有比较大的孔体积，大孔体积具有数量平衡的宽孔和中孔，其目的是提高含金属的大分子向催化剂孔内活性表面的扩散能力，使更多已经脱掉的金属沉积在催化剂孔隙中。

● 位于反应器前端或第一反应器的催化剂，用于保护后面的或比较贵重的临氢加工催化剂，减缓由金属污染物引起的催化剂失活速率。

● 位于反应器中间(或第二、第三反应器)的催化剂，如 HDM/HDS 催化剂，有比较高的脱 HDM/HDS 活性，能脱掉更多的，残留在原料中的金属污染物。

● 位于反应器尾部催化剂，表面积非常高，有极窄的孔分布，有更高的 HYD 活性，稳定性好，其主要任务是 HC、加氢转化、HDS、HDN 和 HYD，能在苛刻条件下延长循环周期。

● 把这些经过改进的催化剂组合使用，能显著提高催化剂的在线效率，用于处理更重的劣质原料，如 VR。

七、我国的加氢裂化催化剂

我国的加氢裂化过程用催化剂的研究和开发是 20 世纪 60 年代从中科院大连化学物理研

究所和石油工业部抚顺石油研究所(抚顺石油化工研究院的前身)开始的。

我国的加氢裂化催化剂的发展大致经过了下列几个阶段[37]：

- 20 世纪 60 年代：以无定形硅铝载体为主；开始 Y 沸石合成和改性；典型的工业牌号是：3652，Al_2O_3/W-Ni；H-06，Y 型分子筛。
- 20 世纪 70~80 年代初：以 β 沸石为主，开始研制 USY；代表性牌号是：3762，W-Ni-Sn-F-SiO_2-Al_2O_3；3812，W-Ni-SiO_2-Al_2O_3-沸石；3821，W-Ni-SiO_2-Al_2O_3-沸石。
- 从 20 世纪 80 年代后期开始：研制出超稳 Y 沸石，含稀土脱铝 Y 沸石，改性 β 沸石；代表性牌号是：3824，Mo-Ni-P-SiO_2-Al_2O_3；3825，Mo-Ni-SiO_2-Al_2O_3；3882，稀土超稳 Y 沸石；3903，WO_3-NiO-SiO_2-Al_2O_3；3905，WO_3-NiO-SiO_2-Al_2O_3；RT-5，WO_3-NiO-SiO_2-Al_2O_3。
- 20 世纪 90 年代以来：进入快速研究开发期，如 SSY、NTY、MUY、3974、3976、3971、ZHC-01 和 ZHC-02。

表 3-21 为几种典型的，近些年来由 RFIPP 研制的加氢裂化催化剂和它们的用途。

表 3-21 典型的 FRIPP 加氢裂化催化剂及其用途[9]

催化剂名称	催化剂特点	适用过程	类似的催化剂
FC-12	灵活型，活性适中，选择性好，抗氮能力高，稳定性好，在上海石化、天津石化、辽阳石化应用	中压加氢裂化(MPHC)、中压加氢改质(MHUG)、高压FHC，一段串联和两段	FC-32、FC-32、FC-36、3824、3903、3971、3905、3976
FC-14	中油型，多产低凝点柴油，优质尾油，含少量分子筛，加氢改质异构降凝，2002年在抚顺石化、2005 年在金陵石化工业应用	高压 FHI、FHC，一段串联和两段	3901、FC-20
FC-22	贵金属催化剂，灵活型，兼顾石脑油和中馏分油	高压 FHC，一段串联和两段	
FC-24	轻油型，多产重石脑油，2004 年在杨子工业化	高压 FHC，一段串联和两段	FC-52、3825、3905、3955
FC-26	中油型，中馏分油收率高达 70.4，2003年在镇海炼化工业化	高压 FHC，一段串联和两段	FC-40、FC-50、3974
FC-16	灵活型，多产柴油，兼顾尾油，2003 年起，先后在辽阳石化、大庆石化、金陵石化工业应用	高压 FHC，一段串联和两段	
FC-18	提高劣质柴油辛烷值	MCI	3963
FC-28	中油型，选择性接近无定形催化剂，但反应温度低 10℃		
ZHC-01	灵活型，兼顾石脑油、中馏分油和尾油	高压 FHC，一段串联和两段	3912
ZFC-02	中油型，单段，反应温度比较低	高压 FHC，一段串联和两段	ZFC-04、FC-28、FC-30、3973

续表

催化剂名称	催化剂特点	适用过程	类似的催化剂
FIW-1	择形异构化，蜡油加氢异构化，分子筛-氧化铝-贵金属催化剂，多产尾油，降凝，高 VI，2005 年在金陵石化工业应用	尾油择形异构化 WSI(石蜡择形异构化)	FHDA-1
FDW-3	降凝	临氢降凝(FDW)、加氢降凝(FHDW)、加氢改质降凝(FHUG-DW)、尾油择形裂化(FLDW)	FDW-4、FDW-1(3881)、FDW-2
3992		MHC	
3934	多产用于生产润滑油的尾油	高压加氢 FLHT	3935
FZC-100	脱金属、过滤机械杂质等，减缓压降上升速度，延长运转周期	预处理段保护反应器	FZC-系列：101、102、102A、102B、103、103A、103B、204
FF-16	加氢裂化预精制催化剂，有比较高的加氢脱氮和芳烃加氢饱和活性	预处理段	FF-20、FF-26、FF-36、3906、3926、3936、3996
FF-12	加氢饱和脱微量烯烃，抑制硫醇生成	加氢裂化后精制段	3962

第四章　加氢裂化过程化学反应和操作变数

加氢裂化过程中的化学反应是在温度、压力(氢分压)比较高和催化剂存在条件下进行的，虽然化学反应非常复杂，但可以概括为两类：加氢处理/加氢精制反应；加氢裂化反应。

第一节　加氢裂化过程的主要化学反应

加氢裂化过程使用双功能(酸性功能和金属功能)催化剂：酸性功能用于裂化和异构化；金属功能用于杂原子加氢。在双功能催化剂作用下，在加氢裂化过程中发生的主要化学反应包括：非烃化合物的加氢转化；烷烃、烯烃的裂化和异构化；环烷烃的开环；不饱和烃的加氢饱和等。

加氢处理/加氢精制反应主要发生在加氢裂化过程的前段，该段也称预处理段，主要化学反应包括 HDM、HDS 和部分加氢饱和。加氢裂化反应发生在过程的中段，是加氢裂化过程的主要反应段。加氢精制反应发生在过程的尾段，主要是用于加氢裂化产品的补充精制，也叫精制段，主要化学反应是 HDN[37]。

随着加氢裂化过程操作强度的提高，较早发生的反应是原料中的稀烃饱和反应，接下来的反应是脱硫、脱氮和脱氧反应，这些反应多数情况下是在过程的处理段完成，而烃的裂化反应有限。当操作强度进一步提高之后，发生加氢裂化反应。各种化学反应的反应速度各不相同，其中反应(如芳烃饱和)生成的一些中间产品，会进一步裂化成比较轻的组分。

加氢裂化过程中的裂化反应需要热，加氢反应产生热，总的说来是放热的。通常，包括预处理段的加氢裂化反应耗氢在 200～420Nm^3/[m^3·%(质)]，放出热量 8.8～17.58kJ/m^{3}H$_2$(2.1～4.2kcal/m^{3}H$_2$)，转换成温升约 0.006℃/(Nm^3·m^{3}H$_2$)[10]。

一、加氢裂化过程正碳离子反应机理

加氢裂化反应机理非常复杂，多数理论实际上是不确定的，还在争论之中。其中的“正碳离子”说，应用比较普遍。

烷烃在双功能催化剂(包括贵金属沸石)上的反应机理早在 20 世纪 60 年代就提出来了，其基本反应机理是 β 断裂。正构烷，在双功能催化剂上的加氢裂化反应，有下列几个步骤[9]：

- 在催化剂的加(脱)氢活性中心上吸附，脱氢后生成正构烯烃。
- 正构烯烃扩散到酸性中心获取质子生成仲正碳离子。
- 仲正碳离子可转化成更稳定的叔正碳离子。
- 叔正碳离子发生 β 断裂，生成异构烯烃和一个比较小的新正碳离子。
- 叔正碳离子也可以失去质子，生成异构烯烃。
- 正、异构烯烃，接着扩散到加(脱)氢活性中心加氢饱和。
- 新生成的比较小的新正碳离子，既可以夺取负离子变成烷烃，也可以再发生 β 断裂，即二次裂化，直到生成不能再发生 β 断裂的 C_3 和 iC_4 正碳离子为止。

也就是说，加氢裂化反应是随着烯烃或环烯烃在催化剂金属活性中心产生开始的。接着，酸性中心向烯烃或环烯烃上加一个质子，产生一个正碳离子。正碳离子开裂成比较小的正碳离子和比较小的烯烃。线形结构的烃产品是加氢裂化过程主要产品。这些产品能够再反应生成相对分子质量更小的副产品。通过在酸性中心从正碳离子分出一个质子，生成烯烃和在金属活性中心完成烯烃饱和，构成加氢裂化过程的几个阶段。图 4-1 为烷烃加氢裂化反应过程中的几个步骤或反应机理。

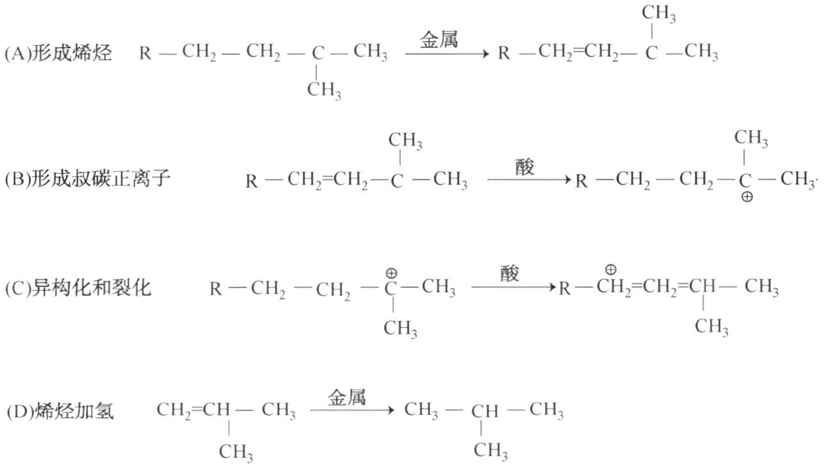

图 4-1　正构烷烃加氢裂化机理[10]

反应是随着烯烃的产生和烯烃转化成正碳离子开始的。正碳离子通常要异构成更稳定的叔正碳离子。接着裂化反应在β-正碳离子电荷键发生。正碳离子随后会发生许多化学反应(如异构化、环化、烷基化和氢转移反应)，其中比较重要的是异构化反应，主要是双键的异构化和骨架异构化反应。

加氢裂化β-正碳离子断裂机理能选择性地使高碳数烷烃裂化。这种选择性是由于反应过程更有利于生成高碳数烯烃引起的。另一个原因是大分子烷烃吸附能力更强。正碳离子中间体会导致产品大量异构，如α-甲基异构体，原因是叔正碳离子更稳定。这也是产品中$C_1 \sim C_3$不多的一个原因。其他类型的烃(例如，烷基环烷烃、烷基芳烃等)的加氢裂化反应都是通过类似的正碳离子机理进行。

加氢裂化反应遵循正碳离子反应，在某种程度上被认为是氢压条件下的催化裂化反应。在催化裂化过程中最初发生的所有反应，在加氢裂化过程中基本上都有，区别在于：加氢裂化过程使用的催化剂存在加氢活性中心，存在一些二次反应。在加氢裂化过程中发生的反应中，有些反应可能是我们所希望的，如加氢处理、加氢饱和和加氢裂化反应；有些反应是不希望有的化学反应，如导致催化剂失活的积炭反应。

二、加氢裂化过程的化学反应

加氢裂化过程是一种多相催化反应过程。该过程，在双功能催化剂和氢气存在下，在特定操作条件下，能把各种馏分油或渣油转化成更轻的馏分或尾油。实际上，加氢裂化过程所涉及的化学反应不仅仅是加氢裂化反应，几乎包括了临氢加工过程所涉及的所有化学反应。

加氢裂化过程涉及的化学反应非常复杂，通常与烃加氢裂化同时发生的化学反应有数百种，其中主要的几种化学反应是[10,14,20]：

- 大分子烃的裂解或裂化反应，重质原料转化成低相对分子质量产品。
- 烯烃和芳烃的饱和反应，改善产品的稳定性和燃烧性能，提高尾油的可加工性能。
- 异构化反应，维持或提高石脑油辛烷值，改善中馏分油和尾油的低温流动性和黏温性能。
- 硫化物的脱硫反应，把有机硫转化成 H_2S，生产低硫柴油或 ULSD。
- 氮化物的脱氮反应，把有机氮转化成 NH_3，改善油品稳定性。
- 脱金属反应，保护主催化剂活性，延长催化剂操作周期。
- 其他脱杂原子反应，如脱氯反应，稳定装置操作。
- 催化剂的积炭反应，降低催化剂活性或选择性。

上述在加氢裂化过程中发生的主要化学反应大致可以分成两类：希望有的反应和不希望有的反应，如催化剂的积炭反应等，能够引起催化剂失活、中毒或者能够产生污染物的反应[10]。

表 4-1 为在加氢裂化过程中发生的主要反应热力学特性。热力学原理表明这些反应是可能的。总之，加氢裂化热力学平衡是有利的。在典型的加氢裂化操作条件下，有利于裂化反应、脱硫和脱氮反应。

表 4-1 加氢裂化过程中的主要反应热力学特性[10]

反　应	平　衡	反应热
烯烃形成	不利的，但不受限制	吸热
芳烃饱和	高温时是不利的	放热
裂化	有利的	吸热
HDS	有利的	放热
HDN	有利的	放热

有一些同反应化学有关的基础知识，对于加氢裂化装置的操作人员来说，是必须要了解的，如[16]：

- 控制脂肪烃裂化，使产率最大化。
- 有些反应类型，如脱金属、硫和氮，涉及目的产品的清洁度。
- 对结构复杂的芳烃应进行选择性加氢，这样不仅能够提高产品质量，还能够优化氢气的利用。

同其他炼制过程不同，加氢裂化过程涉及一个很大的化学反应网络，这些反应有些同时发生，有些是互相之间竞相发生。反应网络中的一些关键性反应类型，包括含金属、氮和硫的杂环化合物的反应、芳烃、环烷烃和烷烃的一些反应。同加氢裂化过程有关的研究、设计、管理和操作人员，都应当清楚地了解这些反应化学，了解程度不仅会影响到反应路径的优化，还会影响催化剂活性和运转周期。

在以 VGO、HGO 和 DAO 为原料的催化脱蜡过程中，所用的催化剂必须有足够的 HCR 活性和多产中馏分油和润滑油基础油的选择性。此外，所产的润滑油基础油必须有优良的黏度特性。为此，该过程必须能把原料中的芳烃转化成环烷烃。也就是说，由于原料的复杂性，只用一个反应步骤，很难使产品（如，低温性能好的润滑油基础油和柴油）性质达到所需要的规格。

同处理轻质原料的加氢裂化过程比，处理重质原料的加氢裂化过程还会生成一些大分子，这些大分子会给过程的操作造成麻烦，这进一步表明了加氢裂化过程化学反应的复杂性。

在 VGO、HGO 和 DAO 加氢裂化过程中，HDS、HDN 和 HDO 反应同 HYD（加氢）、HCR（加氢裂化）、HDM、HDAr 和 HIS（加氢异构化）反应几乎是同时发生的，这些反应的相互作用，使该过程更加复杂。

用动力学测量技术能够量化这些反应的反应程度。反应动力学和机理学方面的研究表明，加氢裂化过程各种反应的相互作用非常复杂，即使处理的是轻质原料，也是如此。催化剂的性质和操作条件能一定程度地影响或控制这些反应的相互作用。也就是说，优化催化剂或催化剂系统和改变操作条件可以改变其中的一些化学反应的方向和速率。

如果以 VGO 和 HGO 为原料，通过加氢裂化过程生产的中馏分油和润滑油基础油，在复杂的反应过程中，HCR 和 HIS 反应的强度是影响产品质量的重要因素。这种情况下，高水平的脱蜡和 HDAr 能力是生产优质产品所必须的。

如果所处理的原料含有比较多的沥青和金属，过程中的 HCR、HDAr 和 HDM 反应是最重要的化学反应。在多段加氢裂化过程中，HDM 和 HDAr 几乎总是第一段发生的主要反应。在第二段和随后的段数中，虽然 HDM 和 HDAr 反应也重要，但是更重要的反应是胶脂的转化反应。与此同时，过程的最后一段，HYD、HDS、HDN 和 HDO 反应占支配地位。如果处理的原料是 AR 和 VR，在最后一段发生的反应同处理 VGO 和 DAO 的加氢裂化过程发生的反应是类似的。不同反应段发生的化学反应程度，取决于重质原料的来源和催化剂类型。

通常，烃结构的变化程度随催化剂的活性的增加而增加。这种观点适用于 HIS 和 HCR 反应。在一定程度上，上述反应是按正碳离子机理发生的。当温度高到一定程度，会使 C-C 键断开，生成自由基，接着就会发生 HCR 反应。正碳离子和自由基机理是全部加氢裂化过程机理的一部分[2]。

（一）加氢裂化过程预处理段的主要化学反应

如果原料中存在过多污染物，就应当在过程中设置加氢预处理段或预处理催化剂床层。在加氢裂化过程预处理段发生的主要化学反应有：脱硫、脱氮、脱有机金属化合物、烯烃饱和、脱氧和脱卤素。前三类反应总是存在的，因为加氢裂化原料中含有硫化物、氮化物和有机金属化合物是肯定的，区别是数量的多少。数量的多少主要取决于原料的来源。通常，预处理反应的易难程度顺序为：脱有机金属化合物、烯烃饱和、脱硫、脱氮、脱氧和脱卤素。在预处理段，也有部分芳烃发生加氢饱和反应。

加氢裂化过程预处理段，平均每处理 1 桶进料大约需要 $27 \sim 54 m^3/m^3 H_2$，总体来讲，是放热的，总反应热大约是 $166 \sim 232 MJ/m^3$，放热量约为 $0.002℃/Nm^3 \cdot m^3 H_2$[10,12]。

1. 能够除掉杂原子的几个加氢反应

在加氢裂化过程中，利用双功能催化剂的金属加氢功能，通过加氢反应，能够除掉杂原子烃类化合物中的杂原子。加氢反应是我们所需要的化学反应，有几个好处：改进分子结构，提高产品质量，净化操作环境，延长催化剂运转周期；延缓设备材料腐蚀速率。

（1）加氢脱硫

原油中的硫化物主要有 RSH、RSSR、RSR 和杂环硫化物(噻吩、苯并噻吩、二苯并噻吩、萘苯并噻吩和它们的衍生物)。

如果加氢裂化产品中含有太多的硫，会给产品应用带来很多麻烦，如影响产品质量和进一步的加工；污染环境；腐蚀设备；危害下游的催化剂[19]。特别是直链和芳环硫醇、直链硫化物和二硫化物，有很强的腐蚀性，不用太多，有几个 μg/g，就会在升温过程中，损伤设备。因此，硫化物是必须要清除掉的。

脱硫是加氢裂化过程中比较重要的化学反应之一。脱硫对于加氢裂化过程来说并不难，在比较缓和的操作条件下就能完成。如果需要深度脱硫，需要比较高的压力和专用催化剂。脱硫所需要的反应热大约是每消耗 $1m^3$ 的氢，需要 2235kJ 的热量。加氢脱硫反应需要消耗氢气，耗氢量在 $17 \sim 25Nm^3 \cdot m^3/\%$(质)[4,14]。

典型的硫化物脱硫反应是：烷基噻吩+氢→烷烃+H_2S。图 4-2 为噻吩脱硫反应机理：先脱硫，接着是中间产物(烯烃)饱和成丁烷。图 4-3 为几种硫化物脱硫反应的难度排序。

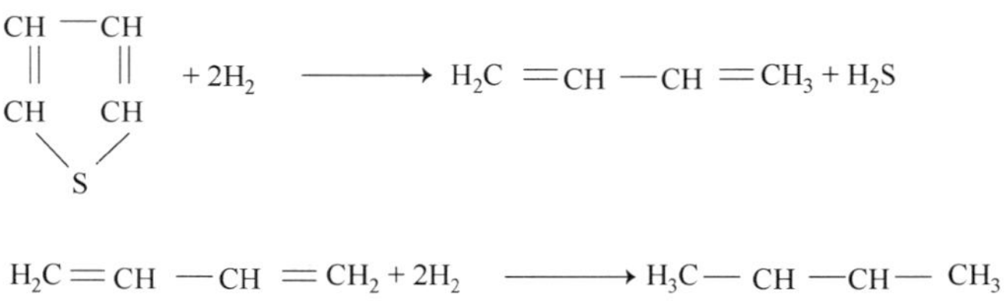

图 4-2　噻吩脱硫反应机理[10]

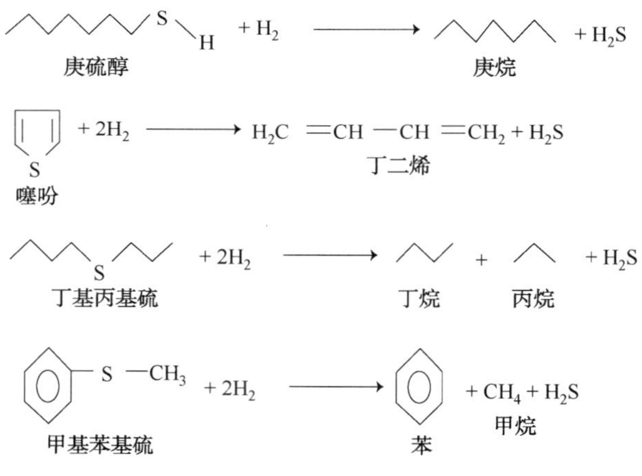

图 4-3　典型的硫化物脱硫反应难度排序[10]

馏分油中的硫化物在加氢过程中的转化规律主要取决于硫化物的结构、化学性质和反应条件，有下列几个特点[22,38,39]：

- 在氢和催化剂存在下，硫醇加氢反应生成烷烃和硫化氢。即使在氢分压不足或条件比较缓和情况下，也能够生成烯烃和硫醚。
- 硫醚加氢先生成硫醇，硫醇再进一步转化成饱和烃和硫化氢。
- 二硫醚加氢先生成硫醇，硫醇再进一步转化成饱和烃和硫化氢。

馏分油(包括石脑油、裂化石脑油、煤油、柴油、LCO、VGO 和渣油)的加氢脱硫(加氢处理、加氢精制或加氢裂化）是炼油厂应用最多的炼制过程。有机硫化物的化学结构不同，在加氢脱硫条件下的脱硫速率也不同。表 4-2 为有机硫化物的加氢脱硫反应 K 值。

表 4-2　有机硫化物的加氢脱硫反应 K 值[14]

脱硫反应方程式	ΔH^0@700K (kcal/mol)	lg$K$	
		500K	700K
$C_2H_5SH+H_2 \rightarrow C_2H_6+H_2S$	-16.77	+7.06	+5.01
$C_2H_5SC_2H_5+H_2 \rightarrow 2C_2H_6+H_2S$	-27.99	+18.52	+9.11
(S-环)$+2H_2 \rightarrow C_2H_{10}+H_2S$	-28.73	+8.78	+5.26
(S-环)$+2H_2 \rightarrow C_2H_{10}+H_2S$	-66.98	+12.07	+3.85

硫化物在加氢脱硫反应过程中的脱硫活性与分子大小和结构有关，如果分子大小接近，硫化物的加氢脱硫活性与分子结构有关，当分子大小相同时，其递减顺序为：硫醇>二硫化物>硫醚≈硫杂环烷>噻吩。如果硫化物类型一样，其加氢脱硫活性随相对分子质量和分子结构复杂程度的增加而降低。在这些硫化物中，噻吩及其衍生物的加氢脱硫难度比较大，其加氢脱硫反应活性顺序是：噻吩>苯并噻吩>二苯并噻吩[9]。

通常，如果是同类硫化物，相对分子质量越大，结构越复杂，加氢脱硫活性越低。在上述几类硫化物中，噻吩类硫通常需要加氢才能除掉。噻吩类硫化物加氢脱硫活性依次递减顺序为：噻吩>苯并噻吩>二苯并噻吩≈三环以上苯并噻吩。噻吩类硫化物是石油中含量比较多的硫化物，结构稳定，在常规热解条件下难以开环脱硫。在柴油馏分中有含量比较多和结构比较复杂的噻吩衍生物（如烷基苯并噻吩、二苯并噻吩及 4-和 6-取代基的二苯并噻吩）。

同其他噻吩类硫化物比较，柴油馏分中的烷基二苯并噻吩对催化反应有立体屏蔽作用。特别是 4，6-二甲基二苯并噻吩的位阻作用比较大，脱硫比较难，需要更苛刻的操作条件，这也是生产 ULSD 难度比较大的原因[9,14,37]。

2，6-烷基二苯并噻吩难脱硫的原因是脱硫反应速度慢。表 4-3 为柴油中各类硫化物的脱硫活性。图 4-4 为柴油馏分脱硫反应过程中显示的立体屏蔽作用模型。如图 4-4 所示，立体屏蔽作用使芳香环加氢反应速度缓慢。

表 4-3　柴油中各类硫化物的脱硫活性[14]

项目	非噻吩硫化物	噻吩硫化物			
		噻吩	苯并噻吩	二苯并噻吩	多环噻吩
脱硫活性	>1.0	1.0	0.5	0.1	0.01

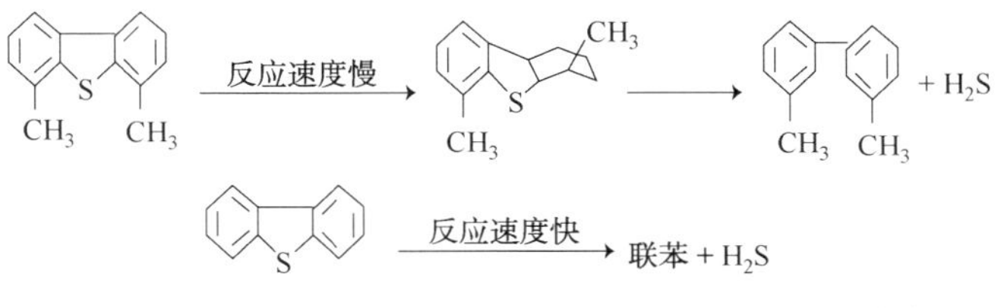

图 4-4　柴油脱硫反应过程中的立体屏蔽作用模型[14]

这种烷基二苯并噻吩立体屏蔽作用，可以通过催化异构化反应，改变位于立体屏蔽位置的烷基，加快脱硫反应速度。由于各种柴油馏分中的硫化物的类型分布差别很大，其脱硫难度也不同。通常，柴油深度脱硫过程的氢分压是 5.1MPa。在该条件下，经过加氢，虽然芳烃总量变化不大，但是几乎所有二环以上的芳香族化合物都转化成单环芳烃。

脱硫对于加氢裂化过程的重要性是不言而喻的，脱硫率的高低，不仅影响产品质量、设备的安全性和催化剂功能，还会影响下游装置的操作。例如，经过 MHC 过程处理的 FCC 原料，能够大大改善 FCC 装置的操作，包括[4]：降低 FCC 汽油、轻循环油和澄清油硫含量；降低 FCC 循环催化剂焦炭中的硫含量，其结果是降低再生器 SO_x 排放。

加氢裂化原料中的硫，在加氢裂化过程中，大部分转化成 H_2S。虽然，在正常情况下，含有 H_2S 的循环瓦斯对催化剂活性影响不大，但是，如果循环瓦斯中的 H_2S 浓度太高，就会产生下列副作用[10,14,23]：

- 抑制催化剂表面活性中心的活性。如果反应温度过高，会加速催化剂失活，降低 HDS 和 HDA 反应速度，抑制某些化学反应(如脱硫、脱氮、芳烃饱和等反应)。
- 在一定条件下，高浓度硫化氢会导致生产设备发生严重腐蚀。
- 会使气相中的硫化氢，同离开催化剂床层的烯烃反应，生成硫醇，导致产品硫含量增加，产品质量下降。

在加氢裂化操作过程中，原料中硫含量高，循环氢中的 H_2S 含量也高。以加氢裂化过程常用的 VGO 为例，VGO 硫含量通常在 1.0%~3.0%，2.5%~3.0%(质)的比较少。各种典型 VGO 加氢裂化时，循环氢中的硫化氢浓度见表 4-4。

表 4-4　各种 VGO 加氢裂化时的循环氢中的硫化氢浓度[14]

VGO 来源	伊朗轻	伊朗中	沙特轻	沙特中	科威特	胜利
原料性质						
S/%	1.55	1.89	2.37	2.83	2.79	0.56
N/(μg/g)	1302	1724	671	920	1000	1600
精制油中 N/(μg/g)	5~9	5~9	5~9	5~9	5~9	5~9
循环氢中 H_2S/%(体)	1.58	2.03	2.32	2.57	3.01	0.30

注：中型装置实验条件：催化剂，1 反 3936/2 反 3824；氢油比(体)，1 反 950/2 反 1200。

在加氢裂化操作过程中，需要维持一定 H_2S 分压。因为适当的 H_2S 分压有助于维持催化剂的硫态化、活性和稳定性。对于非贵金属硫化型催化剂来说，反应系统的 H_2S 分压不应低于 0.05MPa。

如果加氢裂化过程处理的原料硫含量太低，氮含量比较高时，如大庆和辽河原油，过程中产生的 H_2S 和 NH_3 反应会生成 NH_4HS，导致系统 H_2S 分压下降，当系统 H_2S 浓度降到一定程度[低于 0.02%(体)]时，会发生非贵金属硫化型加氢催化剂硫流失，不利于维持催化剂的活性稳定性。为此，处理硫含量低的原料时，为了维持系统有一定 H_2S 分压，通常会：掺炼一些高硫馏分油；在原料中添加适量元素硫；或向系统中注入适量硫化剂，如 CS_2 或

DMDS。

在实际生产过程中，为了确保设备的安全性，循环氢中的硫化氢浓度不应超过2%。如果H_2S分压超过1%(体)，应对循环氢进行脱硫。

数据表明，为了控制生成油的硫含量，随着循环氢中硫含量的增加，必须相应地提高反应温度。一般情况下，循环氢中硫含量由2%增加到7%，反应温度需要提高15 °C。而用提高反应温度的方法，来确保产品质量，虽然有效果，但有缩短催化剂寿命的副作用。

硫含量影响操作强度。通常，随着原料沸点范围的增加，硫化物含量增加。原料中硫化物含量增加，装置操作强度就应当相应提高。如果是加工含硫或高硫VGO的加氢裂化过程，必须在系统中设置硫化氢回收设施，同时还要扩建硫黄回收装置。

(2) 加氢脱氮

石油馏分中的氮化物多数是杂环化合物，多数加氢裂化原料都含氮化物。

石油馏分中的氮化物分成两类：碱性氮化物和非碱性氮化物。在加氢过程中非碱性氮化物可以转化成碱性氮化物。碱性氮化物在加氢裂化过程中对催化剂危害比较大，它的碱性能够中和催化剂的酸性中心，导致催化剂的活性下降或失活，其结果是阻滞烃分子在催化剂酸性中心上的裂化和异构化。

高活性催化剂对原料中的氮化物非常敏感，这些氮化物在反应过程中会分解成氨，接着中和酸性中心。由于许多HGO含大量氮(有的高达250μg/g)，在加氢裂化过程中，常常需要增加净化段。

净化段使用的是钴-钼或者镍-钴-钼/铝或硅-铝催化剂，既能对原料进行脱氮，又能脱硫。例如，载在硅-铝载体上的含镍[5%(质)]加氢裂化催化剂能很好地加工经加氢处理过的低氮和低硫原料，能比较容易地在经过优化的操作条件(温度350~370℃，压力约10.35MPa)下操作，把原料转化成沸点比较低的液体产品，这些产品的特点是单环芳烃饱和度比较低，低相对分子质量脂肪烃中异构烷/正构烷的比值比较高[15]。

在高温条件下操作，虽然能够在一定程度上缓解氮的中毒作用，但是，也会多产甲烷到丁烷等低相对分子质量产品，降低催化剂的操作稳定性，导致催化剂频繁再生。含铂或钯[约5%(质)]的分子筛催化剂，同镍催化剂比，对氮的敏感性稍低，能处理氮含量为40μg/g的原料。这种催化剂对原料中的硫也有比较强的耐受力。

在加氢裂化装置中产生的氨，会集中在水相，对某些材料产生腐蚀。氮化物不仅影响产品质量，还影响催化剂的活性和寿命。如果使用的是含分子筛的催化剂，影响更大。

实现加氢脱氮的操作条件比较缓和，氮化物在加氢脱氮过程中先生成胺，再加氢C-N键断裂释放出NH_3。苯胺类氮化物在反应过程中，先加氢饱和，并很快加氢脱氮生成环己稀，或加氢生成环己烷或脱氢生成苯。

氮化物对于汽油和柴油来说都是要严格控制的。汽油和柴油中的氮化物不仅影响产品的燃烧性能，如燃料燃烧时排放的NO_x，污染环境，还影响产品稳定性。因此，原料中的氮必须在加氢裂化过程尽可能地清除干净。加氢裂化过程中的HDN反应速度比HDS慢，脱氮程度取决于催化剂的HDN活性[4]。

HDN反应所需要的反应热大约是每消耗$1m^3$的氢，需要2496~2794kJ的热量。由于原料中的氮含量很低，对总反应热的影响可以忽略不计。HDN反应耗氢量在34~59$Nm^3/m^3/\%$(质)之间[14,19]。

典型氮化物的脱氮反应是胺+氢→烷烃+氨。吡啶脱氮反应是通过不同路径进行的，先发生芳烃饱和，接着是氢解，最后是脱氮，反应机理见图 4-5。图 4-6 为脱氮反应的几个例子。

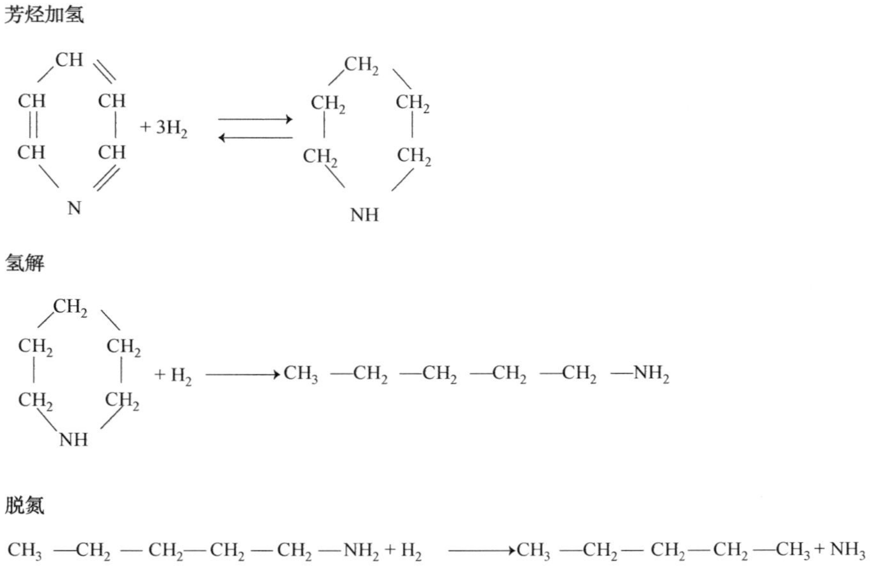

图 4-5　吡啶加氢脱氮机理[10]

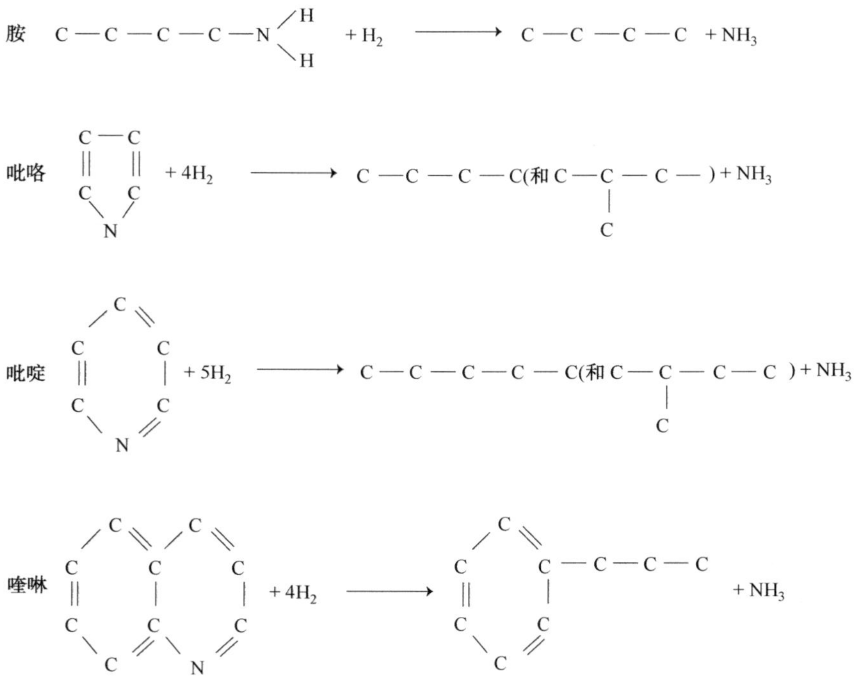

图 4-6　几种氮化物 HDN 反应[10]

(3) 加氢脱金属

原油通常都会含有一些金属组分，主要是 V、Ni、Fe 等，通常以卟啉结构形式存在，含量高低因原油产地而异。由于卟啉的结构同沥青类似，容易同沥青胶束混在一起。因此，脱金属常与沥青质裂解反应相关联。

金属组分主要集中在 540℃以上馏分，渣油中的含量尤其多。原油中的金属不仅影响加氢裂化过程产品性质，对加工过程的催化剂影响也很大，如在处理过程中，含金属的烃分子被裂化后，金属会沉积在催化剂上，覆盖或堵塞催化剂孔道，使其失去活性。严重的会使催化剂中毒。原油中的镍，在加工过程中，会增加焦炭和气体产量，钒能引起分子筛催化剂结构的坍塌和不可逆损坏，降低催化剂活性和强度，产生催化剂粉末。

原油中的金属化合物十分复杂，加氢脱金属反应机理，虽然还无定论，但大致有几个原则：在 H 和 H_2S 存在下，会发生脱金属反应；金属卟啉化合物的脱金属是通过串联机理进行的，先是外围双键加氢，生成的氢化卟啉化合物进一步发生分子分裂，生成金属沉淀物。

实际上，脱金属反应机理并不这么简单，有些操作条件，如温度的变化，会影响反应进程，但最终的结果是金属沉积在催化剂表面[9]。

降低原料中的 Ni 和 V 含量，不仅能改善加氢裂化过程主催化剂的操作环境，影响催化剂转化率，而且能影响下游转化装置，如 FCCU 的操作。例如，Ni 和 V 含量(通常与它的终馏点有关)比较高的 VGO，在进 FCCU 之前，先经过 MHC 过程脱掉其中的能引起催化剂中毒的金属，有两个好处[4]：对 FCCU 操作十分有利，既可以提高装置处理能力，又可以减少催化剂消耗；允许在减压塔进行深拔操作，这样既可以得到更多的 FCC VGO，又可以缓解焦化装置的压力。

用加氢裂化过程脱金属的主要目的是：保护后面的主催化剂活性；提高目的产品质量。工业上普遍采用的脱金属方法有两个：如果原料金属含量多，需要在主反应器之前，设脱金属反应器；如果原料金属含量不太多，在主催化剂之前，设脱金属催化剂床层。这些方法，不需要太苛刻的操作条件，就能脱掉原料中的大部分金属。金属纯化技术也能够缓解原料中的 Ni 和 V 对操作的影响。

炼油厂的操作经验表明，对于加氢裂化过程来说，如果所处理的重质油原料中的 V+Ni 金属含量低于 120μg/g，就可以用几个串联在一起的固定床反应器进行处理。在经过优化的条件下，如果使用的催化剂活性比较高，即使该催化剂抗金属能力比较差，也可以处理金属含量低于 25μg/g 的重质原料。如果原料金属含量在 25~50μg/g，需要采用双催化剂系统。在这种情况下，第一段的催化剂应当有比较高的抗金属能力，第二段催化剂有比较高的 HCR、HDS 和 HDN 活性。如果所处理的原料金属含量在 50~100μg/g，至少需要三段固定床反应器系统。此时，第一段反应器的催化剂应当具有比较高的 HDM 和金属储存能力，以便延长后面反应器中的催化剂寿命。原料金属含量如果超过 150μg/g，虽然也能够采用经过改造的固定床反应器系统进行处理，但是可能需要两个保护反应器，一台在线操作，另一台备用。采用这种配置的过程有 HYVAHL 过程。这些保护反应器的规模，即总金属储存能力，要同所加工的重质原料中的金属含量相匹配。采用双保护反应器虽然能提高在线反应器的总金属储存能力，确保过程的正常操作，但是也会大大增加过程的投资和操作费用[4]。

(4) 硫、氮和氧共存化合物的反应

馏分油中，含硫、含氮和含氧化合物共存是常态，在 HDS、HDN 和 HDO 过程中，HDS

反应最容易。含硫化合物通常不需要先芳环饱和，就可以直接脱硫。如果含硫化合物是 4，6-二甲基二苯并噻吩，由于存在空间阻滞作用，难以直接脱硫，需要先饱和一个芳烃再脱硫，也叫间接脱硫[9]。

含氧化合物和含氮化合物的脱氧和脱氮，则需要先进行芳烃饱和。各种化合物的反应活性顺序见图 4-7。

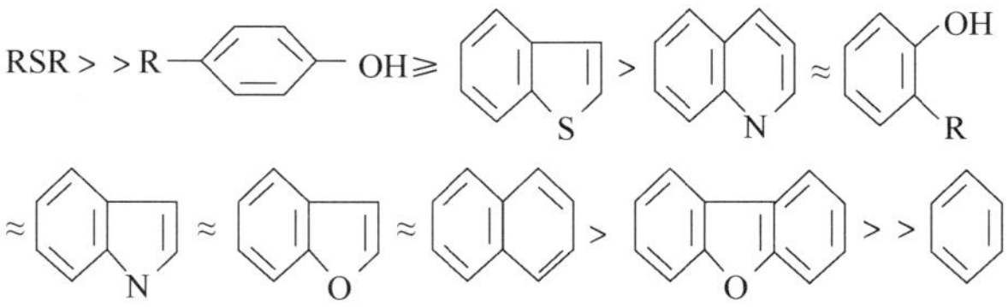

图 4-7　各种化合物的反应活性顺序[9]

实际上，加氢裂化过程中的各种杂原子化合物的化学反应非常复杂。各种杂原子的反应除了同杂原子类型有关之外，还与分子大小、取代基类型和位置、反应条件和催化剂类型和结构有关。

加氢裂化原料中的氮化物和硫化物，在过程中会转化成氨和硫化氢，从系统中分离出去。有机氮化物能够持续地造成催化剂中毒，但是有机氮化物同氢反应产生的氨，不会持续地影响催化剂。脱硫和脱氮反应放出的热量高达 2400~2800kJ/m^3(耗氢)[12]。如果进料的氮含量和硫含量高，会稍微增加总的反应热量。

（5）其他反应

在有些加氢裂化原料中，除了含硫、氮和金属化合物之外，还存在一些氯化物、环烷酸和酚类化合物等杂质。这些化合物含量很少，通常在 0.1%以下，在加氢裂化条件下，通过加氢反应，就可以除掉。

① 加氢脱氯。加氢裂化原料中含氯很少，如果有，可能是原油脱盐过程操作得不好或者随重整氢带进来的。进料或氢气中的无机氯化物(HCl)，在加氢裂化过程中通常会聚积在设备的顶部，如果条件合适，会使设备产生中等到严重程度的腐蚀。而有机氯化物通常会留在渣油中，并使相应的设备产生腐蚀。

有机氯化物，可以通过相应的化学反应，被转化成 HCl，从系统中除掉。HCl 是反应器流出物中重要的污染物和腐蚀性物质。

② 加氢脱氧。如果在装置操作过程中有空气进入设备中，有两个副作用：腐蚀设备；会污染含水烃流体。如果原料中含有机酸，特别是低分子环烷酸，当超过一定限度[如总酸值(TAN)>1.5mgKOH/g]时，就会产生设备腐蚀问题。即使是 TAN 刚超过 0.3mgKOH/g，如果流体流速超过 30m/s，在湍流部位也会产生设备损伤问题[20]。如果环境温度超过 200℃(甚至低到 170℃)，就会腐蚀碳钢。有些原料会含有少量酚或酯含氧化合物。

不同类型含氧化合物在加氢裂化反应条件下的反应活性差别很大。醇和酮容易转化，醚次之，酚又次之，呋喃最稳定。酯和羧酸的脱氧主要是通过加氢和脱羧酸两种反应完成。

2. 烯烃饱和

在加氢裂化过程预处理段，除了发生上述几个脱杂原子反应和部分芳烃饱和反应之外，还有烯烃饱和反应。

烯烃的加氢饱和反应（烯烃+氢→烷烃）是加氢裂化过程中化学反应速度最快的反应之一，因此几乎所有烯烃都能很快被加氢饱和。烯烃饱和反应能够释放大量热量，大约为 $42kJ/m^3$（耗氢）。如果加氢裂化过程处理的是烯烃含量非常高的裂化（如焦化或减黏裂化）料，由于其中含有大量烯烃，烯烃饱和反应过程中会释放出大量热量，影响系统热平衡。如果处理的原料是直馏馏分油，烯烃含量很少，可以忽略。

加氢裂化过程中产生的稀烃，会被迅速加氢。快速加氢可以防止稀烃吸附在催化剂上，通过脱氢反应产生焦炭。也就是说，高氢分压操作能够延长催化剂的在线时间。

3. 芳烃饱和

芳烃的加氢饱和反应是加氢裂化过程很重要的化学反应，在过程的每一段都会发生，在处理段的加氢饱和反应只是其中的一部分。

典型的芳烃加氢饱和反应是芳烃+氢→环烷烃。芳烃饱和反应是氢耗最多的反应。反应热是变化的，大约每消耗 $1m^3$ 的氢需要 1490~2980kJ 的反应热，其多少取决于芳烃的类型。通常，比较高的反应压力和比较低的温度更有利于芳烃饱和[4,9,14]。

VGO 如果不经任何预处理，直接进 FCCU，由于其中的芳烃不容易裂化，特别是聚核芳烃，不但在 FCC 装置中不裂化，反而会发生缩合反应，产生大量焦炭，给操作造成麻烦。

如果 VGO 在进 FCCU 之前，先在 MHC 装置进行预处理，效果会明显不同，不仅能多产馏分油，如优质柴油，而且把 MHC 尾油用作 FCCU 原料，既能改善 FCCU 操作环境，也能提高产品性质。

在常规加氢裂化过程使用的催化剂中，有些专门设计的催化剂能够抑制芳环饱和反应，特别是能够抑制单环芳烃的加氢饱和反应，这有两个好处[12]：一是能节省氢气；二是能维持石脑油馏分的辛烷值。当装置运行的目的是最大量生产石脑油时，这对炼油厂来说是非常有意义的。

（1）单环化合物的转化

在高压和催化剂存在下，苯经环己稀生成环己烷和甲基环戊烷速度很快，开环生成己烷很慢，甲基环戊烷更易开环。环己烷开环有两种途径：直接开环；先构成甲基环戊烷再开环。这也是产物中既有正己烷也有异己烷的原因。环己烷开环途径与温度高低有关，温度低有利于环己烷直接开环，表 4-5 为环己烷加氢开环途径与温度的关系。

表 4-5　环己烷加氢开环途径与温度的关系[9]

反应温度/℃	270	280	290	304.4
环己烷加氢开环途径选择性	0.76	0.68	0.60	0.52

环己烷在加氢裂化过程中有三个反应：脱烷基；六元环的异构；开环。环烷烃正碳离子的裂化比烷烃正碳离子的裂化困难得多，而且环烷烃正碳离子发生 β 断裂后生成的非环正碳离子有比较强的环化倾向。

在加氢裂化过程中，环烷烃异构化反应主要是：环异构，即五、六员环环烷烃间的相互转化；侧链上链烷烃的异构化；烷基的迁移和数目的变化。烷基芳烃的异构化反应有：烷基侧链在芳环上的迁移；侧链数目和结构上的变化。支链减少的烷基异构化反应是吸热反应，平衡有利于生成多支链的异构物。也可能发生少量环化反应。

烷基苯加氢和饱和反应是在高温/高压条件下完成的，接着发生脱烷基或烷基侧链的

C—C 键断裂。对于脱烷基反应来说，异构烷基比正构烷基容易，即 α-碳原子上支链越多越容易断裂，以丁基苯为例，其顺序为：叔丁基>仲丁基>异丁基>正丁基。烷基苯和烷基环烷烃在加氢裂化时，共同特点是环保留，区别是：烷基苯先裂化后异构；烷基环烷烃先异构后裂化。两者裂化产物不同，烷基苯可进一步发生烷基转移反应，如果烷基苯的侧链比较长，还可能再环化成双环化合物，而烷基环烷烃不能环化成双环化合物。

(2) 多环化合物的转化

多环化合物在加氢裂化过程中的转化反应非常重要是因为这些反应关系到[9]：重质或劣质原料的处理；产品收率和质量；催化剂的运转周期。加氢裂化条件下的多环芳烃的化学反应十分复杂，其中包括：逐环加氢；开环异构；脱烷基等。这些反应如何进行，取决于催化剂的选择性和操作条件。多环芳烃加氢裂化的主要产品是苯类和小分子烷烃。

石油馏分中的萘在加氢裂化过程中的反应比较复杂，如何反应和产品如何分布，取决于催化剂性能和操作条件。萘类化合物的反应是：其中的一个芳环，先被饱和成四氢萘；接着四氢萘再被加氢成十氢萘，也可以生成环异构物，也可以开环成正丁基环己烷。

联苯加氢的主要产物是环己基苯，还可以继续加氢成联苯己烷，最后生成环己基苯与甲基环戊基苯。

在加氢裂化条件下，三环化合物(蒽、菲、芴)如何转化，同样取决于催化剂性能和操作条件，例如：

- 蒽：随反应温度的升高，反应向生成少环芳烃的方向进行。高压有利于二氢蒽的生成。
- 菲：反应产物中主要是四氢菲和甲基环己烷，烷烃少，C_4更少，主要反应是中心环开环、裂化反应。
- 芴：在结构上同其他多环芳烃有差别，其加氢过程主要是连续加氢。
- 多环芳烃的第一环加氢速度很快，第二环比较慢，到最后一个芳环时，由于它的芳香性与苯接近，加氢难度与苯类似。

加氢裂化原料中，四环以上的多环芳烃含量很少。芘在加氢裂化条件下，先加氢。在各种氢化芘中，十氢芘最活泼。荧蒽在加氢裂化过程中，也先加氢成四氢荧蒽，再加氢成对称十氢荧蒽，最后生成全氢荧蒽。其中前两步是可逆反应，与芴的第一步加氢比，荧蒽的加氢速度更快。

(二) 加氢裂化过程裂化段的主要化学反应

加氢裂化过程裂化段由于反应条件更苛刻，反应也更复杂，虽然也包括在预处理段的一些化学反应，但是最主要化学反应是烃的加氢裂化反应。

1. 大分子烃的加氢裂化反应

大分子烃的加氢裂化反应是加氢裂化过程最重要的化学反应。相对分子质量比较大的烷烃和环烷烃分子能够部分地加氢裂化成相对分子质量比较小的烃分子。

只要反应系统有过量氢存在，大烃分子就能够通过加氢裂化反应转化成小分子烃。该反应几乎在整个过程都会发生。这类反应大约每消耗 $1m^3$ 的氢就会释放出 1862kJ 的热量[4]。由加氢裂化反应放出的热量相当可观。裂化反应有助于降低密度和产生更轻的馏分。典型的加氢裂化反应式是：$RCH_2CH_2CH_2CH_3+H_2=RCH_3+CH_3CH_2CH_3$。轻质烃的收率取决于温度。随着反应器温度的升高，会产生更多的轻质产品。

大烃分子芳烃的加氢裂化反应是分阶段进行的，先饱和，再加氢裂化。如图 4-8 所示，催化裂化是 C—C 单键的断裂，而加氢是向 C—C 双键上加氢。

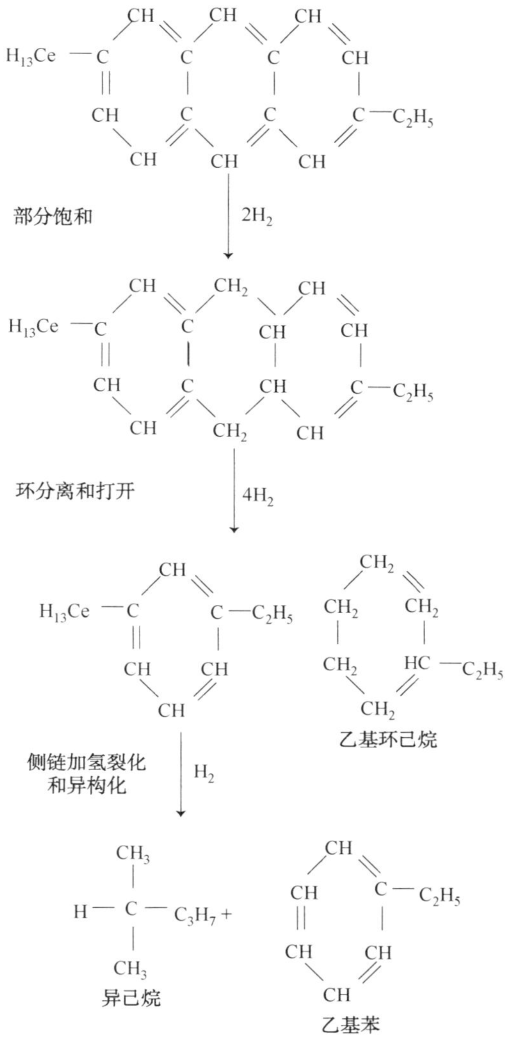

图 4-8　大分子烃的典型加氢裂化反应[12]

2. 烃的异构化反应

烃的异构化反应是在加氢裂化过程中与裂化反应同时发生的化学反应。这也是加氢裂化产品中异构烷烃含量高的原因。

在加氢裂化过程中，先生成的异构烯烃产品能被迅速加氢饱和。在系统中，维持高浓度异构烷烃，不仅能维持石脑油有比较高的辛烷值，还能够防止逆向反应生成直链分子[12]。

异构分子有两个来源：原料分子的异构；裂化产品分子的异构。其多少主要取决于催化剂。当催化剂加氢活性比酸性活性低时，裂化产物的异构化程度增加；当催化剂加氢活性比酸性活性高时，裂化产物的异构化程度下降；如果原料转化率在中下水平时，原料的异构选择性增加。

原料在硫化镍或硫化钨-硅-铝催化剂上，没有显现出能引起异构化反应的功能，原料中的未转化的正构烷烃倾向于维持它们的正构结构。而大量的链断裂反应会产生大量的低相对分子质量($C_3 \sim C_6$)烷烃，烷烃的反应机理看起来好象是，先催化裂化，接着再加氢生成异构烷烃。采用加氢活性比较高的催化剂，如钯-硅铝，能使过程直接发生异构化反应，导致产品分布出现变化，分解产品中的低相对分子质量烷烃/中相对分子质量烷烃的比值下降。

异构化反应不仅同催化剂加氢活性/酸性活性比有关，也与催化剂表观性能(如催化剂孔大小和结构)有关，如果催化剂中含分子筛，分子筛有择形性，这种关联性更加明显。

异构化反应是弱放热反应，反应热只有 2~20kJ/mol，低温有利于异构化反应[5]。反应压力对异构化反应平衡影响很小，而与产物的支链数目、位置和结构有关。

(三) 加氢裂化过程中多环芳烃的形成反应

在加氢裂化过程中，除了所希望有的加氢裂化、异构化、烯烃和芳烃饱和、脱硫、脱氮、脱金属等化学反应之外，还有一种比较重要的化学反应，多环芳烃(PNA)和焦炭的形成反应。特别是当温度比较高(如加氢裂化装置运转接近催化剂循环寿命终点，过程平衡受到限制)时，物料中的芳烃会生成更多多环芳烃，使催化剂的积炭更严重。这些反应对加氢裂化过程操作是不利的，积炭反应会导致催化剂积炭，降低催化剂活性，影响催化剂运转周期；多环芳烃会导致下游设备结垢，严重时会造成装置停工。

PNA，亦称 PCA(聚环芳烃)或 PAH，这些化合物的分子中至少有两个苯环。正常情况下，加氢裂化原料含 PNA，在有的分子中，苯环数多达 7 个。加氢裂化装置中的 PNA 生成反应之所以很重要，是因为该反应是我们所不希望有的。图 4-9 为多环芳烃可能的转化路径。一条路径开始是金属-催化环饱和，接着是酸-催化裂化反应。另一条路径是酸-催化缩聚反应生成大芳环化合物。这个分子可能继续缩聚成更大的 PNA。

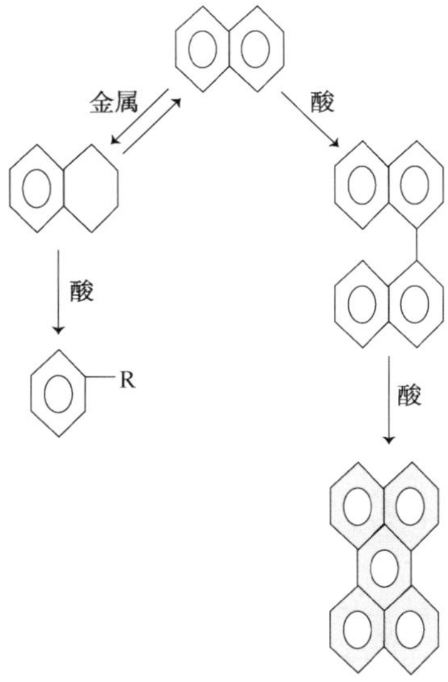

图 4-9　多环芳烃可能的转化路径[10]

有尾油循环的加氢裂化过程容易产生 7 个苯环以上的 PNA 分子。这些 PNA 被称作重多环芳烃(HPNA)，图 4-10 为它们的生成过程。在催化剂上产生的重多环芳烃(HPNA，也称重聚核芳烃)，如果离开反应器，会引起下游设备结垢，如果沉积在催化剂上，就会形成焦炭，使催化剂失活。它们的存在，会给系统造成许多麻烦，如堵塞设备。为了缓和由PNA引起的副作用，可以从系统中抽出5%～10%尾油，但是这样做会明显降低进料转化率。

芳烃，特别是沸点范围属于柴油馏分的烷基萘(十六烷值仅5～15)，对柴油质量影响比较大。图4-11为聚芳烃转化反应模型。通过该模型可以看出[14]：

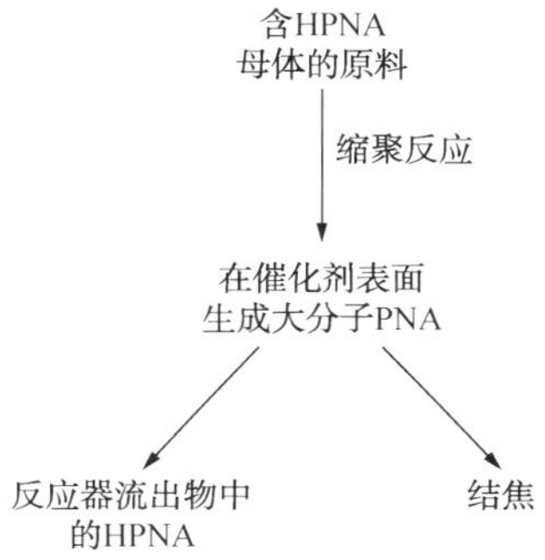

图4-10　HPNA生成过程[10]

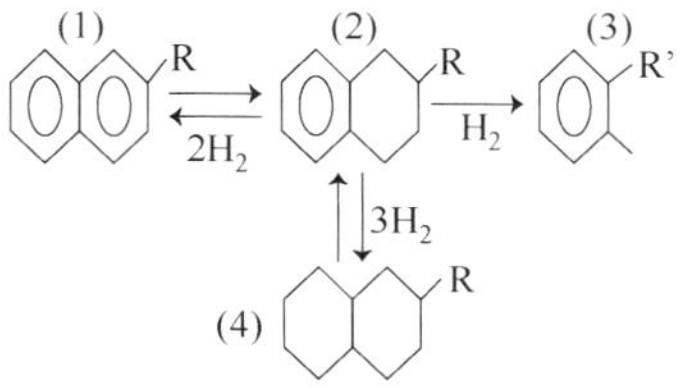

反应化学-质量变化

反应路径	氢分子	°API	沸点/°F	十六烷值
(1)-(2)	2	+8	-30	+10
(1)-(2)-(3)	3	+22	-50	+45
(1)-(2)-(4)	5	+18	-30	+30

图4-11　聚芳烃转化反应模型[14]

- 使用Akzo Nobel STARS加氢脱硫催化剂，能在中等压力条件下比较容易地完成聚芳烃分子中的芳环饱和(<1>～<2>反应)；
- 使用非贵金属加氢裂化催化剂，在相同条件下也能迅速引发这个反应。每个芳环消耗2分子氢气就能有限度地降低产品密度和沸点，同时适度地提高了十六烷值；
- 耗氢量比较大的第二个芳环饱和(<2>～<4>反应)，使产品密度进一步降低，十六烷值提高。实际上，这一步产品沸点没降低；
- 相比之下，选择性地通过加氢裂化反应，使聚芳烃开环仅多消耗1/3氢气，而产品密度、沸点和十六烷值大幅度改善。由于该反应的反应强度低，不会产生过度裂化和脱烷基反应，柴油收率比较高。

了解这些反应和如何应用这些反应，对柴油改质技术的经济性来说是很重要的。因为这些反应关系到产品收率、产品性质和氢耗。

第二节　加氢裂化过程的操作变数

对于石油产品来说，提高产品质量的实质是改善产品的组成。因为，不管石油产品的哪项控制指标都取决于基础分子的类型、大小、结构和组成。同其他改质过程比较，加氢裂化过程同其他临氢加工过程的主要区别是[15]：能处理各种原料；操作条件更苛刻；原料的转化率高；液体产品收率高；产品质量好；操作比较灵活。

对于加氢裂化过程来说，要达到这些目标，除了优化催化剂系统之外，还要控制好操作条件。Shell公司认为[32]：为了提高加氢裂化装置的经济效益，除了需要对装置进行改造(如将循环操作流程改成一次通过流程、更换催化剂或使用新一代反应器内部构件等)之外，不用太多投资，只需要适当调整操作变数(如操作温度、操作压力、转化率、液体回流比、空速、氢耗、产品切割点等），就能灵活地根据市场需求多产汽油或多产中馏分油，如柴油。

加氢裂化过程的经济性取决于过程操作是否正确。在原料性质和催化剂系统确定之后，只有小心准确地监控过程的每个操作变数，才能充分发挥装置的潜力。

一、反应温度

在决定加氢裂化过程转化程度的几个操作变数中，最重要的操作变数之一是操作温度。如果其他操作变数不变，操作温度越高，反应速度越快，转化率越高。鉴于加氢裂化过程总体来讲是放热的，温度会随原料和循环氢通过催化剂床层而升高。

操作温度和转化率不仅影响催化剂对中馏分油的选择性，也影响加氢裂化催化剂的活性和稳定性，其中对催化剂运转初期的脱硫和脱氮能力影响更加明显。

在加氢裂化装置运转过程中，为了维持过程反应速率和转化率，需要逐渐提高反应温度。随着催化剂温度的升高，催化剂会逐渐老化，催化剂活性和选择性也随之下降，其结果是目的产品收率下降，产生更多的瓦斯。在实际操作过程中，多数情况下，提高温度的幅度很小，低于1℃/月。当催化剂平均床层温度接近最高设计值时，就应当更换新催化剂或者对催化剂重新活化再生。由于单位时间所需要的温升幅度比较小，在失活催化剂更换之前，该催化剂在反应器中的运行时间通常是几年。类似的变化也发生在预处理反应器。

反应速率是衡量加氢裂化催化剂性能的关键指标，它影响催化剂的初活性、选择性、稳定性和产品质量。

运转初期得到目的产品所需要的温度是衡量催化剂初活性的尺度。催化剂活性是衡量原料相对转化速率的尺度。在加氢裂化过程中，活性被定义为：在一定条件下，得到同定转化率所需要的温度。加氢裂化转化率通常被定义为[10]：

$$转化率/\% = (EP_{进料}^{+} - EP_{产品}^{+}) / EP_{进料}^{+} \times 100$$

式中　EP^{+}——沸点超过目的产品终馏点的进料或者产品的材料分数。

催化剂选择性是衡量目的产品生成速率与原料转化速率(或生成其他产品)关系的尺度。加氢裂化选择性用特定转化率条件下的目的产品收率表示。目的产品生成速率与进料速率的关系决定收率。转化率为100%时，收率等于催化剂选择性。操作条件影响加氢裂化选择性。通常，更苛刻的操作条件会提高对副产品的选择性。

催化剂稳定性是衡量反应速率随时间变化的尺度。加氢裂化装置通常是在稳定的转化率模式下操作的，是用调整温度的方法来维持目的转化率。加氢裂化活性稳定性被定义为维持转化率不变所需要的温度变化。当使用分子筛催化剂时，产品收率会随在线时间变化。加氢裂化收率稳定性被定义为：转化率不变条件下，随时间而变的收率变化。

（一）典型的加氢裂化过程操作温度

同其他转化过程(如催化裂化、减黏和焦化)比，加氢裂化的操作温度并不高，图4-12为加氢裂化过程与其他转化过程反应温度和操作压力比较，对于加氢裂化催化剂来说，比较高的操作温度是原料加氢裂化所必须的，高压是维持催化剂寿命所必须的[14,20]。

典型的加氢裂化过程反应温度是413.0~440.6℃，反应压力约为17.7MPa。如果处理的原料比较轻或者比较干净，过程的操作温度可以低一些。例如，馏分油加氢裂化过程反应温度对产品分布的影响见表4-6。

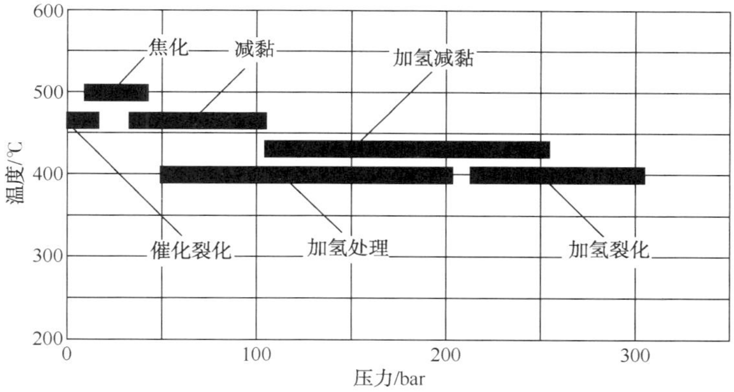

图 4-12 各种转化过程的反应温度和操作压力[15]

① 1bar = 10^5 Pa

表 4-6 馏分油加氢裂化过程反应温度对产品分布的影响[25]

目的产品	反应温度/℃	C_4/%	C_5～60℃/%	60～149℃/%	149℃$^+$/%
石化用石脑油	375	19.6	21.7	87.7	0
煤油	367	8.9	11.3	45.7	54.1
柴油	359	4.2	6.3	28.5	75.0

图 4-13 为常规加氢处理催化剂和经过改进的 MHC 催化剂操作温度对转化率的影响。

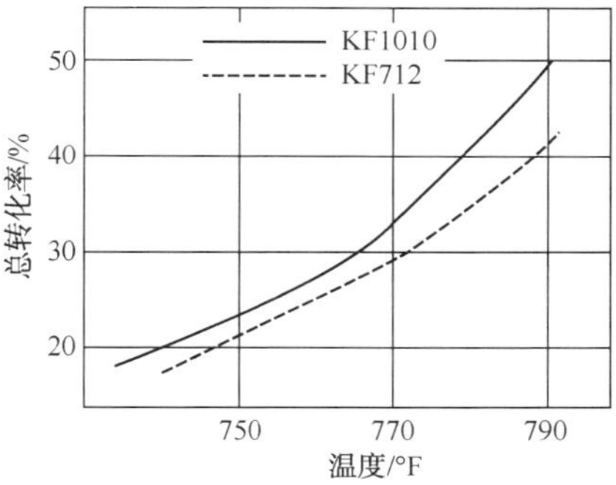

图 4-13 操作温度对转化率的影响

虽然加氢裂化过程需要比较高的操作温度，但是如果操作温度过高，会缩短催化剂使用寿命，需要更频繁地更换催化剂。有些过程的运转是把温度控制程序化，以便延长催化剂寿命和维持产品硫和氮含量的规格要求。

Shory 等(1999 年)对 MHC 装置和常规一次通过加氢裂化装置进行了比较，装置原料和转化率同样是 40%，能生产十六烷指数为 50 的柴油，操作压力高的常规一次通过加氢裂化装置有下列表现[4]：

- 加氢强度提高。
- 芳烃饱和度提高，柴油和 FCC 原料质量更好。
- 氢耗是 MHC 装置的 2 倍。
- 投资是 MHC 装置的 1.5 倍。

(二) 温升幅度

在加氢裂化过程中，通常是把进料速率、操作压力和循环氢速率稳定在一定范围内，通过调整反应温度来控制原料转化率。反应温度通常也是必须严密控制的操作变数。

在装置整个运转过程中，精心控制温升幅度(ΔT)非常重要。实际操作过程中，当原料性质确定之后，催化剂类型和反应器对温度的敏感性决定了操作温度的上限和操作过程中的温升幅度。各类催化剂的温升幅度为[10]：

- 贵金属催化剂：17℃。
- 高活性碱金属催化剂(用于多产石脑油)：22℃。
- 分子筛含量比较低的催化剂(用于多产中馏分油)：28℃。
- 无定形催化剂：42℃。

控制反应温度是控制转化率的主要方法。在正常反应条件下，反应温度增加 10℃，反应速率几乎增加一倍，但是对转化率的影响不像对反应速率的影响那样大，这是因为反应使一些材料已经转化成沸点低于目的产品终馏点的材料。随着运转的进展，需要每天把反应温度提高大约 0.06~0.11℃，用于补偿催化剂的活性损失[12]。

提高反应温度速率实际上是提高催化剂污染速率。为了适应反应器进料速率或进料性质、氢/油比、氢分压和其他参数的变化，需要改变操作温度。

(三) 重量平均床层温度

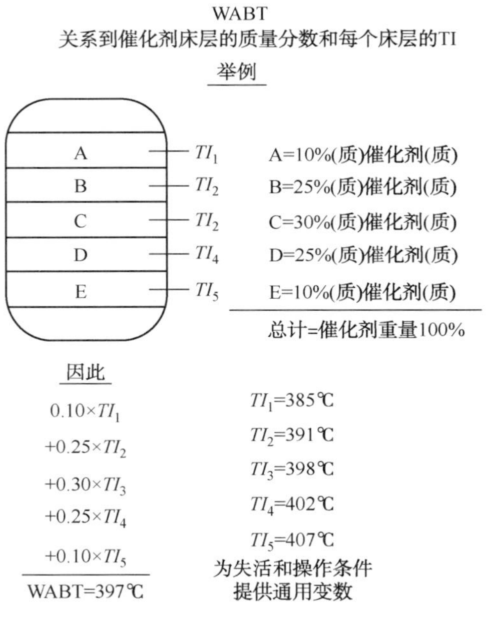

图 4-14　WABT 计算举例[10]

催化剂床层反应温度影响过程的操作强度或裂化深度。实际操作过程中，仅仅监测每个床层和/或反应器进出口物流的温度是不充分的，还须要关注整个催化剂床层径向温度。对于评价催化剂性能、急冷效率和反应器流动模式来说，温度分布图是一个有用的工具。温度分布图表示的是温度与进入催化剂床层深度(催化剂的质量)的关系。加氢裂化反应器应当在低于催化剂最高使用温度的条件操作。在这种情况下，在整个循环期间，催化剂体积会得到更充分地利用。通常，是用加权平均床层温度(WABT，也称质量平均床层温度和质量平均床层温度)，比作催化剂活性。图 4-14 为某反应器 WABT 的计算过程。

反应器 WABT 提高速率实际就是催化剂失活速率。提高 WABT 有两个目的：维持催化剂的加氢处理和加氢裂化功能；维持转化率和产品质量。WABT 是用来监测催化剂系统性能的重要参数。失活速率用“℃/m^3(原料)/kg(催化剂)”的形式表示，也可以简化作(℃/d)。加氢处理催化剂活性的下降用加氢处理催化剂稳定脱氮能力下降表示。对于加氢裂化催化剂来说，催化剂活性下降意味着维持目的产品转化率稳定的能力下降。

为了维持加氢和裂化两个功能及得到所希望的转化率和产品质量，反应器 WABT 温升速度加快被称认为是催化剂系统失活。它是为监测催化剂系统性能所使用的关键变数之一。加氢处理催化剂的活性下降显示维持加氢处理催化剂流出物中稳定的氮含量能力降低。加氢裂化催化剂的活性下降表明该催化剂维持目的产品分布和稳定转化的能力下降。如果还想继续维持即定的目的产品分布和转化率，就需要进一步提高反应器 WABT。

（四）催化剂床层温度控制

对反应热而言，加氢裂化过程中的裂化反应和加氢反应是互补的：裂化反应产生烯烃，过程是吸热的；而加氢反应是放热的，为裂化提供热量。

加氢裂化过程中的化学反应有的是放热反应，有的是吸热反应，总体来讲，加氢裂化过程是放热的，耗氢量越大，放热量越多，因为加氢反应放出的热量要比裂化反应消耗的热量多得多。一般情况下，加氢裂化反应，包括预处理段的反应，耗氢在 $200 \sim 420Nm^3/m^3/\%$（质），放出的热量在 $8.8 \sim 17.6kJ/m^3\ H_2$，这些热量可以使温度升高约 $0.006℃/Nm^3/m^3 H_2$[10]。

如果过程中的加氢裂化反应放出的热量比物流从反应器中带走的热量多，催化剂床层温度就会迅速升高，严重时会导致温度漂移或失控。温度失控指的是在很短时间内产生极高温度。当温度超过一定限度，就会对催化剂和/或反应器结构材料造成损害。为了避免出现这种情况，在整个操作过程中应当严密监控催化剂床层的温度变化。操作温度的高低取决于原料性质、催化剂类型和反应器材料对温度的限制。

为了控制由反应热引起的反应器温度升高和反应速率加快，需要采取降温措施，如注入冷的饱和加氢生成油或冷氢气。工业装置多采用温度比较低的循环氢（急冷氢）作冷却介质，其特点是：

- 降温操作方便，速度快，效果好，有利于提高反应速度。
- 有利于氢分压的稳定。
- 有利于稳定催化剂活性。
- 缺点是，氢气相对分子质量小，热容小，需要大体积反应器。

催化剂操作温度影响反应选择性，原因是加氢处理反应活化能远远低于加氢裂化反应的活化能，因此，提升加氢处理温度会提高加氢裂化反应强度，增加氢耗。

二、反应压力、氢分压和氢纯度

加氢裂化过程维持比较高的操作压力（氢分压）有两个目的[14,20]：维持正常的加氢裂化反应；维持/延长催化剂使用寿命。

（一）反应压力

反应压力能够影响系统氢分压和氨分压。总压力提高能够提高氢分压和氨分压。过程的转化率随氢分压的增加而增加，随氨分压的增加而降低。

概括地讲，提高操作压力对加氢裂化反应是有利的。提高过程操作压力有下列好处[4][10,12]：

- 提高转化率。
- 特别是在初始反应阶段，有利于芳烃饱和、脱硫和脱氮反应。
- 提高脱氮率，能提高转化率，原因是碱氮能够引起酸性加氢裂化催化剂中毒。
- 催化剂的减活速率对压力变化比较敏感，压力比较高时，能够抑制生焦速率，降低催化剂减活速率。

图 4-15 为常规加氢处理催化剂和经过改进的 MHC 催化剂操作压力对转化率的影响。

如果循环氢中的氨分压过高，对加氢裂化过程转化率有抑制作用。在无氨条件下，氢分压对转化率的影响比较小。

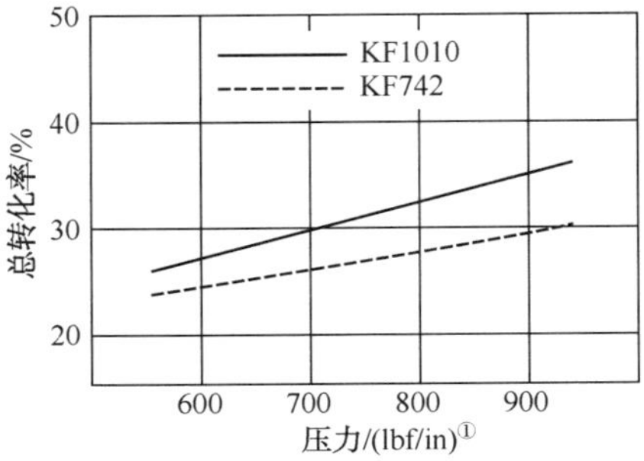

图 4-15　操作压力对转化率的影响

① $1lbf/in^2 = 6.895kPa$

实际操作过程中，系统操作压力必须严格控制，过高或过低都是不允许的[10]：如果操作压力明显超过设计压力，有可能导致设备损伤，因为多数加氢裂化装置对设备(如反应器、加热炉、换热器和容器等)的操作压力都有严格限制；如果操作压力低于设计值，就可能产生更多焦炭，催化剂上的积炭量增加，会加速催化剂失活。

装置的投资同设计压力的关系比较大，减少加氢裂化装置投资的常用方法有几个，比如降低设计压力、减少催化剂装入量或采用更小的反应器等。相比之下，比较可行的、容易实现的和效果比较明显的是降低装置的设计压力，因为设备的材料选择的主要依据之一是操作压力，设备的操作压力越高，需要的材料等级越高，材料越贵[15]。

操作压力比较低的 MHC 过程工业应用增长迅速的主要原因，除了该过程能够得到收率可观的中馏分油和尾油之外，还有一个原因是装置操作压力低，可以用闲置的其他临氢加工装置改造。

(二) 氢分压

加氢裂化反应段操作压力是通过控制高压分离器的操作压力进行控制。这个压力，乘上循环氢的氢纯度，就是分离器氢分压。选择装置氢分压的根据是原料类型和所需要的转化率高低。

加氢裂化过程反应器中的氢分压是为加氢裂化反应提供动力的重要控制参数，受制于循环氢和新氢纯度，在整个操作过程中必须小心监测，使其不能低于最小设计值。氢分压控制得好与差，对装置的安全稳定运转，影响非常大，提高氢分压有下列好处[10,14,15]：

- 装置应尽量在高氢分压和低温度条件下操作，高氢分压能抑制二次反应(如生成大分子和分子的过度缩合反应)，降低生焦速度，延长催化剂使用寿命，
- 提高烯烃和芳烃饱和速率，降低产品芳烃含量，改善产品质量，如煤油烟点和柴油十六烷值。
- 降低轻馏分产量。
- 改善反应生成物的稳定性。
- 提高烃的裂化速率。

图 4-16 为过程和原料类型同过程氢分压和氢耗之间的关系。

Ural 原油是一种比较难处理的原油，即使用 H-Oil 法渣油加氢裂化装置，也必须附加加氢后处理段，选择适当的操作条件，才能把柴油产品硫含量控制在 50μg/g 以下。如果循环

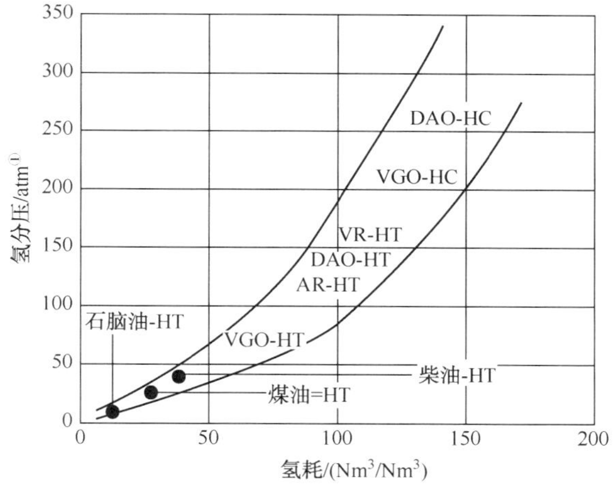

图 4-16　各种过程的氢分压和原料来源同氢耗之间的关系[2]

① 1atm = 101.33kPa

氢纯度比较高，能够得到硫含量为 10μg/g 的柴油。最新的数据表明，控制好循环系统，不用提高反应器压力和体积也能达到上述目标。实验装置操作数据表明，调整系统氢分压能够影响柴油产品硫含量：如果处理的原料是柴油 B(1100μg/g)，选择适当的操作条件，就能把柴油硫含量降到 50μg/g 以下；如果处理的原料是柴油 C(1830μg/g)，光靠调整氢分压，不能生产硫含量 50μg/g 以下的柴油；如果处理的原料是柴油 A(700μg/g)，能比较容易地把柴油硫含量降到 10μg/g。图 4-17 为柴油加氢处理段氢分压对柴油产品硫含量的影响。

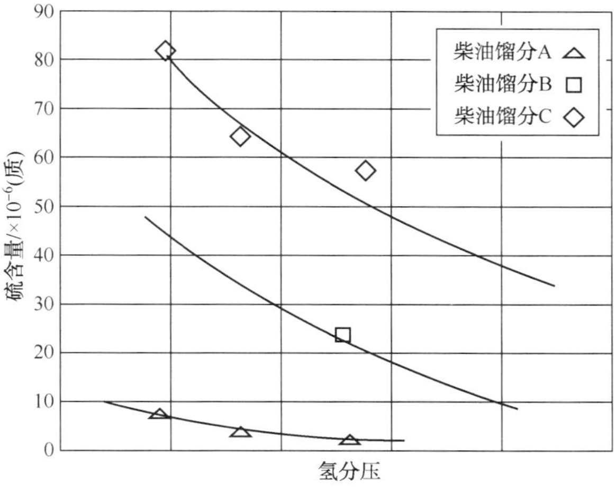

图 4-17　氢分压对柴油产品硫含量的影响[26]

另一个能得到硫含量 10μg/g 柴油的方法是调整柴油料的终馏点。

研究结果表明，加氢裂化柴油产品的颜色稳定性，除了同原料的氮含量和烯烃含量有关之外，同过程的加氢处理操作条件(如氢分压)密不可分。图 4-18 为柴油产品颜色稳定性同氢分压之间的关系。图中的柴油 A、B、C 的氮含量分别是 1300μg/g、1850μg/g、1800μg/g。

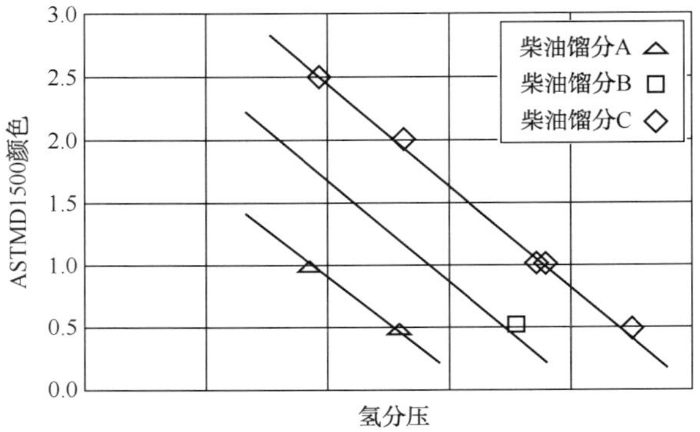

图 4-18　氧化后颜色同氢分压之间的关系[26]

影响加氢裂化过程氢分压的因素有：系统总压力、新氢纯度、循环氢纯度和循环速率、HP 分离器泄放速率、HP 分离器温度、胺洗装置的操作等。

在装置操作过程中，把系统总压力和氢分压维持在比较高的水平上是至关重要的。提高氢分压就意味着必须增加蒸气相中氢气浓度。工业上比较常用的维持和提高氢分压的方法有[6]：

- 操作好新氢和循环氢压缩机。
- 维持系统有过量的氢气循环。
- 提高新氢纯度。
- 采用循环氢提纯技术，降低和控制反应系统气相中的非氢组分浓度，提高循环氢纯度。
- 需要不断地补充新氢。
- 防止氢气泄露。
- 减少循环氢排放量。

（三）新氢和循环氢纯度

影响系统氢纯度的主要因素有两个：新氢纯度和循环氢纯度。也就是说，要想把系统氢分压维持在一定水平，必须控制好新氢纯度和循环氢纯度。如果新氢纯度和循环氢纯度降到设计值以下，会使系统氢分压和氢/油比达不到要求，这不仅会影响过程中的化学反应，还会严重影响催化剂使用寿命。

影响新氢和循环氢纯度的主要原因是其中的不纯物（如氮、甲烷、CO 和 CO_2）数量。如果氢浓度低于设计值，就要采取一些措施，提高氢纯度，工业上常用的一些提高氢纯度的方法有[10]：

- 提高新氢纯度。
- 采用 PSA（变压吸附）技术和膜分离技术，对循环氢进行提纯。
- 采用胺吸收技术，脱掉循环氢中的 H_2S 和脱 NH_3。
- 提高循环氢排放量。
- 降低高压分离器温度，影响循环氢纯度，但效果不明。
- 减少气相中的甲烷数量：把甲烷吸收到离开反应器的液体产品中；随瓦斯排放到系统外。

- 在冷分离器前引入冷石脑油馏分：改善冷分离器中的液/气比，可以提高对甲烷等轻质烃的吸收能力，增加轻质烃脱出率，提高循环氢氢纯度。
- 严格控制原料中的轻组分(如煤油和柴油)含量：有些反应器是气相进料。如果在进料中有石脑油或煤油，其中的大部分会汽化。除掉这些物料能够提高氢浓度。

循环氢的循环量通常是新氢数量的3~5倍，如果需要提高反应器氢纯度，应当首先考虑提高循环氢的氢浓度。

甲烷是影响循环氢浓度的重要组分，通常会聚集在循环氢中，导致氢浓度下降。甲烷是在脱硫过程中由裂化和其他反应产生的轻质烃，装置或催化剂的运转末期会更多，如果不及时除掉，会影响装置操作。

随新氢进入加氢裂化装置中的$CO+CO_2$含量超过一定限度，会影响催化剂活性。

CO和CO_2对加氢裂化催化剂的影响类似，在氢气存在下，它们会在催化剂的活性中心转化成甲烷和水。CO和CO_2甲烷化反应会在催化剂上形成竞争。因此，如果在催化剂上形成CO和CO_2聚集，就会影响催化剂温度。由于甲烷化反应是放热量比较高的化学反应，在极端情况下，在短时间内，在有大量CO或CO_2聚集的地方，从理论上讲有可能发生温度失控[10]。

惯用的处理CO或CO_2聚集的方法是：如果$CO+CO_2$含量超过最高限制值，不要用提高催化剂温度的方法来弥补由此产生的转化率下降。应当把催化剂温度维持在该温度或者低于这个温度，直到$CO+CO_2$含量高的问题解决为止。采用这个方法，不会提高催化剂高温失活速率，也可以避免由甲烷化反应引起温度失控。

CO在烃和水中的溶解度有限，会聚集在循环氢中，降低循环氢浓度。CO_2的溶解性比较好，能比较容易地从高压分离器液体系统中除掉。

三、循环氢速率和氢/油比

对于加氢裂化过程来说，除了需要把反应器氢分压维持在一定水平之外，维持氢气同催化剂和烃有一个好的物理接触同样重要，这样更有利于氢在活性中心参与反应。用循环氢压缩机把循环氢连续循环通过反应器就可以达到改善物理接触的目的。循环氢循环速率是衡量氢/油同催化剂物理接触好坏的一个变数。进入反应器的循环氢循环速率与进入反应器的新鲜原料进料速率之比被定义为氢/油比，计算式为[10]：

氢/油比 = 总循环氢速率(Nm^3/h)/总进料速率(m^3/h) = Nm^3/m^3(进料)

同氢分压一样，实际操作过程中，氢/油比不能低于设计值，如果氢/油比太低，会缩短催化剂寿命。在装置操作的整个循环期间，反应段压降会逐步升高，随着压降的升高，氢/油比倾向于下降。当系统压降上升到不能维持最小氢/油比时，有两种处理方法：降低装置处理能力，以便维持氢/油比不低于设定的最小设计值；装置停工，进行催化剂再生或更换新催化剂。

氢/油比推荐值不是固定的，其高低主要取决于催化剂类型和性质，两类催化剂的推荐值如下[10]：

- 无定形催化剂系统：$675Nm^3/m^3$。
- 分子筛催化剂系统：$925Nm^3/m^3$。

四、氢耗

临氢加工过程中的氢耗是衡量装置经济性的重要指标。在渣油加氢裂化过程中，耗氢主要用来脱除原料中的杂原子污染物和烯烃/芳烃饱和。同其他消耗氢气的化学反应比，烯烃和芳烃饱和耗氢量最高。大分子稠环芳烃的转化耗氢是我们需要的，否则，其中的一些稠环芳烃会转化成焦炭和硬质沥青。各种馏分油加氢裂化过程的产品质量和氢耗的关系[24]：

- 干气和 LPG，均为饱和烃，氢耗占总化学氢耗的 20%。
- 石脑油馏分，辛烷值低，耗氢量高。
- 煤油馏分，质量好，耗氢量适中。
- 柴油馏分，氢气利用率高。

在所有临氢加工过程中，加氢裂化过程是耗氢量最大的。

五、空速

固定床加氢裂化反应器的催化剂装填数量是装置设计时就确定的，是固定不变的，其多少，主要取决于原料的质量和数量以及对转化率和产品质量的要求。把原料进料速率（每小时的体积速率）和催化剂装填量（体积）之比，称作液时空速（LHSV），LHSV 的定义是[10]：

LHSV（h^{-1}）= 进反应器入口的总进料量（m^3/h）/总催化剂体积（m^3）

在加氢裂化过程中，进料速率是需要稳定的一个操作参数，应当严格控制。加氢裂化过程 LHSV 的高低直接影响操作强度。在催化剂体积不变条件下，提高新鲜原料进料速率就意味着提高 LHSV，催化剂同原料的接触时间减少，转化率下降。为了维持过程转化率不变，须要相应地提高催化剂温度。提高催化剂温度有下列副作用[12,14,21]：

- 会加快生焦速率，导致催化剂污染速率和失活速率加快，缩短催化剂使用寿命。
- 需要更多的氢气参与化学反应，氢耗增加。

如果 LHSV 明显超过装置设计值，催化剂失活速率可能变得难以接受。

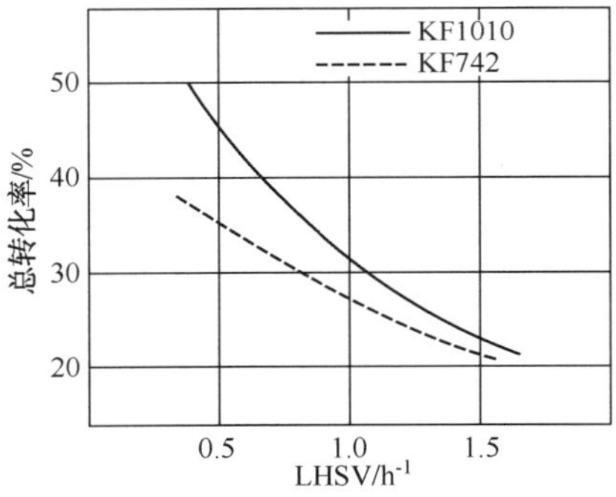

图 4-19　空速对转化率的影响

图 4-19 为常规加氢处理催化剂和经过改进的 MHC 催化剂空速与转化率之间的关系。

六、转化率

转化率是衡量加氢裂化装置技术经济性的重要参数。同其他转化过程比，加氢裂化过程由于操作条件比较苛刻，不仅液体产品收率高、质量好，转化率也是最高的。图 4-20 为加氢裂化过程与其他转化过程转化率的差别。

转化率是衡量过程操作强度的度量值。比较高的操作强度，意味着比较高的操作温度，对应比较高的转化率。通常是用操作温度控制转化率，转化率的定义是[10]：

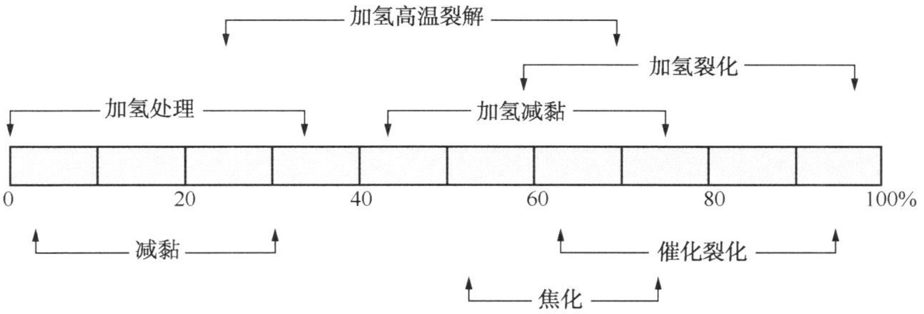

图 4-20　加氢裂化过程与其他转化过程转化率的差别[15]

$$转化率[\%(体)]=[(新鲜进料-蒸馏塔尾油)/新鲜进料]\times100\%$$

式中　新鲜进料，m^3/h；蒸馏塔尾油，m^3/h。

评价加氢裂化过程的性能，除了看它的液体产品(石脑油、煤油、中馏分油和瓦斯油)的收率、杂原子脱出率和 FC(转化率)之外，还要参考它的 *CM*(碳流变率)和 *HU*(氢气利用率)。*CM* 和 *HU* 的定义是[15]：

$$CM=(碳_{液体}/碳_{原料})\times100$$

$$HU=(氢_{液体}/氢_{原料})\times100$$

简单地讲，在一定条件下，如果该加氢裂化过程的液体收率高和产品质量好，而气体($C_1 \sim C_4$)收率低，就可以说该过程的效率高。表明过程中消耗的氢气是有效的，即消耗的氢气是用来提高液体收率和改进产品质量。

图 4-21 为加氢裂化过程，在增产柴油操作模式下操作，转化率同产品分布和氢耗之间的关系。降低转化率虽然能增产中馏分油和减少氢耗，但是也有副作用，如芳烃含量升高，API 降低，中馏分油质量下降。缩小这些副作用的方法是采用对中馏分油选择性更好的催化剂。这类催化剂通常有比较高的加氢活性，能够改善中馏分油的质量，提高中馏分油收率。

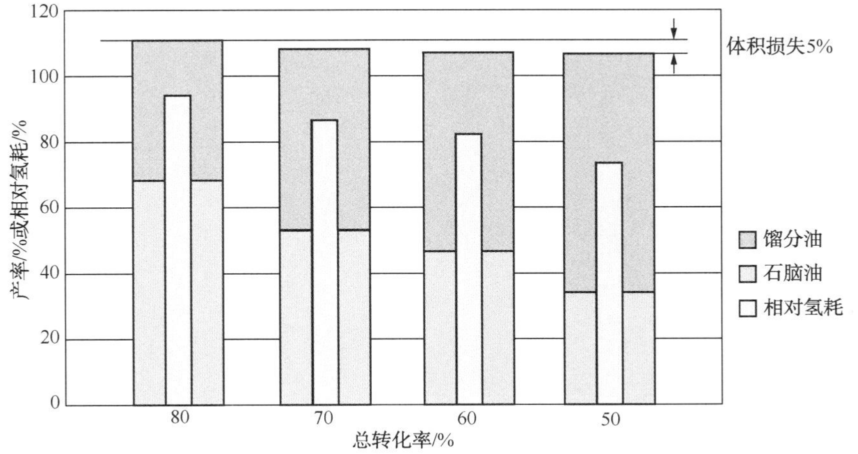

图 4-21　加氢裂化转化率同产品分布和氢耗的关系[34]

图中：氢耗是相对于高转化率石脑油操作模式时的氢耗百分数；产率是相对于新鲜进料的比值

以 MHC 过程为例，MHC 的转化率到底应当控制在什么水平上，主要取决于对产品质量的要求和使用该过程的目的[40]。

如果 MHC 尾油是用来作 FCC 装置原料，那么 MHC 转化率通常应当控制在 20%～40%的低-中转化率。但是，在这种低-中转化率的操作条件下，由于加氢裂化条件太缓和，加氢脱硫能力不足，不利于提高柴油质量，柴油产品硫含量和芳烃含量高，有时达不到目标要求。

如果把操作条件控制在中-高压力(<12.0MPa)，虽然转化率超过 50%，能够生产硫含量为 10μg/g 的 ULSD，但是尾油产量减少并且加氢过度，氢耗较高，也不经济。为了解决这个矛盾，IFP 开发了一种 MHC 专利技术，其主要特点是，柴油质量不受 VGO 转化率的控制。

七、液体循环

多数加氢裂化装置都设计有尾油循环，把蒸馏塔底油循环回到反应器。这种尾油是蒸馏过程除掉侧线产品之后的塔底油。对于多产石脑油和中馏分油的加氢裂化装置来说，尾油通常是 315～370℃$^+$的重柴油馏分。液体循环的重要功能是降低操作强度。

把液体循环速率同新鲜原料进料率关联在一起，形成 CFR(联合进料比)，该变数的定义为[10]：

$$\text{CFR}=(\text{新鲜原料进料率}+\text{液体循环速率})/\text{新鲜原料进料率}$$

从式中可以看出，如果该装置没有由蒸馏塔返回反应器的液体循环，CFR 等于 1.0，也就是所谓的一次通过操作模式，即新鲜原料一次通过催化剂床层。如果液体循环速率和新鲜原料进料率相等，则 CFR 为 2.0。

另一个极端是，如果装置设计是在 CFR 为 2.0 时操作，100%进料转化成产品，单程转化率只有 50%。这样，随着 CFR 增加，单程转化率下降。也可以看出，随着 CFR 增加(在新鲜进料转化率一定时)，需要降低催化剂温度。因此，把 CFR 降到低于设计值会导致催化剂温度升高和缩短催化剂寿命。

第五章　工业加氢裂化过程

经过数十年发展起来的加氢裂化过程已经成为炼油厂科技含量最多和工业规模比较大的主要石油炼制过程之一。由于加氢裂化过程能处理劣质油、生产优质产品、操作灵活性高和能同其他过程很好地组成组合加工过程等特点，受到各大石油炼制公司和科研机构的重视。目前，世界上主要石油炼制公司和科研机构，如 UOP、Chevron、IFP 和 Shell 等公司，都拥有自己的成套加氢裂化技术。Albemarle、Criterion、Haldor Topsoe、United Catalysts 等公司都可以提供各种类型的，用于加氢裂化过程的催化剂。

从 20 世纪 60 年代开始一直到 90 年代末，Chevron、UOP、Unocal、Shell 和 Exxon 公司对加氢裂化过程的研究投入都比较大，成果也比较多，都有自己的工业加氢裂化专利技术。进入 21 世纪之后，特别是近几年，由于公司之间的互相兼并，使局面发生比较大的变化，目前，发放加氢裂化专利技术许可证比较多的公司有：Chevron、IFP、UOP 和 EMAK(ExxonMobil-Akzo Nobel-Kellogg)。表 5-1 为工业上应用比较多的几个加氢裂化过程。

表 5-1　几个应用比较多的加氢裂化过程[9,12]

过程名称	所属公司
Isomax	Chevron and UOP LLC
Unicracking	UOP LLC
Isocracking	Chevron
GOFining	ExxonMobil Reasearch and Engineering
Ultracracking	BP
Shell	Shell Development Co.
BASF-IFP Hydrocracking	Badische Anilin and Soda Fabric, and Institute Francais Petrole
Unibon	UOP LLC

国外的几个重要兼并案例如下[9]：

• UOP：加氢裂化过程工业应用最多，兼并 Unocal 之后，分子筛催化剂的应用和开发进展迅速。大量使用分子筛催化剂是 Unicracking 过程的主要特点。我国的辽阳、长庆、大连、大港、独山子、钦州、惠州和泉州等地的炼油厂正在使用或准备采用 UOP 的加氢裂化技术。

• Chevron：2000 年同 ABB Lummus Golabl 合并，组成 Chevron Lummus Golabl LLG 公司，简称 CLG。该公司的加氢裂化过程工业化历史比较长，技术先进，其 Isocracking 过程，工业应用比较多，特别是在工艺技术方面有其独到之处。CLG 加氢裂化技术有单段一次通过、单段循环和两段三种流程，近年来在这些技术基础上又开发出：OPC(优化部分转化)过程、分别进料过程、反序串联过程和 ISOFLEX 过程。Chevron 加氢裂化技术的另一个优势是采用择形异构化技术，生产高 VI 润滑油基础油。采用该技术的工业装置比较多，约占世界润滑油加氢裂化装置的 80%，择形异构化油质量能达到 API Ⅱ/Ⅲ类油水平。我国的上海高桥和大庆的加氢裂化过程，使用 Chevron 择形异构化技术。

- Albemarle：Albemarle 于 2004 年兼并 Akzo Nobel 的催化剂业务，成为世界最大的炼油催化剂供应商之一。在这之前，Akzo Nobel 曾与 ExxonMobil、Kellogg Brown & Root 合作开发 MAKFining MPHC、柴油 MIDW 和柴油加氢改质等技术，与 Fina 研究公司合作开发 CFI 和加氢脱芳烃技术。Albemarle 兼并 Akzo Nobel 的催化剂业务之后，与 UOP 结盟，继续开发加氢裂化过程使用的预处理催化剂，这些预处理和加氢裂化催化剂已经用在 UOP 加氢裂化装置上。
- ExxonMobil：1998 年 Exxon 和 Mobil 合并，成立 ExxonMobil 公司。该公司开发的加氢裂化技术包括：高压加氢裂化、中压加氢裂化、MHC、择形裂化和择形异构化等技术。其中择形催化剂技术在世界占主导地位，例如，能生产低凝点柴油的 MDDW 过程和 MIDW 过程、能生产润滑油基础油的 MLDW 过程和 MSDW 过程。

我国是掌握加氢裂化技术比较早的国家之一，简要发展过程和主要成果如下：

- 20 世纪 50 年代，抚顺石油三厂研制出 MoS-白土催化剂，以酸碱精制页岩轻柴油为原料，生产汽油和灯油，同时与中科院大连化物所合作开发出 MoO-半焦催化剂，以煤焦油为原料，生产馏分油。
- 1966 年，我国第一套单段工业加氢裂化装置在大庆建成投产，过程采用无定形硅铝/WO_2-NiO 催化剂，生产中馏分油。
- 接着，抚顺石油三厂开发出含 β 沸石的系列加氢裂化催化剂；推出能够生产润滑油基础油的择形裂化技术。
- 20 世纪 80 年代后，FRIPP 用超稳 Y 沸石开发出系列加氢裂化催化剂，用于生产馏分油。
- FRIPP 开发的加氢裂化催化剂有多个系列，50 多个牌号，其中有的能最大量地生产石脑油；能灵活地改变产品分布；能最大量地生产中馏分油；能处理劣质柴油的 MCI 过程；有择形功能，能生产低凝点柴油；有择形裂化和择形异构化功能，用于生产润滑油。
- FRIPP 先后开发出：单段串联高压加氢裂化过程；加氢裂化-蜡油加氢组合加工技术；MPHC 过程；MHUG 过程；中压加氢裂化(改质)-中馏分油加氢补充精制组合加工技术；MHC 过程；改善柴油十六烷值的 MCL(劣质柴油改质)技术；润滑油加氢处理技术、择形裂化技术；择形异构化技术；加氢降凝技术和加氢改质降凝技术；单段串联一次通过、部分循环和全循环流程；单段一次通过、部分循环和全循环流程；两段流程等。
- RIPP 也先后开发了数种加氢裂化催化剂，这些催化剂主要用于生产润滑油基础油、中压加氢改质、RMC(中压加氢裂化)过程、提高劣质柴油十六烷值的 RICH 过程。
- 1989 年，我国第一台锻焊结构热壁加氢裂化反应器在抚顺石油二厂工业应月。
- 1990 年年初，中国石化金陵分公司成功进行加氢裂化催化剂器内再生。
- 接着，HCRT(山东淄博邦达恒基化工有限公司的加氢裂化催化剂连续器外再生技术)工业应用，催化剂的平均脱碳率为 96.9%(比器内再生高 5 个百分点)，平均脱硫率为 90.5%(比器内再生高 10 个百分点)。
- 2001 年，中国石油化工公司开发的反应器内部构件技术工业应用。
- 1993 年，由 FRIPP 提供基础数据，由 LPEC(中国石化洛阳石油化工工程公司)设计的单段串联全循环大型高压加氢裂化装置建成投产。

第一节　以馏分油为原料的常规加氢裂化过程

馏分油加氢裂化过程通常指的是以各种馏分油(如 VGO 和柴油等)为原料的加氢裂化过程，主要产品是 LPG、石脑油、煤油、柴油和尾油。这类加氢裂化过程工业应用比较多。其中 Chevron 加氢裂化过程工业化比较早，UOP 的类型比较多。这类加氢裂化过程在技术方面的先进性主要体现在所用的催化剂或催化剂系统、反应器内部构件、转化率和主要产品的产量和质量上。

下面涉及的是几个工业应用比较多和成熟的馏分油加氢裂化过程。

一、UOP 加氢裂化过程

UOP Unicracking 过程，是 UOP 开发比较早和应用比较多的加氢裂化过程，该过程采用抗硫和抗氮能力强的高活性催化剂，可以再生，例如 UOP Unicracking-JHC 过程使用的 0.5%Pd/Y-分子筛催化剂，能够处理常压和减压馏分油及其他重馏分油。UOP HC-Unibon 过程，使用 Lomax 催化剂(DHC-型，HC-型)，Ni-Mo/硅-铝和 Ni-W/硅-铝，处理的原料从石脑油到脱沥青油。

表 5-2 为 UOPUnicracking 过程能够处理的原料和生产的产品。图 5-1 为经过改造的，用于脱蜡的两段 UOP Unicracking 过程。

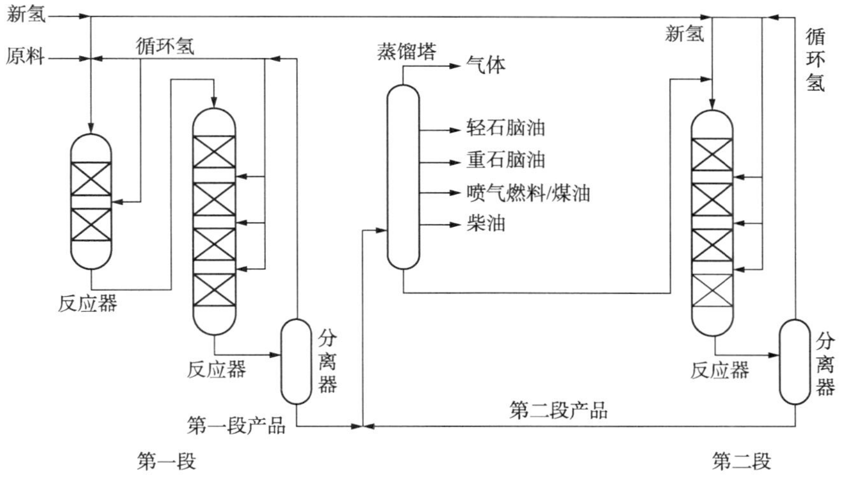

图 5-1　经过改造的用于脱蜡的两段 Unicracking 过程[2]

表 5-2　UOPUnicracking 过程的原料和产品[14,22]

原　　料	产　　品
石脑油	LPG
煤油	石脑油
常压瓦斯油	石脑油、煤油、喷气燃料、柴油
VGO	石脑油、煤油、喷气燃料、柴油、润滑油
脱沥青油，脱金属油	石脑油、煤油、喷气燃料、柴油、润滑油

续表

原　　料	产　　品
AR	石脑油、煤油、喷气燃料、VGO、低硫渣油
LCO	石脑油
FCC HCO(重循环油)	石脑油、柴油
焦化中馏分油	石脑油
焦化重馏分油	石脑油、柴油
天然气凝析油	石脑油

(一) UOP Unicracking 过程的几种流程

根据原料、传化率、产品分布和产品性质，UOP Unicracking 过程有 4 种加工流程[14]：

- 一段式：是应用最广和投资最低的全转化过程，能最大量地生产煤油和柴油。根据对产品的要求，可以采用前处理催化剂和裂化催化剂组合的催化剂系统，也可以采用无定形催化剂。
- 一次通过式：是部分转化过程，在得到石脑油和中馏分油的同时，还能得到一部分分子质量同原料油大致相同的尾油。该尾油的特点是，饱和度高，不纯物含量极少，是催化裂化和生产润滑油基础油的好原料
- 两段式：两段都有独立的分离系统，规模比较大的装置采用这种流程设计，能最大量地生产汽油。第一段反应器用作原料的前处理和部分转化，相当于一次通过流程，汽油转化率高达 60%(体)。由分馏塔底出来的塔底油(未转化油)进第二段反应器，全部转化；未转化油也可以不循环，留出来的富裕加工能力可以用于扩大处理量。
- 循环氢分离式：流程同两段式基本一样，不同之处是第一和第二反应器的循环氢系统是独立的。当原料中的不纯物浓度高，产品性质要求非常严格时，或者当第二反应器装有高活性催化剂对不纯物有限制时，采用这种流程。

在 UOP 加氢裂化过程中，以多产石脑油为目的过程比较多，有 4 种流程：OT(单段无循环流程)；SSREC；第二段有裂化催化剂的两段流程(Sep-Hdt)；两段都有裂化催化剂的两段流程(2-Stage)。表 5-3 为 UOP 以多产石脑油为目的的工业加氢裂化过程。

表 5-3　UOP 以多产石脑油为目的加氢裂化过程和催化剂[5]

石脑油总转化率 50%~90%		
流程或段数	进　　料	Unicracking™催化剂
OT	LCO、VGO、SRO、HCGO	HC-24L、HC-26L、HC-29LT、HC-39LT、HC-43LT、HC-53LT、HC-150LT、HC-185LT
SSREC	LCO、VGO、HCO、HGO	HC-24L、HC-26L、HC-43LTHC-150LT、HC-185LT
第一段	LCO、VGO、LGO、CGO	HC-24L、HC-26L、HC-29LT、HC-34LT、HC-185LT
第二段	LCO、VGO、LGO、CGO	HC-24L、HC-26L、HC-29LT、HC-34LT、HC-39LT、HC-41LT、HC-43LT、HC-53LT、HC-120LT、HC-150LT、HC-185LT
工业试验	LCO、LGO、HVGO、HCGO、LCGO、CGO	HC-24L、HC-150LT、HC-175LT、HC-185LT

注：HC-175LT、HC-185LT 是两种新开发的石脑油型 Unicracking™催化剂。

UOP 为了适应市场对中馏分油的需求，开发出固定床高压(HP)高转化率加氢裂化过程。该过程以 VGO、LCO、CGO 和 DAO 为原料，采用全转化模式，能最大量地生产高质量中馏分油。该过程可以采用三种类型，液体循环、一段和两段过程。如果条件合适可以用 VGO 生产 ULSD。该过程每桶原料投资为 4100~6700 $(2009 年)[8]。

1. 单段一次通过加氢裂化过程

以 VGO+HCGO 为原料，采用两台反应器和两种催化剂，加氢精制和加氢裂化催化剂。原料转化率为 90%。流程见图 5-2。

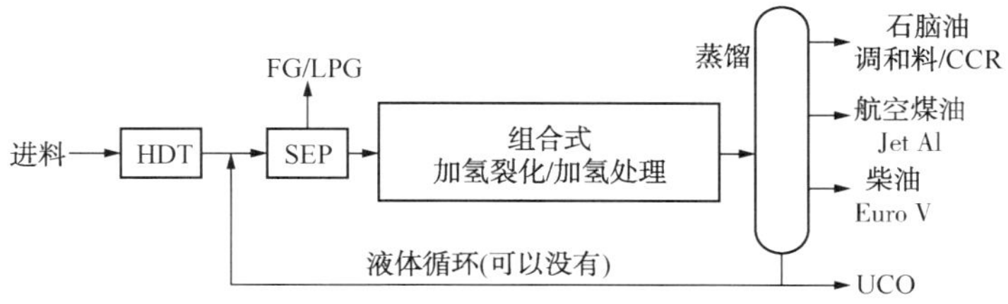

图 5-2 单段高压加氢裂化过程(一次通过或部分循环)[8]

当所加工的原料氮含量超过 5000μg/g 时，组合过程需要一台加氢处理反应器和一台分离器，目的是降低主反应段的氨压力。采用这些措施的目的是使加氢裂化催化剂活性最大化，流程见图 5-3。

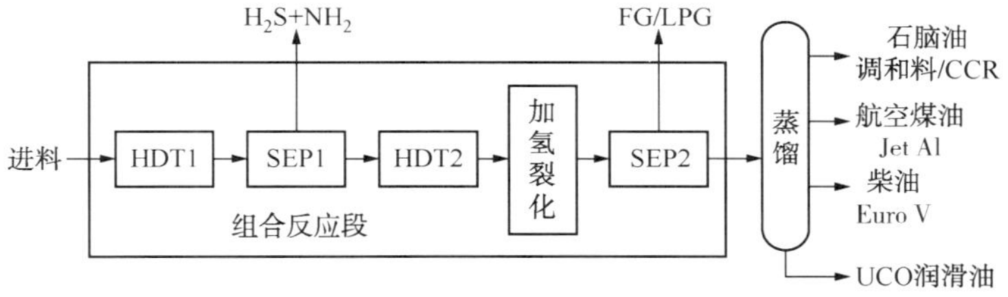

图 5-3 有中段分离的单段一次通过高压加氢裂化过程[8]

Unicracking 催化剂能在硫化氢(H_2S)和氨(NH_3)存在下使用[15]。这是 Unicracking 过程同其他加氢裂化过程之间的重要区别，这对单段流程是有利的。在单段过程中，在处理反应器和裂化反应器之间不设汽提塔，采用一套常规循环瓦斯系统，节省投资。

2. 单段部分循环高压加氢裂化过程

在比较高的压力条件下，通过部分循环未转化油到加氢裂化反应器，可以实现部分转化。同一次通过流程比，该流程的单程转化率为 60%左右，催化剂选择性比较高，能多产中馏分油。只进行浅度净化就可以避免重质聚核芳烃在循环油中聚集。

3. 两段高压加氢裂化过程

该过程第一段操作同一次通过流程类似，转化率中等。未转化的馏分分出后进入第二段进一步加工，流程见图 5-4。该过程的特点是：中馏分油产量大；柴油/煤油比适中。

4. 几种加氢裂化加工流程的比较

UOP 以 VGO+HCGO、LCO 和 DAO 为原料(见表 5-4)对三种不同流程进行了比较。在所有案例中，中馏分油(包括煤油、喷气燃料和 ULSD 馏分)的质量都超过国家标准。表 5-5 为几种流程的产品收率和性质。

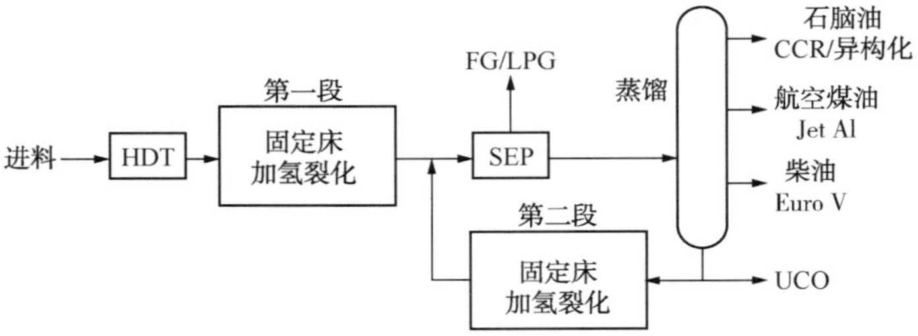

图 5-4 两段高压加氢裂化过程[8]

表 5-4 加氢裂化过程处理的 Arabian 系重质原料[8]

项 目	VGO+HCGO	LCO	C_5DAO
收率(占 VR)/%	-	-	70
相对密度	0.943	0.945	0.996
硫/%(质)	3.36	0.13	4.45
氮/(μg/g)	1550	100	2600
CCR/%(质)	<1	<0.1	12
Ni+V/(μg/g)	<2	<0.1	52
C 溶解/%(质)	<0.05	<0.05	<0.05
ASTM 蒸馏/℃			
5%	366	239	529
50%	459	281	
95%	555	350	

注：VGO+HCGO 调和料是典型的加氢裂化原料，其中 HCGO 占 24%。

表 5-5 HP 高转化率加氢裂化过程的产品收率和性质[8]

流程	单段 一次通过	单段 一次通过	单段 循环	两段
原料	VGO+HCGO	VGO+HCGO+LCO	VGO+HCGO	VGO+HCGO
转化率/%	85	85	全转化	全转化
收率(占进料)/%(体)	基础			
石脑油	30~35	基础-2	基础+0.5	基础-8
煤油+柴油	65~70	基础+2	基础+15	基础+24
UCO	14~20	基础-3	<4	<2
氢耗/%(质)	2.5~2.9	基础+0.2	基础+0.1	基础+0.1
煤油+柴油性质				
相对密度	0.820	0.829	0.823	0.826
硫/(μg/g)	<10	<10	<10	<10
十六烷值	53	50	54	56

续表

流程	单段 一次通过	单段 一次通过	单段 循环	两段
UCO 性质				
相对密度	0.835	0.835	0.838	
硫/(μg/g)	<50	<50	<50	
氢%(质)	14.3	14.3	14.3	
BMCI	<10	<10	<10	
脱蜡后 VI	>120	>120	>120	

(1) 单段一次通过程

单段一次通过程是一种投资最低的流程，该流程的特点是：石脑油和中馏分油收率比较高；同时生产 UCO。轻石脑油辛烷值为 80，可作汽油调和料。重石脑油中的环烷烃含量超过 50%，是催化重整的好原料。

中馏分油收率在 65%~70%(体)，柴油质量达到 ULSD 标准。该馏分分离成煤油和柴油后，煤油烟点为 25mm，柴油十六烷值超过 50。

UCO 的 BMCI 低于 10，这表明它是经过高度加氢的产品，可以作蒸汽裂解的原料。经脱腊以后的 UCO，其 VI 超过 120，适合作Ⅲ类润滑油基础油。

为了满足市场对中馏分油的需求，有些炼油厂把大量未经改质的 LCO 直接调入柴油中，由于 LCO 用作柴油调和料质量太差，会造成柴油质量问题。解决这个问题的有效方法是把 LCO 和 VGO 调和后进加氢裂化装置。进料中的 LCO 掺入量，取决于固定床 HP 高转化率加氢裂化装置的能力。表 5-5 第 2 列为单程模式 LCO 掺入量为 20%时，得到的产品收率和性质。从结果上看，这种方法可以增产柴油。虽然柴油十六烷值不高，但还是可以接受的。氢耗稍高是由于 LCO 的芳烃含量高引起的。

(2) 单段液体循环过程

单段液体循环流程能把进料全部转化，中馏分油收率通常在 80%~85%，而且产品质量比较高。如果循环油稍作净化，可防止 PNA 在循环油中聚集。净化油可以作为 FCC 原料的一部分或者作为蒸汽裂解进料。氢耗比一次通过流程稍高。

(3) 两段加氢裂化过程

两段流程和单段液体循环流程都能把进料全部转化。虽然每种流程都能生产类似的 C_5^+ 的产品，但是两段流程能生产更多的中馏分油。

这种流程的中馏分油收率超过 90%，在中馏分油中柴油占的份额比较高。产品质量高于规格要求。需要进行有限的净化，氢耗同其他流程类似。

(二) UOP Unicracking 过程特点

UOP Unicracking 或 HyCycle Unicracking 过程具有下列特点[14,22,41]：

- 能够加工 AGO、VGO、FCC/RFCC(渣油流化催化裂化)循环油、裂化瓦斯油、DAO，硫含量可以从 1.0%~5.0%(质)。
- 如果原料质量比较差，可以在主反应器前设保护反应器。该反应器中装填的是，以无定形和分子筛-载体为基础的脱金属、脱硫、脱氮催化剂。

- 为了改善反应器中的原料和氢气分布，反应器中使用了专门设计的液体分布系统。
- 产品包括：LPG、石脑油、喷气燃料、柴油和尾油。产品中的轻石脑油含有比较多的异构烷，可以用作汽油调和组分；重质石脑油富含环烷烃，可作催化重整原料；尾油是润滑油厂、蒸汽裂解装置和 FCC 装置的好原料。
- 使用分子筛和无定形两类催化剂。选择哪种催化剂取决于过程的目的。催化剂特性取决于它们的裂化活性和加氢活性的平衡。可根据目的产品的分布和性质选择不同的催化剂或催化剂系统。在工业上能够最大量生产中馏分油的催化剂有：DHC-8、DHC-100、DHC-32 和 HC-22 等。
- 位于分子筛催化裂化催化剂前面的前处理催化剂，如 HC-K 和 HC-H 等，用于脱原料中的不纯物或污染物。
- 催化剂可以在装置内再生，也可以装置外再生。
- 生产煤油所需要的操作强度比生产柴油高，同生产中馏分油比，生产石脑油需要消耗更多的氢气。

（三）UOP Unicracking 过程举例

UOP Unicracking 过程能使原料加氢裂化的同时，基本上能把原料中的硫、氮和氧等杂质全部脱掉。由于原料中的烯烃被加氢饱和，产品完全由烷烃、环烷烃和芳烃组成。

图 5-5 为典型的一段 UOP Unicracking 过程。表 5-6 显示的是以中东 VGO 为原料，最大量生产中馏分油和最大量生产石脑油时的产品收率和产品性质。表 5-7 为该过程以 FCC 循环油或流化焦化瓦斯油为原料时的典型原料性质和产品分布。表 5-8 为该过程的公用工程消耗。该过程的投资是 12578~25157 美元/m^3/d(2006 年)。

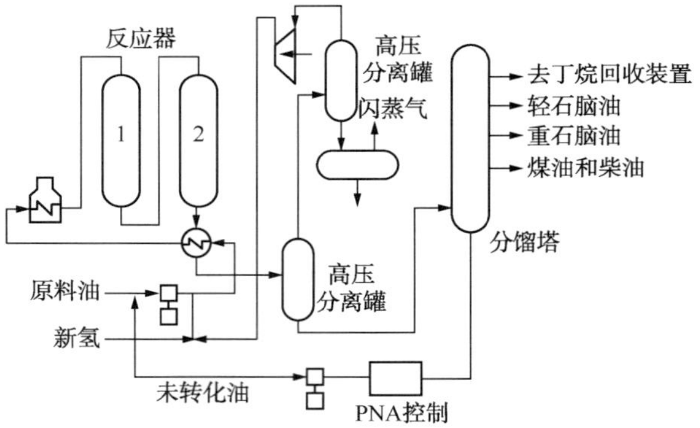

图 5-5　一段式 UOP Unicracking 过程[14]

表 5-6　中东 VGO UOP Unicracking 过程的产品收率和产品性质①[14]

项　　目	操作模式	
	最大量中馏分油	最大量石脑油
收率		
NH_3/%(质)	0.1	0.8
H_2S/%(质)	2.6	3.3
C_2^-/%(质)	0.8	0.1

续表

项 目	操作模式	
	最大量中馏分油	最大量石脑油
C_3/%(质)	1.0	2.6
C_4/%(质)	2.9	21.4
轻石脑油/%(体)	7.3	39.1
重石脑油/%(体)	7.7	68.9
中馏分油/%(体)	94.0	—
产品性质		
石脑油		
P/N/A(烷烃/环烷烃/芳香烃)		33/55/12
RON		68
煤油		
烟点/mm	27	
凝固点/°C	-59	
芳烃/%(体)	9	
柴油		
十六烷值	56	

① 原料：中东 VGO；API 度：22.2；硫，2.5%(质)

表 5-7 UOP Unicracking 过程的典型原料性质和产品分布[14]

项 目	数 据			
原料类型	FCC 循环油	VGO	流化焦化瓦斯油	
原料性质				
API 度	27.8	22.7	8.4	
沸点(10%)/℃	249.4	365.6	337.8	
终馏点/℃	356.7	546.0	593.0	
硫/%(质)	0.54	2.4	4.57	
氮/%(质)	0.024	0.08	0.269	
产品方案	石脑油	喷气燃料	柴油	FCC 原料
产品分布(占进料的体积)/%				
丁烷	16.0	6.3	3.8	5.2
轻石脑油	33.0	12.9	7.9	8.8
重石脑油	75.0	11.0	9.4	31.8
喷气燃料		89.0		
柴油			94.1	33.8
315.6℃$^+$瓦斯油				35.0
氢耗/(m^3/m^3)	382.7	331.1	275.9	445.0

表 5-8　UOP Unicracking 过程的公用工程消耗(每 m^3进料)[14]

项　　目	数　　据
电/kW · h	44.1~63.0
燃料/1000kJ	465.3~797.6

二、CLG ISOCRACHING 加氢裂化过程

Chevron Lummus Global ISOCRACKING 加氢裂化过程工业化比较早，图 5-6 为该过程的典型流程。表 5-9 为该过程的操作模式、原料性质、产品分布和产品性质。

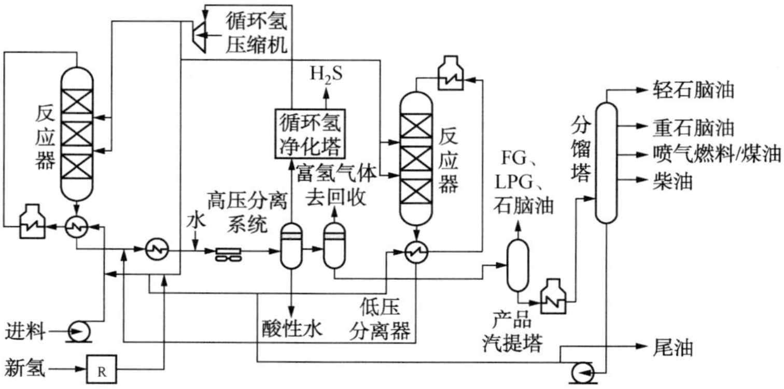

图 5-6　CLG ISOCRACKING 过程典型流程[14]

表 5-9　ISOCRACKING 过程的几个操作模式[14]

操作模式	最大量柴油	最大量 喷气燃料	最大量 中馏分油	最大量 中馏分油+润滑油
原料	VGO	VGO	VGO	VGO
原料性质				
API 度	24.1	24.1	24.1	24.3
TBP 范围/℃	371.0~593.0	371.0~593.0	371.0~593.0	371.0~593.0
氮/(μg/g)	2500	2500	2500	900
硫/%(质)	1.9	1.9	1.9	2.5
产品分布/%(质)				
石脑油	22.8	30.8	14.0	18
喷气燃料/煤油	—	79.7	22.0	50
柴油	85.5	—	73.0	35
尾油	—	—	—	10
产品性质				
煤油烟点/mm		29~32	29~32	29~32
柴油十六烷值	58~64		58~64	58~64
尾油 BMCI				6~8
含蜡尾油 VI				143~145
脱蜡尾油 VI				131~133

Chevron Lummus Global ISOCRACKING 过程有下列特点[14,41]：

- 通常过程由两段组成：前段用于加氢处理和部分加氢裂化；后段用于产品的继续转化和改质。
- 如果选择缓和加氢裂化或为 FCC、乙烯或润滑油装置生产尾油时，通常选用单段一次通过流程。
- 如果处理能力比较小，选用单段循环流程比较经济。
- 使用无定形/分子筛催化剂（包括贵金属分子筛催化剂）。
- 能把石脑油、AGO、VGO、DAO、LCO、CGO 和减黏裂化蜡油、渣油加氢过程生产的中馏分油等原料转化成更轻的高质量产品，如 LPG、石脑油、催化重整料、喷气燃料、煤油、柴油、FCC 原料、蒸汽裂解料和润滑油基础油料。
- 进料使用 Chevron Lummus Global 的进料喷射技术。
- 使用 SSRS（排序反应）技术控制流体流动路径，使氢气利用率更高和急冷氢用量最少。
- 反应器内使用 ISOMIX 专用混合再分布内部构件。

Chevron 公司于 2010 年三季度，在 South Korea 的 Yeosu 炼油厂，启动一项炼油改造项目，该项目涉及四套装置[30]：世界级的减压蒸馏装置；3Mt/a 的重油加氢裂化装置；处理能力为 2.65Mt/a 的瓦斯油 FCC 装置；润滑油基础油处理装置。该项目计划 2013 年结束，目的有两个：处理更多硫含量比较多的原油和进料；降低原料成本和提高产品质量；进一步提高炼油厂的竞争能力。

三、Shell 加氢裂化过程

图 5-7 为 Shell 加氢裂化过程流程。用 Shell 技术改造老装置通常有两个目的：消除瓶颈和加工更重的油。

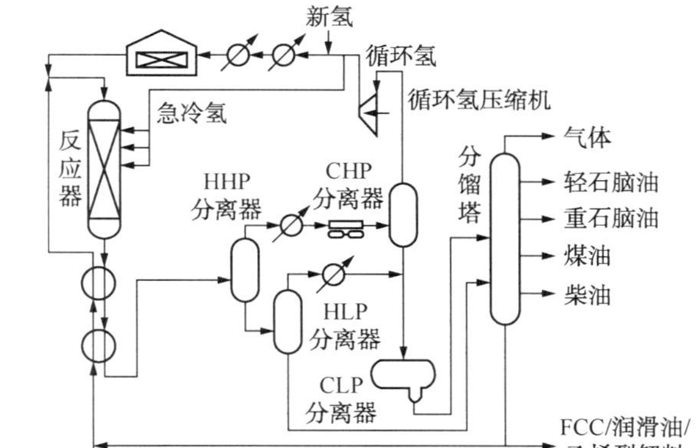

图 5-7　Shell 加氢裂化过程流程[14]

Shell 加氢裂化过程有下列特点[14,41]：

- 以 VGO 或其他低成本 CGO 或 DAO 为原料，生产高质量产品，如低硫柴油、喷气燃料、高辛烷值轻石脑油和重整原料，未转化的尾油送 FCCU、润滑油厂和蒸汽裂解装置。

● 装置可以设计成三种操作模式：两段、串联和单段流程。堆积床层设计技术已经用于处理能力为3.65Mt/a的部分转化或全转化装置。

● 反应器中装填预处理、裂化和后处理催化剂。

● 采用滴流式多床层反应器。

● 层间超平急冷内部构件和高分散喷嘴塔盘组合系统使每个催化剂床层顶部的急冷、混合和液流分布更合理。

● 催化剂根据产品分布和循环周期的需要设计。

Shell公司在TSR加氢裂化装置的第二段使用了ISOFLEX技术，主要目的是进一步改善主要产品质量。众所周知，当PPC(单程转化率)比较低时，改变第二段反应器操作，可以调整过程对所需产品的选择性(见图5-8)。这类操作通常会在高压系统中产生比较高的液体循环速率，增加操作费用。工业实践证明，比较经济的PPC是50%~60%。例如，把一台热高压分离器安装在第二段反应器的下游，并且使分离塔塔底油部分循环，在比较低的PPC条件下不用太高的操作费就能够得到比较高的收率。

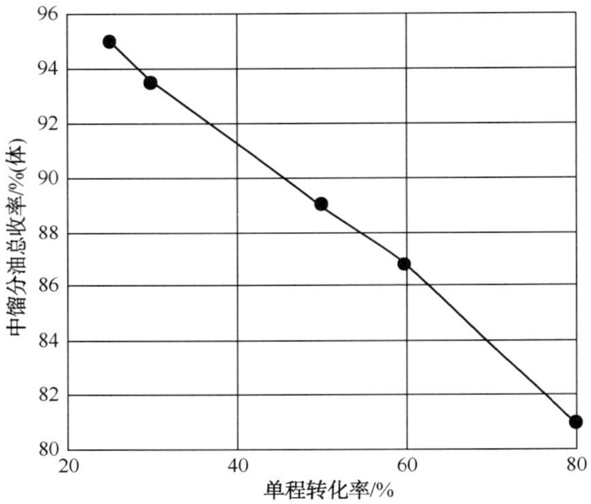

图5-8　生产中馏分油的两段ISOCRACKING过程单程转化率同中馏分油收率之间的关系[14]

Shell认为，在两段加氢裂化过程中使用ISOFLEX技术有下列好处[13,14]：

● 不用承担更多的操作费用就能够得到比较高的收率。

● 使用多段流程，在两段之间采用闪蒸分离技术能够提高过程的转化率和改善选择性。

● 能够使第二段反应器的每个床层都在比较低的PPC条件下操作，因此能够提高中馏分油收率，使馏分油收率提高4%(体)以上。

● 能够明显提高柴油十六烷值。

● 降低氢耗和减少循环流体的体积。

这些特点将明显改善过程的经济性。表5-10为标准ISOCRACKING两段加氢裂化过程收率同采用ISOFLEX技术的多床层加氢裂化过程的对比数据(进料：经加氢处理过的中东VGO；PPC60%；<371.0℃；贵金属/分子筛加氢裂化催化剂)。

表 5-10　ISOCRACKING 两段加氢裂化过程和 ISOFLEX 多床层加氢裂化过程收率对比[14]

项　　目	标准 ISOCRACKING	ISOFLEX
气体/%(质)	3.4	2.5
石脑油/%(体)	22.0	16.4
煤油/%(体)	60.3	56.4
柴油/%(体)	26.9	35.1
煤油+柴油/%(体)	87.2	91.5

四、IFP 加氢裂化过程

IFP 加氢裂化过程有三种流程[22]：一段一次通过式、一段全循环式和两段式。其中一段一次通过流程除了能生产石脑油、煤油和柴油之外，还生产尾油。两段式通常能够处理氮含量超过 2500μg/g 的原料，能够最大量地生产中馏分油。

三种 IFP 加氢裂化流程的比较见表 5-11。如果以中东 VGO 作原料，用一段一次通过流程，裂化率是 90%；一段全循环流程的转化率是 70%；两段流程的第一段裂化率是 50%。在相同的压力条件下，催化剂运转周期都是 3 年。

表 5-11　三种 IFP 加氢裂化流程的比较[14]

项　　目	一段一次通过式	一段+循环式	两段式
建设费/(美元/m^3)	629	742	881
操作费(1995 年，含公用工程费、催化剂费和氢气费)/(美元/m^3)	44	49	59
产品速率/%(体)			
石脑油	26.5	26.4	22.2
中馏分油	76.4	85.0	90.5
尾油	11.2	3.3	1.7
氢耗/(Nm^3/kL)	280	280	275

图 5-9 为典型的 IFP 加氢裂化过程一段流程。表 5-12 为一段循环流程的典型原料性质、产品分布、产品性质和装置经济性。

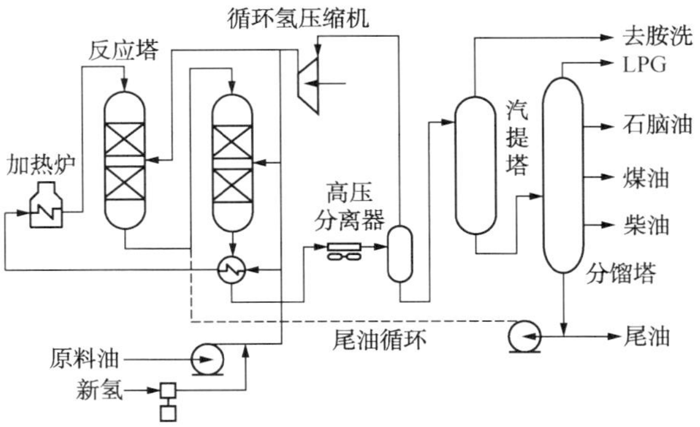

图 5-9　IFP 加氢裂化过程一段流程[14]

表 5-12 IFP 加氢裂化过程典型数据[14]

项 目	数 据	项 目	数 据
原料	AR	重石脑油/%[P/N/A(质)]	42/54/4
原料性质		煤油	
硫/%(质)	2.9	烟点(25 ℃)/mm	>25
氮/(μg/g)	840	凝固点/℃	<-60
产品分布/%(质)		柴油	
NH_3+H_2S	3.24	流动点/℃	<-12
C_1+C_2	0.40	十六烷值	62
C_3+C_4	2.50	硫/(μg/g)	<20
轻石脑油	8.00	芳烃/%(质)	10
重石脑油	12.00	润滑油基础油	
煤油	39.00	黏度(100℃)/(mm^2/s)	5.0
柴油	34.41	黏度指数(脱蜡后)	120-125
润滑油基础油	3.00	化学氢耗/(Nm^3/kL)	266
合计	102.55	催化剂费用/万美元	
产品性质		设备投资(1995 年, 美国)/美元	12400
轻石脑油 RON	80	公用工程费/万美元	122500

IFP 加氢裂化过程的特点如下[14]：

- 使用无定形和分子筛组合催化剂系统。
- 可以处理 VGO、DAO、热裂化 HGO。
- 能够选择性地生产催化重整石脑油、高质量煤油和柴油及润滑油基础油料。
- 通过选择催化剂、流程模式和调整操作条件，能够改变产品分布，实现部分裂化或使裂化率达到 100%。
- 反应器中的催化剂分层，层间注入急冷氢，控制反应温度和氢分压。

五、Exxon GOFining 过程

由 Exxon ER&E 开发的 GOFining 过程是固定床加氢裂化过程，既可以用于生产馏分油，也可以用于预处理 FCC 进料，图 5-10 为两段加氢裂化流程。

该过程特点如下：

- 使用单段或两段流程，主要看装置规模和对产品的要求。
- 采用单段全循环流程，能把多数进料全部转化成轻馏分油。
- 如果采用两段流程，调整第二段反应温度，能把未转化油全部转化，循环速率是 50%~70%。
- 使用浸渍有稀土金属的分子筛催化剂，能在最大量石脑油或最大量中馏分油模式下操作。
- 如果原料需要加氢预处理，在第一加氢裂化反应器之前可以设置一台保护反应器。保护反应器通常装填加氢处理催化剂，如钴-钼/硅-铝，这类催化剂能够把有机硫化物和氮化物转化成硫化氢、氨和烃，目的有两个：保护后面反应器中的贵金属催化剂；改进产品

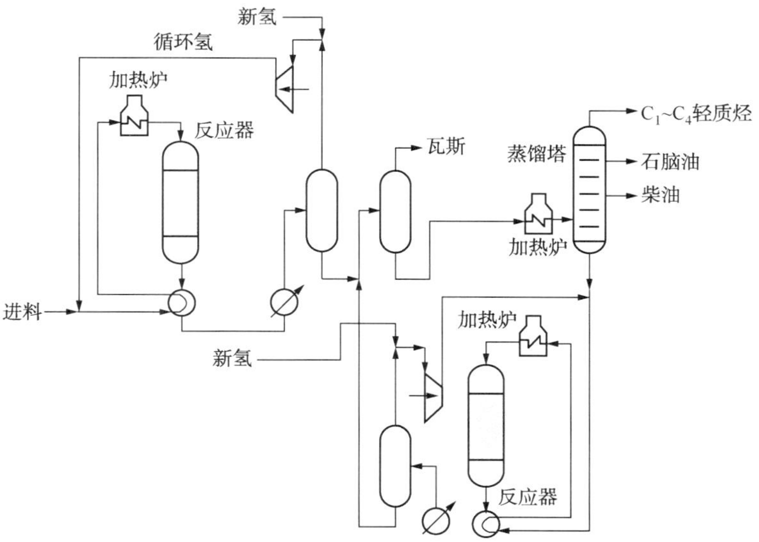

图 5-10　GOFining 两段加氢裂化流程[12]

质量。

● 反应器中的催化剂分几层，层间注入冷循环氢气，注入冷氢气的目的是：控制系统反应温度；对物流进行重新分布；提高催化剂利用率。

● 典型操作条件：操作温度为 350~420℃；操作压力为 6.9~13.8MPa。

● 操作温度和操作压力可以改变，主要取决于催化剂性质、进料性质和目的产品分布。

● 加氢裂化反应段的操作温度比较高，能够把 40%~50%的反应器流出物转化成沸点低于 205℃的产品。

● 当把馏分油进料全部转化为石脑油时，丁烷以上的液体产品收率通常可以达到新鲜进料的 120%~125%。

六、FRIPP 馏分油加氢裂化过程

FRIPP 是中国最大和最早的加氢裂化过程和相关催化剂的开发/科研机构。FRIPP 加氢裂化技术在中国工业应用比较多的一个重要原因是它们的催化剂开发技术。

有关 FRIPP 馏分油加氢裂化技术见表 5-13。

表 5-13　FRIPP 馏分油加氢裂化技术[42]

过程名称和模式	原　料	催化剂金属，预处理或精制/裂化	操作条件/ MPa/℃/h^{-1}	主要产品	总加工能力/(Mt/a)
FMD_1单段串联	VGO、CGO、DAO，氮含量<2000μg/g	W-Mo-Ni、Mo-Ni、Mo-Ni-P/W-Ni	10~18/ 340~430/ 0.5~1.5	中馏分油和尾油	5.3
FDC(单段两剂)	VGO、CGO，氮含量 654~1172μg/g	Mo-Ni、Mo-Ni-P/W-Ni	10~18/ 385~430/ 0.5~1.2	柴油和喷气燃料	5.8

续表

过程名称和模式	原　料	催化剂金属，预处理或精制/裂化	操作条件/ MPa/℃/h^{-1}	主要产品	总加工能力/(Mt/a)
单段	VGO、CGO，S/N15500/1300μg/g(伊朗)	W-Ni	10~18/340~440/0.5~1.5	石脑油、中馏分油和尾油	6.12
$FMD_{2两}$单段	VGO、CGO、DAO，氮含量1325μg/g(伊朗)	W-Mo-Ni、Mo-Ni、Mo-Ni-P/W-Ni	10~18/280~440/0.6~1.0	中馏分油	无
FHC 灵活一段串联	VGO、CGO、DAO，氮含量<2000μg/g	Mo-Ni/W-Ni	8.7~14.7/369~377/-	石脑油、中馏分油和尾油	有 7 套工业装置应用
FMC_1一段串联一次通过	VGO、CGO、DAO，氮含量<2000μg/g	Mo-Ni/Mo-Ni	10~18/355~420/0.6~1.5	重整料、蒸汽裂解料	无
FMN	VGO、CGO、DAO，氮含量<2000μg/g	Mo-Ni/Mo-Ni	15.7/357/-	重整料	2.0
FMC_2两段	VGO、CGO、DAO，氮含量<2000μg/g	Mo-Ni/Mo-Ni	12.4/370~386/-	石脑油、尾油	无
加氢精制-临氢降凝串联	中间基和石蜡基直馏柴油或二次加工柴油	氧化铝和分子筛	根据实际情况决定	低凝点柴油	有九套装置在运转

第二节　中压或缓和加氢裂化

MPHC 或 MHC 过程多采用单段一次通过流程，由反应段和蒸馏段组成，近 20 年来发展比较快，工业应用规模持续增长，主要原因是：操作条件(如压力)缓和，投资比常规高压加氢裂化装置低；可以用闲置的临氢加工装置(如，加氢脱硫装置)改造；由于转化率和氢耗低，装置操作费用低；能大量生产中馏分油(特别是柴油)；尾油是 FCC 过程、润滑油生产厂和石油化工厂的好原料。

表 5-14 为几种已经工业化的 MPHC 或 MHC 过程和它们的特点。

表 5-14　几种已经工业化的 MPHC 或 MHC 过程和它们的特点[4]

过程名称	专利过程所属单位	特　点
Unibon	UOP	等于分段式加氢裂化流程
T-Star	IFP	使用沸腾床反应器，内联固定床加氢处理段
中压加氢裂化	MAKFining 联盟	一次通过流程，先进的反应器内部构件，分子筛催化剂
中压加氢改质	Technip Benelux，与 RIPP/Sinopec 联盟	单段一次通过流程，Ni-W 催化剂

一、MAK-LCO 改质过程

MAK-LCO 改质过程，是由 Mobil、Akzo-Nobel、日本ケッチェン和 M. W. Kellogg 联合开发的 MHC 过程，用于处理 LCO。

（一）MAK-LCO 改质过程流程

图 5-11 为 MAK-LCO 改质过程流程。表 5-15 为该过程在 LCO 转化率为 60%和 40%时的实验结果。表 5-16 为该过程的典型操作条件。

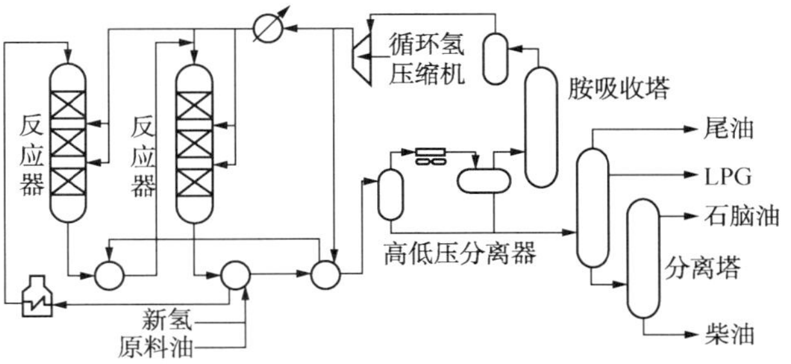

图 5-11　MAK-LCO 改质过程流程[14]

表 5-15　MAK-LCO 改质过程的实验结果[14]

项　　目	数　　据	项　　目	数　　据	
LCO 性质		转化率/%	60	40
API 度	15.5	产品分布/%(体)		
硫/%(质)	3.3	C_5～200℃	64.5	41.8
氮/(μg/g)	220	200 ℃$^+$+柴油	44.5	65.5
十六烷值	22.1	总液收(C_5^+)	109	107.3
组成/%(质)		产品性质		
饱和化合物	17.7	石脑油		
芳烃	82.3	硫/(μg/g)	<50	<50
一环	21.9	RON	>92	>95
二环	56.6	柴油		
三环	2.8	硫/(μg/g)	<400	<400
ASTM D86 蒸馏/℃		十六烷值	40	34
初馏点	219			
终馏点	330			

表 5-16　MAK-LCO 改质过程的典型操作条件[14]

项　　目	数　　据	项　　目	数　　据
转化率(193℃)/%(质)	30～70	处理瓦斯量/(Nm^3/m^3)	1000～2000
液时空速/h^{-1}	0.5～2.0	操作温度/℃	345～425
操作压力/MPa	5.0～10.0		

（二）MAK-LCO 改质过程特点

MAK-LCO 改质过程有下列特点[14,22]：

- 采用中压一段流程。
- 能够把 LCO 改质成汽油和柴油馏分，其中柴油馏分十六烷值明显提高。
- 产品分布和质量受制于原料性质、催化剂的选择和操作条件。当原料性质和反应压力一定时，改变液时空速和反应温度，能够调整汽油收率。
- 使用分子筛催化剂。选择催化剂是非常重要的，因为 LCO 中含有大量芳烃，芳烃的转化/改质对催化剂的裂化和加氢性能有特殊要求。
- 催化剂的金属含量和分子筛含量及酸性物质的平衡是关建因素。这种催化剂的独到之处是，操作周期越长，石脑油辛烷值比较高，原因是催化剂初期活性强，初期生成的石脑油性质同稳定期生成的石脑油性质不同。催化剂经改良之后，初期的活性受到一定程度的抑制，这样即不影响催化剂寿命和石脑油收率，还能得到辛烷值比较高的石脑油。
- 氢分压对产品性质（如石脑油辛烷值，柴油十六烷值）和催化剂寿命影响比较大。提高氢分压，虽然能够延长催化剂寿命，但是石脑油辛烷值下降，氢耗增加。
- 由于处理 LCO 时将放出更多热量，反应器选择 spider-vortex 设计。选用 spider-vortex 设计，同以往使用的内部构件比，催化剂床层内的径向温差降低，上部由 8℃降到 3℃，下部由 16℃降到 3℃，氢耗下降，催化剂寿命延长，液收增加。

二、EMRE MPHC 过程

EMRE MPHC 过程是一种中压加氢裂化过程。

（一）EMRE MPHC 过程流程

EMRE MPHC 过程流程见图 5-12。以中东 VGO 为原料，采用一次通过流程，典型的操作条件、产品分布和产品质量见表 5-17。装置的公用工程消耗见表 5-18。

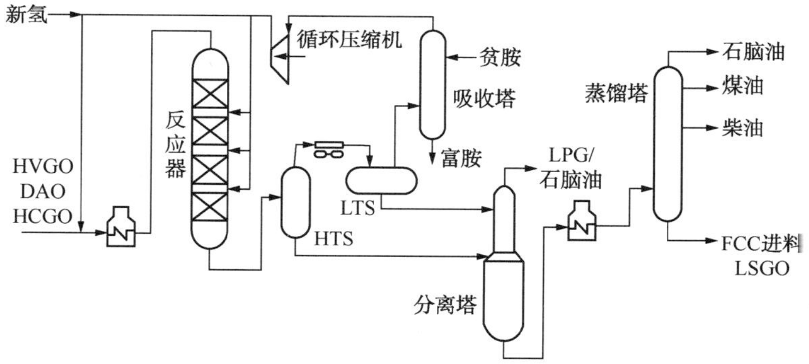

图 5-12　EMRE MPHC 过程流程[14]

表 5-17　EMRE MPHC 过程典型操作条件、产品分布和产品质量[41]

项　目	MPHC 1	MPHC 2	MPHC 3
操作条件			
转化率/%	35	50	50
氢分压/MPa	5.4	5.4	8.5

续表

项　　目	MPHC 1	MPHC 2	MPHC 3
产品分布/%(质)			
石脑油	4	10	10
煤油	6	10	10
柴油	22	26	27
LSGO(低硫瓦斯油), FCC 进料	65	50	50
产品质量			
煤油硫含量/(μg/g)	20~200	20~200	20~200
煤油烟点/mm	13~18	15~20	17~22
柴油硫含量/(μg/g)	30~500	330~300	30~200
柴油十六烷值	45~50	47~52	50~55
氢耗/%(质)	1.0~1.5	1.3~1.8	1.5~2.0

表 5-18　EMRE MPHC 过程的公用工程消耗和投资(每 m^3进料)[41]

项　　目	装置 1	装置 2
电/kW	25.8	45.4
燃料(吸收)/kJ	424847	462596
MP 蒸汽(输出)/kg	45.4	59.9
冷却水/L	2408.5	4244.3
洗涤水/L	35.9	52.3
贫胺/L	858.7	858.7
投资/美元/(m^3/d)	12579~18868	

(二) EMRE MPHC 过程特点

EMRE MPHC 过程有下列特点[14]:

- 能够把减压深拔瓦斯油、裂化瓦斯油、DAO、LCO 等原料转化成高质量低硫馏分油，产品包括: LPG、高辛烷值汽油、高质量重整石脑油、低硫尾油。低硫尾油是优质 FCC 原料、润滑油基础油料、蒸汽裂解原料和低硫燃料油调合料。
- 采用多床层 trickle-phase 固定床反应器、多床层催化剂系统和能够促进急冷液/反应物流均匀分布的反应器内部构件。
- 如果需要高质量馏分油，系统可以增加 PTU(馏分油后处理段)。

三、MAKFining HDHDC(重馏油加氢裂化)过程

用加氢脱硫和加氢脱氮两种催化剂和一段流程就可以完成加氢裂化过程。同两段 HDAr 过程比，HDHDC 过程有下列特点[43]:

- 是一种更经济的柴油优质化过程。
- 使用分子筛催化剂。

● 中试取得的一些经验证明：能够对中东高硫瓦斯油进行超深度脱硫，降低密度和提高十六烷值。

● 过程采用投资比较低的单段多催化剂床层工艺。

表 5-19 为 MAKFining HDHDC 过程中试结果。

表 5-19　MAKFining HDHDC 过程中试结果[14]

项　　目	原料	方案 1	方案 2
柴油收率/%(质)		91	87
氢耗/(m^3/m^3)		7.3	10.2
柴油性质			
API 度	33.3	38.0	40.2
硫含量/(μg/g)	16600	25	3
总芳烃/%(质)	39	22	19
聚芳烃/%(质)	15	1.2	0.7
T95/℃	356	353	349
十六烷值	51	57	58

用二段 MAKFining HDAr 技术，虽然能够明显提高原料的十六烷值，改善柴油质量，但氢耗高，投资大。使用高选择性无定型加氢裂化催化剂，虽然能提高柴油收率，但同使用分子筛催化剂比，由于反应器体积和催化剂用量大，需要更多的投资。

四、Topsoe 加氢裂化过程

Topsoe 加氢裂化过程属中压加氢裂化过程，是某炼油厂用一套 5.7MPa CFI(脱蜡)装置改造而成，处理重质常压瓦斯油，用于生产 ULSD。Topsoe 加氢裂化过程的特点是[44]：

● 能处理终馏点为 477.0℃的重质常压瓦斯油。

● 能够把 49%(质)原料转化成柴油和轻质产品。

● 使用的催化剂体积同现有的反应器体积一样。

● 催化剂 TK-961 是 Topsoe 的，一种能多产中馏分油的高选择性加氢裂化催化剂。

● 产品中的 88.5%(质)是 C_5～350℃的馏分，其中 180～350℃的柴油馏分占产品的 66%(重)。柴油切割点稍低的原因是该炼油厂销售的是低终馏点柴油。如果是满足美国柴油规格(148.9～371.0℃)的全馏分柴油，其收率占总产品的 87.5%(质)。

该装置加工的重质常压瓦斯油终馏点比较高。如果使用终馏点比较低的常压瓦斯油，在中压条件下，能够使原料 100%地转化成柴油和更轻的产品。如果增加一个新反应器，转化率更高，并且能把运转周期维持在 2 年左右。

五、FRIPP 中压或缓和加氢裂化过程

FRIPP 是中国最大和最早的加氢裂化过程和相关催化剂的开发/科研机构。FRIPP 加氢裂化技术在中国工业应用比较多的一个重要原因是它们的催化剂开发技术。

有关 FRIPP 中压或缓和加氢裂化技术见表 5-20。

表 5-20　FRIPP 中压或缓和加氢裂化技术[42]

过程名称和模式	原　料	催化剂金属，预处理或精制/裂化	操作条件/MPa/℃/h^{-1}	主要产品	总加工能力/(Mt/a)
FHC-FHF 反序串联组合(加氢裂化-加氢处理)	CGO、页岩油、煤焦油、煤液化油、F-T 合成油和动植物油等	W-Mo-Ni、Mo-Ni/W-Ni、W-Ni	10.3/360~397/1.2	石脑油和中馏分油	两套在设计
MHUG 中压加氢改质	干点 < 500℃，氮含量 < 2000μg/g 的劣质柴油和蜡油	Mo-Ni/W-Ni	6.0~10.0/350~400/0.8~2.0	石脑油、中馏分油和尾油	3.6
MHUG 中压加氢裂化	LVGO、CGO，干点 < 520℃，氮含量<2000μg/g	Mo-Ni/W-Ni	6.89/362~379/0.85~1.57	石脑油和中馏分油	0.72
MHC 缓和加氢裂化	干点 < 500℃，氮含量 < 1000μg/g 的 VGO	W-Mo-Ni/W-Ni	6.0~10.0/350~390/-	FCC 料和蒸汽裂解料	无

第三节　重/渣油或劣质油加氢裂化过程

重/渣油或劣质油加氢裂化过程是指能加工或处理重/渣油或劣质油(也包括油砂合成油和煤液化油)的加氢裂化过程。同轻质馏分油加氢裂化过程比，这类过程所处理的原料含有更多的不理想组分或污染物，需要更苛刻的操作条件和更复杂的炼制设备。因此，过程的操作费用和投资都比较高。处理这类原料的加氢裂化过程，可以采用固定床反应器和移动床反应器，也可以采用上流式流化床反应器。从发展趋势上看，采用上流式流化床反应器的加氢裂化过程更有竞争力。

渣油加氢裂化/转化过程的主要化学反应是加氢裂化，同时还有加氢脱金属、加氢脱硫、加氢脱氮和沥青转化等反应。渣油加氢裂化过程的主要目的是：对原料进行改质和生产中馏分油、瓦斯油和尾油，尾油可以用作加氢裂化、FCC、润滑油厂和乙烯厂的原料。由上流式流化床反应器生产中馏分油或尾油，由于质量(如硫含量、氮含量、燃烧性能和低温流动性)还达不到要求，通常需要进一步加工。

一、固定床重/渣油或劣质油加氢裂化过程

固定床重/渣油或劣质油加氢裂化过程应用广泛，专利过程多种多样，加工流程同馏分油加氢裂化过程类似，除了需要更加严厉的操作条件之外，最大的区别是：所处理的原料含污染物多，需要更复杂的催化剂系统和原料预处理段。采用原料预处理段的主要目的是保护主催化剂，延长催化剂运转周期。

表 5-21 为这类过程的典型产品收率和操作条件，是某装置 SOR 和 EOR(运转结束)时的数据。该装置使用一台保护反应器，能把进料中所含的大部分氮和硫分别转化成氨和硫化氢。

表 5-21　中东 VR 加氢裂化装置的产品收率和操作条件[10]

项　　目	SOR	EOR
反应器条件		
压力/MPa	20.7	20.7
进口温度/℃	371	399
出口温度/℃	399	427
体积空速/h^{-1}	0.5	0.4
进料		
VR(切割点，TBP552℃$^+$)/(m^3/d)	2067	2067
新氢/(kg/h)	1805	2522
产品		
氨/(kg/h)	209	203
H_2S/(kg/h)	3134	3006
净分离器瓦斯/(kg/h)	无	1082
冷闪蒸瓦斯/(kg/h)	1697	2506
冷闪蒸液体/(kg/h)	10164	17949
热闪蒸液体/(kg/h)	72335	63508

经热闪蒸得到的液体产品，需要进一步处理，经减压蒸馏后得到的减压馏分油，送 FCCU 或馏分油加氢裂化装置，进一步加工。

(一) UOP 的几种能够加工劣质油的加氢裂化过程

UOP 新开发了几种能够处理劣质原料的加氢裂化过程。这些过程已经组合到炼油厂的加工流程中。如其中的 HyCycle 过程、部分转化 Unicracking 过程和 LCO Unicracking 过程。此外，还开发出投资低和操作费用少的多步骤临氢组合加工过程。

1. HyCycle Unicracking 过程

HyCycle Unicracking 过程实际上是一种组合加工过程，流程见图 5-13。该过程的特点是：

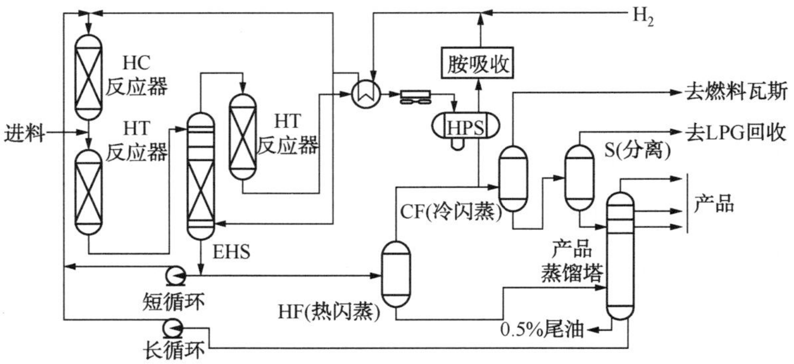

图 5-13　UOP HyCycle Unicracking 过程流程[16]

- 能在全转化条件下操作，最大量生产柴油。

• 经济性比较好，能效比较高，采用如流程中的允许降低单程转化率的 UOP 增热分离器(EHS)，该技术可以在低压下获得比较高的产品收率。

• 能改善加氢裂化反应环境，提高催化剂活性。

• PT(后处理)段能使加氢裂化产品质量进一步改善。

第一套 HyCycle Unicracking 装置位于远东。还有几套是放在其他装置中，执行 HyCycle Unicracking 过程功能。

2. UOP 的能处理劣质油的部分转化 Unicracking 过程

UOP 部分转化 Unicracking 过程，实际上也是一种组合加工过程，也称 APCU(先进的部分转化 Unicracking)过程，是利用 UOP HyCycle Unicracking 过程的理念开发出来的。该过程的特点是：

• 操作条件缓和。

• 能同时处理馏分油和劣质原料及外来馏分油，生产优质中馏分油(如 ULSD)和 FCC 原料，转化率比较低，在 20%~50%。

• 使用高活性预处理催化剂床层和馏分油选择性好的 Unicracking 催化剂床层。经过组合的催化剂系统能脱掉比较难处理的硫和氮，能使聚核芳烃化合物饱和，能把原料部分转化成 ULSD。

• 为了确保产品质量，设产品加氢精制反应器。

• 产品质量优于常规缓和加氢裂化过程生产的产品。

• 随着预处理段的操作强度的提高，用作 FCC 原料的尾油有比较高的氢含量，这种质量得到改善的尾油用作 FCCU 原料有几个好处：转化率提高，高辛烷值汽油和烷基化油的产出率提高。

• 压力可以根据需要，如在生产低芳烃高十六烷值柴油时，进行调节。

• 由于产品质量的需要，总氢耗比较高。

图 5-14 为该过程流程。

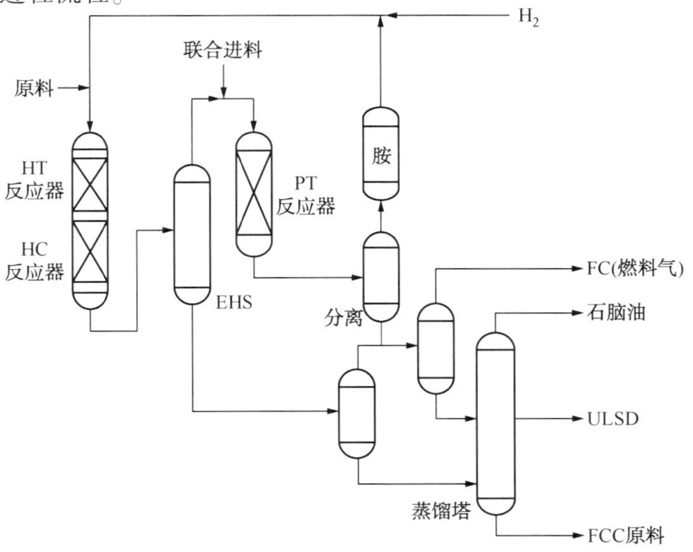

图 5-14　APCU 过程流程[16]

裂化产品在 EHS(UOP HyCycle Unicracking 过程采用的增热分离器)经过脱硫后，分出 FCC 原料，顶部的馏分同外来馏分一起，进入一台独立的 PT 反应器，这样既可以确保中馏分油质量，又可以保证 FCC 原料不被过度处理，增加氢耗。

3. LCO-X Unicracking 过程

UOP 的 LCO-X Unicracking 过程的一个特点是同石油化工过程组合，在多产柴油的同时，还能够防止同低质量 LCO 有关的一些问题，同时生产高质量石油化学品二甲苯，为生产芳烃的炼油厂提供了可持续的竞争优势。

4. UOP 劣质油加氢裂化过程的应用

UOP 多采用组合加工过程处理劣质油，如沥青系渣油，生产优质中馏分油和尾油。

(1) 处理沥青系渣油 DAO 的 UOP 加氢裂化过程

UOP 认为，必须把 SDA(溶剂脱沥青)过程、RCD Unionfining、馏分油 Unionfining 和 VGO/DAO Unicracking 几个过程组合在一起，才能把 Canada 沥青转化成十六烷值比较高的 ULSD。图 5-15 为该临氢组合加工过程流程。把几个过程组合在一起能够节省投资和操作费用。

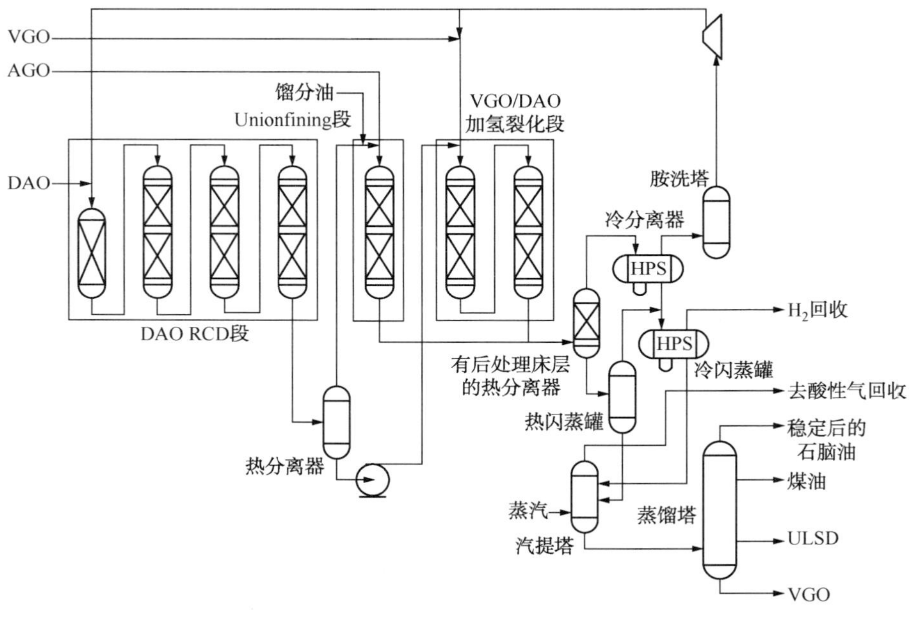

图 5-15　能够处理 DAO 的 UOP Unicracking 过程流程[16]

这套组合加工过程利用 RCD Unionfining 过程改质 DAO，并使用一台在高温下操作的热高压分离器，把 VGO 和馏分油临氢加工装置组合在一起。热分离器顶部蒸气进馏分油 Unionfining 反应器入口，同 AGO 馏分一起作为该反应器进料加氢处理。由热分离器底部抽出来的经过加氢处理过的 DAO 泵送到加氢裂化反应器入口。

来自减压塔的 VGO 同 DAO 调和，并转化成所需要的，用作合成原油调和料的 VGO 馏分。来自加氢处理和加氢裂化段的两股反应器流出物一起进入常规分离器和蒸馏系统。

UOP 有几套类似的加氢裂化装置，有的能在高转化率条件下，把 DAO 转化成运输燃料，有的能在转化率比较低的条件下，把 DAO 转化成润滑油基础油。例如，位于 Saudi Aramco Riyadh 炼油厂的 Unicracking 装置能处理 VGO/DAO 调和料，其中 DAO 占 20%～25%。NZRC Unicracking 装置的催化剂系统由 DHC-39、DHC-32、HC-115 和 DHC-8 组成。GHC-8 有比较好的处理 DAO 的能力。

（2）带有加氢处理段的 UOP Unicracking 过程

该流程是两段流程，第一段是加氢处理段。这种设计已经用在几个加氢裂化项目上，处理比较重的原料及芳烃和氮含量高的原料，如劣质重焦化瓦斯油。

带有加氢处理段的 Unicracking 过程，可以使用多产馏分油的 HC-115 催化剂，也可以使用多产石脑油的 HC-24 催化剂。

（二）Exxon Research and Engineering Hycracking 过程

Exxon Hycracking 过程，使用 GroupⅧ+GroupⅥB/硅-铝，分子筛催化剂，能处理 AGO、VGO 和裂化油，反应压力在 7.1～15.2MPa(70～150atm)，反应温度 250～450℃。

图 5-16 为 Exxon Hycracking 过程的典型一段流程。表 5-22 为该过程处理的原料性质、操作模式和产品分布。表 5-23 为该过程的公用工程消耗。

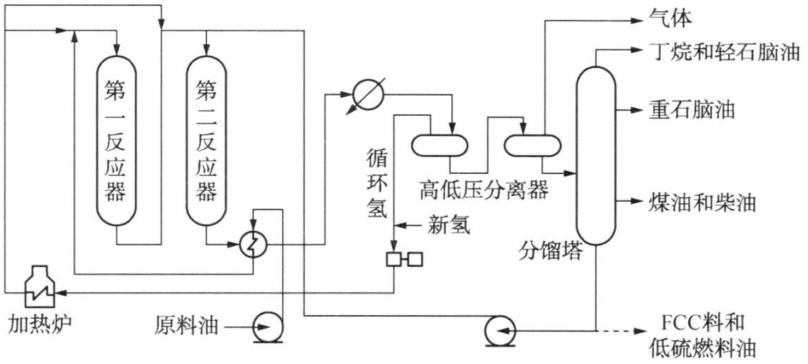

图 5-16　Hycracking 过程一段流程[14]

表 5-22　Hycracking 过程一段流程的原料性质、操作模式和产品分布[14]

项　　目	数　　据
原料(VR)性质	
相对密度 d_4^{15}	0.920
硫/%(质)	2.9
氮/(μg/g)	820
ASTM 蒸馏/℃	
10	386
50	447
90	499
终馏点	530

续表

项　目	数　据			
操作模式	石脑油	煤油	柴油	尾油
产品分布				
气体/(Nm^3/kL)	27	18	9	16
液收(对原料，体积)/%				
丁烷	19.4	5.2	3.8	4.1
轻石脑油	31.8	13.2	9.0	9.3
重石脑油	73.5	26.3	14.0	18.0
煤油	—	70.8	—	40.0
柴油	—	—	89.7	17.0
FCC 原料或低硫燃料油	—	—	—	25.0
液收总计	124.7	115.5	113.8	113.4
化学氢耗/(Nm^3/kL)	410	285	260	250

表 5-23　Hycracking 过程一段流程的公用工程消耗(每 1kl 原料油)[14]

项　目	数　据
电/kW·h	40~75
燃料/10^3J	672~1344
水/t	3~6

Exxon Research and Engineering Hycracking 过程有下列特点[22]：

- 有两种加工流程，一段和两段模式。选择哪种流程，视原料性质、所要求的产品类型和性质而定。
- 能处理 AR、VR、FCC LCO、DAO 和热裂化油，生产高附加值轻质产品。
- 以最大量生产中馏分油为目的时，选择一段流程。
- 处理芳烃和氮化物含量高或难裂化的原料时，选择两段流程，在第一反应器中使用脱硫和脱氮催化剂，第二反应器中使用 HC 系列催化剂。
- 所用的的 HC 催化剂是分子筛催化剂，有几个品种，其特点是活性高，循环周期长，可以根据原料性质和目的产品的质量要求选择。
- 如果采用部分转化流程，可以生产尾油。
- 通过调整反应器和分馏塔的操作条件，可以改变产品分布。
- 在其产品中：重质石脑油中，环状化合物含量高，适于作催化重整原料；中馏分油中硫和芳烃含量低，燃烧性好；尾油中硫和氮含量低，适于作 FCC 原料和调和低硫燃料油。

(三) IFP 加氢裂化过程

IFP 加氢裂化过程的特点是[15]：

- 能把劣质油转化成石脑油和中馏分油。
- 如果是两段操作，未转化油循环。
- 如果是单段操作，第一反应器的反应器流出物，直接进第二反应器，未转化油循环。
- 使用双催化剂系统：第一个催化剂是含有镍-钼的无定型催化剂，它的作用是脱硫、脱氮和芳环加氢；第二个催化剂是分子筛催化剂，完成最后的加氢和加氢裂化反应。

（四）MAKfining 过程

MAKfining 过程的特点是[15]：

- 采用下流式固定床反应器。
- 能把劣质油转化成石脑油和中馏分油。
- 采用由多种催化剂组成的催化剂系统和多床层催化剂操作。
- 反应器中安装用于急冷和再分布的内部构件。
- 反应温度：单段和循环都是 370~425℃。
- 反应压力：单段，6.9~13.8MPa；循环，10.3~20.9MPa。
- 产品收率取决于原料的转化程度。

（五）能够处理重质原料的 Isocracking 过程

能够处理重质原料的 Isocracking 过程的特点包括[15]：

- 能把重质原料转化成轻质产品，如石脑油和中馏分油。
- 操作流程有：单段一次通过；单段部分循环；单段全循环(100%转化)；两段全循环。采用哪种流程，主要取决于原料性质、产品分布和目的产品的质量。蒸馏塔底的未转化油是否循环，取决于轻或重质产品的价格差。
- 使用双功能催化剂，采用多催化剂/多床层操作模式。
- 调整操作条件和改换催化剂能够改变产品分布。

（六）Hyvahl F 过程

Hyvahl F 过程能够处理 AR 和 VR，并把它们传化成石脑油、中馏分油和尾油。该过程的主要特点是[15]：

- 使用两个固定床脱金属反应器(用作保护反应器)轮换操作，一个在线操作，另一个离线进行催化剂再生，保护反应器的脱金属率为 50%。效率比移动床高，不会出现催化剂磨损问题。
- 使用双催化剂系统，第一种催化剂有比较高的脱金属活性，主要功能是：加氢脱金属(HDM)和大部分裂化；有一定的抗垢、抗积炭和抗堵塞能力；保护后面的第二种催化剂，避免或延缓第二种催化剂的中毒和失活。
- 第二种催化剂的功能同第一种催化剂类似，有比较高的深度加氢脱硫(HDS)和精制功能。

（七）RHC 渣油加氢转化过程

RHC(渣油加氢转化)过程是滴流床加氢裂化过程，其特点是[15]：

- 可以处理金属含量高的脱盐 AR 或 VR。
- 反应器采用多催化剂/多床层和有冷却功能的设计。
- 催化剂是按原料性质和目标转化率专门设计的。
- 前反应器中使用的是加氢脱金属催化剂，该催化剂有比较高的金属捕获能力和比较好的脱金属、沥青转化和渣油裂化能力。
- 在脱金属反应器下游，有一个或多个经过优化的加氢转化反应器，使用的催化剂有比较好的稳定性和比较高的脱氮、脱硫和重质烃裂化活性。
- 如果原料质量太差，也可以使用保护反应器，除掉可能引起主反应器堵塞或污染的杂质，维持主反应器的在线操作。保护反应器可以定期离线进行催化剂再生。

（八）Axens 渣油处理过程

Axens 渣油处理过程是以 AR 和 VR 为原料的加氢裂化过程。该过程的最大特点是主反应器之前设可以轮换操作的保护反应器，用以延长装置操作周期。

图 5-17 为 Axens 渣油处理过程流程。该过程从流程上看不出是加氢裂化过程，但从原料的转化率上看催化剂的裂化功能并不低，过程的公用工程消耗见表 5-24。

一套以 AR 或 VR 为原料，处理能力为 2Mt/a 的装置需要的投资是 22013～34591 美元/(m^3·d)(美国，2002 年)。

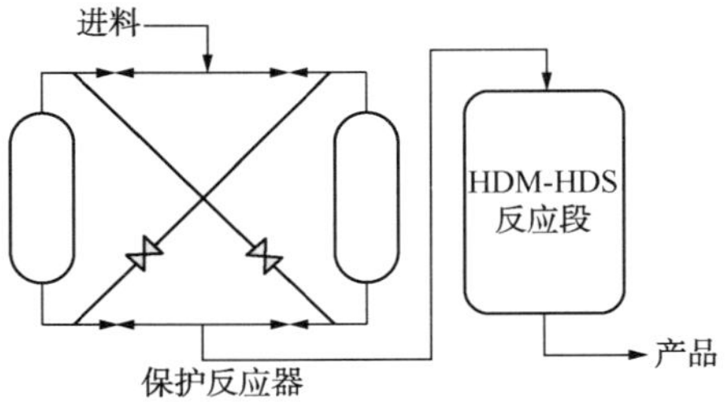

图 5-17　Axens 渣油处理过程流程[14]

表 5-24　Axens 渣油处理过程的公用工程消耗[14]

项　　目	数据(每 m^3 进料)
燃料(相当于燃料油)/kg	1.9
电/kW·h	62.9
生产蒸汽(MP)/kg	172.3
消耗蒸汽(HP)/kg	62.9
冷却水/m^3	6.9

Axens 渣油处理过程有下列特点[41]：

- 使用 Hyvahl 固定床反应器，能把 AR 和 VR 改质或转化成低硫燃料(0.3%～1.0%)和 RFCC 原料，能够把 30%～50%的 565℃$^+$的渣油馏分转化成馏分油。
- 反应部分由保护反应段、HDM 和 HDS 主反应段组成。
- 使用 PRS(在线切换反应器，能处理金属含量比较高的原料)技术的保护反应器位于主反应器之前，可以在操作过程中交替使用，能够脱掉或转化原料中的沉淀物、金属和沥青质，保护下游反应器。
- 保护反应器中的催化剂可以在运转过程中更换，更换频率取决于原料中的金属含量和过程的目的。有规律的更换催化剂能够使下游反应器的操作更稳定。
- HDM 和 HDS 主反应器的主要功能是确保产品硫含量不能低于规格要求。
- 由于采用了能够提高 HDS 催化剂系统稳定性的 PRS 技术，即使加工 VR 生产 ULSD 时，也能够使主催化剂的循环周期超过一年。
- 过程的典型 HDM 和 HDS 率大于 90%。柴油+石脑油的产率是 12%～25%。

（九）沥青基塔底油裂化过程

ABC(沥青基塔底油裂化)过程采用固定床反应器，其特点是[15]：

● 能处理 VR、热裂化渣油或 SDA 沥青油。

● 催化剂有比较强的加氢脱金属、沥青裂化和加氢脱硫能力，有较高的抗焦炭污染能力和抗金属沉积能力。

● 操作条件同渣油加氢脱硫过程类似。

● 过程顺序是：原料先脱金属，接着是同时发生的沥青质裂化和中度加氢脱硫，反应器流出物分出瓦斯后，液体烃进蒸馏段，分成馏分油和 VR。

ABC 过程 VR 可以送下列几个装置，进一步加工[15]：

● 进 SDA 装置：得到 DAO 和沥青，可以进一步加工，实现全转化或部分转化。

● 进加氢脱硫装置：由于原料油质量大大改善，可以延长脱硫催化剂寿命。

● 进临氢减黏装置：如 VisABC 装置，如果需要，在加热炉后面，还可以加一台热裂化反应器。经过加氢减黏的油，由于焦炭母体先加氢，产品转化率提高，稳定性更好。

表 5-25 为 ABC 过程能够处理的几种典型原料和产品性质。

表 5-25　ABC 过程处理的典型原料和产品性质[15]

原　　料	Arabian 轻质原油 VR	Arabian 重质原油 VR	Cerro Negro 原油 VR
API 度	7. 0	5. 1	1. 7
硫/%(质)	4. 0	5. 3	4. 3
残炭/%(质)	20. 8	23. 3	23. 6
C_7~沥青质/%(质)	7. 0	13. 1	19. 8
镍/(μg/g)	223	52	150
钒/(μg/g)	76	150	640
产品			
石脑油/%(体)	6. 5	7. 7	15. 1
API 度	57. 2	57. 2	54. 7
馏分油/%(体)	16. 0	19. 8	21. 3
API 度	34. 2①	34. 2①	32. 5①
VGO/%(体)	34. 3	38. 1	32. 8
API 度	24. 7	21. 6	15. 4
硫/%(重)	0. 2	1. 7	0. 5
VR/%(体)	46. 2	37. 9	34. 7
API 度	10. 6	7. 8	<0. 0
硫/%(重)	0. 6	1. 7	2. 2
残炭/%(重)	13. 6	26. 5	13. 6
镍/(μg/g)	9	45	117
钒/(μg/g)	11	75	371
转化率/%	55. 0	60. 0	60. 0

① 估算值。

（十）HYCAR 临氢减黏过程

简单地讲，HYCAR 临氢减黏过程由三部分组成[15]：

● 临氢减黏段：是一个有氢气存在，没有催化剂，在同减黏裂化类似的条件下工作，不会产生焦炭的缓和热裂化过程。同无氢气减黏裂化比，转化率高，产品黏度低，稳定性好(有比较低的絮凝临界值)。

● 加氢脱金属段：采用固定床反应器，处理临氢减黏油，使用的催化剂有足够大的孔径，便于高相对分子质量组分的扩散和吸收。

● 加氢裂化段：反应器装有加氢裂化催化剂，除了发生加氢裂化反应之外，还发生加氢脱硫和加氢脱氮反应。

二、Shell HYCON 移动床/渣油加氢裂化过程

当原料中的金属含量比较多时，会缩短催化剂寿命。为了解决这个问题，必须频繁更换催化剂。为此 Shell 公司在加氢裂化过程的反应段前部，使用了能够连续自动更换催化剂的 Shell HYCON 过程 bunker-flow 移动床反应器。bunker-flow 移动床反应器能使加氢裂化过程同时具有固定床和流化床的部分特点。Shell 把该过程称 HYCON 移动床加氢裂化过程。Chevron 把该过程称作 OCR 过程[12]。

移动床加氢裂化过程使用的反应器是为催化剂的重力流动而设计的，催化剂流通过重力从反应器顶部流向反应器底部，设计原理是：使比较重的废催化剂连续或定期从反应器底部排出，新鲜催化剂由反应器顶部加入。采用这样的设计，可以不用装置停工就能使低活性和高金属含量的催化剂从反应器中排出，更换新鲜催化剂。同流化床比，移动床系统催化剂损耗率比较低，原因是：在流化床系统中，排出反应器的催化剂并不都是活性最低的“废催化剂”，而有部分还未达到报废程度的催化剂也随“废催化剂”从反应器中取出。

图 5-18 为该过程流程。表 5-26 为操作条件。表 5-27 为典型原料(VR)性质。表 5-28 为处理中东渣油时的典型产品分布。该过程能够生产优质 RFCC 原料，表 5-29 为其典型数据。

该过程 1989 年在 Shell 公司的 Pernis 炼油厂工业应用，装置加工能力为 1.46Mt/a，处理的原料是金属含量约为 300μg/g 的高硫 VR。

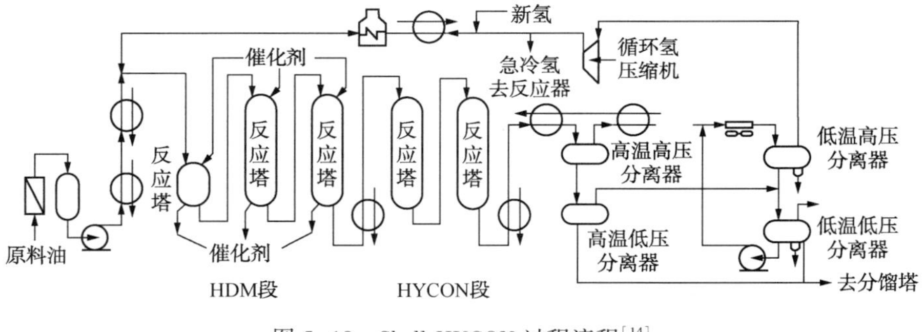

图 5-18　Shell HYCON 过程流程[14]

表 5-26　Shell HYCON 过程的操作条件[14]

项　目	数　据
反应压力/MPa	9.9~20.4
反应温度/℃	370~420

表 5-27　Shell HYCON 过程典型原料性质[14]

项　目	数　据
密度/(g/m^3)	1.03
硫/%(质)	4.6
金属(Ni+V)/(μg/g)	250
蒸馏(520 ℃$^+$)/%(质)	95

表 5-28　用 Shell HYCON 过程处理中东渣油时的典型产品分布[14]

项　目	AR①	VR②%(质)
	(95%，370℃$^+$)	(95%，520℃$^+$)
气体(C_1~C_4)	2	3
石脑油(C_5~165℃)	3	3
煤油和柴油(165~370℃)	34	17
VGO(370~580℃)	34	40
渣油(580℃$^+$)	26	35

① 氢耗：170Nm^3/kL；
② 氢耗：220Nm^3/kL。

表 5-29　用 Shell HYCON 过程处理渣油时的典型数据[14]

项　目	原料渣油	脱硫之后的渣油(RFCC 原料)
硫/%(质)	4.0	<0.4
CCR/%(质)	12.2	<5
V/(μg/g)	71	<4

Shell HYCON 移动床渣油加氢裂化过程有下列特点[22,41]：

- 可以同时采用移动床 bunker-flow 型反应器和固定床反应器两种技术。bunker-flow 移动床反应器中装的是 Shell 球形脱金属催化剂。
- 以劣质渣油等重质油(AR 或 VR 和 DAO 等)为原料，通过加氢裂化生产 LPG、石脑油、煤油、柴油等轻质油和低硫燃料油或低硫 FCCU 进料。
- 如果限制原料金属含量，可以全部使用固定床反应器。如果原料中金属含量多，可以在固定床反应器前面增加 bunker-flow 反应器(一台或多台)，以便确保固定床催化剂的使用生命不低于 1 年。
- 由 HDM 段和 HCON(HDS+加氢转化)段两部分组成。
- bunker-flow 技术可以用于改造现有的固定床渣油 HDS 装置。
- 采用油浆移送系统更换移动床反应器中的催化剂，以便维持催化剂的活性。
- 在线催化剂更换速率，取决于金属在催化剂上的沉降速度，通常是催化剂藏量的 0.5%~2%(体)/d。
- 如果系统中设置裂化反应器，可以把合成的 VGO 转化成馏分油。
- 为了使催化剂的移动保持畅通，反应器内安装能够使移动的流体分布更合理的内部构件。除了第一反应器之外，其他的反应器都有几个催化剂床层，流体能够在各床层再分配，并能够更好地控制温度，同单一床层比，操作灵活性提高。

- 为了能够充分发挥催化剂的性能，必须使流体有合适的流动状态，并使用急冷流。
- 产品收率取决于原料性质和催化剂的选择。
- 反应器能在高压和比较高的温度条件下操作。

为了解决催化剂的装入和卸出时反应器内压力和催化剂循环之间的压差问题，在反应器的上部和下部安装了高/低压切换容器和移送催化剂用的调节阀。在反应器的底部安装了专用过滤筛网，以便从工艺流体中分离催化剂。不管怎么说，Shell 的带压 bunker-flow 移动床反应器的催化剂移动系统过于复杂。

Shell 为它的 HYCON 过程 bunker-flow 反应器开发了三种催化剂，其特点如下：

- 由于 α 型催化剂对金属组分吸附能力比较强，并能够再生，使过程能够处理金属含量超过 500μg/g 的 VR。
- x 型催化剂脱硫活性高，对金属组分的吸附能力比较低，能够用于金属含量达到 400μg/g 的 AR 和 VR 的加氢处理。
- β 催化剂对金属组分吸附能力和脱硫能力介于 α 型和χ型之间。

三、流化床重/渣油或劣质油加氢裂化过程

世界上的低硫、低金属原油供应已接近枯竭。已经发现的储量主要是重质的、金属和硫含量比较高的劣质原油。对未来型炼油厂来说，不仅能处理/转化污染物含量低的馏分油，也能处理硫和金属含量高的渣油或劣质油。上流式流化床加氢裂化过程是能够处理这类原料的重要加氢裂化过程。

采用上流式流化床技术的加氢裂化过程，根据催化剂在反应器中的流化状态，分成三种类型：沸腾床加氢裂化过程、膨胀床加氢裂化过程和悬浮床加氢裂化过程。

这些类型的加氢裂化过程的共同特点是[8,21~23]：颗粒状催化剂在过程中始终处于流化态，使过程能够实现等温操作；能够连续更换催化剂；催化剂床层没有压降；能够处理重质油和劣质油，如渣油；存在废催化剂处理问题；对反应器和循环泵的材质要求比较高，装置投资比较大。

（一）沸腾床重/渣油或劣质油加氢裂化过程

20 世纪 70 年代，为了应对高油价，一种只加氢不脱碳的技术，渣油加氢裂化技术，得到比较快的发展。开发沸腾床（也包括膨胀床）渣油加氢裂化过程主要是为了：克服固定床反应器在处理重质和劣质原料时存在的一些问题和缺点。

这类渣油转化过程，虽然技术特点明显，能连续生产质量比较高的液态产品，但是工业应用规模不大，主要原因是：不能把渣油完全转化，仍然产出部分渣油；受原油价格波动影响大；需要专门的操作技术，投资和操作成本比较高；液体产品仍需要进一步处理才能达到清洁燃料的要求；存在废催化剂处理问题。

Shell 认为，用沸腾床反应器会消耗更多的催化剂，得到相同的转化率，加工每桶进料，所需要的催化剂量，是固定床反应器所需催化剂的三倍。

1. IFP H-OIL 渣油加氢裂化过程

IFP H-OIL 渣油加氢裂化过程是由 HRI 开发的，同 Cities Servis R&DI 联合之后实现工业化，1974 年两公司分离，从 1981 起年 HRI 同 Tecaco 共同研究和开发并发放许可证。此后，

于 1995 年法国 IFP 收购 HRI，从此成为 H-OIL 过程的卖方。

(1) IFP H-OIL 渣油加氢裂化过程流程

图 5-19 为 IFP H-OIL 渣油加氢裂化过程流程。表 5-30 为 IFP H-OIL 过程的典型操作条件和产品性质。该过程的脱硫率是 90%，裂化率是 65%。表 5-31 为 IFP H-OIL 过程(处理能力 1.50Mt/a，两座反应器)的经济性。

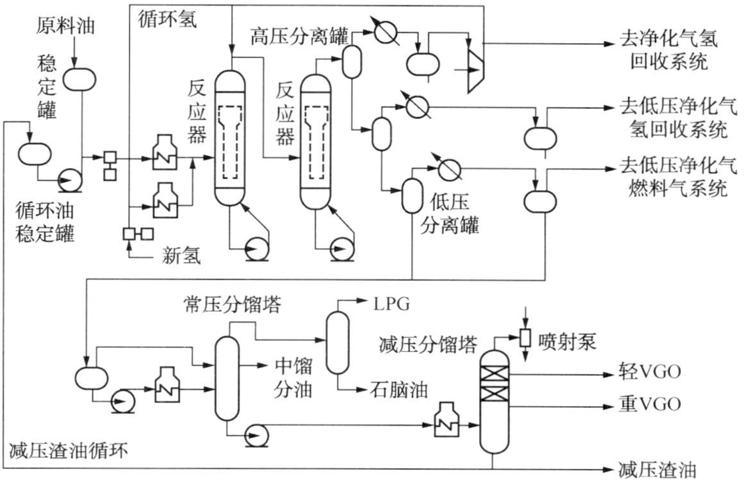

图 5-19 IFP H-OIL 渣油加氢裂化过程流程[14]

表 5-30 IFP H-OIL 过程的典型操作条件和产品性质[14]

项目	数据				
操作条件					
523℃裂化率/%(体)	65				
脱硫率/%(质)	91				
脱 CCR 率/%(质)	69				
化学氢耗/(Nm^3/kL)	240				
项目	收率/%(体)	硫/%(质)	氮/(μg/g)	CCR/%(质)	金属/(μg/g)
原料和产品性质					
原料油	100.0	5.40	5000	23	161
$C_1 \sim C_2$	3.1①				
C_4	1.9				
C_5~82℃	3.3				
82~182℃	8.5	0.02	120		
182~343℃	21.4	0.05	370		
342~538℃	33.9	0.31	1320	1.2	<2
538℃$^+$	38.0	1.14	3800	18.8	49
合计(平均)	107.0	0.53	2010	7.1	19

① %(质)。

表 5-31　IFP H-OIL 过程的经济性[14]

项　目	数　据	项　目	数　据
投资(1996 年，美国)/万美元	20000	发生蒸汽(1.7MPa)/(t/h)	40.6
催化剂费用/千万美元	4.4	消耗蒸汽(1.0MPa)/(t/h)	13.7
燃料/MW	35	冷凝水/(t/h)	810
电/kW	19100		

(2) IFP H-OIL 渣油加氢裂化过程特点

IFP H-OIL 渣油加氢裂化过程有下列特点[15,22]：

● 根据原料性质，转化率和产品性质，可以选用一段、两段或三段流程。

● 采用沸腾床反应器，催化剂通过氢气、原料油和循环油，保持沸腾状态，在气液混合相条件下进行催化反应。由于催化剂粒子能在气液混合相条件下迅速运动，焦油和焦炭的析出量比较少，即使进料中存在粉状固体颗粒，也不会使反应器淤塞。

● 反应器内的液体用循环泵循环，使催化剂形成沸腾床。循环泵可以是器内型，也可以是器外型。

● 对原料渣油中的硫、氮和金属等不纯物含量没有限制，能够处理高硫、高金属、高残碳和高灰分 VR。

● 如果处理的是 524℃⁺的原料，裂化率在 40%~90%，脱硫率为 65%~90%，脱金属率为 45%~75%。

● 产品：高品质的石脑油和中馏分油；VGO 是质量比较好的催化裂化和加氢裂化原料；渣油是优质低硫燃料油调和组分，也是焦化和部分氧化过程的好原料。

● 反应器横截面上的液体、富氢瓦斯和催化剂的分布均匀，基本上实现等温操作，不存在压力降、偏流和沟问题。器内催化剂温差可以控制在 10℃以内。

● 反应过程中产生的反应热，可以把进料和氢气加热到反应温度。

● 使用的催化剂颗粒尺寸比较小，使物料间的接触更有效，能改善传质和传热效率。

● 反应器部分流出物循环，有两个作用：控制反应温度；维持必要的液体速度。

● 通过催化剂的排放和补充，可以控制催化剂的脱硫和裂化活性。

● 设 VBR(减压塔底渣油循环)系统，以便提高总裂化率。如果以 VR 为原料，单程转化率约为 65%，而使用 VBR 系统之后，裂化率可达 90%。

● 经过改型的 H-OIL 过程(Hy-C 裂化过程)，能把高沸点馏分转化成中馏分油和煤油。

● 存在的问题：催化剂耗量大，大量废催化剂需要处理；多数情况下，产品质量达不到规格要求，还需进一步处理；投资高；对反应器材料的要求更苛刻。

在工业 H-OIL 过程中，通常采用三个串联沸腾床反应器。第一个反应器用作保护反应器，主要功能是 HDM。第二和第三反应器的主要功能是 HDS、HDN 和 HCR。在某些情况下，沸腾床反应器可以安装在固定床反应器的上游，用作保护反应器。但是，如果重质原料中存在大量无机固体，也不能指望沸腾床反应器能把这些固体全部扑获。有些固体可能会随液体带出，进入后面的固定床反应器中，影响固定床反应器操作。

（3）IFP H-OIL 渣油加氢裂化过程实例

该 IFP H-OIL 渣油加氢裂化过程是两段流程。经预热的进料、循环氢和新氢进装置的第一段反应器，液体向上通过催化剂床层，维持流化状态。第一段反应器流出物进入用于提高转化率的第二段反应器。由最后一台反应器出来的产品通过换热器到高压分离器，在分离器脱掉循环氢。由高压分离器出来的液体进入低压闪蒸罐，脱出更多的瓦斯。低压液体流进蒸馏塔分离成产品。H-Oil 装置的操作压力是进料沸点的函数，当加工 VR 时，操作压力达到 21MPa。操作温度是进料性质和转化率的函数，通常在 425~455℃[12]。

该沸腾床反应过程的主要特点是能在操作过程中填加新鲜催化剂和卸出活性比较低的催化剂，这样可以维持催化剂活性。由于装置从运转开始到运转结束都是在催化剂活性平衡、进料质量稳定和操作条件不变的条件下运行的，产品收率和质量也是稳定的。这将明显改善炼油厂操作和效率。

流化床反应器系统的另一个特点是小固体颗粒吹满反应器，不存在反应器分布不均引起堵塞或压降升高。必须把来自每一个反应器催化剂床层的部分流出物循环进入反应器的进料中，使其有足够高的速度，维持催化剂床层的沸腾状态。同固定床反应器比，沸腾床反应器不仅能控制反应速率，还能把放热的加氢反应释放出来的热量维持在安全水平。

2. Microcat-RC 过程

Microcat-RC 过程，也称 M-Coke 过程，是一个催化剂处于沸腾床状态，类似于 Residfining 过程的加氢转化过程。

Microcat-RC 过程有下列几个特点[15]：

- 采用沸腾床反应器，操作温度和操作压力都比较缓和。
- 使用的催化剂颗粒很小，有几个粒度级，能均匀地分散在整个进料中。催化剂颗粒含有金属氧化物，金属氧化物存在于过程中形成的富碳基质中。
- 也可以同其他过程组成组合加工过程，进一步提高目的产品质量。
- 主要有两种产品，565℃$^-$产品和 565℃$^+$尾油馏分。尾油中，除了包括未转化油之外，还包括少量微型催化剂颗粒和进料中全部金属。

同其他转化过程比，小颗粒沸腾床加氢转化催化剂能给过程带来下列好处：

- 每 cm^3 油中含有的微型催化剂颗粒多。
- 在线的催化剂颗粒之间的距离更小，会使反应分子或中间产物捕获催化剂活性中心的时间更短。
- 由于催化剂物理结构上的原因，微型催化剂不会发生孔堵塞问题。

（二）Chevron Lummus Global LC-Fining 膨胀床重/渣油或劣质油加氢裂化过程

LC-Fining 和 H-Oil 过程反应器的特点类似。催化剂的流化/膨胀是由液体和气体混合物完成的。两个过程的主要差别是机械设计方面。

LC-Fining 渣油加氢裂化过程是 Chevron Lummus Global LLC 专利技术。Chevron Lummus Global 成立于 2000 年，由 Chevron（主导炼油，加氢技术比较强）和 Lummus（主导工艺过程，即现在的 CB&I 公司）组成。该公司在加氢技术领域经验丰富，主要创新方向是加工劣质原料，生产更多高质量清洁燃料，和提供成套加工工艺和催化剂系统。

1. LC-Fining 渣油加氢裂化过程流程

图 5-20 为 LC-Fining 过程流程。表 5-32 为该过程的操作条件。表 5-33 为该过程的产

品分布和产品性质(使用的原料是由 Arabian 轻/重调和原油得到的 AR 或 VR)。表 5-34 为该过程的另一个实例，1.5Mt/a 工业装置在高转化率条件下的原料性质、产品分布和性质。表 5-35 为该过程的经济性。

第一套工业装置于 1963 年在 Cities Services 的 Lake Charles 炼油厂开始运转，到 2006 年止，有 6 套装置在运转，有两套装置正在建设。Amoco Texas 有一炼油厂用该过程处理高金属 VR。SYNCRUDE Canada 用该装置处理从沥青沙抽提出来的阿萨巴斯卡地沥青。

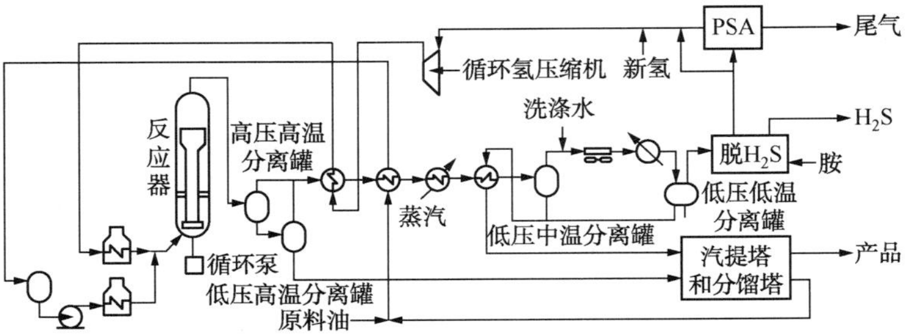

图 5-20　LC-Fining 过程流程[14]

表 5-32　LC-Fining 过程操作条件[14]

项　　目	数　　据	项　　目	数　　据
反应温度/℃	385.0～449.0	转化率/%	40～97⁺
反应压力/MPa	9.5～23.8	脱硫率/%	60～90
氢分压/MPa	6.8～18.4	脱金属率/%	50～98
LHSV/h^{-1}	0.1～0.6	CCR 下降率/%	35～80

表 5-33　LC-Fining 过程的产品分布和产品性质[14]

项　　目	AR		VR	
原料性质				
API 度	12.40	4.73	4.73	4.73
硫/%	3.90	4.97	4.97	4.97
Ni/V/(μg/g)	18/65	39/142	39/142	39/142
550℃⁺转化率/%	45	60	75	95
产品分布/%(体)				
C_4	1.11	2.35	3.57	5.53
C_5～176.7℃	6.89	12.60	18.25	23.86
176.7～371.1(343.3)℃	(15.24)	30.26	42.65	64.81
371.0(343.3)～550.0℃	(55.27)	21.46	19.32	11.92
550.0℃⁺	25.33	40.00	25.00	5.0
C_5⁺API 度/硫/%(质)	23.70/0.54	22.5/0.71	26.6/0.66	33.3/0.33

表 5-34　LC-Fining 过程实例的原料性质、产品分布和性质[14]

装置操作水平				
裂化率/%(体)		90.0		
脱硫率/%(质)		78.6		
脱氮率/%(质)		35.8		
脱 CCR 率/%(质)		80.0		
氢耗/(m^3/kL)		290		
产品性质	原料油	200~345℃	345~525℃	525℃$^+$
API 度	4.4	32	20.2	-5.2
特征因数 *K* 值	-	11.5	11.6	
硫/%(质)	3.63	0.36	1.05	3.0
氮/%(质)	0.49	0.14	0.54	1.11
十六烷值	-	42		
苯胺点/℃	-	56	16	
残炭/%(质)	22.2			50
Ni/(μg/g)	126			
V/(μg/g)	80			

表 5-35　LC-Fining 过程的经济性[14]

项　　目	AR		VR	
公用工程消耗(每桶新鲜料)				
烧火燃料/1000kJ	59.19	66.25	73.64	93.47
电/kWh	8.4	13.9	16.5	22.9
外送蒸汽/kg	16.1	31.4	44.0	44.3
冷却水/L	240.8	617.0	164.0	938.7
投资(美国，2006 年)				
装置规模	92000		59000	
投资(对新鲜进料)/(美元/m^3/d)	20679	31447	36478	45283

2. LC-Fining 渣油加氢裂化过程特点

LC-Fining 渣油加氢裂化过程有下列特点[11,15,22,41]：

● 采用上流式膨胀床反应器(见图 5-21)，能够处理各种劣质渣油(包括煤液化油、页岩油、沥青砂抽提油、地沥青等)，得到优质石脑油、中馏分油和尾油，尾油用作燃料油、合成原油或 FCC、焦化、减黏裂化或溶剂脱沥青装置进料。

● 整个过程以脱金属、脱硫和加氢裂化反应为主，能生产大量轻质馏分油。

● 使用颗粒度比较小的催化剂。

● 由于反应器中的催化剂处于流化状态，可以在线更换。活性比较低的催化剂可以连续从反应器中卸出，经再生后循环回反应系统，使处理的原料更广泛。

● 整个过程是在高活性催化剂存在下，在高温、低空速、高压条件下进行，其中高温

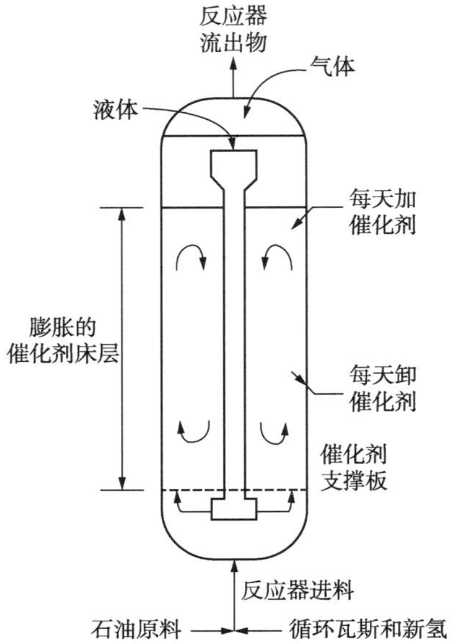

图 5-21　上流式膨胀床反应器[11]

和低空速尤其重要。

- 通过泵循环反应器内液体，形成膨胀床层，反应过程中产生的反应热被冷料立即吸收，操作基本上是衡温的，不需要床层急冷设备。
- 由于床层中的催化剂粒子间是相对运动的，不会产生压降。
- 由于能够在运转过程中排出或补充催化剂，装置操作周期长。
- 由于催化剂活性稳定，产品分布和质量通常也比较稳定。
- 控制反应器液体循环油的沸点范围、温度和流量，可以影响产品分布。
- 调节物料在反应器的停留时间，可以控制转化率。转化率可以控制在40%~90%或更高，其高低视产品质量和使用目的而定。例如：如果是生产低硫燃料油，转化率可以控制在55%~65%或更低；如果要生产中馏分油，需要更高的转化率。
- 在循环氢系统，设置了低压氢气精制设施，用于回收低压高纯度氢气。
- 存在的问题同 H-OIL 法类似。

3. LC-Fining 加氢裂化过程使用的催化剂

LC-Fining 加氢裂化过程使用的催化剂有下列特点[11]：

- 催化剂是用挤压法得到的，催化剂颗粒直径很小，小到 mm 级。
- 处理金属含量比较高(≥300μg/g)的原料时，催化剂消耗量比较高，主要原因是：金属会使催化剂中毒；催化剂更换频率高。
- 用在第一反应器的催化剂，很便宜，成本只有 Co/Mo 催化剂的 5%。该催化剂的脱金属率比较高，是一种可以利用的天然工业材料。在稳定条件下，其脱 V 活性略好于 Co/Mo 催化剂。
- 第二反应器通常装填的是加氢裂化催化剂。
- 第三反应器装填脱硫催化剂，脱硫催化剂比较贵，用于深度加氢脱硫。这类催化剂可以含有少量金属促进剂(即 Ni、Co、Mo)，脱硫率达到 90%。

由于各种渣油里的 V 化物的不同，导致它们在脱金属过程中的反应速率出现差别。例如，如果处理的原料是金属含量中等的 Venezuelan 渣油，脱金属速率比较低；如果处理的原料是金属含量比较高的 Venezuelan 原油，显示出比较高的脱金属速率。

表 5-36 为 LC-Fining 沸腾床渣油加氢裂化过程使用的催化剂性质。表 5-37 为该过程废催化剂的组成。

表 5-36　膨胀床渣油加氢裂化过程催化剂性质[14]

项　　目	数　　据
催化剂组分	Ni-Mo-Al
形状	挤条 0.963mm×3.93mm
堆积密度/(kg/m^3)	720.45
催化剂密度(有细孔)/(kg/m^3)	1681.71
催化剂密度(无孔)/(kg/m^3)	2979.03

表 5-37　膨胀床渣油加氢裂化废催化剂的组成[14]

项　　目	数据/%(质)	项　　目	数据/%(质)
Ni	2.1	C	12.18
Mo	3.73	S	11.9
Co	0.006	V	7.1

新一代催化剂有更强的抗有机金属中毒能力。由于活性低和中毒的催化剂数量比较多，这些催化剂的回收、再生和复原利用问题不容忽视。如果没有一种适用的，能够有效地脱除催化剂表面沉积金属的简便方法，沸腾床反应器的经济性将大打折扣。

4. LC-Fining 加氢裂化过程的两个案例

表 5-38 为用 LC-Fining 加氢裂化工业装置处理各种 VR 时得到的数据。工业数据取自装置操作性能处于稳定状态时。

表 5-38　用 Co/Mo 催化剂处理渣油的两个案例[11]

项　　目	工业案例 1	工业案例 2
位置	Lake Charles Louisiana	Sslamanca Mexico
原油	West Texas	Mexican blend
进料率/(m^3/d)	334	2591
反应器数量	2	1
原料数据：		
API 度	17.1	10.7
硫，%(重)	2.52	3.22
Ni/V/(μg/g)	23/24	147/35
524℃$^+$/%(体)	45.0	74.5
CoMo 催化剂	小孔	大孔

续表

项　目	工业案例 1			工业案例 2		
相对空速	3.0			1.6		
产品质量	收率/%	硫/%(体)	V/(μg/g)	收率/%	硫/%(体)	V/(μg/g)
产品收率						
H_2S、NH_3/%(质)	2.3			2.6		
C_1~C_3/%(质)	1.0			2.2		
C_4~204℃/%	7.7	<0.1		13.1	<0.1	
204~343℃/%	13.3	0.1		23.2	0.2	
343~524℃/%	57.1	0.2		29.0	0.5	
524℃$^+$/%(体)	25.5	1.2	14	39.8	1.9	186
C_4^+/%	103.4	0.4	3	105.1	1.0	78
脱硫率/%		84			69	
脱 V 率/%		87			49	
催化剂添加量/(kg/m^3)		0.89			0.37	

案例 1 的数据取自 Lake Charles 的 LC-Fining 装置。装置有两个膨胀床反应器。处理的原料是金属含量比较低 West Texas AR。原料的脱硫率为 84%，脱 V 率是 87%。补加 Co/Mo 催化剂的主要目的是维持目的产品的质量和收率。

案例 2 的数据取自 Mexico 的 Pemex 工业 LC-Fining 装置。LC-Fining 装置处理的原料是一种混合原料(VR+瓦斯油)。该装置只设计了一个反应器，主要目的是转化，而不是脱硫。原料的脱硫率为 69%，脱金属率为 49%。补加催化剂的主要目的是维持催化剂活性。

根据上述数据，可以清楚地看出原料处理费用同原料金属含量的关系。金属含量高的原料需要更多的加工费，主要有两个原因：催化剂更换速率比较高；需要更大的反应器，以便维持一定的空速。

用 Co/Mo 催化剂能够经济地处理 V 含量在 200~300μg/g 的渣油。如果原料金属含量高于这个水平，在主反应器之前需要增设独立的脱金属反应器。

(三) 悬浮床重/渣油或劣质油加氢裂化过程

悬浮床重油或渣油或劣质油加氢裂化过程，于 20 世纪 50 年代，首先在德国工业化，用于煤液化装置上，在有的文献中也称油浆床(slurry)加氢裂化过程。从 20 世纪 80 年代开始，悬浮床加氢裂化过程进入快速发展期，后来发展成 Veba，PdVSA 过程(德国，80 年代)、CANMEN 过程(Petro-Canada 公司 80 年代开发的悬浮床重油或渣油或劣质油加氢裂化过程)和 ENI 过程(意大利 ENI 国家能源控股公司 90 年代开发的悬浮床加氢裂化过程)。这些过程主要区别是，使用不同的操作压力和催化剂。

悬浮床加氢裂化过程的主要特点是采用悬浮床反应器和能处理劣质油。该过程能在氢气和细粉状催化剂存在条件下，通过脱硫、脱氮、脱金属和芳烃饱和等反应，能把 90%~98% 的劣质原料转化成高质量馏分油或尾油。

在煤液化技术基础上发展起来悬浮床加氢裂化过程，在操作过程中，加入添加剂或催化剂。反应器没有内部构件，由于反应器中的物流返混程度比较高，物料的温度和浓度比较均匀。在浆态物料中，即使有固态物质生成，也不会影响反应器的操作。

悬浮床加氢裂化过程虽然前景看好，但是到目前为止，还没有正在运行的大型工业化装置，经验不足。

1. CANMET 加氢裂化过程

CANMET 加氢裂化过程是由 Petro-Canada 公司于 20 世纪 70 年代开发的悬浮床加氢裂化过程，该过程于 1985 年在 Montreal 的 Pointe-aux Tembles 炼油厂建立了一套处理能力为 250kt/a 的实验装置。图 5-22 为 CANMET 加氢裂化过程流程，该过程能用一个反应器把重质原料转化成更轻的产品(见表 5-39)。

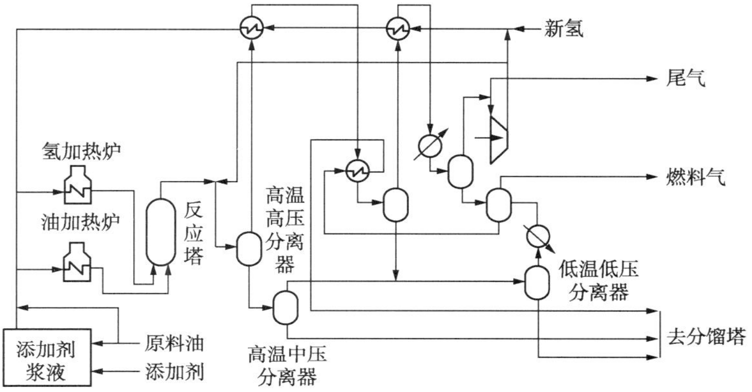

图 5-22　加拿大 CANMET 加氢裂化过程流程[14]

表 5-39　CANMET 加氢裂化过程的原料和产品[14]

项　目	数　据	项　目	数　据
原料(渣油(>525℃))①	4.4	硫/%(质)	0.6
API 重度	5.1	馏分油(204~343℃)/%	33.5
硫/%(质)	0.6	氮/%(质)	0.4
氮/%(质)	15.5	硫/%(质)	1.8
沥青质/%(质)	20.6	VGO(343~534℃)/%	28.5
残炭/%(质)		氮/%(质)	0.6
镍/(μg/g)	80	硫/%(质)	2.3
钒/(μg/g)	170	渣油(>534℃)/%	4.5
产品/%(质)②		氮/%(质)	1.6
石脑油(C_5~204℃)	19.8	硫/%(质)	3.1
氮/%(质)	0.1		

① Canada 冷湖重油 VR。

② 渣油：93.5%。

开发 Canada 重/渣油或劣质油悬浮床加氢裂化过程的最初目的是改质源于 Canada 焦油砂的沥青和重质油。经过多年改进的 CANMET 过程，已经显示出一定的应用前景。

该过程有如下特点[15,18,22]：

- 采用上流式悬浮床反应器，三相操作模式，不设内部构件。

● 能处理常规渣油、近海重质油和焦油砂沥青等劣质原料，原料中的污染物（如硫、氮和金属）对过程没有影响。

● 能把高沸点烃转化成轻质产品，转化率和脱金属率都比较高。

● 使用一种颗粒状的，能悬浮在液烃相中的，价格便宜的，能够现场制造的，有抑制生焦能力（有焦炭母体清除剂的作用）和有激发反应能力的双功能添加剂（起催化剂作用）。这些添加剂由硫酸铁[$Fe_2(SO_4)_3$]制备，能与氢气和产品气一起以鼓泡的形式迅速流动通过液烃相。

● 该过程能够抑制生焦是因为，在原料油浆化过程中，加入10μg/g以上环烷酸钼（催化剂）所至。

● 为了能增加反应器空间和提高处理能力，系统中加入消泡剂。

● 过程中，原料先同添加剂混合，油浆化，接着同氢气一起经加热后，由反应器的下面进入反应器，产品由反应器顶部排出，反应器流出物，在进高压分离器之前，用冷循环氢急冷，然后在分离系统分出富氢循环瓦斯后，在热中压分离器进一步降压，进蒸馏段，分馏成目的产品。

● 采用单反应器单程操作模式，反应温度435～455℃，反应压力14.0MPa，524℃$^+$馏分转化率可超过90%。

● 常规馏分都需要进一步加氢处理，石脑油进重整；轻瓦斯油进馏分油调和；重瓦斯油进FCCU进一步加工。

● 由于使用的催化剂粒度小和反应床层高度返混，使整个反应器，不管是轴向温度，还是径向温度，都很接近，实现等温操作，不会发生温度失控。

● 每处理1t Cold Lake VR，消耗280Nm^{3}氢气。

● 可以同其他过程组成组合加工过程。

● 废添加剂随重馏分离开，并留在未转化渣油中。废添加剂如何处理不祥。

2. VRSH 加氢裂化过程

Chevron公司的VRSH过程是一种新开发的，用于改质VR的悬浮床加氢裂化过程。该过程的工业示范装置（175kt/a）2003年开始建设，2008年建成，能把100%重质原料转化成清洁燃料，主要产品是石脑油和中馏分油，还包括少量LPG和VGO。该过程的最大特点是：能处理重质和超重质原油，增产汽油、柴油和喷气燃料，不产其他低价值产品。

用于测试该过程技术和经济可行性的试验2008年在Pascagoula炼油厂开始进行，2010年完成[30]。该过程同Chevron的LC-Fining加氢裂化过程比，生产成本相当，转化率高，经济效益明显。

3. MRH 过程

设计MRH加氢裂化过程的目的是用于改质金属和沥青质含量比较高的重质原料（如VR和沥青），主要产品是中馏分油，其主要特点包括[14]：

● 反应器能够维持三相操作，物料由原料、细粉状催化剂和氢气混合组成，混合物呈油浆状。

● 重质油料和细粉状催化剂，在进加热炉预热之前，先油浆化，然后进反应器。

● 氢气由反应器底部引入，上流通过反应混合物床层，使催化剂悬浮在反应混合物中。

● 在热和催化剂作用下，烃和杂原子烃发生裂化、脱硫和脱金属反应。

• 反应产生的蒸气，在反应器的上部，从油浆中排出，在高压分离器分成氢气和其他气体。

• 从顶部蒸气凝结下来的液体烃经蒸馏之后，送二次加工装置进一步处理。

• SLO(由反应器下部排出来的底部油浆油)含有催化剂、未转化渣油和少量 VGO。在油浆分离段回收 VGO，剩下的催化剂和焦炭送再生器。

4. BP VCC 过程

BP 公司于 2000 年购买了 Veba 的 VCC 技术，开发出 BP VCC(Veba Combi-Cracking)联合裂化过程。VCC 过程是在德国煤液化技术的基础上发展起来的，也称热加氢裂化/加氢组合加工过程，已经工业化(规模不大)，用于处理/转化渣油和其他重质原料。该过程的特点是[15,45]：

• 使用工业裂化催化剂和液相加氢催化剂，在一定条件下，能实现沥青质的加氢转化、脱硫和脱氮。

• 根据原料性质和产品目标，可以用几个上流反应器，以一次通过模式串联操作，转化率超过 95%。

• 使用的添加剂成本比较低。

• 渣油先同少量细粉状添加剂调和成油浆后，在预热前同氢气和循环氢混合，进入操作压力为 15.0~30.0MPa 和操作温度为 440~485℃的高压转化段。热分离器温度稍低于反应器温度。

• 操作压力高，空速比较高，操作强度和催化剂的选择影响产品分布和质量。

• 调整反应器操作强度，可以得到：硫含量为 5μg/g 的石脑油；烟点高于 20mm 和浊点低于-30℃的煤油；硫含量为 15μg/g 和十六烷值为 45 的柴油；硫含量低于 300μg/g 的蜡油。

• 加氢过的渣油中含添加剂、金属和未转化油，可直接用作焦化、水泥、焦炉和气化装置的原料。

• 反应段由热浆态床和滴流床两部分组成，由热分离器连接。热分离器能确保物料分离和尾油排出。反应段主反应器采用能够克服返混的上流式反应器。

• 过程得到的馏分油，直接进入高温/高压气相加氢反应器，进一步改善质量。

• 沥青质(C_7不溶物)转化率同渣油转化率基本一样。

• 由于是一体化设计，热效率比较高，投资相对比较低。

5. Taranto 的 Eni 炼油厂的悬浮床加氢裂化过程 CDP 装置

在处理能力为 191m^3/d 的 CDP(工业示范装置)基础上，于 2005 年在意大利 Taranto 的 Eni 炼油厂建成了一套能处理黑色原料(Canada 油砂沥青 VGO)的中型示范装置。表 5-40 为该 CDP 装置运转期间试炼的原料和性质。

表 5-40　CDP 装置运转期间试炼的原料和性质[18]

项　　目	Ural VR	Athabasca 沥青	Basrah VR	VB 焦油，PV=1.1
TBP 切割/℃	500^+	450^+	500^+	410^+
API 度	9	5	5.6	0.1

续表

项　　目	Ural VR	Athabasca 沥青	Basrah VR	VB 焦油，PV=1.1
H/C	1.49	1.47	1.45	1.33
S/%(质)	2.9	5.4	4.9	5.9
N/%(质)	0.53	0.38	0.39	0.49
Ni/(μg/g)	90	86	35	68
V/(μg/g)	253	230	119	125
沥青/%(质)	12.6	19.9	13.9	22.5
CCR/%(质)	18	17	20	27

CDP 实验达到了几个目的：获取论证装置规模的有关信息；校正过程流程；确认了悬浮床反应器的形状和内部构件；优化了操作条件；取消了原设计的溶剂脱沥青段；实现了在同一个反应器中把重质馏分全部转化。

ENI 公司计划在 Ssnnazzaro 建设一套处理能力为 1Mt/a 工业装置，2012 年投产。

(1) 悬浮床加氢裂化过程 CDP 装置特点

表 5-41 为 CDP 装置的经验收率，这些数据是在操作条件比较宽的范围内得到的，主要操作条件有：温度、新鲜进料停留时间、循环比和催化剂浓度。

表 5-41　CDP 的经验收率[18]

CDP 的经验收率	占进料的分数/%(质)	CDP 的经验收率	占进料的分数/%(质)
H_2	2.9~3.3	AGO	35~55
H_2S+NH_3	3~5	催化料	12~55
C_1~C_4	6~9	未经 PTU 的净化油	2~3
石脑油	6~20		

该悬浮床加氢裂化过程的主要特点是：

- 使用独特的纳米级分散度(悬浮)的 Wo-基非老化催化剂。
- 采用等温悬浮床反应器。
- 可以处理超重质或劣质原料，如 Athabasca 沥青、Cerro、Negro、Zuata、Congo 焦油沙和 Tempa Rossa VR。可以处理 PV=1.1 的接近不稳定的原料，如 VB 焦油。
- 能确保完全脱金属(HDM>99%)、降硫(HDS>85%)、脱氮(HDN>40%)和降 CCR [HDCCR(加氢脱碳)>97%]。
- 产品的体积收率是新鲜进料的 110%。
- 能够生产高质量低硫和低芳烃柴油和催化料，含芳烃的催化料，可以通过 HDC(加氢裂化)或者 FCC 进一步转化成运输用燃料。
- 尾油可以循环。
- 能安全和稳定地运转。

通过运转 CDP 装置，为工业放大取得下列经验：

- 能处理不同类型的原料。
- 开发和调整了过程模型。

- 为新加氢裂化过程开发出用于开工、稳态操作和应急处理的操作程序。
- 培养了一批操作维修人员和工艺工程师。
- 选择和评价了能够用于苛刻环境下的抗腐蚀材料。
- 评价了能够暴露在重质污染流体中的各类仪器的性能。

(2) 悬浮床加氢裂化过程 CDP 装置流程

图 5-23 为悬浮床加氢裂化过程示意流程，流程特点如下：

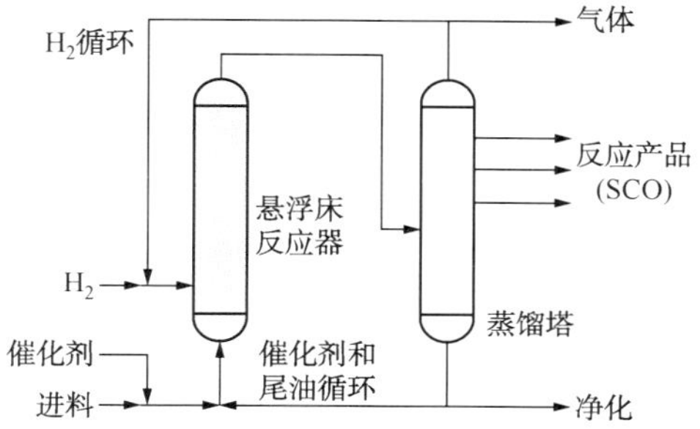

图 5-23　悬浮床加氢裂化过程反应段示意流程[18]

- 重质进料，在悬浮床反应器中被裂化和改质后，进分离系统，分成气体、石脑油、中馏分油和催化裂化料。
- 气体相，分出轻质产品后，去胺洗/净化，净化后的气体经压缩后同新氢一起，循环回反应段，馏分油由液相回收，未转化的尾油同扩散的催化剂一起返回到反应器。
- 操作强度(反应时间和温度)，要根据原料性质进行优化，优化的好处是：能改善渣油稳定性；避免沥青质沉淀，沉淀会转化成焦炭并污染设备。
- 部分转化的渣油同新鲜进料调和并循环，以便维持循环流的稳定性，使渣油能够再加工并接近全转化。
- 需要对少量渣油(低于 3%)进行净化，目的是控制来自重质进料中的金属(Ni 和 V)含量。处理净化油的目的是使烃和金属(包括 Mo)分离/再生。
- 悬浮床加氢裂化过程能够处理重质原料，不会产生副产品，如焦炭和重质燃料油。

(3) 悬浮床加氢裂化过程 CDP 装置专用催化剂

该过程使用的是活性催化剂，一种未经证实的纳米级的片状辉钼矿(MoS_2)，其特点如下：

- 是油溶性的，能就地再生。
- 在高分辨率透射电子显微镜下，显示出具有极好的分散性。
- 多数 MoS_2 是以单一的层状结构存在，2~3 层的堆积颗粒很少，在整个操作过程保持不变，因此不会老化，不用经常更换催化剂。
- 不会出现，如常规催化剂载体孔被金属和焦炭堵塞，那样的问题。
- 由于焦炭的影响小、催化剂的高表面积和传质扩散阻力小，有比较高的活动能力。
- 由于催化剂具有非常高的特殊活性，催化剂的浓度只需要几个 μg/g。
- 随着催化剂的扩散，床层温度是均衡的，不存在热斑问题。
- 由于催化剂处于悬浮状态，特别适合处理污染物(特别是金属和沥青质)含量比较多的原料。

● 由于悬浮相中的 MoS_2 薄片之间的间距非常小，反应物在催化剂上形成自由基和实现加氢反应所需要的时间很短。

6. 把其他行业的副产品用作催化剂的悬浮床加氢裂化过程

有的悬浮床反应器加氢裂化过程由于使用低成本的，有催化活性转移功能的金属（如Fe、Ni、V等）固体材料，操作费用比较低。这些金属固体材料有几个来源：制铝产生的红泥；制Ni和制Cu产生的高镍和高铜固体材料；制钢业产生的高铁固体材料。这类固体材料的成本，同商业临氢加工过程催化剂的成本比，是微不足道的。

以大催化剂藏量为基础的悬浮床加氢裂化过程能够改质劣质原料，例如，由Venezuelan INTEVEP开发的HDH（加氢裂化-脱沥青-加氢）过程。从公布的一些材料看，该过程能处理金属（V+Ni）含量超过1000μg/g的重质原料，如Boscan油。还有另外一些悬浮床加氢裂化过程还处于开发阶段。

以降低催化剂应用成本为目的，有些研究人员正在把从各个行业回收的有催化活性的固体材料，如冶金和制铝工业抛弃的副产品、石油焦、煤燃烧产生的飞灰、天然黏土和其他矿物质，用于悬浮床反应器中。这些反应器是在比常规拔顶重质原油和VRs临氢加二过程更苛刻的条件下操作。能够处理V+Ni金属含量超过300μg/g的重质油的工业装置，已经成功地运行。

第四节　生产优质柴油和润滑油料的加氢裂化过程和择形催化脱蜡过程

用常规加氢裂化过程可以大量生产石脑油、煤油、柴油和润滑油基础油料，但产品的低温性能和黏温性能不好。采用择形催化脱蜡过程可以把高蜡馏分油，如柴油、加氢裂化尾油或蜡下油等馏分油，选择性地转化成低温性能比较好的柴油或黏温性能比较好的润滑油基础油料。

一、生产柴油馏分和润滑油基础油料的加氢裂化过程

不管处理的是什么原料，用加氢裂化技术生产的柴油馏分或润滑油基础油料，在质量上主要体现在：硫和氮含量低，柴油的燃烧性能好；润滑油基础油的VI高和稳定性好；如果处理条件合适，可以不含芳烃。

能够生产优质柴油和润滑油基础油料的加氢裂化过程有两个类型：

● 燃料型炼油厂的加氢裂化过程，多数是以VGO为原料，石脑油和中馏分油是其目的产品，副产尾油（润滑油料）。

● 专门用来生产润滑油基础油料的加氢裂化过程，可以处理VGO和DAO等黏度比较高的馏分油，尾油是用作生产润滑油基础油料的主要产品，副产石脑油和中馏分油。

这两类加氢裂化装置使用的催化剂系统和操作强度，对柴油和尾油的数量和质量影响非常大。高强度操作，既可以多产柴油，也可以多产高VI和低蒸发性的润滑油基础油料，轻质产品产率达80%。如果采用更高的操作强度，可以把尾油的VI从100提高到125，但是，润滑油基础油料的收率比较低。

美国和远东正在用Chevron技术建设操作条件比较缓和的加氢裂化装置，这类装置只生产VI和Noack蒸发损失比较适中的基础油(HVI，Ⅱ类油)。西欧设计的一些加氢裂化装置用于生产低蒸发性基础油，如Shell在1972年建在法国Couronne的装置；Union FUCHS 1986年建在德国Wessling的装置，BP建在法国Lavera的装置。这些装置处理的原料是蜡和VGO，利用其尾油可以生产Ⅲ类基础油。

由加氢裂化过程生产的基础油，与由溶剂抽提过程生产的基础油不同，它们的芳烃含量非常低，化学不纯物很少，只含有微量的杂原子，如硫、氮和氧。由高苛刻度加氢裂化过程或以蜡为原料制造的Ⅲ类油虽然有比较好的Noack蒸发性，但是同溶剂抽提减压馏分比，其黏度低50%。

（一）用加氢裂化技术生产优质柴油和润滑油基础油料的优势

自从1995年以来，一多半的新建或计划建的基础油制造装置采用加氢裂化技术。采用规模足够大的加氢裂化过程，尽管初期投资比较高，但是同溶剂抽提过程比，它有几个优势[17,28,33]：

- 对原油的质量要求不那么苛刻，即使用芳香基原油也可以生产高VI润滑油。
- 既能生产高VI基础油(尾油)，也能生产优质轻馏分油，如燃烧性能很好的煤油和柴油。
- 能改变原料的分子的结构，例如，能把芳烃转化成环烷烃，环烷烃开环，脂肪烃分子重排，生产的产品中芳烃、硫和氮含量都比较低。
- 有比较低的操作成本。

由燃料型加氢裂化装置生产的润滑油基础油，虽然VI高，但是由于长链正构烷烃含量高，低温性能差，必须经过脱蜡，才能得到倾点更低的SN油。

（二）专门用于生产润滑油基础油料的加氢裂化过程

在润滑油基础油组合生产过程中，加氢裂化过程主要是用于替代溶剂抽提过程，把原料中的芳烃转化成烷烃和环烷烃，提高VI，能否把原料中的芳烃转化成烷烃和环烷烃和把原料中的硫和氮全部除掉，取决于操作强度。

生产润滑油基础油料的加氢裂化过程同馏分油加氢裂化过程类似，采用比较缓和的操作条件是为了尽量减少裂化反应。如果过程中裂化反应太多，会降低目的产品收率。

尽管加氢裂化过程对原料的依赖程度不象溶剂处理过程那么强，但是原料对产品性质的影响依然不容忽视。常规加氢裂化过程能够生产VI在95~105的基础油。如果操作强度比较高，其VI可以提高到115以上。但是随着操作强度的提高，超过一定程度时，由于副反应增多，会降低目的产品收率和质量。如果所处理的原料中含蜡量高，所得产品的VI会更高。

加氢裂化过程主要是用来生产低黏度(38℃，15~110mm^2/s)基础油料，原因是加氢裂化的本质是把大分子裂化成小分子。这也是为什么加氢裂化过程不能完全取代溶剂抽提过程的原因之一。虽然在有些润滑应用领域中，临氢加工过程生产的基础油能表现出独特的性能，但是对添加剂和污染物的溶解性比较差。就是说，由加氢裂化过程生产的润滑油基础油对添加剂的感受性，与溶剂法制造的润滑油基础油有差别。

用加氢裂化过程生产的润滑油基础油料是润滑油调合的重要组分，特别适用于：

- 调配对氧化稳定性要求比较高的产品。

- 添加剂加入量比较少的油，如透平油。
- 对基础油的挥发性要求比较高的油。

虽然加氢裂化过程生产的润滑油基础油料具有优良的性能，但是还不能完全取代由溶剂法制得的基础油。

图 5-24 为用于生产润滑油基础油料的加氢裂化过程流程，过程的操作条件和产品质量见表 5-42 和表 5-43。

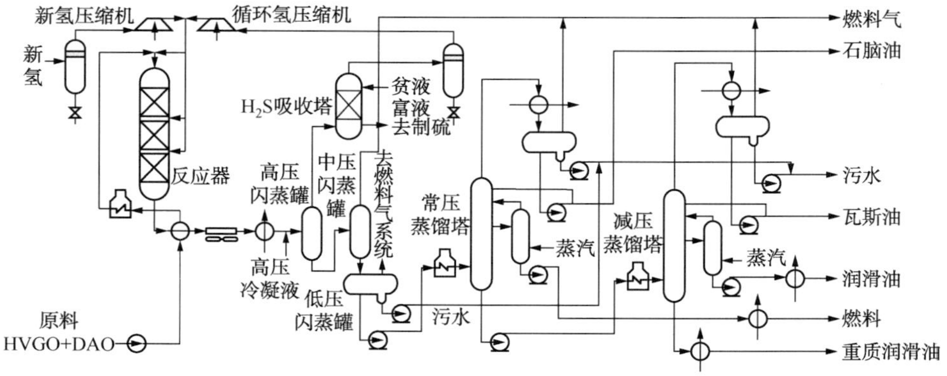

图 5-24 用于生产润滑油基础油料的加氢裂化过程[29]

表 5-42 生产润滑油基础油料的加氢裂化过程操作条件[29]

操作参数	数　据	操作参数	数　据
催化剂	NiCo/硅-铝基	空速(LHSV)/h^{-1}	0.5~1.0
反应器入口温度/℃	399	氢耗/(m^3/m^3)	14.1~17.6
反应器压力/MPa	>17.3	催化剂寿命/a	1~3
反应器出口氢分压/MPa	13.8		

表 5-43 生产润滑油基础油料的加氢裂化过程产品质量[29]

性　质	数　据	性　质	数　据
原料	DAO	产品	脱蜡后的 343℃$^+$润滑油馏分
API 度	21.6	VI	109
99℃黏度(SUS)	60.1	99℃黏度(SUS)	43.3
99℃黏度/(mm^2/s)	10.4	99℃黏度/(mm^2/s)	5.3
倾点/℃	35	硫/%(质)	0.03
硫/%(质)	1.3	残碳/%(质)	0.05
残炭/%(质)	—	收率(占进料)/%(体)	42

(三) FRIPP 润滑油加氢裂化过程

FRIPP 加氢裂化技术在中国工业应用比较多的一个重要原因是它们的催化剂开发技术。有关 FRIPP 能够生产润滑油料的加氢裂化技术见表 5-44。

表 5-44　FRIPP 能够生产润滑油料的加氢裂化技术[42]

过程名称和模式	原料	催化剂金属，预处理或精制/裂化	操作条件/MPa/℃/h^{-1}	主要产品	总加工能力/(Mt/a)
FHC－FFHT 组合(缓和加氢裂化－加氢处理)	VGO、CGO、DAO，氮含量<2000μg/g	Mo-Ni-P/W-Ni	15.8/362～392/—	FCC 料、乙烯料、润滑油料	2.2
FHC-FHF 组合(加氢裂化-加氢精制)	VGO、CGO，氮含量<2000μg/g；劣质汽、柴油和动植物油	W-Mo-Ni、W-Mo-Ni-Co/W-Ni	8.0/375/0.73	石脑油、中馏分油、FCC 料、乙烯料、润滑油料	1.7

二、择形催化脱蜡过程

择形催化脱蜡过程也属于加氢裂化技术，包括两个分支：择形裂化和择形异构化。同其他加氢裂化过程一样，择形裂化和择形异构化技术的发展和应用，离不开催化剂的进步。择形裂化和择形异构化过程的核心是催化剂技术，这类催化剂的发展过程如下：

- 20 世纪 60 年代末，开发出 ZSM-5 择形催化剂。
- 70 年代：用择形催化剂，处理直馏蜡油，生产低凝点柴油；用择形催化剂，处理减压蜡油，生产润滑油基础油。
- 80 年代，开发出贵金属沸石双功能催化剂。
- 90 年代初，用择形异构化技术，处理直馏轻蜡油，生产低凝点柴油；用加氢裂化尾油生产高 VI 润滑油基础油。

择形裂化过程和择形异构化过程的主要区别是：

- 择形裂化过程：在氢气和择形裂化催化剂存在下，通过裂化反应，选择性地把原料中的无分支长链脂肪烃、短支链长链脂肪烃或其他一些类似的烃，裂化成凝点比较低的，相对分子质量比较低的烃，缺点是目的产品收率低，除了用于生产低倾点润滑油基础油之外，也用于改善煤油和柴油的低温流动性。
- 择形异构化过程：在氢气和择形异构催化剂存在下，通过异构化反应，选择性地把原料中的高凝点组分异构化成低温性能和黏温性能都好的烃，目的产品收率高，主要用于生产低温流动性和黏温性都好的润滑油基础油料。

(一) 择形裂化脱蜡过程

Mobil、BP 和 UOP 都有自己的择形裂化(Shape selective cracking)脱蜡专利技术，择形裂化技术可以用于处理石脑油(提高辛烷值)、中馏分油和润滑油(降低冰点或凝点)。其中应用比较多的是柴油择形裂化技术。

择形裂化也称催化脱蜡(Catalytic Dewaxing)，是 20 世纪 60 年代在 Mobil 开发的 ZSM-5 择形催化剂基础上发展起来的。该过程于 70 年代中工业化，之后 BP、UOP 等公司也开发出了自己的择形裂化催化剂。

比较有代表性的过程是 Mobil 的 MDDW 过程、MLDW(润滑油脱蜡)过程和 Akzo Fima 的 CFI(冷流动性改进)过程。MDDW 过程用于生产低凝点柴油，MLDW 和 CFI 过程用于生产低凝点润滑油基础油料。图 5-25 为低凝点柴油和润滑油裂化过程示意流程。

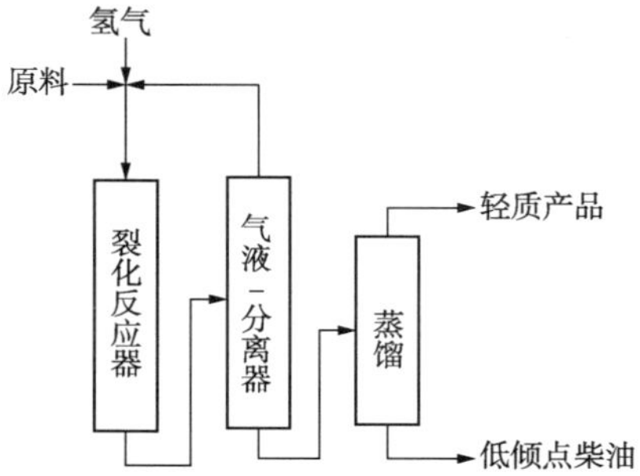

图 5-25　生产低凝点柴油和润滑油的裂化过程示意流程

该过程是在择形分子筛催化剂和氢气存在下，把原料中凝点比较高的长链正构烷烃选择性地裂解成凝点比较低的低分子烃，主要特点是[9,28]：

- 采用择形分子筛催化剂，如丝光沸石、毛沸石、ZSM-5 等，其中应用最多，技术上最成熟的是 ZSM-5，它有较强的抗毒能力。
- 能处理的原料很宽泛，如溶剂精制过程得到的蜡油和蜡下油、加氢处理或加氢裂化过程得到的含蜡油、以及 DAO、环烷基馏分油等。
- 可以用来生产低温性能比较好的柴油和润滑油基础油。
- 为了得到更安定的柴油或基础油(颜色、氧化安定性、抗乳化能力)，需要在择形裂化反应器之后附设加氢精制反应段。
- 通过调整反应温度就可以改变催化剂的活性、产品分布和产品凝点。
- 加工流程简单。
- 过程氢耗很低，仅为 10~30Nm^3/t(原料)，氢气的主要用途是维持催化剂的活性。
- 可以把闲置的加氢处理或加氢精制装置改造成此类装置。
- 可以同其他炼油过程组成组合加工过程。
- 缺点是，由于原料中的一部分转化成气体和石脑油，不利于多产中馏分油和尾油；不能提高 VI。

ZSM-5 分子筛能在择形裂化脱蜡过程中得到广泛应用是由于它的几个特点：

- 有两种相互交叉的孔道(直线形孔道和波形孔道)系统。
- 孔道大小分别为：0.54nm×0.56nm 和 0.51nm×0.56nm，分子直径小于 0.56nm 的长直链烷烃、短支链(如甲基)烷烃和长链单烷基苯能够进入孔道，与活性中心接触，裂化成凝点比较低的小分子烃。
- 而凝点比较低的异构烷烃、多直链单环芳烃等不能进入催化剂孔道中，也就不会发生裂解反应。

(二) 择形异构脱蜡过程

择形异构化脱蜡过程是在择形裂化脱蜡过程上发展起来的。生产低凝点柴油时，使用双功能贵金属催化剂，通过加氢异构化和选择性加氢裂化反应，可以把原料中的蜡转化成低凝点柴油。MIDW 过程是这类技术的代表，于 1990 年在新加坡的 Jurong 炼油厂工业化。该装置是在原来的 MDDW 过程基础上改造而成。同原来的 MDDW 过程比较，处理能力提高 10%，倾点相同的柴油收率由 75%提高到 90%，硫含量<50μg/g，十六烷值提高 4 个单位。

用择形异构化技术，生产低凝点润滑油时，使用高选择性异构化催化剂，把原料中的蜡转化成凝点低和黏温性能好的润滑油基础油料。工业应用最多的过程是 Chevron 的 IDW 过程。该过程于 1993 年，在美国 Richmond 炼油厂工业化，采用中孔分子筛 SAPO-11 为载体的贵金属催化剂，生产高 VI 润滑油料。ExxonMobil 和 Shell 也有类似的技术，如 MSDW 过程。

表 5-45 为典型的择形催化异构脱蜡过程操作条件。

表 5-45　择形催化异构脱蜡过程操作条件[10]

项　　目	数　　据	项　　目	数　　据
原料	润滑油加氢裂化尾油	反应压力/MPa	5.24
反应温度/℃	249~291	空速(LHSV)/h^{-1}	1.00

Chevron 择形异构化过程成功的主要原因是，使用的分子筛催化剂具有恰当的表观性能。图 5-26 为用分子筛催化剂的催化脱蜡程序。

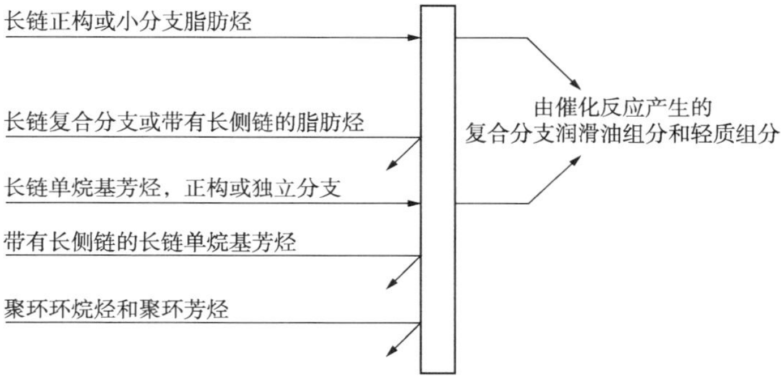

图 5-26　用分子筛催化剂的择形异构化过程脱蜡程序[28]

生产润滑油基础油的择形异构化过程由于采用贵金属催化剂，原料需要加氢预处理。进异构化反应器的原料中，硫含量不高于 10μg/g，氮含量低于 2μg/g。

分子筛催化剂对高度分支的脂肪烃、聚环烷烃或芳烃没有影响，影响长链小分支或无分支分子。

图 5-27 为带有加氢精制反应器的 Chevron 择形异构化过程流程，图 5-28 为能够生产 UHVI(超高 VI)油的组合过程。

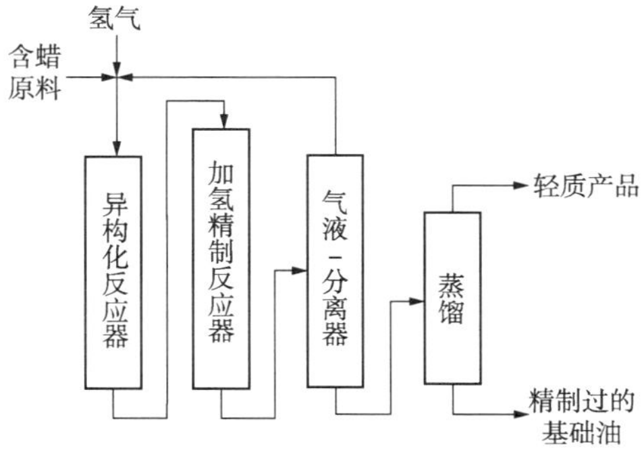

图 5-27　带有加氢精制反应器的择形异构化流程[28]

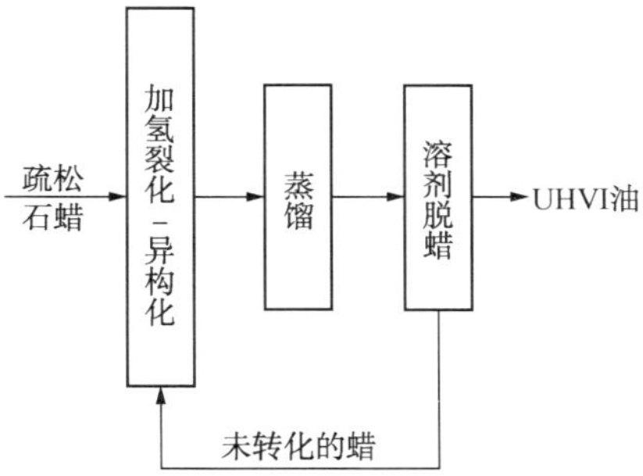

图 5-28　生产 UHVI 基础油的组合加工过程[28]

用异构脱蜡过程制造低倾点和高 VI 润滑油基础油过程中，随着异构脱蜡程度的提高，虽然能得到倾点更低的产品，但是 VI 下降，下降幅度取决于过程操作条件和所用的催化剂性能。也就是说，对于特定的原料需要特定的异构脱蜡程度。

择形异构化过程的主要特点是[9,28]：

- 采用具有特定孔径(中孔)硅铝磷酸盐高选择性分子筛催化剂，如 Pt on SAPO-11、ZSM-22 和 ZSM-23 等贵金属双功能催化剂，能使凝点高的长直链烃转化成有 2~3 个侧链的低凝点异构烷。
- 异构化反应过程也遵循正碳离子反应机理，能把其中的正构烷烃异构化成低温流动性比较好的异构烷，主要产品是低凝点柴油和高 VI 润滑油基础油。
- 同择形裂化和溶剂脱蜡过程比，目的产品收率高。
- 如果过程以多产润滑油基础油为目的，副产的中馏分油也是高质量的，如喷气燃料是高烟点和低冰点的；柴油是高十六烷值的。
- 为了确保产品的光安定性，有的装置还在择形异构化反应器后面，设后串联精制反应段。
- 高 VI 润滑油基础油的生产成本远低于聚 α-烯烃。
- 可以利用现有加氢处理、加氢精制和择形裂化等装置改造。
- 可以根据原料性质和产品要求，同其他过程组成组合加工过程，如加氢裂化-择形异构化-加氢后精制组合过程；溶剂精制-加氢预处理-择形异构化-加氢后精制组合过程。
- 装置氢耗低。
- 副产少量高价值 C_5^+液体产品，低价值副产品，如丙烷，产量很少。
- 缺点是：所用的贵金属(加氢/脱氢组分)催化剂对原料中的硫和氮比较敏感，如果处理的是劣质原料，S 含量超过 10μg/g，就需要预处理。

用择形异构化技术生产高 VI 润滑油基础油是加氢裂化技术发展过程中一个引人注目的进步。世界上第一套用于生产润滑油基础油的择形异构化工业装置位于 USA Richmond，1993 年投产，采用 Chevron 的加氢裂化-择形异构化-加氢后精制组合技术，处理源于 USA North Slope 原油馏分油，生产低凝点、高 VI 润滑油基础油。ExxonMobil 的 MSDW 过程、Shell 的加氢异构化过程和 FRIPP 的 WSI(石蜡择形异构化)过程都是同 Chevron IDW 类似的择形异构化过程。WSI 的第一套工业装置于 2005 年初工业化，以加氢裂化尾油为原料，生产优质橡胶填充油和高 VI 润滑油。

(三) 择形裂化脱蜡和择形异构脱蜡过程的区别

为了取代投资和操作成本比较高的溶剂脱蜡过程，开发出了用于制造润滑油基础油料的催化脱蜡过程。催化脱蜡的实质是选择性加氢裂化，即择形裂化和择形异构化过程[7]。基础过程由两个反应器组成，第一个反应器中装专用脱蜡催化剂，接下来的第二个反应器装加氢精制催化剂，通过加氢饱和和加氢精制反应，把原料中的烯烃和芳烃饱和，脱掉残留的杂原子，改善产品的稳定性、颜色和抗乳化性。

择形异构化和择形裂化过程的主要区别如下[9]：

- 由于使用的催化剂不同，反应机理也不一样：择形异构化催化剂酸性弱，异构活性强，产品中小分子产物少；择形裂化催化剂酸性强，裂化活性高，降凝作用主要依靠正构烷烃的裂化。

- 当处理的原料和操作条件相同时，择形异构化过程的产品收率和产品质量高得多。
- 反应温度相同时，择形异构化过程的转化率高；转化率相同时，择形异构化过程的反应温度低 14～22℃。
- 转化率相同时，择形异构化柴油倾点要低得多；如果柴油倾点都一样，择形异构化过程的反应温度要低 8～11℃。
- 柴油倾点一样，择形异构化过程的收率要高得多，例如，柴油倾点都是-7℃，转化率高 15%～20%；又例如，柴油倾点都是 4℃，转化率高 20%～40%。
- 随着转化率的提高，择形异构化产品中异构烷烃含量增加，倾点下降，例如，转化率为 50%时，择形异构化柴油倾点为-9.4℃，而择形裂化柴油(异构烷和正构烷比例变化不大)的倾点为 4℃。

第六章 加氢裂化装置的改造

随着原油的重质化和劣质化，对中馏分油需求的持续增长和对石油产品质量的要求更严格，迫使炼油厂必须对现有的老装置进行改造，才能适应原料市场和产品市场的变化和挑战。

在可以改造的炼油装置中，改造加氢裂化装置能提高炼油厂对原油和成品油市场的操作灵活性和适应能力。也就是说，经过改造的加氢裂化装置，可以处理数量更多和质量更差的劣质油，可以生产更多优质中馏分油和尾油，可以延长装置运行周期，可以更有效地同其他炼制过程组成效率更高的组合加工过程。

加氢裂化过程的技术进步，为装置改造奠定了坚实基础。例如，中压或 MHC 过程实际上是常规加氢裂化过程的简化形式，用闲置的常规 VGO 加氢脱硫装置和 FCC 原料加氢预处理装置都可以改造成单程 MHC 装置。

改造加氢裂化时，有两个问题必须考虑：一是加氢裂化过程需要消耗更多氢气；二是需要比较多的投资和操作费用。但是这些投入和增加的操作费用，不用多久，就可以得到很好的补偿。

把老的加氢裂化装置或闲置的临氢加工装置改造成 MHC 装置，同常规装置改造不同，主要差别是改造后的 MHC 过程在转化率等方面会受到一定局限。同原来的老装置比较，MHC 反应通常是在不同的操作温度和操作压力条件下进行的。如果反应温度过高，会导致催化剂上的积炭量增加，使催化剂的减活速率提高，缩短催化剂寿命。

在选择新催化剂时，还应关注它的脱硫和脱氮性能。好的催化剂系统，除了有适当的裂化活性和能够使中馏分油产量最大化之外，还应当能维持或提高石脑油馏分的辛烷值和尾油的质量。如果采用更先进的催化剂装填技术，还能够提高反应器利用率。

根据以往的经验，加氢裂化装置的改造，包括把加氢处理装置改造成 MPHC 和 MHC 装置，主要包括下列几方面内容[2,4,15,20]：

- 首先应当考虑是否更换新一代催化剂或催化剂系统，特别是那些抗积炭和抗金属能力比较高的催化剂。更换新一代催化剂会取得事半功倍的效果：能提高装置的操作灵活性；提高装置的转化率；增产中馏分油；延长装置运转周期。
- 调整操作条件，能增加中馏分油和尾油产量。
- 改变流程，如一段改两段，有循环改一次通过，能提高转化率或提高空速。
- 采用更先进和更合适的反应器，是固定床、移动床，还是流化床，其中的移动床和流化床更适合处理劣质原料，如 VR 和焦油沥青。
- 在主反应器之前，增加保护反应器或主催化剂前增加保护催化剂床层：能处理更多劣质原料，延长装置运转周期。
- 如果 MHC 装置的操作压力比原来的加氢脱硫装置高，就应当核对原设备使用的材料强度能否适应，两套装置的压力分界线大概是 4480kPa。
- 如果 MHC 装置操作压力比较低，由于受原料性质、催化剂性能和设备条件的束缚，柴油的收率和质量可能不尽人意。

- 采用更先进的催化剂装填方法，能增加催化剂装填量或改善物流分布。
- 由于过程中会产生更多轻质产品，需要调整热分离器和蒸馏系统设计。
- 改造反应器或采用反应器内部构件，能调整反应器体积，改善反应条件和物流分布，提高反应效率和催化剂利用率。
- 采用新材料，能提高反应压力，改善设备的抗腐蚀能力，提高装置或设备的可靠性（如操作稳定性）。
- 如果改造后 MHC 过程用于生产 FCC 原料，氢耗量上升对装置的经济性有副作用。

装置改造，虽然比不上新设计和建设一套新装置那么复杂，但是也需要经过慎重的评估之后，找到瓶颈，制定专门的改造计划，才能实施。

有些装置改造技术在其他章节已经有所涉及，下面以实例重点介绍几个国外石油炼制公司在改造加氢裂化装置过程中的一些经验、做法和成果。

第一节　UOP 老装置改造的三个案例

UOP 已经同上百家炼油厂合作，对不同规模的加氢裂化装置进行改造，以满足它们各自不同的要求。

UOP 认为：改造是否成功，主要取决于：改造方案设计依据的可靠性；改造目标的可行性；现有装置设备的局限性。

一、UOP 在加氢裂化装置改造方面的经验

加氢裂化装置改造过程通常分几个步骤：

- 筛选：用于项目研究的初期，用于鉴别和评估现有可供选择的项目和可能的制约因素。用简化的炼油厂 LP（线性规划）模型对装置的性能进行评估，尽快提出包括替代方案在内的分析报告。
- 目标范围：对选择的方案进行更高水平的工程评估，包括：完成现有设备的初评，确定对比每台新设备的要求，确认现有设备的可利用性。
- 可行性：力求改造方案预算费用尽量准确，确认哪个方案能满足炼油厂的目标（经济的、长远的和规格方面的），包括：研究和调整工艺条件，尽量利用现有设备；为可行方案，提供初步的工程分析报告；提出的报告内容包括：确认改造工程的瓶颈，确定不用改造或只需稍加改造就可以使用的设备，确定方案中的必须增加的新设备和相关费用，给出相应方案的产品收率。
- 过程改造：当装置改造的设计基础确定时，炼油厂仍需要监督用于改造的详细工艺要求和设备要求。应当重点关注：工程的优化、初步的水力学分析、现有设备的重新标定和所有需改造的项目。在报告中，除了要提供改造后的 PFD（装置工艺流程图）之外，还应当包括新设备的尺寸、负荷和大概的预算。
- 改造过程进度：改造设计程序包，在开始详细设计之前，就应当提供给同改造项目有关的单位，如工程施工单位和炼油厂。改造设计程序包的内容：可以根据炼油厂的需要增加或减少，如新设备和改造设备的规格，以及完整的改造工程进度表；完整的基础设计，包括流体力学分析和现有设备的评估；还可以使用的现有设备的规格和重新标定的技术数据；

改造后装置的 P&ID(工艺-仪表流程图)。

二、UOP 的以多产柴油为目的三个加氢裂化装置改造案例

柴油(特别是 ULSD)是当前市场，特别是亚洲和欧洲，需求量最多的中馏分油。在炼油厂增产 ULSD 的方法中，常用的方法有[33,35]：选择低硫和低氮原料；提高柴油馏分干点；采用临氢加工技术(如，加氢处理或加氢裂化技术)处理或改质 VGO、LCO、CGO；合成生物柴油。

加氢裂化装置是炼油厂多产高质量中馏分油(包括柴油)的关键(或瓶颈)装置。对有加氢裂化装置的炼油厂来说，把老装置的操作条件调整到更适于多产柴油，或者对其进行适度改造(如采用对目的产品选择性更高的催化剂或催化剂系统)就能够大幅度地提高炼油厂柴/汽比。

UOP 能够根据油品市场的变化，利用上述方法，改变加氢裂化装置生产方案，灵活经济地实现多产汽油或多产柴油。

(一) 三个加氢裂化装置改造案例概况

这三个装置改造案例都涉及石脑油加氢裂化装置的改造。改造后的装置能根据市场需求，灵活地多产汽油或多产柴油。表 6-1 为这三个加氢裂化装置改造案例的概况。

表 6-1 UOP 的改造现有加氢裂化装置增产柴油的三个案例[5]

方案	装置概况	用户要求	过程改造内容	经济性评估①
案例 1	单段部分循环(出尾油)；进料：LCO、CGO、AGO 混合料；反应器压力 10.34MPa	能灵活地多产汽油或柴油；能生产 ULSD，十六烷值和芳烃含量合格	改变操作条件把石脑油转化率由 98% 降到 75%；通过优化催化剂和装置改造把石脑油转化率进一步降到 50%	使用 HC-185LT 催化剂增产柴油得到的利润为 280 万美元/年 源于氢耗降低的利润为 330 万美元/年 装置改造费用约 690 万美元 柴油产量由 25% 提高到 50%，汽柴油价差约 6.5 美元/桶时的投资回收期为 1.8 年，税前投资回报率为 56%
案例 2	单段一次通过流程；进料：HCO、LVGO、HVGO、DAGO(脱沥青瓦斯油)混合料；反应器压力 17.23MPa	在新循环周期重新装填正在优化的催化剂系统；能在最大量石脑油和最大量馏分油模式下操作；进 FCC 装置的 UCO 量保持稳定；能生产 ULSD；航煤达 JP-8 标准	采用新催化剂系统；两个方案：多产石脑油和多产柴油；保证 UCO 产量稳定；设备不需改造	使用 HC-150LT 催化剂多产柴油方案的年经济收益为 130 万美元，其中的 100 万美元来源于产品差价；30 美元来源于节省氢气 HC-150LT 催化剂能多产馏分油 使用 HC-150LT 催化剂虽然反应温度提高，但仍在反应器设计温度范围内，不会缩短生产周期 活性比较低的催化剂有利于多加工重质进料，如 DAGO 由于操作温度提高，部分重石脑油转化成更轻的产品 更换催化剂使投资增加，反应器几乎没有改造 需要核算换热网络和柴油抽出系统 投资回报时间长短是柴油和汽油价差的函数，如果价差低于 4.5 美元/桶，利润增加低于 0.5 百万美元/年

续表

方案	装置概况	用户要求	过程改造内容	经济性评估①
案例 3	两段加氢裂化流程，部分循环；进料为 LCO 和 SRGO（直馏瓦斯油）混合料；蒸馏塔底出未转化的柴油；反应器压力 11.7MPa	能灵活多产汽油或柴油，石脑油转化率由 98%降低到 85%；出超低硫柴油，十六烷值和芳烃含量合格	三个方案，石脑油转化率分别为 98%、85%和 50%；催化剂体系相同；改造涉及蒸馏塔进料和反应器流出物换热器、塔底泵和两个换热器、两个反应器的内部构件	评价的依据是产品价差、氢耗的变化和改造费用；总利润 1360 万美元/年，其中源于柴油增产 130 万美元/年，源于氢耗降低的利润为 1230 万美元/年 柴油最大化的设备改造费用为 430 万美元/年，投资回收期 8 个月，税前投资回报率为 145% 由于柴油价格高于汽油，即使不考虑节省氢气的因素，投资回报期不高于 3 年

① 评估依据：产品价格差、氢耗的变化和装置改造费用。

1. 加氢裂化装置改造案例 1

方案 1 所加工的进料性质见表 6-2，评估数据见表 6-3。

表 6-2　案例 1 加氢裂化装置加工的进料性质[5]

项　　目	数　　据	项　　目	数　　据
API 度	21	10%	203
硫/%（质）	0.7	50%	269
氮/（μg/g）（质）	1150	90%	344
模拟蒸馏/℃		终馏点	414
初馏点	110		

表 6-3　案例 1 加氢裂化装置评估数据[5]

项　　目	原石脑油方案（柴油 2%）	增产柴油方（柴油 25%）	多产柴油方案（柴油 50%）
催化剂	HC-185LT、HC-24L	HC-185LT、HC-24L	HC-185LT、HC-29L
催化剂寿命	基础	基础	基础
177℃⁺馏分转化率/%（体）			
液体产品收率/%（体）			
轻石脑油	基础	基础-18.9	基础-29.8
重石脑油	基础	基础-4.4	基础-18.4
177℃⁺柴油	2	25	50
C_4^+	基础	基础的 0.96	基础的 0.93
氢耗	基础	基础的 0.90	基础的 0.82

UOP 从案例 1 实施过程中获得许多经验，主要体现在下列三个方面。

（1）催化剂

在装置改造过程中，同选择催化剂有关的几个原则：

- 找出一种既能多产汽油也能多产柴油的灵活性催化剂。

● 在选择催化剂时，在强调催化剂的灵活性的同时，既要满足柴油对芳烃和十六烷指数的要求，也要关注对石脑油的选择性，维持石脑油辛烷值。

● 为了确保石脑油产品性质，选择了一种高活性催化剂，Unicracking™ HC-185LT。这种催化剂能够选择性地把氢分配到裂化产品中，可以降低氢耗，还可以裂化更重的原料。

● 为了确保柴油产品性质，满足对芳烃和十六烷值的要求，和改善产品质量和选择性，选择了 Unicracking™ HC-29LT。

（2）改造工程

改造工程的具体内容包括：

● 有些加氢裂化装置在其产品蒸馏段上游设有重沸汽提塔（或脱丁烷塔），由于在比较高的柴油收率条件下操作，会使汽提塔底的重质物料富集，这样可能会限制汽提塔重沸器的能力。为此，需要用一台新的汽提塔重沸直火加热炉和几台泵替换现有的汽提塔重沸器，原来的汽提塔重沸器是一台反应器流出物走管程的管-壳式换热器。

● 随着柴油量的明显增加，可以预期柴油抽出系统能力不够。为此，需要一套新的柴油产品抽出设备，包括泵、水冷和空冷设备。

● 应当细心评估反应段换热器网络的设计，确保能够向最大量石脑油操作切换。为此，在换热网络中，需要一台新的换热器，更换现有的，换热面积不够的换热器。也可以不用全新的换热器，而是更新或核定或利用现有汽提塔重沸器的管程。

● 认真评估反应器内部构件在两种极端情况下的运行状况。由于在这两种情况下反应器均处于气相操作，在这个案例中不需要对反应器内部构件做任何改动。

（3）经济性评估

改造工程经济性评估结果如下：

● 在节省的总费用中，主要是氢耗下降节省的费用。

● 在最大量柴油模式下操作，会降低体积增量，这一因素会对其经济性产生副作用。

● 用现有的石脑油加氢裂化装置，大量增产柴油，经济效益诱人，能够补偿改造工程所需投资。

● 评估经济性时，应当考虑到改造需要更长的停工时间。在该案例中，维持计划的最大量柴油模式，由于除了典型的催化剂更换时间之外，还需要增加 5 周额外停工时间，投资回收时间需要 3 年。

● 这个具有一定灵活性的解决案例，能使炼油厂的盈利性在整个循环周期最大化。

2. 加氢裂化装置改造案例 2

方案 2 所加工的进料性质见表 6-4，评估数据见表 6-5。

表 6-4　案例 2 加氢裂化装置加工的进料性质[5]

项　目	数　据	项　目	数　据
API 度	24	10%	294
硫/%（质）	1.2	50%	387
氮/（μg/g）	1150	90%	563
模拟蒸馏/℃		终馏点	804
初馏点	66		

表 6-5　案例 2 加氢裂化装置评估数据[5]

项　　目	多产石脑油方案	多产柴油方案
催化剂	HC-185LT	HC-150LT
催化剂寿命	基础	基础
> 343℃馏分的转化率/%(体)	70	70
液体产品收率(FF)/%(体)		
液体产品收率(FF)/%(体)		
轻石脑油	基础	基础的 1.07
重石脑油	基础	基础的 0.85
柴油	2	基础的 1.13
C_4^+	基础	基础
氢耗	基础	基础的 0.99

UOP 从案例 2 实施过程中主要获得下列经验。

(1) 催化剂

更换催化剂的作用：

- 由于进料比较轻，质量比较好，选择合适的催化剂，有助于提高柴油十六烷值。
- 在多产柴油方案中，由于采用比较缓和的操作条件，催化剂循环周期明显延长。

(2) 改造工程

改造工程的具体内容包括：

- 更换蒸馏塔底泵；由于还要切换到最大量汽油操作模式，必须认真核算反应段的换热网络，优化反应器流出物系统流程。
- 更换和改造反应器气液分配盘。

(3) 经济性评估

改造工程经济性评估结果如下：

- 经济上收益最大的一块是氢耗降低。
- 液收降低。
- 在汽油最大化模式下操作时，催化剂更换时间超过 3 周，投资回收期为 1 年。
- 选用灵活性生产方案是最佳方案。

3. 加氢裂化装置改造案例 3

方案 3 所加工的进料性质见表 6-6，评估数据见表 6-7。

表 6-6　案例 3 加氢裂化装置加工的进料性质[5]

项　　目	数　　据	项　　目	数　　据
API 度	22	10%	275
硫/%(质)	1.3	50%	344
氮/(μg/g)	1800	90%	413
模拟蒸馏/℃		终馏点	460
初馏点	144		

表 6-7　案例 3 加氢裂化装置评估数据[5]

项　目	全石脑油方案	增产柴油方案	多产柴油方案
催化剂	HC-29L、HC-34L、HC-28	HC-29L、HC-34L、HC-28	HC-29L、HC-34L、HC-28
催化剂寿命	基础	基础	基础
石脑油转化率/%(体)	98	85	50
液体产品收率(FF)/%(体)			
轻石脑油	基础	基础-2.6	基础-20.0
重石脑油	基础	基础-9.5	基础-29.9
柴油	2	15	50
C_4^+	基础	基础的 0.96	基础的 0.94
氢耗	基础	基础的 0.90	基础的 0.62

UOP 从案例 3 实施过程中主要获得下列经验。

(1) 催化剂

更换催化剂的作用如下：

- 选择的催化剂明显地提高了柴油十六烷值。
- 用灵活性催化剂方案操作，处理比较重的 VGO 原料，同处理高质量柴油原料比，特点更突出。
- 在用柴油模式操作过程中，由于操作条件比较缓和，明显地提高了催化剂运转周期。

(2) 改造工程

改造工程的具体内容包括：

- 有重沸产品蒸馏塔和产品蒸馏塔的加氢裂化装置，由于塔底油中重馏分增加，在重沸器可能会碰到一些麻烦。在这个案例中，只要把产品蒸馏塔原料/塔底油换热器换热面积增加一些，现有的产品蒸馏重沸器，不用改造还可以用。
- 随着柴油产量的明显增加，会给柴油馏出设施形成压力。在这套装置中，除了产品蒸馏塔底泵需要更换之外，在设计开始阶段就确定要控制柴油馏出系统换热器组尺寸，使其不用更换。
- 评价反应段换热器组设计，确保返回到多产石脑油模式时，能够正常运行。在该案例中，对换热器组没作任何变动。反应器流出物负荷需要优化，避免改动高压换热器组。
- 精心评估反应器内部构件，确保不出现极端情况。在这个案例中，更换了几块气/液分布塔盘。

(3) 经济性评估

改造工程经济性评估结果如下：

- 在所有节省的费用中，占比例最大的是由氢耗下降节省的费用。

- 在多产柴油模式下操作，产品体积略有下降，影响改造的经济性。
- 用现有的石脑油加氢裂化装置，能够显著增产柴油，经济效益明显，足以补偿装置改造发生的投资。
- 评估改造经济性时，不能忽略执行改造过程发生的停工时间。例如，在多产柴油模式下操作时，即使把更换催化剂的3周停工时间算在内，投资偿还期也就是1年。
- 这种强调操作灵活性的改造案例，可以使炼油厂始终都处于经济性最佳的状态。

（二）UOP 三个加氢裂化装置改造案例工业实验总结

下面列出的是 UOP 三个加氢裂化装置改造案的工业实验总结。

1. 催化剂

UOP 认为，对于加氢裂化过程来说，一种好的催化剂应具备下列性质：

- 活性合适。
- 对目的产品的选择性好。
- 能明显改善主产品性质，如饱和度高、低温流动性好、终馏点低。
- 能在最大量石脑油和最大量柴油两个生产模式下灵活切换。
- 能满足用户对特定流程的要求。
- 对原料的变化有比较好的适应能力。
- 转化率可以适当调整。

2. 催化剂性能的评估/筛选

评估/筛选催化剂的目的是：

- 扩大工厂实验数据库，力求能够快速和准确地筛选出最佳催化剂。
- 确保催化剂的灵活性、对目的产品的选择性和运转周期。

3. 需要改造的设备

装置由多产石脑油切换到多产柴油模式，涉及的设备改造问题如下：

- 反应段：换热组的评估和核算；反应器内部构件的设计和改造。
- 产品分离部分：在产品蒸馏塔上游，如果有汽提塔(脱丁烷塔)，其重沸器可能需要改造；由于柴油增量问题，可能会导致蒸馏塔加热炉受到限制；由于热量输出的变化，会导致塔顶系统需要改造；柴油抽出系统，如汽提塔、泵和换热器，都可能需要改造。

4. 使用专用评估系统评估改造方案的经济性

使用新一代评估系统，能快速评估柴油项目的经济性。该工具需要输入的评估信息包括：收率、氢耗、催化剂、生产周期、进料和产品价格、过程改造的预估费用。输出结果包括：投资回收期、NPV(净现值)和IRR(内部收益率)，并能提供随汽、柴油价差比的经济数据，评估结果如下：

- 在总的节省费用中，氢耗的降低是最重要的。
- 柴油最大化模式会降低体积收率，对经济评估有副作用。
- 如果汽柴油价差有一定幅度，把多产石脑油生产模式改造成多产柴油生产模式，在经济上是可行的。
- 改造停工时间长短对改造的经济性影响比较大。
- 使用灵活性方案，可以随市场状况灵活调整，有助于经济效益的最大化。

第二节　Shell 公司的用加氢裂化技术增产柴油的几个老装置改造案例

Shell 公司在北美大约有 60 套加氢裂化装置正在运行，其中的大部分转化能力用于生产石脑油，而当前的油品市场是对优质柴油的需求持续强劲。Shell 根据多年经营加氢裂化过程积累的经验，认为，许多在石脑油生产模式下操作的加氢裂化装置，在不用投资的情况下，仅通过调整操作变数(如转化率、液体循环比和产品切割点)，就能转换成中馏分油生产模式。如果需要最大量地生产优质柴油，通常需要更换催化剂和对装置适当改造。

图 6-1 为加氢裂化装置操作模式和改造程度，对中馏分油收率的影响。

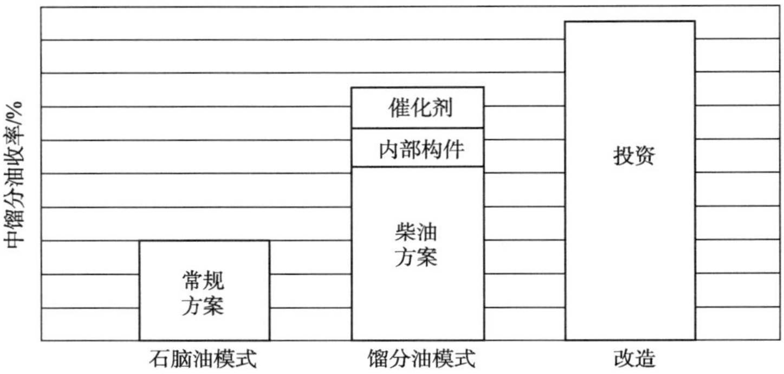

图 6-1　加氢裂化装置操作模式和改造程度对中馏分油收率的影响[34]

制图条件：

- 当转换为中馏分油操作模式时，中馏分油产率增加的基础是进料速率和质量不变和柴油质量达到指标要求。
- 进料为 LCO、AGO 和 LCGO(轻焦化瓦斯油)混合料。
- 石脑油和中馏分油切割点为 191℃。
- 中馏分油收率是指 191℃以上馏分。

从图 6-1 可知，仅更换催化剂和反应器内部构件，就能把中馏分油收率大幅度地提高 1.5 倍；如果对装置作适度改造，中馏分油收率能大幅度地提高 2 倍多。装置改造后的收益高低，取决于改造投资的多少和采用多少先进技术。

一、以多产柴油为目的三个加氢裂化装置改造方案

Shell 公司以多产柴油为目的的加氢裂化装置改造有三个方案：投资比较低的方案(消除瓶颈，改造或更换反应器和蒸馏塔内部构件)；投资适中的方案(包括提高蒸馏能力)；投资比较高的方案(包括改造反应器)。

(一) 低投资方案

投资比较低的改造方案包括下列内容：

- 降低转化率，减少石脑油产量。

- 蒸馏系统单元改造，使中馏分油收率最大化。
- 原蒸馏塔重石脑油侧线，改成中馏分油侧线。
- 把蒸馏塔塔底油切割点从 193℃ 提高到 288℃，提高循环油馏程范围，减少石脑油产量。
- 更换反应器内部构件，采用全气相冷却，以便适应空速和转化率的变化，提高液收。
- 更换反应器内部构件，增加反应器催化剂体积。
- 采用 TX 低压降催化剂：在产量和转化率比较高（约高 2%～3%）的条件下，降低 WABT；降低 LPG 产量和氢耗；在转化率保持稳定条件下，提高全馏分油的 API 度和收率。

（二）中等投资方案

有些炼油厂希望它的加氢裂化装置能加工一些比较重的进料，如掺入 5%～20% 的 LVGO，并增产柴油。这类装置的改造，通常需要更多的投资，才能保证柴油质量，常用的措施有：

- 增加一座减压闪蒸塔（见图 6-2），回收柴油。
- 选择合适的切割点，避免重质组分对柴油质量的影响。
- 把原来的催化剂换成柴油选择性好的催化剂，以便提高柴油收率（见表 6-8）和质量。

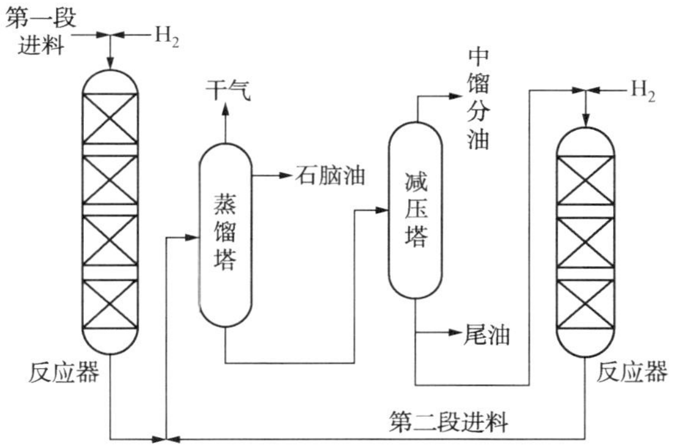

图 6-2　加氢裂化装置蒸馏段改造后流程[34]（增加减压塔，确保柴油数量和质量）

表 6-8　石脑油加氢裂化装置改造后增产柴油[34]

项　目	数　据	项　目	数　据
增加 LVGO 提高进料率	+13	尾油产率/%（体）	+1.4
催化剂	NAPHTHA	柴油产量	+30%
气体产率/%（质）	-1.1	氢耗	基础
轻石脑油产率/%（体）	-2.4	WABT/℃	+3.33
重石脑油产率/%（体）	-5.9	液体产品 SFC（超临界液体色谱）芳烃含量/%（质）	基础
侧线馏分油产率/%（体）	+6.0		

注：该实例有馏分油侧线。

（三）高投资方案

投资比较高的改造方案，除了改造蒸馏段之外，还要改造反应段。例如，把两段流程改为单段流程。

这类改造有几个好处：

- 能大大提高装置处理能力，其高低取决于催化剂装填量。
- 能加工更多的质量比较差的进料。
- 增产高质量中馏分油。

（四）把 CFH 装置改造成缓和加氢裂化装置

有许多 MHC 装置是由 CFH（催化原料加氢）或加氢精制装置改造而成。从加氢处理操作转换到 MHC 操作的主要区别是，MHC 的操作压力比较低。在 MHC 操作模式下，如果需要进一步提高转化率，当催化剂不变时，需要更高的反应温度。如果需要改变产品分布，如多产中馏分油，就需要更换活性更高和选择性更好的催化剂或催化剂系统。表 6-9 为 CFH 和 MHC 操作模式的比较。

表 6-9　CFH 和 MHC 操作模式的比较[34]

项　目	CFH 操作	MHC 操作
催化剂系统	全部氧化铝	全部氧化铝，氧化铝/ASA①，氧化铝/分子筛
典型 WABT/℃	360～399	379～421
343℃以下产品收率/%（体）	5～10	10～50

① 无定形硅铝。

到底选择什么催化剂或催化剂系统，是全部氧化铝，氧化铝/ASA、氧化铝/分子筛，还是它们的组合系统，主要依据是过程所要求的转化率和对馏分油的选择性。如果催化剂体积一样，同全部使用氧化铝比较，用氧化铝/ASA 的叠加系统有更高的转化率；而使用氧化铝/分子筛的叠加系统，转化率会更高，但对中馏分油的选择性下降。

尽管老的加氢预处理装置，如 CFH 过程，能够比较容易地改造和切换成 MHC 操作，并且有许多好处，但是在技术和经济上总是受原设计的限制。把 CFH 操作改造并切换成 MHC 操作模式时，会碰到下列一些问题：

- 产品分离能力是大问题，如柴油馏出量增加。这个问题可以采用更先进的塔内部构件解决。
- 由于转化率提高，会产生比较大的蒸气通量。
- 需要对水洗、气体处理和分馏系统重新评估。
- 如果处理的原料同 FCC 装置一样，如 VGO，要考虑原料的平衡。
- 如果装置改造涉及扩大处理能力，会消耗更多的氢气。
- NHC（常规加氢裂化）操作会产生更多的石脑油，需要考虑它的进一步加工。
- 市场对产品要求是有季节性的，需要装置有切换操作模式的灵活性，也要考虑操作模式切换的经济性。
- 装置运转周期会大大缩短，通常会缩短一半左右（长短取决于催化剂性能、进料性质、操作条件和转化率）。

把 FCH 或 DHT 装置改造成缓和加氢裂化装置是一个生产优质 FCC 进料和增产中馏分油的好办法，该改造方案的特点是：

- 投资比较大。
- 需要扩大催化剂体积，如增加一个反应器。

- 更换选择性更好和活性更高的催化剂系统，以便提高转化率和中馏分油产率。
- 采用更先进的反应器内部构件。
- 水洗、分离和分馏系统需要改造。

二、在缓和加氢裂化过程中使用 ISOFLEX 技术生产高质量柴油

在 SHELL MHC 中使用 ISOFLEX 技术的主要目的是改质中馏分油。

表 6-10 为 Shell 公司使用 ISOFLEX 技术的工业 MHC 过程同深度加氢脱硫过程的对比数据。两个过程处理的原料中有 10%的 LCO 和 35%的焦化蜡油。深度加氢脱硫过程和 MHC 过程使用的是传统的 Ni-Mo 催化剂。从表 6-10 看出，MHC 柴油产品质量明显高于深度加氢脱硫 ULSD 质量，特别是柴油十六烷指数，高 2~3 个单位。

表 6-10　MHC 过程同深度加氢脱硫过程的比较[34]

项　　目	原　料	深度加氢脱硫 ULSD	MHC 柴油
API 度	31.9	36.6	39.2
API 度变化		4.7	7.3
硫含量/(μg/g)(质)	8000	< 10	< 10
SFC 总芳烃含量/%(质)	42.4	23.0	13.2
多环芳烃含量/%(质)	12.4	3	0.4
CI(十六烷指数)提高	36.8	43.8	46.2
		7.0	9.4
193℃⁺液收增加量/%(体)		1.1	10

图 6-3 为使用 ISOFLEX 技术的 MHC 过程流程。

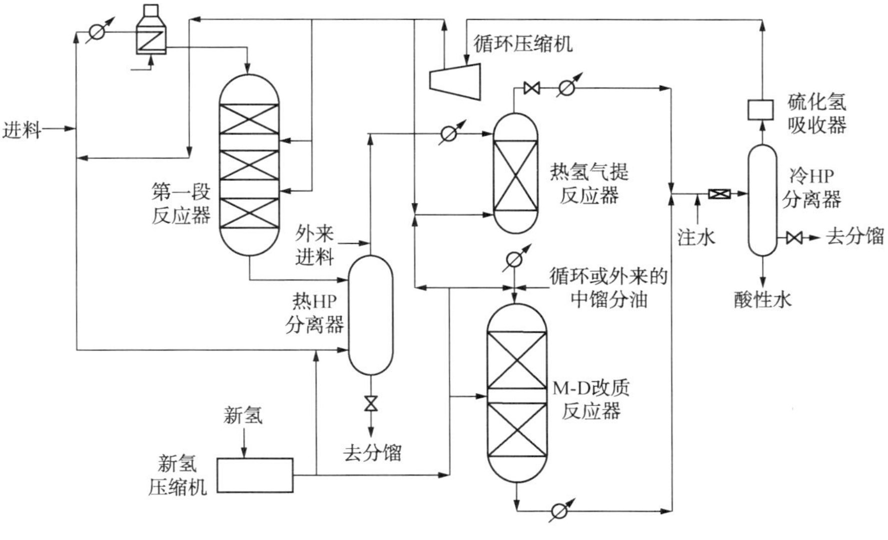

图 6-3　使用 ISOFLEX 技术的 MHC 过程[14]

使用 ISOFLEX 技术的高转化率 MHC 过程的特点是[13]：

- 前面的反应器在高压条件下操作，完成劣质进料的深度脱氮。
- 在前反应器的下游，反应器流出物在热分离器闪蒸。由分离器出来的蒸气同柴油沸点范围的外来进料混合之后，进入热氢气提反应器，进行加氢处理（HDS/HDN）和芳烃饱和。
- 由热分离器出来的液体经降压和通过换热器冷却到优化的加氢裂化条件后，进入加氢裂化反应器，同氢顺流或者逆流接触。
- 由于使用逆流接触操作模式，改善了加氢裂化反应器的操作效率：如在处理 VGO 时，在逆流操作模式下，即使瓦斯速率高到 534.0m^3/m^3，也没有注水。根据对产品的质量要求，由热氢气提塔出来的液体，送入加氢裂化反应器，目的是改质还是裂化，取决于对产品的要求。在污染物（如氨）不多的情况下，加氢裂化反应器中的反应速率常数接近 CLG ISOCRACKING 第二段操作水平。
- 能够灵活地把外来进料引入同一个高压系统中。用未转化油吸收的质量差的中馏分油，能够循环回到改质反应器，该反应器也在同样的高压条件下操作。
- 未转化油是优良的 FCC 装置进料。MHC 段的运转条件，必须适应 FCC 汽油硫含量要求，例如，如果 FCC 汽油硫含量规格是 10μg/g，那么 MHC 操作条件就应当调整到使未转化油硫含量规格处于 80~100μg/g 范围内。
- 同 SSOT 比，完成高转化率所需要的反应器体积，明显降低。大部分高压系统用的操作压力是比较低的，其结果是节省投资。
- 氢气耗量低的原因是：在经过加氢裂化段之后，未转化的油会立即从反应系统中分出去，这样可以避免未转化油中的芳烃过度饱和。
- 低压 MHC 操作条件能节省投资。
- 由于操作温度比较低，由加氢裂化产生的轻馏分和瓦斯量比较少，氢耗比单段操作低。

表 6-11 为在 CLG 中型厂印证的 ISOFLEX 技术和 SSOT 技术的对比结果。

表 6-11　ISOFLEX 流程同 SSOT 的比较[14]

项　目	SSOT	ISOFLEX
进料类型	重质中东 VGO	
LHSV	基础	基础
371.0℃+转化率（LHSN 一样时）/%	73	73
催化剂平均温度/℃	基础	基础-39.8
加氢裂化段压力/MPa	15.6	8.5
氢耗/(m^3/m^3)	基础	基础-35.6
中馏分油收率/%（体）	基础	基础+1

三、能够灵活切换产品方案的加氢裂化过程

Shell 同 Criterion Catalyst & Technologies, LP and Zeolyst International, LP（Criterion/Zeolyst）和 Deer Park Refining Company（DPRC）一起合作，用商用专用动力学模型评估并改造了

DPRC 的加氢裂化装置。该装置采用单段流程，加工 SRHGO(直馏重瓦斯油)和 LCO，装置经评估改造后，实现了下列目标[32]：

- 选择灵活催化剂系统，使装置能在汽油和柴油两个方案之间灵活切换。
- 选用不同进料，加工更多的 VGO，增产柴油。
- 产生的高质量尾油、VGO 送 FCC 装置进一步加工。
- 使用新的反应器内部构件，改善物料在反应器内的分布，使催化剂利用率和可靠性最大化。
- 调整操作变数，降低气体产量，延长催化剂寿命。
- 效果：能增产价格比较高的，质量达到市场严格要求的柴油；经济效益达数千万美元。

如果待改造的装置条件比较差，如由于受制于装置的原设计条件，装置操作条件可调整幅度有限，改造的经济收益不会太高。

第三节 EMRE 的由 HT 装置改造的缓和加氢裂化装置

EMRE(ExxonMobol 研究工程公司)认为，用缓和加氢裂化(MHC)过程能够比较经济地把 65%重瓦斯油转化成高质量的低硫馏分油。经过改质后的尾油可以作为 FCC 装置的原料。这种低硫的，类似石蜡的原料可以大大改善 FCC 装置的经济性。

大部分现有的催化加氢处理装置都可以改造成 MPHC 装置。同传统加氢裂化过程(操作压力在 13.8MPa 以上)比，MPHC 过程(见图 6-4)有下列特点：

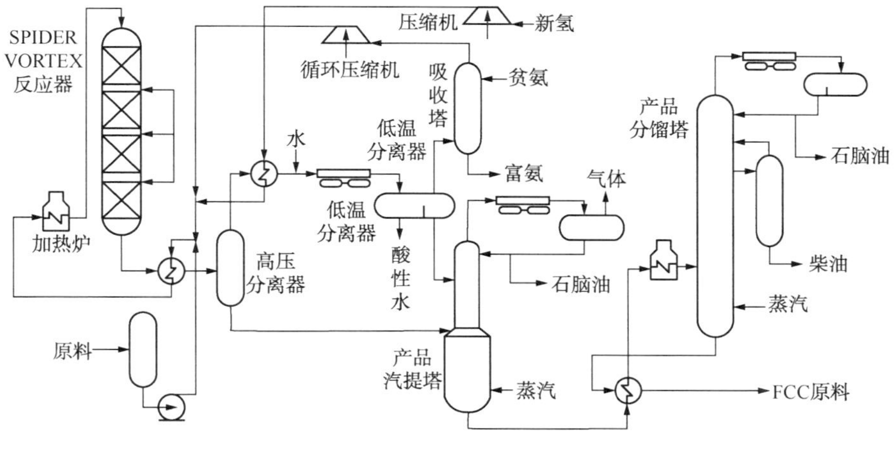

图 6-4 典型的 EMRE MPHC 过程流程[46]

- 主要转化反应有：芳烃分子的脱烷基、芳烃的选择性饱和、开环和中间体脱烷基。
- 操作压力比较低(6.2~10.3MPa)，多采用一次通过流程，通常不会发生常规加氢裂化过程发生的积炭反应，几乎没有链状烷烃的转化，有利于 FCC 的操作，降低操作成本。
- 适合各种原料的部分转化，特别是能处理质量比较差的原料，如经过深拔的 VGO、DAO、CGO、减黏瓦斯油等。

- 转化率在 35%~70%，主要用于生产质量比较高的中馏分油和 FCC 原料。
- 随着转化率和反应压力的提高，柴油产品的密度和十六烷值有所改善，尤其是压力比较高时，效果更加明显。
- 副产的石脑油馏分硫含量低，不用进一步处理就可以用做汽油调和组分。

在改造后 MHC 过程中，加氢预处理反应器内安装了 EMRE Spider Vortex 内部构件，目的有两个：维持催化剂使用寿命和使用效率；使催化剂床层径向和轴向温度分布更均匀。

由于涉及的是老装置改造，如果过程转化率提高，装置的蒸馏系统需要重新评估。改造过程中应注意的几个问题[46]：

- 由于装置需要在转化率比较高的条件下操作，通常需要装填更多的裂化催化剂或增加反应器。
- 过程中会产生更多的反应热。
- 如果不增加催化剂量，会缩短装置运转周期。
- 蒸馏塔或瓦斯处理系统可能需要改造。

表 6-12 为以中东 VGO 为原料的装置改造后，操作条件变化对产品性质的影响。

表 6-12　装置改造后的操作条件对产品性质的影响[46]

项　　目	转化率/%(质)			
	30	50	50	70
氢分压/MPa	5.5	5.5	8.4	10.0
煤油性质				
硫含量/(μg/g)(质)	30	10	5	< 5
烟点/mm	13	14	17	22
柴油性质				
硫含量/(μg/g)(质)	50	30	10	5
十六烷值	43	45	50	55
芳烃含量/%(质)	50	55	35	25
多环芳烃含量/%(质)	18	20	7	5

EMRE 是开发和应用缓和加氢裂化技术比较早的公司之一，已经为欧洲和亚洲设计了数套 MPHC 装置。这些装置都是用于增产优质馏分油和润滑油基础油。

下面介绍的是两套由老 HT(加氢处理)装置改造而成 EMRE MHC 装置。后两套是在前两套改造经验的基础上新建的 EMRE MHC 装置。

一、位于亚洲的由 VGO HT 装置改造的 MHC 装置

该 MHC 装置位于亚洲，由 VGO HT 装置改造而成。改造的主要目的是：提高转化能力；为 FCC 装置提供更多的低硫瓦斯油原料；增产低硫石脑油和中馏分油。表 6-13 为该装置所处理的原料性质(HVGO)和操作条件。

表 6-13 MHC 装置的原料性质和操作条件[46]

项目	数据	项目	数据
原料性质		净转化率/%	35~45
API 度	25~20	催化剂运转周期/a	2
硫含量/%(质)	1.8~2.8	产品/%	
操作条件		低硫柴油	35~42
氢分压/MPa	5.5	尾油(FCC 原料)	

为了给装置改造提供数据，EMRE 在其中试装置上做了大量的，能为装置改造提供操作条件的试验。试验采用了两种氢分压，5.4MPa(改造装置采用的条件)和 8.2MPa(新建装置采用的条件)。转化率选择改造装置的转化率，分别为 37%和 46%，中馏分油产率分别为 31.6%(质)和 37%(质)。中型试验的产品收率见表 6-14，转化率 46%时的产品性质见表 6-15，典型原料性质见表 6-16。

表 6-14 MHC 装置中型试验产品收率[46]

项目	转化率/%	
	37	46
产品收率/%		
石脑油(C_5~166℃)	9.2	13.7
煤油(166~227℃)	7.8	10.4
柴油(227~343℃)	23.8	26.6
重柴油(343~388℃)	18.5	17.1
FCC 原料(>388℃)	44.9	37.1

表 6-15 MHC 装置中型试验转化率 46%时的产品性质[46]

项目	煤油	柴油	重柴油	FCC 原料
馏程/℃	166~227	227~343	343~388	>388
API 度	38.1	38.1	31.1	33.5
硫含量/(μg/g)	<50	<50	<100	300
氮含量/(μg/g)			12	24
芳烃含量/%(质)	35.8			18.5
烟点/mm	16			44.9
十六烷值		44	56	
倾点/℃		-21	15	

表 6-16 MHC 装置中型实验典型原料性质[46]

项　目	数　据	项　目	数　据
API 度	25	模拟蒸馏/℃	
密度/(kg/m³)	904	初馏点	300
硫含量/(μg/g)	1.5~2.3	10%	368
氮含量/(μg/g)	550~750	50%	443
CCR 残炭/%(质)	0.5~0.9	90%	540
金属(Ni+V)含量/(μg/g)	0.5~1.0	终馏点	597

装置改造是在原有反应器基础上进行的，改造后的反应器称 MPHC Spider Vortex 反应器，新增加了 3 个催化剂床层。增加催化剂和采用 Spider Vortex 设计的目的是：提高转化率；改善物流在大直径反应器和低流速条件下的均匀分布；降低催化剂床层压降；提高催化剂利用率。

改造后的装置采用一次通过流程，加工阿拉伯 HVGO，低压 6.55MPa 操作，转化率为 40%~45%，运转周期 2 年。反应器入口氢分压为 4.1MPa。未转化的尾油作 FCC 原料或优质低硫重燃料油，煤油和柴油去调和，石脑油经处理后进重整。

二、位于欧洲的由 VGO HT 装置改造的 MHC 装置

位于欧洲的原 HT 装置，处理 HVGO，主要目的是加氢脱硫，生产 FCC 原料。该装置后来采用 MHC 模式操作，处理比原来进料更重的原料，原料性质见表 6-17。由于对原装置基本上没有进行改造，装置运转效果不理想，转化率低，运转周期短。

表 6-17 在 MHC 模式下操作的原料性质和操作条件[46]

项　目	数　据	项　目	数　据
原料	经深拔的 HVGO	操作条件	
原料性质		氢压力/MPa	5.37
密度/(g/cm³)	0.924~0.931	净转化率/%	35
硫含量/%(质)	0.6~1.4	催化剂运转周期/月	18
氮含量/(μg/g)	1750	低硫柴油产率/%	34
		尾油	去 FCC 装置

在装置改造前，用户对装置改造提出几点要求：希望有比较高的转化率；有比较高的 HDS 功能；能长周期运转；排除氢气供应系统受限制；投资回收期不能超过 2 年；改造工程在 6 周的停工期内完成。

EMRE 根据用户的要求和他们的中型厂数据，最终选定实施 MHC 改造，主要改造项目如下[46]：

- 增加反应器床层，并采用 Spider Vortex 内部构件。
- 更换循环压缩机，提高处理能力。
- 改造产品汽提和氨洗系统。
- 更换两个换热器，材料升级。

- 改造装置停工和安全系统。

装置按要求完成改造后，达到了两个目的：提高了馏分油产率；改善了 FCC 操作。MPHC 装置处理的原料性质见表 6-18，产品分布和产品性质见表 6-19。

表 6-18　MHC 装置处理的原料性质[46]

项　　目	设计值	实际运行值
密度/(g/cm^3)	0.9236	0.9287
硫含量/%(质)	1.37	0.62
氮含量/(μg/g)	1536	1745
CCR 残炭/%(质)	< 1.0	0.82
新氢占氢气比例/%(体)	94.1	94.6
蒸馏(ASTMD1160)/℃		
10%	378	348
50%	460	451
90%	555	545
终馏点	605	595

表 6-19　MHC 装置的产品分布和产品性质[46]

项　　目	设计值	实际运行值
压力/MPa	7.1	
转化率/%(质)	34.6	34.2
产品收率/%(质)		
石脑油(C_5~177℃)	8.7	7.6
煤油(177~227℃)	25.8	5.0
柴油(227~366℃)	25.8	29.2
锭子油(366~410℃)	17.2	13.2
FCC 原料(>410℃)	40.6	42.8
产品性质		
煤油(177~227℃)		
密度/(kg/L)	0.8398	0.8448
硫含量/(μg/g)(质)	< 50	14
柴油(227~366℃)		
密度/(kg/L)	0.8871	0.8927
硫含量/(μg/g)(质)	< 200	15
锭子油(366~410℃)		
密度/(kg/L)	0.8984	0.8984
硫含量/(μg/g)(质)	<200	40
FCC 原料(>410℃)		
密度/(kg/L)	0.8927	0.9042
硫含量/(μg/g)(质)	< 200	47
氮含量/(g/g)(质)	< 500	454

该装置投产后，由于 FCC 原料质量(低硫、低氮、低密度和氢含量高)得到改善，给 FCC 装置操作带来下列好处[46]：

- 产品收率提高 3%。
- 产品质量改善，如 LCO 硫含量低。
- 再生器的烟气中 SO_x 和 NO_x 排放减少。
- 装置操作时不用加助剂，不用 CO 锅炉，烟气不用洗涤，就能达到当地的排放标准。

三、以改造的 MPHC 装置操作数据为基础新建的两个 MHC 装置

下面介绍的两套新建 MHC 装置是在上述老装置改造经验基础上完成的。

(一) 位于亚洲的 EMRE MPHC 装置

该 EMRE MHC 装置处理的原料(HVGO)和操作条件同前面介绍的亚洲由 HT 装置改造而成的 MPHC 装置类似，但转化率和操作压力更高。新建 MPHC 装置概况见表 6-20。装置采用单段一次通过流程和 Spider Vortex 反应器。装置设计压力为 15.1MPa(高压)，是中型厂得到的试验数据。数据包括转化率超过 50%(标称转化率分别为 46%、64%和 73%)时，在 3 种不同温度下处理 HVGO。产品分布和性质见表 6-21 和表 6-22。

表 6-20　新建 MHC 装置概况[46]

项　　目	数　　据	项　　目	数　　据
原料		压力/MPa	9.0
密度/(g/cm^3)	0.9~0.94	转化率/%	55~60
硫含量/%	1.8~2.8	运转周期/a	2
操作条件			

表 6-21　新建 MHC 装置产品分布[46]

项　　目	转化率/%		
	46	64	73
产率/%			
石脑油(C_5~149℃)	11.1	21.0	25.8
煤油(149~266℃)	17.8	29.5	35.1
柴油(266~360℃)	23.0	20.7	19.3
重油(＞360℃)	53.6	35.7	26.8

表 6-22　新建 MHC 装置转化率 64%时的产品性质[46]

项　目	煤油	柴油	重柴油	FCC 原料
馏程/℃	149~266	149~360	266~360	＞360
API 度	37.2	35.5	32.7	33.7
硫含量/(μg/g)	＜10	＜50	＜100	＜100
氮含量/(μg/g)				20
芳烃含量/%(质)	28			18.5

续表

项　目	煤油	柴油	重柴油	FCC 原料
烟点/mm	15.5			
十六烷值		45	51	
倾点/℃	-50			

（二）位于欧洲的新建 MHC 装置

欧洲这套新建的 MHC 装置处理混合原料，原料组成、性质和装置操作条件见表 6-23。表 6-24 为 MPHC 过程可以处理的典型原料性质，表 6-25 为产品分布，表 6-26 为产品性质。

表 6-23　MHC 装置的原料组成、性质和操作条件[46]

项　目	数　据	项　目	数　据
原料组成	75%裂化 VGO，25%直馏 VGO	操作条件	
原料性质		氢压力/MPa	8.3
API 度	27~19	转化率/%	53~60
硫含量/%（质）	2.0~2.5	催化剂运转周期/月	18~24
氮含量/（μg/g）	1750	低硫柴油产率/%	44~49

表 6-24　MHC 过程可以处理的典型原料性质[46]

项　目	HAGO	LVGO	HVGO1	HVGO2
密度/（g/cm^3）	0.893	0.922	0.952	0.977
蒸馏/℃	ASTM D1160	ASTM D86	ASTM D1160	ASTM D1160
初馏点	275	294	364	376
10%	319	345	385	448
50%	386	350	423	492
90%	422	372	485	543
终馏点	450	407	—	—
硫含量/%（质）	1.98	2.0	2.33	2.78
总氮/（μg/g）	800	800	1300	1900
CCR 残炭/%（质）	—	—	0.08	0.85

表 6-25　转化率为 60%时 MPHC 过程产品分布[46]　　%（对原料）

名称	石脑油（C_5~149℃）	煤油（149~250℃）	柴油（250~360℃）	FCC 原料（>360℃）
数据	11.5	20.4	23.7	40.0

表 6-26　MHC 过程产品性质[46]

项目	馏程/℃	密度/（g/cm^3）	硫含量/（μg/g）	氮含量/（μg/g）	芳烃含量/%（质）	十六烷值	倾点/℃
石脑油	C_5~149	0.751	<10				
柴油	149~360	0.862	<30		30	45	-21
重油	>360	0.885	<80	<200			35

根据上述老装置改造和新装置操作经验，EMRE 得出下列结论[46]：

- MHC，能在低成本条件下，把 VGO 转化成高质量馏分油。
- 现有的低压临氢处理过程，不用太多的投资，就可以改造成 MPHC。
- 可以根据市场变化，灵活改变产品分布。

第四节　CLG 用 SSRS 技术改造加氢裂化装置

用 CLG SSRS 技术改造后，加氢裂化装置能够最大量地生产中馏分油。

一、SSRS 过程技术特点

图 6-5 为位于中国的，以中东全馏分 VGO 为原料的 SSRS 过程流程。该过程 2007 年开工，其主要特点为：

- 采用两段流程，第一段采用 ICR162 催化剂，第二段采用 ICR180 催化剂。
- 第二段的反应速度常数比第一段高得多。
- 由于第二段的操作环境比较干净，同 SSOT 和 SSREC 过程比，反应器体积小得多，是它们的一半左右。
- 运行模式为最大量生产中馏分油。
- 产品质量比设计值好(见表 6-27)。

该过程同 TSR 过程的差别是，过程的第二段反应器流出物，直接进第一段反应器入口，这样做的好处是：减少第一段急冷氢用量 40%；提高氢气利用率；可降低循环氢压缩机负荷 70%；只需一台加热炉。

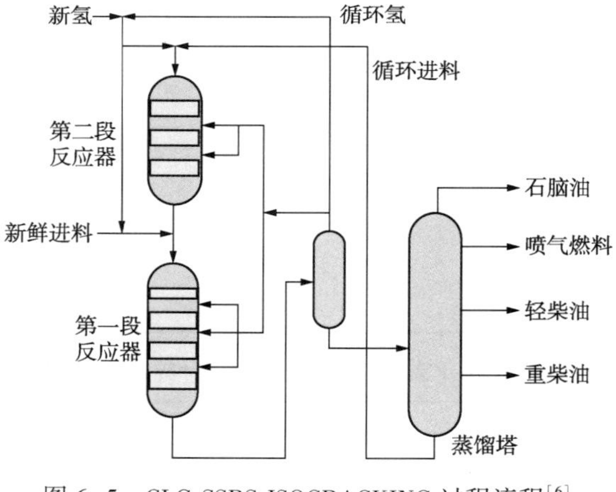

图 6-5　CLG SSRS ISOCRACKING 过程流程[6]

表 6-27　2007 年 SSRS 装置开工试运结果[6]

项　　目	设计值	试运结果
进料量/百万 t/y	150~170	150
化学氢耗(相对于进料)/%(质)	2.29	2.19
中馏分(喷气燃料+柴油)产率/%(质)	81.5	81.9[92%(体)]

续表

项　　目	设计值	试运结果
喷气燃料		
烟点/mm	25	28.8
凝固点/℃	-53	-67
闪点/℃	38	44
柴油		
硫含量/(μg/g)	30	< 3
闪点/℃	20	30
十六烷值	55	61

二、用 SSRS 技术改造老的加氢裂化装置

循环氢压缩机的费用，对加氢裂化装置改造的经济性，影响比较大。而用 SSRS 技术改造老装置，循环氢压缩机的负荷增量很小或者不增加。图 6-6 为用 SSRS 技术改造后的，能够最大量生产中馏分油的装置流程。装置改造的关键是选择适宜的催化剂。装置改造效果如下：

- 在第一段反应器前增加一台保护反应器，目的是提高脱金属能力，延长催化剂寿命（运转周期延长 30%）。
- 第一段用 ICR177 催化剂，第二段用 ICR240 催化剂，复合段用 ICR162 催化剂。
- 同原设计比，每批催化剂加工原料油的桶数增加 228%，装置处理能力提高 42%。
- 在第二段反应器和蒸馏塔之间增加一台额外的第一段反应器。
- 使用的还是原来的压缩机。

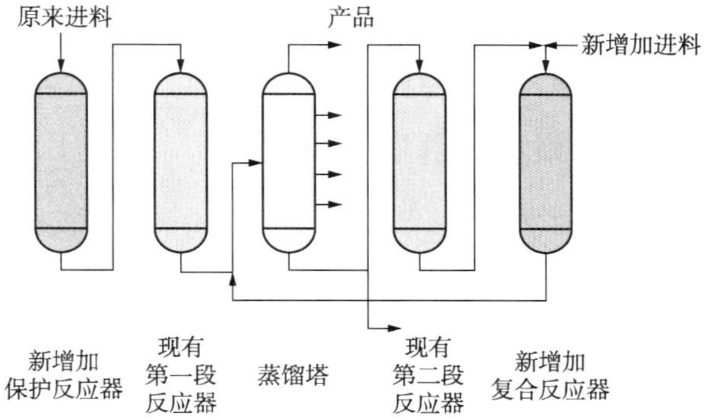

图 6-6　用 SSRS 技术改造后的装置流程[6]

第五节　H-Oil 法渣油加氢裂化装置的沥青污染问题

对于渣油加氢裂化过程来说，Ural 系渣油是一种比较难处理的原料。在 H-Oil 法渣油加氢裂化过程中，引起渣油产品不稳定的原因是其中的沥青质沉淀。不用多长时间，未转化的沥青，就会以沉淀或凝胶的方式，从油溶液里析出来。析出的沥青质沉淀或凝胶会凝结成团

块，污染下游蒸馏段设备。

TI(甲苯不容物)的高低能反应原料的沥青含量，Ural 油的 TI 在 0.2% ~0.5%(质)，沥青含量比较多。相比之下，其他一些处理渣油的装置，当处理的原料中 TI 为 0.05%(质)时，就可能产生问题。许多渣油加氢裂化原料的 TI 几乎为零。

实践证明，经过改进的原油脱盐操作，可以明显地降低 TI 含量。如今，典型的加氢裂化原料的 TI 值范围是 0.03% ~0.05%。这样的原料有利于装置的稳定操作[26]。

不管怎么说，H-Oil 法渣油加氢裂化过程的工业化经验还是比较欠缺的，Axens 的新建 H-Oil 法加氢裂化装置，虽然它的 HDS、HDN、HDCCR 和 HDM 能力均能达到或超过设计标准，但还是碰到一些问题，如减压蒸馏塔内部构件和塔底换热器频繁结垢问题。

在找到结垢的原因之后，相应地采取了一些措施，解决了这些问题。

一、改进气动催化剂输送系统的操作解决催化剂粉末化问题

对减压塔底冷却器中的沉淀物的分析表明，其中的催化剂粉末含量是变化的。催化剂粉的数量，同气动催化剂输送系统的操作有关。输送系统经过改造后，使输送过程更平稳，基本上解决了催化剂粉末化问题。

二、修改塔底换热器设计和引入 FCC 循环油可以减少结垢

据调查，塔底换热器结垢，同正在冷却的，含有高浓度不稳定沥青的减压塔底油操作温度有关。

结垢的管束很难清理。根据在欧洲减黏裂化装置得到的经验(塔底冷却器壳程用不了多久就会结垢)，修改了未转化减压渣油塔底换热器的壳程设计。新设计包括两部分：一是在原来的换热器的上游增加一台新的换热器(在这台新换热器中，减压渣油进管程)；向渣油中加入少量 FCC 循环油，用于改善处于临界温度范围内的沥青的稳定性。随着这些工艺过程的改变，明显地减少了换热器管束的维修强度。

三、改进减压蒸馏塔的设计缓解生焦和积淀

减压塔的设计是否合理，对生焦和积淀影响很大。生焦和积淀会导致塔内部构件和塔底冷却器的结垢。为了缓解减压蒸馏塔生焦和积淀问题，几年来对减压塔做了下列改进[26]：

- 改进过气化塔盘，更换或改进填料，改造塔底液面计，优化塔底液面测量系统，为有大量沥青的塔底冷却器安装新管束；
- 去掉填料，安装附设的喷射系统，改进原料进口导板，改进和安装“釜式”蒸汽发生器；
- 重新设计过气化塔盘，在喷射区的上方增加少量填料和安装不用清理的液面检测仪；
- 在减压塔底泵的吸入端安装大篮式过滤器(一台在线，一台备用)；
- 安装抽出线把过气化液体送回 FCC 装置，维持稳定的抽出率。

经过上述一系列改进后，蒸馏塔的操作循环时间提高了 50%。

分析表明，尽管洗油速率明显增加，但过气化率下降，导致洗涤段变干，并增加了结垢机率。这表明洗涤段的雾化喷嘴效果不好。随着洗涤速率的提高，雾化效果改善，夹带了更多的洗涤油。计划在下一个减压塔计划停工期间，将采用新设计的喷嘴。

第七章 有加氢裂化过程的组合加工过程

随着原油的重质化、原料的劣质化和石油产品的清洁化，以目前的石油炼制技术水平看，仅用单一过程已经不能生产出质量达到规格要求的产品，如 ULSG 或 ULSD。特别是。在处理污染物和非理想组分多的原料时，必须通过几套装置或几个步骤才能使产品的产量和质量达到预期要求。把加氢裂化过程同其他石油炼制过程结合起来组成联合或组合加工过程已经成为 21 世纪石油炼制技术的主要发展趋势之一。

加氢裂化过程不仅有比较高的操作灵活性，还有一个重要特点是，它能同其他石油炼制过程很好地联合或搭配，组成组合加工过程，不管是组成一套装置或各自独立，都能把目前最难处理的原料转化成目的产品。如果联合加工过程组合得的恰当，即使沥青、煤焦油、页岩油、油砂沥青，甚至是煤粉，也能转化成目的产品，如质量比较高的石脑油、中馏分油和尾油[16]。

当然，处理重质或劣质渣油时，应当考虑重聚核芳烃(HPNA)的转化问题。原料质量越差，加工技术越复杂，组合过程的投资和操作费用会更高。如果组合加工过程所加工的原料价格便宜，又能随季节变化大量生产目的产品，不生产或少生产难处理的副产品，其经济性是可以预期的。

在有加氢裂化过程的组合加工过程中，加氢裂化过程主要有两个作用：把其他装置的产品(如 VGO、CGO、DAO、AR、VR、沥青油、煤焦油和页岩油等)转化成质量更高的产品，如石脑油、中馏分油和尾油；为其他装置(如催化重整、FCCU、蒸汽裂解和润滑油厂)提供更多和更好的原料，如石脑油和尾油。比较典型的组合加工过程有：

- 蒸馏-加氢裂化：把 VGO，转化成馏分油。
- 焦化-加氢裂化：把 CGO，转化成馏分油。
- 溶剂脱沥青-加氢裂化：把 DAO，转化成馏分油。
- FCCU-加氢裂化：把 LCO 转化成馏分油。
- 加氢裂化-FCCU：改进 FCC 操作，把尾油和 LCO 转化成石脑油。
- 加氢裂化-蒸汽裂解：把尾油转化成乙烯。
- 加氢裂化-润滑油厂：把尾油转化成高 VI 基础油。
- 减黏裂化-加氢裂化：把减黏蜡油传化成馏分油。
- 减黏裂化-加氢裂化-气化过程：把减黏蜡油转化成馏分油，把减黏塔底油转化成合成气。
- 溶剂脱沥青-加氢裂化-气化过程：把 DAO 转化成馏分油和润滑油基础油，把沥青油转化成合成气。
- 沸腾床加氢裂化-固定床加氢裂化过程：把 VR 转化成馏分油。

第一节　加氢裂化-FCC组合加工过程

在现代化炼油厂中，加氢裂化通常和FCC装置组成组合加工工艺。FCC用于处理更容易裂化的直馏常减压瓦斯油，而加氢裂化过程，由于过程中使用了催化剂和氢气，能够比较容易地处理和转化芳烃含量多的循环油。循环油是FCC装置的副产品，虽然馏程属于柴油馏分，但是由于其燃烧性能太差，不能大量用作柴油调和组分，即使调入燃料油中，也不是一种好组分，FCC循环油含量高的燃料油，燃烧时烟大，污染环境。

加氢裂化-FCC组合加工过程国外应用较多，主要原因是：加氢裂化过程能生产大量优质馏分油；加氢裂化能为FCC装置提供优质原料(尾油)；如果催化剂选择得当，加氢裂化装置还可以处理LCO；能进一步提高加氢裂化和FCC过程的经济性；还能改善FCC操作。该组合过程示意流程见图7-1。

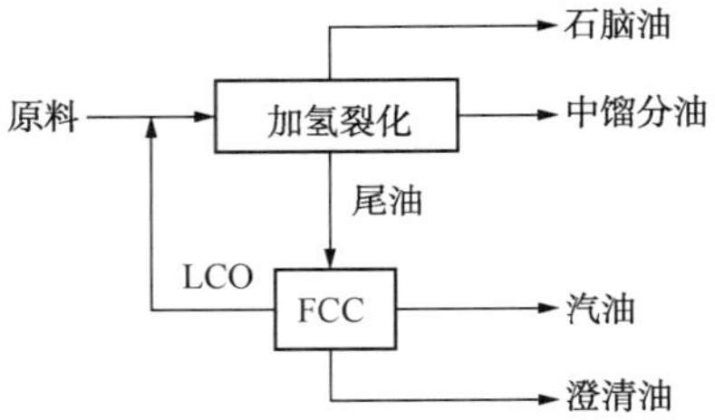

图7-1　典型的加氢裂化-FCC组合加工过程流程

下面介绍的是加氢裂化-FCC组合加工过程评估结果和在炼油厂的应用。

一、UOP的三个由多产汽油模式转换成多产柴油模式的三个方案

尽管全球经济依然低迷，但是油品价格依然居高不下。市场对汽油的需求量，虽然有所下降，但是对中馏分油，特别是对优质柴油的需求依然强劲。

市场需要优质柴油，炼油厂虽然有能力调整产品结构，但调节能力有限。原因是炼油厂的配置是依据所加工的原油性质、加工能力、产品分布和质量而设计的。如果需要多处理一些更重的原油或由原来的多产汽油转为多产柴油，需要对现有炼油厂进行改造或调整生产方案。

一座炼油厂由多产汽油转换为多产柴油时，氢气能否满足需要是非常重要的。这是因为能够大量生产柴油馏分的CFH(催化原料加氢处理)和HCU(加氢裂化装置)不仅需要大量氢气进行加氢处理和加氢裂化，还需要氢气用来芳烃饱和，以便提高柴油十六烷值。

为了评估各种炼油厂由多产汽油生产模式转换为多产柴油生产模式的经济性，UOP把炼油厂大致分为三个类型[47]：

- 以FCC为基础的炼油厂。
- 以FCC为基础，并还有一套CFH装置的炼油厂。
- 以FCC为基础，并有一套HCU的炼油厂。

UOP认为：在高质量柴油市场需求量持续增加情况下，最经济的增产柴油的组合加工过程是FCC-加氢裂化-加氢精制。

(一) 评估多产柴油方案的基础数据

市场的汽油和柴油价格差是促进炼油厂多产柴油的动力。UOP 对三个能调整 G/D(汽/柴)比的案例进行了分析和评估，选出能更经济地降低 G/D(汽/柴)比的组合模式。UOP 在分析和评估过程中采用的是炼油厂线性规划模型(LP)，假设汽油中的乙醇含量由 6%提高到 10%(体)。

用 LP 模型评估过程采用的是处理混合原油(包括阿拉伯中质原油、WCS(加拿大精选原油)和 WTI(西德克萨斯中间原油))，处理能力为 23850m³/d。表 7-1 为评估过程所用的原油、产品及化学品的价格。

表 7-1　方案评估用的原油、产品及化学品的价格[47]

项　目	数　据	项　目	数　据
外购		主要产品价格(占原油的比例)/%	
西德克萨斯中间原油/%	35	丙烷	74
阿拉伯中质原油/%	50	丁烷	85
加拿大精选原油/%	15	非新配方普通汽油	122
综合价格①/(美元/m³)	473.4	新配方普通汽油	125
占原油的比例/%		ULSD(以汽油定价)	116
乙醇	123	ULSD(以馏分油定价)	142
正丁烷	88	FCC 澄清油	86
异丁烷	92	石油焦/(美元/公吨)	20
天然气/(美元/公吨)	575	硫/(美元/公吨)	71

① 2008 年三季度预测。

用 LP 模型进行评估的条件如下[47]：

- 除了 FCC 澄清油之外，其他中间产品都没有买卖。
- ULSD 和汽油采用美国夏季标准。
- 汽油质量固定，以便比较。
- 采用异构化-UOP Penex 工艺和重整-UOP CCR 工艺控制石脑油苯含量。
- FCC 石脑油硫含量采用 UOP SelectFining 工艺控制。
- 汽油产品由常规汽油、普通含氧汽油和新配方普通汽油组成，不含优质汽油。
- 含氧汽油中的乙醇含量为 10%(体)，汽油中的乙醇含量为 6%(体)。

(二) UOP 的三个多产柴油方案

比较三个方案的基础是：每座装置的处理能力都有提高 15%的灵活性；在做灵敏度分析时，主要装置的处理能力控制在基础案例的 60%～110%范围内。UOP 把三类炼油厂的转换操作或生产模式分成三个投资阶段，其内容如下：

- 不用投资阶段：只改变操作条件，如改变切割点等方法；不更换催化剂。
- 投资最小阶段：改变原料和产品的切割点；允许用其他手段处理原料；选用对 LCO 有更高选择性的 FCC 催化剂。
- 中等投资阶段：原料的变化程度高于最小投资阶段；更换催化剂等。

1. 方案 1：以 FCC 为基础的炼油厂

以 FCC 装置为基础的炼油厂配置见图 7-2。该流程特点是：加氢处理用的氢气由重整装置提供；能最大量生产汽油，汽/柴比为 1.62。

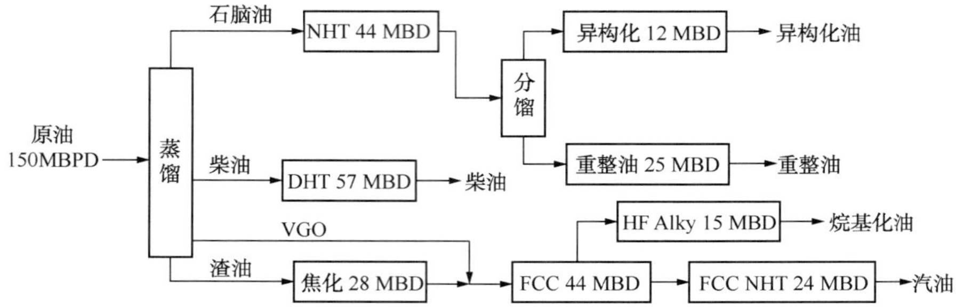

图 7-2　FCC 装置为基础的炼油厂[47]

（1）用优化操作条件的方法降低汽/柴比

优化操作条件方案的依据和特点：

- 汽油中乙醇含量为 10%（体）。
- 原油蒸馏装置的切割点随经济性调节。
- 汽/柴比由 1.62 降到 1.34，由于多产高价值 ULSD，使总利润增加约 120 万美元/天或 50.0 元/m^3原油。表 7-2 为优化操作条件方案基础炼油厂的经济性。

表 7-2　优化操作条件方案的经济性[47]

项　　目	基础汽油	馏分油定价	分馏塔切割点调整	催化剂优化	全馏分
G/D 比	1.62	1.34	1.17	1.15	1.04
炼油厂利润/（美元/m^3原油）	基础	12.8×基础	13.1×基础	13.3×基础	12.8×基础
乙醇含量/%（体）	6	10	10	10	10
FCC 处理能力	基础	-6%	-6%	-6%	-5%
DTH 处理能力	基础	14%	23%	25%	27%
硫回收装置，处理能力	基础	2%	10%	13%	14%
EEC① Δ/百万美元	基础	—	2.7	3.5	4.2

① 只包括界区内过程，美国海岸工作及安装设备，无特殊设计标准。

（2）投资最少的增产柴油方案

执行最小投资方案时，有两个项目需要调整：改变 FCC 分馏塔切割点；优化催化剂。涉及的主要内容如下：

- 以柴油最小闪点为依据，降低汽油终馏点，LCO 终馏点提高到接近柴油终馏点。
- 调整 FCC 分馏塔操作，减少石脑油和塔底油产量，使 LCO 产量最大化，能使 G/D 比降低到 1.17。
- 调整 CCR 装置操作，增产氢气，提高汽油辛烷值。
- 采用馏分油最大化的 FCC 催化剂，进一步提高 LCO 产量。
- 优化催化剂可以进一步把 G/D 比降低到 1.15。

- 需要一些投资，用于扩大 DHT 装置处理能力。

(3) 中等投资的增产柴油方案

中等投资方案涉及的主要内容如下[47]：

- 包括上述案例中的调整操作条件和优化 FCC 催化剂，将反应器操作温度降低 22.4℃，把 FCC 操作转化为最大量生产馏分油的低苛刻度操作模式，能多产 LCO，同时澄清油产量增加。
- 此案例 ULSD 产量增加，虽然 G/D 比为 1.04，但是由于澄清油产量增加，炼油厂利润降低。
- 如果减少澄清油产量，需要使 FCC 重循环油(HCO)循环。而 HCO 系统不仅需要投资，还会影响其他操作，因此该方案对于需要生产大量 ULSD 来说，吸引力不大。

2. 方案 2：以催化原料加氢处理-FCC 为基础的炼油厂

图 7-3 为以 FCC 为基础，并配有一套催化原料加氢处理(CFH)装置的炼油厂配置。

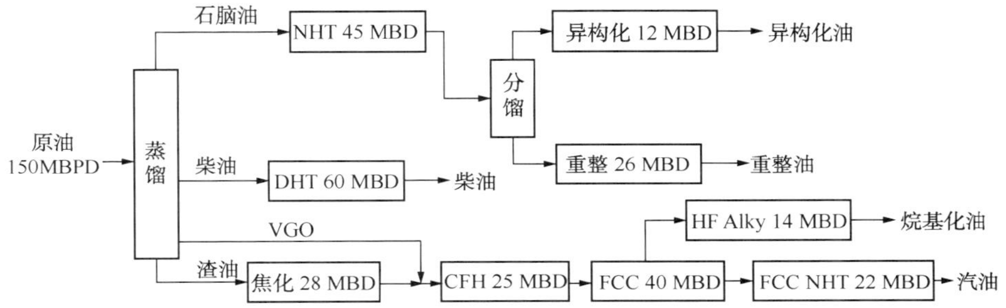

图 7-3　以 CFH-FCC 为基础的炼油厂[47]

该方案的装置配置由于多了一套 CFH 装置，需要更多氢气，因此需要增加以天然气为原料的制氢装置。在该案例中，VGO 和焦化瓦斯油都进 CFH 装置。

(1) 投资比较少的增产柴油方案

投资最少的增产柴油方案涉及的主要内容如下：

- 原油蒸馏装置调节成多产柴油操作模式。
- FCC 操作转化成如方案 1 的催化剂优化模式。
- G/D 比由 1.53 降到 1.10，由于 ULSD 产量增加，炼油厂利润明显增加。表 7-3 为投资比较少的方案各种模拟案例的经济性。

表 7-3　方案 2 各种模拟案例下的经济性[47]

项　　目	基础汽油 2	馏分油 FCC 和馏分油定价	CFH 转为 HC
G/D 比	1.53	1.1	1.03
炼油厂利润/(美元/m^3原油)	基础	13.5×基础	14.0×基础
乙醇含量/%(体)	6	10	10
FCC 处理能力/%	基础	-9	-26
DTH 处理能力/%	基础	23	27
CFH 处理能力/%	基础	20	20

续表

项　　目	基础汽油 2	馏分油 FCC 和馏分油定价	CFH 转为 HC
硫回收装置处理能力/%	基础	7	6
制氢/(Mt/d)	基础	2.92×基础	3.37×基础
EEC①Δ/百万美元	基础	21.6②	29.1②

① 只包括界区内过程，美国海岸工作及安装设备，无特殊设计标准。

② 70%以上的 EEC 增量来自扩大近三倍的制氢装置。

(2) 投资中等的把 CFH 装置转化成加氢裂化操作的增产柴油方案

投资中等的增产柴油方案涉及的主要内容如下：

- 为了进一步大幅度提高柴油产量，把 CFH 装置转化成 HC 操作模式。
- FCC 装置的操作同前案例，但要考虑进料的变化和 HC 操作进料速率的下降。
- CFH 转化率由 17%提高到 40%，需要用 UOP Unicracking 催化剂 DHC-32 替换部分加氢处理催化剂 Albemarle KF-848，同时增加循环瓦斯量，催化剂寿命损失不大。
- DHT 和制氢处理量需要适当提高，但幅度不大。
- G/D 比进一步降到 1.03，由于 ULSD 产量大大增加和 FCC 进料速率降低，导致澄清油和焦炭量减少，炼油厂利润比上案例进一步上升。
- 投资回收期不到 2 个月。

3. 方案 3：以 FCH-加氢裂化为基础的炼油厂

以 FCC 和加氢裂化装置为基础的炼油厂属综合性炼油厂，装置配置见图 7-4。该方案增加了制氢装置和加氢裂化装置。基础 HCU 操作，按石脑油生产模式进行，处理由焦化瓦斯油、HAGO 和 LCO 组成的混合料。轻重 VGO 分两路进 FCC 和 HCU，HCU 的尾油送 FCC，FCC 操作按汽油生产模式进行，产品收率随进料质量而变。基础方案的 G/D 比为 1.65。

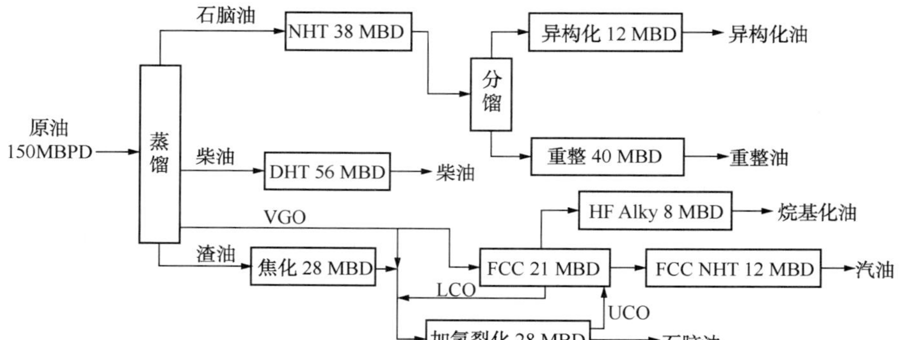

图 7-4　以 FCC 和加氢裂化装置为基础的炼油厂[47]

(1) 投资比较少的增产柴油方案

投资比较少的增产柴油方案涉及三个操作模式：石脑油操作模式和 HCU 操作、石脑油操作模式和馏分油 HCU 操作、馏分油操作模式和 HCU 操作。

① 石脑油操作模式和 HCU 操作。石脑油操作模式和 HCU 操作包括下列内容：

- 优化 FCC 装置催化剂。

- 原油蒸馏操作调节到多产馏分油模式。
- 汽油中乙醇含量 10%(体)。
- DHT 和制氢装置处理量略有增加。
- 以上操作可以使 G/D 比降到 1.62，由于 ULSD 产量增加，炼油厂利润比基础汽油案例增加 47.1 美元/m^3原油，表 7-4 为方案 3 各种模拟案例下的经济性。

表 7-4　方案 3 炼油厂各种模拟案例下的经济性[47]

项　目	基础汽油 3	馏分油 FCC 和馏分油定价 3	馏分油 HCU 和石脑油	馏分油 HCU 和馏分油	馏分油 HCU 和馏分油催化剂
HCU 催化剂	基础	基础	基础	基础	馏分油
G/D 比	1.65	1.62	0.90	0.88	0.81
炼油厂利润/(美元/m^3原油)	基础	11.0×基础	11.8×基础	11.7×基础	11.8×基础
乙醇含量/%(体)	6	10	10	10	10
FCC 处理能力/%	基础	-17	-23	-24	-28
DTH 处理能力/%	基础	5	5	13	8
HCU 处理能力/%	基础	-9	12	-4	10
硫回收装置处理能力/%	基础	1	6	4	6
制氢装置/(Mt/d)	基础	1.14×基础	1.50×基础	1.25×基础	1.60×基础
EEC① Δ/百万美元	基础	2.7	6.5	2.1	10

① 只包括界区内过程，美国海岸工作及安装设备，无特殊设计标准。

② 石脑油操作模式和馏分油 HCU 操作。石脑油操作模式和馏分油 HCU 操作包括下列内容：

- FCC 进料同前一案例。
- HCU 操作采用最大馏分油模式。
- 制氢和 HCU 处理能力增加，DHT 加工能力略有下降。
- 由于该案例能把 G/D 比降到 0.9，柴油产量大大增加和澄清油和焦炭产量下降，炼油厂利润比基础汽油案例增加 115.7 美元/m^3原油。

③ 馏分油操作模式和 HCU 操作。馏分油操作模式和 HCU 操作包括下列内容：

- LCO 不进 HCU，而直接进 DHT，目的是提高 ULSD 产量，但是影响 HCU 处理能力和汽油质量(如 RVP(雷得蒸气压)和 VOC(挥发性有机化合物))；
- 由于该案例中的 HCU 进料速率下降，使 FCC 进料变重，产品总收率下降，导致炼油厂总利润同前案例比有所下降。

(2) 投资中等的增产柴油方案

中等投资方案涉及的主要内容如下：

- 装置配置和操作模式与上案例相同；将石脑油选择性好的催化剂替换为馏分油选择性好的催化剂，以便解决 HCU 轻石脑油收率问题。
- 采用馏分油进料和 HCU 操作及馏分油催化剂之后，同馏分油进料的石脑油催化剂案例比较，炼油厂利润增加 2.9 万美元/天；与石脑油进料采用馏分油 HCU 操作案例比较，炼油厂利润增加 8 千美元/天。

- ULSD 产量最高，G/D 比降到最低，降到 0.81。

(3) 方案 3 小结

假定方案 3 所示的炼油厂中的 HCU 是能使石脑油产量最大化的单段加氢裂化装置，操作压力为 10.3MPa。方案所涉及的主要内容如下：

- 降低操作苛刻度，把最大量生产石脑油模式转换为多产馏分油模式。这种操作模式由于操作条件比较缓和，氢耗和放热量比较低。
- 更换对馏分油选择性比较好的催化剂，把对石脑油选择性比较好的 UOP Unicracking 催化剂 HC-24 替换为 UOP Unicracking 催化剂 HC-150，使 G/D 比大大降低。
- 转换操作模式，由于产品分布变化比较大，对分馏系统影响比较大。
- 改造后的方案，税后回收期为 1.5 个月。
- 如果案例的处理能力比基础案例高出 15%，或者装置处理能力达到极限，都需要增加投资。

(三) 有加氢裂化装置的炼油厂以多产柴油为目的改造

炼油厂改造的目的，实际上是用最小的投资，使收益最大化。炼油厂改造方式有多种多样，因厂而异，具体采用哪些方法取决于：加工或处理的原油和进料性质、现有的加工流程、主要装置配置、设计条件、对产品数量和质量的要求、投资能力。

以多产柴油为目的的炼油厂改造过程通常涉及下列一些内容：

- 分析各装置加工能力的限制因素和产品结构上的差距，看能否不经过大的改造，比如改变原料和操作条件，就能解决问题。
- 确定以现有条件，采用什么方案和操作模式更有利。
- 确定改造方案时，应考虑：能处理更多的劣质原料；未来的改造、扩能和灵活性。
- 在装置改造前，应仔细研究和评估现有装置对改造目标的适应性和对其他装置操作的影响，比如装置的换热系统、分馏系统。
- 寻找或评估解决问题的方法，应强调其经济性和操作灵活性。
- 由于柴油产量大大增加，需要提高柴油加氢处理能力，同时还要相应地提高催化原料加氢处理、制氢和硫回收能力。
- 有 FCC 和加氢裂化装置的复合型炼油厂，能够比较经济地使柴油产量最大化。
- 通过调整或改变分馏切割点，能够优化馏分油生产。
- 更换/选择对馏分油选择性更好的催化剂。
- 选用或更换效率更高的反应器；在反应器和分馏塔内安装内部构件。
- 是否有足够的可供使用的氢气量，使用 PSA 装置提高氢气纯度。

二、MHC-FCC 组合加工过程

硫含量和芳烃含量都比较高的 LCO 不是一种调和柴油和燃料油的好组分。FCC 装置生产的汽油和轻循环油包括了炼油厂产品中硫来源的大部分。在汽油调和组分中，占汽油总量 30%~40%的 FCC 石脑油是硫含量最高的组分。到目前为止，US 和欧洲汽油中硫的主要来源依然是 FCC 汽油馏分，汽油中的硫 90%~99%来自 FCC 汽油。因此由 FCC 装置生产的馏分被认为是比较差的调和组分。

把 MHC 过程用于 FCC 原料预处理是加氢裂化过程应用方面的一个重要进展。促使炼油厂在 FCCU 上游引入 MHC 装置或者把现有的加氢处理设施改造成 MHC 装置的驱动力包括：市场对高质量中馏分油的需求；改善 FCCU 的操作。MHC-FCC 组合加工过程流程见图 7-5。

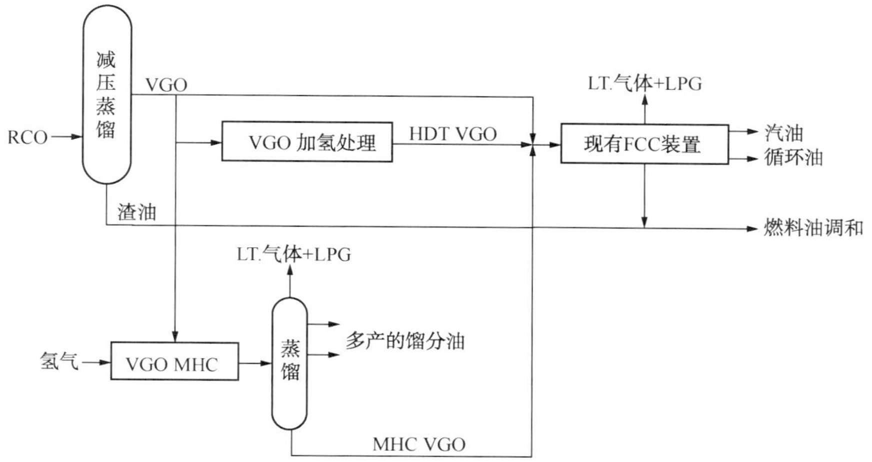

图 7-5　由 FCC 装置和 MHC 装置组合的炼油厂加工流程[4]

采用 MHC-FCC 组合加工过程有下列好处[4,10]：

- 能多产优质馏分油。
- 作为 FCC 原料的加氢裂化尾油，由于高饱和度和硫、氮含量低，能大大改善 FCC 操作。
- 给 FCC 带来的好处是：使操作条件更缓和，减少气体和焦炭产量；可以在不损失汽油辛烷值的条件下，提高转化率；改善产品分布和质量，石脑油产量明显增加，轻循环油和重质油产量明显下降；排放烟气中的污染物明显减少。
- 显著提高炼油厂灵活性和改善 FCC 装置经济性。

表 7-5 为以 MHC 尾油为原料的 FCC 装置的产品分布变化。

表 7-5　以 MHC 尾油为原料的 FCC 装置产品分布变化[4]

FCC 产品	以 VGO(MHC 尾油)为原料 FCC 产品收率变化/%(质)	FCC 产品	以 VGO(MHC 尾油)为原料 FCC 产品收率变化/%(质)
轻气体	-0.4~1.0	LCO	-6.0~10.0
LPG	-3.0~5.0	重质油	-10.0~15.0
汽油	+10.0~20.0	焦炭	-0.5~1.0

用工业数据和模型对 MHC 装置和 FCC 装置的操作的研究结果表明：MHC 装置的催化剂和操作策略，对两套装置的组合性能有明显影响；在 MHC 装置中，使用分子筛催化剂系统，比使用无定形催化剂系统，更有利；当 MHC 装置和 FCC 装置调整到比较合适的协同模式时，会显示出组合流程的操作灵活性；提高 MHC 转化率，会降低总汽油产量，提高中馏分油产量。

Danzinger 等(1999 年)给出了一个改造方案，该方案显示：MHC 转化率提高 3%(质)，FCC 装置烟气中的 SO_x 和 NO_x 排放和所有 FCC 产品的硫含量都明显下降。这些目标在氢耗比较低、催化剂寿命比较长和投资不高的条件下就能实现。

第二节　加氢裂化-加氢精制组合加工过程

采用加氢裂化-加氢精制组合加工过程可以处理各种原料，包括 VGO、LCO、CGO、DAO 和渣油等劣质油。

一、多产柴油(ULSD)的 Shell 组合式 MHC-加氢精制过程

多产柴油的 Shell MHC 过程的转化率在 20%~40%，产品主要是低硫柴油，尾油可用作 FCC 原料。尾油作为 FCC 原料有两个好处：可以多产辛烷值比较高的低硫汽油；明显改善 FCC 操作(但不是决定性的)。MHC 过程氢分压比较低(比如 4.0~8.0MPa)，生产不出硫含量低于 10μg/g 的 ULSD。柴油馏分中有比较多的芳烃和有机氮，这类柴油虽然可以进一步加氢处理，但是难度比处理直馏(SR)柴油要大得多。

Shell 的组合式 MHC-加氢精制过程是在该背景下发展起来的。该组合式 MHC 过程是，通过把转化的柴油馏分分开处理的方法，生产能满足 ULSD 规格的柴油，同时还避免了生产质量过剩的 FCC 原料。表 7-6 为比较难处理的 MHC 柴油和 SR 柴油的性质。MHC 柴油由于芳烃和有机氮化物含量高，对加氢脱硫反应有抑制作用。

表 7-6　比较难处理的 MHC 柴油和 SR 柴油的性质比较[8]

项　目	经过加氢处理的 SR 柴油	MHC 柴油
硫含量/(μg/g)	265	340
4，6-DBT(二苯并噻吩)/%(占总硫)	37.4	35.7
氮含量/(μg/g)	14	254
芳烃含量/%(质)	25	56

组合式 MHC-HDT(加氢处理)过程流程见图 7-6。VGO 原料进入 MHC 反应段。反应流出物经汽提和蒸馏之后，经加氢处理过的 VGO 馏分送 FCC 装置。同时，MHC 柴油同外来的柴油馏分一起进第二反应段，加氢精制反应器，以一次通过的方式实现加氢精制。

由于精制反应器氢分压高，能够把留在加氢裂化柴油中的难处理的氮和硫化物转化。由于柴油加氢精制段同 MHC 段是分开的，操作不受 MHC 段影响，在整个过程循环期间都能确保柴油质量的稳定。把柴油馏分分开处理，还能改善其他性质，如密度或聚芳烃含量。组合式 MHC 过程省掉两台压缩机和一台空冷器，同两套独立的装置比较，该过程不仅热效率高，还能够处理 LCO、LCGO 和减黏 GO。

Shell 有 40 多套 MHC 装置在操作，其中的四套使用组合式 MHC 技术。装置投资的多少主要取决于处理能力、进料性质和转化率高低。

表 7-7 为典型工业组合式 MHC-HDT 过程的原料和产品性质。该过程加工的原料是 ARABIAN/RUSSIAN 调和原油的重 VGO，转化率 30%，在精制段同时还加工重 SRGO 和 LCO。

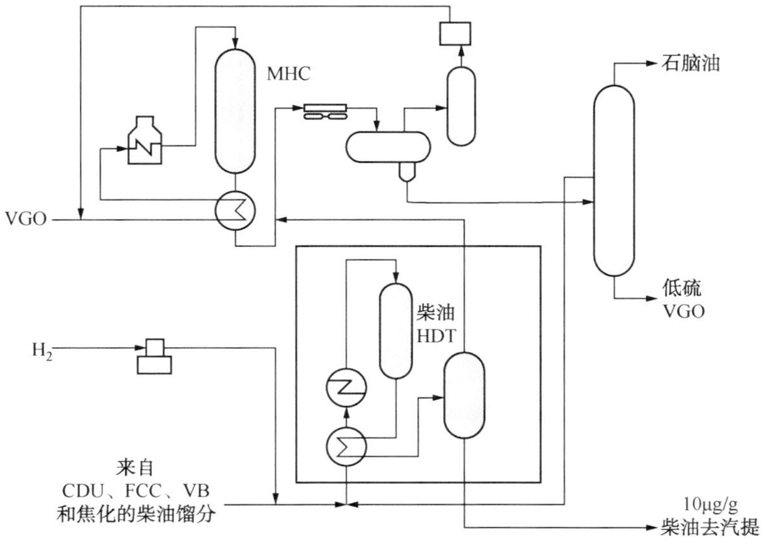

图 7-6　MHC-HDT 组合加工过程流程[8]

表 7-7　工业组合式 MHC-HDT 组合加工过程的原料和产品性质[8]

项　　目	VGO 段	精制段
进料性质		
相对密度	0.9317	0.889
硫含量/%(质)	2.67	2.0
氮/(μg/g)(质)	1392	
TBP 切割点/℃	350~570	200~360
收率(对进料)/%(体)		
石脑油	3.4	0.5
柴油	28.7	99.0
经加氢处理过的 VGO	70.7	
氢耗/%(质)	1.17	1.08
项　　目	HDT VGO(FCC 进料)性质	柴油性质
相对密度	0.897	<0.845
硫含量/(μg/g)	<400	<10
十六烷值	—	>51
氢/%(质)	13.0	—

由蒸馏段出来的柴油馏分达不到 Euro-Ⅴ规格要求。该柴油馏分，还要同 LCO 和重 SRGO 调和后，在精制段进一步加氢处理。处理后的柴油馏分能达到 Euro-Ⅴ标准，相对密度低于 0.845，十六烷值高于 51，硫含量低于 10μg/g。

UCO 的氢含量 13%，作为 FCC 原料能增产 14%汽油。即使再增加氢含量，也只能少量增加汽油产量。也就是说，用组合式 MHC 过程，把 UCO 氢含量控制在 13%情况下，即能生产优质 FCC 进料，又能生产达到 Euro-Ⅴ规格的柴油，如此可以把 CAPEX(资本支出)和氢耗降到最低。

二、Axens H-Oil 法渣油加氢裂化-加氢处理组合加工过程

采用渣油加氢裂化-加氢处理组合加工过程，如果条件合适，即使是用 Ural 渣油，也能生产出质量达到规格要求的柴油。

以 Ural 渣油[硫/2.6%(质)；总氮/5500(μg/g)]为原料的 Axens H-Oil 法渣油加氢裂化过程，以目前的技术水平，生产不出质量达到规格要求的柴油。特别是产品的稳定性(由氮和烯烃引起的颜色变化问题)和硫含量问题，比较突出。例如，经加氢裂化得到的柴油馏分的硫含量和氮含量分别是：硫含量 0.11%(质)；氮含量 1850μg/g。

研究结果表明，为了能够得到质量达到规格要求的柴油，必须对相应的馏分进行加氢后处理。渣油加氢裂化过程与柴油加氢后处理过程的组合方式，可以是独立的，也可以是组合在一起的。

在选择组合方式过程中，PKN 认为：如果改造和优化项目的投资不宽裕，可以不另建柴油加氢处理装置，而是在新建的 H-Oil 法渣油加氢裂化装置中增设加氢处理段，以便提高柴油产品质量。在设计该组合加工过程时，在工艺上做了如下几项改进[26]：

- 使用高压净化氢气(新氢+循环氢)，不用新氢和循环压缩机。如果不这样，就要考虑低纯度氢气和高氨分压的影响。
- 把来自 HDT 分离器的液体送到现有的柴油干燥段，这样可以不用建新的干燥段，节省投资。

同新建一套加氢处理装置比，由于组合装置中的加氢处理段，可以不用新氢和循环压缩机、高压胺吸收塔和压缩机 KO 罐，可以节省投资 25%。

以 H-Oil 法渣油加氢裂化过程柴油(硫 1100μg/g；氮 1850μg/g)为原料，在实验装置上得到的柴油产品，硫含量<50μg/g；总氮<80μg/g，产品的颜色稳定，不溶解胶质为0g/m^3，黏性胶质为 3.0g/m^3[26]。

第三节　同热加工过程组合的加氢裂化组合加工过程

加氢裂化过程能同热加工过程(热裂化、减黏裂化或焦化)过程组成组合加工过程。热加工过程放在加氢裂化过程前面的流程比较多，主要是为加氢裂化过程提供原料，如 CGO 和减黏瓦斯油。也有把热加工过程放在加氢裂化过程后面的流程，但比较少。

一、固定床渣油加氢裂化-热裂化组合加工过程

渣油加氢裂化过程可以同热裂化过程组合在一起，改质减压渣油，生产高质量馏分油。图 7-7 为该过程流程。

该过程的主要特点有：

- 采用固定床加氢裂化-热裂化组合加工技术，改质中东减压渣油。
- 加氢裂化段设保护反应器，脱掉原料中的部分金属，可以把其中的大部分氮和硫转化成氨和硫化氢，延长主催化剂寿命。
- 热裂化段由热裂化加热炉和闪蒸塔组成。

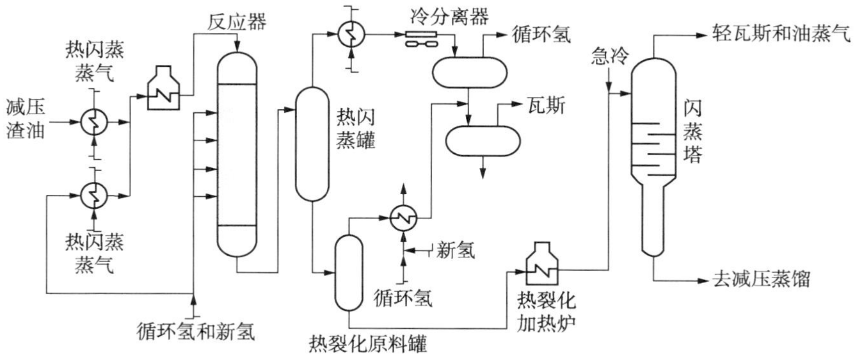

图 7-7　典型渣油改质过程流程[10]

- 热裂化加热炉，设两组平行炉管。
- 闪蒸塔内，安装挡板。
- 主要产品是闪蒸塔底油(热闪蒸液体)。
- 热闪蒸液体：可以进一步热裂化；也可以经减压蒸馏后得到 VGO，这些 VGO 可以用作 FCC 和润滑油厂原料，也可以用作馏分油加氢裂化原料。

表 7-8 为 M. E.(中东)减压渣油加氢裂化过程的操作条件和产品收率。

表 7-8　M. E. 减压渣油加氢裂化过程操作条件和产品收率[10]

项　　目	SOR	EOR
反应条件		
压力/MPa	20.1	20.1
进口温度/℃	371	399
出口温度/℃	399	426
体积空速/h^{-1}	0.5	0.4
原料		
减压渣油(TBP 切割点，552℃$^+$)/(m^3/d)	2067	2067
新氢/(kg/h)	1821	2545
产品		
氨/(kg/h)	95	92
H_2S/(kg/h)	3162	3033
分离器瓦斯/(kg/h)	无	1092
冷闪蒸瓦斯/(kg/h)	1712	2528
冷闪蒸液体/(kg/h)	10254	18108
热冷闪蒸液体/(kg/h)	72778	64073

原料中的金属，如 V、Ni 和 Na，会严重影响渣油固定床反应器催化剂寿命。为了保护主反应器中的催化剂，在其前面设保护反应器。保护反应器中使用的催化剂通常是 Co-Mo 催化剂，这种催化剂在运转过程中虽然也会中毒，但是同加氢裂化催化剂比，价格便宜。

二、CLG 的焦化-加氢裂化组合过程

技术上成熟和操作费用低的焦化装置是炼油厂应用比较多的“垃圾”处理装置，产品除

了焦炭和轻馏分油之外，还有数量比较多的>565℃的 HCGO。

在低压和低循环比条件下操作的焦化装置会产生大量低质量 HCGO。从质量上讲，HCGO 比较差(通常终馏点高，硫、氮、不饱和烃、多环芳烃和沥青质等含量高)，必须经过进一步处理或改质才能用于油品调和。

改进或提高 HCGO 质量的常用方法有加氢处理/精制或加氢裂化。焦化-加氢裂化组合过程(流程见图 7-8)被认为是比较好的能大量生产高质量中馏分油的组合加工过程。CLG 认为，为了能够确保组合技术的经济性和使中馏分油最大化，必须对 HCGO 质量进行限制，或者掺炼一些质量相对比较好的重减压瓦斯油(HVGO)。该组合加工流程中还包括了能够处理加氢裂化尾油的 FCCU，这进一步地提高了组合加工过程的经济性。

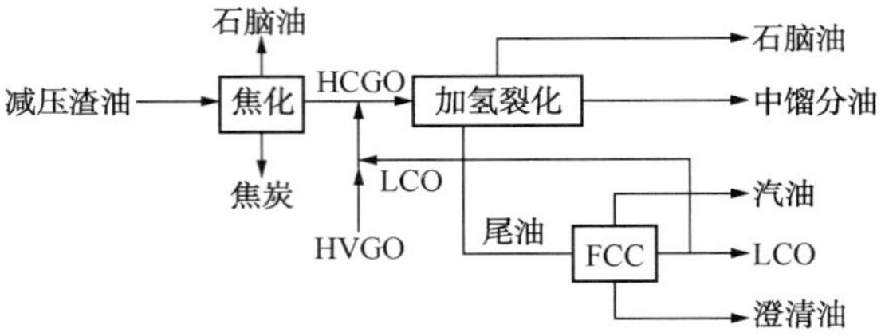

图 7-8　焦化-加氢裂化组合过程流程

HCGO 对于加氢裂化组合过程中的加氢裂化装置来说，是一种比较难处理的原料，HCGO 中的多环芳烃和沥青质是积炭母体，常会导致催化剂快速失活，缩短装置运转周期。因此在选择加工 HCGO 时，应当仔细研究加工流程，选择合适的催化剂系统和操作条件，严格控制 HCGO 干点。表 7-9 为典型的 HCGO 质量。

表 7-9　典型的 HCGO 质量[48]

项　目	数　据	项　目	数　据
API 度	10.8~11.9	蒸馏(ASTMD1160)/℃	
氮/(μg/g)(质)	3500~9000	10%(体)	346~393
硫/%(质)	2.5~5	30%(体)	392~427
金属/(μg/g)(质)	2~3	50%(体)	421~462
C_7 沥青质/(μg/g)(质)	350~700	70%(体)	453~502
多环芳烃/(μg/g)(质)	7000~10000	90%(体)	497~552

为了控制加氢裂化段原料质量，通常会掺炼部分 VGO、LCO 和 MCO(中质循环油)。

CLG 新开发的 ISOCRACKING 技术能在优化氢耗的前提下，以高干点劣质 HCGO 和 VGO 为原料，最大量地生产中馏分油。

下面描述的是 CLG 公司的能够处理 HCGO 的，焦化-加氢裂化组合过程中使用的 ISOCRACKING 过程。

(一) 经过优化的部分转化 ISOCRACKING 过程

经过优化的部分转化(OPC)ISOCRACKING 过程是 1998 年开发的，于 2004 年工业化。

1. OPC ISOCRACKING 过程流程

OPC ISOCRACKING 过程流程见图 7-9，其特点是：

- 工艺类似于两段 ISOCRACKING 过程，能加工高氮劣质进料，如墨西哥重质原油 HCGO 和 HVGO。产品可以循环，以便改变产品分布和产品质量。混合进料的性质、产品分布和性质见表 7-10。
- 第二段反应器体积是常规反应器的 1/2～1/3，催化剂装填量比较少，反应速度常数比第一反应器高约 10 倍。
- 增加第二段反应器的目的是降低氢耗，确保较高的转化率、优质 FCC 原料和超低硫柴油的质量和数量。

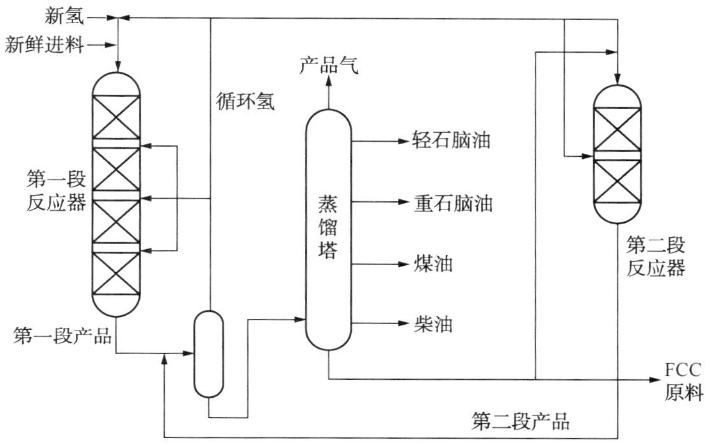

图 7-9　OPC ISOCRACKING 过程[48]

表 7-10　OPC ISOCRACKING 过程的混合进料性质、产品分布和性质[48]

项　目	数　据	项　目	数　据
混合进料		硫/(μg/g)(质)	< 10
API 度	13～15	烟点/mm	15
氮/(μg/g)	2500～3000	冰点/℃	< -50
硫/%(质)	3.0～3.5	柴油	
多环芳烃/(μg/g)	8000～10000	硫	< 10
产品分布/%(体)		十六烷值	43～48
石脑油	25～35	倾点/℃	< -15
中馏分油	40～45	尾油	
尾油	30～40	氮/(μg/g)	5～20
产品性质		硫/(μg/g)(质)	50～200
煤油			

2. OPC ISOCRACKING 工业装置运转情况

CLG OPC ISOCRACKING 装置加工的进料(HCGO 和 HVGO 混合料)性质和操作条件见表 7-11和表 7-12。

表 7-11　CLG OCP ISOCRACKING 工业装置进料性质[48]

项目	进料	
	HCGO	HVGO
比例/%(体)	60~70	40~30
API 度	11.8	14.9
硫/%(质)	4.30	3.50
氮/(μg/g)(质)	4500	3000
金属(Ni+V)/(μg/g)(质)	1.0	2.5
Si/(μg/g)(质)	2.0	1.0
C_7不溶物/(μg/g)(质)	100~500	100~500
多环芳烃	9000	4700
蒸馏(ASTMD1160)/℃		
10%	354	416
50%	409	480
90%	497	549
终馏点	593	604

表 7-12　CLG ISOCRACKING 工业装置操作条件[48]

项　　目	数　　据	项　　目	数　　据
第一段		第二段	
LHSV/h^{-1}	0.8~0.9	LHSV/h^{-1}	1.7~2.0
反应温度/℃	391~399	反应温度/℃	360~372
运转周期/月	24^+	运转周期/月	30^+
		343℃$^+$总转化率/%(体)	65~70

(二)选择性分段 Isocracking 过程

选择性分段 Isocracking 过程(流程见图 7-10)是 OPC 技术的另一个应用，该过程的特点是：

- 加氢处理段的操作强度能够灵活调节，以便适应进料性质的变化。能加工高干点劣质原料，如 HCGO 和 HVGO 混合料(性质见表 7-13)。
- 由减压塔侧线抽出的馏分油，全部进第二段加氢裂化反应器，转化成优质中馏分油。
- 能避免常规加氢裂化装置的 FCC 原料过度饱和。
- 能最大量生产符合清洁燃料标准的中馏分油和优质 FCC 原料。
- 氢耗比较低。
- 在原料和工艺目标相同的情况下，该工艺过程的反应器体积比较小。

产品目标：喷气燃料，硫<10μg/g，烟点>25mm；柴油，硫<10μg/g，十六烷值>56；HCGO 和 HVGO 混合料转化率为 70%；催化剂运行时间>24 个月。

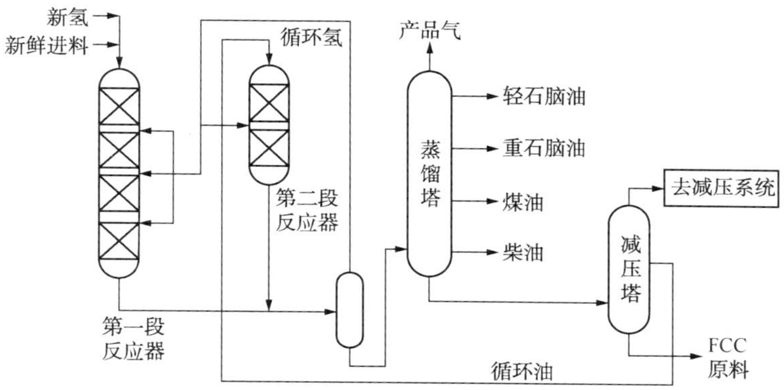

图 7-10　选择性分段 ISOCRACKING 过程[48]

表 7-13　选择性分段 ISOCRACKING 过程原料性质[48]

项　目	数　据	项　目	数　据
进料	80%HVGO/20%HCGO	蒸馏(ASTMD1160)/℃	
API 度	21.7	10%	400
硫/%(质)	2	50%	495
氮/(μg/g)(质)	3000	90%	569
金属(N+V)/(μg/g)(质)	4	95%	581
		终馏点	623

(三) 选择性/逆向分段 Isocracking 过程

CLG 选择性/逆向分段 Isocracking 过程(见图 7-11)的主要特点如下：

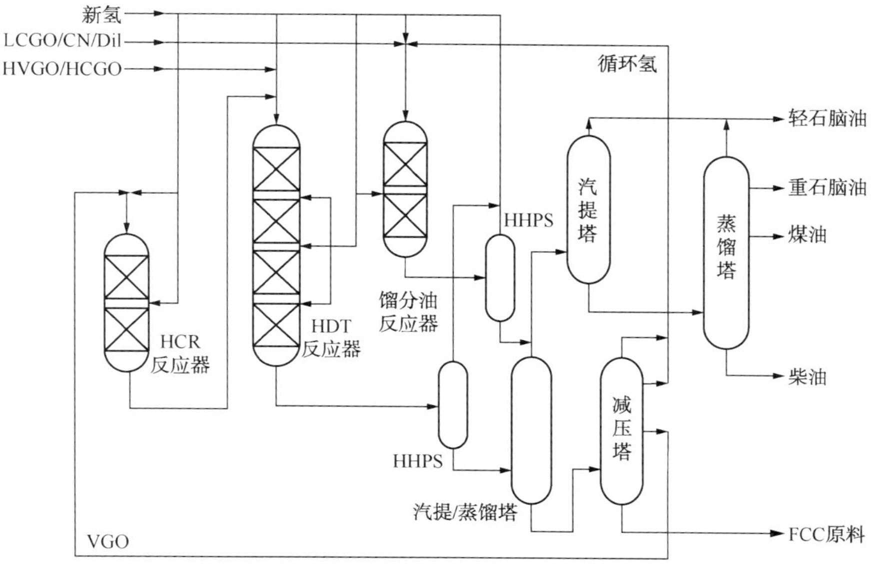

图 7-11　选择性/逆向分段 Isocracking 过程[48]

- 能处理劣质进料(性质见表 7-14)和加工外来中馏分油。

● 整个过程分三部分：进料加氢处理、加氢裂化和中馏分油加氢裂化过程，三部分是分开的，这样可实现独立操作或调整。

● 这种流程可以比较容易地优化催化剂系统和操作条件，可以避免轻质油过度裂化和产品质量过剩，降低氢耗。

● 能在氢耗比较低的前提下，最大量地生产优质中馏分油和 FCC 原料。

● 尾油过饱和度小，FCC 原料的氢含量比较低。

● 由于是串级使用循环氢，气体循环量比较低。

● 三个独立的反应系统，共用一个蒸馏系统，可降低投资和操作成本。

● 装置目标：最大量生产中馏分油；喷气燃料，硫 $< 10\mu g/g$，烟点 $> 25mm$；柴油，硫 $< 10\mu g/g$，十六烷值 > 50；HCGO 和 HVGO 混合料转化率为 60%；催化剂运行时间 > 24 个月；尾油送 FCC；改善氢气利用率。

表 7-14　选择性/逆向分段 Isocracking 过程进料性质[48]

项　　目	数　　据		
进料	HCGO	HVGO	LCGO
API 度	13.2	20.2	30.2
硫/%(质)	4.8	3.3	2.8
氮/(μg/g)(质)	4900	1600	1600
蒸馏(ASTMD1160)/℃			
10%	393	440	241
50%	462	470	276
90%	551	546	336
终馏点	583	605	371

第四节　溶剂脱沥青-加氢裂化-气化组合加工过程

解决渣油金属含量高问题的最有效方法之一是，对其进行溶剂抽提，抽出其中的的超重部分(沥青油)，抽出的沥青油几乎包括渣油里的所有金属。

把加氢裂化过程同溶剂脱沥青和气化过程组合在一起组成溶剂脱沥青-加氢裂化-气化组合加工过程(流程见图 7-12)能达到下列几个目的：

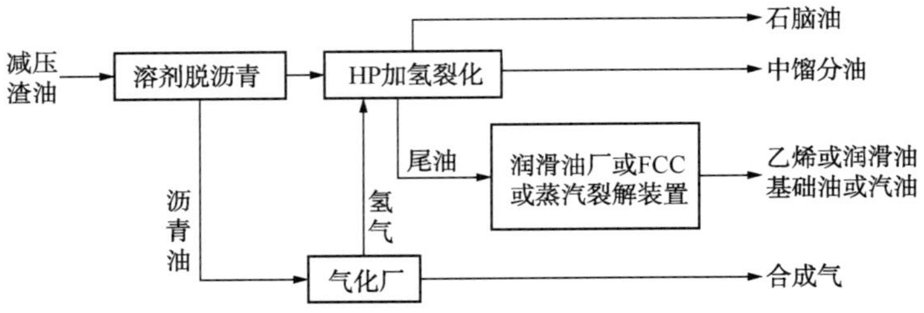

图 7-12　溶剂脱沥青-加氢裂化-气化组合加工过程

● 把更多质量比较差的重质减压渣油转化成加氢裂化原料。

- 增产优质中馏分油，如 ULSD。
- 加氢裂化尾油可以用作 FCCU、润滑油厂和蒸汽裂解装置原料。
- 沥青油进气化装置，生产用于加氢裂化的氢气。

该流程实际上是以加氢裂化过程为中心的溶剂脱沥青-加氢裂化-尾油利用-沥青气化组合加工过程，该组合过程给炼油厂带来的直接好处是：能把减压渣油转化成优质中馏分油、多用途尾油和炼油厂紧缺的氢气；副产品合成气可以用来发电和发生蒸汽。

Grupa Lotos Gdanska 炼油厂是波兰第二大炼油厂，是一座以加氢裂化为主体的能够生产润滑油的炼油厂，2005 年原油处理能力达 6Mt。现有的炼油装置包括 VGO 加氢裂化、常规基础油制造装置、常规初馏和馏分油处理装置。主要产品是汽油、喷气燃料、柴油、润滑油、船用油和改质沥青。

图 7-13 为其气化装置气体利用方框图。图 7-14 为 Gdanska 炼油厂新建劣质油组合过程主要产品和应用。Lotos 项目的主体是新建了几套装置：

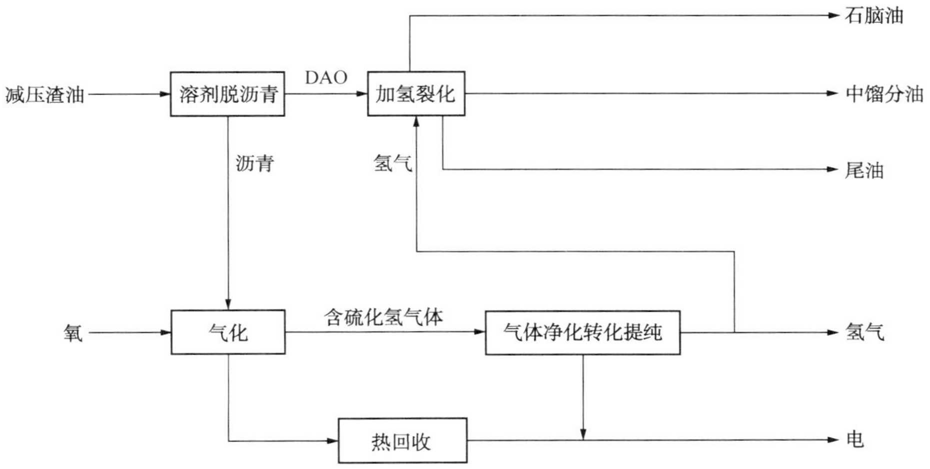

图 7-13　气化装置气体利用方框图[3]

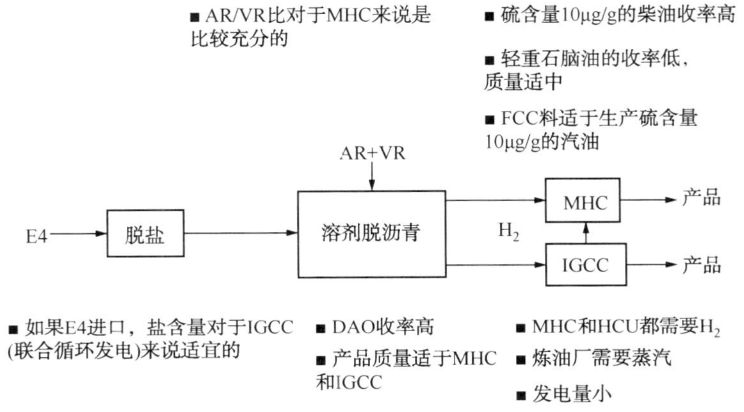

图 7-14　劣质油组合加工过程主要产品和应用[3]

- 从 VR/AR 中分离沥青的脱沥青装置。
- 能处理 DAO 的世界级的加氢裂化装置，主要产品是低硫柴油和加氢蜡油。
- 能为加氢裂化装置提供氢气的气化装置，生产的合成气可以用作发电厂的清洁燃料，既 IGCC(气电联合循环)技术。
- 联合发电厂有两台燃气透平和两台蒸汽透平发电机，使用的合成气和蒸汽来自气化过程的废热锅炉。

脱沥青装置采用的是能处理各种渣油的超临界抽提过程，用溶解性不同的溶剂分离价值更高的轻质产品。装置使用的原料由 VR 和 AR 的调和而成。装置的正常通过能力是330t/h，生产用于加氢裂化装置的 DAO(260t/h)和用于气化装置的沥青(68t/h)。

在加氢裂化装置中，脱金属后的 DAO，被转化成相对分子质量比较低的产品，如石脑油、煤油、柴油和尾油。该装置每小时用 6.5t 氢气(来自气化装置)，加工 260t/h 的 DAO，装置的催化剂循环周期为 1 年。

柴油产品的硫含量满足 10μg/g 规格。经过脱硫和脱金属的尾油可以作 FCC 原料，不用再进行后处理，就可以用于生产硫含量为 10μg/g 的汽油，也可以用作低硫调和组分或者燃气透平燃料。

气化装置的主要设备是三台气化器，附设酸性气处理(脱 H_2S/CO_2)、CO 转换和氢提纯设施。SDA-汽化-加氢裂化组合技术的特点是：

- 对原料的适应性强，能处理各种劣质渣油。
- 能生产硫含量为 10μg/g 的 ULSD。
- 产品加氢蜡油是 FCC 过程的好原料，能生产硫含量为 10μg/g 的 ULSG。

Shell GS 公司在北美有一套新设计的加氢裂化装置，采用单段一次通过或两段流程，同 SDA 过程组合成组合加工过程，处理 DAO，主要用于生产柴油。表 7-15 为该过程的总转化率和中馏分油产率。

表 7-15　Shell GS 公司设计的能处理重质原料的加氢裂化装置基础数据[34]

项　　目	许可数据
总转化率/%(体)	60~98
中馏分油产率/%(体)	40~80
难处理的进料①/%(体)	0~100

① DAO、HCGO、Deep Cut HVGO 或源自合成原油的进料。

RRTC 认为，转化率为 60%的 SDA-加氢裂化组合加工过程是一个比较灵活和比较经济的组合方案，该组合加工过程能生产：满足 AI 喷气燃料标准的煤油，硫含量<10μg/g；满足欧Ⅴ标准的柴油，硫含量<10μg/g；可以用作 FCC 原料的尾油，用这种尾油可以生产硫含量<10μg/g 的 FCC 汽油。

第五节　加氢裂化-润滑油组合加工过程

用原油制造润滑油基础油需要几个步骤，脱掉或转化其中的不理想组分，才能生产出能满足润滑要求的基础油。目前有两条生产润滑油基础油的路线：常规组合加工过程，由溶剂抽提、溶剂脱蜡和加氢精制过程组成，流程复杂，目的产品收率低，对原料要求严格；临氢加工组合过程，由润滑油加氢裂化、加氢异构脱蜡和深度加氢处理过程组成，不生产难处理的副产品，目的产品质量优良，缺点是不能生产高黏度基础油。

用加氢裂化过程生产的尾油，主要由高度脂肪烃化的烃组成，氧化稳定性比较好，有非常好的黏温性能，VI 高达 120，达到Ⅲ类基础油水平，是生产润滑油基础油的好原料。其黏度指数随加氢裂化转化率而变，转化率越高，黏度指数越高(见图 7-15)。

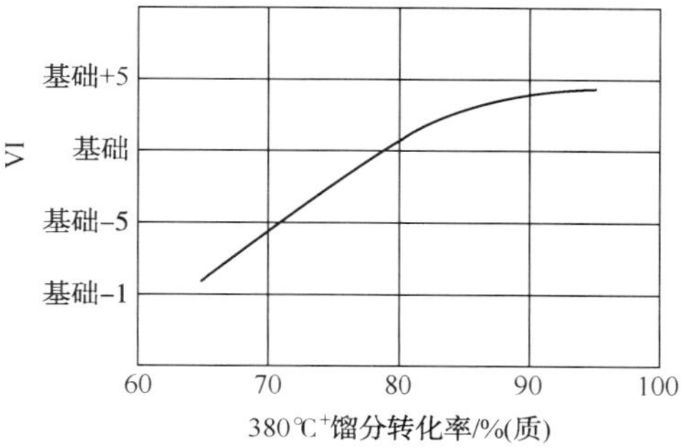

图 7-15　380℃+馏分净转化率同尾油 VI 之间的关系[1]

加氢裂化过程同其他润滑油生产装置的组合模式，主要有两种：同惯用的溶剂法(如溶剂抽提过程和脱蜡过程)组合在一起，组成混合式润滑油基础油生产法；同其他临氢加工过程(如择形异构脱蜡过程)组合在一起，组成全氢式润滑油基础油生产法。图 7-16 为加氢裂化-润滑油组合加工过程的基础流程。

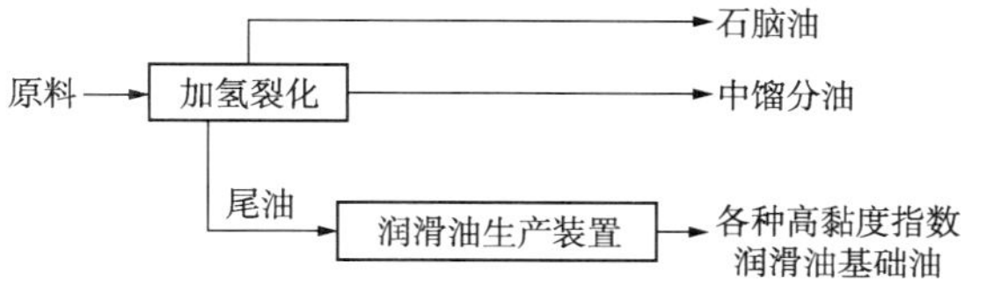

图 7-16　加氢裂化-润滑油组合加工过程基础流程

组合加工过程中的装置结构对基础油质量影响很大。图 7-17～图 7-20 为目前工业上常见的几种润滑油基础油加工流程。图 7-17 为常规润滑油基础油组合加工过程，用该组合加工过程可以生产Ⅰ类基础油。用图 7-18 和图 7-19 为组合加工过程，可以生产Ⅱ类和Ⅲ类基础油。图 7-20 为组合加工过程，可以生产Ⅳ类基础油。

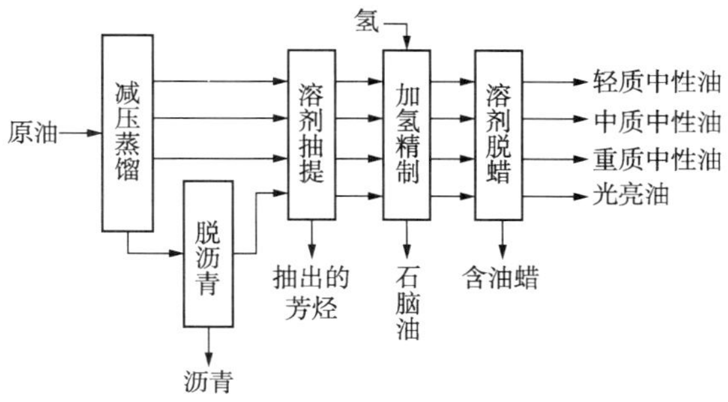

图 7-17　常规润滑油基础油组合加工过程[29]

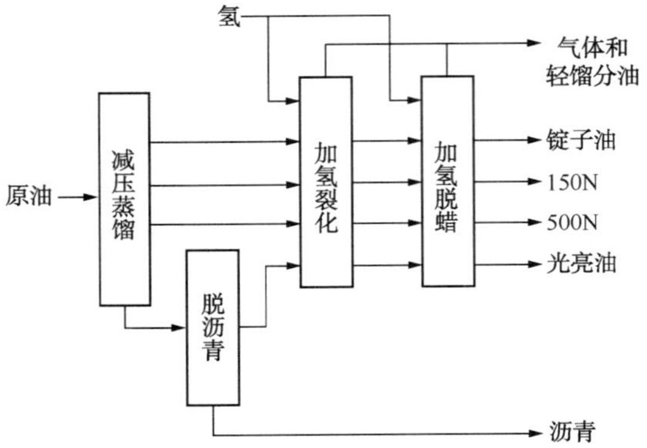

图 7-18　有加氢裂化-加氢脱蜡装置的润滑油基础油组合加工过程[29]

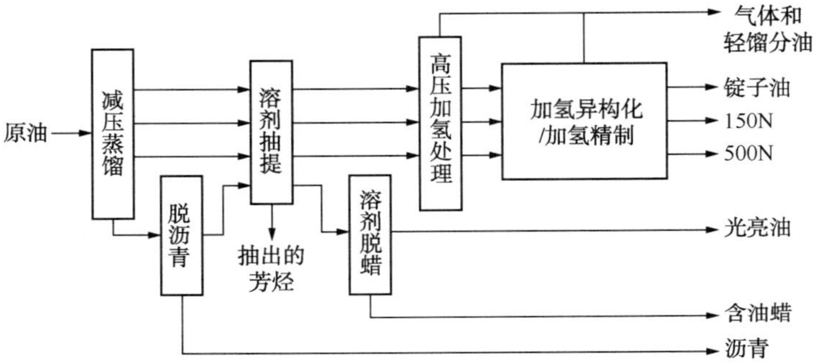

图 7-19　有 HP 加氢处理-加氢异构化或加氢精制装置的润滑油基础油组合加工过程[29]

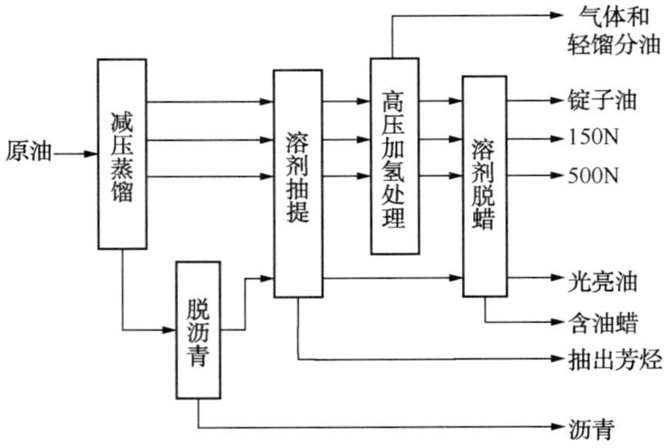

图 7-20　由溶剂抽提-HP 加氢处理-溶剂脱蜡装置组成的润滑油基础油组合加工过程[29]

把加氢裂化过程同润滑油生产装置组合有几个好处：

● 可以用加氢裂化技术把不适于生产润滑油的馏分油转化成高黏度指数润滑油基础油，这样可以大大增加润滑油基础油产量，提高炼油厂经济性。

● 用加氢裂化装置生产润滑油基础油，能明显提高炼油厂生产润滑油基础油的灵活性。

（一）混合式润滑油加工过程

惯用溶剂精制过程同高强度加氢处理和加氢裂化过程的组合，称混合式润滑油组合加工过程。一方面，这些过程能扩大现有炼油厂在原料利用方面的灵活型，另一方面，能得到硫含量比较低的、VI(>105)比较高的基础油和透平油馏分。

糠醛抽提操作同缓和加氢裂化过程(低转化率，小反应器)组合，能在低氢耗条件下，生产用作基础油的加氢裂化尾油。如果匹配适当的脱蜡能力，能帮助消除或减缓润滑油厂的瓶径。提高润滑油厂的经济性。

采用溶剂精制过程能同催化脱蜡过程组合技术，要注意一点，就是催化脱蜡催化剂要有一定的抗硫和抗氮能力，不会被溶剂精制液中的硫和氮中毒。如果在 Mobil 的两种催化剂(MLDW 和 MSDW 催化剂)中作选择，通常会选择 MLDW 催化剂[28]。

如果同石油疏松蜡异构化过程组合，可以考虑把其他几种高脂肪烃成分用作生产基础油的原料，如高蜡天然馏分、Fischer-Tropsch 蜡、天然气合成液等。

在溶剂抽提之前先加氢，能改善劣质 VGO 质量。该过程称之为 Hy-starting 过程或 Hystart 过程。

（二）全氢法润滑油基础油生产法实例

由加氢裂化过程和催化脱蜡过程组成的润滑油基础油组合加工过程，称全氢法润滑油基础油组合加工过程。图 7-21 为一个能够生产 VHVI 油的炼油厂，该厂属于 Chevron 公司，位于 USA California 的 Richmond。加氢裂化油的 VI 水平，是Ⅱ类油(HC-1 油)，还是Ⅲ类油(HC-2 油)，取决于加氢裂化装置的操作强度。表 7-16 为基础油 API/ATIEL 分类。

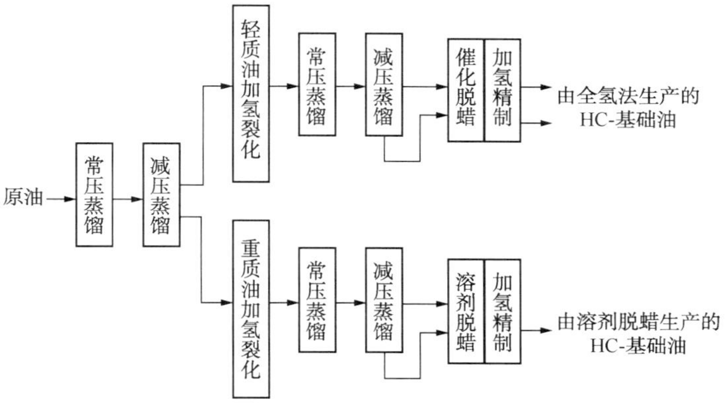

图 7-21　Chevron Richmond 炼油厂全氢润滑油生产流程[28]

表 7-16　基础油 API/ATIEL 分类[28]

类别	硫/%(质)		饱和度/%(质)	VI
Ⅰ	>0.03	和/或	<90	80~120
Ⅱ	≤0.03	和	≥90	80~120
Ⅲ	≤0.03	和	≥90	>120
Ⅳ	全聚 α-烯烃(PAO)			
Ⅴ	不包括Ⅰ-Ⅳ或Ⅵ类油的所有基础油			
Ⅵ	所有聚内烯烃(PiO)			

还有一些能够生产 HC-1 油的炼油厂，如位于 Lake Charles 的 Conoco-Pennzcil 炼油厂。有些炼油厂，通过提高加氢裂化操作强度，生产 HC-2 油。还有一个采用加氢裂化技术的例子，是 Petro-Canadas 厂的加氢裂化装置(见图 7-22)。

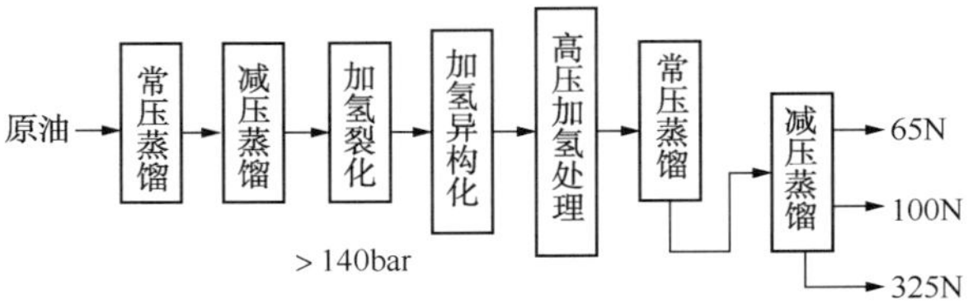

图 7-22　Petro-Canadas 炼油厂全氢润滑油生产流程[28]

在全氢法基础油生产过程中，最早(1995 年)采用燃料型加氢裂化装置生产润滑油基础油的炼制公司是位于 Korea Ulsan 的 SK Corporation。该公司把燃料型加氢裂化装置组合到润滑油基础油组合加工过程中。该过程，把用于循环的部分尾油，用作生产润滑油基础油的原料。SK 采用的这个方法也称 UCO 过程(见图 7-23)。

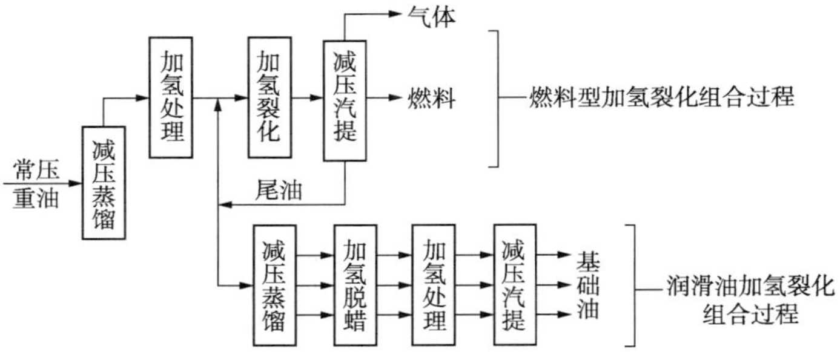

图 7-23　Korea SK Corporation 的全氢润滑油生产流程[28]

第六节　西班牙 Tarragona 炼油厂加氢裂化-石油化工组合加工过程

西班牙 Tarragona 炼油厂是一座有蒸汽裂解装置，而没有 FCC 装置的炼油厂，因此需要大量进口石脑油。经过几次评估，Repsol YPF 认为，用加氢裂化技术不仅能把质量比较差的 SR VGO(直馏减压瓦斯油)转化成优质石脑油、煤油和柴油，还能得到高质量低芳烃[通常低于 3%(质)]尾油馏分。这类高度脂肪烃化的尾油馏分能够代替石脑油，用于蒸汽裂解生产乙烯。建设一套新的加氢裂化装置，虽然投资比较大，并消耗氢气[15 ~20 美元/t(HVGO)]，但是从综合赢利性看，还是划算的。

用 HP 加氢裂化装置，同原来蒸汽裂解装置组合，同时解决了下列问题[1]：

- 生产更多的市场需要的高质量发动机燃料，如 ULSD 和喷气燃料。
- 能把难处理的 HVGO 转化成高质量的加氢裂化尾油，这类尾油是蒸汽裂解生产烯烃的好原料，可以取代部分蒸汽裂解用石脑油。

图 7-24 为西班牙 Tarragona 炼油厂加氢裂化-石油化工(蒸汽裂解)组合加工过程流程。

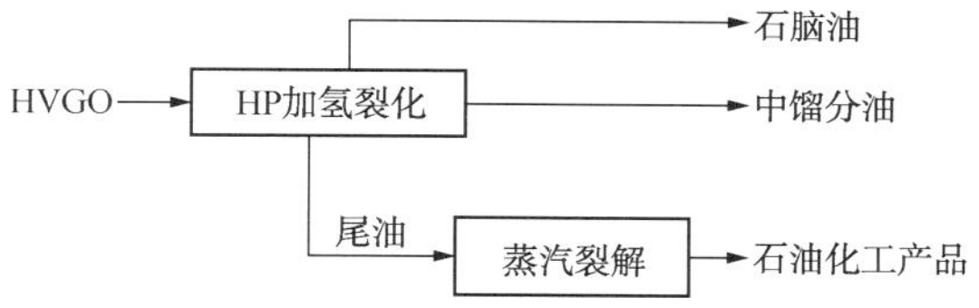

图 7-24　Tarragona 炼油厂加氢裂化-蒸汽裂解组合加工过程

这套新建的 HP 加氢裂化装置已经成为 Tarragona 炼油厂的核心装置，该装置采用一次通过流程，使用无定形和分子筛催化剂。

一、HP 加氢裂化-蒸汽裂解组合加工过程尾油的 BMCI

评估加氢裂化装置-蒸汽裂解组合加工过程对蒸汽裂解过程的影响，比较好的办法是评估裂解料质量对产品收率的影响。

用含芳烃或 PNA 多的原料生产烯烃是不经济的。用这类原料裂解，会产生大量质量低的燃料油。PNA 在裂解过程中会通过聚合反应产生焦炭，影响裂解炉的长期运转。

BMCI：是一个常用的，能描述重质蒸汽裂解料生产烯烃能力的参数，它的高低直接关系到裂解料中脂肪烃含量。原料的 BMCI 值越小，脂肪烃含量越多，对裂解操作越有利。

当评价一种可代用的由复杂化合物组成的重质裂解料时，必须考滤，化合物类型同裂化性能之间的关系：

- 脂肪烃裂解，乙烯和其他烯烃的收率最高。
- 环烷烃会发生脱氢和开环反应。脱氢反应的难度，与多环烃化物的环数有关，随多环化合物的环数的增加，越难裂解。
- 尽管在裂解条件下，芳烃的主要反应是脱烃基反应，但是有些反应会产成焦炭，导致加热炉管结垢，也可能堵塞转油线或换热器。
- 裂解的难易程度，同烃的相对分子质量有关。

通过重质进料的烃组成分析，能确定这类原料的裂解倾向，但是需要比较长的时间，花费也大，而通过 BMCI 能很容易地确定蒸汽裂解料的裂解性能。

图 7-25 和图 7-26 为在用 VGO 作为加氢裂化进料情况下，H/C 比和芳烃含量同尾油 *BMCI* 之间的关系。从这些图可以看出，加氢深度越深，尾油 *BMCI* 值越小。这些关系表明，高度脂肪烃化的原料更适合蒸汽裂解，芳烃含量低的原料，能多产烯烃。

VGO 的加氢强度不同，H/C 比和芳烃含量不同。蒸汽裂解产品的产率和分布是 *BMCI* 的函数(见图 7-27)。

尾油产率取决于加氢裂化操作的转化率。转化率越高，尾油中的芳烃含量越低。转化率超过 80%(质)，*BMCI* 小于 10。*BMCI* 小于 10 的尾油是优良的蒸汽裂解料(见图 7-28)。

二、HP 加氢裂化-蒸汽裂解组合加工过程中的加氢裂化装置

在 HP 加氢裂化-蒸汽裂解组合加工过程工程项目中，除了新建的加氢裂化装置之外，还包括一座制氢装置、一套酸性水汽提装置和改造的蒸汽裂解装置的急冷油环形管道。组合加工流程中的加氢裂化装置同其他装置的关系见图 7-29。

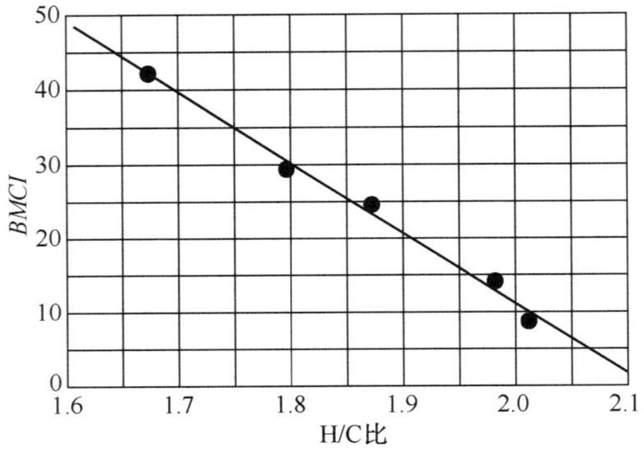

图 7-25　VGO H/C 和 *BMCI* 之间的关系[1]

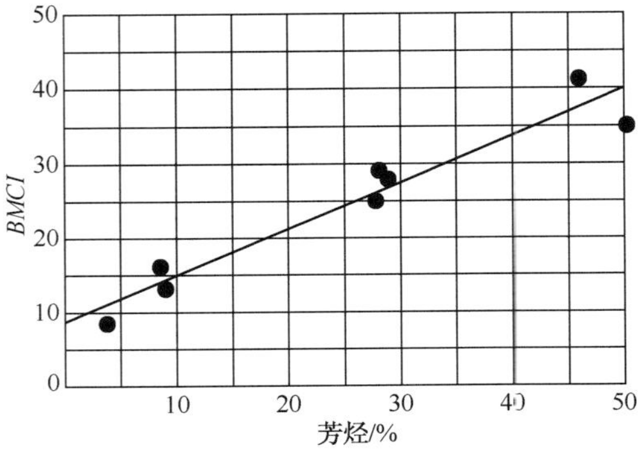

图 7-26　VGO 的芳烃和 *BMCI* 之间的关系[1]

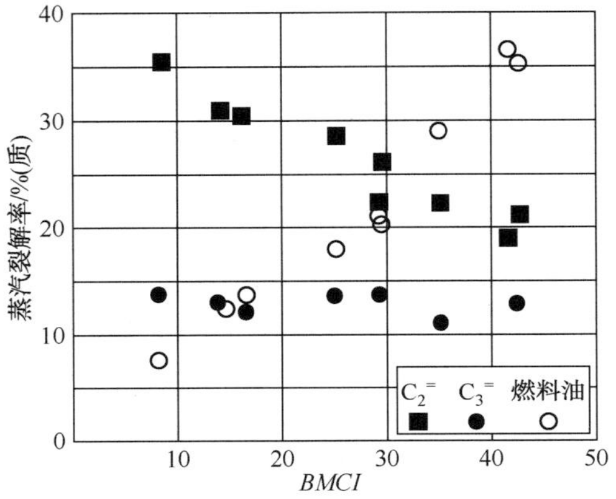

图 7-27　加氢 VGO 的蒸汽裂解率和 *BMCI* 之间的关系[1]

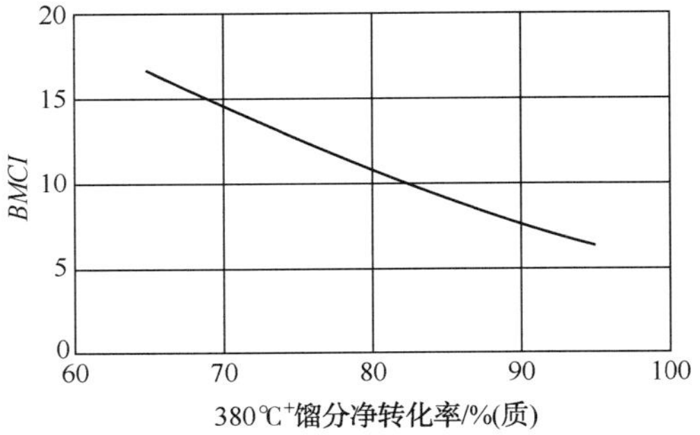

图 7-28　加氢裂化过程 380℃⁺馏分净转化率同 *BMCI* 之间的关系[1]

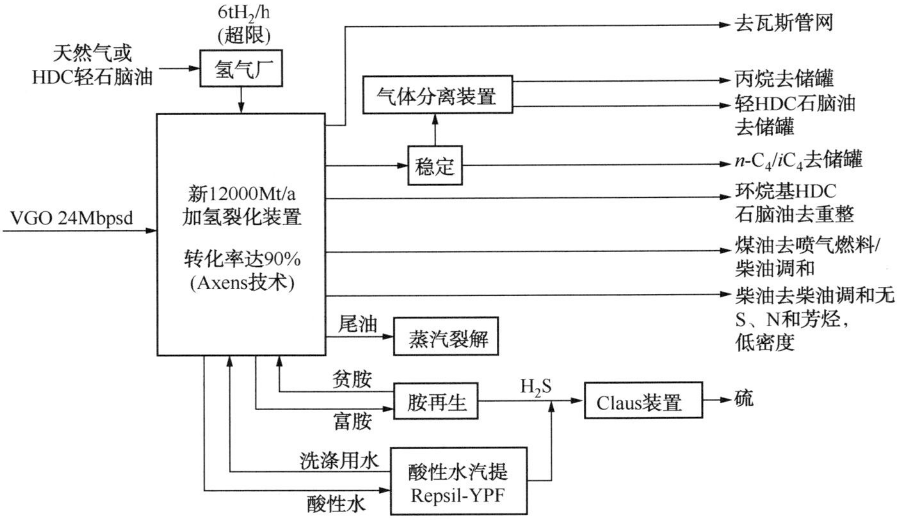

图 7-29　组合加工流程中的加氢裂化装置同其他装置的关系[1]

表 7-17 为加氢裂化装置的原料(HVGO)性质。这些原料的特点是：比较黏稠；高沸点；高氮含量。表 7-18 为主要产品(煤油、柴油和尾油)的分析结果。

表 7-17　加氢裂化装置的原料(HVGO)性质[1]

项　目	HVGO 1	HVGO 2	HVGO 3
相对密度	0.924	0.912	0.921
硫/%(质)	1.5	1.26	1.38
氮/(μg/g)	1580	1180	1593
蒸馏(ASTMD1160)/℃			
5%	409	405	384
50%	473	482	456
95%	557	575	534

表 7-18　加氢裂化装置产品性质[1]

原　料	HVGO 1	HVGO 2	HVGO 3
煤油			
相对密度	0.798	0.796	0.803
硫/(μg/g)	3	<1	N/A
烟点/mm	29	27	N/A
冰点/℃	<-70	<-70	<-64
柴油			
相对密度	0.817	0.814	0.824
硫/(μg/g)	1	<1	3
十六烷值(ASTM D976)	64	65.7	63
尾油(蒸汽裂解料)			
相对密度	0.835	0.835	0.824
BMCI	7.9	8.4	11.1

这些低 BMCI 尾油是在转化率为 87%~90%时得到的。有一栏的 BMCI 值比较高(11.1)，是在处理能力比较高(设计能力的 120%)和转化率比较低的情况下得到的。得到上述结果的氢耗在 2.5%~2.8%(质)，高低取决于进料质量，如硫含量和芳烃含量等。装置运行 17 个月时，产品质量依然优良，预计装置运转周期超过 30 个月。

第七节　加氢裂化-气化组合加工过程

为了增产轻质产品，炼油厂必须对各种渣油和重质油进行改质。表 7-19 为除了渣油加氢裂化过程之外的炼油厂几种常用的渣油处理或转化技术。

表 7-19　炼油厂的几种常用的渣油处理或转化技术

项　目	优　点	缺　点	说　明
调和	简单；费用低	产品没有得到改质，对质量和环境没有贡献	取决于炼油厂的位置
热转化	经济；为 HT 提供原料	只能脱掉 10%~40%的硫	主要产品质量差，必须进一步处理
溶剂脱沥青	使馏分油回收最大化	主要产品必须进一步处理	副产品难处理
渣油 FCC	大量生产辛烷值适中的汽油	对原料有一定要求；副产大量劣质柴油馏分	LCO 数量大，质量差，难处理
渣油汽化	对原料要求不高；大量生产炼油厂需要的氢气	投资大，操作费用高	产品需要进一步加工；副产品综合利用率高，如发电和合成化学品

通过比较，Shell Global 认为，用渣油或焦炭气化技术同加氢裂化技术结合能比较好地应对上述挑战。气化过程除了能把劣质油转化成比较好的清洁燃料之外，还能用副产的燃料气和蒸汽发电，最重要的是能大量生产炼油厂改质过程急需的氢气，这对大型复合型炼油厂来说是非常重要的，是其他渣油转化过程不能取代的。

把加氢裂化过程同气化过程结合在一起主要有三个目的：

- 用气化过程处理更多的劣质重/渣油和合成原油。
- 气化装置产生的合成气可以用于发电和发生蒸汽，分离出来的氢气，经提纯后用于加氢裂化。
- 加氢裂化过程能最大量地生产优质中馏分油和尾油，尾油是 FCC、蒸汽裂解和生产润滑油基础油的好原料。

图 7-30 和图 7-31 为两个组合加工过程实例。图 7-30 为溶剂脱沥青-减黏-加氢裂化-气化组合加工过程，图 7-31 为溶剂脱沥青-加氢裂化-气化组合加工过程。

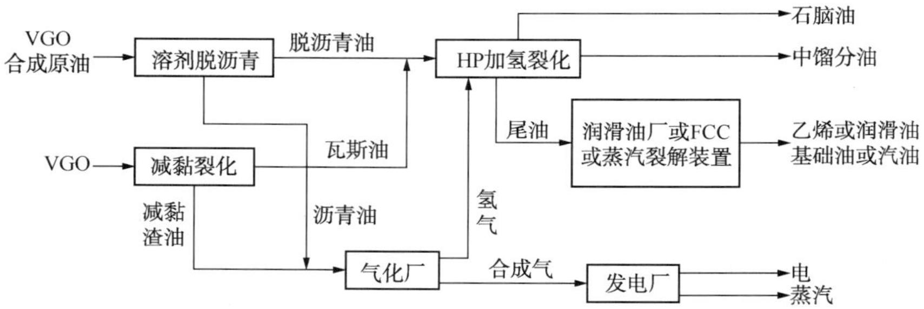

图 7-30　溶剂脱沥青-减黏-加氢裂化-气化组合加工过程流程

下面介绍的是几个加氢裂化-气化组合加工过程实例。

一、意大利 Sannazzaro 炼油厂减黏-气化-加氢裂化组合加工过程

在重质燃料油市场疲软的大形势下，位于欧洲柴油市场关键地区的意大利 Pavia Eni Sannazzaro 炼油厂，处于石油供应和产品分输管网的节点上。该炼油厂为了降低重质燃料油产量或者为其找到新的用途，研究了几个渣油处理方案[3]：

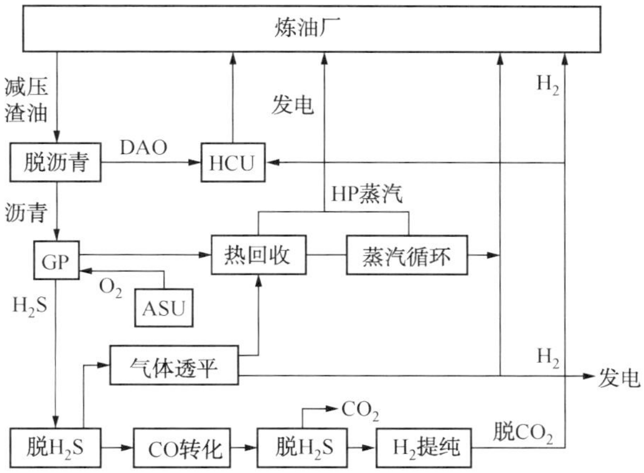

图 7-31　气化装置-加氢裂化组合加工过程流程[2]

- 建新焦化装置。
- 把燃料油转做船用油销售。
- 用气化过程处理渣油，生产燃气透平用的合成气和炼油厂用的氢气。

最后，决定采用减黏-SDA-气化-加氢裂化组合加工过程，把渣油气化列入新建天然气电厂的一部分。不同方案的成本/效益分析表明渣油气化是最优的。支撑这个方案的主要理由是：

- 气化过程能把燃料油转化成更好用的合成气。
- 气化过程在技术上成熟。
- 对环境的影响比较低，通过脱 H_2S，能把 SO_2 排放降低到最小，通过燃气透平标准排放技术，降低 NO_x 排放。

（一）减黏-SDA-气化-悬浮床加氢裂化组合加工过程流程

为了进一步验证从悬浮床加氢裂化 CDP 装置得到的成果，Sannazzaro 炼油厂建设了第一套工业规模的悬浮床加氢裂化装置，同减黏-SDA 装置和气化装置组成组合加工过程，处理 VR。Sannazzaro 炼油厂的平衡炼制能力为 27030m^3/d，其转化指数是欧洲最高的（Hydroskimming 转化指数为 52%，有效转化率为 85%）。

该炼油厂的灵活性比较高，能处理多种类型的原料，主要装置包括：一套 7155m^3/d 的 FCC 装置；三套脱硫装置用于生产含硫量为 10μg/g 的 Euro V 柴油，FCC 的汽油后处理装置用于生产硫含量为 10μg/g 的汽油；两套处理能力为 11130m^3/d 的加氢裂化装置，其中的一套是处理能力为 4770m^3/d 的高压全转化装置，2009 年 7 月开汽；减黏裂化重渣油用于气化生产高纯度氢气和用于发电的合成气，渣油产量比较低。

该炼油厂是复合型炼油厂，加工流程见图 7-32，其特点是[18]：

- 悬浮床加氢裂化装置，同现有的装置及设施组合成组合加工过程，以比较高的转化率，把 100%超重油转化成高价值的中馏分油，特别是柴油。
- 不产燃料油（生产少量沥青是为了市场需求）。
- 原油加工能力虽然提高了 10%，但没有对环境造成影响。

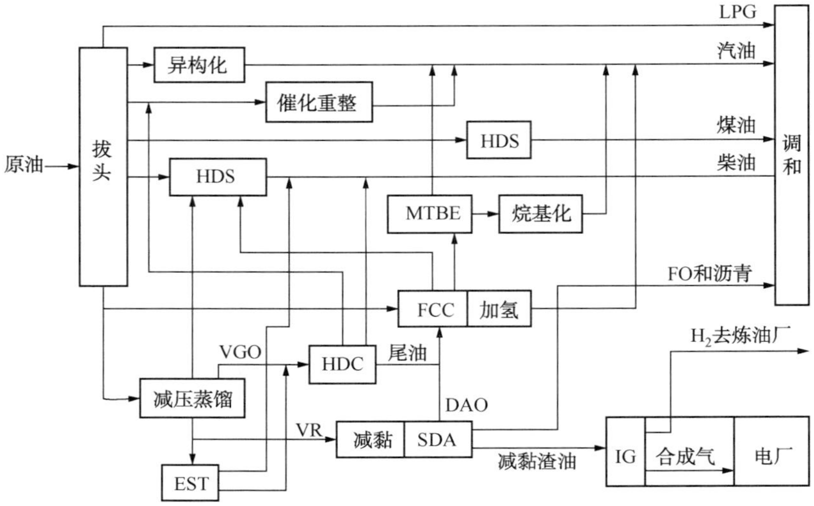

图 7-32　Sannazzaro 炼油厂的减黏-SDA-气化-悬浮床加氢裂化组合加工过程流程[3,18]

(二) 悬浮床加氢裂化装置

新建的悬浮床加氢裂化装置处理 VR，设计加工能力为 $3657m^3/d$，2012 开工。该过程的全部操作经验和技术创新都是在 Taranto CDP 装置得到的，例如，使用 MoS_2催化剂，尽量采用大反应器(内径和重量)。图 7-33 为该装置的配置，重要设备包括：反应器、蒸馏塔、产品改质段和净化油处理段。

悬浮床加氢裂化装置的附属装置有：

- 蒸汽重整装置，产氢能力 100000 Nm^3/h。
- 制硫装置，每条生产线的能力为 80t/d。
- 公用工程和界内基础实施。

该装置加工的是 Ural VR，其特点是含硫、高氮和高金属，替代原料是 Basrah VR，其特点是高硫、低 H/C 比(见表 7-20)。表 7-21 为预测的氢耗和以新鲜进料为基础的产品分布。比较引人注目的是，由于存在加氢反应，液体产品的体积比进料体积约高 15%。

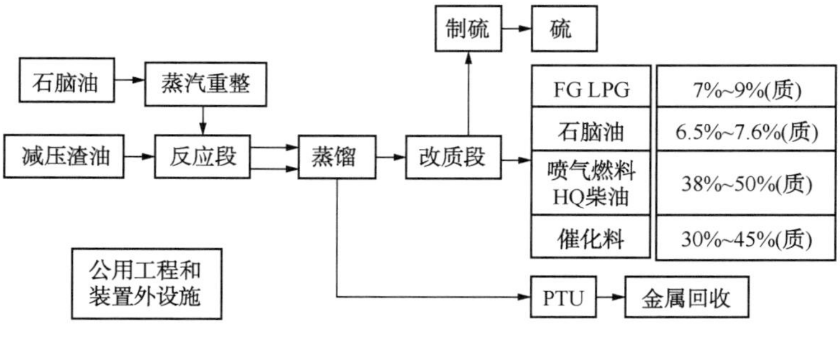

图 7-33　Sannazzaro 炼油厂悬浮床加氢裂化组合装置方框流程[18]

表 7-20　悬浮床加氢裂化过程原料性质[18]

项　目	设计进料，Ural VR	替代进料，Basrah VR
350~500℃/%(质)	5	5
500℃⁺/%(质)	95	95
沥青质 C_5/%	15	15.6
密度/(g/m^3)	1004	1039
API 度	9.4	4.7
黏度/(mm^2/s)	982(100℃)	1126(80℃)
黏度/(mm^2/s)	159(135℃)	436(100℃)
倾点/℃	51	51
硫/%(质)	3	6
氮/%(质)	0.7	0.4
Ni/(μg/g)	68	46
V/(μg/g)	214	164
CCR/%(质)	20.2	18.5
H/C 比	1.41	1.37

表 7-21　悬浮床加氢裂化过程氢耗、产品分布和性质[18]

氢耗/%(质)

合计　4.5~5

悬浮床　3~3.4

产　品	占新鲜进料/%(质)	S/(μg/g)	N/(μg/g)	相对密度
H_2S+NH_3	3.2~4	—	—	
C_1~C_4	7~9	—	—	540(LPG)
石脑油(C_5~170℃)	6.5~7.5	<10	—	700
煤油+AGO	38~50	<10	—	840
催化料(350~500℃)	30~45	<400	<700	920
PTU 前的净化油	2.5~3.8	—	—	—

Sannazzaro 悬浮床加氢裂化项目从建设到试车大约用了 32 个月，2012 年 4 季度打通流程。该项目占地 220000m^2。其中的悬浮床加氢裂化装置除了一些公用工程外，还包括一些辅助实施、酸性水汽提装置、胺再生装置、排污管道和火炬。

Sannazzaro 项目的总投资(包括辅助设施和装置外设施)，大约 10 亿欧元。第二套 2226m^3/d 工业悬浮床加氢裂化装置，位于 Taranto 炼油厂。

二、Shell 的 Pernis 炼油厂加氢裂化-气化组合加工过程

位于荷兰的 Shell Pernis 炼油厂创建于 20 世纪 30 年代，是 Royal/Dutch Shell 集团的最大炼油厂之一。该厂是一座复合型炼油厂，其加工能力为 63600/m^3d。由于炼油厂的设施老化，从 20 世纪 80 年代到 21 世纪，该集团启动了一项对该炼油厂进行战略性改造的计划，

以便适应政府对环境和产品质量的严格要求。

该厂的核心装置是：催化裂化装置、气化装置和加氢裂化装置。整个改造项目集中在过程的组合上。改造后的组合加工流程见图 7-34。一系列改造使炼油厂又恢复了活力。炼油厂的主要改造项目如下[3]：

- 新建一套加工能力为 8000t/d 的世界级加氢裂化装置，氢耗为 285t/d。
- 新建一套加工能力为 1650t/d 的渣油气化装置，为加氢裂化装置生产氢气，为联合循环发电厂提供 HP 蒸汽和清洁燃料气。
- 新建的联合循环发电厂，由两台燃气透平发电机和两台蒸汽透平发电机组成，它们的动力是气化装置生产的清洁燃料气和蒸汽。所有蒸汽都是由气化装置流出物锅炉发生的。

整个改造过程从 1993 开始，到 1997 年结束。新建的加氢裂化装置是该改造项目中最重要的。它在经济上的成功，取决于有稳定的氢气供应。为此还设计了一套 GHP(气化氢气厂)。

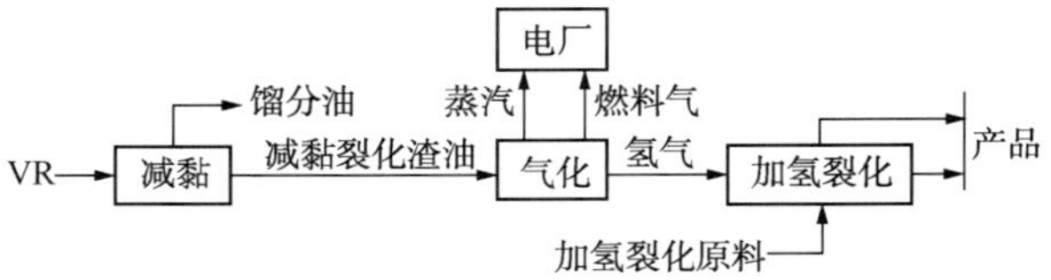

图 7-34　Pernis 炼油厂的减黏-气化-加氢裂化组合加工过程流程

三、有加氢裂化-气化组合加工过程的 Opti Canada 改质项目

Long Lake 的 Opti Canada 项目的第一阶段由 11448m^3/d 的 SAGD(用蒸汽处理技术处理合成原油的生产系统)和现场改质过程(矿油砂热回收装置)组成。得到的油砂油通过蒸馏、溶剂脱沥青和热裂化过程得到初步改质。通过一系列技术处理后，油砂油(也称沥青)被转化成合成原油和重质沥青油。酸性合成原油送加氢裂化装置进一步改质成高质量无臭合成原油。来自合成原油装置的液体沥青进气化装置。

Long Lake 项目用了四台气化器，单器处理能力为 1033t/d。每一台合成气冷却器都能发生 7.7MPa 的蒸汽。气化装置产生的蒸汽可用作炼油厂热源。Opti Canada 合成原油改质项目流程见图 7-35。

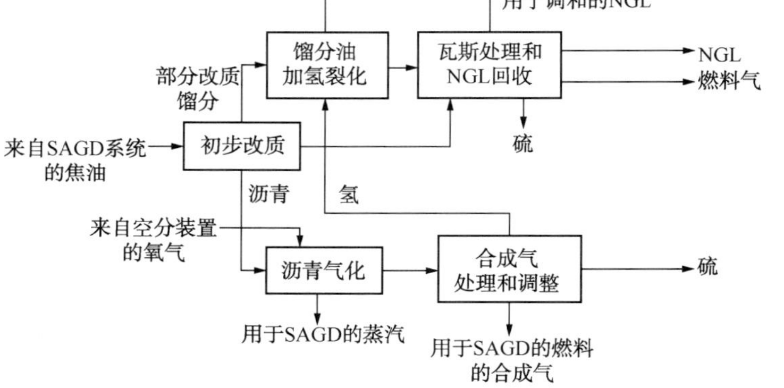

图 7-35　Opti Canada 合成原油改质项目流程[3]

第八节　有沸腾床加氢裂化过程的组合加工过程

同固定床加氢裂化过程比，沸腾床加氢裂化过程更适合处理劣质原料，如渣油和 DAO 等劣质油。沸腾床加氢裂化过程同其他过程组合，能把劣质原料转化成价值更高的中馏分油和尾油。图 7-36 为有 4 套加氢裂化装置(其中有两套沸腾床加氢裂化装置)和两套 FCCU 的组合加工过程。用该组合加工过程能把所有 VR 和 VGO 转化成优质馏分油。

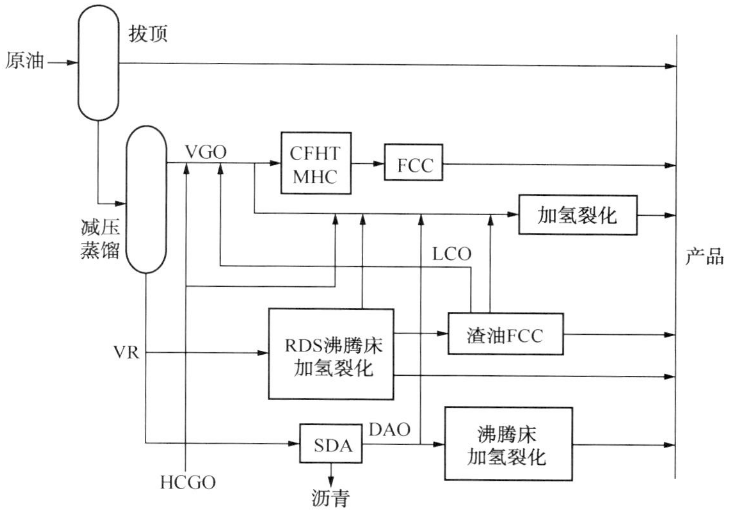

图 7-36　能处理渣油和 VGO 的组合的加工过程[8]

在选择加氢裂化过程技术类型时，应关注两个参数：原料的 CCR 和转化率。图 7-37 为各种加氢裂化技术，原料 CCR 和转化率之间的关系，图 7-37 中的 X 轴为转化率，Y 轴表示转化这类原料的难度(用 CCR 表示)。从图 7-37 可以看出，当需要加工的原料 CCR 比较高和比较重，以及需要比较高的转化率时，选用沸腾床加氢裂化过程更合适。

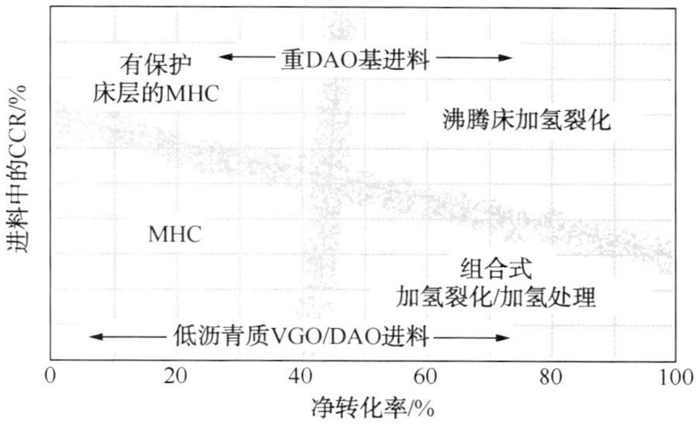

图 7-37　VGO 和 DAO 转化图[8]

下面介绍的是几种有沸腾床加氢裂化过程的组合加工过程。

一、VR 沸腾床加氢裂化-VGO 固定床高转化率加氢裂化组合加工过程

该组合加工过程采用沸腾床加氢裂化反应器，处理 VR，这类原料通常含有比较多的金属、硫、氮、沥青和固体。该技术的最大好处是原料转化过程中不产生焦炭。

VR 沸腾床加氢裂化过程的渣油转化率超过 75%，生产的优质 VGO 和尾油可用于调和低硫或中硫燃料油。下游的加氢裂化装置用来进一步改质渣油加氢裂化 VGO。

把固定床 HP 高转化率加氢裂化过程同沸腾床技术组合在一起可以把 SR VGO 和渣油加氢裂化 VGO 都转化成柴油(流程见图 7-38)。这套组合 VGO 和 VR 加氢裂化加工过程的基础是用一套经过优化的高压高纯度氢气系统支持两套加氢裂化装置。该流程的特点是：资本支出低；有一定的操作灵活性和独立性；单独配置一套分离和蒸馏段；多产柴油。其原因是：由 VR 加氢裂化得到的 VGO 质量好，利用率高；系统氨和轻质烃产量低，几乎没有沥青携带现象。

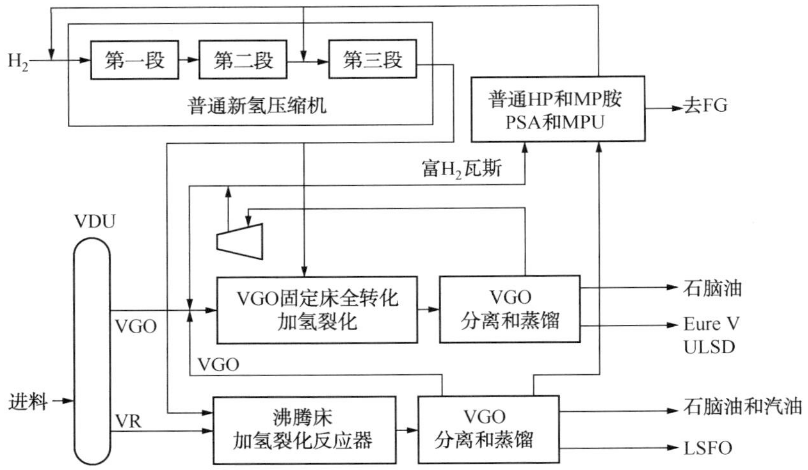

图 7-38　沸腾床 VR 加氢裂化同 VGO 加氢裂化组合加工流程[8]

二、VR 沸腾床加氢裂化-VGO 固定床加氢裂化-FCC 组合加工过程

这是位于东欧的，采用 VR 沸腾床加氢裂化-VGO 固定床加氢裂化-FCC 过程的组合加工过程。该组合加工过程能转化 70%的 VR，大量生产 Euro Ⅴ柴油和硫含量低于 1%的重质燃料油。

沸腾床加氢裂化过程能处理 6837m^3/d 硫含量为 2.9%、Ni+V 约为 350μg/g 的 VR。组合过程中的加氢裂化装置能处理 5724m^3/d 的沸腾床加氢裂化 VGO 和 SR VGO 调和油。

图 7-39 为组合加工过程流程和产品分布(比较理想)。该流程还能处理来自 FCC 装置的 HCO(这很重要)。该项目虽然投资比较大，但是能使炼油厂 Euro Ⅴ柴油产量最大化，中馏分油的收率占原油的 52%，低硫燃料油产量降低 7%。

三、溶剂脱沥青-沸腾床加氢裂化组合加工过程

该组合加工过程能够处理 VR 和沸腾床加氢裂化装置未转化油。沸腾床加氢裂化装置处

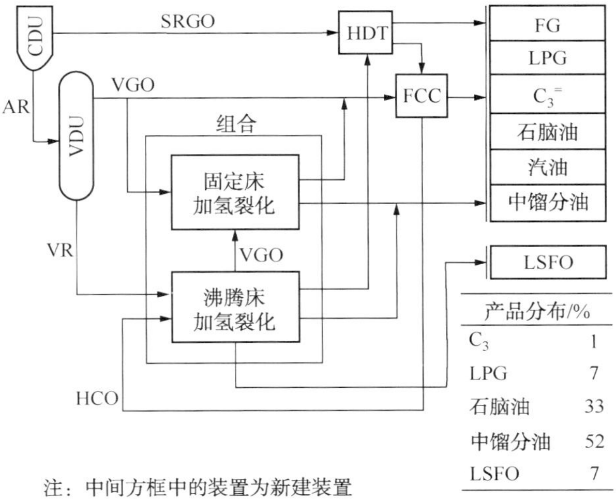

图 7-39　VR 沸腾床加氢裂化-VGO 固定床加氢裂化-FCC 组合加工过程[8]

理 C_5-DAO，并把它们转化成轻质产品。C_5-DAO 的金属含量超过 50μg/g，CCR 超过 19%。

DAO 沸腾床加氢裂化装置投资在 28035~34265 美元/m^3(进料)，使用一个或几个上流式沸腾床反应器。在稳定的低压降和比较高的反应温度条件下，通过调整平衡操作温度、停留时间和催化剂更换速率，能使转化率达到 80%，加氢脱硫率达到 90%~98%。

由于每天更换少量催化剂，反应系统转化率、HDS 活性和产品质量稳定。装置的操作周期不受催化剂活性或者床层压降的控制，而是根据检查和检修计划确定，通常在 24~36 个月之间。加氢裂化装置使用新开发的催化剂，其特点是：

- 有比较高的机械性能，运转过程中不容易粉末化。
- 有比较高的 HDS 活性。
- 有比较高的脱金属能力。
- 能选择性地把 DAO 转化成柴油馏分。

在处理 C_4和 C_5-DAO 过程中，有一个方案是循环未转化油，并在其中掺入 SDA 装置处理的新鲜 VR。该方案几乎能把所有的 DAO 转化成轻质产品，如汽油、柴油和 VGO，而沥青收率稍有增加。

图 7-40 为 SDA-沸腾床加氢裂化组合加工过程流程。

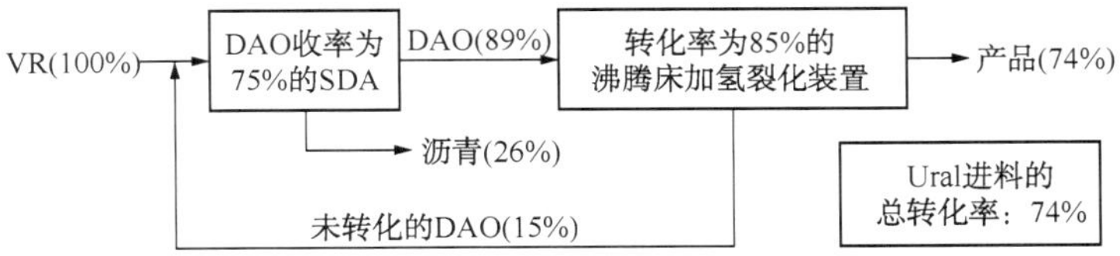

图 7-40　SDA-沸腾床加氢裂化组合加工过程[8]

表 7-22 为 Arabian 重质原油 DAO-沸腾床加氢裂化组合加工过程的操作数据。单段一次通过的沸腾床加氢裂化装置的净转化率达到 80%。未转化的 DAO 改质程度不高，只能用于调和低级含硫燃料油。

表 7-22　C_5-DAO-沸腾床加氢裂化组合加工过程操作数据[8]

进　料	C_5-DAO	进　料	C_5-DAO
收率(占进料)/%(体)		硫/(μg/g)	<300
石脑油	10.3	十六烷值	45
中馏分油	49.6	VGO 性质	
VGO	40.7	相对密度	0.910
VR	-	硫/%(质)	<0.20
氢耗(占进料)/%(质)	3.03	氢/%(质)	12.5
沥青收率(占 VR)/%(质)	33.5	CCR/%(质)	<0.5
中馏分油性质		(Ni+V)/(μg/g)	<0.1
相对密度	0.865		

用该组合加工过程虽然能把劣质原料转化成高价值产品和多产中馏分油，但中馏分油，如柴油质量(如十六烷值)还达不到 ULSD 的标准，还需要进一步处理。由该系统得到的 VGO 由于硫含量比较低和氢含量比较高，可以用作 FCC 装置或 VGO 加氢裂化装置原料，进一步增产柴油。

第八章 加氢裂化过程主要设备

加氢裂化过程的主要设备包括：加热炉、反应器、换热器、分离器、空冷器、压缩机和进料泵。

近年来，由于有大量 LCO、CGO、DAO、VGO、AR 和 VR 等劣质馏分油需要处理和成品油市场对优质中馏分油和尾油的需求持续增长，促进了加氢裂化技术的进步和发展。加氢裂化技术的进步和发展是多方面的，除了出现了一大批先进催化剂或催化剂系统、以加氢裂化过程为核心的组合加工过程、设备材料的选择、损伤机理和防护等技术之外，在设备方面的进步主要集中在对反应器、反应器内部构件和空冷器等方面的设计、选材和操作上。

第一节 加氢裂化反应器

反应器无疑是加氢裂化中最重要的设备。在加氢裂化操作条件下，一座好的反应器应具备下列特点：

- 有耐高温、高压和耐所处腐蚀环境下的腐蚀和损伤的材料。
- 内部设有能帮助物流(油/氢气)再分布的内部构件。
- 有安全可靠的，能够避免温度和压力失控的温度和压力控制系统。
- 应当有合理的，能够避免催化剂破碎的结构尺寸。
- 制造、运输和安装容易、方便。

一、反应器的类型

图 8-1 为工业上正在使用的能够改质重质原料的各种类型的反应器，这些反应器的典型操作条件见表 8-1。其中正在应用的主要有三种：下流式固定床反应器、移动床反应器和上流式沸腾床反器，应用最多的是下流式固定床反应器，移动床反应器只是在个别加氢裂化过程中应用。

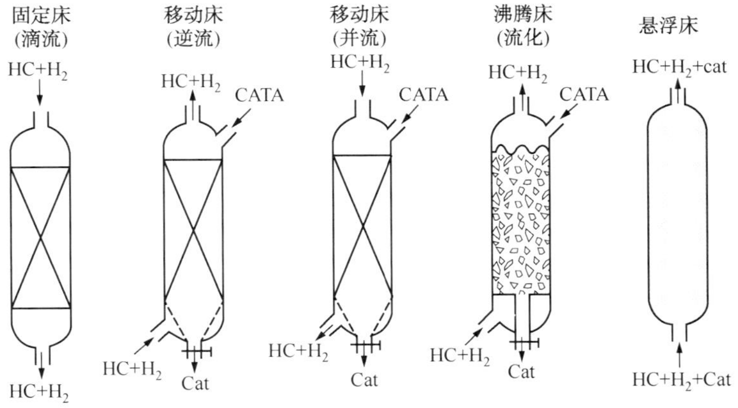

图 8-1 能够改质重质/劣质原料的工业反应器[2]

表 8-1　在重质原料临氢改质过程中不同反应器的操作条件[2]

项　　目	固定床	Swing 固定床	移动床	沸腾床	悬浮床
V+Ni/(μg/g)	120	500	700	>700	>700
压力/MPa	10~20	10~20	10~20	10~20	10~30
温度/K	655~693	655~693	655~693	655~713	693~753
LHSV/h^{-1}	0.1~0.5	0.1~0.5	0.1~0.5	0.2~1	0.2~1
550℃转化率/%	50~70	60~70	60~70	70~80	80~95
循环周期/月	6~12	12			
催化剂颗粒大小/mm	1.2×3	1.2×3	1.2×3	0.8×3	0.002
RCC	1	1	0.55~0.70	1.4~2	

在加氢裂化过程操作过程中，处理重质或劣质原料的固定床反应器有两个缺点：需要频繁而间断地更换催化剂；使用更多的反应器，如有的流程需要 3~4 座反应器。采取这些措施，随之而来，会产生一些问题：使操作流程更复杂；需要更多的投资；同时维持这么多固定床反应器稳定操作也不是一件很容易的事。

沸腾床(包括膨胀床和悬浮床)反应器和催化剂床层垂直移动的移动床反应器都是为了应对上述问题开发出来的新技术。

(一) 下流式固定床反应器

处理轻质原料的固定床加氢裂化过程反应器，同其他临氢加工过程使用的反应器(如 HDS 过程用的反应器)没有什么区别，已经有数十年的操作经验。这些固定床反应器经过逐年改造和优化，已经能够稳定和长时间地加工比较重的原料。反应器的改造多半是针对原料的劣质化，如沥青和金属含量更高，进行的。固定床加氢裂化反应器的发展和进步主要集中在几个方面：设置能够使气液物流重新分布的内部构件；开发安全适用的温度、压力自动控制系统；选择适用的材料。图 8-2 为两种固定床反应器示意图。

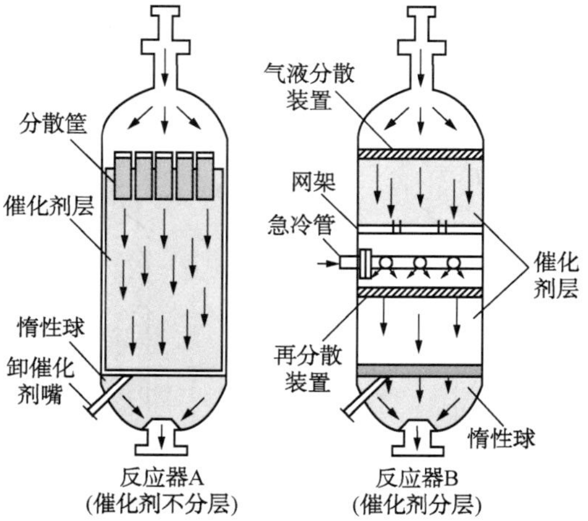

图 8-2　加氢脱硫用的固定床反应器

1. 固定床加氢裂化反应器的设计理念

固定床反应器是加氢裂化过程的核心设备，其可靠性和操作性能对整个过程的经济性影响很大，设计理念通常是[22,49]：

- 使用大体积反应器，这样做有利于装置延长操作周期和未来的改造。
- 尽量选择级别比较低的材质，以便节省投资。
- 采用滴流床反应器或加装内部构件，这样可以改善反应器内的物流分散状态，如防止或减少流体的偏流和沟流、催化剂的热斑和积炭。
- 采用合适的反应器 L/D(长径比)，这样有利于改善催化剂床层的物流分布。
- 把催化剂应分成几个床层有利于温度控制和保护催化剂。

2. 固定床反应器的特点

技术上成熟和有数十年处理常规原料(金属和沥青含量比较少)操作经验的固定床反应器，已经具备了处理更多劣质原料的基础。能够处理劣质原料的固定床反应器基本上都采用下流方式操作。下流式也被称作滴流式操作，应用广泛。固定床反应器的特点包括[2,15]：

- 应用时间长，技术成熟，经验丰富。
- 可供改造的空间和幅度比较大，只要催化剂和操作条件(温度、H_2分压和进料速率等)合适，就能稳定运行。
- 适宜处理各种馏分油型原料。
- 催化剂固定，氢气和原料下流通过催化剂床层，反应产品同氢气一起(也称反应器流出物)由反应器底部离开。
- 催化剂必须采用适当的装载程序，把经过优化的催化剂颗粒，按一定方向，装进反应器中，以便充分发挥催化剂的各种性能。
- 反应器中的催化剂，即可以用单层装填方式，也可以采用多层装填方式，每层催化剂可以有相同或不同的化学组成，不同的颗粒尺寸、形状、孔径和孔体积分布。
- 催化剂多数情况下会分几层，层间安装内部构件，以便对物流进行重新分布或者导入急冷氢，控制床层温度。
- 控制每个床层入口温度或温升速度的目的是稳定催化剂活性、控制反应速率、保护反应器和催化剂不受损伤。
- 分层催化剂装填顺序是：颗粒比较大的 HDM 催化剂，容易受钒和镍的毒害，价格比较便宜，通常靠近反应器进口(位于催化剂床层的最上层，也称保护层)，HCR 催化剂位于反应器中部，靠近反应器出口的是用于产品精制的 HDS/HDA/HDN 催化剂，如此复杂的催化剂系统，如果装填得不好，有可能产生物流的偏流/沟流。
- 如果处理的是钒和镍含量比较高的原料：催化剂活性下降快，降低反应速率；容易堵塞物流通道，使系统压力降上升过快。当催化剂活性下降或设备堵塞到一定程度时，必须停工进行再生，或更换新催化剂，这也是用固定床反应器处理劣质原料时的致命缺点。
- 为了控制催化剂床层压降，不能使用比表面积更大的细颗粒催化剂。

工业上使用固定床反应器处理劣质原料的实例有许多，例如：

- UOP 的由 Unibon 过程经改造后得到的 Unicracking 过程：设两个内部分层的反应器，处理 VGO 和 DAO，生产润滑油基础油。
- Japan 的 ABC 过程：经过改造后，设 HDM 反应器，可以处理溶剂脱沥青装置的沥青油和 VR。

● IFP 的 HYVAHL 过程：使用 Swing 式反应器，在两个 HDM 反应器前面设置了两个可以互换的，能够实现不停工更换催化剂的保护反应器，反应器的大小经过优化后，能够令人满意的处理 V+Ni 金属含量为 500μg/g 的重质原料，如 DAO、AR 和 VR，运转周期一年，一个保护反应器和两个 HDM 反应器容量占总催化剂体积的 40%。保护反应器需要的催化剂数量取决于原料中的金属含量和催化剂的金属储存能力。

（二）上流式流态化催化剂床层反应器

上流式流态化催化剂床层反应器包括三种类型：沸腾床反应器、膨胀床反应器和悬浮床反应器。这些反应器的共同特点是：活性高的瓦斯油-催化剂油浆连续地由反应器顶部加入，而活性低的"废"催化剂由反应器底部卸出；能确保圆柱形或经过整形的粒状催化剂，在低质量流速和高质量流速条件下，都能更好地湿化，不需要专门的催化剂装载程序。

用固定床反应器处理劣质原料(特别是钒和镍含量比较高)时，有几个缺点难以克服：一是催化剂活性逐渐下降，降低反应速率；二是物流通道容易堵塞，使系统压力降上升；三是催化剂需要频繁地停工再生或更换新催化剂。上流式流态化催化剂床层反应器，就是为了解决这些问题出现的。

1. 沸腾床反应器的特点

在处理重质或劣质原料的加氢裂化过程中，H-Oil 过程采用上流式沸腾床反应器，图 8-3为沸腾床渣油加氢裂化反应器示意图。

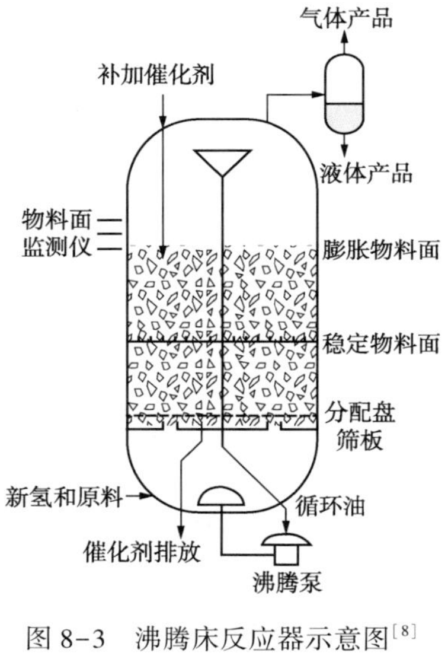

图 8-3　沸腾床反应器示意图[8]

同常规固定床系统比，沸腾床反应器有下列特点[15,21]：

● 操作比较灵活：能够处理劣质原料，如 VR、焦油、沥青油、塑料混合物和煤粉。

● 氢气和进料由反应器底部进入，反应器流出物由顶部离开。

● 由于过程采用小到 0.8mm 的挤条催化剂或者粉状催化剂流态化操作，即使在所处理的重质原料中存在无机固体，也能顺利操作，不存在固定床反应器会出现的压降增加、偏流和沟流现象。

● 反应器实现返混式等温操作：由于物流混合方式的原因，不用急冷氢，也能够控制激烈的放热反应。

● 转化率由反应温度和催化剂活性决定：其他操作变数，如氢分压、循环氢速率、空速和沸腾速率，通常是不变的。反应温度通过加热炉的加热强度控制。

● 对催化剂形状没有特殊要求：不需要专门的催化剂装填程序。

● 为了限制积炭：多数装置的脱硫率被控制在 70%～85%，渣油转化率被控制在 50%～70%。

● 老化的催化剂和新鲜催化剂可以连续或间断在线卸装，使系统能在活性平衡状态下操作，产品收率和质量稳定。

● 进料通过一个专用雾化器进入反应器底部头盖：雾化器能使反应物流均匀分布，然后通过专门设计的分布板，进入流化床。该分布板能使上流蒸气和液体进一步均匀化。

- 用沸腾泵，控制循环油流量：在反应器内，沸腾的液体被吸入一个位于催化剂床层界面上方几英尺的锥形斗中，以便确保进入内立管中和进入沸腾泵中的下流液体里不含催化剂。

- 反应器中催化剂流化床的高度同操作条件、循环氢流率、液体流率和流体的物理性质有关，如操作温度/压力、转化率、催化剂尺寸、密度和形状。

沸腾床反应器能处理金属含量超过700μg/g的重质原料。处理这类原料需要一定的催化剂藏量。由于催化剂颗粒小于1mm，容易流态化。

沸腾床反应器的关键技术是：重质原料和H_2由反应器底部进入，并且以足够高的速度向上移动通过分配盘，使筛板上的催化剂膨胀进入随机和紊乱运动状态。沸腾床层位于稳定物料面上方，通常超出稳定物料面35%。这个操作目标，通过循环泵实现，用密度检测仪监测。循环泵的吸入端位于反应器的顶部，一个经过改进的，能使气体从循环液体中完全分离出来的内循环杯，使重质原料的通过能力明显提高。

2. 膨胀床反应器的特点

膨胀床反应器是在沸腾床反应器的基础上发展起来的。在处理重质或劣质原料的加氢裂化过程中，LC-Fining过程采用膨胀床反应器，该反应器的特点如下[11,15]：

- 催化剂处于膨胀状态：类似流化态，催化剂分散均匀，适用于处理非常重的、金属含量高和含污染物多的原料，即使有一些固体颗粒随原料进入催化剂床层，也不会发生堵塞问题。

- 原料和循环瓦斯由反应器底部进入反应器：向上通过膨胀的催化剂床层，产品从反应器的顶部离开反应器。

- 使用0.8mm挤条催化剂，由于催化剂颗粒度比较小，其脱硫或裂化效率要比固定床使用的大颗粒催化剂高得多，超过75%。

- 能在装置运转过程中更新催化剂，使催化剂有稳定的活性，这对临氢加工过程来说是非常重要的。

- 过程采用上流返混式等温操作，有几个好处：每一粒催化剂在整个反应器床层都处于独立的运动状态，不存在偏流/沟流现象；即使在操作过程中放热反应产生大量热量，也不会引起温度失控；可以使用颗粒度很小的催化剂，即使用小到0.8mm(1/32in)的挤压成型催化剂或者粉状催化剂，也不会增加压降。

- 如果过程采用两台或三台反应器，几个反应器可以在不同的，经过选择优化的温度条件下操作，这样更能有效地利用反应器空间和催化剂容量。

- 膨胀床层的维持：除了要通过上升的原料之外，还要通过循环数倍的液体产品来完成，循环液体产品是用一台循环泵，通过一条穿过膨胀床层，一直通到反应器顶部的竖管进行的。

- 如果把全部因素(即使用小颗粒催化剂、等温操作、整个运转过程中固定温度、返混、每天加催化剂和稳定的产品质量)都考虑在内，在产品目标相同条件下，膨胀床反应器的尺寸，比固定床反应器的尺寸要小。

- 如果原料的终馏点高或者允许消耗更多的氢气，更能体现膨胀床反应器的优势。

3. 悬浮床反应器的特点

同固定床反应器、移动床反应器和沸腾床反应器比，悬浮床反应器的特点是[2]：

- 能处理各种劣质原料，包括油沙沥青等。
- 液体产品速率比较高，转化率超过 80%。
- 使用铝厂生产过程中产生的一种价格比较低的固体副产品作为加氢裂化催化活性固体。
- 结构简单，使用的材料比较特殊，内部不需要内部构件。
- 由于采用的反应温度比较高、停留时间比较长和催化活性固体的催化能力不足，产品质量比较低，需要进一步加氢处理，才能达到工业燃料的规格要求。
- 催化活性固体耗量大约为 0.5%(质)时，才能实现满意的转化率，也就是说，每天处理 10000t 重质原料的装置，就要消耗大约 50t 催化活性固体。这也说明催化活性固体的有效性存在问题。
- 存在大量低催化活性固体处理问题。

4. 沸腾床、膨胀床和悬浮床反应器的应用前景

不管怎么说，虽然能够处理劣质渣油的沸腾床反应器的应用前景看好，但是毕竟工业化程度低，经验欠缺，今后应当继续关注的几个方面包括[2,8,15]：

- 新一代催化剂技术，特别是能使转化率更高的催化剂和能使产品更稳定的催化剂。
- 废催化剂活性的重新恢复、再生和再利用问题。
- 新一代反应器，应进一步提高单程通过能力，补偿由于催化剂和氢气消耗高，发生的成本问题。
- 由于所处理的是颗粒状物料，会损伤反应器，因此选材时注意构成反应器材料的机械强度和耐磨性能。
- 为了确保系统的安全性，反应器的上下游设置了一些容器和设备，同移动床反应器类似，同固定床反应器比，需要更多的投资。

第一个采用沸腾床反应器的加氢裂化过程是由 City Services 和 Hydrocarbon Research Institute(HRI)联合开发的 H-Oil 过程，属 HRI(由 Texaco 和后来的 IFP 联合组成)公司的专利技术。而使用膨胀床反应器的 LC-Fining 过程是 City Services 同 Lummus 和 Amoco 联合推出的。根据对沸腾床反应器的需求逐渐增加(见图 8-4)，也折射出加氢裂化过程原料性质的变化。

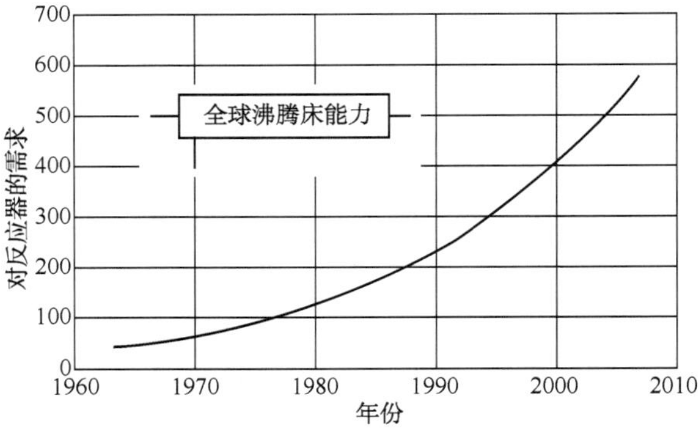

图 8-4　沸腾床反应器需求趋势[2]

使用重质油悬浮床反应器的加氢裂化过程和该过程独特的催化剂分散技术会对未来的炼油技术产生影响。重质油悬浮床反应器使用的催化剂有两种类型，水溶性的和油溶性的。在操作过程中，这两种催化剂都能够均匀分散。悬浮床反应器使用的催化剂的最大特点是分散后的催化剂有比较大的面积/体积比和比较高的活性。从目前在相关文献中公布的数据看，该反应器的应用前景看好。存在的主要问题是，过程产生的活性比较低的非均质固体粉末催化剂会进入尾油中，污染尾油[15]。

（三）保护反应器

固定床反应器设计的致命弱点是，当处理比较重的劣质原料时，即使使用很大的反应器（LHSV 在 0.5~1.5h^{-1}），催化剂寿命依然很短，常常是不超过 6 个月。

如果加氢裂化过程处理的原料中含有大量杂原子（特别是金属污染物），这些污染物会伤害催化剂。为了保护价格比较贵的主催化剂，加氢裂化催化剂和精制催化剂，必须在主催化剂之前增加预处理催化剂床层或反应器。这种位于主反应系统前面，用于保护后面主催化剂的反应器，被称作保护反应器。保护反应器主要有三种类型：固定床保护反应器、移动床反应器和流化床保护反应器。

保护反应器中的催化剂必须有较高的 HDM 活性和金属储存能力，能除掉原料中的大部分金属，保护和延长主反应器中主催化剂寿命。

促进新型保护反应器的出现和发展，主要有两个因素：

- 市场上有大量劣质原油或馏分油需要进一步用加氢裂化技术处理。
- 处理劣质原料的加氢裂化预处理催化剂需要快速在线更换。

1. 固定床保护反应器

在常规的，能够处理劣质原料的加氢裂化过程中，通常会采用两个方法保护价格比较贵的主催化剂：如果原料质量不是太差，可以在主催化剂前设预处理催化剂床层；如果原料质量太差，如金属含量太高，就要在主反应器之前设置固定床保护反应器。

在主催化剂前设预处理催化剂床层存在一个问题，当催化剂的活性和床层压降下降到一定程度时，必须停工把反应器打开，再把那些不能用的，积聚大量金属的催化剂撇出去，更换新催化剂，这会严重影响整个过程的经济性。

当所处理的原料金属含量比较高（>300μg/g）时，在主反应器前设置保护反应器是比较好的选择。保护反应器中装填的是原料预处理催化剂。用于原料脱金属的预处理催化剂的化学成分同加氢脱硫催化剂类似，但价格更便宜。如果催化剂的优化和选择正确，脱金属率可达 90%[15]。

在某些情况下，在保护反应器上游可以设一个或几个独立的比较小的“保护”反应器。这类保护器内装填的是经过选择的，价格更便宜的脱金属催化剂或固体材料，如，黏土和矿物质等。该保护器是在 HDM 模式下操作，其主要功能是除掉或过滤掉分散在劣质原料中的无机固体颗粒。如果保护器催化剂材料中含有适宜的多孔 γ-Al_2O_3，还可以从原料中除掉部分 V 和 Ni[2,18]。

还有一种能够处理高金属原料的“固定床轮换反应器”过程，该过程的特点是在主反应器前设两个保护反应器，轮流在线操作，另一个离线进行催化剂再生。保护反应器中装填两种催化剂，脱金属催化剂和裂化催化剂。主反应器中装填的是价格比较贵的，能够进行深度脱硫的加氢脱硫催化剂。这种流程的效率比移动床反应器的效率高，起码不存在催化剂磨损问题。

2. 移动床保护反应器

如果加氢裂化过程保护反应器中的废催化剂能够连续地以移动的方式从系统中排除，这类反应器就称作移动床反应器。1985 年由 Chevon 和 Gulf 联合开发的 Chevon RDS(渣油加氢脱硫)/VRDS(减压渣油加氢脱硫)过程和 Shell HYCON 渣油加氢裂化过程都使用移动床保护反应器。Chevon 用的保护反应器也称 OCR(催化剂在线更换)过程。Shell HYCON 过程使用的保护反应器称 bunker-flow 型移动床反应器。

移动床反应器的作用和特点是[12,22,41]：

- 使加氢裂化过程能够处理质量更差的原料。
- 能在操作过程中不停工连续或定期地装卸新鲜催化剂和废催化剂。
- 新鲜催化剂是由反应器顶部加入，废催化剂由它的底部，同反应流出物并流逐渐移出反应器。
- 流程复杂。
- 由于存在设备磨损问题，反应器需要特殊的结构材料。

3. 流化床保护反应器

当使用膨胀床设计时，第一反应器可以使用价格比较便宜的脱金属催化剂，成本只有 Co/Mo 催化剂成本的 5%，接下来的反应器可以使用选择性更好的加氢脱硫催化剂或加氢裂化催化剂。反应器配置见图 8-5。脱金属催化剂可以在线连续加入反应器。废催化剂上的钒载量高达 30%，可以用作回收金属钒的原料。

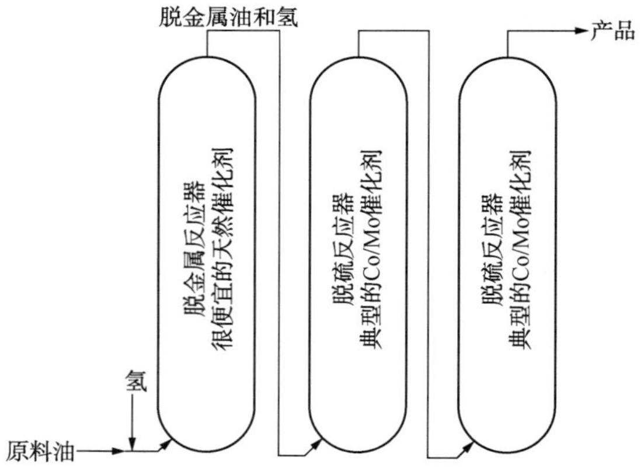

图 8-5　用于脱金属/脱硫的膨胀床反应器配置[11]

(四) 几种反应器生产的馏分油产品性质

有人以 Safania VR(见表 8-2)为原料，对使用不同类型反应器生产的产品收率和性质进行了比较(见表 8-3)。就产品中的污染物(如，硫、氮和 CCR)而论，固定床和移动床反应器是最有效的，接下来是沸腾床反应器。由于沸腾床反应器采用的温度比较高，产品中的石脑油和瓦斯油收率比较高。

表 8-2　Safania VR 性质[2]

项　　目	数　　据	项　　目	数　　据
密度/(kg/L)	1.035	CCR/%(质)	23.0
硫/%(质)	5.28	沥青(庚烷)/%	11.5
氮/(μg/g)	4600	V+Ni/(μg/g)	203

表 8-3　操作不同类型反应器得到的产品收率和性质[2]

项　　目	固定床/移动床	沸腾床	悬浮床
石脑油			
收率(对原料)/%(质)	1~5	5~15	10~15
密度/(kg/L)	0.71~0.74	0.71~0.72	0.72
硫/%(质)	<0.01	0.01~0.2	0.06
氮/(μg/g)	<20	50~100	200
瓦斯油			
收率(对原料)/%(质)	10~25	20~30	40~45
密度/(kg/L)	0.850~0.875	0.840~0.860	0.866
硫/%(质)	<0.1	0.1~0.5	0.7
氮/(μg/g)	300~1200	>500	~1800
减压瓦斯油			
收率(对原料)/%(质)	20~35	25~35	20~25
密度/(kg/L)	0.925~0.935	0.925~0.970	1.010
硫/%(质)	0.25~0.50	0.5~2.0	2.2
氮/(μg/g)	1500~2500	1600~4000	4300
VR			
收率(对原料)/%(质)	30~60	15~35	10~20
密度/(kg/L)	0.990~1.030	1.035~1.100	1.160
硫/%(质)	0.7~1.5	1~3	2.7
氮/(μg/g)	3000~4000	>3300	11000
沥青(庚烷)/%	5~10	>20	26

二、反应器的设计

在所有加氢裂化过程设备中，反应器的设计无疑是最重要的。不管是下流式固定床反应器还是上流式流态化反应器，设计师的设计理念、材料的选择、结构尺寸的确定都会影响反应器的安全运行、使用寿命和催化剂性能的发挥。

下流式固定床反应器的设计技术是最成熟的。下流式固定床反应器的特点是：原料在反应器的顶部进入；产品在反应器的底部离开；催化剂固定在反应器中；氢气和原料并流向下通过催化剂床层。图 8-6 为下流式固定床反应器示意图。

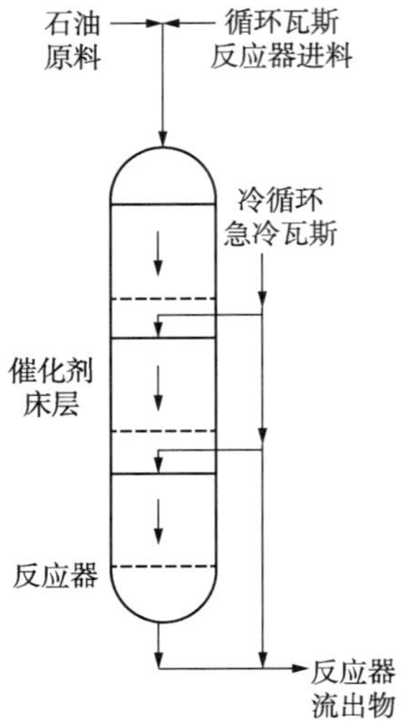

图 8-6　下流式固定床反应器示意图[11]

加氢裂化总的说来是放热反应，温度从每个催化剂床层入口到出口都是上升的。随着氢气的大量消耗，温度会迅速上升。为了控制温升，必须在反应器中部注入急冷氢。催化剂被分成几个床层。从每个催化剂床层出来的流出物，被急冷到下一个催化剂床层的入口温度。不管是一个反应器还是几个反应器都是如此。

在设计反应器过程中，除了要根据反应器所处的操作环境(温度、压力和腐蚀性物质的浓度等)，选择材料之外，还要确定桶体的厚度和每个部件的结构尺寸等。

影响固定床反应器的体积、厚度和高低的因素有：装置处理量、催化剂活性和用量、开工时间、原料密度和体积空速。催化剂的体积和反应器体积计算式如下：

催化剂的体积=装置处理量/(开工时间×密度×空速)

反应器体积=催化剂用量/有效利用系数

反应器的有效利用系数根据内部结构(是否分层和是否有内部构件等)决定，通常在0.5~0.8[24]。

反应器的长径比主要根据以往的操作经验、床层压力降、是否需要安装内部构件等因素决定。通常，长径比在4~9，催化剂床层厚度在4~6m或更高，最厚的接近12m。

反应器壁厚主要取决于材料性质、操作压力和材料所处的环境(如腐蚀性等)。工业上使用的反应器壁厚有的已经达到30cm，内径已经超过4.9m。

在同一个加氢裂化反应器中，通常有几个分开的，相对独立的催化剂床层，催化剂床层数和厚度取决于床层的设计温升幅度。通过每个床层的最大允许温升幅度可以界定每个催化剂床层的高度[17]。通过最高允许温度，可以确定加氢裂化装置的操作模式。为最大量生产石脑油而设计的允许最高温度，同为最大量生产中馏分油而设计的允许最高温度，是不一样的。为最大量生产石脑油操作的典型反应器有四个或六个床层。为生产中馏分油操作的反应器，有三个或四个床层。工业催化剂床层高度可达到6m。如果处理的进料是直馏油，典型的预处理反应器，通常设两个或三个床层；如果进料中含有比较多的裂化油料，床层数可达到五个。层间引入冷氢气的主要目的是控制反应器温度。

设计沸腾床反应器(见图 8-7)时，必须为催化剂床层中的催化剂颗粒之间留有足够的自由空间，使进入反应器的固体通过床层时，即不会产生固体颗粒堆积和堵塞，也不会提高系统压降。在沸腾条件下操作的催化剂颗粒直径，不应大于 1mm。使用这种规格的催化剂颗粒，扩散速度高，有利于改善反应速率，可以明显提高催化剂利用率。采用沸腾床反应器操作，可以根据需要，在高转化率条件下操作，也可以在低转化率条件下操作。

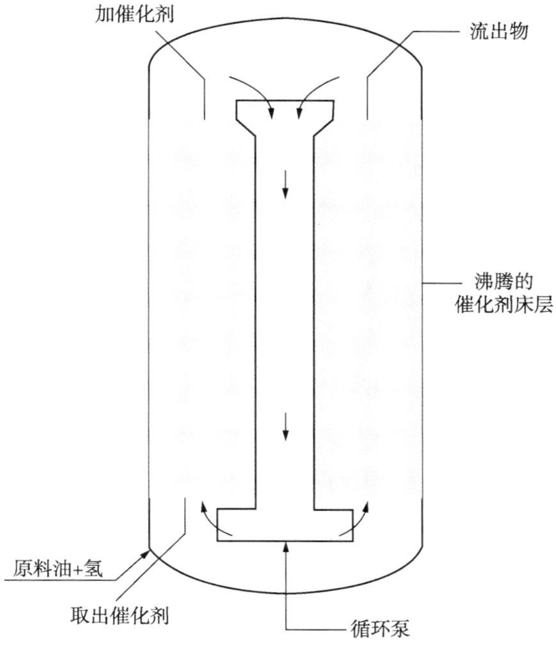

图 8-7　沸腾床或流化床反应器示意图[12]

三、反应器内部构件

近 20 年来，加氢裂化技术进步显著，主要表现在两方面：催化剂和催化剂系统的进步；反应器方面的进步。反应器方面的进步主要体现在两方面：除了能够处理劣质原料的，催化剂流动模式变化比较大的流化床反应器的发展之外，就是固定床反应器内部构件的开发和应用。

加氢裂化反应器是加氢裂化过程的核心设备，而反应器内部构件是能够帮助反应器充分发挥催化剂效能的关键部件。也就是说，反应器及其内部构件的选择、设计和应用，直接关系到能否充分发挥催化剂效率。

在工业上应用比较多的滴流床反应器，大部分都安装防止偏流或沟流的塔内部构件。如果不安装内部构件，物流就可能产生偏流、沟流、短路和热斑现象，降低催化剂和反应物料的接触效率。例如，在生产 ULSD 时，如果有 0.1%的流体旁路通过反应器催化剂床层就会导致产品硫含量超出规格要求。图 8-8 为偏流或旁路对脱硫性能的影响。影响物流分布的主要因素是原料的质量流速、反应器的长径比和分布器性能。

催化剂在加氢裂化过程中的重要性是不容置疑的，如果催化剂的效率低，将直接影响加氢裂化装置的进料转化率、产品分布、产品质量和运转周期。这也是国外各大石油炼制公司

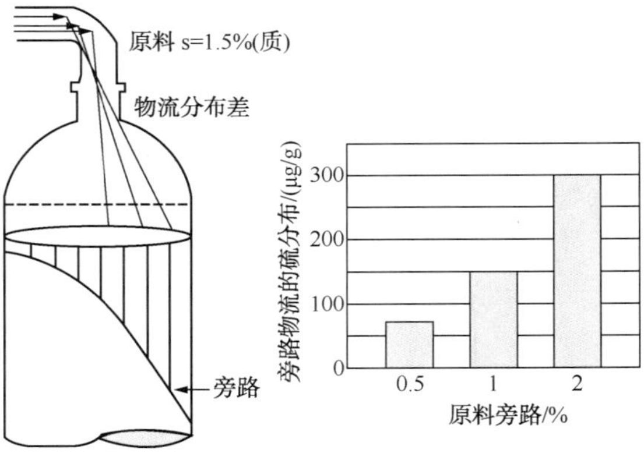

图 8-8　偏流旁路对脱硫性能的影响[14]

对加氢裂化过程反应器及内部构件的选择、设计和操作十分重视的原因。

在反应器催化剂床层之间安装合适的内部构件有下列好处[15,21]：

- 能更好地发挥催化剂的效能。
- 对物流进行重新分布，避免发生偏流、沟流和短路现象。
- 引入急冷氢，控制催化剂床层温度，降低催化剂床层径向温差，稳定操作。
- 改善操作环境，延长催化剂运转周期。

有的反应器，在它的被遮挡的入口仓内侧，刚好在反应器入口喷嘴的下方，安装锥形体分布器。在入口仓的下方，在进料进入第一层催化剂之前，先通过一块用于进一步提高分布效率的孔板和分布塔盘。安装这些内部构件之后，不仅改善了流体分布，还能捕获进入反应器的颗粒物。除了反应器入口设置内部构件之外，在反应器催化剂层间也安装内部构件，典型结构和作用如下[14]：

- 金属丝网栅盖住的催化剂支撑篦条：用于支撑第一床层催化剂。
- 急冷氢注入环：可以使急冷氢均匀分散进入床层热反应介质中。
- 孔板：用于急冷反应混合物的粗分布。
- 分布塔盘，用于急冷反应混合物进入下一床层之前的细分布。
- 催化剂卸料管，通过层间内部构件，连接各个催化剂床层。

下面介绍的是几种正在使用的固定床反应器内部构件。

（一）UOP 加氢裂化过程固定床反应器内部构件

在 UOP Unicracking™和 Unionfining™专利技术中，有两部分是比较关键的：一是催化剂技术；二是反应器内部构件技术。利用好这些技术，就能够提高或改善反应器操作。

UOP Alliance 反应器内部构件的设计是在大量的数学模型、计算机模拟、冷流体实验、工业实验和丰富的操作经验(300 多套临氢加工装置和数千万小时操作时间)基础上完成的。UOP 的反应器内部构件的核心部件是 Alliance D-Plex™气/液分配盘。该分配盘和其他辅助内部构件一起构成 UOP 反应器内部构件技术的核心。UOP 反应器内部构件主要包括下列几部分[5]。

1. 入口分配器

反应器入口分配器的作用是：消减反应物流对反应器的冲击，对流经反应器横截面的流体进行预分布，在RLDT(顶部液体粗分盘)上建立一个液面。入口分配器位于反应器人孔，在装置停工期间可以比较容易地吊出来。

2. 液体粗分盘

液体粗分盘位于D-Plex^{TM}气/液分配盘的上方，它有几个作用：防止离开入口分配盘(或者催化剂内床层急冷段里面的混合箱)的任何残余流体的冲击；按用户要求设计的每块RLDT都能维持最佳液面，同时在它的外环周围通过蒸气进料；设计的RLDT同D-Plex^{TM}气/液分配盘严密配合，使液体均匀地流过整个反应器横截面。

3. D-Plex^{TM}气/液分配盘

起气/液分配作用的D-Plex^{TM}气/液分配盘，在理想条件下，盘面是水平的，气/液比是稳定的，多数情况下分配器部件的性能是令人满意的。

实际上，由于制造和安装上的误差、水平坡度、液面波动和由操作引起的分配盘的自然变形，分配盘的水平度总会有变化。另外，在操作循环期间，由于气/液比的变化，分配盘顶上的压力和液位高度也会产生变化。

同泡帽和立管式分布器比较，D-Plex^{TM}分配器能使液体分布得更均匀，D-Plex^{TM}分配器对由气/液比变化引起的压差不敏感。穿过D-Plex^{TM}气/液分配盘的压降非常低，可以在蒸发速率高于设计值的条件下操作。另外，D-Plex^{TM}分配器的烟管式设计能够防止液体直接通过每根立管的顶部。D-Plex^{TM}分配器的液孔式样，有助于改善整个液面分布，使液面分布范围比泡帽和立管式分布器更宽，同时提高了抗垢能力。同泡帽和立管式分布器比较，D-Plex^{TM}气/液分配盘允许有一些积垢，这可以延长它的可操作时间。

除了特殊分布器的设计，D-Plex^{TM}气/液分配盘还进行过总体优化。分布器的空间增大，使分布器之间的横向流动最大化，同时维持经过优化的滴落点密度。这种设计导致分布盘和分布盘出口的流体能够均匀地散布到催化剂床层上。分布器空间增大，也使对它的维护和清洁更容易。

UOP可以按用户的不同要求和操作条件进行定制设计，以便确保流体均匀地通过分配盘。

4. 催化剂支撑架

催化剂支撑架，用来固定催化剂，使催化剂颗粒之间空间最大化，避免催化剂堵塞。催化剂支撑架还能把催化剂床层中的死角降到最小，提高催化剂使用效率。

5. 急冷段

急冷段采用的是已经工业化的UOP“离心式混合”设计，由液体收集盘和混合箱组成。急冷氢通过急冷分布盘，进入工艺流体中。急冷分布器的设计，已经通过大范围冷流模拟/实验和CFD(计算流体力学)评估。CFD软件是计算流体力学软件的简称，是专门用来进行流体流动分析、计算、预测的软件，是CAE(计算机辅助工程)领域中的一个分支。

离心式混合急冷段设备同D-Plex^{TM}气/液分配盘的有效结合，能很好地实现催化剂床层之间的热混合和再分布。

液体收集盘上的液体和蒸气进入离心混合箱，离心混合箱是为促进液体混合箱内侧的液体混合而设计的。混合箱的液体然后流到RLDT上。

6. 出口收集器

出口收集器是圆桶型设计，能使催化剂利用率最大化和减少催化剂堵塞，并能基本上消除沟流现象。

（二）Shell 公司的加氢裂化装置反应器内部构件

Shell 公司认为，加氢裂化装置反应器的操作性能除了取决于使用的催化剂系统之外，还与反应器内部构件的设计有关。反应器内部构件的设计不仅影响反应器内的气液分布，还影响催化剂的使用效率和寿命，进而波及整个装置的经济性。

Shell 在它的 DPRC 加氢裂化反应器内设置内部构件，目的是改善反应器末端裂化催化剂床层的效率。新设计的反应器内部构件特点如下[32]：

- 构件采用 UFQ(Shell 的超平淬火)技术进行处理。
- 位于内床层的预分布盘和高分布盘，能改善器内物料分布，解决催化剂床层径向温度梯度问题，提高催化剂使用效率。
- UFQ 技术的应用，能使催化剂装填量增加，能在更高的温度条件下操作。

（三）CLG 的 ISOMIX 反应器内部构件

CLG 为改善加氢裂化操作而设计的 ISOMIX 反应器内部构件有下列特点[21]：

- 收集器托盘：是反应器内部构件的关键部件，托盘中心有一个大的如图 8-9 所示的泡帽，专用挡板环绕泡帽。冷的急冷氢由 ISOMIX 收集盘上进入，并充分地同来自上床层进入中间床层的热瓦斯和液体混合物混合。所有流体都以涡流和冷热瓦斯与液体混合的形式流经挡板。混合好的瓦斯和液体，然后进入位于中心的泡帽。在升气管的内外侧，安装有挡板进一步提高混合效果。泡帽周围的专用溢流堰用于破碎和分散溢流堰挡住的液体。

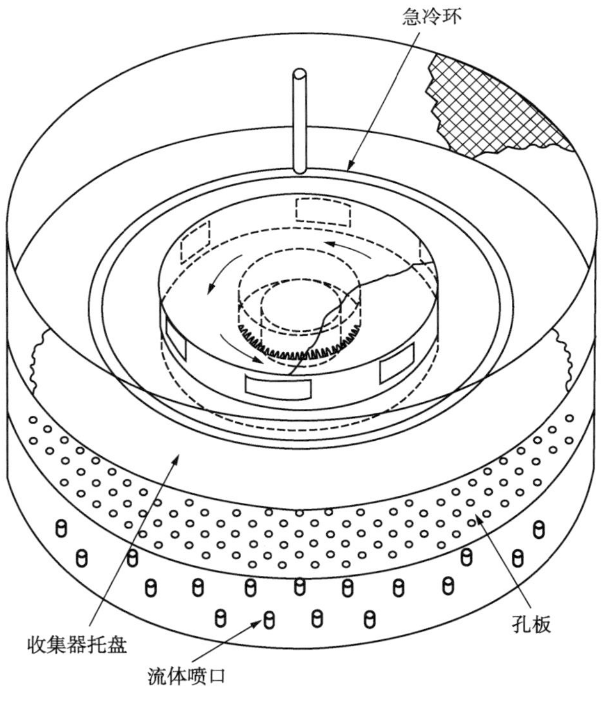

图 8-9　ISOMIX 反应器内部构件示意图[14]

- 第二个关键部件是如图 8-10 所示的混合流喷口：能够在气液速率比较宽的范围内，

使气液均匀地分布于催化剂床层；能够使气液更好地混合和热交换；能够更好地适应分布器托盘的水平度误差；同其他设计比，能够在压降低得多和反应器长度比较短的条件下实现物流混合和重新分布；能够使气液混合物持续雾化，使催化剂效率和利用率更高。

- 能够使催化剂层间反应物，混合得更好。
- 能够使新的或改造过的反应器，适应新的高活性催化剂。
- 能够使高活性催化剂床层的反应温度更均匀，减少由热斑产生的风险。
- 压力降比较低，占用反应器的空间比较小。

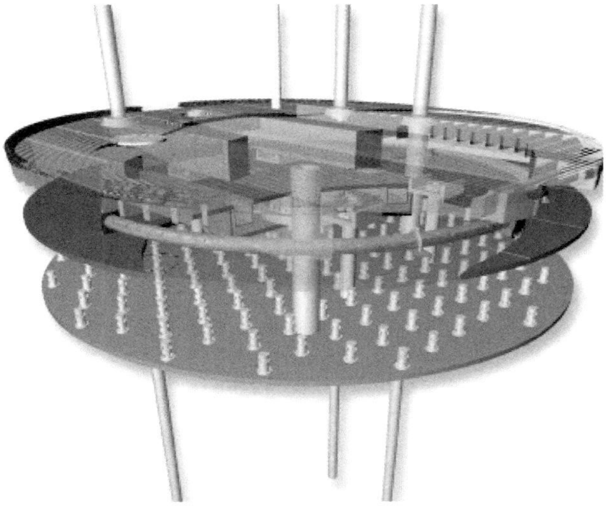

图 8-10　ISOMIX 设计中的混合流喷口[14]

ISOMIX 反应器内部构件已经用在许多 ISOBRACKING 装置中。图 8-11 为加氢裂化反应器温度分布图，该反应器采用的是带有圆形孔板的 ISOMIX 大中心泡帽。改造过程中，没有用混合流体喷口更换现有的升气管式分布器。通过这次改造，催化剂床层温度分布得到明显改善，产生 8.4℃的效益。

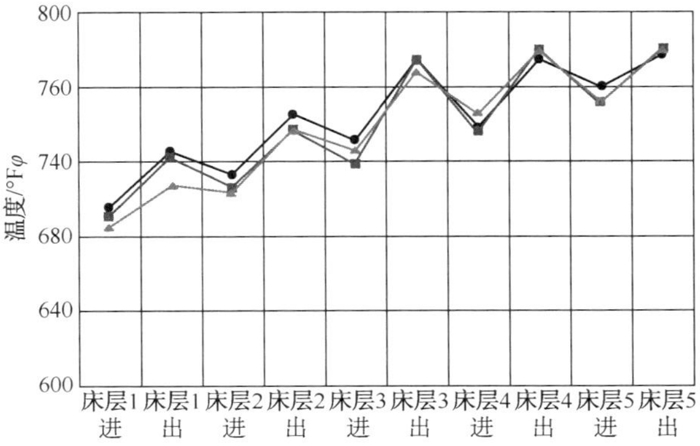

图 8-11　反应器温度分布图[14]（带有圆形型孔板的大中心泡帽）

① $t_F(°F)=\frac{9}{5}t(℃)+32$，下同

(四) Topsor 公司的固定床反应器内部构件的应用

Topsor 认为，为了维持更高的产品质量，处理更多的劣质原料，延长装置的运转周期和提高催化剂效能，在反应器内设置内部构件是个很好的选择。如果是老装置改造，由于操作强度更苛刻，安装反应器内部构件显得尤为重要。

Topsor 公司于 1994 年开发了一套用于研究和改进固定床反应器内部构件的程序。该程序不仅能够评价正在操作的反应器内部构件的性能，还能够明显提高反应器内部构件设计水平。表 8-4 为 Topsor 公司已经完成的反应器内部构件改造项目。

表 8-4 Topsor 公司已经完成的反应器内部构件改造项目[22,49]

公 司	位 置	原 料	能力/($\times 10^4$t/a)	启动时间/a
Agi10etroli	Livorno, Italy	LVGO/GO/芳烃抽提	46	1998
Agi10etroli	Livorno, Italy	LVGO/GO/芳烃抽提	127	1998
Agi10etroli	Gela, Italy	LCO/LCGO/LGO/煤油	94	1996
Cepsa	Algeciras, Spain	直馏瓦斯油	25	1998
KNPC	Kuwait	常压渣油	178	1996
Phillips Petroleum	Borger, TX	柴油/LCO	102	1996
Star Enterprise	Delaware City DE	LVGO/LCO/焦化馏分油	81	1998
Star Enterprise	Delaware City DE	LVGO/LCO/焦化馏分油	152	制造
Koch Refining	Saint Paul, MN.	直馏瓦斯油	91	1998
Undisclosed	Scandinavia	直馏瓦斯油/裂化瓦斯油	127	1998
Syncrude	Canada	重裂化瓦斯油	381	A. I.
Syncrude	Canada	重裂化瓦斯油	381	制造
BAPCO	Bahrain	直馏柴油/LCO	122	A. I.
Mazheikiai	Lithuania	GO	244	1998
DEA Mineralòl AG	Germany	LCO/VBGO(减黏裂化瓦斯油)/TCCGO(TCC 瓦斯油)	41	工程
Statoil	Denmark	TCCGO/直馏瓦斯油	66	工程

(五) 用单板式分布器能增加反应器体积

实际上，并不是反应器内部构件越复杂或安装的数量越多越好，显示反应器内部构件性能的关键指标是它的使用效率。Dr. Meena Marafi 认为，如果能够改善内部构件的气液分布效率，就可以减少这类分布塔盘的使用数量，如此可以大大增加催化剂装填数量。例如，只使用一块经过特殊设计的高效 HD 塔盘的固定床反应器，可以使反应器体积增加 30%。反应器体积的最大化，可以提高反应器操作效率。类似的专利技术例子有很多，图 8-12 为其中的一个。

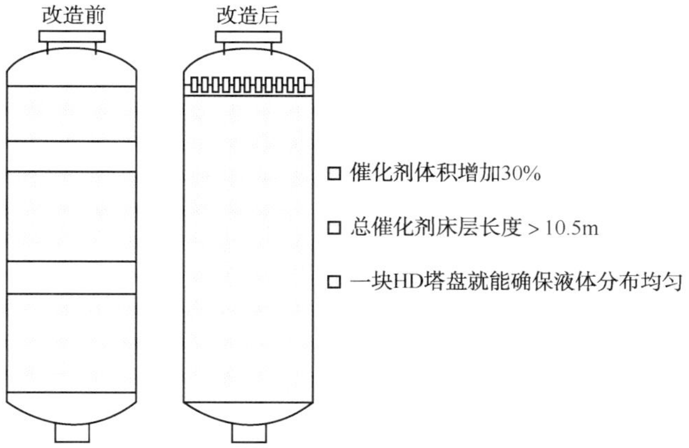

图 8-12　反应器改造前后体积的变化[2]

四、反应器的温度/压力控制系统

加氢裂化过程总的说来是放热反应，温度的有效控制非常关键。如果操作过程中没有取热措施，催化剂床层温度将升高。严重时会导致设备和催化剂损伤。在加氢裂化过程中最常用的方法是，在催化剂床层之间注入急冷氢，控制催化剂温升。

如果催化剂床层温度不平衡，会导致同一床层存在不同的反应速率，其结果是催化剂失活速率不同，更糟糕的是有可能发生温度漂移。

正常情况下，如果过程使用的是单床层反应器，设计温升应控制在20~40℃。如果总发热量大，可以把催化剂分成几层，层间安装能够注入急冷氢的内部构件，把层间温升维持在20~30℃范围内。急冷介质通常使用循环氢或冷油，多数情况下采用循环氢。例如，直馏馏分油加氢脱硫催化剂床层多分成2~3个，温升幅度不超过50℃。

有一些公司或催化剂制造商可以提供能够改善催化剂床层之间气/液分布的设施，这些设施多数属于专利技术。如果气/液分布设施设计和安装得正确，都有比较好的效果。把反应器中的催化剂分成几个床层，层间设能够注入急冷氢的内部构件有下列好处[10]：

- 冷却热反应流体，使催化剂床层径向温度梯度最小，分布更均匀，避免超温，使装置能在安全和稳定状态下运行。
- 把流体有效地混合后，均匀地分散到下一个催化剂床层，改善进入下一个床层的流体质量流量分布。

能够影响催化剂床层温度的另一个重要参数是液体回流。气体质量回流实际上对液体分布没有任何影响，液体质量回流量是否合适，是能否避免在催化剂床层中发生恶性分布的决定性因素。推荐的液体质量回流量为9080kg/(h·m^2)。不推荐在液体质量回流量为6810kg/(h·m^2)以下条件下操作。

在高温/高压条件下操作的加氢裂化装置，由于安全方面的原因，对过程的温度和压力控制要求很高。有时，一个温度出现波动，需要几小时才能恢复正常；如果压力失控，则需要几天才能恢复正常操作。

加氢裂化是放热反应，即使加热炉和急冷控制系统出现小小波动，也会使整个装置迅速处于紧急转态。因此，温控系统的设计、管理和操作是非常重要的。

在加氢裂化装置改造过程中，采用安全、可靠和更先进的温度和压力控制系统，能大幅度提高装置的可靠性和效益。

（一）常规温度/压力控制系统和控制策略的差距

过去的 20 年，加氢裂化反应器的控制策略是安装自动减压系统和使用 MPC（多变量模型预测控制）系统。实践证明，虽然这些技术在实际应用过程中起了很重要的作用，但是在温度和压力控制方面仍有不足。

图 8-13 为常规加氢裂化反应控制系统配置图。该系统的特点是：

- 原料和氢气混合后进下流式固定床反应器。
- 反应器中装填的催化剂分成几层。
- 足够量的急冷氢，由反应器中部，进入催化剂床层。
- 能够在温度失控时报警。

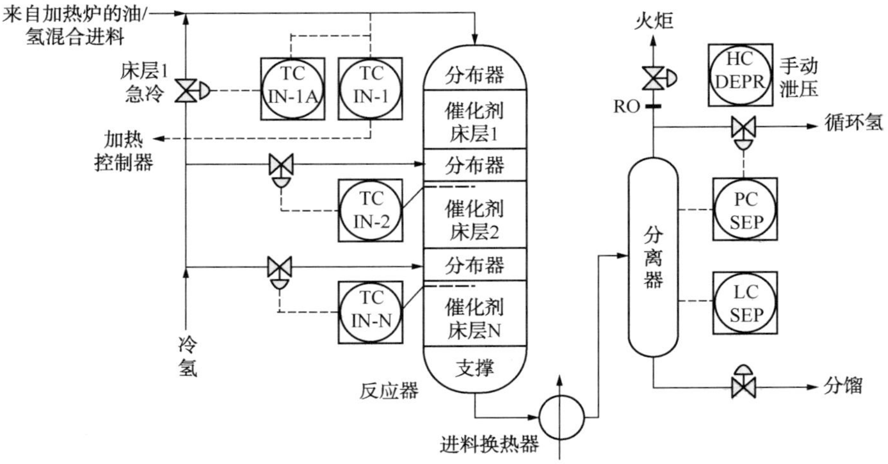

图 8-13　常规加氢裂化装置反应控制系统配置图[17]

当放热反应发生热失控时，使用该系统可以自动泄压，抑制反应温度上升，防止反应器爆炸和金属材料受损伤。放热反应的放热量，突然增加时，温度往往会在几秒之内升高几十度。工业实践表明，当出现这种情况时，用手动操作降压系统很难实现安全平衡过渡。

自动泄压系统使用的是，比较可靠的热电偶温升监测系统和经过改进的超温和温控处理技术。实现自动泄压控制的难点是要求该系统的反应速度必须比手动系统快，不到危急关头，尽可能地不启动泄压操作。因为反应器泄压会带来许多问题，再次恢复操作需要很长时间，这会给炼油厂带来比较大的损失，损失内容包括[17]：

- 经济方面的损失。
- 影响其他装置的正常运行。
- 反应器及相关设备的热性质和机械性质可能发生改变。
- 违规排放会对环境造成影响。

该系统的核心是一些操作参数不与自动泄压关联，而是一开始就做好超温控制，避免出现需要启动自动泄压系统的条件。经过改进的 MPC 技术，虽然能平衡反应器床层温度，控制床层加权平均温度(WABT)和协调反应器与分馏系统的操作，但是反应速度慢、可靠性比较差。而加氢裂化反应器需要的控制系统是，在超温出现之前，就能迅速做出反应，这样才能避免由超温引起的泄压操作。

（二）导致反应器超温的原因

加氢裂化过程的设计和操作人员都应当知道哪些因素会引起反应系统超温。在进行反应控制系统设计时，就要针对每一个因素，精心设计，避免出现超温现象。通常，导致反应器超温的原因有[17]：

- 原料油进料速率下降：原料油泵突然停运，如果不实施快速冷却，将导致严重超温，实际上，由于停留在催化剂床层上的原料油会持续裂解，即使采取冷却措施，成功的概率也不高。
- 加热炉操作失控：炉温过热，燃料波动，通风或氧气量不正常，会导致超温。
- 反应器入口或催化剂层间急冷和再分布器失效：导致流体分布不均匀，流量过低的地方会出现超温，产生“热点”。
- 生产条件发生变化：如果反应器进料速率、进料类型或转化率发生变化，超出允许范围，会导致超温。
- 操作失误：加氢裂化装置处理的原料品种和产品类型比较多，如果操作失误，也可能出现超温现象。

（三）多层控制技术

图 8-14 为加氢裂化反应器控制模型，根据该模型设计的控制系统，具有标准的操作目标和优化功能，可以预防泄压和超温，实现安全操作。层间重叠设计理念可以增强控制系统的可靠性。例如，如果发生超温，通过 4、3、2 层操作，就可以控制或抑制温度上升。4 层或 4 层以下为基础层控制系统。

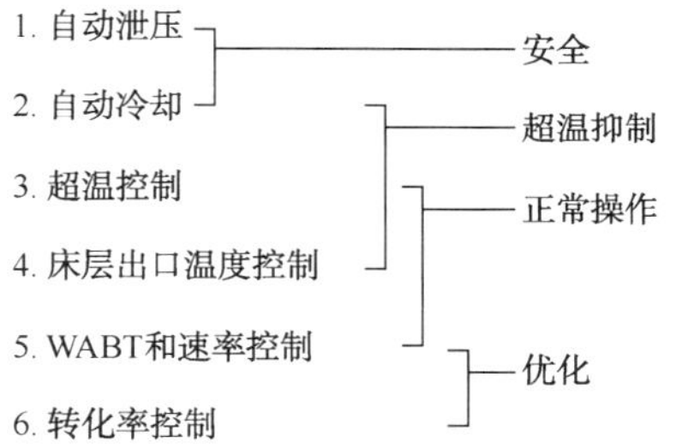

图 8-14　加氢裂化反应器控制模型[17]

设计高温自动泄压系统时，必须包括的内容是：在 SIS(安全仪表系统)或 DCS(分布式控制系统)中，采用自动泄压技术，如何有效地处理床层出口热电偶显示的反常温度，避免发生危害更大的泄压事故。

当温度超过限制温度时，自动冷却阀就应当开启，防止出现泄压。自动冷却系统，在原料油泵停止工作或加热炉操作失控之前，就应当提前启动。自动冷却系统，应当象其他安全功能一样具有优先权，但是不能控制过度，否则会延长恢复时间。自动冷却系统能够为避免出现泄压，提前启动，也能够避免出现不必要的启动。自动冷却系统不能被人工干涉，优先权应高于手动冷却控制模式。自动冷却系统属于 DCS 控制技术，它是炼油厂自动控制最重要的功能之一，是防止降压的最后一道屏障。

超温层控制系统由一些传统的 ARC(先进管理)技术组成，这些技术用在催化剂床层入口、出口和加热炉控制系统。一个重要的改进是床层 1 冷却阀(图 8-13 中的 TC-IN-1A)改成床层出口温度控制器(图 8-15 中的 TC-OUT-1A)，其开关动作与加热炉控制相协调。该控制阀的重要性在于，如果配置不当，会导致操作过程中不能对超温做出反应，甚至还会出现加热炉供热增加。

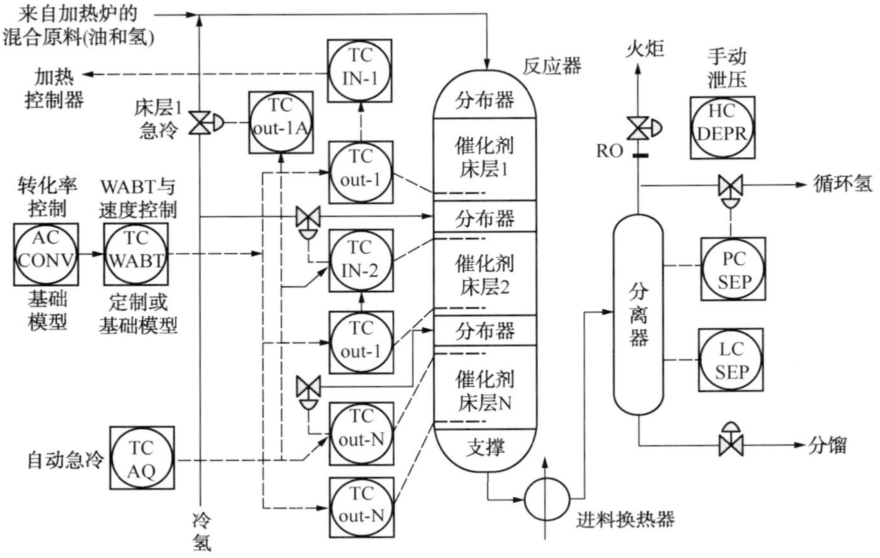

图 8-15　经过改进的加氢裂化反应器控制系统流程[17]

加氢裂化过程是放热反应，而以往设计的反应器有些没有反应器出口控制，在这种情况下，一旦 MPC 关闭或失灵，就可能导致超温。如果设置出口控制，就可以提高床层出口温度、WABT 和转化率的稳定性。

在新模型(图 8-15)中，采用基于 MPC 的 WABT 控制技术，不仅对入口进行控制，对床层出口也进行控制。设置出口控制的好处是，既可以提高基础层的稳定性，也可以控制超温，MPC 只用于传统的 WABT 控制和限制管理。

(四) 反应器温升趋势图

超温通常指的是反应器实际温度与近期波动最高值之差。稳定状态下，该值应为零，在正常运转条件下(不会出现超温)，变化率应小于 2.78℃/h。

现代加氢裂化反应器每个床层安装 12 个以上热电偶，其中温度最高的用于报警。图 8-16为一个两段加氢裂化过程反应器最高床层温升变化趋势(实例)，纵轴为超温幅度(5℉)。

从图 8-16 显示的数据看，温升低于 1℉属于正常操作，每日都在发生。温升在 1~2℉间的发生频率可能是一日，也可能是一周或一个月，其长短取决于过程的操作水平。温升如果超过 2℉就应当视为比较严重，就应当查明原因，这有利于提高控制水平。

图 8-16 提供了一个有意义的衡量标准，从中可以看出过程的运转质量。如果对控制过

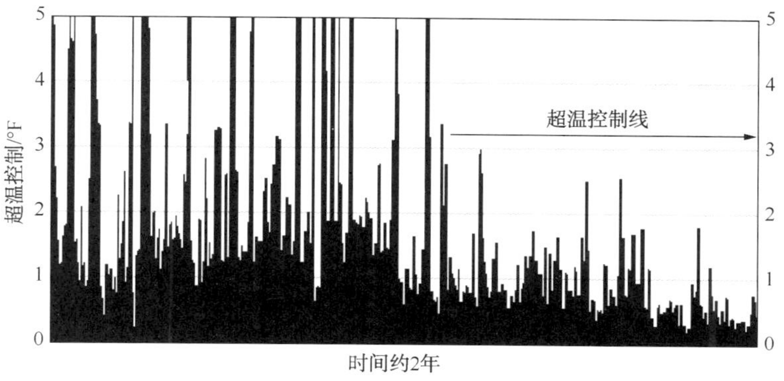

图 8-16　两段加氢裂化过程反应器最高床层温升变化趋势[17]

程加以改进，超温频率和幅度会越来越小。如同其他安全标准一样，温升频率和幅度的微小上升，都预示着可能会发生温度失控和泄压。如果有一张如图 8-16 那样的加氢裂化超温幅度趋势图显示在大型控制屏幕上，对改善控制水平会大有益处。

（五）需要强调的几点建议

控制加氢裂化反应器催化剂床层超温的原则是：在任何情况下，都能利用冷却和加热等方法控制系统温升，避免系统达到泄压的程度或条件。

带有标准 DCS 功能的 2~4 控制层的实施，不仅能提高控制系统的可操作性，还带来经济与工程方面的效益。DCS 控制方法与传统的串级控制方法类似，其操作人员不需要特殊培训。有一点需要强调，MPC 不能提供全面的关键温升控制、预防泄压和自动冷却功能。

从设计、危险性和可操作性角度讲，最好把 MPC 当成一个渐进的强制性推进器，而不能把它当成可靠的干扰处理器。对于任何过程来讲，认识这个区别是非常重要的，特别是对于加氢裂化反应器来说，几分钟之内它就会从一个正在平稳操作的反应器变成一个没有压力的反应器。

在炼油厂中，除了加氢裂化之外，其他大多数装置都不会在如此短的时间内迅速达到危险状态。因此，对于加氢裂化装置来说，除了要实现生产目标最大化之外，还要在比较复杂的操作环境下，避免操作参数(如温度和压力)达到极限值。

第二节　加氢裂化分离设备

加氢裂化过程分离系统主要包括两类设备：分离器和空冷器。这些设备不仅处于高温高压条件下，尤其是空冷器，由于它的操作环境恶劣和变化大，如果操作得不好，会出现一些比较难处理的问题，如腐蚀问题和堵塞问题。

一、加氢裂化分离系统

反应器流出物的分离系统有几种不同的设计方案，通常配置 1 到 4 台分离器。工艺流程在两套装置之间可能有很大差别。改变流程，就能够改变流体组成，也能够改变潜在的腐蚀和积垢位置。因此，弄清楚分离系统设计，对工艺流体组成的影响是非常重要的。

下面列出的是分离系统的几种流程类型和功能：

● CHPS 或 CHPS/CLPS(冷低压分离器)系统：流出物通过一系列进料/流出物换热器和空冷器冷却。洗涤水在空冷器上游注入。温度为 32~49℃的冷流出物在 CHPS 中分离。从流出物中放出的酸性水含大量 NH_3。放出的液体烃，送蒸馏段(见图 8-17)。在某些装置中，高压烃液体和酸性水被闪蒸，在液体烃送蒸馏段之前，先进入 CLPS，见图 8-18。

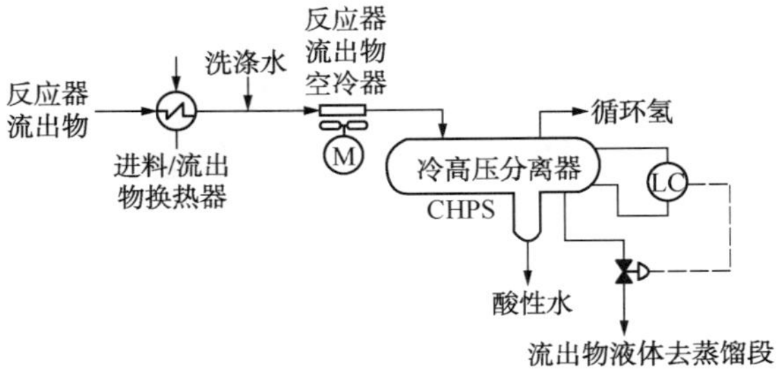

图 8-17　使用一台 CHPS 的工艺流程[19]

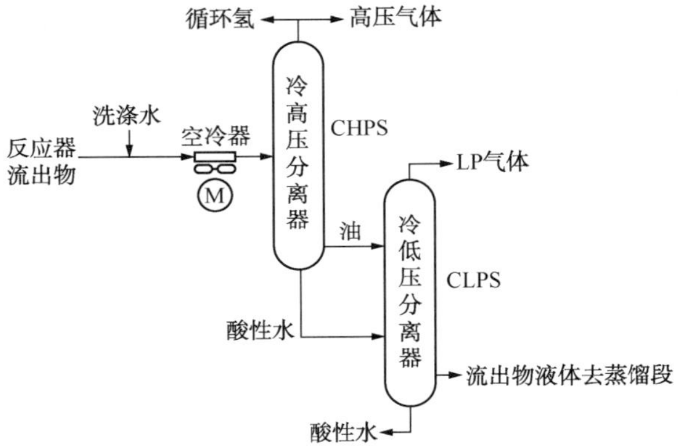

图 8-18　使用 CHPS 和 CLPS 的工艺流程[19]

● HHPS/CHPS 系统：流出物，在冷到 204~288℃之后，进入 HHPS。HHPS 蒸气，在空冷器上游，进行水洗。在空冷器下游，用一台 CHPS，除掉酸性水。HHPS 液体中含有溶解的 NH_3、H_2S，也可能含有 HCl，这些物质会腐蚀蒸馏塔下游的塔顶设备。流程见图8-19。

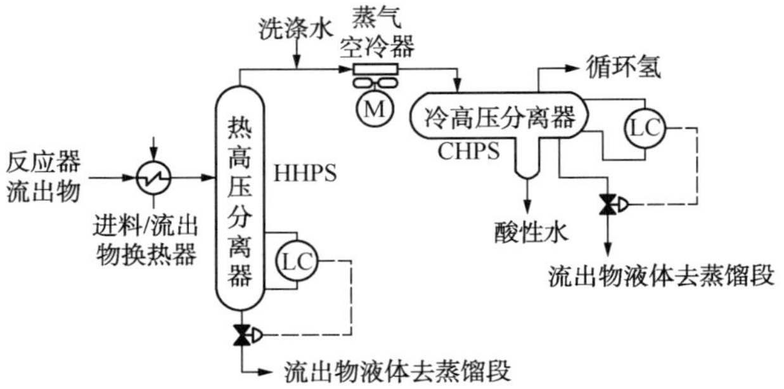

图 8-19　使用 HHPS 和 CHPS 两台分离器的工艺流程[19]

● HHPS/CHPS/HLPS(热低压分离器)/CLPS 系统：流出物被冷却到 204～288℃之后，进入 HHPS。HHPS 蒸气，在空冷器上游，注水之前，通过壳-管换热器。在空冷器下游，用一台 CHPS 脱掉酸性水。HHPS 液体通过一个控制阀，降压。液体中的气体在一台 HLPS 中闪蒸分离。含 NH_3、H_2S 和 HCl 的 HLPS 蒸气，在空冷器上游，注水。用一台 CLPS 脱掉酸性水。由 CHPS 出来的烃液体，通常送 CLPS。流程见图 8-20。

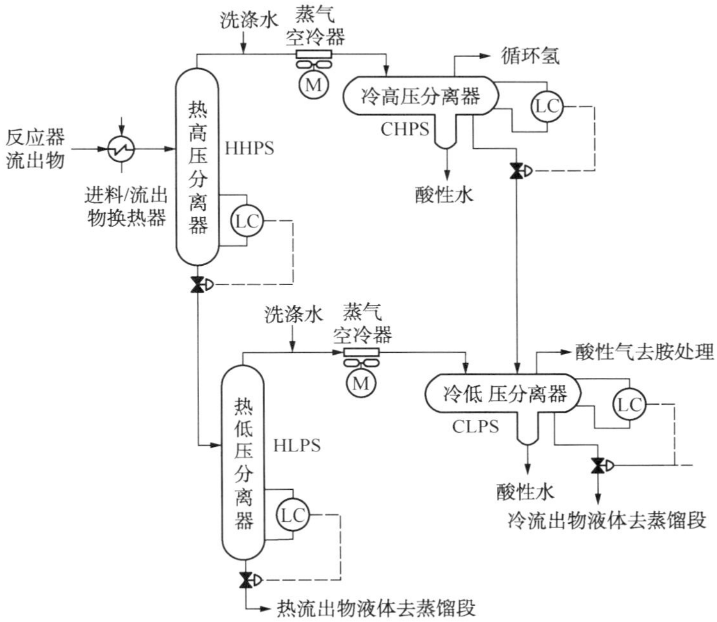

图 8-20　使用四台分离器的工艺流程[19]

Dr. Meena Marafi 认为，在采用上流式流态化反应器的渣油转化过程中，如果在两段反应系统中间采用中段气体处理技术，能够明显改善过程的操作效率。图 8-21 为有、无气体中段处理设施的两段装置流程。图 8-22 为采用中段分离措施前后的差别。

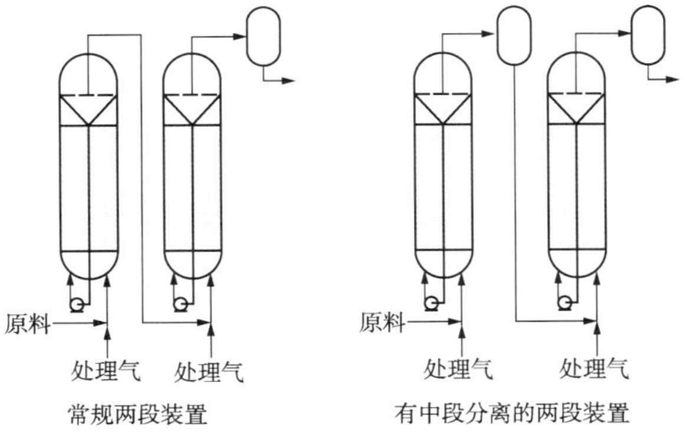

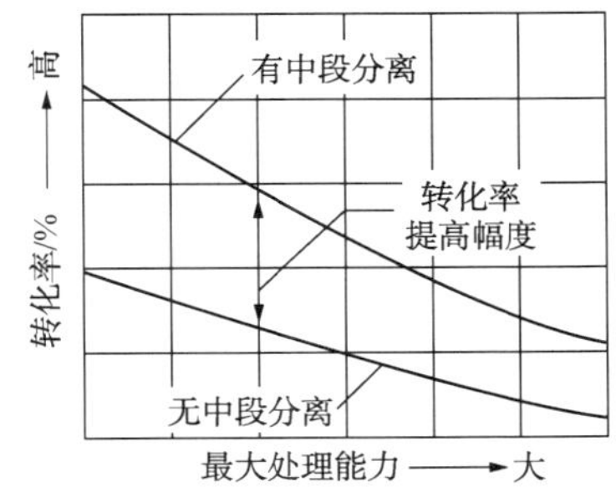

图 8-21　有、无气体中段处理设施的两段装置[2]　　　图 8-22　中段分离设施对渣油转化率的影响[2]

由图 8-22 可以看出，采用中段分离设施的渣油转化过程，能够明显提高转化率。

二、确保分离系统可靠运行的一般策略

一个经过严格确认的可靠性程序，对于反应器流出物分离系统来说，是维持设备和配管操作性和机械完整性的关键。该程序，对于那些特定装置来说，效果是明确的。程序的设计和执行得好与坏，影响分离系统设备和管道的腐蚀和积垢倾向及可靠性。该程序应当包括三个内容：设备的材料选择和制造；操作变数允许值确定；检查计划的制定。

可靠性程序不是建立“零腐蚀率”系统，而是建立操作限制范围、监测和检查计划。根据该程序，操作人员可以控制系统的可靠性和预防意外事故。

可靠性程序是能够定期检测的，检测方法是可以修定的。如果检查数据有变化，就要了解变化的原因，并及时修改操作变数允许值，或者根据需要采用更多更有效的的检测方法。

三、分离系统设备的操作变数允许值和设计

操作变数允许值表示过程操作变数的可调节范围，在该范围内，设备或材料的损伤速率是预期的和可以忍受的。把这类变数维持或稳定在允许值范围内，可以避免材料的隐性蠕变超过限定范围。这类变数如果超出此限定范围，会对设备造成更大损伤，产生大问题。

一旦确立了操作变数允许值，就应当把操作变数限定在一定范围内。在设计分离系统设备时，除了要考虑操作变数允许值的影响之外，还要考虑下列设计因素：

- 注水方式设计：是采用羽管、单管还是多重管。
- 空冷器进出口配管设计：是平衡的、不平衡的、对称的还是不对称的。
- 空冷器出口设计：是多重入口、多排通过，还是单入口、单排通过。
- 是否用壳管式换热器替代 REAC。
- 配管、空冷器、分离器、换热器部件的结构材料。
- 配管结构：是采用短径弯管和长径弯管，还是 T 形管。
- 流体流速和流动状态。
- 进料组成：硫、氮、氯含量。

四、引起分离系统设备腐蚀的几个工艺参数

能够引起分离系统设备腐蚀的几个主要参数是：硫化氢铵浓度、水露点时的工艺条件、流体流速、流体状态、氯化物、腐蚀抑制剂、空冷器风扇的操作、氰化物以及同注水有关的几个参数。

（一）硫化氢铵浓度

酸性水中的硫化氢铵（NH_4HS）浓度是衡量流出物潜在腐蚀性的关键变数。随着 NH_4HS 浓度的增加，溶液的腐蚀性增加。如果把 NH_4HS 浓度控制在 2%以下，可以大大缓解对碳钢的腐蚀。多年来，工业上把 NH_4HS 浓度上限控制在约 8%，流体流速低于 6.1m/s，可以把碳钢腐蚀控制在可接受的范围内。实际上也有例外，有些装置，即使在这样的条件下，也发生了严重腐蚀。

（二）水露点

在反应器流出物系统中，首先冷凝的水滴不会含有高浓度的 NH_4HS。NH_4HS 浓度随流出物的进一步冷却而增加。在一个有洗涤水注入的系统中，注水强制形成露点。如果流出物

含有氯化物，那么首先冷凝的水应当是稍带酸性的，但 pH 值不会太低。在注水点上游发现的腐蚀，可能是由酸性环境或氯化物环境引起的。而在空冷器下游或靠近空冷器出口端的腐蚀，更可能是由 NH_4HS 引起的。

（三）流体流速

在 NH_4HS 浓度一定时，提高流速会增加腐蚀性。不管 NH_4HS 浓度高低，为了避免腐蚀，如果使用的是碳钢系统，流速应当限制在 6.1m/s 以下，如果使用的是合金系统，流速不能超过 9.1m/s。当 NH_4HS 浓度升高时，即使流体速度低于 6.1m/s，碳钢管道和配管也发生明显腐蚀。除了速度之外，腐蚀速率还取决于 NH_4HS 浓度、流动状态、污染物（如氯化物、氰化物等）和结构材料。

实际上，只对速度进行限制是不恰当的。有些炼油厂把进空冷器管道的流体速度限制在不能低于 3m/s，确保有足够的流量，能够防止盐沉积，也能够充分地把沉积物除掉。如果流体速度过低，会影响注入水同蒸气相的接触，冲不掉其中的 HCl，产生盐沉积。

（四）流体状态

流动状态是影响流体腐蚀性的另一个关键变数。实际上，优化配管和管道中流体流动状态是很难的。处于流动状态下的 NH_4HS 腐蚀有时更似冲蚀-腐蚀，能够剥离和除掉材料表面上的硫化物保护膜，是有害的。损害最小的流动状态是低速分层流动和环状流动。多数炼油厂把环状流动作为优化目标，特别是在空冷器管道中。流动状态不仅关系到能否浸湿和除掉系统中沉积物，而且还影响进口配管系统中三通的液体分布。

（五）氯化物

随烃进料和氢气流进入加氢裂化装置的氯化物，在反应器中，会转化成 HCl。HCl 会引发含水 HCl 腐蚀、NH_4Cl 盐结垢和由湿 NH_4Cl 沉积物引起的腐蚀。

对于氯化物含量高的装置来说，含水 HCl 是侵蚀性的。容易产生腐蚀的位置是最初的水冷凝点，最易发生腐蚀的位置是注水点。流出物蒸气中的 HCl 比较容易溶解在水中，在提高温度时愈加如此。反应器流体中存在的氨，会被吸收进入含水冷凝物中，但是数量不会太多，因为 NH_3 在比较高的温度时不易被吸收。因此首先冷凝的水，同分离器下游的全冷凝的水相比，有比较低的 pH 值，可能是弱酸性的。在系统注水点下游的另外一些区域也发生腐蚀，原因是，系统中的蒸气相没有很好地同注入的水接触和冲洗。

固体 NH_4Cl 盐，由存在于反应器流出物中的 NH_3 和 HCl 反应生成，数量主要取决于其浓度和温度。这些盐通常在温度高于水冷凝点（204℃或更高）时沉积。沉积最可能发生的位置是反应器流出物换热器（注水点的上游）、REAC 进口端和蒸馏塔顶部和塔顶系统。在操作温度太低时的热高压分离器中和盲管段（如泄压阀进口、控制阀副线、仪表连接件和间歇使用的工艺配管连接件）也会发生盐沉积。干燥的 NH_4Cl 盐没有腐蚀性，但是它会产生结垢问题。“干燥”的定义是盐同蒸气相处于平衡状态，而蒸气相的湿度低于 10%。盐是吸湿的，并且趋向于从工艺流体中吸收湿气。湿 NH_4Cl 盐的腐蚀性极强，因为这种盐是酸性的。

同 NH_4Cl 有关的结垢和腐蚀，通过下列方法可以清除或缓解：

- 确定氯化物来源，降低它们的浓度，或者从进料（烃和氢）中清除。
- 把温度维持在高于盐沉积温度。
- 增加注水量。

熟悉能够引起盐沉积的温度、氯化物来源和变化，是非常重要的。如果氢气中的氯化物源自催化重整，可以把氢气先通过一个装满吸收剂的罐，除去其中的氯化物。

一个常用的评估烃进料中的氯化物含量的方法是测量冷分离器酸性水和注入水中的氯化物浓度，两个测量值的差就是进料流体(氢气或者烃)的氯化物含量。烃进料中氯化物含量高是由于原油脱盐效果差和进料受污染引起的，脱盐脱不掉有机氯化物。

有些氯化物可能来自注入的水中，但是，只要注水量足够，NH_4HS 溶液中的氯化物，不影响碳钢的应用。如果使用的材料是不锈钢和某些镍基合金，NH_4HS 溶液中氯化物，会引起点蚀和应力腐蚀开裂。

(六) 氰化物

能够影响工艺流体腐蚀性的其他一些工艺变数包括温度、氰化物浓度、H_2S 浓度(用于计算 H_2S 分压)和油/水比。

Scherer 等的实验室研究表明，温度为 80~100℃，浓度为 4.5%~10%的 NH_4HS 溶液，对材料没有明显的腐蚀作用。氰化物对 REAC 的腐蚀作用虽然不是很确定，但是，随着 NH_4HS 水溶液中的氰化物浓度升高，会提高溶液的腐蚀性，如暴露在这些溶液中的碳钢会发生氢泡、HIC(氢致开裂)和 SOHIC(应力导致的氢致开裂)。

(七) 洗涤水

注入水的质量对于加氢裂化过程来说是重要的。如果水的质量达不到要求或数量不足，不仅洗不掉 NH_4HS、NH_4Cl 和蒸气相中的 HCl，还会促进腐蚀。

1. 水质量

加氢裂化过程分离系统用的洗涤水，主要是非酸性水、蒸汽冷凝水和锅炉新鲜水。有些炼油厂也用循环酸性水。应当避免使用含氰化物的汽提酸性水。表 8-5 为洗涤水的常用质量参数。

表 8-5　洗涤水的质量参数[19]

参　数	最高值	理想目标值
氧/(μg/g)	50	15
pH	9.5	7.9~9.0
总硬度(Ca 硬度)/(μg/g)	2	< 1
溶解铁/(μg/g)	1	0.1
氯化物/(μg/g)	100	5
H_2S/(μg/g)	—	< 1000①
NH_3/(μg/g)	—	< 1000①
游离氰化物/(μg/g)	—	0
总悬浮固体/(μg/g)	0.2	无

① 目标值和最高值是系统规范，H_2S 和 NH_3 是作为添加剂加入到流体中的。

氧含量是洗涤水的关键变数，大小涉及水的 pH 值。氧的存在，能增加腐蚀的潜能，在水注入点和刚好在注水点的下游会引起氯化物点蚀。由于硫化物，特别是在有低浓度二硫化物（pH 值比较低）存在的注水点，氧也能增加腐蚀。氧是一种强氧化剂，它能同二硫化物离子反应生成元素硫。在一定的低 pH 值和温度的条件下，元素硫是稳定的，在湿的酸性水系统中产生结垢和腐蚀。在 pH 值高于 8 时，元素硫接着会同酸性水中的 NH_4HS 反应，生成多硫化铵，这种物质在这种湿酸性系统中的下游能够抑制腐蚀。

水中的铁会生成不溶于水的硫化铁，会沉积在管道和设备中。例如，11.3m^3/h 洗涤水中含有 1μg/g 铁，一年会生成 14kg 的硫化铁。

水中的悬浮固体应维持在最低水平。固体颗粒会堵塞喷雾器喷嘴或支管，如果设计得好，会大大减缓部件堵塞程度。

2. 注水量

判断注水数量的标准有两个：

- 在分离器水中存在一定浓度的 NH_4HS。
- 在注水点有充足的游离水（即在注水点下游存在一个含水相）。

为了确保有足够的游离水，在注水点之后，应当保持有 25%的游离水，高低主要取决于入口配管的设计。

3. 间歇式注水

分离系统注水有两种方式：间歇注水，定期脱盐；连续注水，能避免发生盐沉积物的堵塞和腐蚀问题。

间歇注水潜在的好处是不用连续供水，酸性水用量比较少；缺点是需要控制开关，增加了腐蚀和错误操作的可能性。系统中的盐，必须用足够数量的水才能完全冲洗掉，才能避免严重腐蚀。如果注水量仅仅是使盐湿润，会产生严重腐蚀，在水露点上游尤其如此，这些地方的盐通常是干燥的，干燥的盐是没有腐蚀性的。

每套装置都应当通过试验制定它的注水程序，确认程序中规定的注水量和持续时间，确保把系统中的氯化物完全清除。

五、分离系统操作变数的监测

分离系统操作变数的监测，对于确保关键操作变数维持在允许范围内，是非常重要的。应当定期监测的过程变数包括：

- 进料硫含量和氮含量。
- 脱氮率和硫的转化率。
- 冷分离器蒸气相中的 H_2S 浓度。
- 冷分离器水中的 NH_4HS 浓度、氯化物和氰化物含量。
- 冷分离器水的 pH 值。
- 空冷器进出口的操作温度和压力。
- 洗涤水的注入速率、pH 值、氯化物、铁和氧含量。
- 所有配管和管道系统的流速、流动状态、H_2S 分压等。

表 8-6 为应当监测的、同腐蚀有关联的关键变数和它们的取样位置和频率。监测这些变数的频率要根据装置的操作特点，随时调整。

表 8-6　监测变数、取样位置和频率[19]

同腐蚀有关联的过程变数	取样位置	取样频率
硫含量	进料	每天到每周
硫转化率	进料/产品	每天到每周
氮含量	进料	每天到每周
氮转化率	进料/产品	每天到每周
氯化物	进料	取决于历史和重要性
操作温度和压力	各部位	连续/转换
H_2S 和 NH_3	分离器水	每周到每月
Cl^-浓度	分离器水	每周到每月
CN^-浓度	分离器水	每季到按要求
pH 值	分离器水	每周到每月
洗涤水速率	洗涤水注入(流量表)	连续到每天
水质：如 pH 值、O_2、Fe、TSS(总悬浮固体)、硬度	洗涤水	每月到每季

从冷高压分离器取酸性水样品时，需要顾及安全和环境问题，需要用专门设计的，能够在高压下操作的取样桶。有时也会在压力比较低的，位于分离器下游的脱气罐取样。由于操作压力下降，H_2S、氢气和轻馏分从水中分出，其中也包括 NH_3，但数量微不足道。装水样的容器，应立即盖上盖子，避免氧气进入。这些步骤如果出现差错，会严重影响测试结果。

六、反应器流出物空冷器

REAC(反应器流出物空冷器)是加氢裂化过程的关键设备之一。虽然该设备的操作压力不是很高，但是，由于流体中腐蚀性产物浓度高和有水存在，如果操作不当，会出现许多问题。表 8-7 为 REAC 系统可能出现的一些问题和解决方法。

表 8-7　REAC 可能出现的问题和解决方法[19]

问　　题	解决办法
NH_4HS 浓度	低于 2%，溶液没有腐蚀性。高于 2%，溶液腐蚀性增加，结构材料、配管结构和流体流速，对腐蚀来说，是重要的
流体中的氯化物	沉积和严重腐蚀是由 NH_4Cl 引起的。注水有两个目的：除掉盐；清洗气体
洗涤水	控制注水量的目的是：降低 NH_4HS 浓度和在注入点要维持有足够量的游离水；减少无机物的腐蚀和沉积。如果套管轴的注入点分布均匀，能够确保 REAC 表面的清洗效果
主要流体的流速	提高流体速度，会提高过程的腐蚀性。如果 NH_4HS 浓度和结构材料已经确定，就应当把速度控制在适当范围内
结构材料	碳钢只能在 NH_4HS 浓度比较低和速度比较慢的条件下工作。合金 825 和双相不锈钢可以在比较苛刻的条件下工作
REAC 集管箱和管材	设计集管箱的着眼点，应当尽量使通过管排的流体分布更均匀。应当避免使用 U-管

续表

问　　题	解决办法
REAC进出口配管设计	配管设计应当着眼于使 NH_4HS 溶液扰动最小。配管结构的着眼点应当是尽量使通过所有REAC进口的流体更平衡，防止盐的沉积，使洗涤水更好地分布
工艺变数和监测	确定操作变数允许值和监测关键工艺变数，保证它们仍在可接受的范围之内
检查计划	检查计划应当尽可能地给出所有设备和管道系统的损伤机理，包括均匀腐蚀和局部腐蚀、HIC、SOHIC和氢泡

（一）反应器流出物空冷器和冷却器

对于反应器流出物空冷器和冷却器的要求主要是：能抵抗特定环境下的腐蚀；能把温度尽快地降下来；温度能比较容易调整；不容易发生堵塞。

1. 翅扇空冷器

在反应器流出物分离系统中，应用比较多的空冷器是翅扇式空冷器。

REAC集管箱通常有多个进出口喷嘴，这种结构可以使通过管束的流体分布更均匀。流体分布不均匀会使管排腐蚀更严重。集管箱的连接应避免使用双边焊道。采用单侧焊接连接时，焊道应焊透，用专门的检查技术，如超声剪切波，进行检查。碳钢集管箱应当按“API Std 661”的要求进行PWHT。

翅扇空冷器的管子不建议使用碳钢制做的U-管设计，原因是弯管有被冲蚀-腐蚀的风险。虽然有使用碳钢U-管发生事故的报告，但是依然有炼油厂，在它们的合金空冷器中，使用U-管。在许多新设计中，不使用U-管的另一个原因是，如果U-弯头处结垢(由重质聚核芳烃引起)，既不容易检查，也难于清洁。

在翅扇空冷器中，在碳钢管的进出口端有使用奥斯体不锈钢管压盖的例子。管压盖可以附加抗腐蚀衬里，用于缓解由流体紊流引起的局部腐蚀。管压盖大约250mm长。管压盖应当同管道牢固地连接在一起，其安装方法是滚压或者热压配合。在管压盖的端部锥度最小4∶1，避免局部产生湍流，湍流会导致碳钢管产生严重腐蚀。

管-管板连接方式有三种设计可供选择，包括：滚压、滚压和封焊、承载焊接。在多数操作条件下，滚压连接的机械强度是令人满意的。当滚压双相不锈钢时，管子膨胀受到限制。过渡膨胀会产生由机械硬化引起的高硬度，降低其抗腐蚀性。有些用户规定膨胀率不能超过2%，主要用于承载焊接定位。奥氏体不锈钢也存在机械硬化问题。应当规定用于管板的专用紧公差孔尺寸，避免管滚压期间产生麻烦。为了防止泄漏，有些用户，可能会对采用的滚压、封焊或承载焊措施附加一些条件，这可能会改变材料的机械强度。双相不锈钢的焊接要特别小心(铁素体和奥斯体的比例)，应当确保它的抗腐蚀能力不受影响，特别是承载焊道，在这些地方产生的任何腐蚀或开裂都可能引起事故。

2. 桶体-管芯式冷却器

如果采用桶体-管芯式冷却器设计，通常要考虑下列一些项目：

- 冷却水：通常走冷却器壳侧，其腐蚀性是设计时需要考虑的重要内容。
- 管侧或壳侧流出物：流出位置和 NH_4HS 浓度是所要考虑的重要因素，因为这些因素影响材料和管束类型的选择。随着 NH_4HS 浓度增加，高速或湍流状态下的流体会产生腐蚀。

低速或滞流状态下的流体容易发生堵塞和积淀下腐蚀。

- 操作压力：如果管侧走高压流体，应当尽量不使用法兰连接，这样会减少潜在的泄漏点；使用整体的管道和管板设计，是比较经济的。
- U-管—管芯冷却器：如果 NH_4HS 的环境会导致冲蚀-腐蚀，应当考虑使用合金管。
- 洗涤水分布：主冷却器偶尔使用壳-管式冷却器设计。采用这类冷却器时，需要考虑的一个问题是实现洗涤水的均匀分布比较困难。
- 为了降低检查费用，建议使用抗腐蚀能力比较高的合金管材。

管材的选择应当考虑 NH_4HS 浓度、流体速度、管束类型和冷却水的腐蚀性。在操作强度比较缓和的条件下，可以使用碳钢。如果 NH_4HS 浓度比较高和流体速度比较快，建议使用双相不锈钢和合金 825。这些材料有比较高的抗冷却水腐蚀能力。如果使用盐水作冷却剂，需要采用更高级的合金。

（二）分离系统反应器流出物空冷器进出口配管

通过空冷器管束和进出口配管的流体分布是否平衡，对配管和空冷器管的局部腐蚀和结垢，有比较大的影响。材料的腐蚀程度取决于材料的抗腐蚀性和工艺流体的腐蚀性。是否结垢或结垢程度主要取决于设备和配管的结构设计和管束中的流体分布、流动状态和流速。

1. 反应器流出物空冷器中的工艺流体的分布

多管束空冷器中的工艺流体的分布是否平衡主要取决于配管结构。压力降高的空冷器管束和配管结构会造成工艺流体分布不平衡。

图 8-23 为 REAC 进口配管结构采用平衡流设计和不平衡流设计的一个例子。对于平衡流设计来说，位于注水点下游的 REAC 进口配管中的每一次分流都被分成两个相同的分支，这样，REAC 进口喷嘴的总数等于 2^n，指数“n”是分流数，使蒸气、液体烃和水均匀分布。

进口配管几何图形或细节处理应当引起重视。如果设计得不合理(如，T 形管之前的直流配管的距离)，可能使流体产生偏流。采用经专门设计的，有专利权的配管组合部件能够使流体分布更均匀。

虽然这些组合部件设计难度比较大，但是对于 REAC 系统的安全稳定操作来说，还是划算的。

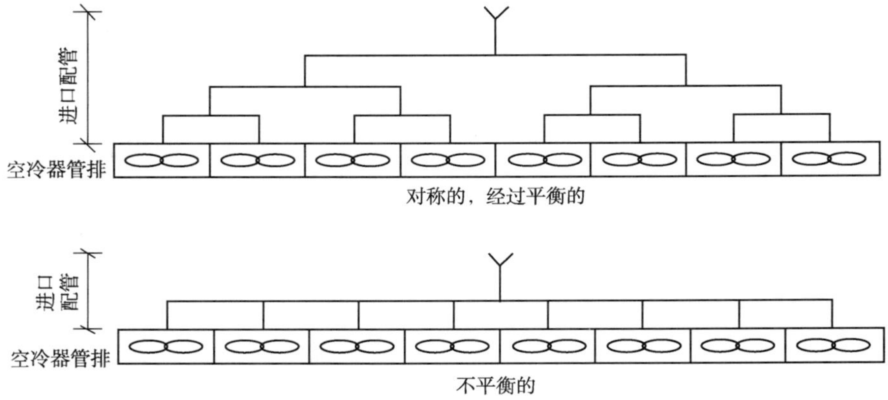

图 8-23　平衡和不平衡进口配管结构图[19]

去分离器的 REAC 出口配管的设计，尽管它的重要性比 REAC 进口配管低，也不应当忽视，也应当进行平衡设计。在过程的这个阶段，液体已经冷凝，腐蚀程度主要取决于流体速度、NH_4HS 浓度和结构材料的抗腐蚀性。比较好的配管结构设计是：方向变化应尽量小；如果用的是弯头，应采用大弯曲半径，避免出现湍流。

实际操作过程中，影响或破坏流体均衡性的因素有许多，如管内结垢程度，各管排接受的冷量和管束压降等。

另外，旁通管和压缩机返回线在结构上应配合得当，应当避免出现盲管段和存留液体。它们的结构应当设计成自排式(分支连接管应当位于水平管线上方，并垂直)。

在设计空冷器配管时，应避免出现盲管段。REAC 的盲管段的温度比主管线低，易于出现盐沉积和腐蚀(尤其是湿的 NH_4Cl 盐)。间断注水部件在设计和检查时应当作为盲管段考虑。

2. 反应器流出物空冷器配管的设计和制造

设计和制造空冷器配管时，有两个问题不能忽视：进出空冷器的多相流体的流速和湍流问题；流体的均匀分布问题。应当确认和遵守特定材料对流体流速的限制。在设计配管布局和尺寸时，也要顾及到操作环境，例如，如果旁通配管是安装在空冷器周围，配管尺寸应当考虑到流体通过旁通管时的速度。

在制作碳钢配管时，要尽量避免它的结构和外形可能导致发生局部湍流。例如，焊道的处理，管道内表面根部焊道打平，焊道不允许有任何塌陷。

“ASME B31. 3”规范要求壁厚超过 18mm 的碳钢配管需要热处理。经过 PWHT 的材料有下列特性：

- 具有更高的抗 SSC 和 SOHIC 性能。
- 由于应力下降，不容易发生脆性开裂，有益于改善钢材对瑕疵损伤的耐受性。
- 提高了材料对环境的适应性。

在氢气环境下操作的配管，可能会出现氢泡。由氢泡引起的事故，通常同高浓度 NH_4HS 有关。

选择阀门时，应当注意阀的类型、阀的操作和结构材料，应当尽量避免出现湍流。特别是离开 CHPS 的酸性水泄压阀和与其类似的泄压阀。同这类阀直接相连接的下游配管都可能发生严重腐蚀。

(三) 反应器流出物空冷器注水系统

注水系统结构设计应当注意几点：

- 了解单点注水和多点注水的优缺点：多点注水可以使注水更均衡，但结构复杂。
- 应当使水同蒸气相的接触更充分。
- 每个注水点的水的流量应当充足。
- 选择的适当的材料，如合金材料，有助于改善洗涤水的流动状态。
- 使用注水羽管或喷雾嘴，能改善水同工艺流体的混合效率。
- 应当避免流体直接冲击管壁。
- 洗涤水和工艺流体的方向，是采用并流注水还是逆流注水，应结合其他影响因素综合考虑。

有关注水羽管设计的更多信息可以参考“NACE(美国腐蚀工程师学会)Publication 34101”。

（四）反应器流出物空冷器的检查

空冷器检查主要涉及管头箱和管子。同合金空冷器比，碳钢空冷器需要更全面的检查，因为碳钢空冷器的抗 NH_4HS 能力比较低，对湿 H_2S 开裂敏感。

空冷器的机械部件，比如风扇和通气窗之类，也应当定期检查和维护，确保它们的操作可靠性。维持流体的均衡分布是重要的。

1. 管头箱

推荐用有扫描能力的直射超声波试验检查局部腐蚀。应当特别注意管头箱（位于进出口喷嘴）的湍流区域和靠近喷嘴的管板。REAC 出口喷嘴内表面是容易发生 NH_4HS 腐蚀的地方。激烈的湍流会引起凿挖状腐蚀坑，严重时，会导致设备泄漏。

在 NH_4HS 存在下，由碳钢制造的管头箱会发生湿 H_2S 开裂和局部腐蚀。检查这类腐蚀比较困难，常常会受制于没有内部检查口和它们的几何形状。最常见的，检查管头箱焊道应力腐蚀开裂的方法是超声剪切波试验。更先进的超声检查技术，类似飞行时间衍射仪，可以用来区别应力腐蚀开裂和设备制造过程中产生的瑕疵，也可以用来确定缺陷部位的尺寸。

2. 空冷器管束

检查空冷器管束时，评估部位有三：进口、出口和沿着整个长度的管道表面。用管道内径表面检查仪或光导纤维镜可以检查管道外观。检查前，应彻底清除管道内的沉积物和腐蚀鳞片，否则会影响检查效果，特别是点蚀。用 IRIS（内部旋转检查系统）超声检查技术，可以测量管道壁厚。IRIS 也可以用来识别受限区域内的点蚀，但是不能识别开裂。为了确保IRIS检查结果的质量，管道必须清理得非常干净。有时还需要做喷砂处理。

RFEC（遥控励磁涡流技术）和 MFL（磁漏通量技术）可以用来评估铁磁体管。RFEC 和 MFL 虽然检查速度比较快，但是比 IRIS 的精度差。RFEC 和 MFL 技术，在用于检查管道进出口（位于管板的管子）时，效率比较低。RFEC 技术难于用在翅片空冷器管的检查。有些炼油厂把 RFEC 或 MFL 当作初选技术，接下来用 IRIS 确认 RFEC 或 MFL 的检查结果。如同使用任何检查技术那样，RFEC、MFL 和 IRIS 技术都需要提供局部样品和样品管，以便确认检查仪器、程序和技术的适合性和准确度。

用外观 X 光照相技术可以评估管道的腐蚀，但是只限于顶部和底部管排和管板连接部，因为这些部位有比较好的检查空间和通道。此外，检查外部翅片时，需要把表面上的覆盖物清除干净。

用肉眼检查管端是确认 NH_4HS 腐蚀的重要工作。根据以往的经验，使用测径仪测量管端，可以确定腐蚀率和管道堵塞时间。可以用肉眼或超声检查技术检查管道的端部腐蚀，特别是管道的进出口喷嘴。

合金管的检查工作量比较少，原因是它们的抗腐蚀能力比较强。管道的涡流试验有助于验证应力腐蚀开裂、点蚀和疲劳开裂。NDE（非破坏可靠性评价）技术能够检查管道中的潜在瑕疵。

3. 配管

空冷器配管检查内容不是固定不变的，主要关注点是配管材料、配管的设计和构造。主要检查技术是能够鉴定壁厚损失、碳钢的氢泡和敏感材料的应力腐蚀开裂的技术。这类配管比较容易实现在线检查，因为它们通常不保温，操作温度比较低。

这类配管的典型检查技术包括：用于检查壁厚损失的直射束超声检查技术；EMAT(电磁声能转换器)检查技术；外形X光照相技术。直射束超声检查技术是最常用的能够鉴定壁厚变化的方法。选用超声扫描，如A-、B-或C-扫描，是因为能得到同斑点有关的壁厚数据，这些斑点是由材料的局部腐蚀引起的。能向管周发送和接受Lamb波的EMAT技术可以用作发现局部腐蚀的快速筛选工具。尽管用超声波试验可以确定壁厚损失量，但是可以用外形X光照相技术替代超声波扫描技术。实时X光照相技术的一个特点是可以用作检查保温管道局部腐蚀的筛选工具。

超声扫描适用于检查和绘制氢泡图，能在苛刻工作环境下操作。如果发现氢泡，应当做氢泡边缘的超声剪切试验，核定是否存在HIC(阶梯式开裂)。

检查碳钢配管时，应当关注：有湍流的部位；方向有变化的地方，这些部位和地方通常同进出口配管、异径管、泄压阀体和泄压阀下游的配管有关，比如焊道下游的碳钢配管弯头，会发生比较严重的局部冲蚀-腐蚀。这类损伤由NH_4HS引起，在离开CHPS(冷高压分离器)的高速蒸气管线中，存在含NH_4HS的液体冷凝物。

配管壁厚测量能够确定腐蚀速率，并可以同其他支管进行对比。如果腐蚀率不同，表示系统中的流体处于不平衡流状态。不建议只检查一部分去或者离开空冷器喷嘴的支管，因为每条支管的环境和腐蚀速率是有差别的。需要扫描的是弯头的外径、中轴、内径和同弯头连接最紧密焊道的下游处。在这些位置能否发现腐蚀，取决于过程中液体的流动方向和速度。此外，局部腐蚀也可能发生在直边段，这取决于几个因素，如液体的流动状态。扫描配管的直管段的目的是确认可能存在的壁厚损失。

注水点是最容易发生局部腐蚀的地方。对配管厚度应当进行超声检查，采用密格式，从注水点上游开始移向下游。任何同注水有关的受冲击区域，都应当进行超声扫描。用X光检查注水管，有助于评估配管的完整性和确保注水点准确定位。有关注水点检查的附加指南，可参考“API 570”。

把TML(厚度监测位置)放置在湍流最激烈的位置，可以监测合金配管的变化，合金配管出现减薄的情况比较少见。但要注意，合金配管对氯化物或连多硫酸引起的应力腐蚀开裂敏感，敏感程度取决于合金组成和制造过程。对那些敏感部位，有可能发生开裂的焊道，应当进行超声剪切波检查。

第九章　加氢裂化过程的技术经济性

从炼油经济学考滤，一座有竞争力的炼油厂或装置，必须做到能够经济地把更多劣质油转化成市场需要的高质量产品[18]。

加工裂化料(如 CGO 和 LCO)的加氢裂化过程，虽然氢耗高，操作成本高，但是由于这类原料经加氢裂化后，液体体积可以增加 10%左右，在经济效益上是站得住脚的。一个加工能力为 150×10^4t/y 加氢裂化装置，不计产品升值产生的效益，仅产品体积增加，每年就可以获益 1 亿美元[17]。

第一节　加氢裂化过程的技术经济性

同其他能够生产柴油的炼制过程比，加氢裂化过程是大量生产优质柴油的最重要石油炼制过程。特别是在现阶段世界炼油业面临的总趋势(原油重质/劣质化趋势越来越明显；油品市场需要更多的清洁燃料；生产柴油的利润高于生产汽油利润)下，更能体现加氢裂化过程的综合经济优势。

不管怎么说，在炼油厂能够生产柴油馏分的主要装置(原油蒸馏、焦化、FCC、柴油加氢处理、加氢裂化)中，如果希望增产柴油，特别是优质柴油，加氢裂化技术是难以替代的。

图 9-1 为加氢裂化装置处理能力和氢耗与基建投资的关系。表 9-1 为计算投资时需要考虑的相关项目。也包括操作过程中的公用工程消耗。

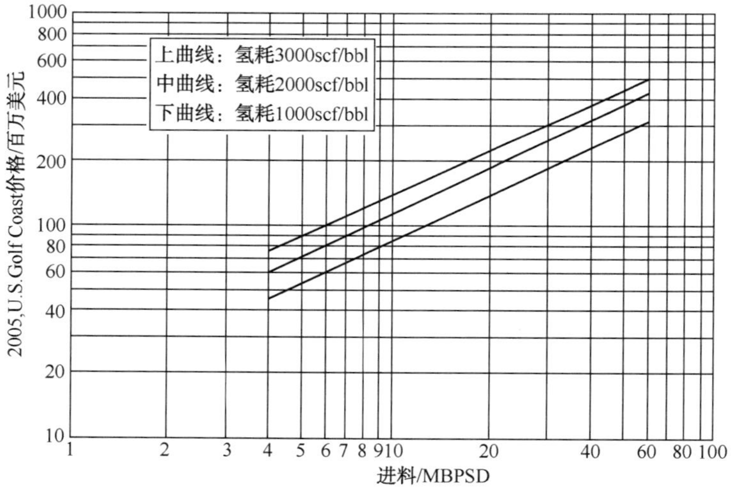

图 9-1　加氢裂化装置投资(2005 年美国 Gulf Coast)[12]

表 9-1　加氢裂化过程费用数据[12]

项　目			
包括的项目 1. 汽油稳定 2. 蒸馏成两种产品 3. 完成预热、反应和氢循环的设备 4. 从循环氢中脱掉硫化氢 5. 足够的热量交换，以便把产品冷却到环境温度 6. 中央控制系统 7. 电动马达驱动的循环氢压缩机			
没有包括的项目 1. 最初的催化剂费用，大约 1100 \$/(m^3·d)(进料) 2. 氢气再生和供应实施 3. 备用循环氢压缩机 4. 从瓦斯中回收丁烷、丙烷等 5. 进料的蒸馏 6. 把硫化氢转化成硫 7. 冷却水、蒸汽和电的供应 8. 已缴的专利权税			
专利权税 运转的专利权税约为 0.94～1.57 \$/m^3 已缴的专利权税约为 944～1573 \$/(m^3·d) 公用工程数据(每 m^3 进料)			
氢耗/m^3	178	356	534
蒸汽/kg	141	212	286
电/kW·h①	50	82	113
冷却水/m^3(16.68℃ Δt)	7.2	10.7	14.3
LHV(低热值)燃料/GJ	0.66	1.33	1.99
催化剂更换/美元	0.5	1.0	2.0

① 包括循环氢压缩机用的电机。

一、能够生产柴油的几个炼油装置的投资规模

表 9-2 为 Shell GS(Global Solutions)公司概括的增产柴油的各种技术和组合加工过程须要的投资规模。

表 9-2　Shell 公司的柴油产量最大化的投资[34]

可行技术	蒸馏	加氢裂化	FCC 装置加氢预处理	FCC	ULSD 加氢处理	催化剂技术	反应器内部构件	炼制操作
无投资								
优化柴油装置进料和产品切割点	●							
优化中间物料配置								●
改进产品质量控制								●
改进装置可靠性和操作性								●
选择原油	●	●	●	●	●			●
改进催化剂利用率		●	●		●	●	●	
较少投资								
升级反应器内部构件							●	
升级塔内部构件	●							
低成本瓶颈改造	●	●	●	●	●	●	●	●
平衡氢气供应		●	●		●	●		●
大量投资								
重新构建 CDU/VDU	●	●	●	●				
转化装置蒸馏	●							
改造 DHT/HCU/MHCU/CFH		●	●		●	●	●	
将 CFH 改造成 MHCU	●	●	●				●	
新建 MHCU/HCU/DHT		●	●		●	●	●	
CDU/HVU/HCU/DHT 综合方案	●	●	●		●	●	●	●

注：CDU—原油蒸馏装置；VDU—减压蒸馏装置；DHT—柴油加氢处理装置；HCU—加氢裂化装置；MHCU—缓和加氢裂化装置；CFH—FCC 进料加氢预处理装置；HVU—深度减压闪蒸装置。

产品的平衡对于任何炼油厂来说都是非常重要的。比较而言，没有哪套装置的操作能像加氢裂化过程那样具有那么强大的应变能力。特别是近些年来，市场对优质中馏分油(喷气燃料和柴油)的强劲需求，更加体现出加氢裂化过程在炼油厂的重要性。

用加氢裂化技术增产柴油有几个方法：调整操作条件、更换催化剂、把老的或闲置的加氢处理装置改造成能够多产柴油的中、低压加氢裂化装置或者建设新的能多产柴油的加氢裂化装置。虽然改造或建设加氢裂化装置都需要投资，而且数量比较大，但是，由于加氢裂化过程既能处理劣质原料，又能为其他转化过程提供优质原料，特别是液收高、生产的产品质量好、数量大和价格高，在经济上会很快得到补偿。

二、三种加氢裂化过程的技术经济性比较

IFP 认为：虽然高压加氢裂化过程操作压力比中压加氢裂化过程高 1/4，但转化率高 20%，催化剂寿命长 50%。对于一套 150Mt/a 的装置来说，尽管高压加氢裂化装置的投资，比中压加氢裂化装置高 26%，操作费用高 23%，但投资回收期仅长 0.1 年[24]。

下面描述的是有关高压加氢裂化过程、MPHC 过程和 MHC 过程的技术经济性比较。表 9-3 为用于比较的，三种加氢裂化过程用的原料性质，表 9-4 为三种加氢裂化过程采用的操作条件、产品收率和质量，表 9-5 为三种加氢裂化过程需要的投资和操作费用，表 9-6 为

三种加氢裂化过程压力对投资和产品质量的影响，表 9-7 为三种加氢裂化过程的建设投资和操作费用的比较。

表 9-3　三种加氢裂化过程用的原料性质[24]

项　　目	阿拉伯轻质原油 VGO	项　　目	阿拉伯轻质原油 VGO
实沸点馏程/℃(5%/50%/90%)	370/460/550	氮/(μg/g)	800
相对密度	0.9210	100℃黏度/(mm^2/s)	8.0
硫/%	2.7		

表 9-4　三种加氢裂化过程采用的操作条件、产品收率和质量[24]

项　　目	MHC 过程	MPHC 过程	高压加氢裂化过程
操作条件			
压力/MPa	基准	1.5×基准	2×基准
空速	基准	0.75×基准	0.75×基准
转化率/%(体)	30	70	90
催化剂寿命/a	2	2	3
产品收率/%(体)			
LPG	0.67	1.67	4.8
石脑油	2.09	14.17	23.78
喷气燃料	—	32.65	45.07
柴油	26.71	30.29	31.60
尾油	72.31	32.13	11.03
C_5^-	101.78	110.91	116.28
氢耗/%	0.80	2.05	2.55
产品性质			
喷气燃料			
硫/(μg/g)	—	<20	<10
芳烃/%(体)	—	<20	11
烟点/mm	—	20-21	27
萘/%(体)	—	<1	<1
柴油			
硫/(μg/g)	300	<50	<20
十六烷值	45	55	64
总芳烃/%(体)	—	11	5
稠环芳烃/%(体)	≤11	<6	<2
尾油			
相对密度	0.8950	0.8500	0.8350
硫/(μg/g)	1000	<50	<30
BMCI	—	18	8~11
脱蜡油 VI	—	100~110	125

表 9-5　三种加氢裂化过程的投资和操作费用[24]

项　　目	MHC	MPHC	高压加氢裂化
装置加工能力/($\times10^4$t/a)	150	150	150
转化率/%(体)	30	70	90
公用工程费用/($\times10^4$美元/a)	427	675	725
催化剂费用/($\times10^4$美元/a)	51	85	66
氢气费用/($\times10^4$美元/a)	1036	2727	3436
可变费用①/($\times10^4$美元/a)	1514	3487	4227
总投资②/($\times10^4$美元/a)	7500	10800	13600
总操作费用③/($\times10^4$美元/a)	3139	5837	7177
每桶进料费用/美元	3. 17	5. 90	7. 24
产品-原料/($\times10^4$美元/m^3)	26. 4	56. 7	68. 2
可变费用/(美元/m^3)	-9. 6	-22. 1	-26. 7
投资回收期/a	2. 8	2. 0	2. 1

① 包括公用工程、催化剂和氢气;
② 包括储存费用和应急费用;
③ 0. 25×总投资+可变费用。

表 9-6　三种加氢裂化过程压力对装置投资和产品质量的影响[24]

项　　目	MHC	MPHC	高压加氢裂化
氢分压/MPa	8. 4	10. 5	14. 1
反应器体积	1. 5×	基准	0. 6×基准
投资/($\times10^4$美元)	+9%	基准	+5%
产品质量			
喷气燃料烟点/mm	18	22	27
十六烷值	46	50	55

表 9-7　三种加氢裂化过程的建设投资和操作费用的比较[24]

项　　目	MHC	MPHC	高压加氢裂化
高分总压/MPa	7. 0	10. 0	14. 0
运行方式	一次通过	一次通过	全循环
单程转化率/%(体)	50	70	70
总转化率/%(体)	50	70	90~100
相对建设投资①	62	73	100
单位转化深度相对建设投资②	124	104	100~111
相对建设投资③	62	94	134
单位转化深度相对建设投资④	124	134	134~149

续表

项　目	MHC	MPHC	高压加氢裂化
相对建设投资⑤	0.6	0.7	1
单位转化深度相对建设投资⑥	1.2	1.0	1.0~1.1

① 装置界区内；
② 装置界区内；
③ 含制氢能力增加；
④ 含制氢能力增加；
⑤ 新氢按 0.08 美元/Nm^3计算；
⑥ 新氢按 0.08 美元/Nm^3计算。

由表 9-3~表 9-7 可以看出：

- 高压加氢裂化过程：液收最高，石脑油产量高，馏分油质量好。
- 中压加氢裂化过程：液收比较高，高价值的中馏分油产量高，投资回收期短。
- 缓和加氢裂化过程：投资和操作费用低，液收低，多产尾油，中馏分油质量差，投资回收期比较长。

第二节　有加氢裂化装置的组合加工过程的技术经济性比较

Bechtel 公司的 Messrs Ragsdale、Ewy 和 Barwell 于 1997 年对几种典型组合渣油改质过程的经济性作了比较详细的经济性分析[50~52]。

一、渣油改质过程和组合加工过程技术经济性对比的某些限制

Bechtel 公司为了简化分析/比较，对有关事项做了如下限制[53]：

- 假定炼油厂加工能力为 500×10^4t/a。
- 加工的原油为：Arab 轻：Arab 重=50：50。
- 有几种同生产新配方汽油和洁净柴油相关的渣油改质技术，如渣油加氢裂化、延迟焦化、灵活焦化和溶剂脱沥青等过程。
- 选择两个生产方案：最大量地生产汽油或最大量地生产馏分油。
- 规定了主要产品的价格差(美元/桶)：汽油=10.85；柴油=8.99；喷气燃料=9.45；高硫燃料油=-2.37。
- 6 个组合渣油改质过程中的渣油改质装置分别是：常规延迟焦化；Conoco 公司的延迟焦化；RFCC；渣油加氢裂化+焦化；渣油加氢裂化+溶剂脱沥青；渣油加氢裂化+焦化+溶剂脱沥青。

二、渣油改质过程和组合加工过程技术经济性对比结果

渣油改质过程和组合加工过程经济性对比分成两个类型，一类是能最大量地生产汽油的组合，另一类是能最大量地生产馏分油的组合。

(一) 能最大量地生产汽油的组合

每个组合渣油改质过程中都有 FCC 和烷基化装置，没有瓦斯油加氢裂化装置，以便最

大量地生产汽油。对比结果见表 9-8。

表 9-8 渣油改质过程组合最大量地生产汽油时的对比结果

项 目	常规延迟焦化	Conoco 公司延迟焦化	RFCC	渣油加氢裂化+焦化	渣油加氢裂化+溶剂脱沥青	渣油加氢裂化+溶剂脱沥青+焦化
收入/(百万美元/a)	192.3	197.3	195.4	199.2	189.7	187.7
投资/(百万美元)	1127	1138	1284	1316	1303	1340
偿还期/a	5.86	5.77	6.57	6.61	6.87	7.14

(二) 能最大量地生产馏分油的组合

为了在最大量地生产柴油的同时，能够生产高质量的汽油，每个组合渣油改质过程中都有瓦斯油加氢裂化和 FCC/烷基化装置。加氢裂化和 FCC 两套装置处理的瓦斯油量各占瓦斯油总量的 1/2。对比结果见表 9-9。

表 9-9 渣油改质过程组合最大量地生产馏分油时的对比结果

项 目	常规延迟焦化	Conoco 公司延迟焦化	RFCC	渣油加氢裂化+焦化	渣油加氢裂化+溶剂脱沥青	渣油加氢裂化+溶剂脱沥青+焦化
收入/(百万美元/a)	182.7	187.7	191.8	191.6	183.9	187.6
投资/(百万美元)	1220	1225	1311	1384	1358	1368
偿还期/a	6.66	6.53	6.84	7.22	7.38	7.29

(三) 对比结果小结

综合表 9-8 和表 9-9 的对比数据，看出：

- 延迟焦化组合渣油改质过程投资偿还期比较短，Conoco 公司的延迟焦化组合渣油改质过程最短。
- 投资大的组合加工工艺，不一定收益大。虽然有些组合工艺收益较高，但扣除较高的操作费之后，竞争力不大。
- 渣油加氢裂化+焦化组合工艺显示出较高的收益。
- 由于汽油和原油的价格差较大，当炼油厂最大量地生产汽油时，显示了较高的收益。

注意：这组对比数据是用 20 世纪 90 年代的数据取得的，那时的汽油和柴油价格与现在的价差明显不同，质量要求也有很大差别，因此得出的结论可能不同。但是，随着加氢裂化技术的进步，该过程及组合加工过程在最大量地生产馏分油时的重要性是肯定的。

三、组合渣油改质过程的技术经济性分析

Bechtel 公司认为，影响炼油厂加工装置配置的主要因素是：收益率对投资者的吸引力、所需产品最大和最小比率、产品规格、是否有最大的允许基建费、是否有最小的经济障碍率、每种产品的市场性(价格和需求)、债务偿还后的竞争性。

炼油厂渣油改质组合加工过程有多种。为了比较各种组合加工流程的经济性，Bechtel 用 PIMS(过程工业模型系统)对 7 个典型组合流程进行了分析和对比，渣油组合改质过程经济性分析和对比的基础如下：

- 以亚洲炼制经验为基础。

● 假定炼油厂能力为 500×10^{4}t/a。

● 加工的原油为中东混合原油，Arabian 轻：Arabian 重 = 50：50。

● 在 7 个对比流程里，都有原油蒸馏、馏分油(石脑油、馏分油和瓦斯油)加氢处理、石脑油重整、HF 烷基化、制氢、硫回收和公用工程系统。

● 瓦斯油加氢裂化和 FCC 平行操作，加工能力各占一半。

● 改质装置得到的瓦斯油去 FCC，不进加氢裂化，FCC 转化率 77.1%。

● 产品分布允许在规格限制内变化，以便收益最大化。

● 汽油产品中，70%为普通汽油，30%为优质汽油。

亚洲地区石油产品典型规格见表 9-10。7 个对比方案的装置构成见表 9-11。表 9-12 为几个加工流程的产品质量。几个对比方案的计算结果见表 9-13。

表 9-10　亚洲地区石油产品典型规格

产品名称	主要控制项目
无铅优质汽油	RON>92，RVP<8.53
无铅普通汽油	RON>97，RVP<8.53
喷气燃料	相对密度<0.84，冰点<-47℃
柴油	硫<0.05%(质)，十六烷值>48
低硫 6 号油	硫<0.3%(质)
高硫 6 号油	硫<4.0%(质)

表 9-11　7 个对比方案的装置构成

方　案	1 拔顶加氢	2 减黏裂化	3 溶剂脱沥青	4 延迟焦化	5 灵活焦化	6 渣油加氢裂化	7 RFCC
常压蒸馏	■	■	■	■	■	■	■
减压蒸馏		■	■	■	■	■	■
催化重整	■	■	■	■	■	■	■
加氢裂化		■	■	■	■	■	■
FCC		■	■	■	■	■	
烷基化		■	■	■	■	■	■
减黏裂化		■					
溶剂脱沥青			■				
延迟焦化				■			
灵活焦化					■		
渣油加氢裂化						■	
RFCC/加氢处理							■

表 9-12 几个方案的产品质量

方 案	柴油，十六烷值	燃料油，硫/%	汽油，芳烃/%
4A(100%加氢裂化)	52.9	—	51.5
4B(100%FCC)	43.8	—	24.1
2(减黏裂化)	52.2	3.4	32.1
3(脱沥青)	50.6	7.0	31.2
6(渣油加氢裂化)	49.7	1.2	32.6
7(RFCC)	49.5	4.0	31.4
1(拔头加氢)	51.6	3.8	48.0

表 9-13 几个对比方案的计算结果

方案号	1	2	3	4	5	6	7	4A	4B
方案主要过程	拔头加氢	减黏裂化	脱沥青	延迟焦化	灵活焦化	渣油加氢裂化	VRDS/FCC	100%加氢裂化	100% FCC
收益/(百万美元/a)									
总额	105.1	267.3	296.2	314.5	313.8	319.4	323.9	313.7	303.0
操作费									
可变	9.6	40.4	43.8	39.6	22.3	53.9	44.8	45.9	31.6
固定	43.4	87.3	89.5	91.8	98.1	100.4	94.3	76.7	77.5
净值	52.1	139.6	162.9	183.1	193.4	165.1	184.8	191.1	193.9
投资/百万美元									
ISBL(界内)	186.3	512.8	542.6	600.5	673.5	695.7	649.0	522.4	560.2
OSBL(界外)	223.2	410.2	434.1	480.4	538.8	556.6	519.2	417.9	448.2
专利税	2.3	11.2	12.1	13.6	19.9	13.0	13.5	12.8	13.2
流动基金	69.5	98.4	101.7	115.0	123.1	125.5	120.4	106.5	110.6
总计	481.3	1032.6	1090.5	1209.6	1355.3	1390.7	1302.1	1059.5	1132.2
单支出/a(税前)	9.2	7.3	6.69	6.61	7.01	8.42	7.05	5.55	5.85
内部收益率(IRR)/%(股本 25%)	11.7	16.1	18.3	18.6	17.3	13.1	17.1	23.1	21.7

从上表 9-10～表 9-13 的数据可以看出：

- 炼油厂复杂性增加，投资和收益增加，但是 IRR 不一定增加。
- IRR 取决于，使炼油厂效益最大化的炼油厂复杂性和优化类型。
- 拔头加氢流程同复杂流程比，虽然投资低，但收益和 IRR 也低。
- 灵活焦化方案收益最高，延迟焦化和 RFCC 也很好。
- IRR 最高的是延迟焦化流程，其次是脱沥青流程。
- 4A 和 4B 是 100%加工瓦斯油的流程，相比之下，加氢裂化流程竞争力更大。加氢裂化流程更适合于多产柴油，FCC 流程更适合于多产汽油。
- 原油同产品的价格差对各流程经济性计算结果影响很大，例如，当原油与重燃料油价差较大时，投资转化率高的渣油加工过程，更有竞争力。

综上所述，可以得出几点看法：由延迟焦化组成的组合渣油改质过程，在其他条件(如原料一样，产品满足规格要求等)基本相同情况下，投资较低，收益居中，IRR最高，投资偿还期较短；有加氢裂化过程的组合加工流程更有竞争力，能多产馏分油，产品质量和综合效益更好。

需要指出的是，这些结论是在20世纪90年代得出的，如果以目前世界炼油业的状况为比较基础，得出的结论可能有差别，但是有加氢裂化装置的组合加工过程在技术经济上的优势是肯定的。

第三节　多产中馏分的加氢裂化过程工业应用案例的技术经济性分析

多产中馏分的加氢裂化过程的经济性，由于中馏分油市场持续增长，被普遍看好。用瓦斯油生产喷气燃料或生产柴油的加氢裂化过程，反应段类似，主要区别在蒸馏段。图9-2为用VGO生产Jet A-1燃料的加氢裂化过程蒸馏段流程。图9-3和图9-4为能把瓦斯油转化成柴油的加氢裂化过程蒸馏段流程。

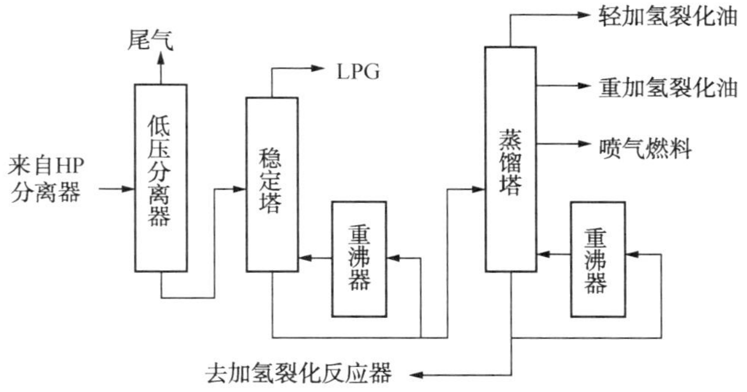

图9-2　用于最大量生产喷气燃料时的加氢裂化过程蒸馏段流程[11]

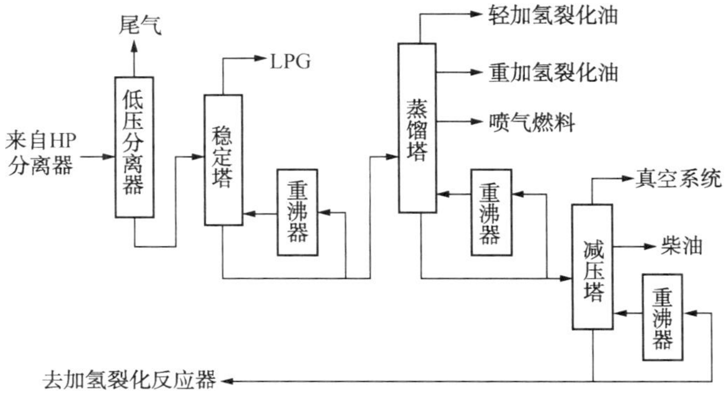

图9-3　用于最大量生产柴油时的加氢裂化过程蒸馏段流程[11]

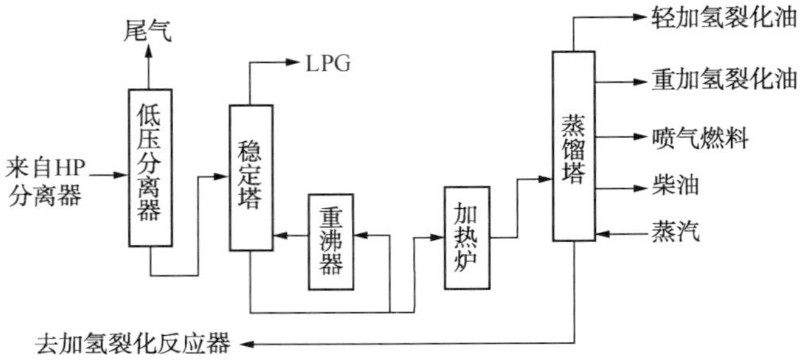

图 9-4　另一种能够用于最大量生产柴油的加氢裂化过程蒸馏段流程[11]

一、加氢裂化过程原料质量、氢气纯度问题

上述过程涉及两种原料，AGO 或者 AGO+VGO。

如果加氢裂化装置只处理 AGO 一种原料，可以在压力比较低(10.3MPa)的条件下操作。如果加氢裂化装置处理的是 AGO+VGO 混合原料，可以在压力 15.2~16.5MPa 条件下操作。

低压操作，可以节省 15%~20%投资。装置的设计压力越低，对瓦斯油的终馏点越敏感，例如，当反应器操作压力是 10.3MPa 时，瓦斯油原料的 ASTM D-86 终馏点应限制在 427~454℃围内。

(一) AGO 和 VGO 质量

有两个方法可以改善常压蒸馏塔的 AGO 蒸馏效果：在蒸馏塔洗涤段安装蒸馏塔盘，用来提高过汽化率；更换高效塔盘，提高 AGO 收率，可以缩短投资偿还期。

改善蒸馏效率可以减少 AGO 的 AR 夹带。夹带 AR 会提高 AGO 终馏点，导致反应器催化剂积炭量增加，缩短装置运转周期。

精心设计和控制减压蒸馏装置是为了改善和稳定 VGO 质量，主要目的是减少 VGO 的 VR 夹带和确保其中的金属和 CCR 含量不要超过限定值，这些污染物会过早地引起加氢裂化催化剂失活。

(二) 新氢纯度

新氢纯度影响加氢裂化装置反应器氢分压。氢分压的高低会影响加氢裂化装置的操作压力。有两种情况会产生新氢纯度问题：如果使用的氢气来自蒸汽重整装置，可以考虑增加 PSA 段，比较经济；如果使用的氢气来自催化重整装置[纯度在 80%~85%(摩尔)]，提高到 99%以上，难度比较大，必须按具体情况，选择适当的净化措施[11]。

例如：如果新氢来自制氢装置，采用 PSA 法净化氢气，比用碳酸钾吸收-甲烷法更好。经过 PSA 处理的蒸汽重整氢纯度，可以超过 99.99%，而经过常规吸收-甲烷化过程处理的氢纯度在 95%~97%。提高氢气纯度，可以使加氢裂化装置在比较低的压力(下降幅度在 1378~2756kPa)下操作，低压操作可以减少装置投资。采用 PSA 设施的另一个好处是防寒措施上的花费要比采用碳酸钾法的花费少。

二、生产喷气燃料和柴油的加氢裂化装置蒸馏段的区别

当加氢裂化装置用于最大量地生产喷气燃料时，液体产品必须先送稳定塔稳定，这样可

以节省塔顶气体压缩设施。稳定塔底配有重沸器，石脑油和喷气燃料在蒸馏塔分出。

以多产柴油为目的的加氢裂化装置，同多产喷气燃料为目的的加氢裂化装置的主要区别是蒸馏段。柴油馏分不能从带有重沸器的蒸馏塔分出来，原因是重沸器进料中含有比柴油馏分重的组分，而这些组分，在常压条件下，当加热到371℃时，会发生严重积炭。因此，当以最大量柴油为操作模式时，必须采用两个方法：或者是采用带重沸器的蒸汽汽提蒸馏塔；或者是能在较低温度条件下有重沸功能的无汽提功能的蒸馏塔，接下来是用于重质柴油的减压蒸馏塔。这种带重沸功能的蒸馏塔+减压蒸馏塔的配置，有比较好的蒸馏能力，它能确保产品和循环油收率达到最高水平。这两种方法都能提高柴油收率，但是产品收率和投资之间的经济性，还需要进一步确认。

三、三个工业加氢裂化应用案例

不管选用什么类型的加氢裂化过程和流程，加氢裂化过程的性能和目的产品的收率和质量总是非常重要的。

（一）案例1：把老的加氢脱硫装置改造成MHC过程

某隶属于USA Petrochemical Co的，位于California的Ventura(Los Angeles的北面)的小型炼油厂，处理能力4770m^3/d，没有转化能力，没有FCC，也没有加氢裂化装置。如所设计的那样，含VGO的AR先进行减压蒸馏，然后经脱硫，作为低硫燃料油或者作为FCC原料销售。当1982年MHC技术开始应用时，USA Petrochemical很快就意识到，如果把原有的瓦斯油脱硫装置改造成MHC Unibon过程，可以增产馏分油。1983年，USA Petrochemical把它的瓦斯油脱硫装置改造成MHC操作模式，改造项目如下[11]：

- 在原料-产品换热器组中增加了一台换热器。
- 为产品蒸馏塔顶增加一台翅片空冷器。
- 为反应器流出物换热系统增加水洗系统。
- 改造酸性水汽提装置，提高处理能力。
- 重新安装抽出塔盘，尽量减少柴油进入尾油中，减少柴油损失。

该改造项目在不长时间就完成了，当时的改造总费用约为$250000。USA Petrochemical经评估后认为：同改造前的加氢处理装置比，UOP的MHC操作模式的产品价值增量在4.4~7.30美元/m^3(进料)之间。产生价值增量有两个原因：产品数量增加；高价值产品数量增加。过程增加的公用工程消耗1.1美元/m^3(燃料气)，导致MHC过程消耗超过脱硫过程的原因是：瓦斯气(提高MHC反应温度)和电量(提高系统压力，增设水洗设施和冷却系统)消耗增加。催化剂费用约为1.26美元/m^3。最终的装置改造投资回收期不到6个月。

（二）案例2：提高温度和改变转化率对产品收率的影响

Union Oil的HC(加氢裂化)过程通常带有HDS功能。表9-14为位于台湾省的Union Unicracking/HDS过程的产品收率同转化率之间的关系，该装置1986年开工，处理能力4770m^3/d。

表9-14 Unicracking/HDS过程产品收率同转化率之间的关系[11]

项 目	TBP371℃以下馏分转化率/%(体)			
收率(占进料的体积)/%进料：VGO-1	23.9	59.3	79.2	94.2
C_5~204℃，石脑油	12.0	33.1	55.8	75.0

续表

项　　目	TBP371℃以下馏分转化率/%(体)			
129 ~260℃，喷气燃料	12.5	30.5	40.8	46.7
260~371℃，柴油	20.3	25.0	21.8	14.1
129~371℃，喷气燃料+柴油	32.8	55.5	62.6	60.8

由表 9-14 的数据看出，石脑油和喷气燃料收率是随转化率的提高而增加。柴油收率在转化率为 60%时达到最高值，然后随转化率的提高而下降。转化率提高到约 80%时，中馏分油收率达到最高。

图 9-5 为 Unicracking/HDS 过程产品收率同转化率之间的关系。从图 9-5 可以清楚地看出以 VGO-1 为原料的 Unicracking/HDS 过程的几种产品的收率随转化率变化的趋势。产生随转化率的提高，石脑油收率明显提高和中馏分油收率下降这种趋势的原因是：该过程使用的是一种高活性分子筛催化剂，是专门为多产石脑油和更轻产品而设计的。这些曲线的斜率同为多产中馏分油而设计的催化剂明显不同。所有加氢裂化催化剂都有一个特点，那就是随一次通过转化率的提高，对中馏分油的选择性下降。

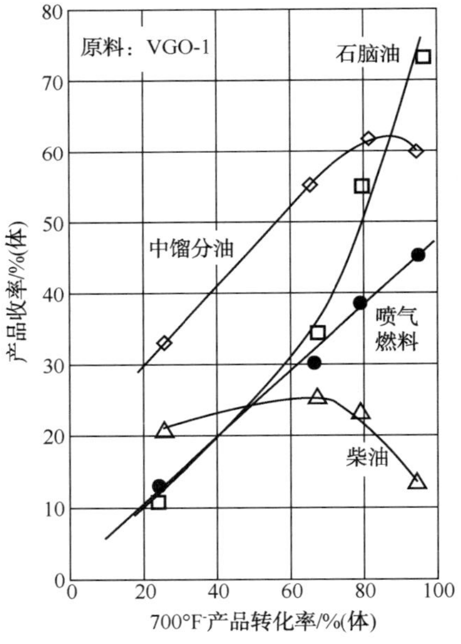

图 9-5　Unicracking/HDS 过程产品收率同转化率之间的关系[11]

如果原料进料速率和质量稳定，通过调整加氢裂化反应器温度就可以改变转化率。

反应温度对产品收率和转化率的影响如图 9-6 所示。从图 9-5 和图 9-6，可以看出，加氢裂化过程对整个炼油厂的操作灵活性的影响有多么大。其影响力是其他炼油过程不能代替的。反应器平均温度提高约 5.55℃，371℃⁻产品转化率由 60%增加到 80%。同样是 5.56℃的变化，204℃⁻产品转化率由 25%增加到 50%。图 9-6 涉及的案例所采用的也是高活性分子筛催化剂。无定形加氢裂化催化剂反应温度对转化率的影响与分子筛催化剂明显不同。

Union 认为，用提高温度的方法提高转化率，如果转化率增加幅度一样，无定形催化剂的反应温度要比分子筛催化剂高 50%。

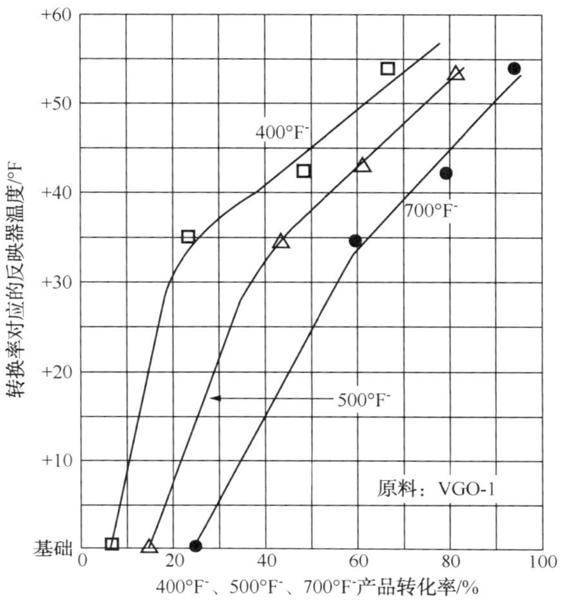

图 9-6 加氢裂化过程转化率同反应温度之间的关系[11]

（三）案例 3：加氢裂化过程三种操作模式对产品收率和产品质量的影响

Chevron 设计的 MHC 过程使用双催化剂。1982 年，NPRC（日本石油炼制公司）用很少投资，用该技术，把原来的处理能力为 6360m^3/d 的 VGO 加氢处理装置（Muroran 炼油厂）改造成 MHC，处理 VGO，大量生产高质量中馏分油。改造后的缓和 Isocracking 装置依然处理 VGO，进料率在 3180~4293m^3/d 变化，转化率在 20%~40%（液体体积），柴油操作模式时的氢分压在 6.2~6.9MPa。

该过程的一个重要特点是：把未充分利用的脱硫能力转化成加氢裂化能力。Muroran MHC 过程，从 1982 年起，以高转化率模式操作，切割点为 360℃的柴油和更轻产品收率在 10%~30%之间。柴油产量和质量主要取决于原料沸点范围、转化率和操作压力。

该过程的三种操作模式的产品收率和产品性质对比见表 9-15。从表 9-15 的数据看出，轻 Isomate 馏分能满足日本柴油规格要求。重 Isomate、尾油是优质燃料油调和料或 FCC 原料。氮含量下降能够改善 FCC 催化剂活性、转化率和产品收率。重 Isomate 黏度下降，有利于低硫燃料油调和。

表 9-15 三种临氢加工过程工业操作模式的工业数据对比[11]

操作模式	常规脱硫	高强度脱硫	缓和 Isocracking
HDS 率/%	90.0	99.8	99.6
液体收率/%			
石脑油	0.2	1.5	

续表

操作模式	常规脱硫	高强度脱硫	缓和 Isocracking
轻 Isomate	17. 2	30. 8	
重 Isomate	84. 0	70. 0	
原料			
API 度	22. 6	22. 6	23. 0
硫/%(质)	2. 67	2. 67	2. 57
氮/(μg/g)	720	720	617
Ni+V/(μg/g)	0. 2	0. 2	—
蒸馏(ASTM)/℃	304~534	304~534	289~555
轻 Isomate			
API 度	30. 9	37. 8	34. 0
硫/%(质)	0. 07	0. 002	0. 005
氮/(μg/g)	18	20	20
倾点/℃	-8	-10	-8
十六烷指数	51. 5	53. 0	53. 5
蒸馏(ASTM)/℃	223~342	148~348	155~362
重 Isomate			
API 度	27. 1	29. 2	30. 7
硫/%(质)	0. 26	0. 009	0. 013
氮/(μg/g)	400	60	47
50℃黏度/(mm^2/s)	26. 2	19. 8	17. 2
蒸馏(ASTM)/℃	365~532	366~525	323~552

图 9-7 为缓和 Isocracking 过程的转化率-产品 TBP(实沸点)蒸馏曲线。日本柴油规格对柴油切割点有严格限制，A 柴油的 TBP 切割点为 366℃；B 柴油的 TBP 切割点为 385℃。两种柴油的收率差为 9%(液体体积)。

图 9-8 为改变转化率对产品收率的影响。由图 9-8 可以看出，石脑油和柴油收率是转化率的函数。尽管石脑油收率随转化率上升，明显增加，但是转化的大部分(80%)是柴油。这说明催化剂系统对中馏油的选择性更好。这组数据是在反应温度(366~421℃)比较宽的范围内取得的。石脑油和柴油收率同转化率之间的线性关系表明，催化剂对中馏分油的选择性，受反应温度的影响比较大。

四、加氢裂化过程技术经济性分析

对于每个石油炼制公司或每个炼油厂来说，有关项目的投资偿还期或 ROI(投资返还)时间都是高度机密的。但是不管怎么说，偿还期同天然气价格有比较大的关系(见图 9-9)。

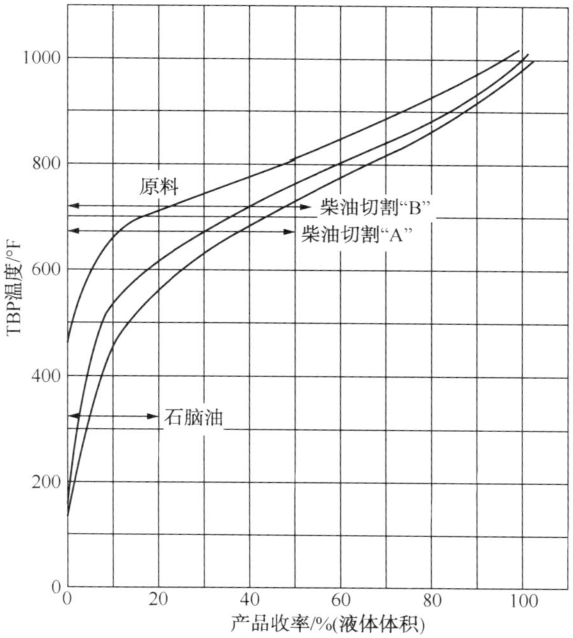

图 9-7　缓和 Isocracking 过程的转化率-产品 TBP 蒸馏曲线[11]

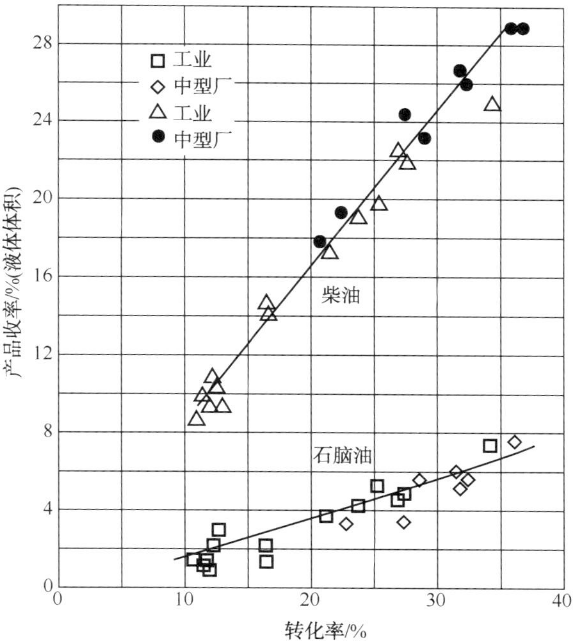

图 9-8　改变转化率对产品收率的影响[11]

表 9-16～表 9-18 为方案 1G、2D、3G 和 4D 涉及的原料价格和经济性对比数据。特殊装置的实际费用会发生变化，变化幅度±25%。

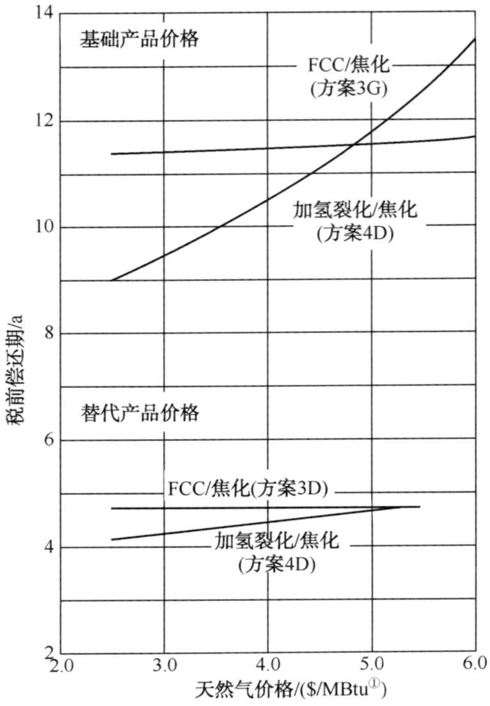

图 9-9　天然气价格对偿还期的影响(计算基础是美元 4.50/MBtu)[11]

① 1MBtu = 1.056GJ，下同

表 9-16　几个方案的原料价格①[11]

项　　目	基础价格/(美元/m³)	替代价格/(美元/m³)
Arabian 重质原油	171.1②	
购买燃料	28.3③	
C_3LPG	106.9	
C_4LPG	176.1	
化学石脑油	201.3	220.2
无铅汽油	220.2	239.0
喷气燃料	213.9	232.7
柴油	207.6	226.4
渣油燃料油	157.3	
延迟焦炭	125.8④	
硫	629.0④	

① 资料来源：Chevron Reseach Co。

② 交付 U.S. Gulf Coast，1983 年第 4 季度。

③ 美元/MBtu。

④ 美元/短吨。

表 9-17　主要方案的经济性比较①[11]

方案 炼制类型 裂化原料 操作模式	1G FCC VGO 汽油	2D 加氢裂化 VGO 中馏分油	3G FCC VGO/CGO 汽油	4D 加氢裂化 VGO 中馏分油
投资②/百万美元				
On-Plot(区内)	490	460	700	710
Off-Plot(区外)	380	330	450	400
总计	870	790	1150	1110
产品收益/(百万美元/a)	1016	1649	1696	1743
炼制费用/(百万美元/a)				
原油	1489	1489	1489	1489
制氢天然气	0	29	2	52
购买燃料	19	23	9	3
公用工程、催化剂和化学品	13	15	20	24
劳动力	9	7	11	8
维修、税和保险	48	44	65	67
总计	1578	1607	1596	1643
纯收入/(百万美元/a)	38	42	100	100
税前回收期/a	23	19	11	11
替代产品价格时的税前回收期/a	7.2	6.1	4.7	4.5

① 资料来源：Chevron Reseach Co。

② U. S. Gulf Coast，1983 年第 4 季度。

表 9-18　灵活性方案的经济性比较①[11]

方案 炼制类型 裂化原料	3G/3D FCC VGO/CGO		4G/4D 加氢裂化 VGO/CGO	
投资②/百万美元				
On-Plot	720		800	
Off-Plot	450		410	
总计	1170		1210	
	汽油模式	馏分油模式	汽油模式	馏分油模式
产品收益/(百万美元/a)	1696	1693	1738	1743
炼制费用/(百万美元/a)				
原油	1489	1489	1489	1489
制氢天然气	9	15	8	3
购买燃料	2	6	39	52
公用工程、催化剂和化学品	20	20	26	24

续表

方案 炼制类型 裂化原料	3G/3D FCC VGO/CGO		4G/4D 加氢裂化 VGO/CGO	
劳动力	11	11	9	8
维修、税和保险	65	65	67	67
总计	1596	1606	1638	1643
纯收入/(百万美元/a)	100	87	100	100
税前薪金结算期/a	12	13	12	12
替代产品价格时的税前回收期/a	4.8	5.1	4.9	4.9

① 资料来源：Chevron Reseach Co。

② U. S. Gulf Coast，1983 年第 4 季度。

表 9-19 和表 9-20 为几个方案的物料平衡，表 9-21 为产品性质。

计算方案经济性时采用的石脑油、喷气燃料、柴油和渣油燃料油价格是，C_3LPG 和 C_4LPG分别是 113 美元/m^3和 44 美元/m^3，比无铅汽油低。炼制费用含 Arabian 重质原油购置费，171 美元/m^3。以低硫燃料油价格为依据，制氢用天然气和炼厂用燃料费约为 4.5 美元/GJ。电价约为 6.0 美分/kWh。维修、税和保险费用按 on-plot 和 off-plot 投资一定比例计算。

表 9-19　VGO 裂化方案物料平衡①②[11]

方案 炼制类型 操作模式	1G FCC 汽油	2D 加氢裂化 中馏分油
原料		
Arabian 重质原油	150.0	
制氢天然气	—	
纯产品		
LPG	3.4	5.4
化学石脑油	3.0	6.7
无铅汽油	54.2	18.7
喷气燃料	5.2	37.1
柴油	12.7	15.6
渣油燃料油	70.2	69.1
总计	148.7	152，6
总轻质产品③	78.4	83.5
购买的纯燃料	1.9	2.3

① 资料来源：Chevron Reseach Co。

② 所有数据单位都是 MBPCD。

③ 除渣油燃料油之外的所有产品。

表 9-20 VGO/CGO 混合裂化方案物料平衡①②[11]

方案 炼制类型 操作模式	3G FCC 汽油	3D FCC 中馏分油	4G 加氢裂化 汽油	4D 加氢裂化 中馏分油
原料				
Arabian 重质原油	150.0	150.0	150.0	150.0
制氢天然气	0.2	0.6	4.0	5.3
纯产品				
LPG	4.3	4.9	6.0	6.6
化学石脑油	2.6	3.8	1.0	6.4
无铅汽油	63.0	45.5	58.3	25.3
喷气燃料	1.8	17.3	34.8	34.9
柴油	64.4	65.2	39.2	68.3
渣油燃料油	0	0	0	0
总计	136.3	136.7	139.3	141.5
购买的纯燃料	0.9	1.5	0.8	0.3
焦炭，TPCD	2660	2750	2550	2550

① 资料来源：Chevron Reseach Co。

② 所有数字单位都是 MBPCD。

表 9-21 几个方案的实际产品性质①[11]

项　　目	规格	1G	2D	3G	3D	4G	4D
无铅汽油							
Reid 蒸气压/kPa	<75.9	75.9	75.9	75.0	75.9	75.9	76.9
辛烷值(R+M)/2	>87	87	87	87	87	87	87
喷气燃料							
硫/%(质)	<0.3	0.23	0.13	0.23	0.20	0.02	0.05
冰点/℃	<-50	-50	-50	-50	-50	-50	-50
烟点/mm	>20	26	25	26	27	21	21
闪点(闭口)/℃	>37	54	37	545	37	60	37
柴油/2 号加热油							
硫/%(质)	<0.5	0.5	0.02	0.5	0.5	0.5	0.5
倾点/℃	<-7	-7	-21	-9	-9	-7	-12
十六烷指数	>40	52	70	49	48	52	57
ASTM D86 90%蒸馏/℃	<360	341	349	332	343	338	318
50℃ 黏度/(mm^2/s)	1.6~3.0	3.0	3.0	3.0	3.0	2.8	3.0

① 资料来源：Chevron Reseach Co。

MHC 的经济性是变化的，变化幅度主要取决于原料和产品的价格、产品分布及现场硬件条件。

如果把位于 FCC 装置上游的加氢处理装置改造成 MHC，虽然会减少 FCC 处理能力和损失汽油产量，但是能够生产更多馏分油。与欧洲和亚洲不同，美国更希望多产汽油。这种更适合欧洲和亚洲的加工方案特点是：能够改善 FCC 操作，如降低负荷，减少生焦量和 SO_2 排放；如果能在现货市场购进一定数量的 VGO，不仅能多产 2 号馏分油，还能维持汽油产量；

如果能在 FCC 原料中调入一些 VR，会使该方案更具竞争力。

表 9-22 为 FCC 型炼油厂中 MHC Unibon 过程的经济性分析。围绕 FCC 装置，有两种情况：一是基础方案，VGO 加氢处理装置只在脱硫条件下操作，过程无转化；二是把 VGO 加氢处理装置转化成 MHC，其中的 30%转化成 2 号馏分油，外购的 VGO 进 FCCU，这样可以使汽油收率同基础情况一样。

表 9-22　FCC 型炼油厂中 MHC Unibon 过程的经济性分析[a,b][11]

项　　目	基础	MHC	1983 年平均价格
模式	脱硫	缓和加氢裂化	美元/m^3
原料/(m^3/d)			
Middle East VGO	4770	4770	182.4
外购 VGO	—	1073	198.1
H_2/(Mm^3/d)	0.378	0.434	(125 美元/Mm^3)
产品/(m^3/d)			
LPG	563.9	582.2	157.3
C_4	239.3	252.1	176.1
汽油	3578.2	3610.0	223.3
2 号馏分油	631.2	1730.1	207.6
油浆	209.1	203.0	169.8
燃料气/(Mm^3/d)	0.189	0.201	(5.0 美元/GJ)
毛利/(百万美元/d)	226.7	241.4	
操作费用/(百万美元/d)	35.3	45.3	
利润/(百万美元/d)	191.4	196.0	

① 资料来源：UOP。

② 基础：150×10^4t/a VGO 脱硫，脱硫尾油去 FCC，HF 烷基化 C_4原料来自 FCC，不外购丁烷。

除了外购 VGO 和提高 2 号馏分油收率之外，所有其他产品都很接近。MHC/FCC 组合过程的效益主要取决于 2 号馏分油和外购 VGO 价格差。例如，如果这两个馏分价差是 28.4 美元/m^3，把 VGO 加氢处理装置转化成 MHC 操作的收益就是 4600 美元/d。也就是说，2 号馏分油和外购 VGO 价格差越大，收益就越高。在这两种情况中，都包括 C_4馏分 HF 烷基化过程，没有外购 i-C_4。

FCCU 是比较灵活的石油炼制过程。该过程能大量生产汽油，改变操作条件、催化剂活性和产品切割点也能大量生产馏分油。在 FCC 组合加工过程中增加 MHC 能进一步提高馏分油/汽油比、产品质量和炼油厂应对季节变化的能力。

图 9-10 为 MHC/FCC 组合加工过程产品分布变化幅度。如果炼油厂处于多产汽油季节，就可以用脱硫操作模式操作 MHC，以多产汽油生产模式操作 FCCU。如果炼油厂处于多产柴油季节，就可以用 MHC 操作模式操作 MHC，以比较低的转化率操作 FCCU，最大量地生产馏分油。此时，需要外购 VGO，以便维持 FCCU 生产能力。该组合加工过程的汽油/馏分油比，可以高到 7∶1，可以低到 0.9。

上面显示的数据是 1983~1984 年 MHC/FCC 组合加工过程的经济性分析结果。如果用作目前的规划和工程项目，应当用最新的价格重新计算。

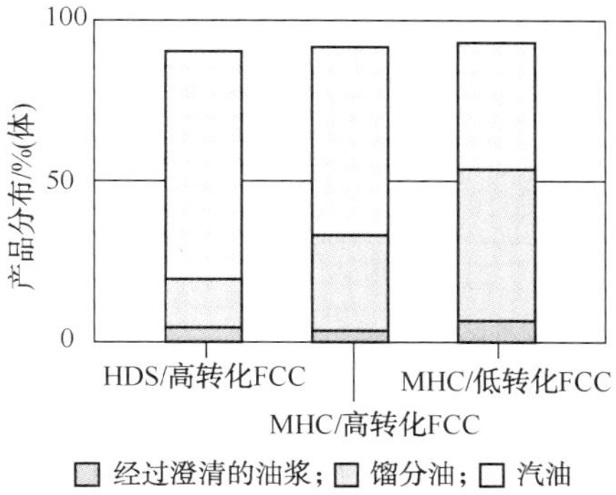

图 9-10　MHC/FCC/HF 烷基化组合加工过程的产品分布[11]

五、小结

对于许多炼油厂来说，都可能面临产品的供需矛盾问题，而提高 VGO 裂化能力能在一定程度上缓解这个矛盾。可以考虑增加裂化能力的炼油厂包括：

- 没有 VGO 裂化能力的炼油厂。
- 有更多的 VGO 可以用于转化的炼油厂。
- VR 转化能力提高，会产生更多沸点范围属于 VGO 的裂化原料(如，裂化瓦斯油)。
- 只有一种 VGO 转化过程的炼油厂，如果再增加另一种转化过程可以进一步提高经济效益，或者改变产品分布和提高炼油厂操作灵活性。

某些情况下，炼油厂可以同时增加瓦斯油裂化能力和渣油转化能力。

在选择裂化过程时，到底是选择加氢裂化，还是选择 FCC，必须权衡效益的高低。这两个过程各有利弊，做出选择需要考虑许多因素，其中最重要的几个因素是：

- 炼油厂所处的位置。
- 所需要的产品分布，如柴/汽比。
- 所需要的产品质量和规格。
- 改变产品分布的灵活性。
- 新设施和原有设施组合后的适用性和经济效益。

概括起来讲，加氢裂化过程的最简单形式是缓和加氢裂化。在所描述的案例中，为 VGO 脱硫和催化裂化原料预处理而设计的加氢处理装置，可以改造成单程加氢裂化装置。由于是老装置改造，受制于原装置固有的一些特点，加氢裂化过程常常是在非理想条件下操作的。典型的缓和加氢裂化条件见表 9-23。这些条件是许多低压脱硫装置采用的典型操作条件，其中的压力和氢：油比是加氢裂化装置的临界值。空速比较高。为了获得满意的运转周期(约 11 个月)，通常会降低进料率或增加一台反应器。多数情况下，由于产品中的轻馏分比常规脱硫装置多，需要对装置的蒸馏系统做适当改造。不管怎么说，MHC 过程同脱硫过程比，它的产品价值要高得多。

表 9-23　典型的缓和加氢裂化条件①[11]

项　　目	数　　据	项　　目	数　　据
压力/MPa	4.1~8.3	体积空速/h^{-1}	0.4~1.0
温度/℃	371~440	转化率/%(体)	5~35

① 资料来源：UOP。

如前所述，常规加氢裂化过程催化剂类型，影响产品分布。催化剂的选择性随转化率和催化剂的变化而变化(见图 9-11)。由图 9-11 可以看出，在温度不变条件下，加氢裂化催化剂的选择性变化幅度大约在 65%~90%。催化剂选择性计算公式如下：

选择性=[(300~700℉)/700℉⁻]/%(体)

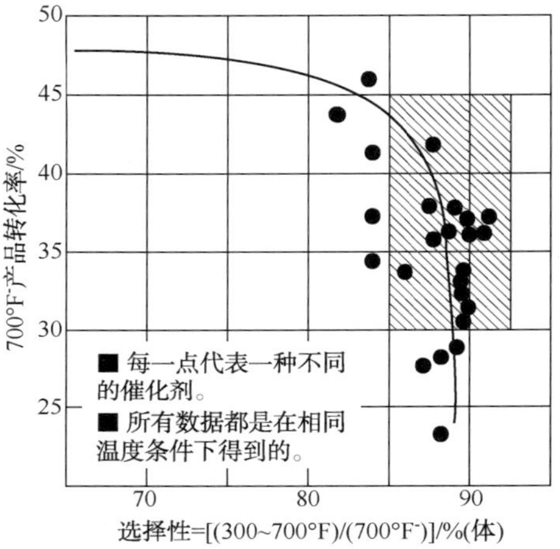

图 9-11　催化剂选择性随转化率和催化剂的变化而变化[11]

用于 MHC 操作过程的催化剂各大石油炼制公司都有自己的专利技术。这类催化剂可以单独使用，也可以同加氢处理催化剂组合在一起使用，其使用性能主要取决于催化剂类型、原料性质、产品分布、产品质量和运转周期。

第四节　择形脱蜡过程同溶剂脱蜡过程的技术经济性对比

低温流动性对某些石油产品，如喷气燃料、柴油和润滑油基础油，是非常重要的。如果这些石油产品低温流动性的指标(如喷气燃料的冰点、柴油和润滑油的倾点或凝固点)达不到要求，会严重影响它们的使用性能和炼油厂的经济性。

导致油品低温流动性差的原因是：油品中，长链正构脂肪烃(也就是蜡)、支链比较短的长直链烷烃、带有长侧链的芳烃和环烷烃含量高。其中影响最大的是长链脂肪烃。表 9-24为临氢过程中部分化学反应和反应前后产品性质的变化。从该表中的数据可以看出，润滑油原料经过临氢处理后，由于烃的化学结构发生变化，其性质也发生变化。

表 9-24　在临氢过程中的部分化学反应前后产品性质的变化[28]

反应类型	反应前后分子结构	黏度指数	倾点/℃
聚核芳烃饱和	反应前 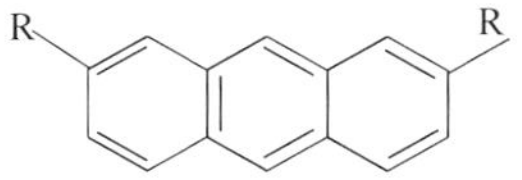	-60	50
	反应后 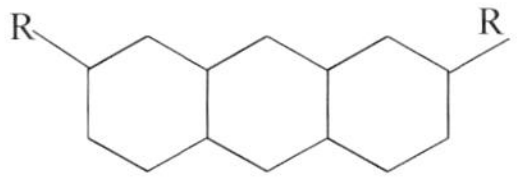	20	20
环烷烃开环	反应前 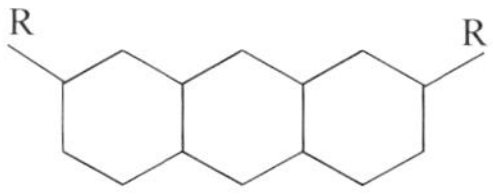	20	20
	反应后 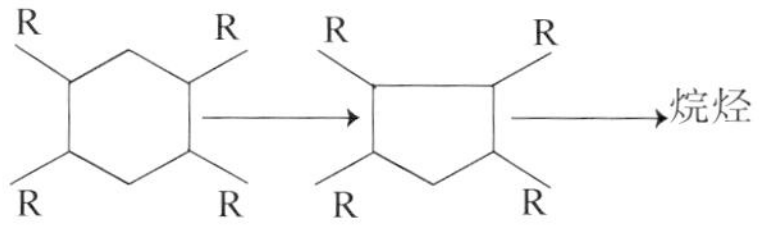	-130	-10
异构化	反应前 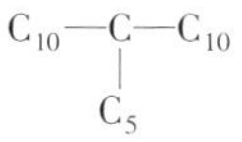	125	20
	反应后 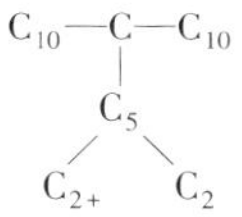	125	-40

润滑油临氢加工过程正在取代生产润滑油基础油的溶剂抽提过程。择形裂化过程虽然能把长链烷烃裂化成比较轻的产品，把倾点降下来，但是由于这些比润滑油轻的产品必须从基础油分离出去，使基础油收率下降。择形异构化过程可以把长链烷烃异构化成低温性能比较好的异构烷烃[17]。表 9-25 为几种脱蜡过程的技术经济性数据。

表 9-25　择形脱蜡同溶剂脱蜡方法的技术经济性对比[9]

项　　目	溶剂脱蜡	择形裂化	择形异构化
产品			
倾点/℃	-10～-15	-10～-50	-10～-50
收率/%	基准	相同或比较低	比较高
VI	基准	低	高
副产品	蜡膏	比较多的气体和石脑油	气体和石脑油少，中馏分油质量高
相对建设投资	100	60～80	60～85
相对操作费用	100	50～60	55～65

第十章　加氢裂化过程设备的腐蚀/损伤和材料选择

加氢裂化过程是炼油厂操作条件最苛刻的装置之一。主要体现在：高温高压、多相操作、存在能够导致设备腐蚀和损伤的物质、有引起材料腐蚀和损伤的环境。因此，加氢裂化装置各种设备的设计、选材、制造、改造、操作和开停工期间的维护，都涉及设备和材料的安全性，是不能大意的。如果不这样做，就要付出代价，有的代价是难以承受的。

第一节　炼油厂设备常用材料、化学组成、机械性质和抗腐蚀性

腐蚀和损伤是石油炼制过程不可避免的，是在石油炼制操作中首先碰到的问题之一。炼油厂设备的腐蚀和损伤给装置的安全稳定操作带来问题，会明显增加装置的操作和维修费用。

通常，装置的计划停工和非计划停工，以及检查和修理，都是根据配管和设备的腐蚀程度确定的。处理由腐蚀和损伤引起的设备事故是很花钱的。据 Russell D. Kane. 的报告称，在美国，仅仅处理一次主要故障和由此引起的相关费用就要 3500 万~5000 万美元，由腐蚀引起的总年度直接费用约 37 亿美元。其中每年用于维修的有关费用约 18 亿美元，容器维修费约 14 亿美元，清理结垢用的费用约 5 亿美元[54]。

虽然炼油厂的设备腐蚀和损伤潜力对于某些过程来说是固有的，但是，腐蚀和损伤的程度和后果以及由此产生的事故处理和设备维修费用损失不是固定的。为了降低由腐蚀和损伤导致的损失，不管是工厂管理人员、设备工程师、工艺工程师，还是腐蚀工程师都应当认识到下列几项工作的重要性[54]：

- 使过程控制技术适应整体化的在线实时腐蚀监测，实施监测的目的是提高生产效率(即，延长运转时间和缩短设备检查、维修和更换所需要的时间)。
- 腐蚀是另一个能够连续监测的，可以评估和控制的过程操作变数。
- 在某些情况下，工程师们可以凭借得到的腐蚀数据，预测设备安全操作的剩余时间和潜力。
- 腐蚀工程师要清楚地知道过程操作变数对腐蚀的影响，以及在线监测数据同实际操作变数的关联。
- 转换腐蚀技术思考模式，引入实时在线测量技术(如电化学腐蚀和点蚀检测技术、新的电阻腐蚀测量技术、氢气渗透性检测技术和在线检查技术)和电子数据的处理和采集技术。
- 研究有预测能力的，能够快速提问的复合工程师数据库软件，使用这些技术可以计算流体流动模式，评估环境的腐蚀性和材料选择。这实际上是把在线检测技术、检查技术、

计算机技术和实时进料过程控制信息技术同企业信息网络的工艺工程师和的腐蚀工程师联系起来。

- 不能等到设备"坏了才更换"。

- 大部分腐蚀问题实际上是由装置或设备在开工或停工发生或引起的。例如，当设备打开通大气以便检查和修理时，覆盖腐蚀产物的金属表面将暴露在空气和湿气中。如果不采取适当的防护措施，将导致点蚀和其他形式的局部腐蚀。当设备在停工过程中用水清洗时，隐藏在装置和相关配管中的水会产生腐蚀。

一、炼油厂设备常用材料和化学组成

这部分论及的是有关炼油厂使用的黑色和有色合金材料的选择，特别是有关临氢加工过程涉及的材料。

（一）碳钢和低合金钢

在炼油厂使用的材料中，80%以上是碳钢。碳钢得到广泛应用，主要是其价格便宜，容易得到，方便加工(如弯卷、成型和现场焊接)，如果需要还可以进行焊后热处理。

炼油厂用的每一个部件都涉及到碳钢，如反应器、蒸馏塔、分离器、换热器和储罐等，绝大多数配管和结构件都是由碳钢制造的。在设备制造过程中，应用最多的是碳钢和低合金钢(C-Mo 或 C-Cr-Mo)。温度在 425~540℃，使用 C-0.5Mo 钢比使用碳钢更经济，原因是它有更好地适应温度变化(即强度保留)的能力。同碳钢比，C-0.5Mo 钢的抗 HTHA(高温氢蚀)能力要高得多。C-0.5Mo 钢被广泛地用于反应器、换热器和分离器桶体及相应配管的制造，包括氢气温度超过 260℃的临氢加工过程使用的材料。但是，工作和检查数据表明，C-0.5Mo 钢不宜长期暴露在氢气环境下。如果是制造新设备或者是修理设备，宁愿使用低合金钢。在一些有关炼油厂材料选择文献中的"氢蚀"部分，都会找到由 API(美国石油学会)，根据新的服务经验和典型故障等，经过矫正后制作的用于炼油厂设备制造的普通结构钢 HTHA 图(即 Nelsion 曲线)。

炼油厂广泛使用的低合金钢，通常指的是含 Cr 在 1%~9%的 C-Cr-Mo 钢。这类钢具有优良的强度保留能力、抗高温硫腐蚀能力(由于铬含量增加)和抗 HTHA 能力。为了改善氢应力开裂(包括湿 H_2S 环境下的 SSC(硫化物应力开裂))倾向，这类低合金钢通常需要焊后热处理。焊后热处理有两个好处[54]：

- 降低焊道部位的抗拉强度。
- 减少焊道 HAZ(热影响区)的硬度和碳化物形态变化。

如果是在高温和高压条件下操作的反应器桶体，应用比较多的是 2.25Cr-1Mo 钢。为了改善它的抗腐蚀性，通常在这些钢表面上覆盖一层不锈钢，如 347。低合金钢也用在加热炉管、换热器桶体、分离器和配管等设备上。更多信息可参见相关的专业文献[55]。

（二）不锈钢

在炼油厂，不锈钢的应用被限制在一定范围内，如高温硫腐蚀、环烷酸腐蚀和其他形式的高温腐蚀环境下。不锈钢在酸式碱性水中的应用也在稳步增加。

在氯化物和水的存在下，许多常规奥氏体不锈钢(300 系列)会产生不同程度的点蚀和 SCC(应力腐蚀开裂)，其严重程度取决于其他腐蚀性物质(如，氧和硫化物)的多少。但是，也有许多新研制的高合金不锈钢具有比较高的抗点蚀和局部腐蚀能力。表 10-1 为这些不锈钢的组成。在这些材料中，增加镉、钼、钨和氮含量目的是提高材料对恶劣环境的抵抗能力。表10-2为某些特殊合金钢和高镍合金的化学组成。

表 10-1　常用不锈钢和镍基合金的组成①[54]

合　金	UNS 名称	组成/%(质)					
		C	Cr	Fe	Ni	Mo	其他
C-276	N10276	0.02	14.5~16.5	4~7	配平	15~17	2.5Co，1.0Mn，4.5W，0.35V
625	N06625	0.10	20~23	5	配平	8~10	0.4Al，4.15Nb，0.5Mn，0.4Ti
G	N06007	0.05	21~23.5	18~21	配平	5.5~7.5	2.5Nb，2.5Co，2.5Cu，2.0Mn，1W
G-30	N06030	0.03	28~31	13~17	配平	4~6	2.4Cu，5.0Co，4.0W
825	N08825	0.05	19.5~23.5	配平	38~46	2.5~3.5	0.2Al，3Cu，1Mn，1.2T
925	N09925	0.03	19.5~23.5	20	38~46	2.5~3.5	0.1~0.5Al，1.9~2.4Ti
2550	N06975	0.03	23~26	配平	47~52	5~7	0.7~1.2Cu，0.7~1.5Ti
718	N07718	0.08	17~21	配平	50~55	2.8~3.3	0.8Al，0.6~1.1Ti，4.8~5.5Nb，1Co
725	N07725	0.03	19~22.5	配平	55~59	7~9.5	0.35Al，2.75~4Ti
400	N04400	0.3	—	2.5	63~70	—	配平 Cu，2Mn
K-500	N05500	0.2	—	2.0	63~70	—	配平 Cu，3Al，0.85Ti
MP35N	R30035	0.025	19~21	1.0	33~37	9~10.5	配平 Co，0.15Mn，1Ti
AL6XN	N08367	0.03	20~22	配平	23.5~25.5	6~7	0.18~0.25N
28	N08028	0.03	26~28	配平	29.5~32.5	3~4	1.4Cu，2.5Mn
255	S32550	0.04	24~27	配平	4.5~6.5	2~4	2.5Cu，1.5Mn，0.25N
100(ASTM A351)	S32760	0.03	55	配平	6~8	3~5	0.7Cu，0.25N，0.7W
2507	S32750	0.03	24~26	配平	6~8	3~5	0.5Cu，0.24~0.32N
2205	S31803	0.03	21~23	配平	4.5~6.5	2.5~3.5	0.08~0.2N
254SMO	S31254	0.02	19.5~20.5	配平	17.5~18.5	6.0~6.6	0.18~0.22N，0.5~1.0Cu
316	S31600	0.08	16~18	配平	10~14	2~3	—
654SMO	S32654	0.03	24	配平	22	7	0.5N，0.5Cu
13Cr(特1)	—	0.	13	配平	4	1.5	—
13Cr(特2)	—	0.	13	配平	5	2.15	—
F6NM	S42400	0.06	12~14	配平	3.5~4.5	0.3~0.7	—
420(13Cr)	S42000	0.15	12~14	配平	—	—	—

① 除了给定范围之外，都是最高允许含量。

表 10-2 某些普通不锈钢、特殊合金钢和高镍合金的化学组成[20]

合金 UNS 号	P(G)-No.	化学组成/%(质)								* CPI 或 PRE_N
		C	Mn	P	S	Si	Cr	Ni	Mo	
304L UNSS30403	8(Gr1)	< 0.03	< 2.00	< 0.045	< 0.03	< 0.75	18.00 20.00	8.00 12.00		18.0 21.6
316L UNSS31603	8(Gr1)	< 0.03	< 2.00	< 0.045	< 0.03	< 1.50	16.00 18.00	10.00 14.00	2.00 3.00	22.6 29.5
2205 UNSS32205	10H(Gr1)	< 0.03	< 2.00	< 0.03	< 0.02	< 1.00	21.00 23.00	4.50 6.50	2.50 3.50	31.5 37.8
CD-4MCu J93370		< 0.04	< 1.00	< 0.03	< 0.04	< 1.00	24.50 26.50	4.75 6.00	1.75 2.25	30.3 33.9
SAF2507 UNSS32750	10H(Gr1)	< 0.03	< 1.20	< 0.035	< 0.02	< 0.80	24.00 26.00	6.00 8.00	3.00 5.00	37.7 47.6
合金 20 UNSN08020	45	< 0.07	< 2.00	< 0.045	< 0.035	< 1.00	19.00 21.00	32.00 38.00	2.00 3.00	25.6 30.9
904L UNSN08904	45	< 0.02	< 2.00	< 0.045	< 0.035	< 1.00	19.0 23.0	23.0 28.0	4.0 5.0	32.2 39.5
6XN UNSN08367	45	< 0.03	< 0.04	< 0.03	< 1.00	< 1.00	20.00 22.00	23.50 25.50	6.00 7.00	42.7 49.1
254SMO UNSS31254	8(Gr4)	< 0.015	< 1.00	< 0.03	< 0.01	< 0.80	19.50 20.50	17.50 18.50	6.00 6.50	42.2 45.5
26-6Mo UNSN08926		< 0.02	< 2.00	< 0.03	< 0.01	< 0.50	19.00 21.00	24.00 26.00	6.00 7.00	41.2 48.1
1925hMo UNSN08925	45	< 0.02	< 1.00	< 0.045	< 0.03	< 0.50	19.00 21.00	24.00 26.00	6.00 7.00	40.4 47.3
20Mo-6 UNSN08026	45	< 0.03	< 1.00	< 0.03	< 0.03	< 0.50	22.00 26.00	33.00 37.20	5，00 6.70	38.5 48.1
Sanicro28 UNSN08028	45	< 0.03	< 2.50	< 0.03	< 0.03	< 1.00	26.00 28.00	30.00 34.00	3.00 4.00	35.9 41.2
合金+A21800 UNSN08800	45	< 0.10	< 1.50		< 0.015	< 1.00	19.0 23.0	30.0 35.0		19.0 23.0
合金 825 UNSN08825	45	< 0.05	< 1.00		< 0.03	< 0.50	19.50 23.50	38.00 46.00	2.50 3.50	27.8 35.1
合金 625 UNSN06625	43	< 0.10	< 0.50	< 0.015	< 0.02	< 0.5	20.00 23.00	55.92 68.85	8.00 10.00	46.4 56.0
C276 UNSN10276	44	< 0.01	< 1.00	< 0.04	< 0.03	< 0.08	14.50 16.50	50.99 63.50	15.00 17.00	73.9 87.5

续表

合金 UNS 号	P(G)-No.	化学组成/%(质)									* CPI 或 PRE_N
		Fe	Cu	N	Ti	Nb	Al	Co	W	V	
304L UNSS30403	8(Gr1)	64.95 74.00		0.00 0.10							18.0 21.6
316L UNSS31603	8(Gr1)	61.30 72.00		0.00 0.10							22.6 29.5
2205 UNSS32205	10H(Gr1)	63.72 71.86		0.14 0.20							31.5 37.8
CD-4MCu J93370		59.89 66.25	2.75 3.25								30.3 33.9
SAF2507 UNSS32750	10H(Gr1)	58.77 66.76	< 0.50	0.24 0.32							37.7 47.6
合金 20 UNSN08020	45	40.85 44.00	3.00 4.00			8XC 1.00					25.6 30.9
904L UNSN08904	45	49.90 42.00	1.00 2.00								32.2 39.5
6XN UNSN08367	45	41.40 50.32	< 0.75	0.18 0.25							42.7 49.1
254SMO UNSS31254	8(Gr4)	51.43 56.32	0.50 1.00	0.18 0.22							42.2 45.5
26-6Mo UNSN08926		41.69 50.35	0.50 1.50	0.15 0.25							41.2 48.1
1925hMo UNSN08925	45	42.71 50.10	0.80 1.50	0.10 0.20							40.4 47.3
20Mo-6 UNSN08026	45	24.51 38.00	2.00 4.00								38.5 48.1
Sanicro28 UNSN08028	45	29.01 40.40	0.60 1.40								35.9 41.2
合金+A21800 UNSN08800	45	> 39.50	< 0.75		0.15 0.60		0.15 0.60				19.0 23.0
合金 825 UNSN08825	45	22.22 38.50	1.50 3.00				< 0.20				27.8 35.1
合金 625 UNSN06625	43	< 5.00			< 0.40	3.15 4.15	< 0.40				46.4 56.0
C276 UNSN10276	44	4.00 7.00						< 2.50	3.00 4.50	< 0.35	73.9 87.5

根据材料的抗腐蚀能力，用量比较少的不锈钢合金是马氏体不锈钢，如 410(S41000)。这种材料必须进行焊后热处理，这样做可以避免出现由于暴露在含 H_2S 或其他临氢环境下引起的氢开裂问题。典型应用包括泵组合件、阀芯、透平叶片和蒸馏塔盘等部件的的制造。在可能发生硫化作用的条件下，用作加热炉管和配管的 410(S41008)不锈钢低碳类钢，通常

需要镀铝，以便增强它的防锈能力。铁素体不锈钢，如405(S40500)，虽然抵抗氢开裂的能力比较低，但是，如果是用于焊贴容器衬里，比410(S41000)适宜。

奥氏体不锈钢，如304(S30400)，有比较好的抗腐蚀性能，但是，当温度超过60℃时，由于氯化物的原因，对SCC敏感，在低温含水氯化物环境下会发生SCC，并且当工艺设备对空气开放时，在湿气、硫化和氧气联合作用下，也可能产生连多硫酸SCC。这类不锈钢的典型应用包括：蒸馏塔衬里和塔盘、配管；换热器管和反应器包层；加热炉管和炉管吊架；压缩机、透平、机泵和阀门配件；重沸器管。

在炼油厂许多含水环境中，不锈钢(和镍基合金)对腐蚀和局部腐蚀(既点蚀、裂缝腐蚀和SCC)的敏感性与PREN(抗点蚀平衡值)有关，其计算公式如下[54]：

$$PREN=Cr+3.3Mo+1.5(W+Nb)+xN$$

式中 $x=0$ 用于马氏体和铁素体不锈钢；$x=16$ 用于复合不锈钢；$x=30$ 用于奥氏体合金。该关系式的主要根据是处于充气和氧化条件下的升温含水含氯化物环境下的合金性能。在含硫化物和氯化物的还原环境下，x 值限制在11(前面给出的16和30)是由于在这些条件下，氮的抗腐蚀性的作用比较小。根据上述PREN关系式，现代炼油厂多采用复合不锈钢，如合金2205(S31803)和合金2507(S32750)，或者高合金奥氏体不锈钢，如合金904L(N08904)和合金AL6XN(N08367)。这些合金的PREN值在30~40或更高范围内，而普通型的316不锈钢的PREN值是24。用于冷却水系统、工艺换热器和酸性水系统的不锈钢需要比300系列不锈钢更强的抗腐蚀和抗SCC能力，而且比常用镍合金更经济。

在无水条件下，包括暴露在高温含硫或环烷酸原油环境中，不锈钢的抗腐蚀能力与材料的镉和钼含量有关。更多信息可参见相关的专业文献[55]。

(三) 铸铁

由于多数铸铁都表现出固有的脆性和低强度，通常不适于制造处理易燃烃的有压力的部件。可以用于制造泵和阀门部件、喷射器、喷嘴、过滤器和配件，在这些部件中使用铸铁材料有利于缓解由速度效应引起的腐蚀，如冲蚀、侵蚀和穴蚀。高硅铸铁(Si含量14%)有极高的抗腐蚀性，原因是这类材料暴露在许多化学环境(不包括氢氟酸)中都会生成一层有钝化作用的氧化硅膜。在炼油厂中的典型应用是用于制造处于腐蚀环境条件下的阀门和机泵部件。高镍铸铁由于合金含量相当高(Ni含量13%~36%，Cr含量6%)具有很好的抗腐蚀、抗磨损和耐高温能力。这类铸铁的典型应用是阀件、泵件、挡板、扩散器、塔盘部件和压缩机部件。更多信息可参见相关的专业文献[56]。

(四) 铜和铝合金

这些材料广泛用于水系统，但是当温度低于260℃时通常不使用这些材料，原因是强度不够。海军黄铜(C44300)管广泛用于炼油厂的水冷冷凝器和冷却器。一般情况下，铜合金能够承受含硫的酸和碱环境下的快速腐蚀。这些材料通常不适合用来制造塔顶冷凝器、压缩机二次冷却器和其他接触酸性水的设备，也包括接触含水冷凝液中的高浓度 H_2S 和氨的设备。由于流速导致的湍流，会使条件更加恶化。即使镍含量相对比较高的合金(如合金400)，同价位相同的不锈钢或镍基合金比，它们的性能也是比较差的。

炼油厂一度用铝合金做水冷系统碳钢和黄铜(C44300)换热器管的替代材料。铝管用在塔顶冷凝器中有非常好的抗含水硫化物腐蚀的能力。但是，由于在水侧存在结垢点腐蚀问题，应用有限。仅有一个炼油厂把铝材用在减压塔，使用铝或铝涂料能提高塔盘部件(流量比较低)的抗环烷酸腐蚀能力。铝涂层也被用来保护低合金钢抵抗有湿气和氯化物存在的高温硫腐蚀。更多信息可参见相关的专业文献[57，58]。

（五）镍和镍合金

在炼油厂操作环境中，镍和镍合金特别适用于硫酸、氢氯酸、氢氟酸和碱环境下的抗腐蚀，这些环境对于许多结构材料来说都会产生腐蚀问题。作为奥氏体合金的合金元素，镍能够明显降低升温溶液中氯化物 SCC 敏感性。一般情况下，当材料的镍含量约超过 8%时，抗 SCC 能力随之提高。Ni 含量约 40%的许多不锈钢合金能在含氯化物的曝气溶液中抵抗氯化物 SCC。但是，在升温条件下，在含水酸性环境下氯化物和硫化物都存在的地方，仍会看到 SCC。向合金中增加镍、镉、钼和氮元素能够提高抗 SCC 能力。同不锈钢类似，镍基合金的抗 SCC 能力同点蚀的敏感性有关(见在不锈钢部分描述的 PREN 公式)[54]。

镍也是许多高温合金的基础。但是，在升温条件下，不含镉和钼的镍合金会发生由含硫气体(硫腐蚀)和酸性水溶液引起的腐蚀和脆化。合金 400(N04400)，一种镍-铜合金，广泛地用作碳钢设备衬里，目的是防止由氢氟酸和氯化物盐引起的腐蚀。因此，合金 400 管能用来制造塔顶冷凝器，也能用于抗氢氟酸腐蚀。在有酸性水存在的环境下，在由升温和流速导致的高湍流条件下，含镍铜合金腐蚀加速。在某些场合，可以用不锈钢，也可以用镍基合金。

已经专门为抗含硫和含氯环境开发了更新的合金，如合金 686(N06686)，为抗渗碳研制了合金 214(N07124)，而镍/钴基合金能在复杂的工艺流中抵抗多重腐蚀，如合金 556(R30556)。尽管材料比较昂贵，但是它在特殊场合，能够抵抗一些比较严厉的腐蚀问题。更多信息可参见相关的专业文献[57，59]。

（六）钛和钛合金

这类合金广泛用于某些石油化学过程，在这些过程里，需要材料有比较高的抗腐蚀能力。钛通常不被认为是一种高温金属；这种金属必须在惰性气体保护下用专门程序进行焊接或切割，目的是防止脆化。实际上，在炼油厂里使用的钛材料温度不能超过 260℃。如果有氢气存在，温度不应超过 175℃，这样可以避免发生由生成的氢化物引起材料脆化。在升温含水溶液中，由于对次贵材料(如钢)的电偶作用，也会发生钛氢脆。由于钛的反应本性，它能够充分地抵抗许多流体的腐蚀，其反应性使它能够比较容易地生成一层钝化 TiO_2表层，该表层既坚固，又有比较强的化学稳定性。由 Ti-2 级(R50400)制成的管道广泛地用于许多炼油装置的塔顶冷却器和冷凝器，用来防止由含水氯化物、硫化物和二氧化硫引起的腐蚀。这些管道在其酸性积淀下面也会发生腐蚀。当冷却用的是海水和含盐水时，通常使用钛管。在纯钛材料积淀下会产生腐蚀问题的地方，应当考虑采用含有镍和钼合金元素的 Ti-12 级(R53400)。从腐蚀的观点看，Ti-2 级的阳极化和高温空气硬化已经显示出它的有利的一面。

最近，已经把加有少量贵金属(如 Ti-7 级(R52400)加钯，Ti-26 级(R52404)加钌)的钛合金用来降低裂隙腐蚀和点蚀及积淀下腐蚀。表 10-3 为钛钢及其组成。更多信息可参见相关的专业文献[59，60]。

表 10-3　常用钛合金的组成[54]

合金	UNS 名称	组成/%(质)					
		Al	Mo	V	Pd	Ru	其他
Ti-2	R50400	—	—		—	—	配平 Ti
Ti-5	R56400	6	—	4	—	—	配平 Ti
Ti-7	R52400	—	—	—	0.18	—	配平 Ti
Ti-12	R53400	—	0.3	—	—	—	0.08Ni；配平 Ti
Ti-13	R53413	—	—	—	—	0.05	0.05Ni；配平 Ti
Ti-16	R52402	—	—	—	0.06		配平 Ti
Ti-18	R56322	3	—	2.5	—	0.06	配平 Ti
Ti-23	R56407	6	—	4	—	—	0.13 最大 O；配平 Ti
Ti-24	R56405	6	—	4	0.06	—	0.2 最大 O；配平 Ti
Ti-26	R52404		—	—	—	0.12	配平 Ti
Ti-27	R52254		—	—	—	0.12	0.18 最大 O；配平 Ti
Ti-29	R56404	6	—	4	—	0.12	配平 Ti

二、常用材料的机械性质

炼油厂用结构材料的化学组成和制造过程会影响它的机械性质。炼油厂用材料的机械性质，主要包括：升温性质、硬度、疲劳强度、脆化现象、低温性质和加工性能等。

设备使用环境对材料机械性质的影响很大。某些暴露环境(如暴露在湿 H_2S 环境下)能把一些韧性正常的材料(如碳钢)变成非常脆的材料，这类材料会在没有任何征兆的情况下被破坏。

(一) 升温性质

通过合适的规范可以确认材料的允许应力。允许应力用于设备设计时，特定结构材料的选择。允许应力是以设备长时间暴露的温度为依据。在正常操作条件下工作的钢材料，在暴露温度下，能够工作很长时间，如果没有腐蚀，对它们的允许强度不会构成不利影响。随着工作温度的升高，多数材料的机械强度会降低。实际上，同短期拉伸或屈服强度下降比较，材料遭到破坏更可能是由于在升温时材料的蠕变和应力破坏引起的。

例如，表 10-4 为几种常用碳钢和低合金钢的短期升温屈服强度。从汇总的数据看出，这三种钢都有合格的 480℃ 屈服强度值。这些数值没有充分描述当升温时这些钢的长期抗蠕变能力。抗蠕变值能够比较精准地反应材料的升温机械强度。通过一周期 10000h(通常能够推算 100000h)的升温蠕变试验(伸长-时间)和应力破坏试验(应力-时间-破坏)，能够得到抗蠕变值。表 10-5 为上述三种钢的抗蠕变值。碳钢在 480℃ 和 540℃ 时的抗蠕变能力退化比较明显。表 10-6 为以蠕变破坏为依据的 5 种不同钢和合金的推荐最高工作温度。在某些应用中，如炉管，不必遵循规范允许应力，可以在可能导致蠕变破坏的温度和应力下操作设备，用来准确地预测工作寿命。为了能够比较准确地预测故障，应当定期检查正在蠕变范围内操作的设备，特别是接近设计寿命的设备。有关炼油厂设备的设计、工作寿命预测和风险基检查指南可以参考相关工业标准，如 API580 和 API579。

表 10-4　几种炼油厂用钢的短期升温屈服强度[54]　MPa

试验温度/℃	0.2%屈服强度		
	碳钢	C-0.5Mo 钢	2.25Cr-1Mo 钢
25	248	276	272
150	208	241	247
260	192	212	238
370	175	190	234
480	148	175	193

表 10-5　能够推算 100000h 的三种炼油厂用钢的抗蠕变能力[54]　MPa

试验温度/℃	1%蠕变速率的应力		
	碳钢	C-0.5Mo 钢	2.25Cr-1Mo 钢
425	95	150	—
480	41	98	152
540	18	43	55

表 10-6　基于蠕变或破坏数据的 5 种不同钢和合金的推荐最高连续工作温度[54]　℃

材　　料	基于蠕变速率的最高温度	基于破坏的最高温度
碳钢	450	540
C-0.5Mo 钢	510	595
2.25Cr-1Mo 钢	540	650
304 不锈钢	590	815
合金 C-276 镍基合金	650	1040

（二）硬度

有关规范没有把钢的硬度变化作为一个规定性质来讨论。对于特殊工作环境来说，无论是在成形、热处理还是焊接操作过程中形成的硬度(理解成钢的合成金相结构或许更恰当)变化，都能够显著地影响钢的适配性。尽管碳钢的硬度值比较低，从升温状态下冷却，如在轧制过程(如淬火或正火)或制造或修理过程中碰到的，都可能使材料的硬度、硬度梯度或局部硬化区发生变化。

现有的炼油厂经验表明：如果碳钢的硬度超过 200HB(布氏硬度值)，在碱式酸性水环境中，就可能发生开裂。压力容器的焊道发生的 SCC，就属于这类情况的典型。为此，碳钢和压力容器中的焊道的最高硬度限制通常需要调整。有时，使制造的设备部件应力限制更均衡可能更好，因为部件以后可能会暴露在含水硫化物环境中，原来的工作环境可能被改变。高硬度也表明拉伸强度增加和延展性相应下降。可以预计，硬度值超高的常规钢板在温度降到非常低之前就存在开裂，或者在载荷迅速增加的条件下，容易脆化。低合金钢在焊接之后通常需要焊后热处理，以便降低焊接区的硬度，降低由于焊接引起的应力。

在某些情况下，硬度并不能很好地反映开裂敏感性。当钢材处于湿 H_2S 环境时，会产生抗 HIC 能力，就属于这种情况。这类开裂是由于聚集在材料内界面的硫化物腐蚀使氢气进入钢中引起的，通常是在钢夹杂物附近。实际上，对 HIC 的敏感性，强度低的钢比较高，这同硫含量、制钢时使用的碾压实践及生成物的硫化物夹杂物形态有关。

（三）疲劳强度

有些部件（如压缩机或泵）要求材料具有比较好的抗疲劳性。当选择螺栓连接件和配管材料时，也要考虑它的抗疲劳性。抗疲劳是承载负荷的部件的抗破坏能力，破坏力指的是反复循环的作用力（如振动或旋转应力）。一个普通的经验是把疲劳应力限制在涉及材料的极限拉伸强度的一半左右。由于材料疲劳会导致开裂、开裂扩散和残余承载负荷的变化，在确定其抗疲劳能力时要综合考虑或参考其他机械性质。很明显，比较高的强度有助于抵抗开裂激发。在许多情况下，材料和设备会有一些早已存在的类似开裂的迹象或缺陷。在这些情况下，在评估抗疲劳开裂扩散和疲劳极限时也要考虑其他一些因素。这些因素包括钢的断裂韧性，它通常与材料的清洁度有关。夹杂物含量低和有细晶粒的材料通常具有比较高的抗疲劳能力，因为夹杂物是激发（或扩散）内部开裂之源，而细晶粒有助于改善关联张力集中，允许晶面滑动。

（四）低温性质

随着工作温度降到环境温度以下，碳钢的韧性和延展性下降。由于炼油厂中的多数设备是由碳钢构成，没有足够的低温韧性用来抵抗可能发生的严重问题。幸运地是，很少操作是在低温下进行的，由碳钢组成的多数设备是在常温到425℃条件下操作。但是在停工期间设备通常是暴露在大气温度下，在这种条件下，如果钢设备没有足够的低温韧性，就会发生问题。为了提高抗低温脆性破坏的能力，应当对钢彻底进行镇静处理、细晶粒化和正火，并且进行焊后热处理。此外，通过添加镍和钒合金元素和/或用热机控制技术处理钢，也能够改善钢的低温韧性。

（五）脆化现象

炼油厂一些环境会影响低合金钢和不锈钢的机械性质。材料在某些环境影响下，由于其硬度上升或缺口延展性下降，其表现几乎都是脆化。有关脆化机理的详细信息和产生破坏的外观可参见相关的专业文献。

1. 退火脆化

会引起长时间暴露在370~540℃或更高温度下的1%~2%Cr低合金钢延展性-脆性转移温度明显增加。由焊道瑕疵引起的脆化问题通常发生在开停工期间。控制钢的锰、硅、磷、锡、锑和砷元素含量就能够提高C-0.5Mo钢、2.25Cr-1Mo钢和高Cr-Mo合金钢的抗退火脆化能力。如果设备已经脆化，就应当提高设备主焊道的无损伤试验频繁。

2. 475℃脆化

发生在长时间暴露在该条件下的奥氏体不锈钢和纯-铬（铁素体或马氏体）不锈钢。σ相结构几乎没有机械韧性，即使相对含量非常低，对所有机械性质都会有比较大的影响。对于奥氏体不锈钢来说，最敏感的是约含25%Cr和20%Ni的不锈钢。对σ相结构最敏感的是含17%或更多铬的纯-铬钢。σ相结构会提高室温拉伸强度和硬度，同时把其延展性降低到极脆的程度，其结果是开裂，开裂同操作冷却时发生的开裂非常类似。在操作温度为650~750℃的设备里常常会形成σ相。因为σ相结构在超过980℃时会消失，所以通过适当的热处理，能够使不锈钢性质得到恢复。

3. 蠕变脆化

是在蠕变条件下操作的低合金钢，在应力作用下，导致的脆化。其结果是材料的应力-

破坏延展性下降。蠕变脆化通常是由晶粒中生成沉积物引起的，这将导致晶界比晶粒中的材料软。如此，张力会集聚在晶界里，导致过早失效。对钢材进行热处理能够消除这些不利影响。

（六）加工性能

炼油厂用的工艺设备和配管几乎都是由焊接锻钢制造的。压力容器的桶体通常是由轧制钢板制造的，管口是锻造的。对这些钢材的要求是要有足够的成型延展性和易于焊接。钢材的焊接性能不仅对于最初的制造是重要的，对于将来的现场维修和改造也同样重要。焊接维修和焊后热处理会影响由正火或淬火和退火加工的锻件的机械性质，会导致锻材的强度下降，降低的程度取决于它在制造厂的加工过程和材料组成。

焊接还会产生其他问题。由潮湿的焊接耗材带来的或焊接现场条件不好带来氢气会溶解在液化的焊接金属中。溶解的氢气会在材料凝固过程中导致焊道开裂和脆化。暴露在炼油厂湿 H_2S 环境中的材料，溶解在其中的氢气也会影响材料的焊接性能和维修时的焊道性能。

采用低氢电焊条和经过小心干燥的电焊条，以及严密控制焊前和焊后热处理，都可以降低焊道氢开裂的影响。暴露在环境中的设备，焊接前要先烘烤，以便减少或除掉影响焊接性能的积聚氢。有时，烘烤会产生由 HTHA 引起的开裂。有关烘干处理和其他条件下的修理技术的影响可参考相关专业文献。

应力释放或预热开裂是焊道 HAZ 晶间开裂。HAZ 开裂发生在焊后热处理期间预热焊道时，或者发生在随后的环境升温时。低合金钢尤其敏感，如果不小心，任何铁素体钢都可能发生氢开裂。

三、炼油厂设备用材料的抗腐蚀性能

炼油厂设备在运行过程中面临的环境是非常复杂和严厉的。特别是有些装置，如加氢裂化装置，除了面临常规炼油装置的一些问题之外，还面临严重的材料腐蚀问题。由材料腐蚀，可能会导致一些设备事故。有些比较轻微的事故是允许的，是能够得到及时处理的，而有些事故是不能承受的，是必须杜绝的。

许多事实已经证明，材料腐蚀是引起许多设备事故的原因。如历史上，由于 C-0.5Mo 合金钢高温氢蚀导致的几起事故，提醒我们，重要设备材料的抗腐蚀性能，对于装置的安全长周期操作来说，是多么重要。

选择材料时需要考虑操作环境对材料的影响。均匀腐蚀(均匀金属损失)是在设计阶段就需要考虑的，最容易发生的金属腐蚀形式，它可以用 CA(腐蚀余量)的形式处理。均匀腐蚀可以用无损检验技术就能发现，这种腐蚀有一个明显特征是，设备的任何部位都可能发生，而且是均匀的。多数情况下，CA 是在 1~2mm，多少取决于工作环境的苛刻度。在某些比较特殊的情况下，如存在冲击或湍流的地方，局部 CA 可能要提高到 5mm 或更高[54]。

如果存在点蚀，应当用点蚀余量的形式处理。在有点蚀的条件下，虽然由均匀腐蚀引起的金属损失对材料的影响不大，但是终归需要比较高的设备点蚀检查费用。比较实用方便的应对点蚀的方法是：避免能够产生点蚀的工艺条件；或者更换不会产生点蚀的的材料。

前不久，除了通过实际取样检查或检测之外，还没有更好的腐蚀检测方法用于鉴别点蚀。而近年来，出现了一些新检测方法，如控制系统电化学噪音技术和实时数据采集技术，可以用来鉴别点蚀和均匀腐蚀，并能识别发生有害损伤的操作条件。

SCC 是最危险的金属腐蚀损伤形式之一，它能够导致：设备发生扩展式开裂和灾难性事故；或造成操作设施的重大损失。SCC 通过在线或非在线检查都难以发现，原因是这类损伤，通常发生在局部(有高残余应力或者高外加张应力的地方)，不是均匀地分布在金属表面。奥氏体不锈钢，在有含水氯化物的环境下，对 SCC 很敏感，因此，设备的主要承压部件不使用奥氏体不锈钢。奥氏体不锈钢通常不能用作设备防护衬里。

四、同炼油厂材料选择有关的国外相关标准和规范

表 10-7 为各国或管理机构公布的有关炼油厂压力容器、配管和储罐的设计、制造和检查规范、工业标准，其中有些是强制性的，如多数工业部门和设备制造商都在使用的 ANSI(美国国家标准学会)和 ASME(美国机械工程师协会)的锅炉和压力容器规范，Ⅷ部分，包括非直火压力容器。因此，为设备选择结构材料的第一步是先搞清楚这些规范包括了什么和不包括什么。

表 10-7　国外同炼油厂有关的工艺设备施工规范[54]

设备名称/国家	文献出版单位	源文献
压力容器		
美国	American Society of Mechanical Engineers	锅炉和压力容器规范，Ⅷ部分
英国	American National Standards Institute British standards Institution	BS 1515：化学、石油和配套工业中使用的熔焊压力容器
德国	Arbeitsgemeinschaft Druckbehalter (由 Carl Heymans Verlag KG 出版)	BS 5500：非直火熔焊压力容器 A. D. Merkblatter
意大利	Associazione Nazionale per il Controllo della Combustione	ANCC 规范
荷兰	Dienst voor Stoomwezen Tryckkarlskomissionen (瑞典压力容器委员会)	Regels Voor Toestellen (压力容器规范)
瑞典		瑞典压力容器规范
配管		
美国	American Society of Mechanical American National Standards Institute Engineers	B31. 3 压力配管规范
英国	British standards Institution	BS 3351：炼油厂和石油化学厂用的配管系统
储罐		
美国	American Petroleum Instiyute	API 620：大焊接低压储罐的设计和施工推荐规范
英国	British standards Institution	API 650：用于储油的焊接钢储罐 BS 2654：石油工业用的立式钢储罐

ANSI 和 ASME 锅炉和压力容器规范也给出了用于承压的可接受材料清单和每种材料的允许应力值。在该规范ⅡA 和ⅡB 部分中给出了这些钢的详细应用说明。制定该规范的依据是 ASTM 国际标准(见表 10-8)和 UNS(美国统一编号系统)。根据设计温度和压力，有些规范还给出了计算各种部件所需最小厚度的方法。以选择的合金材料和承压壁厚为依据，也对

制造和检查期间的热处理要求做了定义。对于焊接压力容器，该规范的Ⅸ部分还定义了对焊接工艺资格的要求。

表 10-8　炼油厂用钢 ASTM 国际标准[54]

材　料	配管和管道	板　材	铸　铁	锻　钢
碳　钢	A53、A106、A120、A134、A135、A139、A178、A179、A192、A210、A211、A214、A226、A333、A334、A369、A381(a)、A524、A587、A671、A672、A691	A283、A28S、A299、A442、A455、A515、A516、A537、A570、A573①	A27（a）、A216、A352	A105、A191、A234、A268、A350、A372、A420、A508、A541
C-0.5Mo 钢	A161①、A209、A250、A335、A368、A426、A672、A691	A204、A302、A517、A533	A217、A352、A487	A182、A234、A336、A508、A541
1C-0.5Mo 钢	A213、A335、A369、A426、A691	A387、A517	—	A1A2、A234、A336
1.25Cr-0.5Mo 钢	A199、A200①、A213、A335、A369、A426、A691	A387、A389①、A517	A217、A389①	A1A2、A234、A336、A541
2Cr-0.5Mo 钢	A199、A200(a)、A213、A369	—	—	—
2.25Cr-1Mo 钢	A199、A213、A335、A369、A426、A691	A387、A542	A217、A487	A1A2、A234、A336、A541、A542
3Cr-1Mo 钢	A199、A200①、A213、A335、A369、A426、A691	A387	—	A182、A336
5Cr-0.5Mo 钢	A199、A200①、A213、A335、A369、A426、A691	A387	A217	A182、A234、A336
7Cr-0.5Mo 钢	A199、A200①、A213、A335、A369、A426	A387	—	A182、A234
9Cr-1Mo 钢	A199、A200①、A213、A335、A369、A426	A387	A217	A182、A234、A336
铁素体、马氏体和奥氏体不锈钢	A213、A249、A268、A269、A271①、A312、A358、A376、A409、A430、A451、A452、A511	A167、A176①、A240、A412、A457	A297①、A351、A447	A182、A336、A403、A473①

① 这些说明书不是以 ANSI/ASME 锅炉和压力容器规范为依据的，而是以 ANSI/ASME 承压配管 B31.3 为依据的。注意：另外，A193、A194、A320、A354、A449、A453、A540 和 A563 包括碳钢和合金钢螺栓和螺母。

有的规范没有讨论工艺环境对材料选择的影响。通过这些规范可以知道腐蚀的存在和发生，并且这些规范能提供包括计算所需承压厚度的 CA 值。总之，在进行工程设计时，设计师必须确定与材料相匹配的 CA。有些规范也能够帮助设计师确定热处理、硬度限制、或其他同环境因素有关的详细说明。同样，设计师必须准确地确定材料或设备能够碰到的所有操作条件，包括那些有可能出现的失去控制的操作条件，这样才能满足设计要求。

第二节　加氢裂化过程设备的腐蚀、损伤和预防/缓解腐蚀和损伤的方法

加氢裂化过程是大规模现代炼油厂不可缺的石油炼制过程。加氢裂化过程同其他炼制过程的主要区别是：温度高；压力大；使用催化剂和氢气；三相操作；过程中会产生一系列腐蚀性物质，如硫化氢和硫化氢铵等；操作自动化程度高。这类操作条件、操作环境和操作模式会给加氢裂化过程带来两个问题：操作系统复杂；需要大量特殊材料。特别是装置设备使用的材料，对装置的长周期安全运行来说，尤为重要。加氢裂化装置设备的选材固然重要，但是对于加氢裂化装置设计人员、操作人员、设备工程师和腐蚀工程师来说，实现正确选材的基础是了解各种材料在加氢裂化过程中可能发生的腐蚀和损伤的类型、位置、条件、机理和预防/缓解这些腐蚀和损伤的方法。

一、加氢裂化设备面临的主要腐蚀和损伤类型和位置

加氢裂化装置的设备、容器、管道和部件，在操作和开/停工过程中，主要承受 26 种腐蚀和损伤。图 10-1 为加氢裂化过程主要设备/管道和它们承受的主要腐蚀/损伤类型和位置。

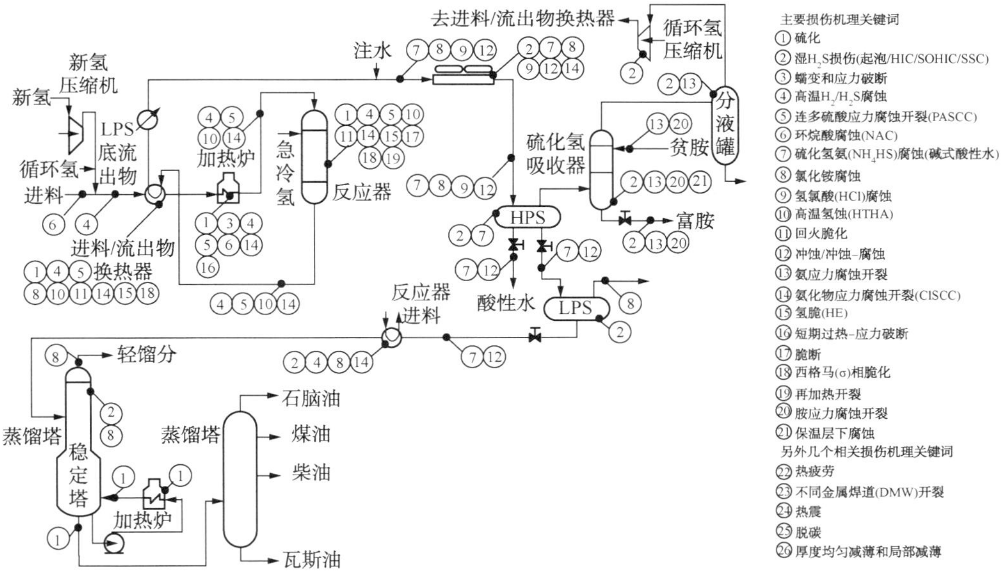

图 10-1　加氢裂化过程主要设备/管道和它们承受的主要腐蚀/损伤类型和位置[61]

二、加氢裂化设备各种腐蚀/损伤和预防/缓解方法

加氢裂化设备和材料在操作和开停工过程中面临各种腐蚀和损伤，下面论及的是各种腐蚀和损伤涉及的材料、特点和预防/缓解方法[61]。

（一）退火脆化

合金钢长期暴露在343~577℃范围内，会发生金相变化，引起退火脆化。退火脆化能够降低合金钢的韧性。这种变化会导致却贝韧-脆转移温度上升。尽管在操作温度下韧性损失不明显，但是在开停工期间，退火变脆的设备可能对脆裂敏感。

受退火脆化影响的材料：主要是2.25Cr-1Mo低合金钢、3Cr-1Mo(较小范围)和高强度低合金Cr-Mo-V转子钢；1972年前制造的老一代2.25Cr-1Mo材料尤其敏感；有些高强度低合金钢也敏感。退火脆化对1Cr-0.5Mo和1.25Cr-0.5M0合金影响不大。但是，其他高温损伤会促进金相变化，改变这些材料的韧性或高温延展性。需要更多的信息，可参阅“API934-C和API934-D”。同目前的低纯度母体材料比，退火脆化对焊接材料的影响比较大。

受影响的设备主要有：退火脆化发生在长期暴露在温度超过343℃条件下的各种加工设备中。应当注意，已经没有几个工业故障涉及退火脆化；对退火脆化敏感的设备，在临氢装置中最常见，特别是反应器、热进料/流出物换热器组件和HP分离器；同母体材料比，这些合金的焊道常常更敏感，敏感程度需要进行评估和测试，才能确定。

1. 导致退火脆化损伤的因素

导致退火脆化的因素如下：

- 合金钢组成、金属温度和暴露时间是关键因素。
- 对退火脆化的敏感性主要取决于合金组成，如合金元素(Mn和Si)和杂质元素(P、Sn、Sb和As)含量，也包括材料强度的高低。
- 2.25Cr-1Mo钢的退火脆化的发展速度，482℃时要比427~440℃时快得多．长期暴露在440℃，损伤会更严重。
- 有些脆化发生在制造时的热处理过程中，而多数损伤是暴露在脆化温度范围内多年之后发生。
- 损伤形状会明显降低有类似开裂瑕疵组件的结构完整性。特别是在氢气环境下，需要根据瑕疵类型、环境苛刻度和操作条件，评价材料韧性。

2. 退火脆化损伤的特点

退火脆化损伤的特点如下：

- 退火脆化是一种不容易发现和通过冲击实验才能确认的金相变化。由退火施化引起的损伤会引发灾难性的脆断。
- 同没有脆化或脱脆化材料比较，根据却贝V-缺口冲击试验测得的韧-脆转移温度上升能够确认退火脆化。
- 严重退火脆化材料的SEM断口组织显示由不纯物的晶界偏析引起的主要是晶界开裂。

3. 退火脆化损伤的预防/缓解

预防/缓解退火脆化的方法有：

- 正在使用的材料

① 如果材料中含有的导致脆化的不纯元素达到临界水平和暴露在脆化温度范围内，退火脆化是不能预防的。

② 为了把开停工期间的脆裂可能性降到最低，许多炼油厂使用增压程序，在温度低于

最小 MPT(增压温度)条件下把系统压力限制在最高设计压力的 25%。应当注意的是，MPT 不是单一的一个点，而是压力-温度操作变数允许值，通过该值，可以界定使脆断尽可能低的安全操作条件。

③ 以往，多数易发生退火脆化的钢材，MPT 通常高于 171℃，而比较新的耐退火脆化钢(也需要尽可能降低氢脆的影响)，MPT 低于 52℃。

④ 如果需要焊接修补，通过每英寸厚度在 620℃加热 2h 并迅速冷却到室温，能够暂时消除(脱脆)退火脆化的影响。要特别注意，如果材料重新暴露在脆化温度范围内，超过一定时间，会发生重新脆化。

● 新材料

① 把退火脆化可能性和程度降到最低的最好方法是把母体金属和焊接消耗金属中的 Mn 和 Si、P、Sn、Sb 和 As 含量限制在可接受的水平。此外，应当规定材料的强度和 PWHT 程序，并小心控制。

② 使退火脆化尽量小的常用方法是，根据材料组成，限制母体金属的“J”因素和焊接金属“X”，计算方法如下：

$$J=(\mathrm{Si+Mn})\times(\mathrm{P+Sn})\times 10^{4}\quad[\%(质)]$$

$$X=(10\mathrm{P}+5\mathrm{Sb}+4\mathrm{Sn}+\mathrm{As})/100\quad[\%(质)]$$

③ 用于 2.25Cr 钢的典型 J 和 X 因素分别小于 100 和 15。研究结果显示，把(P+Sn)限制在 0.01%以下，足以使退火脆化最小，因为(Si+Mn)控制脆化速率。

④ 如果使用的是在退火脆化和/或蠕变条件下操作的新型低合金钢重壁设备和低合金设备，应当按金相专家的建议决定合适的组成、韧性和强度，以及合适的焊接、制造和热处理程序。

(二) 西格马相脆化

西格马(σ)相的生成能在某些暴露在高温条件下的不锈钢中产生断裂韧性损失。

受影响的材料主要有：300 系列 SS(不锈钢)锻打金属、焊接金属和铸件。包括 HK 和 HP 合金在内的铸造用 300 系列 SS 对 σ 相的生成尤其敏感，因为它们含有比较高的铁素体(10%~40%)；含 17%或更高 Cr 的 400 系列 SS 和其他铁素体和马氏体 SS 也是敏感的(如 430 和 440)；双相不锈钢。

受影响的主要设备有：300 系列 SS 堆焊和管-管板附件焊道在下层 CrMo 母体金属 PWHT 期间能够产生脆化。不锈钢加热炉管比较敏感，并能发生脆化。

1. 导致 σ 相脆化损伤的因素

导致 σ 相脆化的因素如下：

● 合金组成、时间和温度是关键因素。

● 在敏感合金中，影响 σ 相生成的主要因素是暴露在升温条件下的时间。

● 当铁素体(Fe-Cr)、马氏体(Fe-Cr)、奥斯体(Fe-Cr-Ni)和双相 SS 暴露在 538~927℃温度范围内时，会产生 σ 相。脆化就会在 σ 相中或在相转变范围内冷却时发生。

● σ 相化能以非常快的速度从 300 系列 SS 和双相 SS 堆焊的铁素体相中形成。它也能在 300 系列 SS 母体金属(奥斯体相)中形成，但是速度要慢得多。

● 300 系列 SS 能够显示大约 10%~15%的 σ 相。铸造用的奥斯体 SS 能够发育更多的 σ 相。

• 以 σ 相形成趋势为依据，如果奥斯体 SS 经历 690℃焊后热处理，在奥斯体 SS 中形成 σ 相也只需几小时。

• σ 相 SS 的抗拉强度和屈服强度，同溶液退火材料比，稍有增加。强度增加是，伴随延展性(在一定面积测得的拉长和降低百分比)降低和硬度稍有增加，同时发生的。

• 有 σ 相的不锈钢通常能够经受住正常的操作应力，但是当冷却到大约 260℃以下时，会显示出由却贝冲击实验测得的断裂韧性完全缺失。脆化的焊接金属实验室试验显示出 538℃断裂韧性完全缺失。

实际上，金相变化是一种硬的、脆的金属互化物析出，这种互化物使材料对晶界腐蚀更加敏感。析出速率随 Cr 和 Mo 含量的增加而增加。

2. σ 相脆化损伤的特点

σ 相脆化损伤的特点如下：

• σ 相脆化是一种只能够通过金相检验和冲击试验确定(见表 10-9 和表 10-10)的不容易发现的金相变化。

表 10-9　韧性-温度性质趋势数据

项　目	304SS2%σ		321SS10%σ		304SS1%σ		304SS2%σ		347SS1%σ	
试验温度/℃	冲击/%	剪切/%	冲击/%	剪切/%	冲击/%	剪切/%	冲击/%	剪切/%	冲击/%	剪切/%
21	21	0	7	0	—	—	21	10	30	90
260	38	25	10	20	—	—	—	—	100	100
480	44	50	15	40	20	10	—	—	100	100
650	63	100	21	60	71	90	77	90	100	100

注：(1) 冲击百分比是同没有脆化的材料原冲击强度的比较。

(2) 第 1 和 4 列中的 304SS 的结果是在不同操作条件下的不同热度材料取得的，是用来例证脆化的可变性的。

表 10-10　却贝 V-缺口冲击试验结果[吸收能/J/(ft · lb)]

炼油厂	位置	服务时间/a	σ 相含量/%	温度/℃	
				RT(室温)	服务
A	母体金属	17	4.0	85(63)	145(107)
A	焊接金属	17	8.7	37(27)	100(74)
B	母体金属	19	12.0	12(9)	43(32)
C	母体金属	13	1.5	35(26)	75(55)

• 由 σ 相脆化引起的损伤是以开裂的形式出现，多出现在焊道和受高度约束的地方。

• 铸造用奥斯体 SS，通常铁素体 σ 相含量高(达到 40%)，其高温延展性非常差。

3. σ 相脆化的预防/缓解

预防/缓解西格马(σ)相脆化损伤的方法有：

• 预防 σ 相脆化的最好方法是使用能够抗 σ 相形成的合金或者避免材料暴露在脆化条件范围内。

• 缺失室温断裂延展性提示我们，在停工期间有可能会发生脆断，应当避免把高应力施加在 σ 相化的材料上。

• 在 1066℃时 4h 条件下用溶液退火，接着用水急冷，能够使 300 系列 SS 脱 σ 相化。可是，这对于多数设备来说是不适用的。

• 对于 347 和铁素体比较少的 304 来说，把铁素体控制在 5%～9%范围内能够把焊道中的 σ 相降到最低。应当把焊接金属的铁素体含量限制在规定的范围内，以便尽可能地把在服务和制造过程中设备中的 σ 相生成量降到最低，并且控制在规定值下限，以便尽可能地降低焊接过程中的热脆开裂。

• 对于不锈钢堆焊复合 Cr-Mo 部件来说，不管在什么地方都应当尽可能地限制暴露在 PWHT 温度下的时间。

（三）脆断

在材料显示出小的或没有任何延展性或塑性变形迹象的地方，在应力（残余的或外加的）作用下，会出现脆断，脆断会导致材料突然迅速断裂。

碳钢和低合金刚是比较容易发生这类故障的材料，尤其是旧钢材。400 系列 SS 也比较敏感。

受影响的材料主要有：按照 ASTM 锅炉和压力容器规程（第Ⅷ部分，第 1 节，1987 年 12 月以前，附录）制造的设备会产生有限的冷温操作容器切口韧性束缚。可是，这并不意味着此年代以前制造的容器都会发生脆断。许多设计人员明确提出在打算用于冷环境操作的设备上应补充冲击试验；按同样规程上述年代以后制造的设备需要满足 UCS66（冲击解除曲线）的要求；在升温过程中运转的多数过程，比较令人担心的是开停工期间或水压试验/气密性试验时发生脆断。任何装置的厚壁设备都应引起注意；在加工轻质烃（甲烷、乙烯/乙烷、丙烯/丙烷或丁烷）装置中的自动制冷过程中，也能够发生脆断；由于试验温度时应力和低韧性的原因，在环境温度条件下，也可能发生脆断。

1. 导致脆断损伤的因素

导致脆断的因素有：

• 有瑕疵的材料容易发生脆断，几个重要因素如下：

① 用冲击试验测得的材料断裂韧性（抗开裂，类似于瑕疵）大小；

② 瑕疵的大小、形状和应力集中的作用；

③ 瑕疵上残余应力和外加应力的高低。

• 脆相的存在会增加对脆断的敏感性。

• 钢材的清洁度和颗粒度对韧性和抗脆断有明显影响。

• 比较厚的材料截面，由于有比较高的在其开裂末端三轴应力增加的约束，抗脆断能力比较低。

• 在多数情况下，脆断只发生在低于韧-脆转移温度（材料韧性突然下降）时。

2. 脆断损伤的特点

脆断损伤的特点：

• 典型的开裂是连续的、没有分支的和基本上同塑性变形没有任何关联。

• 在显微镜下，脆断主要由裂缝组成，具有有限的晶间开裂和非常小的微孔胶着。

3. 脆断损伤的预防/缓解

预防和缓解脆断损伤的方法有：

• 对于新设备来说，防止脆断的最好方法是使用专门为低温操作（包括失常的和自动制冷过程)而设计的材料。需要有可控化学组成的材料、特殊的热处理和冲击试验证实。参考ASTM BPV 规程第Ⅷ节中的 UCS66。

- 脆断损伤是一个可以控制的“过程”。对于现有设备来说，通过应力、材料韧性和瑕疵大小适当组合，能够控制“过程”的进程。更多的信息，可参考文献“API579-1/ASME FFS-1，第 3 节，水平 1 水平 2”。
- 为了把现有设备中的脆断潜力限制在最小程度，应当进行预防性检测，以便控制操作条件(压力、温度)，使装置开停工期间和在高应力位置定期检查环境温度时的压力，尽可能地低。
- 用下列方法可以降低脆断的可能性。

① 如果设备制造工程中没有进行本应进行的焊后热处理或者如果在线容器经焊接/修理/改造没有随后进行 PWHT，就应当执行 PWHT。

② 进行“暖”预应力水力试验，接着在比较低的温度继续进行水力试验，延伸到 MSOT (最低安全操作温度)允许值。

(四) 蠕变和应力破断

蠕变和应力破断是部件，在高温和在负荷低于屈服应力条件下，发生的缓慢和连续变形。这种变形最终会导致部件发生破断损伤。这类变形涉及所有材料和合金。

易受蠕变和应力破断影响的设备有：在高于蠕变范围条件下操作的高温设备，如直火加热炉炉管，管件支撑、吊架和其他加热炉内部构件；热膨胀应力有差别并连接在一起的材料(铁素体-奥斯体)的焊道。

1. 导致蠕变和应力破断损伤的因素

导致蠕变和应力破断损伤的因素如下：

- 蠕变变形速率是材料、负荷和温度的函数。损伤速率(疲劳速率)对负荷和温度比较敏感。通常，增加 12℃或应力增加 15%就能减少一半以上的剩余生命，长短取决于合金类型。
- 表 10-11 为各种材料的蠕变阈温，超过这个温度，就有可能发生蠕变损伤或蠕变开裂。

表 10-11　各种材料的蠕变阈温

材　料	限制温度/℃	材　料	限制温度/℃
碳钢(UTS≮414MPa)	343	9Cr-1Mo	427
碳钢(UTS > 414MPa)	371	9Cr-1Mo-V	454
碳钢-石墨化的	371	12Cr	482
C-1/2Mo	399	AISI304 和 304H	510
1-1/4Cr-1/2Mo-标准的和回火的	427	AISI316 和 316H	538
1-1/4Cr-1/2Mo-退火的	427	AISI321	538
2-1/4Cr-1Mo-标准的和回火的	427	AISI321H	538
2-1/4Cr-1Mo-退火的	427	AISI347	538
2-1/4Cr-1Mo-急冷的和回火的	427	AISI347H	538
2-1/4Cr-1Mo-V	441	合金 800	565
3Cr-1Mo-V	441	合金 800H	565
5Cr-1Mo	427	合金 800HT	565
7Cr-1Mo	427	HK-40	649

● 蠕变损伤程度是材料和相应的温度/应力值的函数。

● 当温度低于限制温度(见表10-11)时，即使有高应力存在，对金属部件的寿命也几乎没有影响。

● 有小的变形或没有任何可见变形的蠕变损伤，常常被错误地归因于蠕变脆化，实际上材料的蠕变延展性已经下降，易发生蠕变延展性下降的几种情况：

① 拉伸强度比较高的材料和焊道。

② 在蠕变范围内温度比较低时，或者高于蠕变范围而应力低时。

③ 粗晶材料。

④ 某些CrMo金属中的某些类型的碳化物的存在。

● 由腐蚀引起的材料厚度减薄，导致应力上升，将缩短失效时间。

2. 蠕变和应力破断损伤的特点

蠕变和应力破断损伤的特点如下：

● 通过电子显微镜金相扫描只能识别蠕变损伤的最初阶段。蠕变孔隙通常出现在晶界，在较晚阶段形成裂缝，然后开裂。

● 在温度高于阈温时，会发现明显变形。例如，在发生最终破断之前，炉管可能受长时间蠕变损伤并出现明显突起。变形程度取决于材料及温度/应力高低的联合作用。

● 在容器和配管中，在金属温度高和应力集中的联合作用条件下，如接近主结构和不连续的地方(包括配管T形连接件、喷嘴或有瑕疵的焊道)，易产生蠕变开裂。蠕变一旦开始就会迅速发展。

3. 蠕变和应力破断损伤的预防/缓解

预防和缓解蠕变和应力破断损伤的方法有：

● 把金属温度降到最低，特别是直火加热炉炉管，如果所用的材料对蠕变环境敏感就会发生蠕变和应力破断。在设备设计和制造过程中，避免应力集中是重要的。

● 小心选择低合金材料的化学组成，能够缓解蠕变延展变化带来的影响。比较高的焊后热处理温度可减少材料(延展性低，如1.25Cr-0.5Mo)蠕变开裂。

● 蠕变损伤是不可逆的。一旦发现损伤或开裂，多数情况下，该部件的寿命基本上就结束了，通常可供选择的方法就是修理或更换受损伤的部件。在某些情况下，强度更高的PWHT能够产生寿命更长和蠕变延展性更高的材料。如果是直火加热炉炉管：

① 使用寿命比较长的经过改进的抗蠕变合金。

② 设计和操作加热炉应当尽量减少热斑和局部过热。

③ 需要肉眼检查，厚度测量，并根据"API579-1/ASME FFS-1规程"，核定炉管剩余寿命。

④ 尽量减少炉内污染物和沉积物，而面对火焰一侧的沉积物和脱皮能够提高炉管寿命。

(五) 热疲劳

热疲劳是受循环应力作用的结果，循环应力是由温度变化产生的。损伤的形式是开裂，开裂可能发生在金属部件的任何部位，受相对运动或不均匀膨胀束缚的部件，尤其是在重复热循环条件下工作的部件。

热疲劳涉及所有结构材料。受热疲劳损伤影响的设备和位置有：热和冷流体的混合点(如加氢裂化过程的混氢点)和冷凝物与蒸汽系统接触的部位(解除过热的设备或调温设备)；

高温过热炉和预热炉中的管道，过热炉或预热炉中有冷水壁管道通过，如果管道没有足够的柔韧性，这些管道的集管箱接合处可能开裂，相对于水壁的集管箱膨胀最大处，开裂是最常见的；如果吹灰器喷嘴的蒸汽中含有冷凝物，蒸汽驱动的吹灰器会出现热疲劳损伤；用液体水使管道迅速冷却，将加快损伤的形成；同样，在水壁管道上使用喷水枪或者水炮具有同样的效果。

1. 导致热疲劳损伤的因素

导致热疲劳损伤的因素如下：

- 影响热疲劳的关键因素是温度变动幅度和频率(循环数)。
- 故障前的时间是应力幅度和循环数的函数，并且随应力增加和循环数的增加而下降。
- 设备的开停工能提高对热疲劳的敏感性。对温度变化没有固定的限制，但是作为实际的习惯做法，如果温度变化超过约93℃，就可能发生开裂。
- 表面温度快速变化也能加快损伤，表面温度是通过部件厚度或沿着部件的长度的热梯度产生的。例如：热管上的冷水(热震)；刚性附件和较小的温差；适应不均匀膨胀的刚性。
- 切口(如焊道端部)和锐角弯角(如安装在容器桶体上的喷嘴交叉口)和其他应力集中点都是损伤启动点。

2. 热疲劳损伤的特点

热疲劳损伤的特点如下：

- 热疲劳开裂通常在部件表面上激发。高温环境下，裂缝通常比较宽，并常常充满氧化物。开裂可能是单一的，也可能是复杂的。
- 热疲劳开裂方向横对着应力发展，开裂通常是短剑状的，穿晶的和填满氧化物的。
- 在蒸汽设备中，当断面厚度的变化，建立起应力集中源时，开裂通常会在填角焊道的端部发生。开裂常常在附属的耳状吊环尾端开始，并且如果有起束缚作用的弯曲力矩存在，开裂会发展成进入管道中的圆周状开裂。
- 吹灰器中的水可以导致龟裂状开裂。占主导地位的开裂是圆周状的，并且次级开裂是轴向的。

3. 热疲劳损伤的预防/缓解

预防/缓解热疲劳损伤的方法有：

- 通过设计和操作，把热应力和热循环降到最低，是最好的预防热疲劳的方法。几种常用方法如下：

① 使用的设计应当包含降低应力集中、焊道轮廓的倒圆/打磨和平滑过渡。

② 在设备的开停工期间控制加热和冷却速率能降低应力。

③ 应当考虑材料不同的毗邻部件之间的不同的热膨胀率。

- 设计时，应当考虑不同材料的膨胀率是否有足够的灵活性。

④ 在蒸汽发生设备中，滑动管夹是否能够滑动，应当避免刚性连接。

⑤ 吹灰器上应当配备排水管，防止吹灰循环过程中，出现早期冷凝物。

- 在某些情况下，可以安装衬里或套管，阻止冷液体接触热压力界壁。

(六) 短期过热-应力破断

短期过热-应力破断是永久性变形，是在应力比较低的情况下发生的，起因是局部过热。应力破断通常会导致设备鼓肚，并随时会发生事故。

短期过热-应力破断损伤涉及所有直火加热炉炉管材和普通结构材料。

受短期过热-应力破断损伤影响的设备有：所有锅炉和加热炉炉管；有积炭倾向(如重质油加氢裂化装置)的加热炉，常常会被强行维持炉出口温度，避免产生局部过热的敏感区；由于急冷氢冷量不足或流量不均匀，加氢裂化反应器会出现床层局部过热敏感区。

1. 导致短期过热-应力破断损伤的因素

导致短期过热-应力破断损伤的因素有：

- 温度、时间和应力是关键因素。
- 通常由火舌冲撞引起。
- 随着内压或负载降低，事故前操作时间将增加。然而，在低应力条件下，随着温度的升高，材料会产生明显的鼓肚和变形。
- 超过设计温度的局部过热。
- 由腐蚀引起设备壁厚减薄，由于应力提高，会缩短事故前的操作时间。

2. 短期过热-应力破断损伤的特点

短期过热-应力破断损伤的典型特点如下：

- 局部变形或鼓肚大约在3%~10%，或更高，高低取决于合金、温度和应力的高低。
- 破断的特点是产生开放式“鱼尾状”裂口事故，并且常常伴随断裂表面变薄。

3. 预防/缓解短期过热-应力破断损伤的方法

预防和缓解短期过热-应力破断损伤的方法有：

- 减少局部超温。
- 直火加热炉需要适用的燃烧器管理和控制污染物和沉积物，以便尽可能减少热斑和局部过热。
- 使用能产生漫射式火焰的燃烧器。
- 在临氢设备中，应当安装并维护好反应器中的床层热电偶，并且通过适当的设计和操作把产生热斑的可能性降到最低。
- 维护处于操作条件下的用作设备衬里的耐火材料。

(七) 不同金属焊道开裂

在高温条件下，DMW(不同金属焊道)开裂发生在奥斯体(300系列SS或镍基合金)和铁素体材料之间的焊道的铁素体(碳钢或低合金钢)一侧(见图10-2和图10-3)。引起开裂的起因是蠕变损伤、疲劳开裂、硫化物应力开裂或氢脱焊。

受影响的材料有：最常见的是铁素体材料，如焊接在奥斯体不锈钢和热膨胀系数差别比较大的任何材料结合体上的碳钢和低合金钢。

受DMW开裂损伤影响的设备有：

- 特殊场合采用的不同金属焊道。
- DMW例子包括：

①在有些部位(如，加氢裂化过程反应器出口配管过渡)，从堆焊的低合金CrMo喷嘴或配管到硬质300系列不锈钢管，连接复合管道使用的焊道。

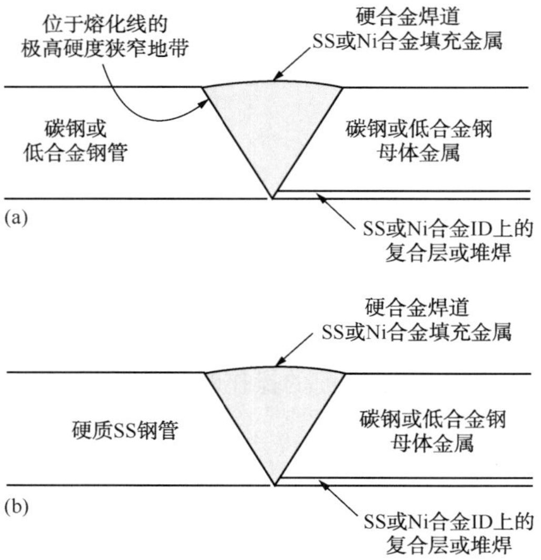

图 10-2　两种 DMW 的结构

(a)铁素体钢管(左)同复合或焊接堆焊管(右)焊接；

(b)硬质 SS 管(左)同复合或焊接堆焊管(右)焊接

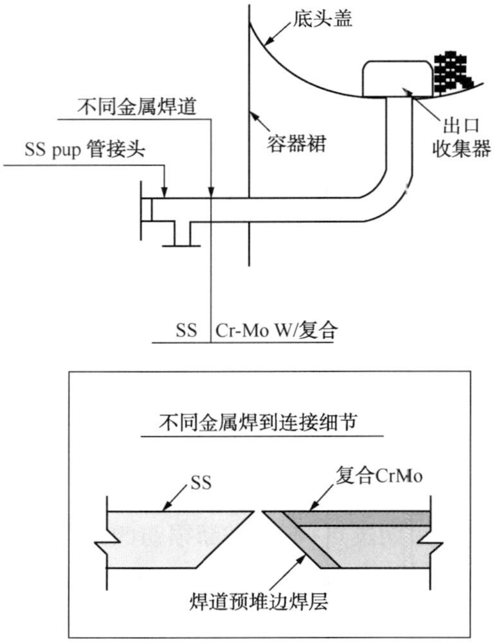

图 10-3　连接硬质 SS 管和复合或焊接堆焊管的典型焊道细节示意图

顺序是：(1) 在铁素体钢一侧上预堆边焊焊道斜面；

(2) 在做不同金属焊道之前进行铁素体一侧的 PWHT；

(3) 用合金填充金属完成不同金属焊道；

(4) 不对完成的不同金属焊道做 PWHT

② 加氢裂化过程换热器进出口配管。

③ 直火加热炉内侧的合金过渡(如加热炉中的 9Cr-917L)。

④ 连接 5Cr 和 9Cr 配管系统的承插焊接阀的镍基合金焊道。

⑤ 反应器和压力容器中使用的 300 系列不锈钢堆焊。

• 在铁素体材料(1. 25Cr-0. 5Mo 和 2. 25Cr-1Mo)和奥斯体材料(300 系列 SS、304H、321H 和 347H)之间有焊道的所有过热炉和预热炉。

1. 导致 DMW 开裂损伤的因素

导致 DMW 开裂损伤的因素如下：

• 重要因素包括连接材料用的金属焊料类型、加热和冷却速率、金属温度、处于该温度下的时间、焊道几何形状和热循环。

• 由于铁素体和奥斯体(如 300 系列 SS 或镍基合金)之间的热膨胀系数的差别，会引起开裂，差别程度大约在 25%~30%或更高。操作温度高时，热膨胀系数的差别会导致铁素体一侧的热影响区产生高应力(见表 10-12)。

表 10-12　常见材料的热膨胀系数

材　　料	热膨胀系数/[in/in/°F×10^{-6}(到 427℃)]
CS	7.97
1Cr-1/2Mo	7.53
2-1/4Cr-Mo	7.53
300 系列 SS	10.05
合金 600	8

● 随着操作温度的升高，金属之间热膨胀系数的差别，会导致焊道应力升高，如果使用的是 300 系列 SS，更是如此。当温度超过 260℃时，铁素体和奥斯体的接合处会产生比较大的热膨胀和热疲劳应力。

● 热循环会使这个问题更严重。在开停工期间，会产生比较大的应力。

● 当使用奥斯体不锈钢作为焊接金属时，作用在焊道上的应力更高。在升温时，镍基金属焊料靠近碳钢的热膨胀产生的应力要低得多。

● 在升温操作时，不同焊道，由于铁素体材料热影响区的碳会扩散并进入焊道金属中，使问题更加严重。碳损伤会降低铁素体材料热影响区的蠕变强度，有可能引起开裂。对于碳钢和低合金钢来说，导致碳扩散成为问题的温度在 427~510℃，或更高。

● 用 300 系列 SS 金属或镍基金属焊料，在铁素体钢上得到的金属焊道，在焊道末端，靠近铁素体钢一侧的熔合线，会产生一个高硬度狭窄地带(混合区)。这些高硬度区使材料更容易引起同环境有关的开裂(如硫化物应力开裂或氢应力开裂)。如果焊道是暴露在湿 H_2S 环境中，焊道 PWHT 处，可能发生同环境有关的开裂。

● 暴露在氢气环境下的 DMW 必须小心设计和检查，预防发生氢脱焊。

● 在有液体腐蚀的环境中，应力腐蚀可以使焊道开裂问题更严重。铁素体热影响区先腐蚀，是由于热应变力比较大引起的。结果是形成与焊道熔合线平行的，长窄形的氧化物楔子。

● 焊道几何形状不好、过度下切和其他应力激化因素都会加快开裂的形成。

2. DMW 开裂损伤的特点

DMW 开裂损伤的特点如下：

● 在多数情况下，开裂形成于铁素体材料热影响区中焊道的末端。

● 连接管道的焊道是最容易出问题的地方，铸造的支架或附件或锻造的 300 系列 SS 到 400 系列 SS 也会受到影响。

3. 损伤的预防/缓解

预防/缓解 DMW 开裂损伤的方法有：

● 如果用在高温环境下，热膨胀系数接近碳钢和低合金钢的镍基焊接金属可以大大提高接合处的寿命，因为作用于结合处的钢(铁素体)一侧上的热应力会明显降低。可以参考文献 API577 和 API582，那里有更多有关焊接金属的选择、焊接程序和焊道检查的信息。

● 如果使用 300 系列 SS 焊接电极，不同金属焊道应当处于低温区域。

● 应当用 SS 或镍基焊接金属，预堆边焊结合处的铁素体一侧，并且在出现 DMW 之前实施 PWHT，把混合焊道区域的硬度降到最小，这样的话可以把对环境开裂的敏感性降到最低。

- 在预堆边焊结合处，用机器打磨成斜面之后，焊道材料的厚度不能低于6.35mm。
- 在蒸汽发生设备中，高温端焊道应当做在遮檐或顶盖附件之内，而不是传热区。
- 如果是高温设备，应考虑在两种材料之间安装热膨胀系数中等的pup管接头，以便连接。

(八) 热震

热震是热疲劳开裂的一种形式。一件设备在温度作用下，不用太长时间，其热应力就会升高和不均匀，由于热膨胀率和收缩率的差别，就会发生热震。如果热膨胀和收缩受到限制，当应力超过材料的屈服强度时，就会发生热震。

热震损伤涉及所有金属和合金。

受热震损伤影响的设备有：操作条件比较苛刻的加氢裂化相关设备，这类设备由于操作温度比较高，可能会发生热震；任何装置中的高温配管和设备；延展性丧失的材料(如CrMo设备(热脆))对热震尤其敏感；为了缩短装置停工时间，采用快冷程序的设备。

1. 导致热震损伤的因素

导致热震损伤的因素如下：

- 温差和材料热膨胀系数的大小，决定应力的大小。
- 由材料温度循环产生的环形应力，可以激发疲劳开裂。
- 同碳钢和合金钢或镍基合金比，不锈钢有比较高的热膨胀系数，并且更可能显示出比较高的应力。
- 暴露在高温直火条件下。
- 由于水的急冷作用引起的温度变化，如大雨。
- 破断涉及一个部件的收缩，该部件用于防止一些部件随着温度的变化膨胀或收缩。
- 铸造部件(如阀门)中的开裂可能在ID(内径)上的铸造瑕疵开始，并且通过壁厚发展。
- 厚截面能引起比较高的热梯度。

2. 热震损伤的特点

热震损伤的特点是开始开裂的表面呈现“龟”裂状。

3. 热震损伤的预防/缓解

预防和缓解热震损伤的方法有：

- 避免高温管线流体中断。
- 尽量减少带有严厉束缚的设计。
- 安装套管，防止液体冲刷限压部件。
- 尽量减少大雨或消防水的冲击。
- 关注有可能发生热震损伤的热或冷注入点。

(九) 冲蚀/冲蚀-腐蚀

冲蚀是表面材料的快速机械转移，起因于固体、液体、蒸气或者其组合之间的相对移动或冲击。冲蚀-腐蚀是损伤的一种类型，当腐蚀形成冲蚀时，在冲蚀和腐蚀的联合作用下，会除掉材料保护膜或锈皮，使金属表面暴露，形成更严厉的冲蚀/腐蚀。

这类损伤涉及所有金属、合金或耐火材料。

受冲蚀和冲蚀-腐蚀损伤影响的设备有：

● 暴露在移动流体和/或催化剂中的所有设备都要承受冲蚀和冲蚀-腐蚀。其中包括：配管系统，特别是弯头、弯管、T 型管接头和异径管；泄压阀和隔断阀下游的配管系统；泵；鼓风机；推进器；叶轮；搅拌机；用于搅拌的容器；换热器管；测量装置用的孔板；涡轮叶片；喷嘴；输气管和蒸气管线；刮刀；刀具；摩擦板。

● 加氢裂化过程反应器流出物配管要承受由硫化氢铵引起的冲蚀-腐蚀。金属损失的严重程度取决于硫化氢铵浓度、速度和合金的抗腐蚀性。

1. 导致冲蚀/冲蚀-腐蚀损伤的因素

导致冲蚀/冲蚀-腐蚀损伤的关键因素如下：

● 多数情况下，腐蚀起一定作用，也就是说纯冲蚀(有时关系到磨损)是不多见的。腐蚀的促成作用比较关键。

● 金属损失率取决于冲击媒介(即颗粒、液体、液滴、残渣两相流体)的速度和浓度、冲击颗粒的大小和硬度、受冲蚀材料的硬度、抗腐蚀性和冲击角度。

● 比较软的合金(如铜合金和铝合金)容易产生由机械损伤引起的摩擦，在高速条件下，金属损失会更严重。

● 尽管提高金属代用品的硬度能够把损失减到最小，但是在改善抗冲蚀性方面的表现并不总是很好，尤其是在腐蚀作用比较明显的地方。

● 对于每一种在线材料来说，常常有一个阈速度，如果高于该速度，受冲击的目标会产生金属损失。如果速度高于阈速，会进一步增加金属损失率。如表 10-13 所示，该表列出的是各种金属和合金在不同速度海水中对冲蚀-腐蚀的敏感性。

表 10-13　各种材料在海水中的典型冲蚀-腐蚀速率　mm/a

材　料	海水流动速度		
	0.3m/s(潮流)	1.2m/s(浸在海水槽中)	8.2m/s(旋转盘)
碳钢	6	13	47
铸铁	9	—	54
硅青铜	0.2	0.3	57
海军黄铜	0.3	3	29
耐蚀铅锡黄铜	1	0.2	55
G 青铜	1	0.3	46
Al 青铜	1	—	44
铝黄铜	0.4	—	19
90-10CuNi	1	—	16
70-30CuNi(0.05%Fe)	0.3	—	32
70-30CuNi(0.5%Fe)	<0.2	<0.2	6
蒙乃尔铜-镍合金	<0.2	<0.2	1
316SS	0.2	0	<0.2
镍基合金 C	<0.2	—	0.05
钛	0	—	0

- 冲击媒介的大小、形状、密度和硬度影响金属损失率。
- 环境腐蚀性增强会降低材料表面防护膜的稳定性，提高对金属损失的敏感性。金属会作为不溶离子或作为从金属表面被机械地清除的固体腐蚀性产品，从材料表面脱掉。
- 能够促成环境腐蚀性增强的因素（如温度、pH 值等）能够增加材料对金属损失的敏感性。

2. 冲蚀/冲蚀-腐蚀损伤的特点

冲蚀/冲蚀-腐蚀损伤的特点如下：

- 是以坑、槽、沟、起伏、圆孔和凹陷的形式，在材料厚度上的局部损失。
- 材料失效会在比较短的时间内发生。

3. 预防/缓解冲蚀/冲蚀-腐蚀损伤的方法

预防和缓解冲蚀/冲蚀-腐蚀损伤的方法有：

- 设计上的改进包括外形、几何尺寸和材料选择。某些例子是：加大管径降低流速；采用流线型弯管减少冲击；增加壁厚；使用能够更换的冲击挡板。
- 使用硬质合金、耐磨堆焊或表面硬化处理技术，增加材料硬度，能够改善材料的抗冲蚀性。
- 使用抗腐蚀性能更好的合金和/或改变工艺环境（如脱气、注冷凝物或加入抑制剂），降低腐蚀，能很好地降低冲蚀-腐蚀。只增加材料硬度，效果不明显。
- 在换热器中使用防冲击板或管套可以把冲蚀问题降到最少。
- Mo 含量比较多的合金，有比较高的抗环烷酸腐蚀能力。

（十）再加热开裂

再加热开裂是在 PWHT 期间或者环境温度超过 399℃时，由于金属应力缓和引起的金属开裂。这种开裂在重壁设备中比较常见。

再加热开裂涉及低合金钢，尤其是加 V 的 Cr-Mo 钢，还有 300 系列 SS 和镍基合金（如 800H）。

受再加热开裂损伤影响的设备有：再加热开裂最可能发生在有高束缚力（包括喷嘴焊道和重壁配管）部位的重壁容器上；HSLA（高强度低合金钢）对再加热开裂非常敏感。

1. 导致再加热开裂损伤的因素

导致再加热开裂损伤的因素有：金属（化学组成、杂质元素）类型、晶粒大小、制造过程（冷加工、焊接）中产生的残余应力、截面厚度（控制束缚力和应力状态）、切口和应力集中器、焊接金属和母体金属的强度、焊接和热处理的条件。

2. 再加热开裂损伤的特点

再加热开裂损伤的特点是：晶界的，而且是表面破裂或深埋裂纹；在焊道热影响区的纹理粗糙截面中最常见；在许多情况中，开裂被局限在热影响区，有些是从有应力集中的地方开始，成为疲劳启动点。

从 300 系列 SS 和低合金钢再加热开裂的各种理论看，再加热开裂还有如下特征：

- 再加热开裂需要高应力存在，因此发生在较厚截面和高强度材料中的可能性更大。
- 当材料蠕变延展性不足时，为了解脱外加应力或残余应力的束缚，而提高温度时，会引起材料的再加热开裂。

● 2008 年上半年，有几起再加热开裂案例发生在 2.25Cr-1Mo-V 反应器制造期间。开裂只发生在焊接金属中，横着朝向焊接方向，只在 SAW 焊道中。经判断，是由焊料中的杂质引起的。

● 再加热开裂或发生在 PWHT 或发生在高温环境中。两种情况下的开裂都是晶界的，并且显示出比较小的变形迹象或没有任何变形的迹象。

● 细小的晶界沉淀颗粒，使晶粒比晶界更牢固，迫使蠕变变形在晶界发生。

● 为了把 300 系列 SS 的氯化物 SCC 和 PTA(连多硫酸)SCC 抵抗能力最大化，会对其进行应力缓解和稳定性热处理，这些操作有可能导致材料的再加热开裂，比较厚的材料更容易发生。

3. 预防/缓解再加热开裂损伤的方法

预防和缓解再加热开裂损伤的方法有：

● 应当设计和优化重壁材料的接点连接形态，把焊接和 PWHT 期间产生的束缚力降到最低。必须进行充分预热。

● 晶粒大小对高温延展性和再加热开裂敏感性有重要影响。大尺寸晶粒会产生比较少的有延展性的热影响区，使材料对再加热开裂更敏感。

● 用于焊接操作的金属切口是频繁引起热影响区开裂(焊道和热影响区之间的分界线)的原因。

● 在设备设计和制造过程中，应当避免横截面的突然变化，如导致应力集中的短半径圆角。长缝焊道，对由装配问题引起的不匹配更敏感。

● 对于 2.25Cr-1Mo-V SAW 焊接材料来说，可以使用再加热开裂资格预审扫描试验，如高温(650℃)Gleeble 拉伸试验。

● 对于合金 800H，使用母体金属和匹配的含 Al+Ti $< 0.7\%$ 的焊接金属能降低在线开裂风险。

● 对于在 > 540℃ 条件下操作的合金 800H 来说，材料需要热处理，焊道和冷加工截面需要 PWHT。焊道应当用匹配的合金 800H 焊接材料，并做应力缓和处理。更多的信息可参考文献 ASTM 第Ⅷ部分，第 1 节，规范 UNF-56(e)。

● 对于厚壁 SS 配管来说，有可能的话都应当避免 PWHT。

(十一) 保温层下腐蚀损伤

CUI(保温层下腐蚀)损伤是由进入保温层或防火层下的水引起的配管、压力容器和结构部件的腐蚀。

保温层下腐蚀涉及碳钢、低合金 300 系列 SS 和双相不锈钢。

受保温层下腐蚀影响的设备和部件有：

● 在所涉及的条件下，所有保温配管和设备都对 CUI 敏感，即使在配管和设备上保温系统是完好的，而且用肉眼没有发现任何腐蚀迹象，也是如此。

● 可能会发生 CUI 的位置，如下：

① 在保温、防潮层、挡雨设施、涂层或通过保温的突起受损伤的设备上或者在保温终点(如法兰)都可能发现 CUI。

② 保温支撑环直接焊在容器壁上的设备(没有支架)；特别是梯子和平台支架附近、吊耳、喷嘴和加强筋环。

③ 蒸汽保温加热器受损伤和泄漏的配管和设备。

④ 油漆和/或涂层系统的局部损伤。

⑤ 有湿气和水自然聚集的地方。

⑥ 正在震动的，保温保护套有可能受损伤，导致水进入其中的配管系统。

⑦ 固定支管(排气口、排液管和其他类似的部位)。

⑧ 管架和其他支撑物。

⑨ 阀及其配件(不规则保温表面)。

⑩ 上螺栓的管脚。

⑪ 蒸汽保温加热器管渗漏。

⑫ 法兰和其他配管管件保温的尾端。

⑬ 水平配管末端或不正确搭接或密封的保温保护套的结合部。

⑭ 水平管保温的末端。

⑮ 已经硬化，已经分离和正在脱落的堵缝。

⑯ 保温或保温保护套系统的突起(表明腐蚀产物可能已经形成)或污斑，或者正在脱落的箍。

⑰ 保温系统受损的配管系统的低点，包括比较长的没有支撑的配管管道。

⑱ 高合金配管保温下面的碳钢或低合金钢法兰、螺栓和其他部件。

⑲ 保温堵头已经脱落和需要特殊处理的地方。

⑳ 靠近直立管线的水平管线的支脚。

1. 导致 CUI 损伤的因素

导致 CUI 损伤的因素如下：

• 在下列条件下，这类损伤能够从外部影响保温配管和设备以及那些间断在线的设施：

① 对于碳钢和低合金钢来说，温度在-12～175℃。

② 对于奥斯体不锈钢和双相不锈钢来说，温度在 60～205℃。

• 腐蚀速率随金属温度(能使水迅速蒸发的温度)的增加而增加。如果是保温部件，在金属温度处于水沸点 100～121℃条件下，在水蒸发的可能性比较小并且保温长时间维持在湿气氛围的地方，腐蚀会更加严重。

• 保温系统和保温类型的设计、温度和环境是关键因素。

• 设计比较差的保温，可能有水进入其中，会加重 CUI。

• 带有湿气的保温材料，会使腐蚀更严重。

• 循环热操作或间断在线的设备或管道，会使腐蚀更严重。

• 在低于水露点条件下操作的设备，有可能有水在其金属表面上冷凝的地方，即湿气环境下，会增加腐蚀风险。

• 经保温过滤的污染物，如氯化物，会使损伤更严重。

• 工厂所处的位置，如果雨量丰沛、热、靠海，更容易发生 CUI。

• 空气中漂浮的污染物，如氯化物(海洋环境、冷水塔漂浮物)或 SO_2(烟囱排放物)，能加速腐蚀。

2. CUI 损伤的特点

CUI 损伤的特点如下：

- 碳钢和低合金钢的局部点蚀和/或壁厚减薄。
- 如果有氯化物存在，300 系列 SS 经历 SCC，而双相 SS 敏感性比较小。
- 300 系列 SS 和双相 SS 经历点蚀和局部腐蚀。对于 300 系列 SS 来说，特别是在比较旧的硅酸钙保温里(含氯化物)，可能发生局部腐蚀和氯化物应力腐蚀开裂。
- 从碳钢和低合金钢上除掉保温之后，CUI 呈现出松散的薄鳞片，盖在受腐蚀的部件上。损伤是高度局部的。
- 在某些局部损伤的案例中，腐蚀显现出红宝石样的锈斑(常常在受损的油漆和涂层系统下面看到)。
- 保温和油漆/涂层系统受损常常伴随 CUI。

3. 预防/缓解 CUI 损伤的方法

预防和缓解 CUI 损伤的方法有：

- 鉴于装置中使用的多数结构材料对 CUI 敏感，使用正确的油漆/涂层和维持保温/密封/抗潮措施，防止潮气进入，是比较好的减轻 CUI 的方法。
- 火焰熔喷铝基涂层已经用在碳钢上。通过电流的作用保护了母体金属，涂层首先腐蚀。
- 在被保温的金属表面上，正确使用高质量非金属涂层，能提供长期保护作用。
- 包在不锈钢配管和设备上的铝箔片，是有效的保护屏障，保护不锈钢。
- 小心选择保温材料是重要的。同使用矿渣比，封闭微孔泡沫玻璃材料在靠容器/管道壁地方，容纳的水比较少，潜在的腐蚀性比较小。
- 应当在 300 系列 SS 上使用低氯保温，它能把点蚀和氯化物 SCC 降到最小。
- 通常在不会轻易改变操作条件和热量损失可以接受的地方，可以不用保温。

(十二) 硫化腐蚀

硫化腐蚀是碳钢和某些合金钢在高温环境下同硫化物反应产生的腐蚀。氢气存在会加速这类腐蚀。

受硫化腐蚀损伤影响的材料有：所有铁基材料，包括碳钢和低合金钢、300 系列 SS 和 400 系列 SS；也影响镍基合金，损伤程度取决于材料组成，尤其是铬含量；铜基合金在比碳钢低的温度条件下生成硫化物。

受硫化腐蚀损伤影响的设备有：在高温环境下，加工含硫流体的配管和设备；加氢裂化装置中的相关设备；用油、瓦斯、焦炭和其他燃料加热的直火加热炉，影响程度取决于燃料中的硫含量；暴露在含硫气体中的锅炉和高温设备。

1. 导致硫化腐蚀损伤的因素

导致硫化腐蚀损伤的因素如下：

- 影响硫化腐蚀的主要因素是合金组成、腐蚀性硫化物的温度和浓度。
- 合金对硫化腐蚀的敏感性，由形成保护性硫化鳞片的能力决定。铁基合金的硫化腐蚀，通常在金属温度超过 260℃ 时开始。
- 温度、铬含量和硫含量影响金属损失速率。
- 一般情况下，铁和镍基合金的抗硫化腐蚀能力取决于金属铬含量。增加铬含量能够明显提高抗硫化腐蚀能力。300 系列 SS，如 304、316、321 和 347，在多数炼油厂加工环境中显示比较高的抗硫化腐蚀能力。镍基合金和不锈钢的抗硫化腐蚀能力类似，是由于它们的铬含量接近。

- 原油及其馏分油的含硫量是不同的。总硫含量由许多不同的硫化物组成。
- 硫化腐蚀主要是由 H_2S 和其他活性硫引起，它们是由硫化物高温热分解产生的。有些硫化物的反应更容易形成 H_2S。因此，只根据硫的重量百分数预测腐蚀率是不准确的。
- 部件表面上的硫化物鳞片有保护作用，保护能力取决于合金和工艺流的苛刻性。

2. 硫化腐蚀损伤的特点

硫化腐蚀损伤的特点如下：

- 最常见的形式是产生薄而均匀的硫化层，也能发生如局部腐蚀或者高速冲蚀-腐蚀那样的损失，这取决于环境条件。
- 硫化鳞片通常覆盖在设备表面。沉积物的厚薄，取决于合金、流体的腐蚀性、流体速度和污染物的含量。

3. 预防/缓解硫化腐蚀损伤的方法

预防和缓解硫化腐蚀损伤的方法有：

- 把材料改成高铬合金，可以抵抗硫化腐蚀。
- 硬质或复合 300 系列 SS 或 400 系列 SS 配管和设备，有比较好的抗硫化腐蚀能力。
- 经铝扩散过程处理过的低合金钢部件，虽然可以用来降低硫化腐蚀速率和减少鳞片的形成，但是这种方法不能提供完整的保护措施。
- 由 300 系列 SS 制成的反应器催化剂支撑筛板，经处理后，能延长使用寿命。

（十三）脱碳

脱碳是钢材中的碳和碳化物被脱掉，只留下铁母体，使钢的强度下降。脱碳发生在高温直火或气体热处理期间。

脱碳损伤涉及碳钢和低合金钢。

受脱碳损伤影响的设备有：暴露在升温过程和直火热处理过程的设备；在加氢裂化装置中，处于热氢环境下的管道和设备，包括直火加热炉管；在制造过程中，热成型的压力容器和部件。

1. 导致脱碳损伤的因素

导致脱碳损伤的因素如下：

- 时间、温度和工艺流体的碳活性是关键因素。
- 材料暴露在碳活性低的气相中，材料中的碳才能扩散到表面同气相成分反应。
- 脱碳程度和深度是暴露温度和时间的函数。
- 浅度脱碳对材料强度的影响轻微，对部件的综合性能没有任何不利影响。脱碳表明钢材可能已经过热，脱碳涉及氢气环境中的 HTHA。
- 有可能降低材料的室温抗拉强度和抗蠕变强度。

2. 脱碳损伤的特点

脱碳损伤的特点如下：

- 用金相分析能够确认脱碳损伤。
- 损伤发生在暴露在气体环境下的材料表面，在极端情况下可能发生透壁损伤。
- 脱碳层是无碳化物相，碳钢将转变成纯铁。

3. 预防/缓解脱碳损伤的方法

预防和缓解脱碳损伤的方法有：

- 通过控制气相的化学组成和选择合适的合金，能够控制脱碳损伤(见“API RP941”)。
- 铬-钼合金钢能够形成比较稳定的碳化物，有比较高的抗脱碳能力。
- 应当根据“API RP941”的要求，选择在高温氢环境下操作的钢。

（十四）氯化物应力腐蚀开裂

ClSCC(氯化物应力腐蚀开裂)是在拉应力、温度和湿氯化物联合作用下，300 系列 SS 和某些镍基合金发生的开裂，这类开裂始于金属表面。有溶解氧存在，开裂倾向性会增强。

受氯化物应力腐蚀开裂损伤影响的材料有：所有 300 系列 SS 都有比较高的敏感性；双相不锈钢有比较高的抵抗能力；镍基合金抵抗能力高，但不是说它不受影响。

受 ClSCC 损伤影响的设备有：所有 300 系列 SS 配管和压力容器部件，对 ClSCC 都敏感；在水冷冷凝器和塔顶冷凝器中都发现这类开裂；装置中的排水设施，如果不彻底吹扫，在开停工期间对开裂敏感；吹灰器和仪器配管，特别是那些受氯化物污染的，同氢循环流体有关的设施；当保温受潮时，在被保温的材料表面存在外部 ClSCC 问题。

1. 导致 ClSCC 损伤的因素

导致 ClSCC 损伤的因素如下：

- 氯化物、pH、温度、应力、氧压和合金组成是关键因素。
- 提高温度会增加开裂敏感性。
- 提高氯化物含量增加开裂的可能性。
- 即使氯化物浓度很低，也可能引起设备材料开裂，因为氯化物总是倾向于集中。
- 传热条件对材料开裂敏感性的影响明显，因为这类条件能使氯化物集中。交替暴露在湿-干条件下或者水和蒸汽中会加重开裂。
- SCC 通常发生在 pH 值大于 2 时。pH 值比较低时，主要是均匀腐蚀。接近碱性 pH 范围时，SCC 倾向降低。
- 开裂通常发生在金属温度高于 60℃时，但是也有例外，有时会出现在比较低的温度条件下。
- 应力可以是外加应力或残余应力。高度应力化的部件或冷加工部件(如膨胀吹灰器)对开裂高度敏感。
- 溶解在水中的氧通常会加快 SCC，但是不清楚是否有氧浓度限制，比如说氧浓度低于这个限制，ClSCC 就可能不会发生。
- 合金镍含量对抗开裂性能的影响比较大。当材料镍含量在 8%~12%时，敏感性最大。镍含量超过 35%的合金抵抗能力高，镍含量超过 45%的合金几乎不受影响。
- 低镍合金钢，如双相(铁素体-奥斯体)不锈钢，其抗开裂能力超过 300 系列 SS，但不能避免。
- 碳钢、低合金钢和 400 系列 SS 对 ClSCC 不敏感。

2. ClSCC 损伤的特点

ClSCC 损伤的特点如下：

- 工艺流一侧或保温下面的材料表面都可能发生表面破断开裂。

- 材料通常看不到任何腐蚀迹象。
- 这种独特的应力腐蚀开裂有许多分支，有不规则的表面开裂外观，可以用肉眼检查。
- 开裂试样的金相分析表明，这类开裂是典型的分支穿晶开裂。
- 有时也能够看到敏感化的 300 系列 SS 的晶界开裂。
- 300 系列 SS 中的焊道通常含有一些铁素体，产生耐 ClSCC 的双相结构。
- 在苛刻条件下，耐腐蚀镍基合金对开裂敏感。
- 折断的表面常常有脆化式外观。

3. 预防/缓解 ClSCC 损伤的方法

预防和缓解 ClSCC 开裂损伤的方法有：

- 使用有抗开裂性能的结构材料。
- 做水力试验时，使用氯含量低的水，并彻底和迅速蒸干。
- 在保温下正确使用涂层。
- 有可能出现氯化物浓缩或沉积的地方，在构件设计时，应避免出现滞流区。
- 在制造完成之后，释放 300 系列 SS 的高温应力，可以降低残余应力，但是会对可能发生的感受性产生影响，如提高对连多硫酸 SCC、可能的变形问题和潜在的再加热开裂的敏感性。

（十五）氨应力腐蚀开裂

氨应力腐蚀开裂是由含氨水流体导致的某些铜合金的 SCC。在无水氨中，碳钢对 SCC 敏感。

受氨应力腐蚀开裂影响的材料有：在有氨水和/或铵化物的环境中的某些铜合金；无水氨中的碳钢。

受氨应力腐蚀开裂影响的设备有：换热器中的铜-锌合金管；处于某些有氨存在的环境中的设备，其中的氨是作为过程污染物的形式存在的，或者可能是作为一种酸中和剂间接加入的。

1. 导致氨应力腐蚀开裂损伤的因素

导致氨应力腐蚀开裂损伤的因素如下：

- 铜合金

① 在残余应力和腐蚀化合物的联合作用下，敏感的合金会产生开裂。

② 铜-锌合金(黄铜)，包括海军黄铜和铝黄铜，是敏感的。

③ 黄铜的锌含量影响敏感性，尤其是锌含量超过 15%时。

④ 必须有含氨和氨化物的水相存在。

⑤ 氧是必须的，仅仅痕量就足够了。

⑥ pH 值超过 8.5。

⑦ 任何温度下都可能发生。

⑧ 由制造或管道轧制形成的残余应力对开裂有促进作用。

- 钢

① 水含量 $<$ 0.2%的无水氨，可以使碳钢开裂。

② 有报告称，在试验室，即使-33℃那样的低温，也会发生开裂。开裂生长速率和开裂敏感性随温度上升而提高，即使在大气环境或冷冻条件下也会发生。

③ PWHT 能够消除多数普通钢的敏感性(< 483MPa 拉伸强度)。

④ 含氧或空气的污染物，会增加开裂趋势。

⑤ 由制造和焊接产生的高残余应力能够增加敏感性。

2. 氨应力腐蚀开裂损伤的特点

氨应力腐蚀开裂损伤的特点如下：

• 铜合金

① 表面破裂的裂缝可以看到浅蓝色腐蚀产物。

② 换热器管的表面上显示单一或分支开裂。

③ 开裂可能是穿晶的，也可能是晶界的，取决于环境和应力高低。

• 碳钢

① 开裂发生在暴露的，没有 PWHT 的焊道和热影响区。

② 实际上，开裂主要是晶界的。

3. 预防/缓解氨应力腐蚀开裂损伤的方法

预防和缓解氨应力腐蚀开裂损伤的方法有：

• 铜合金

① 铜-锌合金随着其锌含量降到 15%以下，开裂倾向有所改善。

② 90-10CuNi 和 70-30CuNi 合金几乎不受这类开裂的影响。

③ 有时会用防止空气进入的方法，控制蒸汽环境下的 SCC。

④ 300 系列 SS 和镍基合金几乎不受这类开裂的影响。

• 碳钢

① 把少量水加入氨中(0.2%最小)能够防止钢的 SCC。

② 容器的有效 PWHT，能够把残余应力降低到能够防止 SCC 的水平。

③ 应当使用低强度钢(< 482MPa 拉伸强度)。

④ 焊道硬度不应超过 225BHN。

⑤ 防止氧气进入储存设施中。有报告称，在某些条件下，不用太高的氧含量(< 10μg/g)就能导致开裂。

(十六) 氢脆

HE(氢脆)是由于原子氢的聚集造成高强度钢延展性损失，导致的材料脆裂。在设备制造、焊接期间，或者某些工作环境(如水，腐蚀性气体)下，氢能够进入钢中，导致 HE。

受 HE 影响的材料有：碳钢和低合金钢、400 系列 SS、PH(脱溶硬化)SS 和某些高强度镍基合金。

受 HE 影响的设备有：

• 容易发生 HE 地方或环境包括：加氢裂化过程和某些处于湿 H_2S 环境下的碳钢配管和容器；硬度比较高的容器和配管，如球形钢结构储罐；没有经过适当 PWHT 的焊道 HAZ。

• 由高强度钢组成的螺栓和弹簧非常容易 HE。

• 抗拉强度超过一定限度的合金，能在电镀期间吸收氢气，开裂。

• 临氢加工装置使用的 Cr-Mo 钢反应器、塔和换热器桶体，如果焊道热影响区的硬度超过 235BHN，是比较敏感的。

1. 导致 HE 损伤的因素

导致 HE 损伤的因素如下：

● 必须满足三个条件：

① 必须在钢和合金中有临界浓度的氢气存在。

② 钢和合金的强度水平和微观结构必须对脆化敏感。

③ 必须存在高于 HE 阈值的应力，应力包括残余应力和/或外加应力。

● 氢气来自：

① 焊接：如果使用湿电极或湿气比较重的助焊剂焊接电极，氢气就会进入钢中（延迟开裂）。

② 用酸溶液清洗。

③ 在高温氢气存在的环境下，分子氢分离成原子氢扩散进入钢中。

④ 原子氢能够扩散进入钢中的湿 H_2S 环境。

⑤ 制造：熔炼操作或制造过程，特别是电镀部件的地方（氢剥落）。

⑥ 阴极保护。

● 在常温到大约 149℃温度条件下起作用。随着温度的升高影响降低。

● HE 影响静态特性，同冲击性质比，其影响范围要大得多。如果有氢气存在并且有足够大的外加应力，很快就会发生故障。

● 氢气吸收量取决于环境、金属表面上的反应和氢气吸收器的存在（如瑕疵、夹杂物和最初就有的缺陷或裂纹）。

● 对机械性质有明显影响的氢气量，随金属强度的高低、微观结构和热处理的变化，而变化。在某些案例中，已经证实了临界氢浓度的阈值。

● 应力包括：设备或部件制造期间冷却产生的应力、焊接或外加负荷产生的应力。

● 厚壁部件更敏感，原因是有增大的热应力和高束缚力，而氢气扩散需要更长的时间。

● 一般情况下，随着强度增加，对 HE 的敏感性增加。某些微观结构，如在强度一样的条件下，同回火的马氏体比，没有回火的马氏体和珠光体更敏感。

2. HE 损伤的特点

HE 损伤的特点如下：

● 虽然由 HE 引起的开裂能够在表面下开始，但是多数案例为表面破断。

● HE 发生在有高残余应力或三-轴向应力（凹槽、束缚力）的地方和微观结构有助于产生这类应力的地方，如焊接 HAZ。

● 在大尺寸设备上，常常显示一些比较小的迹象，如脆化的破裂表面。

● 在强度比较高的钢中，开裂常常是晶界的。

3. 预防/缓解 HE 损伤的方法

预防和缓解 HE 损伤的方法有：

● 控制好氢气来源、合金组成和制造/热处理过程。

● 使用强度比较低的钢，以及对构件进行能够改善微观结构的回火 PWHT，改善延展性并降低残余应力和硬度。

● 在焊接过程中，使用低氢、干燥电极和经过预热处理的焊料焊接。如果预计氢已经扩散进入金属中，需要升温(204℃或更高)烘烤，在焊接前把氢气赶出去。

- 在热氢环境下工作的重壁设备需要专门的开停工程序，以便控制作为温度函数的增压顺序。
- 在有腐蚀性的湿环境中，使用防护衬里、SS复合层或堆焊层，可以防止表面氢反应。

(十七) 胺腐蚀

胺腐蚀涉及全面腐蚀和/或局部腐蚀，通常发生在胺处理过程中的碳钢材料中。胺本身不会引起腐蚀，但是当溶解了酸性气(CO_2和H_2S)后，会形成一些胺降解产品，HSAS(热稳定的胺盐)和其他污染物，就会产生腐蚀。胺腐蚀是胺环境下的碳钢应力腐蚀开裂。

受胺腐蚀影响的材料主要是碳钢，而300系列SS有比较高的抵抗能力。

受胺腐蚀影响的设备有：尾气处理装置的工艺流体贫/富换热器的富胺一侧、热贫胺配管、热富胺配管、胺溶液泵和回收器是容易发生胺腐蚀的地方。

1. 导致胺腐蚀损伤的因素

导致胺腐蚀损伤的因素如下：

- 腐蚀取决于设计和操作实践、胺类型、胺浓度、污染物温度和流体流动速度。
- 胺腐蚀同装置操作的关系非常密切。除了几个例外，如果设计和操作正确，大多数部件都可以使用碳钢。多数问题都源于错误设计、比较差的操作或污染物含量。
- 胺腐蚀也取决于使用的胺类型。一般情况下，链烷醇胺系统腐蚀性速率顺序(从最高到最小)为：MEA(单乙醇胺)、DGA(二甘醇胺)、DIPA(二异丙胺)、DEA(二乙醇胺)和MDEA(甲基二胺)。
- 贫胺溶液通常没有腐蚀性，原因是这些溶液导电率低和/或pH值高。热稳定的胺盐(HSAS)的过度积累超过2%(取决于胺)，就能够明显提高腐蚀速率。
- 贫胺溶液含少量能够帮助维持硫化铁膜稳定的H_2S。贫胺溶液如果没有足够的H_2S维持硫化氢保护膜或过度汽提，就会有腐蚀性。
- 胺、H_2S和HCN(氢氰酸)能够加速再生器顶冷凝器和出口配管、回流配管阀门和泵的腐蚀。
- 胺腐蚀速率随温度的升高而增加，特别是在富胺环境下工作的材料。如果压力降足够高，温度超过104℃能够使酸性气蒸发，并且由于两相流的缘故，会产生严重的局部腐蚀。
- 工艺流体的速度影响胺腐蚀率和受损害部位的性质。腐蚀通常是均匀的，而高速和湍流将产生局部壁厚减薄。对于碳钢来说，如果是富胺，常规速度应当限制在0.9~1.8m/s范围内，如果是贫胺，应限制在约6.1m/s。

2. 胺腐蚀损伤的特点

胺腐蚀损伤的特点如下：

- 碳钢和低合金钢承受全面均匀减薄、局部腐蚀或局部淀下腐蚀。
- 当工艺流体的速度比较低，同时局部有同湍流有关的较高流速时，壁厚减薄是均匀的。

3. 预防/缓解胺腐蚀损伤的方法

预防和缓解胺腐蚀损伤的方法：

• 胺系统的正确操作，小心控制酸性气负荷，是最有效的控制腐蚀方法。此外，为了避免有腐蚀性的胺降解产物的作用，过程温度不应超过推荐的限制范围。要正确控制重沸器的蒸发速率，这是维持再生器顶部温度所必须的。

• 应当小心操作避免 HSAS 聚集到限制值。

• 系统设计应当同监测结合，以便控制局部压降，尽量降低激烈蒸发。在某些不能避免的区域，需要改用 300 系列 SS 或其他抗腐蚀合金。在吸收器和汽提塔中也应使用 SS410 塔盘和内部构件。

• 氧气渗入会产生高腐蚀率，促进形成热稳定的盐。储罐和有流体涌动的容器应当用惰性气覆盖。

• 应当通过过滤和过程控制等方法，除掉固体和烃。同贫胺过滤脱固体比，富胺溶液过滤可能更有效。

• 可以用腐蚀抑制剂把胺腐蚀控制在可接受的水平。

（十八）硫化氢氨腐蚀

硫化氢氨（NH_4HS）腐蚀（碱式酸性水）是在加氢裂化装置反应器流出物中和处理碱式酸性水的装置中发生的侵蚀性腐蚀。在临氢加工过程反应器流出物系统，由于 NH_4HS 腐蚀引起的局部腐蚀，曾发过几次严重事故。

受 NH_4HS 腐蚀影响的材料有：碳钢的抗 NH_4HS 腐蚀能力比较低；300 系列 SS、双相 SS 铝合金和镍基合金有比较高的抗 NH_4HS 腐蚀能力。

受 NH_4HS 腐蚀影响的设备有：

• 当温度下降到 49~66℃范围内时，反应器流出物中的 NH_4HS 盐析出。

• 在下列部位可以看到能够加快腐蚀的结垢和/或流体速度：

① 空冷器集管箱。

② 空冷器进出口配管和换热器管。

③ 流出物分离器和反应器流出物分离器进出口配管。

④ 反应器流出物分离器的酸性水排放口配管；控制阀下游，激烈蒸发段会产生严重冲蚀-腐蚀。

⑤ 从高压分离器出来的蒸气管道。

⑥ 从反应器流出物（混入酸性水）分离器出来的烃管道。

⑦ 汽提塔顶酸性水。

1. 导致 NH_4HS 腐蚀损伤的因素

导致 NH_4HS 腐蚀损伤的因素如下：

• NH_4HS 浓度、H_2S 分压、pH、温度、合金组成、流体速度和/或局部湍流和流体流量分布都是可供讨论的关键因素。

• 腐蚀随 NH_4HS 浓度和流速提高而增加。浓度低于 2%的溶液通常没有腐蚀性。随着溶液中的 NH_4HS 浓度超过 2%，腐蚀性会越来越强。

• 在加氢裂化过程反应器进料中的氮被转化成胺，并同 H_2S 反应生成 NH_4HS。当温度大约低于 66℃时，NH_4HS 就会从反应器流出物的气相中析出来，析出量取决于 NH_3 和 H_2S 浓度，如果不用水把它清洗掉，就会产生结垢，造成设备堵塞和腐蚀。

- NH_4HS 盐会导致淀下腐蚀和结垢。如果这些盐不变成水合物，它们就没有腐蚀性，否则在生成水合物的地方会发生严重腐蚀。
- 清洗 NH_4HS 用的洗涤水里，如果含氧和铁会使腐蚀和结垢更加严重。

2. NH_4HS 腐蚀损伤的特点

硫化氢氨腐蚀损伤的特点如下：

- 碳钢由于有极高的局部壁厚减薄倾向，当流体中的 NH_4HS 浓度超过 2%时，流体方向改变或者有湍流的地方，就可能发生全面壁厚减薄。
- 如果没有足够的水用来溶解析出的 NH_4HS 盐，流速低就会产生局部淀下腐蚀。
- 由于结垢的原因，会造成换热器堵塞，影响传热效率。
- NH_4HS 会快速腐蚀海军黄铜和其他铜合金。

3. 预防/缓解 NH_4HS 腐蚀损伤的方法

预防和缓解 NH_4HS 腐蚀损伤的方法有：

- 好的设计实践，会在空冷器进出端，形成对称的液力平衡流。
- 仔细审核设计和查看随工艺条件变化的局部流速，特别是当 NH_4HS 浓度超过 2%(质)和接近 8%(质)或更高时。
- 如果使用的是碳钢，应当按工业指南的要求把流速维持在 3.0~6.1m/s 范围内。当 NH_4HS 浓度超过 8%(质)时，对碳钢的腐蚀速率会很高。
- 在速度超过 6.1m/s 的地方，应当使用有抵抗能力的结构材料，如合金 825、双相 SS，到底使用那种材料取决于 NH_4HS 浓度。
- 正确的设计，如使用合适的能使水雾化的喷嘴；注入氧含量低的洗涤水；提供足够的过量水，确保水量足以稀释 NH_4HS 盐。
- SWS(酸性水汽提)装置的塔顶冷凝器，应使用钛合金和合金 C276。
- 铝换热器管对冲蚀-腐蚀损伤非常敏感。

(十九) 氯化铵腐蚀

氯化铵腐蚀是全面或局部腐蚀(常常是点蚀)，通常发生在缺少游离水相情况下的氯化铵或者胺盐沉淀下面。

受氯化铵腐蚀影响的材料有：所有通用材料都是敏感的，抵抗力的顺序(增加)是：碳钢、低合金钢、300 系列 SS、合金 400、双相 SS、800 和 825、合金 625 和 C276 及钛合金。

受氯化铵腐蚀影响的设备，主要是反应器流出物系统，能够出现氯化铵盐结垢和腐蚀产物的地方。如果产生的结垢堵塞换热器，会使传热效率下降，达到一定程度就需要停工用水清洗。

1. 导致氯化铵腐蚀损伤的因素

导致氯化铵腐蚀损伤的因素如下：

- 浓度(NH_3、HCl、H_2O 和胺盐)、温度和水的可利用性是关键因素。
- 高温流体中的氯化铵盐，随着它们被冷却，可以从中析出来，析出量取决于 NH_3 和 HCl 的浓度，在刚好温度超过水的露点(149℃)时，就会腐蚀配管和设备。
- 氯化铵盐吸湿，容易吸收水分。少量的水就能导致非常严重的腐蚀(> 2.5mm/a)。
- 氯化铵和氢氯化胺盐的水溶性很高，有很强的腐蚀性，如果同水混合，会形成酸性溶液。某些中和胺能同这些氯化物反应生成氢氯化胺，其作用类似。

- 腐蚀速率随温度的升高而增加。
- 当它们在水露点之上沉积时，需要注入洗涤水溶解这些盐。

2. 氯化铵腐蚀损伤的特点

氯化铵腐蚀损伤的特点如下：

- 这些盐有发白、微绿或褐色外观。水洗和/或吹蒸汽能除掉这些沉积物。
- 盐下腐蚀通常是非常局部化的点蚀。
- 腐蚀速率极高。

3. 预防/缓解氯化铵腐蚀损伤的方法

抗点蚀能力比较高的合金，具有一定的抗氯化铵盐腐蚀能力，实际上即使是抗腐蚀能力最强的镍基合金和钛合金也可能产生点蚀。

预防和缓解临氢加工装置氯化铵腐蚀损伤的方法有：限制反应器进料中的氯化物；限制新氢中的氯化物；向反应器流出物中连续或间断注水，把其中的沉积盐彻底清洗干净。

（二十）氢氯酸腐蚀

HCl(氢氯酸)，特别是湿 HCl，在浓度很宽的范围内，既能产生全面腐蚀也能产生局部腐蚀，而且对多数常用结构材料的腐蚀都是非常严重的。

氢氯酸腐蚀是炼油厂中有关露点腐蚀中最常见的。蒸馏过程中先冷凝下来的水滴有非常高的酸性(低 pH)，具有很强的腐蚀性。

受氢氯酸腐蚀影响的材料涉及炼油厂所有正在使用的结构材料。

受氢氯酸腐蚀影响的设备有：

- 在加氢裂化装置中，存在有机氯化物的地方。这些有机氯化物进入装置后会形成HCl，它们可能是烃进料带来的，也可能是由循环氢带进来的。
- 有许多地方能够生成氯化铵盐，其中包括热进料/流出物换热器的流出物一侧，原因是在这一侧有 NH_3 和 HCl 存在，而且它们都能溶入冷凝的水中。
- 含 HCl 的流体在通过蒸馏段时，在有冷凝水的混合点，会形成严重的酸露点腐蚀。

1. 导致氢氯酸腐蚀损伤的因素

导致氢氯酸腐蚀损伤的因素如下：

- HCl 酸浓度、温度和合金组成。
- 随 HCl 浓度和温度的增加，腐蚀的严重程度增加。
- 湿 HCl 能在换热器和配管中的氯化铵或氢氯化胺盐沉积物下面产生。沉积物能从工艺流体或注入的洗涤水中吸收水分。通常，氯化氢在干燥的工艺流体中没有腐蚀性，但是在有水存在的环境下，会形成极具腐蚀性的氢氯酸。
- 碳钢和低合金钢暴露在 pH 值低于 4.5 的任何浓度的 HCl 酸中时，都能发生严重腐蚀。
- 300 系列 SS 和 400 系列 SS，在任何浓度或温度条件下，都不能用来抵抗 HCl 腐蚀。
- 在许多炼油厂中，合金 400 和某些镍基合金有比较好的抵抗稀 HCl 酸腐蚀的能力。
- 在氧化剂(氧气、铁或铜离子)存在下会提高腐蚀速率，尤其是合金 400 和合金 B-2。钛合金在氧化条件下表现比较好，但是在干燥的 HCl 环境下会迅速受损。

2. 氢氯酸腐蚀损伤的特点

氢氯酸腐蚀损伤的特点如下：

● 碳钢和低合金钢会发生全面均匀减薄、局部腐蚀或淀下腐蚀。

● 300 系列 SS 和 400 系列 SS 常常会发生点蚀，300 系列 SS 也有氯化物应力腐蚀开裂的经验。

3. 预防/缓解氢氯酸腐蚀损伤的方法

预防/缓解氢氯酸腐蚀损伤的方法有：

● 尽量减少从上游装置带入水和氯化物盐。

● 尽量降低氢气中的 HCl（例如安装洗涤器或保护床层，从催化重整装置中生产的氢气中除掉 Cl^- 离子）。

● 选用能够抵抗腐蚀的镍基合金。

（二十一）高温 H_2/H_2S 腐蚀

当温度超过 260℃时，在含 H_2S 的烃流体中，如果有氢气存在，就会增加高温硫化物腐蚀速率。这种硫化腐蚀形式能使同加氢裂化装置热循环有关的设备壁厚减薄。

抵抗高温 H_2/H_2S 腐蚀能力的顺序是：碳钢、低合金钢、400 系列 SS 和 300 系列 SS。

受高温 H_2/H_2S 腐蚀影响的设备有：接触高温 H_2/H_2S 流体的配管和设备；在氢气注入点下游，腐蚀明显增加。

1. 导致高温 H_2/H_2S 腐蚀损伤的因素

导致高温 H_2/H_2S 腐蚀损伤的因素如下：

● 影响高温硫化腐蚀的主要因素是温度、氢气的存在、H_2S 的浓度和合金组成。

● 同没有氢气存在的高温硫化腐蚀比，此类硫化腐蚀速率明显不同，其高低取决于环境中的氢气浓度。

● 腐蚀速率随 H_2S 含量增加和温度的提高，而增加。

● 同石脑油脱硫装置比，瓦斯油脱硫装置和加氢裂化装置显示出更高的腐蚀速率。

● 合金的化学成分决定对硫化腐蚀的敏感性。

● 增加合金的铬含量，能够改善其抵抗能力。随着铬含量的增加，直到 7～9Cr 时才稍有改善，如表 10-14 所示（相对速率降低因数）。

表 10-14　铬含量-速率因数

合　金	速率因数	合　金	速率因数
CS，C-0.5Mo	1	5Cr-0.5Mo	0.80
1Cr-0.5Mo	0.96	7Cr-1Mo	0.74
2.25Cr-1Mo	0.91	9Cr-1Mo	0.68

● 铬镍基合金同不锈钢类似，类似的铬含量显示了类似的抗腐蚀能力。

2. 高温 H_2/H_2S 腐蚀损伤的特点

高温 H_2/H_2S 腐蚀损伤的特点如下：

● 腐蚀呈工艺流一侧的壁厚均匀减薄，并伴随形成硫化铁鳞片。

● 鳞片大约是损失金属体积的 5 倍，并且可能是多层的。

- 对于没受影响的金属来说，认为亮灰色鳞片是牢固地黏贴在表面上是错误的。

3. 预防/缓解高温 H_2/H_2S 腐蚀损伤的方法

预防和缓解高温 H_2/H_2S 腐蚀损伤的方法有：

- 使用高铬合金能使腐蚀损伤减到最小。
- 在环境温度条件下 300 系列 SS，如 304L、316L、321 和 347 有比较高的抗腐蚀能力。

（二十二）环烷酸腐蚀

NAC（环烷酸腐蚀）是高温腐蚀的一种形式，主要发生在常减压蒸馏及其下游装置，这些装置加工的某些馏分含有环烷酸。

受环烷酸腐蚀影响的材料有：碳钢、低合金钢、300 系列 SS、400 系列 SS 和镍基合金。

受环烷酸腐蚀影响的设备有：在高速、湍流或流动方向变化的地方（如泵内部构件、阀门、弯头、三通和大小头）和流体受干扰的地方（如焊道和热电偶套管），配管系统尤其敏感；任何混氢点下游，都可能发现 NAC。

1. 导致 NAC 的因素

导致 NAC 的因素如下：

- NAC 是环烷酸浓度（中和值）、温度、硫含量、流速和合金组成的函数。
- 随着烃相的酸度升高，腐蚀的严重程度增加。
- 中和值或 TAN（总酸值）是衡量烃流体酸性（有机酸含量）的尺度，酸性可以通过各种方法测定，如 ASTM D-664。NAC 的腐蚀速率同不含游离水相的热干燥烃流体有关。
- 组成环烷酸家族的各种酸具有明显不同的腐蚀性。
- 到目前为止，还没有开发出这类腐蚀速率同各种影响因素关联起来的预测方法。
- 流体中的硫，能够促进硫化铁的形成，在一定条件下，硫化铁对 NAC 有抑制作用。
- 环烷酸能把金属表面的硫化铁保护鳞片除掉。
- NAC 是 TAN 低到 0.10 的低硫原油的一个特殊问题。
- NAC 通常发生在温度超过 218℃的热流体中，但是也有报告称，温度低到 177℃时也发现了这类腐蚀。当温度高到约 400℃时，腐蚀程度大大提升，在处理 427℃焦化瓦斯油的设备中也发现了 NAC。
- 加氢裂化过程的催化反应能够破坏环烷酸。
- 增加钼含量的合金能够改善其抵抗能力，最低需要量为 2%~2.5%，采用什么比例的合金的依据是原油及其馏分的 TAN。
- 有几种环境能产生严重腐蚀：两相（液体和蒸气）流体；有高速或湍流的地方；有热蒸气冷凝形成液滴的蒸馏塔中。

2. NAC 损伤的特点

NAC 损伤的特点如下：

- NAC 的特点是局部腐蚀、点蚀或者由高速流体流动引起的沟槽状损伤。
- 在低速冷凝条件下，许多合金（包括碳钢、低合金钢和 400 系列 SS）都会发现壁厚减薄和/或点蚀。

3. 预防/缓解 NAC 损伤的方法

预防和缓解 NAC 损伤的方法有：

• 对于那些没有抗 NAC 设计的装置和/或部件来说，比较好的选择是：改换原油或掺炼低 TAN 原油；使用化学抑制剂。

• 提高硫含量，抑制 NAC。

• 使用高钼合金或改变材料的金相结构，能够改善它的抗 NAC 腐蚀能力(见表10-15)。

表 10-15 合金抗 NAC 性渐强顺序

CS、1.25C-0.5Mo、2.25Cr-1Mo	
5Cr-0.5Mo、12Cr	317SS
9Cr-1Mo、304LSS、321SS、347SS	6%Mo 合金
316SS	合金 625、合金 276

• 在使用了高温 NAC 抑制剂的时候，必须考虑抑制剂对下游催化剂活性的不利影响。抑制剂的添加效果需要严密监测。

• 在操作条件比较苛刻的地方，采用 317LSS 或其他高钼合金。

(二十三) 连多硫酸应力腐蚀开裂

PASCC(连多硫酸应力腐蚀开裂)是应力腐蚀开裂的一种形式，通常发生在开停工期间或有空气和湿气存时的操作过程中。开裂是由硫酸引起的，硫酸是由作用在敏感化的奥斯体不锈钢上的硫化物鳞片、空气和湿气形成的。连多硫酸应力腐蚀开裂，通常靠近焊道或高应力区域。这类损伤大约需几分钟或数小时，开裂能穿透配管和部件的壁厚。

受 PASCC 影响的材料有：300 系列 SS、合金 600/600H 和合金 800/800H。

受 PASCC 影响的设备有：在含硫环境下使用致敏化合金的所有设备。容易受损伤的设备包括：换热器管、炉管和配管；烧油、瓦斯、焦炭和其他燃料的直火加热炉；加氢裂化装置的炉管、热进料/流出物换热器管、吹灰器。

1. 导致 PASCC 的因素

导致 PASCC 损伤的因素如下：

• 需要环境、材料和应力的联合作用。

① 环境：当暴露在含硫化物的流体里时，金属部件表面会生成硫化物鳞片。这种鳞片可以同空气(氧气)和湿气反应，生成硫酸(连多硫酸)。

② 材料：材料必须处于敏感或“致敏作用”的条件下。

③ 应力：残余应力或外加应力。

• 在制造、焊接和高温工作条件下的升温过程中，受影响的合金变得敏感。“致敏作用”涉及组成、时间和温度，取决于金属晶界中的炭化钼的形式。致敏作用发生在400~815℃范围内。

• 合金碳含量和热处理史对致敏作用的敏感性有明显影响。常规和受控碳级不锈钢，如 304/304H 和 316/316H，尤其对焊接 HAZ 中的致敏作用敏感。低碳“L”级($<0.03\%$C)敏感性比较小，通常不用致敏化就能焊接。L 级不用致敏化就能在 399℃以下长期操作。

• 一般情况下，多数部件的残余应力就足以促进开裂。

• 含硫的加热炉燃料影响加热炉材料的损伤速率，影响程度取决于燃料中的硫含量。

2. PASCC 损伤的特点

连多硫酸应力腐蚀开裂损伤的特点如下：

● 通常发生在靠近焊道的地方，也发生在母体金属中。损伤通常是局部的，在开工期间(有些情况下是在操作期间)出现裂缝之前没有明显迹象。

● 开裂在晶界扩展。

● 腐蚀或壁厚减薄，通常是可以忽略的。

3. 预防/缓解 PASCC 损伤的方法

预防和缓解 PASCC 损伤的方法有：

● 如果设备将被打开或者暴露在空气中，应当采取一些预防措施，尽量降低或消除 PASCC，包括在停工之后或停工期间应立即用碱或苏打溶液冲洗设备，中和硫酸，或者在停工期间用干燥的氮气或氮/氨吹扫，防止暴露在空气中。详细情况可参考文献 NACE RP0170 指南。

● 如果是加热炉，应当保持炉膛处于加热状态，温度不低于露点，避免在加热炉管上生成酸。

● 低碳钢，如 304L/316L/317L，在某些方面有一些改进，要比那些受控碳级材料好些。如果在高于 538℃条件下超过几小时，或者长时间处于 400℃以上将使材料致敏化。

● 经过改进的含少量钛和铌的合金，有比较高的抗 PASCC 开裂性能。典型应用是经过化学稳定过的材料，如奥斯体不锈钢 321 和 347，镍基合金 825 和 625。

● ASTM 规范允许轧制产品在稳定条件下用船运输。如果进行热处理，能把潜在的致敏化问题降到最小，尤其是用 321 时。

● 可以在 899℃条件下应用热致敏化热处理，以便在所有焊接工作完成之后在化学上稳定奥斯体不锈钢焊道，希望降低致敏化和 PTA 敏感性。

● 用 ASTM A262Practice C 实验室腐蚀试验能够确定对 PASCC 的敏感性。在试验之前，致敏化热处理常常用于 L 和/或化学稳定级材料。

(二十四) 胺应力腐蚀开裂

胺应力腐蚀开裂是，在含水链烷醇胺系统(用于从各种气体或液体烃中脱 H_2S 和/或 CO_2及它们的化合物)中，在拉应力和腐蚀的联合作用下产生的。胺开裂是碱性应力腐蚀开裂的一种形式。这类开裂常常发生在没有进行 PWHT 的碳钢焊道或邻近区域，或者高冷制作部件中。胺开裂不能同其他几类 SCC 混淆。

受胺应力腐蚀开裂影响的材料有：碳钢和低合金钢。受胺应力腐蚀开裂影响的设备有：所有处于贫胺环境下的未经 PWHT 的碳钢配管和设备，包括接触器、吸收塔、汽提塔、再生塔和换热器及处于胺携带条件下的任何设备。

1. 导致胺应力腐蚀开裂的因素

导致胺应力腐蚀开裂损伤的因素如下：

● 关键因素是拉应力的强弱、胺浓度和温度。

● 开裂同残余应力有关，这些残余应力是在焊接或制造过程中通过有效的应力释放热处理没有除掉的。

● 开裂更可能发生在贫 MEA 和 DEA 环境中，在多数胺[包括 MDEA 和 DIPA(二异丙胺，ADIP(己二酰胺)]中也发现了这类开裂。

● 有的报告称，有些胺在低于环境温度条件下也能引起材料开裂。提高温度和应力能增加开裂的可能性和严重性。更多的信息，可参考“API RP945 各种胺环境下 PWHT 要求指南”。

- 胺开裂同贫胺环境的关联最密切。纯链烷醇胺不会引起开裂。在富胺中的开裂，多数情况下，同湿 H_2S 问题有关。
- 开裂发生在没有经过 PWHT 的配管和设备中。
- 胺浓度对开裂倾向的影响不明显。
- 有一些炼油厂认为当胺浓度在 2%～5%或更低时不会发生开裂。局部浓缩和用蒸汽吹扫能够降低这个限制，有些厂已经使用低到 0.02%的限制。

2. 胺应力腐蚀开裂损伤的特点

胺应力腐蚀开裂损伤的特点如下：

- 胺开裂会发生在配管和设备 ID 上，主要是焊道 PWHT 区的表面断裂点上，在邻近 HAZ 焊道金属和高应力区域内也发现了这类开裂。
- 开裂的发展，通常与焊道平行。在焊道金属中，裂缝可能是横向的也可能是纵向的。
- 如果发生在管嘴，母体金属中的裂缝是放射状的，既裂缝在管内腔呈扇形展开状，裂缝通常同焊道平行。
- 表面上的裂缝外观，同湿 H_2S 引起的裂缝类似。
- 鉴于开裂驱动力是残余应力，常常在工艺流一侧发现裂缝，在外部连接焊道对面。
- 通过金相分析能够明确识别胺开裂。开裂通常是晶界的，在某些开裂分支里会填满氧化物。

3. 预防/缓解胺应力腐蚀开裂损伤的方法

预防和缓解胺应力腐蚀开裂损伤的方法有：

- 按照 API RP945 的要求，对所有配管和设备上的碳钢焊道进行 PWHT。这些要求同样适用于焊道修补和焊道内外连接。
- 用硬质不锈钢或复合不锈钢、合金 400 或其他抗腐蚀合金替代碳钢。
- 在焊接、热处理和蒸汽吹扫之前用水冲洗碳钢配管和设备。

（二十五）湿 H_2S 损伤

湿 H_2S 损伤（氢泡/HIC/SOHIC/SSC）是在湿 H_2S 环境下发生的碳钢和低合金钢损伤，有四种类型：

氢泡：随着氢在管道和压力容器的 ID、OD（外径）表面凸起和在壁厚内部膨胀，形成氢泡。这些氢泡是由氢原子产生的，氢原子是在钢表面上的硫化物腐蚀过程中形成，扩散进入钢中，并以非连续的形式集中在钢（如夹杂物或分层）中。氢原子结合成氢分子，氢分子大得扩散不出去，产生压力，作用在局部，形成氢泡，使材料变形。氢泡是由腐蚀产生的氢引起的，不是由工艺流体中的氢气引起的。

HIC：从钢表面起，在板材的中间或焊道附近，在不同深度，都能够形成氢泡。在某些案例中，深度（平面）稍有不同的邻近的或者毗连的氢泡，可以发展成连在一起的裂缝。在氢泡之间相互连接的裂缝常常有楼梯踏步一样的外观，即 HIC，也称作“阶梯式”开裂。

SOHIC：SOHIC 同 HIC 类似，但是开裂的损伤形式更严重，开裂呈现出列阵式裂缝，而这些裂缝排列在彼此的顶端。其结果是产生同表面垂直的透壁裂缝，开裂的驱动力是高强度应力(残余的或者是外加的)。这类开裂通常出现在邻近焊道热影响区的母体金属中，它们是从 HIC 损伤或其他开裂或瑕疵(包括硫化物应力开裂)开始的。

SSC：硫化物应力开裂被定义为，在水和 H_2S 存在下，在拉应力和腐蚀的联合作用下，产生的金属开裂。SSC 是氢应力开裂的一种形式，它是由金属表面上的硫化物腐蚀过程产生的原子氢的吸收作用引起的。

SSC 在焊道金属和热影响区中的高度局部化的高硬度钢表面开始。没有经过回火(软化)处理的盖面焊道和连接焊道，有时也会出现高硬度区。PWHT 有利于降低对 SSC 敏感的材料硬度和残余应力。高强度钢对 SSC 敏感，这些钢在炼油厂的应用是受限制的。有些碳钢含有残留元素，这些残留元素可能会在热影响区形成硬区域，这些硬区域，在正常的应力释放温度下，没有被回火。预热有助于把这类硬度问题降到最少。

受湿 H_2S 损伤影响的材料有：碳钢和低合金钢。

受湿 H_2S 损伤影响设备有：

● 在炼油厂的任何地方都可能存在 H_2S，都可能发生氢泡、HIC、SOHIC 和 H_2S 损伤。

● 在临氢加工装置中，硫化氢铵浓度超过 2% 就会提高氢泡、HIC 和 SOHIC 的倾向。

● 氰化物会明显增加氢泡、HIC 和 SOHIC 损伤的可能性和程度。典型损伤部位包括蒸馏塔顶罐、蒸馏塔、吸收塔和汽提塔、压缩机级间分离器和分离罐、各种换热器、冷凝器和冷却器。酸性水汽提塔和胺再生塔顶系统尤其容易发生 H_2S 损伤，因为在这些地方有可能存在高浓度硫化氢铵。

● SSC 更可能出现在硬质焊道和热影响区中和高强度部件中，包括螺栓、泄压阀弹簧、400 系列 SS 阀芯、压缩机轴、衬套和弹簧。

1. 导致湿 H_2S 损伤的因素

导致湿 H_2S 损伤的因素有：影响和识别各种湿 H_2S 损伤的最重要变数是环境条件(pH、H_2S 含量、污染物、温度)、材料性质(硬度、微观结构、强度)和拉应力(外加的或残余的)大小；所有相关的损伤机理都涉及钢中的氢吸收和渗透。

导致湿 H_2S 损伤的关键因素概述如下：

● pH

① 已经发现在 pH 值为 7 时，氢的渗透率和扩散率是最低的，pH 高或低时都会增加氢渗透率和扩散率。在水相中有氢氰酸的存在会明显提高在碱式(高 pH)酸性水中的渗透率。

② 促进氢泡、HIC、SOHIC 和 SSC 的条件是含有游离水(在液相中)以及：溶解在游离水中的 $H_2S > 50\mu g/g$(质)；或者 $pH < 4$ 的游离水和有一些溶解的 H_2S 存在；或者 $pH > 7.6$ 的游离水和在水中有 $20\mu g/g$(质)的溶解 HCN 和有一些溶解的 H_2S 存在；或者气相中的 H_2S 分压 > 0.0003MPa。

③ 增加氨量可能会把 pH 提高到引发材料开裂的程度。

● H_2S

① 氢渗透能力随 H_2S 浓度的增加而提高，原因是水相中的 H_2S 浓度同时增加。

② 在有湿 H_2S 损伤的地方，常常把水相中的 H_2S 浓度为 $50\mu g/g$(质)作为限定浓度。有些案例发生在比较低的浓度时或者一些失控条件下，通常是在 H_2S 没办法预测的地方。已经发现，在水相中 H_2S 浓度小到 $1\mu g/g$(质)，就足以导致氢气向钢中渗透。

③ 在抗拉强度超过 620.5MPa 的钢中，或者在焊道局部或焊道 HAZ 的硬度超过 237HB

的钢中，当 H_2S 分压超过 0.0003MPa，材料对 SSC 的敏感性增加。

● 温度

① 在常温和 150℃之间或更高温度下，发现氢泡、HIC 和 SOHIC 损伤。

② SSC 通常发生在 82℃以下。如上所述，在这个温度以上操作的设备，如果存在湿相 H_2S，对 SSC 也敏感。某些敏感设备，即使暴露在酸性水（如在设备停工期间碰到的环境）中的时间不长，也会发生这类损伤。

③ 随着温度的升高，如果升温没有除掉湿相，氢的渗入潜力提高。升温会促进 H_2S 分解（因此产生更多的单原子氢），随着氢向金属中的渗透率的增加，会有更多的氢进入其中。而且在接近常温时，SCC 趋向最高。这个特征是重要的，因为有些金属适合暴露在高温条件下增压，而随后会在比较低的温度条件下开裂。

● 硬度

① 硬度是引起 SSC 的主要原因。应当按照 NACE RP0472 的要求，把炼油厂用的典型低强度碳钢焊道硬度控制在 200HB 以下。如果钢的局部硬度超过 237HB，就可能对 SSC 敏感。

② 产生 SSC 事故之前的时间，随材料的硬度、外加拉应力和环境增压趋势的提高，而降低。

③ 氢泡、HIC 和 SOHIC 损伤，同钢的硬度无关。

● 钢制作

① 能够提供氢扩散聚集点的夹杂物和层压成型，强烈地影响氢泡和 HIC 损伤。

② 钢的化学组成和制造方法影响其敏感性，经过适当的设计能够生产如“NACE Publication8×194”描述的抗 HIC 钢。

③ 改善钢材光洁度和加工方法，能把氢泡和 HIC 损伤降到最低，还可以降低钢对 SOHIC 的敏感性。

④ 在制作过程中很难判断材料的氢泡损伤趋势，材料表面下可能存在 SOHIC 损伤的诱因。

⑤ 在一些“劣质”钢中常常会发现 HIC，这些钢通常含有比较多的夹杂物，或者在钢的制造过程中有内部断层存在。

● PWHT

① 氢泡和 HIC 损伤不用外加或残余应力也可以发生，因此 PWHT 不能防止这类损伤的发生。

② 高局部应力或类似切口的断层（硫化物应力开裂）能够充当 SOHIC 的激发点。PWHT 是降低硬度和残余应力，防止或清除 SSC 非常有效的方法。

③ 局部化的应力能够驱动 SOHIC，如此 PWHT 在某种程度上也能有效地降低 SOHIC 损伤。

2. H_2S 损伤的特点

H_2S 损伤的特点如下：

● 氢泡在钢的 ID 和 OD 表面显示出凸起，在压力容器的桶体或头盖上的任何地方都能够看到。配管上也发现过氢泡，但比较少见，在焊道中非常罕见。有氢泡的地方和表面下分层的地方都会发生 HIC 损伤。

● 在内压设备中，SOHIC 和 SSC 损伤大多同焊道有关。在容器中或高强度钢部件中的高硬度区的任何地方都可能看到SSC。

3. 预防/缓解 H_2S 损伤的方法

预防和缓解 H_2S 损伤的方法有：

- 设置一些保护钢表面不受湿 H_2S 环境损伤的屏障（如合金复合层或涂层），能够防止这类损伤。
- 调整水相pH值和/或氨或氰化物浓度，可以减少损伤。一个比较常用的做法是注水冲洗，降低HCN浓度。如果注入稀多硫化铵流体，氰化物能够转化成无害的硫氰酸盐。注入设施需要精心设计。
- 使用抗HIC钢，能够降低材料对氢泡和HIC损伤的敏感性。更详细的信息可以参考文献“材料和制造指南，见NACE　Publication8X194”。
- 通过预热、PWHT焊接程序和碳平衡控制，把焊道和热影响区的硬度限制在200HB以下，通常能够避免SSC。硬度达到22HRC的小区域有抵抗SSC的能力，这取决于工作环境。参考“NACE RP0472附加说明”。
- PWHT也能降低对SOHIC的敏感性。PWHT，在防止氢泡和HIC损伤作用上，是有限的，但是有一个好处是它能够降低残余应力和强度，否则它们可能会促进开裂的形成和发展。
- 可以使用专门的腐蚀抑制剂。

（二十六）高温氢蚀

HTHA（高温氢蚀）是钢暴露在高温和高压氢气中发生的。氢同钢中的碳化物反应，形成不能扩散通过钢的甲烷（CH_4）。失掉碳化物会使钢的强度全面下降。甲烷压力逐步增大，形成气泡或气腔、显微裂纹和裂纹，它们可以组合形成裂缝。当裂缝荷载能力降低到压力安全限度时，就会发生事故。

材料的抗HTHA能力排序（渐强）为：碳钢、C－0.5Mo、Mn－0.5Mo、1Cr－0.5Mo、1.25Cr0.5Mo、2.25Cr-1Mo、2.25Cr-1Mo-V、3Cr-1Mo、5Cr-0.5Mo和化学组成有变化的类似钢材。

加氢裂化装置的高温临氢部位都可能受HTHA的影响。

1. 导致HTHA的因素

导致HTHA损伤的因素如下：

- 对于一种特定材料来说，HTHA取决于温度、氢分压、时间和应力。暴露时间是累加的。
- 当用正常检查技术没有发现材料性质有任何明显变化时，说明发生HTHA还需要一段时间。
- 孕育期指的是一段时间，在这段时间内会发生足够大的能够用适当检查技术测得到的损伤，这段时间是变化的，如果操作条件非常苛刻可能是数小时，也可能是许多年。
- 碳钢和低合金钢的温度/氢分压安全操作限制范围可参考那尔荪曲线（HTHA的更多信息可参考“API RP941”）。
- 这些曲线是比较保守的，对于碳钢来说，氢分压达到68.9MPa。
- 300系列SS及5Cr、9Cr和12Cr合金，在炼油装置常见条件下，对HTHA不敏感。

2. HTHA 损伤的特点

HTHA 损伤的特点如下：

● 用一些专门技术，包括受损伤区域的金相分析能够确认 HTHA。

● 氢气和碳反应能使钢表面脱碳。如果碳向表面扩散受到限制，该反应能产生内部脱碳、生成甲烷，并使材料开裂。

● 尽管还不能描述 HTHA 气腔和蠕变气腔之间的区别，但是在 HTHA 的早期阶段，用扫描显微镜能够在样品中检测到气泡和气腔。有些炼油厂的低合金钢是暴露在 HTHA 和蠕变两种条件下。通过先进的损伤区域金相分析，只能确认早期阶段的 HTHA。

● 在损伤的晚期，通过试样显微镜检查，能够发现脱碳和/或裂纹。

● 开裂和裂缝是晶界的，并且发生在碳钢中靠近珠光体(碳化铁)区域。

● 有些气泡用肉眼就能够看到，它们是，由于分子氢或甲烷聚集在钢中的压层中，产生的。

3. 预防/缓解 HTHA 损伤的方法

预防缓解 HTHA 损伤的方法有：

● 使用含铬和含钼合金钢能够增加碳化物稳定性，因此能降低甲烷形成。其他能稳定碳化物的元素有钨和钒。

● 当使用“API RP941”给出的那尔苏曲线曲线时，设计实践采用的安全系数，通常是14~28℃的。

● 尽管这张曲线图为多数炼油厂采用，并得到很好的结果，但终究还是有几个炼油厂，在以前被认为是安全的条件下，发生了几次与 C-0.5Mo 钢有关的事故。在 HTHA 条件下的 C-0.5Mo 碳化物的稳定性高低，在某种程度上，至少受到制造设备时使用的各种热处理过程中形成的不同碳化物的影响。

● 由于 C-0.5Mo 合金钢出现的这些问题，这条曲线已经从曲线图中除掉，不推荐在热氢气环境中使用这种材料。对于现有设备的担心，已经推动了有关检查成本和用更稳定的合金替换的经济性讨论。准确地鉴定和检查这类损伤非常困难，原因是这类问题发生在焊道热影响区和远离焊道的母体金属。

● 在氢气环境下，如果母体金属的抗损伤能力不足，可以使用 300 系列 SS 堆焊和/或滚压复合材料。尽管都认可正确地金相结合的奥斯体堆焊和复合层，可以降低底层金属面对的氢分压，但是多数炼油厂都确信母体金属有能力对抗有些环境条件下的 HTHA。在某些案例中，在重壁设备开停工期间，炼油厂会根据实际情况，降低氢分压。

第三节　炼油厂设备腐蚀控制技术和材料选择原则

炼油厂设备(包括加氢裂化设备)材料的选择，必须根据装置所处理的原料性质、操作条件、操作环境和运转周期，按照一定的标准和规范进行。具体地讲，就是根据工艺要求、操作环境、以往的操作经验和安全操作规范，参考各种材料的化学组成、机械性能和抗腐蚀性能，选择适当的，符合经济原则的，市场上能买得到的材料。

对于炼油厂来说，选择材料有两个目的：一是为制造新设备；二是为维护和修理旧设备或损坏的设备。不管设备选择材料的目的是什么，都必须参考以往成功的材料腐蚀控制技术和遵守一定的材料选择原则。

一、炼油厂设备常用腐蚀控制技术

根据炼油厂大量设备腐蚀损伤的事例和防护经验，炼油厂能够实施的腐蚀控制技术或措施包括：使用可以替换的结构材料；改变设备设计和工艺条件；使用腐蚀抑制剂；利用防护涂料和衬里；使用先进的过程控制和腐蚀监测技术[54]。

（一）选择材料

避免同类事故重复发生，最普通，最基础，也是最重要的措施和方法是选择更合适的材料，如碳钢或合金。如果某一件设备事故隔年重复出现，就应当替换性能更好的，更高级别的材料或采用可替代合金。与此相反，如果一座碳钢罐工作了 35 年才被腐蚀穿，就没有任何理由用一座抗腐蚀性能更好的合金罐替换它。

（二）改进设计

设备的正确设计同正确选材一样重要。改进设计包括强度要求的改进、材料的改进和增加 CA，到底采用哪些措施主要取决于以往的经验。下面列出的是一些比较简单的，能够减少腐蚀损伤的设计方法[54]：

- 用法兰连接代替焊接连接，以便尽量降低开裂型腐蚀。
- 改造设备，使其能够更容易清扫和排水。
- 改造某些设备(如泵)的配管，如增加旁通管，方便在线维修或更换。
- 增加支撑，把机械应力和震动应力降到最低，避免或减少同应力有关的事故。
- 采用更先进或重新排列配管弯头，防止或减缓冲蚀-腐蚀。
- 改造换热器，降低能引起高应力和加速腐蚀的温度梯度。

同设计有关的更多信息可参见相关的专业文献[62]。

（三）改进工艺

为了减少腐蚀和由腐蚀导致的事故，可以调整下列几个工艺参数[54]：

- 降低温度，以便降低腐蚀率。
- 调整关键腐蚀性物质的浓度。
- 限制流速，防止冲蚀-腐蚀。
- 使用化学品，除掉系统中的能够加速腐蚀的氧气(空气)。
- 安装氯化钙干燥设备、沉降罐或防雾屏，控制水道，因为对某些腐蚀来说，水的存在是决定性的。

改变烃流体中的腐蚀性污染物浓度是比较有效的。某些腐蚀性物质，如果没有水分存在，它们是惰性的，而有水或湿气时，它们的腐蚀性极强。降低进入烃流体中的酸性物质的浓度能够实质性地减缓腐蚀程度。

由混合气/液流体流速变化引起的流动状态的变化，对腐蚀影响比较大。速度太高会产生同飞沫影响有关问题，具有高液体负荷的中等流速可能产生高度湍急的弹状流。也应当避免流体停滞或流体流速太低，层化条件会导致水湿润金属表面，不利于形成烃保护膜。即使能够形成氧化物钝化膜的金属，如不锈钢，也应当避免出现这类条件。即使降低生产能力时，也需要维持最小流量。

（四）腐蚀抑制剂

向各种工艺流体中加入少量成膜胺有助于控制腐蚀。当温度高于175℃时，成膜胺作用失效，不是因为它们分解，而是因为它们的脱附速率超过吸附速率所至。这类抑制剂主要用于保护塔顶冷凝设备。能够分水的腐蚀抑制剂包括能够加到含有过量水的流体中的表面活性剂。总之，应当以刚好足以维持防护能力的速率连续注入成膜胺，而且成膜胺的组成不是固定不变的，是由一种或多种化合物调制而成的复合添加剂。即使抑制剂注入中断（如因为泵出事故）之后或者停工时，也要维持防护膜的防腐蚀作用，而且剂量要比正常天数多几天。多数成膜胺抑制剂趋向于能溶解之前产生的腐蚀性物质，这可能导致下游设备产生积垢。在有胺存在的装置中，这些抑制剂会引起发泡问题。更详细的信息可参见相关的专业文献[63]。

（五）保护用衬里、镀层和涂层

炼油厂很少采用涂料（特别是有机涂料）控制腐蚀，但是在工艺设备中广泛采用金属涂层或衬里。涂层或衬里是在设备制造厂在升温条件下把相对较薄的抗腐蚀金属或合金板滚压到比较厚的基础金属上制成。最终的产品应当是看起来两种材料好象完全黏合在一起。通过基础金属的焊接连接和堆焊焊道形成复合板，并制成容器或配管。用现场点焊的方法能够把抗腐蚀合金薄板条固定在需要保护的容器上。这个过程被称作带状衬里。同带状衬里比较，复合衬里能在较长的时间里更可靠地工作。当工艺流体中含有高温高压氢气或者过程能产生氢气时，由于它的腐蚀性，带状衬里会引发一些问题。不论哪种情况，氢气穴的产生会导致衬里失效。比较常用的衬里包括：由爆炸方式制成的复合衬里，这类衬里主要用于那些新结构设备中；贴钛或镍合金堆焊。

抗腐蚀合金也可以以焊道堆焊的形式挂贴在基础金属壁上。如用347（S34700）不锈钢焊道堆焊就能保护加氢裂化和加氢处理装置反应器，抵抗高温硫化物的腐蚀。

热喷金属和陶瓷涂层，作为一种方法，在炼油厂没有得到广泛应用，是因为这类涂层不是很可靠。不管怎么说，改进后的、密度比较高和杂质比较少的一些应用方法目前是可以用的，而且在一些特定的领域也得到认可。

扩散镀层，特别是铝化涂层，作为一种可替代的方法，已经非常成功地用于控制碳钢和低合金钢的高温硫化物腐蚀。铝化涂层不仅能抗高温硫化物腐蚀，也很少出现剥落、碳化、积炭和冲蚀问题。同使用高合金或不锈钢比较，经过铝化的部件更便宜。铝化技术是专利技术，在该过程中，被处理钢部件装入一个罐子里，暴露在温度超过925℃的铝蒸气中。在该条件下，铝扩散到钢中，在金属表面形成含铝50%以上的合金。

在钢表面形成抗腐蚀铁-铝层的另外一些方法包括火焰喷涂和热浸，用这些方法得到的铁-铝层有时还需要做扩散热处理。这类铝化涂层效果比较差，主要是厚度不均匀和多孔。

碳钢和低合金钢铝化通常能使它们的抗高温硫化能力提高2个数量级。而扩散形成的铁-铝层厚度只有0.08~0.4mm，其厚薄取决于基础合金。这类涂层的缺点是容易受机械（如管道钻孔）或化学处理（酸或碱洗）损坏。铝化部件的加工也需要专门技术，包括焊接和滚筒扩张。铝化过程可能导致部件变形和收缩，这对于某些部件来说，也是个问题。

更详细的信息可参见相关的专业文献[64,65]。

（六）使用在线-实时监测技术和腐蚀监测技术

过去，针对炼油厂腐蚀过程产生的腐蚀问题多半是就事论事，把腐蚀监控归入锈斑核查和维修范畴，监测数据通常是离线读取，做不了实时评价。而实际上，工艺条件常常会在初始阶段就具有高强度腐蚀活性。

近来出现了许多新的在线、实时过程控制/优化技术和有效管理监测技术。新的监测理念，导致一些新腐蚀监测技术的出现、应用和发展。

在线-实时监测技术对于炼油厂过程控制来说不是新东西，只是近些年来，才进入腐蚀监测领域。采用这些先进技术有几个好处：提高了数据的精确性和它们的关联性；减少了由设备腐蚀损伤引起的事故和非计划停工；提高了装置或设备的生产能力；加强了腐蚀工程师与现场的在线连通性；腐蚀工程师同一线操作人员的联系更加紧密，使腐蚀管理和控制工作更加有效；使腐蚀变成了过程的另一个实时监控变数。

有许多方法可以用来检查设备的均匀腐蚀。而相比之下，孤立的点蚀更危险，原因是这类损伤可能发生在难以发现的部位。有一些新的检测技术能够区分局部腐蚀和均匀腐蚀，特别有利于过程的控制和设备的管理。

现代现场腐蚀监测技术包括的范围比较宽，这些技术能够用来评估金属材料的老化程度：即能够持续(可追溯的)积累损伤数据；又能够指示腐蚀速度(通常是在线和连续的)。这些技术适用于几乎所有金属材料，分述如下[54]：

● 损失积累技术：重量损失取样片、ER(回波测距)监测、超声波厚度测量和其他非破坏性检验法(如，X光照相术)。它们中的多数采用离线方式，而且不提供实时数据，需要一定的测量循环时间，几天或几周。

● 腐蚀速率技术：LPR、HDA(谐波失真分析)和EN(电化学噪音)监测法。这些监测腐蚀速率的技术有相当高的分辨率和比较短的反应时间，开发这类技术的目的是快速评估金属和环境界面的电化学腐蚀速率。用这类技术进行测量，仅需要几分钟时间。

这些自动监测系统的优点是：能把多种测量方法组合到一个简单的仪器中；能提高定量测量点的精确度；能够区别腐蚀过程；仪器上还能做上时间(分钟)刻度，这同现代过程控制模式是一致的。

有关压力容器，如反应器、分离器和换热器桶体的检查，应当参考“NACE RP0296”中提到的一些方法，如焊道的WFMT(湿荧光磁粉试验)，进行。检查之前，应当把材料表面清理干净，清洁精细度要接近金属白色。材料表面处理，多数采用喷砂技术完成，有时还会用flapper砂轮进行打磨后处理，以便提高检查灵敏度和精确度。已经成功地把ACFM(交流电现场测量)检查技术用于检查湿H_2S开裂，尽管它不像WFMT(湿荧光磁粉试验)那样灵敏。当检查氢泡时，即要用肉眼检查，也要用直束波超声试验检查，使检查结果更准确。HIC和SOHIC的检查和评价需要采用超声剪切波检查技术。

推荐自动超声试验(使用直射波束、角射波束或时间衍射波束)技术，这类技术能够：识别开裂缺陷；确定开裂缺陷尺寸；评估开裂的生长速度；定义开裂和氢泡；检查透壁开裂。

采用超声直束波试验可以检查容器桶体和所有相关部件，测量壁厚和确定腐蚀速率。

反应器流出物系统的检查策略是监测、评估和维持设备/配管的完整性。当需要改变设备/配管损伤速率或者进行修理时，通常要做的几项工作是：熟悉材料损伤机理；找到设备/配管损伤的部位、评估材料劣质化速率和采取进一步的行动，是改变材料的损伤速率还是对受损伤的设备进行修理。设备检查计划应当复合“API510”和“API570”的要求，也包括风险基检查。如果检查对象是由湿H_2S引起的开裂，应当按照NACE PR0296进行。

检查计划应当包括设备运转过程中执行的一些工作和维修期间需要做的一些工作。在线检查能提供一定时间段的设备和材料平均损伤速率，能够提供同操作过程变数限制范围有关的一些数据。

定期对设备做内部检查，对流出物系统来说是非常重要的。应当关注设备维修期间对设备的内部检查，特别是那些容易发生局部损伤的部位。

二、炼油厂设备材料的选材原则

理想的材料应当是：在失效之前能显示出一些预兆。材料不仅能在正常工艺条件下工作，也应该能在特殊条件(在开停工、紧急处理或延长使用时间)下工作，因为设备发生危险蜕变和故障，常常发生在这些时间段。使用在线检测技术，可以对这些条件进行实时评估，这样可以大大减少事故率。在关键设备中，不能使用容易引起脆性破坏、SCC、氢脆破坏和没有鼓胀迹象的材料。

(一) 材料安全性和可靠性是最重要的

炼油设备的操作环境十分复杂，特别是加氢裂化装置更是如此，该装置操作环境不仅高温、高压、有氢气和催化剂存在，而且反应过程中会产生大量腐蚀性物质。这类苛刻的操作环境无疑为材料的选择提出了更高的要求。

炼油设备结构材料的选择对设备的操作性、安全性和可靠性的影响很大，直接关系到炼油厂的经济性。因此，炼油厂设备材料的选择需要设备工程师、材料工程师、工艺工程师、设备操作人员和维修人员共同参与。

要充分认识到，材料的安全和可靠性，与材料在暴露(安全操作范围)条件下的可预测性同样重要。在设备选材过程中，需要特别关注的是，在着火或者高温情况下会造成设备材料损伤。因为，意外产生的高温，不仅影响材料的金相结构和与其相关的机械性质，而且还影响材料的延展性和增加材料对腐蚀和 SCC 的敏感性。

尽管采取合理的预防措施能减少火灾和温度超高的事故的出现，但是不管怎么说，发生火灾或温度漂移是不能避免的。着火和高温限制了一些材料在炼油厂的应用，这类材料包括：

- 低熔点材料。
- 容易发生热解的材料(如废金属和塑料复合材料)。
- 用水灭火时，可能发生热震，易受损伤的材料。

尽管有的设备接触的是一些非易燃或非危险流体，但是也应当有防火能力。这就是为什么在炼油厂多采用碳钢和合金部件，而极少使用塑料(尽管它们具有优良的抗腐蚀性能)复合部件的原因。

材料选择过程的最后一步是评估所选材料和腐蚀控制技术的可靠性。总之，工厂应当提供所有操作条件下的可靠服务，包括计划开停工、非计划停工、待工或其他可能存在的紧急停工条件下的服务。

(二) 炼油厂设备选材原则

炼油厂设备所处的环境比较复杂，使用的材料多种多样，选择材料必须遵守一些的依据、规程和标准。

1. 选择材料时需要关注的几个问题

在炼油厂材料选择过程中需要关注几个问题[20]：

- 以最苛刻的操作条件为基础。
- 在选材过程中应当对开停工过程中的过程流程图、流体性质、杂质含量、矢控条件、安全运行可靠性和环境条件进行评估和确认。
- 工艺设备和管道的所有材料都应当是可识别的，使用的地方应当符合 ASTM 或其他国家标准规范的要求。
- 尽管炼厂设备所处的环境十分复杂，从材料选择的经济性考虑，除了在一些特殊环境下需要一些特殊材料之外，在确保安全可靠的前提下，应当尽量选择价格比较便宜的材料(也包括焊接材料)。
- 在某些特殊条件下，如可能发生晶间应力腐蚀或晶间腐蚀的地方，除非有特殊要求，所使用的材料，包括焊接材料，应当尽量使用低碳钢级 SS(UNS S30403S31603)，而不是普通级(UNSS30400 和 S31600)。

炼油厂在选择材料时，需要关注的环境变数有几个，其中最重要的是操作温度，因为操作温度对材料的影响比较大。

通常，一件设备的两侧所处的环境是不一样的，比如说换热器，选择材料时应以环境更苛刻的那一侧为准。如果条件允许，最好是设备两侧选用不同材料。

2. 典型材料的设计寿命和腐蚀余量

在为炼油厂进行设备计算和选择材料时，除了要考虑材料的组成、机械性质和经济性之外，还要考虑材料在使用过程中的 CA，因为它涉及设备的使用寿命和操作安全性。

设备或材料的腐蚀或损伤是不均匀的，暴露的设备产生的腐蚀或损伤有时是不可预见的。因此，为了降低设备和工程费用，设备的有些部位在设计寿命期间应当是可以修补的。虽然尽量降低设备的第一次投入比较经济，但是如果由于选材方面的原因，导致设备过早地出现计划外停工或需要更多的设备维护费，将得不偿失。选择材料时必须考虑的一个原则是设备在使用过程中的安全性和可靠性。

2.1　选择材料的依据是设备的设计寿命

选择材料的前题是保证设备的总设计寿命。美国炼油厂设备和部件的选材是以设计寿命为依据。表 10-16 为美国炼油厂设备的设计寿命。

表 10-16　美国炼油厂的设备设计寿命[20]

设备名称	设计寿命/a	设备名称	设计寿命/a
大容器和塔	25	炉管和支撑	10
小容器(体积小于 2.2m^3)	10	管道，临界的，和 100mm 或更大的	15
换热器桶体和管束	15	泵和阀	10
空冷器	15		

2.2　材料的 CA 是决定设备使用寿命的重要因素

对于碳钢和低合金钢来说，1.5mm 是可以接受的最小 CA，采用 CA 为 1.5mm 的设备是同降低投资相一致的。由于材料通常是按标准壁厚购置，如对于规格要求最小 CA 为 1.5mm 的碳钢和低合金钢来说，实际采用的 CA 通常是 3mm，原因是选用 CA 还要考虑操作压力的影响。

复合钢和堆焊材料是炼油厂的常用结构材料。是选用滚压结合复合钢、堆焊，还是选择爆炸结合复合钢，实际上是一个经济问题。当高合金材料计算厚度约为 13mm 或更厚时，采用滚压结合复合钢通常比较经济。随着高合金材料成本增加，使用比较经济的滚压结合钢，可以降低材料厚度。当衬板厚度在 51mm 到 64mm 时，采用堆焊和爆炸结合钢更有吸引力。对于比较厚的衬板来说，如管材用衬板，采用爆炸结合比较经济。

滚压结合复合钢板衬里材料在进行复合操作之后，还要热处理。这对高合金复合钢来说是不利的，这类材料在热处理温度条件下，可能形成不希望有的金相结构。因此，堆焊和爆炸结合复合钢衬里可能更合适。注意，当衬板太薄时，如 9.5mm，爆炸结合材料存在某些不足。

2.2.1　炼油厂设备和材料所处的环境

美国的炼油厂在材料选择和计算 CA 时，是以材料所处的环境类型为依据，把材料所处的环境分成下列数种类型[20]：

- 低硫全烃，没有腐蚀的蒸汽和水。
- 烃+硫含量>1%(质)。
- 烃+硫含量>0.2%(质)+环烷酸。
- 烃+硫含量在 0.2%~1.0%(质)。
- 烃+氢。
- 烃+氢和硫化氢。
- 酸性水和脱盐水。
- 炭化。
- 低压湿二氧化碳。
- 高压湿二氧化碳。
- 胺。
- 酸性气。
- 液硫。
- 没有处理过的曝气水。
- 碱性的。
- 阀芯。

其中的大部分操作环境，在加氢裂化过程的不同部位都有体现。

2.2.2　炼油厂材料选择过程中涉及的腐蚀余量

图 10-4、图 10-5 列出的是炼油厂各类设备材料和典型操作环境同操作温度和材料 CA 之间的关系。图 10-6 为同加氢裂化过程有关的各种设备的材料选择和 CA。

图中材料名称后面的数字表示最小正常 CA(mm)，如下所示：

- 1.3mm，用于 SS 炉管，除非另有不同规定。
- 1.5mm，用于配管，除非另有不同规定。
- 2.5mm，用于 1Cr-5Cr 炉管和典型的最小复合厚度。
- 3.0mm，用于碳钢炉管，用于 TEMA(换热器制造标准)R 类换热器。用于硫化氢分压低于 0.07MPa 的酸性水配管。
- 4.5mm，用于硫化氢分压低于 0.07MPa 的酸性水容器和换热器。

● 6mm，用于硫化氢分压低于 0.07MPa 或二氧化碳分压低于 0.03MPa 的酸性水容器和换热器。

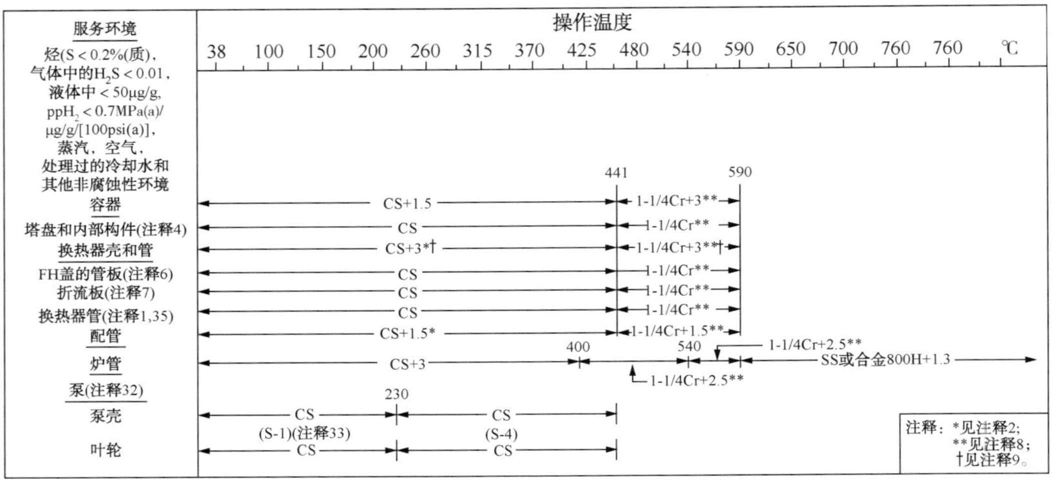

图 10-4　烃+硫含量>0.2%(质)环境下的各种设备的材料选择和 CA[20]

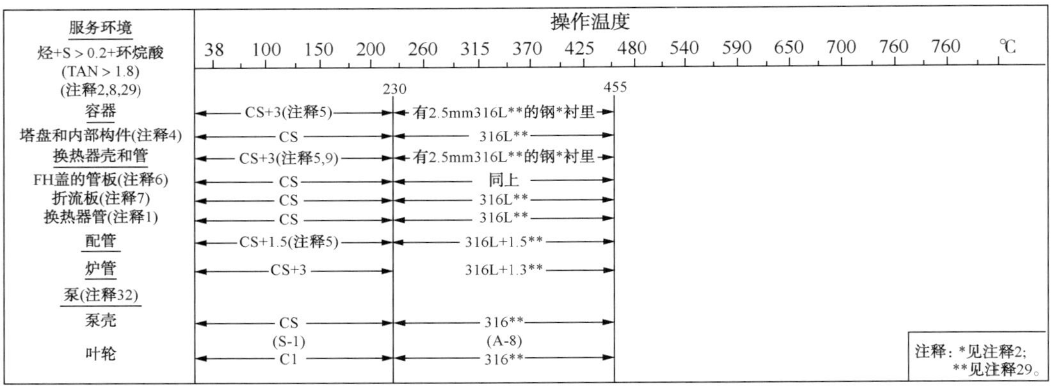

图 10-5　烃+硫含量>0.2%(质)+环烷酸环境下的各种设备的材料选择和 CA[20]

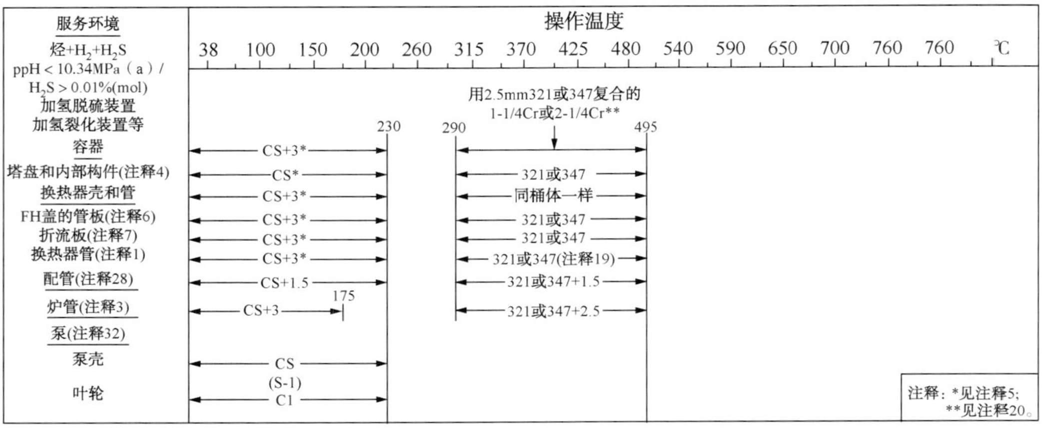

图 10-6　同加氢裂化过程有关的各种设备的材料选择和 CA[20]

表 10-17 为上述三张图中涉及的注释内容。

表 10-17　图 10-4~图 10-6 图中涉及的注释内容

注释顺序号	注释内容
（注释 1）	换热器管厚度应当用换热器管设计依据确定。在确定标准尺寸的地方，检查厚度必须恰当地同压力关联。非此即彼，确定 CA 在 0.25~1.5mm
（注释 2）	超过 400℃，使用硅镇静（非铝镇静）碳钢。超过 440℃，使用 1Cr-1/2Mo 或 1-1/4Cr-1/2Mo
（注释 3）	为含烃+硫的非氢环境下的炉管选择材料，是以假设金属温度高于内部流体温度 50℃ 为基础。为了避免过度氧化，对于碳钢来说，外表温度不应超过 530℃，对于 1-1/4Cr-9Cr 来说，不应超过 650℃，对于 18-8SS 来说，不应超过 930℃。当确定温度超过 530℃ 的奥斯体 SS 时，应当使用“H”级，并且在受蠕变强度支配的地方，如果不接下来进行固熔退火，应禁止冷成型。碳钢炉管和锅炉管的冷成型，如冷弯，如果不进行应力释放，禁止进行
（注释 4）	塔盘和内部构件的 CA 见表 10-18
（注释 5）	温度超过 232℃，只能使用硅镇静纲
（注释 6）	TEMA 不包括的地方和为两侧确定材料的地方，CA 应当是 0.75×总 CA，每侧不超过 6mm。TEMA 不包括的地方和合金两侧要求不同及使用硬质合金管板的地方，把较高合金一侧的 CA 用作总 CA。管壁需要复合层的地方，复合层的最小厚度是 10mm，这样至少一个滚轧坡口在复合层内
（注释 7）	档板不应低于 6mm，不用另外的 CA 要求
（注释 8）	在确定使用 1-1/4Cr-1/2Mo 的地方，可以使用 1Cr-1/2Mo。如果工作环境有氢气的装置，氢气分压超过 0.7MPaa，温度高于 480℃，不用 1Cr-1/2Mo。在常规环境下，如果温度超过 530℃，不用 1Cr-1/2Mo
（注释 9）	碳钢和低合金纲换热器有 TEMA Class R 标准，应使用 3mm 的 CA
（注释 20）	挑选在氢操作环境下工作的材料时，是挑选碳钢还是合金钢，见 API841。必须使用表中给出的 CA
（注释 26）	在容器外表上的涂料（着色）和或者做贴面或者经历了没有腐蚀的地方，如纯烃、干蒸汽等，应使用 1.5mmCA
（注释 28）	处理催化剂的管道和设备，使用难熔衬里纲或在指明的合金上进行金属表面硬化处理。垂直的导向管不需要表面硬化处理
（注释 29）	除非有操作经验或硫化氢形成数据表明在那里碳钢和合金之间产生断裂，对于温度超过 290℃ 含硫高于 1%的烃和温度超过 340℃ 含硫为 0.1%-1%的原油来说，应使用 5Cr 或 12Cr 复合钢 对于 California 原油来说，无论硫含量如何，烃的 TAN 高于 1.5mgKOH/gm 和温度超过 230℃ 时，除了使用 317L（UNSS31703）之外，还可以使用 316L（UNSS31603）。对于铸件来说，使用 CF8M（UNSJ92900）或 CG8M（UNSJ93000），这些材料铁素体含量超过 8%
（注释 32）	图中圆括号中的标号，如（S-1），是 API610 材料分类

表 10-18 为“（注释 4）”中的塔盘和内部构件的 CA。

表 10-18　“（注释 4）”中的塔盘和内部构件的 CA

项　目	可移动的	焊接的
碳钢	1mm	容器 CA×1.5
碳钢容器中的抗腐蚀合金	没有	1.5mm
合金容器中的抗腐蚀合金	没有	容器 CA

碳钢 CA 经验数据如下[20]（公制等效值不是数字等效值，但常常是一样的）

a. 1. 5mm：用于非腐蚀环境下的容器和配管，除非另有规定。

b. 2. 5mm：复合层的常用最小厚度。

c. 3. 0mm：按 API560 要求，加热炉管要求的最小厚度。许多炼油厂要求作为容器的最低厚度。鉴于规定 1. 5mm 不省钱，因为 3. 0mm 是 TEMAR 类标准，在换热器上使用，除非另有要求。当硫化氢分压超过 70Paa 时，用于酸性水配管。

d. 4. 5mm：主要用在硫化氢分压低于 70Paa 的酸性水容器和换热器中。

e. 6. 0mm：最高 CA。主要用于二氧化碳分压低于 30Paa 的湿二氧化碳设备中和二氧化碳分压超过 70Paa 酸性水设备中。

3. 操作环境和阀芯材料的选择

表 10-19 为阀芯（valve trim）选材所处的环境和可选用的材料。

表 10-19 阀芯所处的环境和可选用的材料[20]

环境	阀芯材料
1. 一般工作环境 (a) 处理过的水 (b) 蒸汽 Δp < 1.03MPa(g)，多相流体 < 3.4MPa(g)，单相流体 Δp < 1.03MPa(g)，多相流体或 < 3.4MPa(g)，单相流体	12Cr 12Cr Stellite6™(UNSR30006)
2. 烃，碳酸盐，湿 CO_2，酸性气，液体硫 (a) 碳钢和低合金钢配管 (b) 321 或 347(UNSS32100 或 S34700)配管	12Cr 18-8
3. 酸性水，脱盐器水	18-8 或 12Cr(HRC22，最高)
4. 胺 (a) < 100℃ (b) > 100℃	12Cr 18-8
5. 未处理的水，< 100℃	青铜
6. 苛性钠 (a) 10%~30%(质)，< 100℃ (b) 10%~30%(质)，> 100℃，50%(质)，所有温度	12Cr 合金 400(UNSN04400)

注：如果工作环境温度将超过 480℃，同材料工程师联系。

4. 材料选择时环境和操作温度的影响

环境和温度对材料选择影响是非常大的，国外的一些经验很值得借鉴。下面列出的是美国文献中公布的一些有关炼油厂和加氢裂化装置材料选择方面的一些经验。

（1）流体中没有氢气和腐蚀性物质

流体中没有氢气和腐蚀性物质时，温度的影响：

高于 345℃：不使用 17Cr 钢，避免使用 12Cr 钢，因为这些钢易脆化。为了避免石墨化，只使用硅-镇静碳钢（如 ASTM A106，ASTM A515）。

高于440℃：连续工作时应使用1Cr以上的材料，避免石墨化，而炉管由于氧化作用的原因应受到限制。

高于540℃：由于抗氧化性能上的原因，应使用1¼Cr(不超过595℃)到9Cr钢。

高于595℃：由于抗氧化性能上的原因，应使用2¼Cr(不超过650℃)到9Cr钢。

高于650℃：由于抗氧化性能上的原因，应使用18Cr-Ni SS。对于某些级别的材料，由于有可能形成西格玛相而发生脆化。应避免冷工作。

高于930℃：由于抗氧化性能上的原因，应使用25Cr-12Ni SS(局限于非压力部件)，如309(UNSS30900)和HH(UNSJ93503)，或者使用25Cr-20NiSS，如310(UNSS31000)或HK-40(UNSJ94204)。

1095℃到1205℃：应使用耐火衬里材料。

(2) 烃+氢，硫化氢低于0.01%(mol)

烃+氢，硫化氢低于0.01%(mol)时，如果温度高于205℃，见API标准914，可以根据氢分压选用1Cr、1-1/4Cr-1/2Mo等。在氢气存在环境下，不使用C-1/2Cr。一定要根据气体产品计算氢分压。对炉管和换热器应注意，API标准941曲线是以金属温度为基础绘制的。

(3) 烃+氢+硫化氢高于0.01%(mol)

烃+氢+硫化氢高于0.01%(mol)时，如果温度高于205℃，对材料有影响，高于288℃，使用321或347SS(UNSS32100或34700)复合材料或硬质材料。低于434℃时，可以考虑12Cr。不能使用304和316SS(UUNSS30400和S31600)，因为它们在停工期间会发生晶间应力腐蚀开裂。不使用低碳钢(如，304L、316L(UNSS30403、S31603))，因为它们对晶间腐蚀敏感，暴露在比较高的温度下，强度会下降。

(4) 单乙醇胺和二乙醇胺

如果材料接触的流体中有MEA和DEA，在所有温度下，对碳钢焊道和冷弯部位有影响。高于135℃时，使用304SS(UNS30400)换热器管，最高到141℃(以金属温度为基础)。

(5) 硫化氢

如果环境中有硫化氢，低于水露点时，当硫化氢分压高于0.34kPa，钢材和某些非铁材料的布氏硬度超过235时，会发生开裂，见NACE标准MR0175。碳钢的硬度限制是布氏硬度超过200(HRB95)，见NACE标准RP0472。不能把水泥衬里或合金400(UNSN04400)用在酸性水中。暴露在酸性水中的碳钢，要有足够的CA。

高于200℃时，合金400(UNSN04400)不耐硫化氢(气体或在水溶液中)腐蚀。

(6) 氯化物水溶液

如果流体中存在氯化物水溶液，应注意：

- 防止点蚀和隙间腐蚀的最高氯化物含量

304L(UNSS30403)　200μg/g

316L(UNSS31603)　1000μg/g

限制：

pH6~8。

残留氯小于2μg/g。

没有细菌引起的腐蚀。

不超过 50℃。

水中没有锰。

- SCC

高于 50℃：可能发生 18Cr-8Ni SS 的 SCC，常选用可替代的材料。在装置里含大量烃情况下，停工期间的防护措施通常足以避免 SCC。对于 18Cr-8Ni SS U-弯管式换热器管来说，需要做 980℃时的固溶退火或 900℃时的应力释放。当只热处理换热器管的 U-弯管部分时，可以使用 321 或 347SS(UNSS32100)或 347(UNSS34700)。

(7) 锅炉新鲜水

如果接触锅炉新鲜水，高于 120℃时，使用 12Cr 泵[CA15(UNSJ91150)或CA6NM(UNSJ91540)]。

三、为炼油厂设备选择材料时需要参考的一些材料规格和工业标准

石油炼制过程的操作环境比较复杂，对材料的要求有严格的标准。表 10-20 为美国炼油厂在选择材料时，应用频率比较高的 ASTM 材料和规格。

表 10-20　炼油厂常用的 ASTM 材料和规格[20]

材料(UNS 号)	板	管道	配管	锻钢及组件	条钢	铸材
铸铁						A48、A216、A278
碳钢	A285、A515、A516、A537、A737	A53、A106、A671、A672、A691	A214、A179、A192、A210	A105、A181、A266、A234	A29、A575、A576、A663、A675、	A216
碳-1/2Mo	A204	A335	A161、A209	A182、A234		A217
1Cr-1/2Mo、1-1/4Cr-1/2Mo、2-1/4Cr-1Mo	A387	A335	A199、A200、A213	A182、A336、A234	A29、A739	A217
5Cr-1/2Mo	A387	A335	A199、A200、A213	A182、A234		A217
12Cr、CA15	A240		A268	A182	A479	A217
奥斯体不锈钢 304、304L、316、316L、321、347、310、CF3、CF3M、CF8、CF8C、CF8M	A240	A312、A358	A213、A249、A271	A182、A336、A403	A479	A351、A744
HK40(J94204)和 HP 改质						A297
双炼 2205SS(S32205)	A240	A790	A789	A182、A815	A276	
6MoSS(N08367)	B688	B675	B676			
合金 800(N08800)	B409	B407	B163、B407	B366、B564	B408	
合金 825(N08825)	B424	B423	B163、B704	B366	B425	
904L(N08904)	B624	B673、B677	B674、B677		B649	

续表

材料(UNS 号)	板	管道	配管	锻钢及组件	条钢	铸材
合金 20(N08020)	B463	B464、B474	B468	B462	B472	A351
铜(C10200)	B152	B42	B75、B111			
海军黄铜(C44300)			B111			
海军黄铜(C46500)	B171				B124	
70-30Cu-Ni	B171	B467、B608	B111、B395			
钛 Gr. 2(R50400)	B265	B337	B338	B381	B348	B367
合金 400(N04400)	B127	B165	B163、B165	B564	B164	A494
合金 625(N06625)	B443	B444	B444、B704	B446		
合金 C276(N010276)	B575	B622	B622、B626	B574		A494
Ni Resist TP2(F41002)						A436
铝	B209	B241	B234	B247	B211	

表 10-21 为国外几个国家采用的钢号规格对照。

表 10-21　几个国家采用的钢号规格对照[66]

JIS(日本工业标准)	ASTM	DIN(德国工业标准)	BS(英国标准)
C-钢			
SB410	SA515Gr. 60	DIN17155HII	BS1501Part-1 151Gr. 400 161Gr. 400
SB450	SA515Gr. 65	DIN17155 17Mn4	BS1501Part-1 151Gr. 430 161Gr. 430
SB480	SA515Gr. 70	DIN17155 19Mn5	
SPV24，SGV410	SA516Gr. 60	DIN17120StE255，285	BS1501Part-1 224Gr. 430
SPV32，SGV480	SA516Gr. 70	DIN17120SIE315	BS1501Part-1 223Gr. 490
C-0. 5Mo 钢			
SB450M	SA204Gr. A		BS1501Part-2 240
SB480M	SA204Gr. B		
1. 0Cr-0. 5Mo 钢			
SCMV2-1	SA387Gr. 12，CI. 1	DIN1755 13 CrMo44	
SCMV2-2	SA387Gr. 12，CI. 2	DIN1755 13CrMo44	BS1501Part-2 620Gr. 27 Gr. 31
1. 25Cr-0. 5Mo 钢			
SCMV3-1	SA387Gr. 11，CI. 1		
SCMV3-2	SA387Gr. 11，CI. 2		BS1501Part-2 621
2. 25Cr-1Mo 钢			
SCMV4-1	SA387Gr. 22，CI. 1	DIN1755 10Mo910	
SCMV4-2	SA387Gr. 22，CI. 2	VdTUVWB1. 404-12Mo910	BS1501Part-2 622Gr. 31
3Cr-1Mo 钢			

续表

JIS(日本工业标准)	ASTM	DIN(德国工业标准)	BS(英国标准)
SCMV5-1	SA387Gr. 21，CI. 1	VdTUV WB1. 007CrMo195	
SCMV5-2	SA387Gr. 21，CI. 2	VdTUV WB1. 007CrMo910	
5Cr-0. 5Mo 钢			
SCMV6-1	SA387Gr. 5，CI. 1		
SCMV6-2	SA387Gr. 5，CI. 2		

离心泵材料选择见“API610 附录 G 和附录 H”。直火加热炉的最低要求见“API560”。NACE 国际组委会炼油工业腐蚀 T-8 组和 API 腐蚀委员会都出版“半年度会议备忘录”，这些文献都可以在选材时参考[20]。

有些 IS(工业标准)，如美国的在气体加工和石油炼制腐蚀条件下工作材料的一些“AS(适用标准)”，包括了炼油厂有关腐蚀控制和材料选择的适用标准和常用标准。腐蚀和材料工程师在确认和应用腐蚀控制技术时，通常会使用这些标准，这些标准涉及的内容包括：设备和材料规格；金属和非金属材料结构件(合金、弹性体、塑料和复合材料)的组成控制和加工；工作条件和要求的描述、阴极保护的应用；可用的制造或建设方法的定义；性能试验方法的定义；定义暴露在 H_2S 环境下的材料的要求。例如，选择能够抵抗同酸性(含 H_2S)环境下所有开裂形式有关的材料，对于炼油厂来说是很重要的，因为这类开裂形式包括了比较危险的：钢材的 SSC；钢材的 HIC；SOHIC；CRAs(抗腐蚀合金)的 SSC。

在美国有两个专门用于处理 SSC 和 SCC 的文件，“NACE MR0175/ISO15156”和“NACE MR01013”。NACE MR0175/ISO15156 用于油气生产过程中的含 H_2S 环境下的材料选择；“NACE MR01013”用于炼油厂腐蚀性石油环境下的抗 SSC 材料的选择和应用。NACE 还在加强同炼油厂有关的标准制定工作。

涉及 H_2S 浸蚀和腐蚀的结构材料及其相关文件和标准见表 10-22。表 10-23 为相关信息的来源。

表 10-22　用于炼油厂设备选材的常用标准和文件[54]

来源/标准号	标　　题
API 推荐方法	
578	Material Verification Program for New and Existing Allow Piping Cathodic Prodection of Aboveground Petroleum Storage Tanks
651	Recommended Practic for Safe Operation of Hydrofluoric Acid Alkylation Units
751	Materials and Fabrication Requirements for 2. 25Cr-1Mo and 3Cr-1Mo Steel Heavy Wall Pressure vessels for High Temperature, High Pressure Hydrogen Service
934	Steels for Hydrogen Service at Elevated Temperature and Pressures in Petroleum Refineries and Petrochemical Plants Avoiding Environmental Cracking in Amine Units
941	
945	
API 出版物	
938	An Experimental Study of Causes and Repair of 1. 25Cr-0. 5Mo Steel Equipment(May 1996)

续表

来源/标准号	标　　题
939-B	Repair and Remediation Strategies for Equipment Operating in Wet H_2S Service(June 2002)
939D	Stress Corrosion Cracking in Fuel Grade Ethanol: Review and Survey(September 2003)
944	1972 Survey of Materials Experience and Corrosion Problems in Sour Water Stripper
946	The Effect of Outgassing Cycles on the Hydrogen Content in Petrochemical Reactor Vessel Steels(July 1981)
950	Survey of Construction Materials and Corrosion in Sour Water Stripper(1978)
956	Hydrogen Assisted Crack Growth in 2. 25Cr-1Mo Steel(March 1978) Study of Temper Embrittlement of Chromium-Molybdenum Steels(1982)
NACE 试验方法	
TM0177	Laboratory Testing of Metals for Resistance to Sulfide Stress Cracking and Stress Corrosion Cracking inH_2S Environments
TM0284	Evaluation of Pipeline and Pressure Vessel Steels for Resistance to Hydrogen- Induced Cracking
TM0103	Laboratory Test Procedures for Evaluation of SOHIC Resistance of Plate Steels Used in Wet H_2S Service
NACE 出版物	
8X194	Materials and Fabrication Practices for New PRESSURE Vessel Used in Wet H_2S Refining Service
NACE 标准材料要求	
MR0103	Materials Resistant to Sulfide Stress Cracking in Corrosion Petroleum Refining Environments
NACE 推荐方法	
RP0169	Control of External Corrosion on Underground or Submerged Metallic Piping Systems
RP0170	Protection of Austenitic Stainless Steels and Other Austenitic Alloys from Polythionic Acid Stress Corrosion Cracking during Shutdown of Refinery Equipment
RP0272	Direct Calculation of Economic Appraisals of Corrosion Control Measures
RP0472	Methods and Controls to Prevent In-Service Environmental Cracking of Carbon Steel Weldments in Corrosive Petroleum Refining Environments
RP0182	Initial Conditioning of Cooling Water Equipment
RP0189	On-Line Monitoring of Cooling Waters
RP0590	Recommended Practic for Prevention, Detection, and Correction of Deaerator Cracking
RP0391	Materials for the Handling and Storage of Concentrated (90 to 100%) Sulfuric Acid at Ambient Temperature
RP0294	Design Fabrication and Inspection of Tanks for the Storage of Concentrated Sulfuric Acid and Oleum at Ambient Temperatures
RP0296	Guidelinds for Detection, Repair, and Mitigation of Cracking of Existing Petroleum Refinery Pressure Vessels in Wet H_2S Environments
ASTM 标准	
G35	Standard Practice for Determining the Susceptibility of Stainless Steels and Related Nickel-Chromium-Iron Allow to Stress-Corrosion Cracking in Polythionic Acid
G58	Standard Practic for Preparation of Stress-Corrosion Test Speciments for Weldments
G79	Standard Practic for Evaluation of Metals Exposed to Carburization Environments

续表

来源/标准号	标　题
G96	Standard Guide for On-Line Monitoring of Corrosion in Plant Equipment (Electrical and Electrochemical Methods)
G111	Standard Guide for Corrosion Tests in High Temperature or High Pressure Environment, or Both
G123	Standard Test Method for Evaluation Stress-Corrosion Cracking of Stainless Alloys with Different Nickel Content in Boiling Acidified Sodium Chloride
G142	Standard Test Method for Determination Susceptibility of Metals to Embrittlement in Hydrogen Containing Environments at High Temperature or High Pressure, or Both
G146	Standard Practic for Evaluation of Disbonding of Bimetallic Stainless Alloy/Steel Plate for Use in High-Pressure, High-Temperature Refinery Hydrogen Service
G148	Standard Practic for Hydrogen Uptake, Permeation, and Transport in Metals by an Electrochemical Technique
G157	Standard Guide for Evaluating the Corrosion Properties of Wrought Iron- and Nickel-Based Corrosion Resistant Alloy for the Chemical Process
G161	Standard Guide for Corrosion-Related Failure Analysis
ASME 标准	
CRTC-Vol. 34	Consensus on Oprating Practices for the Control of Feedwater and Boiler Water Chemistry in Modern Industrial Boilers

表 10-23　同炼油厂选择材料有关的一些组织和网址

组　织	缩　写	城　市	州/国家	Internet 网址①
American Burreau of Shipping	ABS(美国船运局)	Houston	TX	www. eagle. org
American National Standards Institute	ANSI	New York	NY	www. ansi. org
American Petroleum Institute	API	Washington	D. C.	http//api-ep. api. org/
American Society of Mechanical Engineers	ASME	Fairfield	NJ	www. asme. org
American Society of Testing and Material International	ASTM	West Conshohocken	PA	www. astm. org
American Welding Society	AWS(美国焊接协会)	Miami	FL	www. aws. org
American Water Works Associations	AWWA(美国自来水协会)	Denver	CO	www. awwa. org
Composites Engineering and Applications Center	CEAC(美国复合材料应用中心)	Houston	TX	www. egr. uh. edu/ceac/
Det Norske Veritas	DNV(挪威船级社)	Oslo	Norway	www. dnv. com
Engineering Equipment and Materials Users Association	EEMUA(英国工程设备和材料用户协会)	London	U. K.	www. eemua, co. uk
European Federation of Corrosion	EFC(欧洲腐蚀联盟)	London	U. K.	www. efcweb. org
International Maritime Organization	IMO(国际海事协会)	London	U. K.	www. imo. org

续表

组　织	缩　写	城　市	州/国家	Internet 网址①
International Organization for Standards	ISO(国际标准化组织)	Geneva	SZ	www. iso. org
NACE International	NACE	Houston	TX	www. nace. org
NORSOK/Standard Norge	NORSOK(挪威石油标准化组织)	Lysaker	Norway	www. standard. no
UnitedKingdom Offshor Oprators Association	UKOOA(英国海上工作者协会)	London	U. K.	www. ukooa. co. uk
U. S. Cuard	USCG(美国海岸警卫队)	Groton	CT	www. uscg. mil

① URL，2006 年 1 月获取。

第四节　加氢裂化设备的材料选择

加氢裂化设备的材料选择除了要遵守炼油厂设备材料选择的大原则之外，还要参考相关的一些选材方法，因为加氢裂化过程的操作有其特殊性，例如：多相操作；操作压力和温度比较高；反应是在催化剂和氢气存在条件下进行的；反应过程中会产生大量腐蚀性物质；材料损伤机理和类型比较多；材料损伤的检查和评估技术比较复杂。

一、加氢裂化过程反应器、分离器、换热器、蒸馏设备和空冷器的材料选择

加氢裂化过程主要设备包括：反应器、分离器、换热器、空冷器、蒸馏塔、加热炉、进料泵、氢气压缩机和相应的配管及配件。由于加热炉、进料泵、氢气压缩机和相应的配管等设施都属于通用设备，在“炼油厂设备选材部分”或其他相关文献中都能很容易看到有关它们的选材方法，在此不作赘述。

在这部分，除了对反应器、换热器、分离器和蒸馏塔的材料选择作了论述之外，对空冷器的材料选择做了比较详细的描述，因为空冷器操作条件比较特殊，容易出现问题(腐蚀损伤问题)，会影响整个装置的安全运行。

(一) 加氢裂化反应器的材料选择

加氢裂化反应系统是在高温/高压和有腐蚀性产物条件下工作，设备材料选择主要考虑两个因素：操作温度和压力对材料性质的影响；腐蚀性物质或环境对材料性质的影响和伤害。

在现代加氢裂化过程中，应用最多的反应器是下流式滴流固定床反应器，这类反应器是在高温/高压和有催化剂及氢气/硫化氢存在条件下操作的。这类反应器的特点是：材料特殊；桶壁厚(达到 254mm 或更高)。

根据“API941”的材料选择规定，反应器通常是由低合金钢和 347SS(UNSS34700)复合钢或堆焊材料组成。圆柱形容器材料通常采用 2-1/4Cr-1Mo 或 3Cr-1Mo；容器内用经稳定过的奥斯体不锈钢堆焊或衬里，这样做的目的是提高它的防腐蚀性能，防止设备在停工期间发生晶间 SCC。近几年，有一些制造商开始使用其他一些专用材料，例如，在 2-1/4Cr-1Mo

或 3Cr-1Mo 反应器母体金属中加入少量钒，以便提高它的强度[20]。

2-1/4Cr-1Mo 钢是加氢裂化反应器等设备最常用的反应器低合金钢。在 ASME 规范案例 2098、2151 和 1961 中，出现了可以使用高强度反应器钢（1/4Cr-1/2Mo-V 和 3Cr-1/2Mo-V-Ti-B 钢）的报道。同惯用的 Cr-Mo 钢比，高强度反应器钢的 PWHT 窗口比较窄，具有更高的耐退火脆化和耐氢剥离损伤能力。目前，其硬度限制是 235HB。由于 2-1/4Cr-1Mo-V和 3Cr-1/2Mo-V-Ti-B 钢在经济上的吸引力和优良特性，有些新反应器采用了这类材料。

Cr-Mo 钢的焊接需要预热和 PWHT。2-1/4Cr-1Mo 钢通常要冷浸和退火，以便得到最好的强度和韧性。拉力强度控制在 517MPa-690MPa。对于采用 690MPa 最高值的理由，还有不同看法。控制好 PWHT，可以使材料强度不至于低于所要求的下限值。PWHT 的最高允许程度需要用标定强度-回火参数进行评估。

在 PWHT 期间可能发生的其他问题有：347SS（UNSS34700）堆焊的西格玛相脆化；基础金属的二次硬化；联接桶体的内附件焊道开裂。铁素体和西格玛相对氢脆敏感。通过限制堆焊中的铁素体不超过 9%，可以限制西格玛相（一种易脆的无磁性 Fe-Cr 化合物）的有害作用，因为铁素体能够变成西格玛相。

铁素体是磁相，它在称作奥斯体的性质不同的非磁相中冷却时形成。它的形成取决于合金含量。9%的限制可以阻止连续铁素体网的形成，它能够依次转化成连续易脆的西格玛相网。铁素体含量不低于 2%，可以避免焊道开裂。把铁素体含量定在大于 5%，用来防止晶间应力腐蚀开裂。

堆焊的焊道分离、退火脆化和内部氢剥离是长期存在的潜在问题。在氢气的存在下，堆焊脆化过程中形成的碳化物，会引起堆焊分离。

操作温度高于 343℃ 时，会导致 2-1/4Cr-1Mo 钢退火脆化。当温度为 620℃ 时，以 4.72min/mm（厚度）（2h/in）的加热时间，能够逆向消除退火脆化。操作温度高于 399℃ 时，会导致 1-1/4Cr-1/2Mo 钢脆化。

精心执行反应器停工程序（包括设备泄压之后采用比较慢的冷却速度），可以避免设备内部氢剥落和开裂损伤。当氢浓度超过 3μg/g，温度低于 150℃ 和壁厚超过 150mm 时，在冷却降温过程中有可能形成开裂。当拉伸强度超过 690MPa 时，钢的开裂潜力会大大增加。

厚壁容器的脆性开裂一直是一个令人担心的问题，特别是装置的开停工期间要格外小心，如控制好流体温度和采用抗脆化钢和焊接金属，能大大降低产生脆性开裂可能性。

综上所述，避免加氢裂化反应器产生开裂损伤的方法或措施有[20,66]：

- 控制好操作温度，避开容易引起材料开裂的敏感温度。
- 采用正确的 PWHT 程序，把材料的铁素体含量控制在合理范围内，可以避免材料产生晶间应力腐蚀开裂。
- 桶体采用 1%~3%Cr-Mo 钢和衬里采用 18-8 系列不锈钢的反应器，在开放检查时，由于有空气和水的存在，会同在高温下产生的硫化铁生成连多硫酸，导致 18-8 不锈钢的焊接热影响部位产生应力腐蚀晶间开裂。作为对策，通常是使用 18-8Nb 不锈钢（SUS347）或 18-8Ti 不锈钢（SUS321）。
- 在 Cr-Mo 钢桶体内壁堆焊不锈钢的反应器，由于焊接金属同桶体金属性质不同，当设备运转停止冷却时，往往会在边界部位，产生由流体中氢集中引起的开裂或剥离等事故。

通常改进焊接方法或改善反应器冷却程序可以防此类事故的发生。

- 壁厚超过 100mm 的桶体，在高温使用过程中，由于韧性降低(退火脆化)，有可能在开放检查后升压时，产生以缺陷为起点的脆性破坏。通常，为了避免这种危险性发生，采用的对策是，把材料温度升高到一定程度，改善其韧性。
- 控制流体中的氯化物含量，可以减少应力腐蚀开裂的可能性。

(二) 加氢裂化分离器的材料选择

由于分离器的流体中含有高浓度 NH_4HS，在设计 CHPS 和相关配管时，多采用合金，如合金复合层或堆焊层。

合金复合层或堆焊层材料是典型的冷高压分离器使用的典型结构材料。如果使用奥斯体不锈钢或合金 825 复合层(或等量的合金堆焊层)桶体，不仅可以防止 HIC 和 SOHIC，而且还能为将来节省一笔 WFMT 检查费用。在有些装置中，有碳钢发生氢泡、HIC 和 SOHIC 损伤的经验。最严重的损伤发生在 NH_4HS 浓度为 8%~10%和 H_2S 分压比较高的条件下。在这些苛刻的条件下，抗 HIC 钢不可能工作得很好。合金复合层或堆焊允许使用普通级碳钢做母体金属，碳钢母体不需要抗 HIC 能力。如果 NH_4HS 浓度比较高，在担心会发生 HIC 和 SOHIC 的地方，应当考虑使用合金复合层或堆焊层。如，当冷高压分离器水中 NH_4HS 浓度超过 8%时，有些炼油厂采用 304L(UNSS30403)或 347(UNSS34700)复合层。

在分离器设计过程中，其尺寸由分离水数量确定。分离器的容器方位、喷嘴、内部构件和仪表等，不管是顶部蒸气流体中，还是排出的烃液流体中，都应当尽量减少液体水夹带。排出的烃液体中携带水，会导致下游设备(如类似于控制阀的高速区域、混合点、蒸馏塔内和塔顶系统)产生酸性水腐蚀。

携带的酸性水进入塔顶蒸气流体中或者进入排出的烃液流体中，其中的 H_2O、N_3H、H_2S和 Cl 污染物会进入下游设备的某些部位，在 NH_4HS 腐蚀沉积物下面，产生 NH_4Cl 腐蚀。

有几个分离器气体配管系统下游发生局部腐蚀的案例，局部腐蚀是由于水的携带作用(或者可能是顶部气体存在部分水蒸汽冷凝)，由 NH_4HS 腐蚀引起的。采用正确的分离器和内部构件设计，就能把 CHPS 顶部气体中的液体水夹带量降到最小。顶部管线采用伴热措施，是一个能降低液体水相存在的有效措施。

在反应器流出物分离系统中，多数装置是在 REAC 上游设有一台壳-管式换热器，有一些装置是在 REAC 上游设一台空冷器。流体中的氯化物含量和上游是否间断注水，左右这些换热器的材料选择。这些换热器是在沉积温度条件下工作的，因此对 NH_4Cl 沉积物腐蚀特别敏感。如果上游没有采取间断注水措施，在装置正常操作过程中，这些换热器的工艺设计应当确保冷却后的流出物温度不能低于水露点。

多数情况下，这些设备的上游会采用间断注水措施，目的是除掉流体中的 NH_4Cl。这时，应当使用有注水措施的换热器，以便确保系统中有足够的洗涤水分布。同时，也应考虑到，注水会引起 NH_4HS 腐蚀。如果流体流速过快，会加速腐蚀。如果注水量少或者持续时间短，材料就会受 NH_4HS 的伤害。因此，频繁的或持续时间比较长的注水是必须的[19]。

分离系统使用的配管和加热炉管使用的材料，同反应系统类似，多使用 18-8 系列不锈钢。

（三）加氢裂化原料-流出物换热器的材料选择

反应器流出物系统中的硫化铵在 175~230℃之间开始冷凝，会加快相关设备的点蚀速度。氯化铵会堵塞空冷器前面的换热器。

由于原料-流出物换热器和相应的配管面临的操作条件和环境同反应器类似，所用的材料同反应器使用的材料也类似。虽然在不需要密封焊接的地方使用了 304SS(UNSS30400)，但是管材使用的还是 321(UNSS32100)或 347(UNSS34700)。由于管材的壁薄和应力高，可能发生奥斯体 SS 管材晶内和晶间应力腐蚀开裂。表 10-24 为临氢装置有关奥斯体 SS 应力腐蚀开裂事故的研究数据。从表 10-24 可以看出，在临氢加工装置设备和部件应力腐蚀开裂案例的分布中，开停工过程中发生的事故次数最多，其中换热器管事故超过半数。在应用的合金中，效果不理想的合金包括：301(UNSS30100)、303(UNSS30300)、304(UNSS30400)、304L（UNSS30403）、309（UNSS30900）、316（UNSS31600）、321（UNSS32100）、347(UNSS34700)和合金 800(UNSS8800)。晶间应力腐蚀开裂主要发生在 304 中，而当热处理过程不适宜时，321 和 347 也会发生晶间开裂事故。

表 10-24　临氢装置设备和部件应力腐蚀开裂案例的分布[20]

设　备	生产中的开裂	停工时的开裂	原因不确定的开裂
换热器管	4	10	1
配管	0	4	1
温度计套管	0	3	0
波纹管	1	1	0
复合材料	0	4	0
弹簧	1	0	0
泡帽	1	0	0
Wire 筛板	0	1	0
管道	1	0	0
双头螺栓	0	1	0
法兰	0	0	1
小计	8	24	3

U-型奥斯体 SS 管材，在 900℃时，应力得到缓解，在 980℃时退火，可以使晶间腐蚀开裂降到最小。使用电阻线圈在 U-型管上加热五秒是一个缓解 321(UNSS32100)和 347(UNSS34700)SS 换热器配管应力的好方法。这个方法不推荐用于 304(UNSS30400)和 316(UNSS31600)等 SS，因为会产生易发生晶间应力腐蚀开裂的区域，该区域靠近被加热的弯管。两相 SS，例如 2205(UNSS32205)，通常不进行热处理，除非有高于 15%的冷加工区域或者弯曲度低于三个弯管直径。两相 SS 弯后热处理的方法是，在固熔退火温度条件下，采用感应加热法加热 1~2h。尽管感应加热也用在奥斯体 SS 弯管作业，偶然发生的一些问题是由感应电流导致管道原有裂隙产生初熔引起的。在停工期间，由于材料暴露在连多硫酸($H_2S_xO_x$)和亚硫酸(H_2SO_3)中，可能产生晶间应力腐蚀开裂。这些腐蚀性物质是由临氢加工装置还原环境中形成的硫化铁鳞片同湿气或空气反应产生的。在某些炼油厂，使用稳定级材料就可以避免这类腐蚀损伤。在另外一些炼油厂，当操作温度超过 455℃时，稳定级材料

需要在 900℃条件下稳定热处理 4 小时。有效的热稳定操作必须在所有焊接工作都结束之后进行。另有一些炼油厂仍认为，1065℃最高退火温度可以确保 347(UNSS34700)碳化铌或者 321(UNSS32100)中的碳化钛代替碳化铬，这样可以防止连多硫酸 SCC。除了少数几个例子之外，多数炼油厂都把 321 和 347 替换使用。

在大约 230℃温度条件下操作的换热器对高温氢蚀敏感。在制定或修改相应的选材规范和标准(如，API RP941)时，应当重新评估那些有抗高温氢蚀能力的材料。

这类换热器的选材要综合考虑管壁两侧的流体腐蚀性的差别，采用复合管比较经济。流体比较干净的一侧采用普通材料，如碳钢和 Cr-Mo 钢，而接触含 NH_4HS 流体的一侧，采用能够抗 NH_4HS 腐蚀的高合金材料。实际上，即使采用这类抗 NH_4HS 腐蚀材料，也不能完全避免湿 NH_4Cl 腐蚀。如果怀疑腐蚀是由高浓度氯化物引起的，应当考虑使用镍合金，如合金 625 和合金 C-276[19]。

鉴于事故几乎总是发生在停工期间，NACE 发行了“有关停工期间保护奥斯体不锈钢的推荐作法”。NACE 在它的“RP0170”报告中推荐，在停工期间，可以使用中和溶液和其他预防措施。在产生沉积物的地方，需要把它们清除，以便提高中和溶液的效果。例如，有些事故是由于管材中的焦炭沉积物没有清除引发的。在停工程序被小心控制和管材及 U-弯管经过正确热处理的地方，321 和 347SS 都有不错的表现。

(四) 加氢裂化蒸馏设备的材料选择

加氢裂化过程蒸馏设备面临的操作条件和环境与反应系统明显不同。其特点是：操作温度和压力都很低；处理的物料很干净；主要腐蚀性物质是数量不多的硫化氢和氯化物。因此，所用的材料都是普通级别的，如碳钢。即使蒸馏塔顶系统的分液罐和换热器，采用的也只是耐 HIC 碳钢。蒸馏塔顶系统面临的，主要是湿性硫化物腐蚀、HIC 和湿性氯化物腐蚀。

加氢裂化装置蒸馏设备用的结构材料，包括能在低于 288℃条件下工作的碳钢。尽管物料中的多数硫和硫化物已经被除去，但仍有一些硫会留下来。这些硫是以脂肪硫醇、芳香硫醇、脂肪硫化物、脂肪二流化物和 H_2S 的形式留在系统中。当温度超过 288℃时，会引起碳钢和 5Cr1/2Mo 直火加热炉管、转油线和换热器管的严重腐蚀，严重程度取决于蒸馏塔进料中硫的数量(通常指的是 H_2S)。有报告称，在某装置中，在流体温度为 343℃条件下操作的蒸馏塔重沸器，腐蚀速率大约是 2. 54mm/a。流体中的硫含量(指 H_2S)约为 30μg/g。

蒸馏塔进料中的硫(H_2S)可能是残留在由加氢裂化装置出来流体中，也可能来自胺处理装置的循环氢中。加氢裂化反应器流出物进入蒸馏塔之前，须要先进行 H_2S 气提处理，虽然可以把 288℃时的腐蚀问题降到最小，但是不能杜绝腐蚀问题的发生，除非流体中的硫含量降到 1μg/g。下面列出的是加氢裂化装置蒸馏设备选材用的最高温度(见表 10-25)。

表 10-25　加氢裂化装置蒸馏设备选材时使用的最高温度[20]

硫化氢/(μg/g)	碳钢/℃	5Cr1-2Mo/℃
10	315	343
100	300	330
1000	288	315

当环境温度超过 5Cr1-2Mo 所要求的温度限制时，受压部件可以使用 18-Cr-8Ni 不锈钢，复合材料使用 12Cr。

（五）加氢裂化空冷器的材料选择

自从加氢裂化过程于 20 世纪 60 年代工业化以来，出现过许多同设备损伤有关的事故，其中包括上游注水的空冷器损伤事故。在空冷器发生的事故中，多半是由反应器流出物中的 NH_3、H_2S 和 HCl 腐蚀作用引起的。一些专家和专门机构（如 API、NACE、UOP 和 Unocal 等）认为：

- 水相中的 NH_4HS 浓度增加，会加重碳钢和合金的腐蚀。
- 提高流体速度，会提高腐蚀速率。不同的金属，如碳钢和合金，有不同的最高限速。
- 洗涤水注入速率和分布对于控制 NH_4HS 沉积和在水溶液中的浓度来说是非常关键的。
- 洗涤水质量影响材料的腐蚀速率。
- NH_4Cl 盐能够同反应器流出物中存在的氯化物一起，使装置产生污垢和腐蚀。
- 能够缓解腐蚀问题的方法有：改变空冷器管排排列方式和进出口配管的设计，改善流体分布；监控管道中的洗涤水注入量和速度；选择更合适的材料。

不管怎么说，加氢裂化过程反应器流出物系统中的腐蚀性物质是引起装置非计划停工的重要原因。有些灾难性的大火和爆炸事故，也是由这类腐蚀性物质引起的。

如果是新装备，REAC 集管箱所用的材料应当同管子用的材料相同。如果是老设备改造，集管箱与管子材料应当更换相匹配的合金材料。如果环境的腐蚀强度低或者中等，可以酌情处理，如可以继续使用碳钢集管箱，只更换管子。

配管部件的选材应当以内部潜在的损伤机理为依据。在温度超过 230℃ 条件下使用的高温配管材料应当参照“API RP941”的要求选取。通常，配管材料的选择主要受 NH_4HS 腐蚀支配，也要考虑氯化物腐蚀，氯化物会导致 HCl 或者湿 NH_4Cl 腐蚀，如注水点和温度比较低的盲管段。

配管使用的最普通的材料是碳钢和合金 825。不使用奥斯体不锈钢是由于可能发生氯化物 SCC。已经成功地把这些材料用在空冷器下游，在这些地方温度低于 60℃，有足够的水稀释氯化物。

有些高压装置的配管，如厚壁配管，采用合金 825 和合金 625 复合（堆焊）碳钢替代硬质合金，复合配管成本比较低。

阀门的选材受 NH_4HS 腐蚀支配。阀门内部构件可能承受比较激烈的湍流，特别是阀座周围。阀座承受的是冲刷腐蚀，阀体承受的是比较严重的金属损失。如果面临的是 NH_4HS 腐蚀，阀体和阀座都应当使用合金。在压力比较高和可能产生湍流的地方，如有大量液滴的泄压阀，通常使用合金阀体（如合金 825 或合金 316 不锈钢）和钴合金阀芯。

1. REAC 系统的腐蚀

如果条件合适，反应器流出物系统中的 NH_4HS 和 NH_4Cl 盐会很容易沉积下来。当温度低于盐沉积温度时，生成的 NH_4Cl 盐，会沉积在金属表面。NH_4HS 盐和 NH_4Cl 盐的沉积温度是变化的，它们与流出物中的 H_2S、NH_3 和 HCl 分压有关，可以通过一些专业图表和计算公式查出来或计算出来。

系统产生的冷凝水中含有数量不等的 H_2S、NH_3 和 HCl。设备材料发生的全面腐蚀、点蚀和氢泡就是由这些腐蚀性物质引起的。腐蚀程度取决于腐蚀性物质的浓度。

沉积下来的 NH_4HS 和 NH_4Cl 盐会降低传热设备的传热效率。如果得不到及时清理，会产生下列问题[19,20]：

- 限制流体流动，严重时，会把换热器或空冷器管道完全堵塞，其结果是，不仅会提高系统压力降和使流体流动分布更不均匀，还会对设备造成严重腐蚀。
- 停滞的高浓度盐溶液有很强的腐蚀性。随着 NH_4HS 水溶液浓度的增加、流体流速的提高和扰动，会加重设备腐蚀。腐蚀形式是冲蚀腐蚀。
- NH_4Cl 盐有吸湿性，也就是说，能够从周围的环境中吸收水气，有痕量水存在就能形成强酸。在湿盐底下，会形成低 pH 值环境，导致材料的局部腐蚀。由于 NH_4Cl 能够形成酸性溶液，随着浓度的增加，破坏作用更严重。如果 NH_4Cl 盐在注入点上游形成，在有湿气存在条件下，会产生腐蚀。在注水点上游，如果没有足够的水稀释沉积出来的盐，会对设备造成严重腐蚀。
- 湿 H_2S 溶液会引起敏感材料开裂，如 SSC、HIC、SOHIC 和氢爆皮。

NH_4HS 和 NH_4Cl 易溶于水，注水能有效地冲洗掉系统中的盐冲积，防止和减缓换热器和空冷器管道产生污垢和腐蚀。注水点通常位于预计会产生盐沉积位置的上游。如果注水系统设计或操作不合理，或者洗涤水质量、数量和分布不合适，都会引起盐-水溶液腐蚀。

随着高压加氢裂化过程操作压力的升高，反应器流出物空冷器管会出现严重腐蚀。研究结果表明，这个问题同流体流速、硫化氢铵冷凝温度(约 120℃)、硫化氢铵浓度和流体流动状态有关。如果流体速度超过 6m/s 和硫化氢(摩尔分数)及氨(摩尔分数)乘积高，会产生严重腐蚀。一些数据表明，乘积越大，发生严重腐蚀的可能性越高。Turner 指出，如果 H_2S 浓度超过 NH_3 浓度，NH_4HS 浓度只同 NH_3 浓度有关，同乘积无关。因此，由分离器底部得到的 NH_4HS 浓度可以用作设备设计和材料选择的基础数据。设备的腐蚀严重程度同硫化氢铵盐形成温度(盐化温度)有关。

许多高压装置中发生的事故是，由于硫化氢铵堵塞冷却器管道，使剩余管道中的流体流速显著上升引起的。采用水洗并确认在空冷器所有部位的流体都处于平衡状态，和安装可以调节斜度的风扇和百叶窗，使各部分的温度更均衡，可以缓解这些问题。改造空冷器温控设施的目的是：使各部位出口温度更均匀；使出口温度不要低于盐化温度；增加水量稀释硫化氢铵；确保两相流体流动状态更合理。

空冷器的腐蚀严重程度同流体流动状态有关，当流体处于波浪、团状流动和分散流动状态时，产生的腐蚀是最严重的，当流体处于环形和层流状态时，腐蚀的严重程度是比较低的。应当避免流体流动状态靠近两种流动状态之间的临界点，因为这类流动状态对腐蚀的影响还不太清楚。

如果分离器中的硫化氢铵浓度低于 4%，排泄水 pH 值在 8.3~9.0，就可以使用碳钢管，当 pH 值低于 8.0 时，空冷器出现过严重腐蚀。为了确保系统中的硫化氢铵浓度在安全范围内，注水点下游应当有 20%~25%的未蒸发水。分离器中的硫化氢铵浓度大于 4%，就预示着可能产生腐蚀问题。

为了降低腐蚀，当反应器流出物中的氨(摩尔分数)和硫化氢(摩尔分数)乘积超过 0.05，并有两相流的地方，可以把流体流速限制在 6m/s 以下。此外，不管流体流动状态如何，当设备和管道中的硫化氢铵浓度超过 2%时，就应当把流速限制在 6m/s 以下。CA 为 6mm 的碳钢管，能在硫化氢铵浓度达到 8%的流体环境中工作。如果浓度大于 8%，应当使用抗 SCC 不锈钢。

硫化氢(摩尔分数)和氨(摩尔分数)乘积超过 0.4 时，使用 SS 管。在不能使用碳钢的地方，已经使用了合金，如合金 400(UNSNP4400)、不超过 0.05C 的合金 800(UNSN08800)和合金 825(UNSN08825)。不能使用海军黄铜(UNSC44300)是因为硫化氢铵溶液会迅速腐蚀这种材料。最近，两相不锈钢，如 ASTMA789(UNSS32205)，已经很好地用于反应器流出物空冷器管上。

2. REAC 材料选择

REAC 和配管材料的选择是否合适，严重影响加氢裂化过程运行安全性。选择 REAC 和配管材料的依据包括：材料应用的历史经验(如容易出现问题的材料和部位)；材料所处的操作条件、操作环境和材料损伤机理；可用材料的规格、标准和使用规范；设备或配件的制造过程。

(1) REAC 用材料的组成

在 REAC 系统中，普遍使用的材料包括碳钢、400 系列 SS、300 系列 SS、双相合金 3RE60 和 2205、合金 800、合金 825 和合金 C-276。合金 400 已被用在某些装置中。表 10-26 为相关合金的组成。

表 10-26　REAC 系统普遍使用的相关合金的组成[19]

合金/UNS 号	C	Si	Mn	Fe	Cr	Ni
碳钢	0.3	>0.1	0.29~1.06	余量	-	
410S41000	0.15	1.0	1.0	余量	11.5~13.5	0.75
430S43000	0.12	1.0	1.0	余量	16.0~18.0	0.60
304LS30403	0.03	0.75	2.0	余量	18.0~20.0	8.0~10.5
321S32100	0.08	1.0	2.0	余量	17.0~19.0	9.0~12.0
347S34700	0.08	1.0	2.0	余量	17.0~19.0	9.0~12.0
3RE60S31500	0.03	1.4~2.0	1.5~2.0	余量	18.0~19.0	4.25~5.25
合金 2205S31803	0.03	1.0	2.0	余量	21.0~23.0	4.50~6.50
合金 2205S32205	0.03	1.0	2.0	余量	22.0~23.0	4.50~6.50
合金 2507S32750	0.03	0.8	1.2	余量	24.0~26.0	6.0~8.0
合金 800NO8800	0.10	1.0	1.5	余量	19.0~23.0	30.0~35.0
合金 825NO8825	0.03	0.5	1.0	30	19.5~23.5	38.0~46.0
合金 400NO4400	0.3	0.5	2.0	2.5	~	>63
合金 C-276N10276	0.01	0.08	1.0	4.0~7.0	14.5~16.5	余量
合金 625NO6625	0.1	0.5	0.5	0~5.0	20.0~23.0	>58

合金/UNS 号	Mo＊6	Cu	N	Al	Ti	Nb
碳钢						
410S41000						
430S43000						
304LS30403						
321S32100			0.10		5(C+N)，<-0.7	
347S34700						10XC，<-1.0
3RE60S31500	2.5~3.0					
合金 2205S31803	2.50~3.5		0.08~0.20			

续表

合金/UNS 号	Mo * 6	Cu	N	Al	Ti	Nb
合金 2205S32205	3.0~3.5		0.14~0.20			
合金 2507S32750	3.0~5.0		0.24~0.32			
合金 800NO8800		0.75		0.15~0.60	0.15~0.60	
合金 825NO8825	2.5~5.3	1.5~3.0		0.2	0.6~1.2	
合金 400NO4400		28.0~34.0				
合金 C-276N10276	15.0~17.0					
合金 625NO6625	8.0~10.0					

注：单一数值针对的是最大含量。

（2）REAC 普遍采用的材料

REAC 材料选择涉及材料应用、操作经验和实验室数据。碳钢在多数操作强度比较低的装置中应用是可以接受的。在操作强度中等的装置中，碳钢的优势是它的综合特性，综合性能发挥得好坏，通常与部件设计和装置的操作变数有关。合金材料通常用在操作强度中等以上的新装备上，不能满足使用要求的材料必须及时更换。

① 碳钢。碳钢是反应器流出物系统(低苛刻度 NH_4HS 条件下的配管、压力容器和空冷器)温度较低部位普遍使用的标准结构材料。碳钢的抗 NH_4HS 腐蚀能力低，并且对氢泡、HIC、SOHIC 和 SSC 敏感。在湿 NH_4Cl 沉积物下面，碳钢腐蚀速率极高(多数合金也如此)。

如果材料的焊接程序和焊接技术得当，可以把焊道和热影响区的硬度，限制在“NACE RP0472”推荐的，能够抵抗 SSC 的范围内。由板材制造的设备经 PWHT 后，能够提高抗 SSC 和 SOHIC 性能。可以参考“NACE Publication 8X194”和“NACE RP0472”，在这些文献中会看到更多相关信息。在高压 REAC 系统中，常用的配管都需要按 ASTM 规范要求，进行 PWHT。有些用户不管配管厚度如何，都进行 PWHT，这样做可以改善配管在湿 H_2S 环境下的抗开裂性能。

② 双相不锈钢。双相不锈钢能在空冷器设备中得到较好应用是因为它们的几个特点：

- 同时具有铁素体和奥斯体两类不锈钢的特点。
- 同其他高合金比，有比较高的强度和比较低的合金元素含量，有价格优势。
- 由于这类材料是双相微晶结构，热处理、制造和焊接过程都需要慎重评估和检测，以便确保平衡的微晶结构不受破坏。

以前使用的合金 3RE60 抗腐蚀能力和焊道韧性都比较差，已停止使用。目前应用比较多的材料是合金 2205。

在空冷器环境下，双相不锈钢抗氢脆开裂能力不足，多半是由于材料制造方法不合适造成的。把失效可能性降低到最小的方法包括：把 N 含量降到 0.14%以下；尽量不用水急冷；采用合适的焊接程序，确保铁素体含量在 35%~65%范围内(根据铁素体的要求测量)，铁素体含量过高会导致同氢气有关的开裂和降低其抗腐蚀性。在“API Technical Publication938-C”中，给出了更多有关提高抗腐蚀能力和制造实践的信息。

高级双相不锈钢，如合金 2507，预计会比合金 2205 更好用，适合更苛刻的环境。

（3）合金 825。合金 825 的碳含量比较低，钛含量比较高，被广泛地用来抵抗 NH_4HS、

PTA SCC 和氯化物 SCC。此外，合金中的钼能够改善材料的抗点蚀性能；合金中的镍能提高材料的抗氯化物应力腐蚀开裂性能。

焊接合金 825，多采用性能超过合金 825 和抗腐蚀能力比较高的高镍焊接金属。

(4) 其他合金。能在 REAC 环境下使用的材料并不多，还包括下列一些不锈钢和合金。

(a) 400 系列不锈钢。400 系列不锈钢在 REAC 环境下的使用时间不长，已经限制使用。有一个炼制公司，在 REAC 环境(NH_4HS 浓度达 5%)中，使用 412(12Cr)不锈钢的时间已经超过 30 年，原因是，在该浓度范围内的抗 NH_4HS 性得到改善。在另外几个应用中，有发生点蚀的经验，点蚀是由氯化物(特别是速度低时)引起的。430(17Cr)不锈钢也在使用。实际上，在各种情况下，把这类材料用作 REAC 管道，使用寿命都不长。有报告称，430 不锈钢 REAC 管道使用不到一年就失效了，在管道的膜下和污垢下，发生了点蚀。在流量比较低的管道中发现的腐蚀主要是点蚀。

(b) 300 系列不锈钢。300 系列不锈钢，在 REAC 环境下，高于 60℃时，就会发生氯化物 SCC，应当限制使用，或尽量不用。有些抗 NH_4HS 腐蚀性能得到改善这类合金，在一些老厂的空冷器中还在使用，这些 REAC 的进口温度比较低。有些分离器的复合层或堆焊使用这类材料，通常会选用对焊接不敏感“L”级材料。

(c) 合金 800。合金 800(包括碳含量<0.05%的低碳合金 800LC)过去应用比较多，目前大多数已经被合金 825 取代，被取代的原因是：

- 发生过多起由 PTA SCC 引起的事故；
- 在焊接期间，对 PTA SCC 敏感，敏感度取决于合金中的碳含量。当合金 800 碳含量在 0.06%或更高时，也发生过几次事故。
- 在几个案例中，发现氯化物点蚀损伤，损伤起因于停工时间延长期间的不正确待修程序。

(d) 合金 400。在合金 400 的几个使用报告中提到，合金 400 的几个部件已经成功地用了几年。但是，在 pH 升高、NH_3含量高的 REAC 系统中，出现过一些同镍-铜合金有关的问题。Piechl 报告，如果使用合金 400 的 REAC 系统中的 NH_4HS 含量在 2%~3%，合金 400 有一定的抗 NH_4HS 能力。Scherrer 等测得，暴露在 4.5%~5%NH_4HS 条件下的合金 400，当流体速度为 3.4~6.4m/s 时，腐蚀率为 0.8~0.9mm/a。

(e) 合金 C-276 和合金 635。合金 C-276 和合金 635 在少数几个使用它们的装置中效果非常好。合金 625 已经成功地用于冷分离器和 REAC 配管中的复合层和堆焊。

3. 关于 REAC 的检查

REAC 的定期检查是实现 REAC 可靠运行的一部分。每套装置都应当有一套专门的设备检查计划。应当意思到 REAC 操作环境的特殊性。

设备检查计划应当包括：每一个部件需要检查的位置、检查技术和检查时间间隔。通常，不同位置需要不同的检查技术，因为损伤的类型可能是不同的。例如，超声波试验能够检查金属的厚度，但是不能检查应力腐蚀开裂。技术检查的时间间隔，可以参考“API510”和“API570”。REAC 的定期检查技术也涉及设备的以风险为基础的检查技术。许多设备需要常规检查，采用什么技术检查和如何检查取决于材料性质、部件的设计、过程操作强度、操作变化频率等。

二、加氢裂化过程设备材料选择实例

在炼油厂的所有石油炼制过程中，加氢裂化过程面临的操作条件和操作环境是比较复杂的，操作强度是比较苛刻的。即使是同一个操作单元的设备或部件，所面临的腐蚀损伤环境也可能明显不同。比较聪明的办法是先把加氢裂化过程分成几个系统，在同一系统中，各部位操作环境可能不尽相同，但差别不大，这样可以使材料选择工作简化。应当强调的是，反应器流出物换热-分离系统比较复杂，选择材料时需要谨慎对待。例如，空冷器后面的设备和空冷器上游的设备所处的环境明显不同，如温度和有大量水存在的差别。如果操作条件和操作环境差别大，就应当使用不同的材料，这涉及设备的经济性。

美国和日本的炼油厂是处理含硫、高硫和劣质原油比较多和时间比较长的国家，在材料选择方面有许多值得学习和借鉴的地方。在炼油厂设备材料选择方面，美国和日本采用的方法类似，参照的选材标准和规范，基本上都是美国的。

下面，以日本石油学会公布的资料，举例说明加氢裂化过程各操作系统各种设备选用的各种材料。

（一）加氢裂化过程的几个操作单元

根据操作条件和操作环境日本把加氢裂化过程分成几个操作系统，反应系统、气液分离系统、瓦斯洗涤系统和蒸馏系统[66]。

1. 加氢裂化过程反应系统

在加氢裂化反应系统，进入装置的原料油同预热的氢气混合。原料油同氢气的混合物在换热器同高温流出物（反应生成物）换热后，经加热炉加热到所需要的温度，进入反应器。在反应器中，经过脱硫和裂化的流出物经换热器预热原料油后，进入气液分离系统的高温高压分离罐。

加氢裂化反应系统的典型操作压力在3.0~20.0MPa；典型操作温度在300~450℃。

2. 加氢裂化过程气液分离系统

反应器流出物，在高温高压分离罐，分出未参与反应的氢气和部分轻质烃，在高温低压分离罐进一步分出部分轻质烃之后，余下的烃流体进入蒸馏系统。在高温高压分离罐分出的含轻质烃和硫化氢的未反应氢气，经换热器和空冷器降温后，在低温高压分离器分出凝缩烃后，送瓦斯洗涤系统。在空冷器上游，注入净化水和抑制剂，保护下游设备免受腐蚀和堵塞。在高温低压分离罐分出的气体经冷却后，同低温高压分离罐分出的凝缩烃一起，进入低温低压分离器。在低温低压分离器，分出轻质气体的烃液体进入蒸馏系统。

气液分离系统的典型操作温度在50~380℃；典型操作压力分两个区，高压区为3.0~18.0MPa，低压区为0.5~2.5MPa。

3. 加氢裂化过程瓦斯洗涤系统

在气液分离系统分离出来的瓦斯气，主要成分是氢气，其中含有反应过程产生的硫化氢等酸性气。这种酸性氢气进硫化氢胺水吸收塔，除掉其中的硫化氢之后（称循环氢），返回反应系统。吸收硫化氢的胺水溶液经加热，在溶液再生塔中分出硫化氢后，返回硫化氢吸收塔，重新利用。分出的硫化氢送硫黄回收装置，生产硫磺。

有时，溶剂再生塔不放在装置内。

4. 加氢裂化过程蒸馏系统

由气液分离系统分离出来的烃液体，在加热炉中经加热后，进入蒸馏塔。蒸馏塔把烃进料分成几个产品：塔顶轻质烃、侧线轻质油（包括：煤油和柴油馏分）和尾油。

如果由气液分离系统出来的液体温度高，可以不设加热炉。

（二）加氢裂化过程材料选择实例

该加氢裂化装置材料选择实例是日本石油学会1995年公布的。图10-7为该过程典型流程和它的四个系统。该过程能够处理VGO、AR和VR，主要产品是石脑油、中馏分油和尾油。

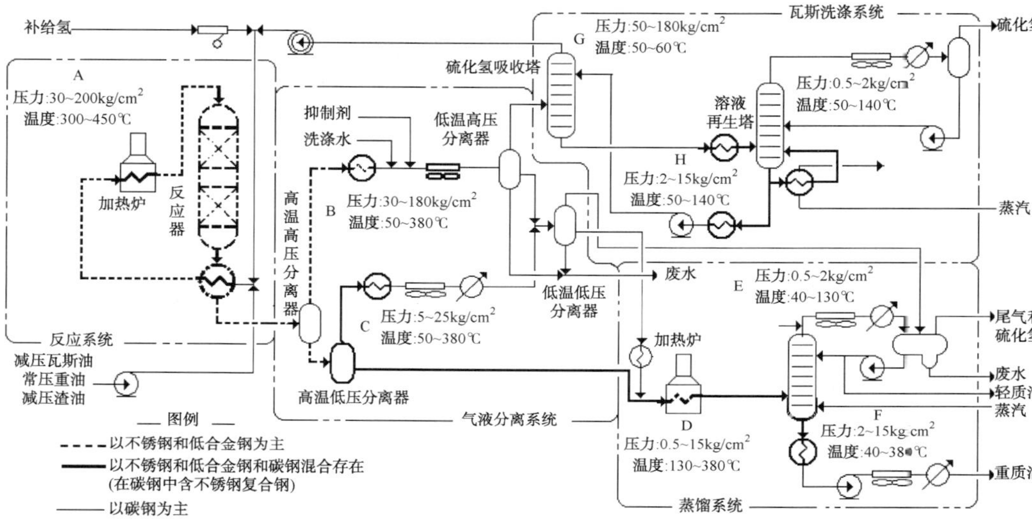

图10-7　加氢裂化装置的四个系统[66]

注：1kg/cm² = 98.0665kPa

加氢裂化过程的各个系统的操作条件和环境差别大，使用的材料也不同。表10-27～表10-30分别为加氢裂化装置各系统推荐使用的材料和腐蚀/损伤特征。

表10-27　加氢裂化过程反应系统使用的材料和腐蚀/损伤特征[66]

系统	图中区域	流体条件				设备名称		使用材料	腐蚀和损伤形态
		温度/°C	压力/MPa	主要成分	腐蚀因素				
反应系统	A	300～450	3.0～20.0	减压瓦斯油 常压重油 减压渣油 流出物	硫化氢 氢 氯化物 连多硫酸	反应器	壳	1.25～3Cr-Mo钢	高温硫化物腐蚀、高温氢/硫化氢腐蚀、氢侵蚀、蠕变损伤、退火脆化、衬里剥离/开裂、热疲劳开裂、σ脆化、连多硫酸SCC（开放时）、湿性氯化物腐蚀（静区低温部分）
							衬里	SUS321、SUS347	
						加热炉管		SUS321、SUS347	
						热交换器	壳	1.25～2.25Cr-Mo钢	
							衬里	SUS321、SUS347	
							管	SUS321	
						配管		1.25～2.25Cr-Mo钢、SUS321	

表 10-28 加氢裂化过程气液分离系统使用的材料和腐蚀/损伤特征[66]

系统	图中区域	流体条件				设备名称		使用材料	腐蚀和损伤形态
		温度/°C	压力/MPa	主要成分	腐蚀因素				
气液分离系统	B	200~380	3.0~18.0	流出物	硫化氢 氢 氯化物 连多硫酸	分离罐	壳	0.5Mo 钢 1~2.25 Cr-Mo 钢	高温氢/硫化氢腐蚀、氢侵蚀、连多硫酸 SCC（开放时）、氯化铵析出（管子堵塞等）
							衬里	SUS321、SUS347	
						热交换器	壳	0.5Mo 钢 1~2.25 Cr-Mo 钢	
							衬里	SUS321、SUS347	
							管	SUS321	
						配管		1.25~2.25Cr-Mo 钢、SUS321	
		50~200		流出物 注水	硫化氢 氯化物 氢硫化	分离罐	壳	碳钢、耐 HIC 钢	湿性硫化物腐蚀、湿性氯化物腐蚀、氢硫化铵析出腐蚀（流速管理）、HIC、氯化铵析出（管子堵塞等）
							衬里	无	
						热交换器	壳	碳钢、耐 HIC 钢	
							衬里	无	
							管	碳钢	
						配管		碳钢	
	C	200~380	5~25	流出物	硫化氢 氢 连多硫酸	分离罐	壳	1Cr-Mo 钢	高温氢/硫化氢腐蚀、氢侵蚀、连多硫酸 SCC（开放时）
							衬里	SUS321、SUS347	
						热交换器	壳	1Cr-Mo 钢	
							衬里	SUS321、SUS347	
							管	SUS321	
						配管		1Cr-Mo 钢、SUS321	
		50~200			硫化氢 氯化物 氢硫化铵 胺化物	分离罐	壳	碳钢、耐 HIC 钢	湿性硫化物腐蚀、湿性氯化物腐蚀、HIC
							衬里	无	
						热交换器	壳	碳钢、耐 HIC 钢	
							衬里	无	
							管	碳钢	
						配管		碳钢	

表 10-29　加氢裂化过程蒸馏系统使用的材料和腐蚀/损伤特征[66]

系统	图中区域	流体条件				设备名称		使用材料	腐蚀和损伤形态
		温度/°C	压力/MPa	主要成分	腐蚀因素				
蒸馏系统	D	200~380	0.5~1.5	烃	硫化氢 氯化物 氰基化合物 连多硫酸	加热炉管		SUS321、1.25Cr-Mo 钢	高温硫化物腐蚀连多硫酸 SCC（开放时）
						热交换器	壳	碳钢	
							衬里	SUS321、SUS347	
							管	SUS321、碳钢	
						配管		SUS321、碳钢	
		130~380	0.05~0.2			精馏塔	壳	碳钢	高温硫化物腐蚀、湿性硫化物腐蚀、湿性氯化物腐蚀、HIC
							衬里	SUS405、SUS410	
						分离罐	壳	碳钢、耐 HIC 钢	
							衬里	无	
	E	40~130	0.05~9.2	轻质气体 尾气 轻质油	硫化氢 氯化物 氰基化合物	热交换器	壳	碳钢、耐 HIC 钢	湿性硫化物腐蚀、湿性氯化物腐蚀、HIC
							衬里	无	
							管	碳钢	
						配管		碳钢	
						分离罐	壳	碳钢	
							衬里	无	
	F	40~380	2~15	重质油	硫化氢	热交换器	壳	碳钢	湿性硫化物腐蚀
							衬里	无	
							管	碳钢	
						配管		碳钢	

表 10-30　重质油加氢裂化过程瓦斯洗涤系统使用的材料和腐蚀/损伤特征[66]

系统	图中区域	流体条件				设备名称		使用材料	腐蚀和损伤形态
		温度/°C	压力/MPa	主要成分	腐蚀因素				
瓦斯洗涤系统	G	50~70	3.0~18.0	氢、 硫化氢、 胺或碱	硫化氢	洗涤塔	壳	碳钢	湿性硫化物腐蚀 碱腐蚀 胺腐蚀 HIC 硫化物 SCC 碱 SCC 胺 SCC
							衬里	无	
						再生塔	壳	碳钢	
							衬里	无	
	H	50~140	0.2~1.0			热交换器	壳	碳钢、耐 HIC 钢	
							衬里	SUS304L	
							管	SUS304L、碳钢	
						配管		SUS304L、碳钢	
						分离罐	壳	碳钢、耐 HIC 钢	
							衬里	无	
	I	50~140	0.05~2.0			热交换器	壳	碳钢、耐 HIC 钢	
							衬里	无	
							管	碳钢	
						配管		碳钢	

参 考 文 献

[1] M. F. GONZAL0 and I. G BALSEYRO. Converting low-value gas oil streams via hydrocracking yield high-value olefins feedstocks. HYDROCARBON PROCESSING, 2004, 85(2): 61

[2] Dr. Meena Marafi and Dr. Antony Stanislaus. Handbook of Spent Hydroprocessing Catalysts -Regeneration, Rejuvenation and Reclamation. AMSTERDAM. BOSTON. HEIDELBERG. London. New York. OXFORD. PARIS. SAN DIEGO. SAN FRANCISCO. SINGAPORE. SYDENEY. TOKYO: First Edition2010

[3] P. ZUIDEVELD and J. WOLLFF. New methods upgrade refinery residuals into lighter products. HYDROCARBON PROCESSING, 2006, 85(2): 73

[4] G. Valavarasu, M. Bhaskar and K. S. B alaraman. Mild Hydrocracking-A Review of Process, Catalysts, Reactions, Kinetics, and Advantages. PETROLEUM SCIENCE AND TECHNOLOGY, 2009, 21(7&8): 1185

[5] Roger Lawrence and David Myers et al. Hydrocracking Technilogy for Seasonal and Economic Flexibility, NPRA 2010 Annual Meeting , AM-10-144, March 21-23, 2010

[6] Robert Wade et al. Hydrocracking Catalyst Development and Innovative Processing Schemes, NPRA 2009 Annual Meeting , AM-09-12, March 22-24, 2009

[7] James G. Speight. Handbook of Industrial Hydrocarbon Processes. AMSTERDAM. BOSTON. HEIDELERG. LONDON. NEW YORK. OXFORD. SAN DIEGO. SAN FRANCISCO. SINGAPORE. SYDENEY. TOKYO: Gulf Professional Publishing is an imprint of Elsevier, USA First edition 2011

[8] F. MOREL, J. BONNADOT and E. BENAZZI. Hydrocracking solutions squeeze more ULSD from heavy ends. HYDROCARBON PROCESSING, 2009, 88(11): 79

[9] 方向晨，关明华，廖士纲等．加氢裂化[M]．北京：中国石化出版社，2008

[10] DAVID S. J. and PETER R. Handbook of Petroleum Processing. USA: Springer, 2006

[11] John J. McKetta. PETROLEUM PROCESSING HANDBOOK. New York. Basel. Hong Kong: 1992

[12] James H. Gary, Glenn E. Handwerk and Mark J. Kaiser. PETROLEUM REFINING Technology and Economics. Fifth Edition, USA: CRC Press, 2007

[13] Ujjal Mukherjee, Arthur J. Dahlberg, Abdennour Kemoun and J, Meyer. Maximizing Hydrocracker Performance Using ISOFLEX Technology. NPRA AM-05-71: Annual Meeting March 13-15, 2005 San Francisco, CA

[14] 别东生．含硫原油加工技术问答[M]，中国石化出版社，2008

[15] James G. Speight. The Refinery of the Futuer. AMSTERDAM. BOSTON. HEIDELBERG. London. New York. OXFORD. PARIS. SAN. DIEGO. SAN FRANCISCO. SINGAPORE. SYDENEY. TOKYO: Gulf Professional Publishing is an imprint of Elsevier, USA First edition 2011

[16] Vasant Thakkar and Don Ackelson. Hydrocracking for heavy feedstock conversion. PETROLEUM TECHNOLOGY QUARTWERLY, Q4 2007: 33

[17] ALLAN KERN. 加氢裂化反应器控制系统改进提高可靠性 HYDROCARBON PROCESSING CHINA, 2012 (10): 47

[18] G. RISPOLI AND D. SANFILIPPO. Advanced hydrocracking technology upgrades extra heavy oil. HYDROCARBON PROCESSING, 2009, 88(12): 39

[19] Design, Materials, Fablication. Operation, and Inspection, Guidelines for Corrosion Control in Hydroprocessing Reactor Effluent Air Cooler(REAC) Systems, API RECOMMENDED PRACTICE 932-B, FIST EDITION, JULY 2004

[20] R. A. White, Materials Selection for Petroleum Refineries and Gathering Facilities, NACE INTRBATIONAL THE CORROSION SOCIETY, Houston, 1998

[21] Surinder PAEKAS. REFINING PROCESSES HANDBOOK. USA：GPP，2003
[22] 石油学会编．石油炼制プロセス. 东京：讲谈社，1998
[23] 张德义主编．含硫原油加工技术．第一版[M]. 北京：中国石化出版社，2003
[24] 李立权．加氢裂化装置工艺计算与技术分析[M]. 北京：中国石化出版社，2009
[25] 石油学会编．石油炼制プロセス. 东京：讲谈社，1998
[26] S. PUTEK AND A. GRAGNANI. Resid hydrocracker produces low-sulfr diesel from difficult feeds. HYDROCARBON PROCESSING, 2006, 85(5)：9
[27] Steve Mayo and Louis Burns et al. Increase Your Hydrocracker's Robustness to Handle Challenging Feeds and Operations ，NPRA 2010 Annual Meeting ，AM-10-155，March 21-23，2010
[28] Theo Mang and wilftied Dresel. Lubricants and Lubrication . Second，Completely Revised and Extended Edition：WILEY-VCH Verlag GmbH & Co. KGaA，Germany 2. Edition 2007
[29] Surinder Parkash，Ph. D. PETRLEUM FUELS MANUFACTUREING HANDBOOK. Nework. Cnicago. San Francisco. Lisbon. London. Madrid. Mexico. Milan. New Delhi. San Juan. Seoul. Singapore. Sydney. Toronto. 2010
[30] http：//chevron. com，2013-3-09
[31] http：//uop. com，2013-3-05
[32] Greg Wassel Roger and Stephen Perry et al. Successful hardware and Catalyst System Design Results in Expanded Hydrocracker Flexibility，NPRA 2010 Annual Meeting ，AM-10-145，March 21-23，2010
[33] Larry Kraus et al. Beyond ULSD：Technology Enhancements to Improve Distillate Product Quality，NPRA 2009 Annual Meeting ，AM-09-11，March 22-24，2009
[34] Robert Karlin et al. Dieselization in North America：Flexible Solutions for a Range of Future Diesel Product Requirements，NPRA 2009 Annual Meeting ，AM-09-10，March 22-24，2009
[35] Bob Leliveld et al. Experiences in Maximizing Performance of ULSD Units，NPRA 2009 Annual Meeting ，AM-09-14，March 22-24，2009
[36] http：//albemarleuop. com，2013-3-01
[37] 韩崇仁主编．加氢裂化工艺与工程[M]. 北京：中国石化出版社，2009
[38] C. P. HAELSIG and J. TURNER. What are the experiences gained from clean fuels projects? . HYDROCARBON PROCESSING，2006，85(2)：41
[39] Ron D. Key，John Laurent，Jim Hallock，Michael D. Ackerson. ISOTHERMING – A NEW TECHNOLOGY FOR ULTRA LOW SULFUR FUELS. NPRA AM-03-11：Annual Meeting March
[40] P. SARRAZIN，J. BONNARDOT，S. WAMBERGUE and F. MOREL. New mild hydrocracking route produces 10-ppm-sulfue diesel. HYDROCARBON PROCESSING，2005，84(2)：57
[41] HYDROCARBON PROCESSING' Refining Procesess 2006 Handbook. 2006
[42] 抚顺石油化工研究院．技术成果汇编加氢裂化 Hydrocracking. 抚顺，2012
[43] Mike Hunter et al. *Makfining*-PREMIUM DISTILLATE UPGRADING，NPRA 2000 Annual Meeting ，AM-00-18，2000. 1-18
[44] Raj H. Patel，Gordon G. Low and Kim G. Knudsen. How are Refiners Meeting the Ultra Low Sulfur Diesel Challenge? NPRA AM-03-21：Annual Meeting March 23-25，2003 San Antonio，TX
[45] Martin Rupp and Bruce Cook et al. Slurry Phase Hydrocracking – a Superior Technology To Maximize Liquid Yield and Conversion from Residue & Extra Heavy Oil，NPRA 2010 Annual Meeting ，AM-10-163，March 21-23，2010
[46] Tim Hilbert et al. Economic Conversion to Maximize Production，NPRA 2009 Annual Meeting ，AM-09-13，March 22-24，2009
[47] Richard Rossi et al. Maximizing Diesel from Existing Assets，NPRA 2009 Annual Meeting ，AM-09-33，March

22-24, 2009

[48] Harjeet Virdi and Gary et al. Impact of Processing Heavy Coker Gas in Hydrocracking Units, NPRA 2010 Annual Meeting , AM-10-154, March 21-23, 2010

[49] 永松茂树 等 . 轻油の超深度脱硫技术 . PETROTECH, 2000, 23(22): 110-115

[50] Ragsdale, Ewy and Barwell. Picking New refinery technology and opgrading. HYDROCORBON ASIA, MARCH, 1997: 62-71 * *

[51] Ragsdale, Ewy and Barwell. Picking choosing and profit. HYDROCORBON ASIA, APRIL, 1997: 68-79 * *

[52] L. I. Wisdom. Upgrading Heavy Ends with IFP--H-Oil® versus Coking for the Turn of the Century. Frace: IFP, 1997. 31-39 * *

[53] EPA 0455504

[54] Russell D. Kane. Corrosion in Petroleum Refining and Petrochemical Operations. Corrosion: Environments and Industries, Volume 13, ASM International. The Materials Information Society, 2006

[55] Toshiaki Kodama. "Corrosion of Wrought Crabon Steels" and "Corrosion of Wrought Low-Alloy Steels"in Corrosion: Materials , Volume 13B of ASM Handbook, 2005

[56] Thmas C. Spence. "Corrosion of Cast Irons"in Corrosion: Materials , Volume 13B of ASM Handbook, 2005

[57] Arthur Cohe. " Corrosion of Copper and Copper Alloys " in Corrosion: Materials , Volume 13B of ASM Handbook, 2005。

[58] G. Kaufman. "Corrosion of Aluminum and Aluminum Alloys" in Corrosion: Materials , Volume 13B of ASM Handbook, 2005

[59] Paul Crook. "Corrosion of Nickel and Nickel-Base Alloys" in Corrosion: Materials , Volume 13B of ASM Handbook, 2005。

[60] W. Schutz. Corrosion of Titanium and Titanium Alloys" in Corrosion: Materials , Volume 13B of ASM Handbook, 2005

[61] API RECOMMENDED PRACTICE 571, SECOND EDITION, APRIL 2011, Damage Mechanisms Affecting Fixed Equipment in the Refining Industry, AMERICAN PETROLEUM INSTITUTE

[62] Designing to Minimize Corrosion in Corrosion: Fundamentals, Testing, and Protection , Volume 13A of ASM Handbook, 2003

[63] Corrosion Inhibitor for Oil and Gas Production and Corrosion Inhibitors for Crude Oil Refineries in Corrosion: Fundamentals, Testing, and Protection , Volume 13A of ASM Handbook, 2003

[64] Corrosion: Fundamentals, Testing, and Protection , Volume 13A of ASM Handbook, 2003

[65] Welding, Brazing, and Soldering, Volume 6 of ASM Handbook, 1993

[66] 石油精制装置の材料选定にする资料 . 第二版[M]. 日本: 石油学会, 1998

附录　缩略语

缩略语	意义
ABC	沥青渣油裂化
ABS	美国船运局
ACE™	先进催化剂工程
ACFM	交流电现场测量
ADIP	己二酰胺
AGO	常压瓦斯油
ANSI	美国国家标准学会
APCU	UOP 先进的部分转化 Unicracking 过程
API	美国石油学会
AR	常压渣油，常压重油
ARC	先进管理
ARDS	常压渣油加氢脱硫
AS	适用标准
ASA	无定形硅铝
ASME	美国机械工程师协会
ASTM	美国材料学会
AWS	美国焊接协会
AWWA	美国自来水协会
BMCI	美国矿物局相关指数
BP	英国石油公司
BS	英国标准
BASF	德国巴斯夫公司
CA	腐蚀余量
CAE	计算机辅助工程

CAPEX	资本支出
CCR	康氏残炭
CDP	中型示范装置
CDU	原油蒸馏装置
CDW	Lyondell 的润滑油择形脱蜡过程
CEAC	美国复合材料应用中心
CFD	UOP 的计算流机体力学分析评价软件
CFH	催化原料加氢
CFI	Akzo Fima 的选择性正构烷加氢裂化过程，柴油加氢降凝过程，冷流动性改进过程
CFPP	冷滤堵塞点
CFR	联合进料比
CGO	焦化瓦斯油，焦化蜡油
CHPS	冷高压分离器，也称 HPLT，高压低温分离器。
ClSCC	氯化物应力腐蚀开裂
CLG	Chevron Lummus Golabl LLG 的简称
CLPS	冷低压分离器，也称 LPLT，低压低温分离器
CM	碳流变率
CANMEN	Petro-Canada 公司 80 年代开发的悬浮床劣质油加氢裂化过程
CRAs	抗腐蚀合金
CS	碳钢
CT	十六烷指数
CUI	保温层下腐蚀
CUS	未饱和中心
CVD	化学蒸气沉积物
DAGO	脱沥青瓦斯油
DAO	脱沥青油
DBT	二苯并噻吩
DCS	分布式控制系统

DEA	二乙醇胺
DGA	二甘醇胺
DHC	馏分油加氢裂化
DHT	柴油/馏分油加氢处理
DIN	德国工业标准
DIPA	二异丙胺
DMDS	二甲基二硫化物
DMS	二甲基硫化物
DMW	不同金属焊道
DNV	挪威船级社
EEMUA	英国工程设备和材料用户协会
EFC	欧洲腐蚀联盟
EHS	UOP HyCycle Unicracking 过程采用的增热分离器
EMAK	ExxonMobil-Akzo Nobel-Kellogg 集团公司
EMAT	电磁声能转换器
EMRE	ExxonMobol 研究工程公司
EMRE MHC	EMRE 缓和加氢裂化过程
EMRE MPHC	EMRE 中压加氢裂化过程
EN	电化学噪音
ENI 过程	意大利 ENI 国家能源控股公司 90 年代开发的悬浮床加氢裂化过程
EOR	运转末期
ER	回波测距
EU	欧盟
FBP	终馏点
FC	转化率
FCC	流化催化裂化
FCC	流化催化裂化装置
FDC	FRIPP 的单段两剂多产中馏分油的加氢裂化过程
FHC	FRIPP 灵活生产中馏分油和化工原料的加氢裂化过程

FHC-FFHT	FRIPP 加氢裂化-蜡油加氢处理组合过程
FHC-FHF	FRIPP 加氢裂化-加氢精制分段进料组合过程
FHC-FHT	FRIPP 加氢裂化-加氢处理反序串联组合过程
FMC_1	FRIPP 多产化工原料的一段串联一次通过加氢裂化过程
FMC_2	FRIPP 多产优质化工原料的两段加氢裂化过程
FMD_1	FRIPP 的多产中馏分油的两段串联加氢裂化过程
FMD_2	FRIPP 的单段串联加氢裂化过程
FMN	FRIPP 最大量生产催化重整原料的加氢裂化过程
EMRE	ExxonMobol 研究工程公司
FRIPP	抚顺石油化工研究院
GC	气体色谱法
G/D	汽/柴比
GHP	气化氢气厂
GO	瓦斯油
HAZ	热影响区
HB	布氏硬度值
HC	加氢裂化
HCGO	重质焦化瓦斯油
HCN	氢氰酸
HCO	FCC 重循环油
HCR	加氢裂化
HCRT	加氢裂化催化剂连续器外再生技术
HCRT	山东淄博邦达恒基化工有限公司的加氢裂化催化剂连续器外再生过程
HCU	加氢裂化装置
HDA	谐波失真分析，加氢脱芳烃
HDH	Venezuelan INTEVEP 开发的加氢裂化-脱沥青-加氢过程
HDAr	加氢脱芳烃
HDAs	加氢脱沥青

HDC	加氢裂化
HDCCR	残碳的加氢转化，加氢脱碳
HDHDC	重馏油加氢裂化过程
HDM	加氢脱金属
HDN	加氢脱氮
HDO	加氢脱氧
HDS	加氢脱硫
HDT	加氢处理
HDW	FRIPP 的低硫低氮柴油降凝过程
HE	氢脆
HGO	重瓦斯油
HGVs	重负荷柴油车
HHPS	热高压分离器。也称 HPHT，高压高温分离器。
HIC	氢致开裂，阶梯式开裂
HIS	加氢异构化
HLPS	热低压分离器。也称 LPHT，低压高温分离器。
HP	高压
HPNA	重多环芳烃，重聚核芳烃
HSAS	热稳定的胺盐
HSLA	高强度低合金钢
HT	加氢处理
HTHA	高温氢蚀
HU	氢气利用率
HVGO	重减压瓦斯油
HVU	深度减压闪蒸装置
HYD	加氢
IBP	初馏点
ID	内径
IDW	Chevron 的润滑油择形/异构脱蜡过程

IFP	法国石油研究院
IGCC	气电联合循环
IMO	国际海事协会
IRIS	内部旋转检查系统
IRR	内部回报率，内部收益率
IS	工业标准
ISBL	界内
ISO	国际标准化组织
JIS	日本工业标准
KISR	Kuwait 科学研究院
LCGO	轻焦化(裂化)瓦斯油
LCN	轻 FCC 石脑油；轻焦化石脑油；轻裂化石脑油
LCO	轻循环油
L/D	长径比(反应器)
LDVs	轻负荷柴油车
LGO	轻瓦斯油
LHSV	液时空速
LHV	低热值
LP	低压，线性规划
LPEC	中国石化洛阳石油化工工程公司
LPG	液化石油气
LSGO	低硫瓦斯油
LVGO	轻减压瓦斯油
MAK-LCO	Mobil、Akzo 和 Kellogg 联合开发的 LCO 加氢裂化过程
MBD	千桶/日，或兆桶/日
MBPCD	千桶/日，或兆桶/日
MBPD	千桶/日，或兆桶/日
Mbspd	千桶/日，或兆桶/日
MBSPD	千桶/日，或兆桶/日

MAK-MPHC	Mobil、Akzo 和 Kellogg 联合开发出的择形加氢裂化过程
MCI	FRIPP 的柴油改质过程，高硫高氮柴油降凝过程
MCL	FRIPP 的劣质柴油改质过程
MCO	中质循环油
MDDW	Mobil 柴油/馏分油脱蜡过程
MDEA	甲基二胺，甲基二乙醇胺
MEA	单乙醇胺
MFL	磁漏通量技术
MHC	缓和加氢裂化
MHCU	缓和加氢裂化装置
MHT	RIPP 的柴油加氢处理过程
MHUG	FRIPP 中压加氢改质过程
MIDW	Mobil 的异构脱蜡过程
MLDW	ExxonMobil 的润滑油脱蜡过程
MP	中压
MPaa	兆帕
MPC	多变量模型预测控制
MPHC	中压加氢裂化
MPT	增压温度
MSDW	ExxonMobil 的选择性脱蜡过程
MSOT	最低安全操作温度
MWI	ExxonMobil 的蜡异构化过程
NAC	环烷酸腐蚀
NACE	美国腐蚀工程师学会
NDE	非破坏可靠性评价
NHC	常规加氢裂化
NORSOK	挪威石油标准化组织
NPRC	日本石油炼制公司
NPV	净现值

OCR	在线催化剂更换
OD	外径
OPC	Chevron 的经过优化的部分转化过程
OSBL	界外
OT	UOP 单段无循环加氢裂化过程
OTPC	单程部分循环(或转化)加氢裂化过程
PAH	聚芳烃，稠环芳烃，多环芳烃
PASCC	连多硫酸应力腐蚀开裂
PCA	聚环芳烃
PFD	装置工艺流程图
PH	脱溶硬化
P&ID	工艺-仪表流程图
PIMS	Bechtel 的过程工业模型系统
PNA	聚核芳烃，多环芳烃
P/N/A	烷烃/环烷烃/芳香烃
pp	分压
PPC	单程转化率
PREN	抗点蚀平衡值
PRS	在线切换反应器，能处理金属含量比较高的原料
PSA	变压吸附
Psia	磅/英寸
PT	加氢裂化过程后处理段
PTA	连多硫酸
PTA SCC	连多硫酸应力腐蚀开裂
PTU	馏分油加氢裂化过程后处理段
PWHT	焊后热处理
RCP	循环油切割点
RDS	渣油加氢脱硫
REAC	反应器流出物空冷器

RFCC	渣油流化催化裂化
RFEC	遥控励磁涡流技术
RHC	渣油加氢转化过程
RICH	RIPP 的柴油改质过程，高硫高氮柴油降凝过程
RIPP	北京石油化工科学研究院
RLDT	临氢加工过程反应器顶部液体粗分盘
RLT	RIPP 的润滑油改质过程
RMC	RIPP 开发的中压加氢裂化过程
ROI	投资返还
RON	研究法辛烷值
RSH	硫醇
RSR	硫醚
RSSR	二硫化物
RT	室温
RVA	相对体积活性
VWA	相对重量活性
RVP	雷得蒸气压
SAGD	用蒸汽处理技术处理合成原油的生产系统
SAPO	硅-铝磷酸盐
SCC	应力腐蚀开裂
SDA	溶剂脱沥青
SDD	Shell 的低硫低氮柴油降凝过程
SFC	超临界液体色谱
SIS	安全仪表系统
SLO	MRH 加氢裂化过程中由悬浮床反应器下部排出来的底部油浆油
SOF	可溶性有机馏分
SOHIC	应力导致的氢致开裂
SOR	运转开始
SR	直馏，高硫渣油

SRGO	直馏瓦斯油
SRHGO	直馏重瓦斯油
SR VGO	直馏减压瓦斯油
SS	不锈钢
SSC	硫化物应力开裂
SSOT	单段一次通过加氢裂化过程
SSREC	UOP 单段循环加氢裂化过程
SSRS	采用排序反应技术 Chevron ISOCRACHING 过程
SWS	酸性水汽提
TAN	总酸值
TBP	实沸点
TCCGO	TCC 过程瓦斯油
TEMA	换热器制造标准
TI	甲苯不容物
TLP	总液体产品
TML	厚度监测位置
TOS	催化剂在线时间
TPCD	吨/天
TSR	两段循环加氢裂化过程
TSS	总悬浮固体
UCO	加氢裂化未转化油，加氢裂化尾油，尾油
UFQ	Shell 的反应器内部构件超平淬火技术
UHVI	超高 VI
UKOOA	英国海上工作者协会
ULSD	超低硫柴油
ULSG	超低硫汽油
UNS	美国统一编号系统
UOP	环球石油产品公司
USA	美国

USCG	美国海岸警卫队
USY	超稳 Y 分子筛
VBGO	减黏裂化瓦斯油
VBR	IFP H-OIL 渣油加氢裂化过程减压塔底渣油循环系统
VB	减黏
VB tar	减黏焦油
VCC	BP 的热加氢裂化/加氢组合加工过程
VDU	减压蒸馏装置
VGO	减压瓦斯油
VI	黏度指数
VOC	挥发性有机化合物
VR	减压渣油
VRDS	减压渣油加氢脱硫
WABT	加权平均床层温度，重量平均床层温度和重量平均床层温度
WCS	加拿大精选原油
WFMT	湿荧光磁粉试验
WSI	FRIPP 的石蜡择形异构化过程
WTI	西德克萨斯中间原油
XHVI	Shell 的润滑油择形脱蜡过程
XPS	X-射线光电分光镜

■